Institutiones Calculi Differentialis...

Leonhard Euler

INSTITUTIONES CALCULI DIFFERENTIALIS

CUM EIUS VSU

IN ANALYSI FINITORUM

AC

DOCTRINA SERIERUM

AUCTORE

LEONHARDO EULERO

ACAD. REG. SCIENT. ET ELEG. LITT. BORUSS. DIRECTORE

PROF. HONOR. ACAD. IMP. SCIENT. PETROP. ET ACADEMIARUM

REGIARUM PARISINAE ET LONDINENSIS

SOCIO.

IMPENSIS

ACADEMIAE IMPERIALIS SCIENTIARUM

PETROPOLITANAE

1755.

PRAEFATIO.

Quid sit Calculus Differentialis, atque in genere Analysis Infinitorum? iis qui nulla adhuc eius cognitione sunt imbuti, vix explicari potest: neque hic, vti in aliis disciplinis fieri solet, exordium tractationis a definitione commode sumere licet. Non quod huius calculi nulla plane detur definitio; sed quoniam ad eam intelligendam eiusmodi opus est notionibus, non solum in vita communi, verum etiam in ipsa Analysi finitorum minus vsitatis, quae demum in Calculi Differentialis pertractatione euolui atque explicari solent: quo fit, vt eius definitio non ante percipi queat, quam eius principia iam satis dilucide fuerint perspecta. Primum igitur hic calculus circa quantitates variabiles versatur: etsi enim omnis quantitas sua natura in infinitum augeri & diminui po-

test; tamen dum calculus ad certum quoddam institutum dirigitur, aliae quantitates constanter eandem magnitudinem retinere concipiuntur, aliae vero per omnes gradus auctionis ac diminutionis variari: ad quam distinctionem notandam illae quantitates constantes, hae vero variabiles vocari solent; ita vt hoc discrimen non tam in rei natura, quam in quaestionis, ad quam calculus refertur, indole sit positum. Quoniam haec differentia inter quantitates constantes & variabiles exemplo maxime illustrabitur, consideremus iactum globi ex tormento bellico vi pulveris pyrii explosi; siquidem hoc exemplum ad rem dilucidandam imprimis idoneum videtur. Plures igitur hic occurrunt quantitates, quarum ratio in ista inuestigatione est habenda: primo scilicet quantitas pulueris pyrii; tum eleuatio tormenti supra horizontem; tertio longitudo iactus super plano horizontali; quarto tempus, quo globus explosus in aëre versatur: ac nisi xperimenta eodem tormento instituantur, insuper eius longitudo cum pondere globi in computum trahi deberet. Verum hic a varietate tormenti & globi animum remoueamus, ne in quaestiones nimium implicatas incidamus. Quodsi ergo seruata perpetuo eadem

pul-

pulueris pyrii quantitate, eleuatio tormenti continuo immutetur, iactusque longitudo cum tempore transitus globi per aerem requiratur; in hac quaestione copia pulueris seu vis impulsus erit quantitas constans, eleuatio autem tormenti cum longitudine iactus eiusque duratione ad quantitates variabiles referri debebunt; siquidem pro omnibus eleuationis gradibus has res definire velimus, vt inde innotescat, quantae mutationes in longitudine ac duratione iactus ab omnibus eleuationis variationibus oriantur. Alia autem erit quaestio, si seruata eadem tormenti eleuatione, quantitas pulueris pyrii continuo mutetur, & mutationes, quae inde in iactum redundant, definiri debeant: hic enim eleuatio tormenti erit quantitas constans, contra vero quantitas pulueris pyrii, & longitudo ac duratio iactus quantitates variabiles. Sic igitur patet, quomodo mutato quaestionis statu eadem quantitas modo inter constantes, modo inter variabiles numerari queat: simul autem hinc intelligitur, ad quod in hoc negotio maxime est attendendum, quomodo quantitates variabiles aliae ab aliis ita pendeant, vt mutata vna reliquae necessario immutationes recipiant. Priori scilicet casu, quo quantitas pulueris pyrii eadem manebat, mutata tormenti eleuatione etiam longitudo & duratio iactus mutantur; suntque ergo longitudo & duratio iactus quantitates variabiles pendentes ab eleuatione tormenti, hacque mutata simul certas quasdam mutationes patientes: posteriori vero casu pendent a quantitate pulueris pyrii, cuius mutatio in illis certas mutationes producere debet. Quae autem quantitates hoc modo ab aliis pendent, vt his mutatis etiam ipsae mutationes subeant, eae harum functiones appellari solent; quae denominatio latissime patet, atque omnes modos, quibus vna quantitas per alias determinari potest, in se complectitur. Si igitur x *denotet quantitatem variabilem, omnes quantitates, quae vtcunque ab* x *pendent, seu per eam determinantur, eius functiones vocantur; cuiusmodi sunt quadratum eius* xx, *aliaeue potentiae quaecunque, nec non quantitates ex his vtcunque compositae; quin etiam transcendentes, & in genere quaecunque ita ab* x *pendent, vt aucta vel diminuta* x *ipsae mutationes recipiant. Hinc iam nascitur quaestio, qua quaeritur, si quantitas* x *data quantitate siue augeatur siue diminuatur, quantum inde quaeuis eius functiones immutentur,*

tur, seu quantum incrementum decrementumue accipiant. Casibus quidem simplicioribus haec quaestio facile resoluitur: si enim quantitas x *augeatur quantitate* ω, *eius quadratum* xx *hinc incrementum capiet* $2x\omega + \omega\omega$; *sicque incrementum ipsius* x *se habebit ad incrementum ipsius* xx, *vt* ω *ad* $2x\omega + \omega\omega$, *hoc est, vt* 1 *ad* $2x + \omega$; *similique modo in aliis casibus ratio incrementi ipsius* x *ad incrementum, vel decrementum, quod quaeuis eius functio inde adipiscitur, considerari solet. Est vero inuestigatio rationis huiusmodi incrementorum ipsa non solum maximi momenti, sed ei etiam vniuersa Analysis infinitorum innititur. Quod quo clarius appareat, sumamus exemplum superius quadrati* xx, *cuius incrementum* $2x\omega + \omega\omega$, *quod capit, dum ipsa quantitas* x *incremento* ω *augetur, vidimus ad hoc rationem tenere, vt* $2x + \omega$ *ad* 1; *vnde perspicuum est, quo minus sumatur incrementum* ω, *eo propius istam rationem accedere ad rationem* $2x$ *ad* 1; *neque tamen ante prorsus in hanc rationem abit, quam incrementum illud* ω *plane euanescat. Hinc intelligimus, si quantitatis variabilis* x *incrementum* ω *in nihilum abeat, tum etiam quadrati eius* xx

in-

incrementum inde oriundum quidem euanescere, verumtamen ad id rationem tenere vt 2x *ad* 1*; & quod hic de quadrato est dictum, de omnibus aliis functionibus ipsius* x *est intelligendum; quippe quarum incrementa euanescentia, quae capiunt, dum ipsa quantitas* x *incrementum euanescens sumit, ad hoc ipsum certam & assignabilem rationem tenebunt. Atque hoc modo sumus deducti ad definitionem* Calculi Differentialis, *qui est* methodus determinandi rationem incrementorum euanescentium, quae functiones quaecunque accipiunt, dum quantitati variabili, cuius sunt functiones, incrementum euanescens tribuitur: *hacque definitione veram indolem calculi differentialis contineri, atque adeo exhauriri, iis, qui in hoc genere non sunt hospites, facile erit perspicuum. Calculus igitur differentialis non tam in his ipsis incrementis euanescentibus, quippe quae sunt nulla, exquirendis, quam in eorum ratione ac proportione mutua scrutanda occupatur: & cum hae rationes finitis quantitatibus exprimantur, etiam hic calculus circa quantitates finitas versari est censendus. Quamuis enim praecepta, vti vulgo tradi solent, ad ista incrementa euanescentia defi-*

definienda videantur accommodata; nunquam tamen ex iis absolute spectatis, sed potius semper ex eorum ratione conclusiones deducuntur. Simili vero modo calculi integralis ratio est comparata, qui conuenientissime ita definitur, vt dicatur esse methodus ex cognita ratione incrementorum euanescentium ipsas illas functiones, quarum sunt incrementa, inueniendi. *Quo autem facilius hae rationes colligi, atque in calculo repraesentari possint, haec ipsa incrementa euanescentia, etiamsi sint nulla, tamen certis signis denotari solent; quibus adhibitis nihil obstat, quo minus iis certa nomina imponantur. Vocantur itaque differentialia, quae cum quantitate destituantur, infinite parua quoque dicuntur; quae igitur sua natura ita sunt interpretanda, vt omnino nulla seu nihilo aequalia reputentur. Ita si quantitati* x *incrementum tribuatur* ω, *vt abeat in* $x + \omega$, *eius quadratum* xx *abibit in* $xx + 2x\omega + \omega\omega$, *ideoque incrementum capit* $2x\omega + \omega\omega$; *quare incrementum ipsius* x, *quod est* ω, *se habebit ad incrementum quadrati, quod est* $2x\omega + \omega\omega$, *vti* 1 *ad* $2x + \omega$; *quae ratio abit in* 1 *ad* $2x$, *tum demum, cum* ω *euanescit. Fiat igitur*

$\omega = 0$, *& ratio istorum incrementorum euanescentium, quae sola in calculo differentiali spectatur, vtique est vt* 1 *ad* 2 x; *neque vicissim haec ratio veritati esset consentanea, nisi reuera illud incrementum* ω *euanesceret, penitusque nihilo fieret aequale. Quodsi ergo hoc nihilum per* ω *indicatum referat incrementum quantitatis* x, *quia hoc se habet ad incrementum quadrati* x x *vt* 1 *ad* 2 x, *erit quadrati* x x *incrementum* $= 2 x \omega$, *ideoque etiam nihilo aequale; vnde simul constat annihilationem horum incrementorum non obstare, quominus eorum ratio, quae est vt* 1 *ad* 2 x *sit determinata. Quod nihilum iam hic littera* ω *exhibetur, id in calculo differentiali, quia vt incrementum quantitatis* x *spectatur, signo* d x *repraesentari, eiusque differentiale vocari solet; positoque* d x *loco* ω, *ipsius* x x *differentiale erit* 2 x d x. *Simili modo ostenditur fore cubi* x^3 *differentiale* $=$ 3 x x d x, *& in genere cuiusque dignitatis* x^n *differentiale fore* $= n x^{n-1} dx$. *Quaecunque autem aliae functiones ipsius* x *proponantur, in calculo differentiali regulae traduntur eorum differentialia inueniendi: verum perpetuo tenendum est, cum haec differentialia absolute sint*

ni-

nihila, ex iis nihil aliud concludi, nisi eorum rationes mutuas, quae vtique ad quantitates finitas reducuntur. Cum autem hoc modo, qui solus est rationi consentaneus, principia Calculi differentialis stabiliuntur, omnes obtrectationes, quae contra hunc calculum proferri sunt solitae, sponte corruunt; quae tamen summam vim retinerent, si differentialia seu infinite parua non plane annihilarentur. Pluribus autem, qui Calculi differentialis praecepta tradidere, visum est differentialia a nihilo absoluto secernere, peculiaremque ordinem quantitatum infinite paruarum, quae non penitus euanescant, sed quantitatem quandam, quae quidem esset omni assignabili minor, retineant, constituere: his igitur iure est obiectum, rigorem geometricum negligi, & conclusiones inde deductas, propterea quod huiusmodi infinite parua negligerentur, merito esse suspectas: quantumuis enim exigua haec infinite parua concipiantur, tamen non solum singulis, sed etiam pluribus atque adeo innumerabilibus simul rejiciendis, errorem tandem inde enormem resultare posse. Quam obiectionem perperam eiusmodi exemplis, quibus per Calculum differentialem eaedem conclusiones ac per Geometriam elementarem eliciuntur, infringere conantur: nam ſi ea infinite parua, quae in calculo negliguntur, non ſunt nihil, inde neceſſario error, isque eo maior, quo magis ea coacervantur, reſultare debet; hocque ſi minus eueniat, id potius vitio calculi, quo nonnunquam errores per alios errores compenſantur, eſſet tribuendum, quam ipſe calculus ab erroris ſuſpicione liberaretur. Quodſi autem nullo nouo errore huiusmodi compenſatio fiat, talibus exemplis luculenter id ipſum, quod volo, euincitur, ea quae fuerint neglecta, omnino & abſolute pro nihilo eſſe habenda; neque infinite parua, quae in calculo differentiali tractantur, a nihilo abſoluto diſcrepare. Minime etiam negotium conficitur, quando a nonnullis infinite parua ita deſcribuntur, vt inſtar puluisculorum reſpectu vaſti montis vel etiam totius globi terreſtris ſpectari debeant: etſi enim qui magnitudinem totius globi terreſtris calculo determinare ſuſceperit, ei error non vnius ſed plurium millium puluisculorum facile condonari ſoleat; tamen rigor geometricus etiam a tantillo errore abhorret, nimisque grauis eſſet haec obiectio, ſi vllam vim retineret. Deinde etiam difficile dictu eſt, quid lucri inde ſperent, qui in-

infinite parua a nihilo distingui volunt: metuunt autem, ne, si plane euanescant, etiam comparatio eorum, ad quam totum negotium perduci sentiunt, tollatur: quomodo enim absolute nihila inter se comparari queant, nullo modo concipi posse profitentur. Necesse ergo putant iis aliquam magnitudinem relinquere, quo habeant aliquid, in quo comparationem instituant: hanc tamen magnitudinem tam paruam admittere coguntur, vt quasi esset nulla, spectari ac sine errore in calculo negligi possit. Neque tamen certam ac definitam ipsi magnitudinem, licet incomprehensibiliter paruam, assignare audent; semper enim si eam bis terue minorem assumerent, eodem modo comparationes se essent habiturae. Ex quo perspicuum est, nihil plane ipsam magnitudinem ad comparationem instituendam conferre, hancque adeo non tolli, etiamsi illa magnitudo penitus euanescat. Ex dictis autem supra manifestum est, eam comparationem, quae in calculo differentiali spectatur, ne locum quidem habere, nisi illa incrementa prorsus euanescant: incrementum enim quantitatis x, *quod in genere indicauimus per* ω, *ad incrementum quadrati* xx, *quod est* $2x\omega + \omega\omega$, *rationem habet vt* 1 *ad* $2x + \omega$; *quae ſemper differt a ratione* 1 *ad* $2x$, *niſi ſit* $\omega = 0$; *at ſi ſtatuamus eſſe* $\omega = 0$, *tum demum vere affirmare poſſumus, hanc rationem fieri exacte vt* 1 *ad* $2x$. *Interim tamen perſpicitur, quo minus illud incrementum* ω *accipiatur, eo propius ad hanc rationem accedi; vnde non ſolum licet, ſed etiam naturae rei conuenit, haec incrementa primum vt finita conſiderare, atque etiam in figuris, ſi quibus opus eſt ad rem illuſtrandam, finite repraeſentare; deinde vero haec incrementa cogitatione continuo minora fieri concipiantur, ſicque eorum ratio continuo magis ad certum quendam limitem appropinquare reperietur, quem autem tum demum attingant, cum plane in nihilum abierint. Hic autem limes, qui quaſi rationem vltimam incrementorum illorum conſtituit, verum eſt objectum Calculi differentialis; cuius igitur prima fundamenta is ieciſſe exiſtimandus eſt, cui primum in mentem venit, has rationes vltimas, ad quas quantitatum variabilium incrementa, dum continuo magis diminuuntur, appropinquant, & cum euaneſcunt, tum demum attingunt, contemplari. Huius autem ſpeculationis veſtigia deprehendimus apud antiquiſſimos Aucto-*

tores, quibus idcirco idea quaedam leuisque cognitio Analysis infinitorum abiudicari nequit. Paullatim deinde haec scientia maiora accepit incrementa, neque subito ad id fastigium, in quo nunc cernitur, est euecta; etiamsi quidem in ea multo plura adhuc sint occulta, quam in lucem protracta. Cum enim Calculus differentialis ad omnis generis functiones, vtcunque sint compositae, extendatur, non repente methodus innotuit, omnium plane functionum incrementa euanescentia inter se comparandi; sed sensim haec inuentio ad functiones continuo magis complicatas processit. Quod scilicet ad functiones rationales attinet, ratio vltima, quam earum incrementa euanescentia inter se tenent, multo ante NEUTONI *ac* LEIBNIZII *tempora assignari potuit; ita vt Calculus differentialis, quatenus ad solas functiones rationales applicatur, diu ante haec tempora inuentus sit censendus. Tum vero nullum est dubium, quin* NEUTONO *eam Calculi differentialis partem, quae circa functiones irrationales versatur, acceptam referre debeamus; ad quam insigni suo Theoremate de euolutione generali potestatum binomii feliciter est deductus, quo eximio inuento limites calculi*

dif-

differentialis iam mirifice erant amplificati. LEIBNIZIO *autem non minus sumus obstricti, quod hunc calculum, antehac tantum velut singulare artificium spectatum, in formam disciplinae redegerit, eiusque praecepta tanquam in systema collegerit, ac dilucide explicauerit. Hinc enim maxima subsidia suggerebantur, ad hunc calculum vlterius excolendum, & ea, quae adhuc desiderabantur, ex certis principiis elicienda. Mox igitur studio cum Ipsius* LEIBNIZII, *tum* BERNOUILLIORUM *ad hoc ab eo incitatorum, fines Calculi differentialis etiam ad functiones transcendentes, quae pars adhuc fuerat inculta, sunt promoti, tum vero etiam solidissima fundamenta Calculi integralis constituta; quibus insistentes, qui deinceps in hoc genere elaborarunt, continuo maiora incrementa addiderunt.* NEUTONUS *vero etiam amplissima dederat specimina Calculi integralis, cuius prima inuentio, cum a prima origine calculi differentialis vix separari queat, non ita absolute constitui potest; & quoniam maxima eius pars adhuc excolenda restat, hic calculus ne nunc quidem pro absolute inuento haberi potest; sed potius quantum cuique pro viribus ad eius perfectionem conferre*

con-

contigerit, id grata mente agnoſcere debemus. Atque haec de gloria inuentionis huius calculi tenenda eſſe iudico, de qua quidem antehac tantopere eſt diſceptatum. Quod autem ad varia nomina, quae iſti calculo a diuerſarum nationum Mathematicis imponi ſolent, attinet, ea omnia huc redeunt, vt cum data hic definitione egregie conſentiant: ſiue enim incrementa illa euaneſcentia, quorum ratio conſideratur, differentialia vocentur, ſive fluxiones, ea ſemper nihilo aequalia ſunt intelligenda; in quo vera notio infinite paruorum conſtitui debet. Hinc vero etiam omnia, quae de differentialibus ſecundi & altiorum ordinum curioſe magis quam vtiliter ſunt diſputata, reddentur planiſſima, cum omnia per ſe aeque euaneſcant, neque ea vnquam per ſe, ſed potius eorum relatio mutua ſpectari ſoleat. Cum enim ratio, quam duarum functionum incrementa euaneſcentia tenent, iterum per functionem quandam exprimatur, ſi & huius functionis incrementum euaneſcens cum aliis conferatur, res ad differentialia ſecunda referri eſt cenſenda; ſicque porro progreſſio ad differentialia altiorum graduum intelligi debet, ita vt ſemper quantitates finitae reuera animo ob-

verſentur, ſignaque differentialium tantum ad eas commode repraeſendandas adhibeantur. Primo quidem intuitu iſta Analyſis infinitorum deſcriptio plerisque leuis ac nimis ſterilis videatur, etſi ſpecies illa arcana infinite parvorum re haud plus polliceatur: verum ſi rationes, quae inter incrementa euaneſcentia functionum quarumuis intercedunt, probe cognoſcamus, haec cognitio ſaepenumero per ſe maximi eſt momenti; tum vero in plerisque iisque maxime arduis inueſtigationibus ita eſt neceſſaria, vt ſine eius adminiculo nihil plane intelligi poſſit. Veluti ſi quaeſtio ſit de motu globi ex tormento exploſi, ſimulque ratio reſiſtentiae aeris haberi debeat, quomodo motus per ſpatium finitum ſit futurus, nullo modo ſtatim definire licet, dum tam directio ſemitae, in qua globus incedit, quam ipſius celeritas, a qua reſiſtentia pendet, quouis momento immutatur. Quo minus autem ſpatium, per quod motus fiat, conſideremus, eo minor erit illa variabilitas, eoque facilius ad cognitionem veri pertingere licebit; quodſi autem illud ſpatium plane euaneſcens reddamus, quia iam omnis inaequalitas tam in directione viae quam in celeritate tollitur, effectum reſiſtentiae per regulas motus accu-

curate definire, motusque mutationem puncto temporis productam assignare licebit. Cognitis autem his mutationibus momentaneis, seu potius cum ipsae sint nullae, earum relatione mutua, iam plurimum sumus lucrati; atque calculi integralis opus est, exinde motum per spatium finitum variatum concludere. Minime autem necesse esse arbitror vsum Calculi differentialis atque Analyseos infinitorum in genere pluribus ostendere; cum nunc quidem satis sit exploratum, si vel leuissimam inuestigationem, in quam motus corporum tam solidorum quam fluidorum ingrediatur, accuratius instituere velimus, id non solum non sine Analysi infinitorum praestari posse, sed hanc ipsam scientiam saepe nondum satis excultam esse, vt rem penitus explicare valeamus. Per omnes scilicet Matheseos partes vsus huius Analyseos sublimioris vsque adeo diffunditur, vt omnia, quae sine eius interuentu adhuc expedire licuit, pro nihilo propemodum sint habenda.

Constitui igitur in hoc libro vniuersum Calculum differentialem ex veris principiis deriuare, atque ita copiose pertractare, vt nihil praetermitterem eorum, quae quidem adhuc eo pertinentia sunt inuenta. In duas opus diuisi partes, in quarum priori iactis calculi differentialis fundamentis methodum exposui omnis generis functiones differentiandi, neque tantum differentialia primi ordinis, sed etiam superiorum ordinum inueniendi; siue functiones vnicam variabilem siue duas pluresue inuoluant. In altera autem parte amplissimum huius calculi vsum in ipsa Analysi finitorum ac doctrina serierum exposui; vbi etiam imprimis Theoriam maximorum ac minimorum dilucide explicaui. De vsu autem huius calculi in Geometria linearum curuarum nihil adhuc affero, quod eo minus desiderabitur, cum in aliis operibus haec pars ita copiose sit pertractata, vt adeo prima calculi differentialis principia quasi ex Geometria sint petita, ad hancque scientiam, cum vix satis essent euoluta, summa cura applicata. Hic autem omnia ita intra Analyseos purae limites continentur, vt ne vlla quidem figura opus fuerit, ad omnia huius calculi praecepta explicanda.

IN-

INDEX CAPITUM

PARTIS PRIORIS.

PARTIS POSTERIORIS.

Cap.

Erro-

Errores Typographici.

pag. 509. lin 3. loco $z = xx$ lege $z = xx + x$

pag. 513. lin. 14. loco $\frac{(z' - z)}{a^x(a-1)^2}$ lege $\frac{(z' - az)}{a^x(a-1)^2}$.

INSTITUTIONUM
CALCULI DIFFERENTIALIS
PARS PRIOR

CONTINENS

COMPLETAM HUIUS CALCULI
EXPLICATIONEM.

CAPUT I.

DE DIFFERENTIIS FINITIS.

I.

Ex iis, quae in Libro ſuperiori de quantitatibus variabilibus atque functionibus ſunt expoſita, perſpicuum eſt, prout quantitas variabilis actu variatur, ita omnes eius functiones variationem pati. Sic, ſi quantitas variabilis x capiat incrementum ω, ita vt pro x ſcribatur $x+\omega$, omnes functiones ipſius x, cuiusmodi ſunt xx; x^3; $\frac{a+x}{xx+aa}$, alios induent valores: ſcilicet xx abibit in $xx+2x\omega+\omega\omega$;

x^3 abibit in $x^3 + 3xx\omega + 3x\omega\omega + \omega^3$; & $\frac{a+x}{aa+xx}$ transmutabitur in $\frac{a+x+\omega}{aa+xx+2x\omega+\omega\omega}$. Huiusmodi ergo alteratio ſemper orietur, niſi functio ſpeciem tantum quantitatis variabilis mentiatur, reuera autem ſit quantitas conſtans, veluti x^0: quo caſu talis functio inuariata manet, vtcunque quantitas x immutetur.

2. Quae cum ſint ſatis expoſita, propius accedamus ad eas functionum affectiones, quibus vniuerſa analyſis infinitorum innititur. Sit igitur y functio quaecunque quantitatis variabilis x: pro qua ſucceſſiue valores in arithmetica progreſſione procedentes ſubſtituantur, ſcilicet: x; $x+\omega$; $x+2\omega$; $x+3\omega$; $x+4\omega$; &c. ac denotet y^{I} valorem quem functio y induit, ſi in ea loco x ſubſtituatur $x+\omega$; ſimili modo ſit y^{II} is ipſius y valor, ſi loco x ſcribatur $x+2\omega$; parique ratione denotent y^{III}; y^{IV}; y^{V}; &c. valores ipſius y, qui emergunt dum loco x ponuntur $x+3\omega$; $x+4\omega$; $x+5\omega$; &c. ita vt iſti diuerſi valores ipſarum x & y ſequenti modo ſibi reſpondeant:

$$\begin{array}{lllllll} x; & x+\omega; & x+2\omega; & x+3\omega; & x+4\omega; & x+5\omega; & \&c. \\ y; & y^{\mathrm{I}}; & y^{\mathrm{II}}; & y^{\mathrm{III}}; & y^{\mathrm{IV}}; & y^{\mathrm{V}}; & \&c. \end{array}$$

3. Quemadmodum ſeries arithmetica x; $x+\omega$; $x+2\omega$; &c. in infinitum continuari poteſt, ita ſeries ex functione y orta y; y^{I}; y^{II}; &c. quoque in infinitum progredietur, eiusque natura pendebit ab indole functio-

tionis y. Sic, si fuerit $y = x$; vel $y = ax + b$; series y; y^{I}; y^{II}; &c. quoque erit arithmetica: si fuerit $y = \frac{a}{bx + c}$, series prodibit harmonica: sin autem sit $y = a^{x}$, habebitur series geometrica. Neque vlla excogitari potest series, quae non hoc modo ex certa functione ipsius y oriri queat; vocari autem solet huiusmodi functio ipsius x, ratione seriei, quae ex illa oritur, eius TERMINUS GENERALIS; quare, cum omnis series certa lege formata habeat terminum generalem, ea vicissim ex certa ipsius x functione oritur, vti in doctrina de seriebus fusius explicari solet.

4. Hic autem potissimum ad differentias, quibus termini seriei y, y^{I}, y^{II}, y^{III}, &c. inter se discrepant, attendimus; quas vt ad differentialium naturam accommodemus, sequentibus signis indicemus, vt sit

$$y^{I} - y = \Delta y; \quad y^{II} - y^{I} = \Delta y^{I}; \quad y^{III} - y^{II} = \Delta y^{II}; \ \&c.$$

Exprimet ergo Δy incrementum, quod functio y capit, si in ea loco x ponatur $x + \omega$, denotante ω numerum quemcunque pro lubitu assumtum. In doctrina quidem serierum sumi solet $\omega = 1$; verum hic ad nostrum institutum expedit, valore generali vti, qui pro arbitrio augeri diminuive queat. Vocari quoque solet hoc incrementum Δy functionis y eius DIFFERENTIA, qua sequens valor y^{I} primum y superat, atque perpetuo tanquam incrementum consideratur; etiamsi saepius re vera decrementum exhibeat, id quod ex eius valore negatiuo agnoscitur.

 5. Quo-

5. Quoniam y^{II} oritur ex y, ſi loco x ſcribatur $x+2\omega$; manifeſtum eſt eandem quantitatem eſſe orituram, ſi primum pro x ponatur $x+\omega$, tumque denuo $x+\omega$ loco x ſtatuatur. Hinc y^{II} orietur ex y^{I}, ſi in hoc loco x ſcribatur $x+\omega$; eritque ideo Δy^{I} incrementum ipſius y^{I} quod capit poſito $x+\omega$ loco x; ſicque Δy^{I} vocatur ſimili modo *Differentia* ipſius y^{I}. Pari ratione porro erit Δy^{II} differentia ipſius y^{II}, ſeu eius incrementum, quod accipit, ſi loco x ponatur $x+\omega$; atque Δy^{III} erit differentia, ſeu incrementum ipſius y^{III}, & ita porro. Hoc pacto ex ſerie valorum ipſius y, qui ſunt y; y^{I}; y^{II}; y^{III}; &c. obtinebitur ſeries differentiarum Δy; Δy^{I}; Δy^{II}; &c. quae inueniuntur, ſi quilibet terminus illius ſeriei a ſequente ſubtrahatur.

6. Inuenta ſerie differentiarum, ſi ex ea denuo differentiae capiantur, quamlibet a ſequente ſubtrahendo, orientur differentiae differentiarum, quae vocantur *Differentiae ſecundae*; hocque modo per characteres conuenientiſſime repraeſentantur, vt ſignificet:

$$\Delta\Delta y = \Delta y^{I} - \Delta y$$
$$\Delta\Delta y^{I} = \Delta y^{II} - \Delta y^{I}$$
$$\Delta\Delta y^{II} = \Delta y^{III} - \Delta y^{II}$$
$$\Delta\Delta y^{III} = \Delta y^{IV} - \Delta y^{III}$$
&c.

Vocatur itaque $\Delta\Delta y$ differentia ſecunda ipſius y; $\Delta\Delta y^{I}$ differentia ſecunda ipſius y^{I}, & ita porro. Simili autem modo ex differentiis ſecundis, ſi denuo earum differentiae

tiae capiantur, prodibunt differentiae tertiae hoc modo scribendae $\Delta^3 y$; $\Delta^3 y^{I}$; &c. hincque porro differentiae quartae $\Delta^4 y$; $\Delta^4 y^{I}$; &c. sicque vltra quousque libuerit.

5. Repraesentemus singulas has differentiarum series ita in schemate, quo earum nexus facilius in oculos incidat:

PROGRESSIO ARITHMETICA.

x; $x+\omega$; $x+2\omega$; $x+3\omega$; $x+4\omega$; $x+5\omega$; &c.

VALORES FUNCTIONIS.

y; y^{I}; y^{II}; y^{III}; y^{IV}; y^{V}; &c.

DIFFERENTIAE PRIMAE.

Δy; Δy^{I}; Δy^{II}; Δy^{III}; Δy^{IV}; &c.

DIFFERENTIAE SECUNDAE.

$\Delta\Delta y$; $\Delta\Delta y^{I}$; $\Delta\Delta y^{II}$; $\Delta\Delta y^{III}$; &c.

DIFFERENTIAE TERTIAE.

$\Delta^3 y$; $\Delta^3 y^{I}$; $\Delta^3 y^{II}$; &c.

DIFFERENTIAE QUARTAE.

$\Delta^4 y$; $\Delta^4 y^{I}$; &c.

DIFFERENTIAE QUINTAE.

$\Delta^5 y$; &c.

&c.

quarum quaelibet ex praecedente oritur, quosque terminos a sequentibus subtrahendo. Quacunque ergo functione ipsius x loco y substituta, quoniam valores

y^{I}

y^{I}, y^{II}, y^{III}, &c. per notas compoſitiones facile formantur, ex iis ſine labore ſingulae differentiarum ſeries inuenientur.

8. Ponamus eſſe $y = x$; eritque $y^{I} = x^{I} = x + \omega$; $y^{II} = x^{II} = x + 2\omega$: & ita porro. Vnde differentiis ſumendis erit $\Delta x = \omega$; $\Delta x^{I} = \omega$; $\Delta x^{II} = \omega$; &c. ideoque omnes differentiae primae ipſius x erunt conſtantes, ac proinde differentiae ſecundae omnes euaneſcent; pariterque differentiae tertiae, & ſequentium ordinum omnes. Cum igitur ſit $\Delta x = \omega$, ob analogiam loco litterae ω iſte character Δx commode adhibebitur. Quantitatis ergo variabilis x, cuius valores ſucceſſiui x, x^{I}, x^{II}, x^{III}, &c. arithmeticam progreſſionem conſtituere aſſumuntur, differentiae Δx, Δx^{I}, Δx^{II}, &c. erunt conſtantes atque inter ſe aequales; ac propterea erit $\Delta\Delta x = 0$, $\Delta^{3} x = 0$, $\Delta^{4} x = 0$, ſicque porro.

9. Pro valoribus ipſius x, qui ipſi ſucceſſiue tribuuntur, progreſſionem arithmeticam hic aſſumſimus, ita vt horum valorum differentiae primae ſint conſtantes, ſecundae ac reliquae omnes euaneſcant. Quod etſi ab arbitrio noſtro pendet, cum aliam quamcunque progresſionem aeque adhibere potuiſſemus; tamen progreſſio arithmetica prae reliquis omnibus commodiſſime vſurpari ſolet, cum quod ſit ſimpliciſſima atque intellectu facillima, tum vero maxime, quod ad omnes omnino valores, quos quidem x induere poteſt, pateat. Tribuendo enim ipſi ω valores tam negatiuos quam affirmatiuos, in hac ſerie valorum ipſius x omnes omnino continentur quantita-

titates reales, quae in locum ipfius x fubftitui poffunt: contra autem fi feriem geometricam elegiffemus, ad valores negatiuos nullus aditus patuiffet. Hanc ob caufam variabilitas functionum y ex valoribus ipfius x progreffionem arithmeticam conftituentibus aptiffime diiudicatur.

10. Vti eft $\Delta y = y^{\text{I}} - y$, ita differentiae vlteriores quoque ex terminis primae feriei y, y^{I}, y^{II}, y^{III}, &c. definiri poffunt.

Cum enim fit $\Delta y^{\text{I}} = y^{\text{II}} - y^{\text{I}}$

erit

$$\Delta\Delta y = y^{\text{II}} - 2y^{\text{I}} + y$$

&

$$\Delta\Delta y^{\text{I}} = y^{\text{III}} - 2y^{\text{II}} + y^{\text{I}}$$

ideoque

$$\Delta^3 y = \Delta\Delta y^{\text{I}} - \Delta\Delta y = y^{\text{III}} - 3y^{\text{II}} + 3y^{\text{I}} - y$$

fimili modo erit

$$\Delta^4 y = y^{\text{IV}} - 4y^{\text{III}} + 6y^{\text{II}} - 4y^{\text{I}} + y$$

&

$$\Delta^5 y = y^{\text{V}} - 5y^{\text{IV}} + 10y^{\text{III}} - 10y^{\text{II}} + 5y^{\text{I}} - y$$

quarum formularum coefficientes numerici eandem legem tenent, quae in poteftatibus Binomii obferuatur. Quemadmodum ergo differentia prima ex duobus terminis feriei y; y^{I}; y^{II}; y^{III}; &c. determinatur, ita differentia fecunda determinatur ex tribus, tertia ex quatuor, & ita de ceteris. Cognitis autem differentiis cuiusque ordinis ipfius y, fimili modo differentiae omnium ordinum ipfius y^{I}; y^{II}; &c. definientur.

11. Propoſita ergo quacunque Functione y ſingulae eius differentiae, tam prima quam ſequentes, quae quidem differentiae ω, qua valores ipſius x progrediuntur, reſpondent, poterunt inueniri. Neque vero ad hoc opus eſt, vt ſeries valorum ipſius y vlterius continuetur: quemadmodum enim differentia prima Δy reperitur, ſi in y loco x ſcribatur $x + \omega$, atque a valore orto y^{I} ipſa functio y ſubtrahatur; ita differentia ſecunda $\Delta\Delta y$ obtinebitur ſi in differentia prima Δy loco x ponatur $x + \omega$, vt oriatur Δy^{I}, atque Δy a Δy^{I} ſubtrahatur. Simili modo ſi differentiae ſecundae $\Delta\Delta y$ capiatur Differentia, eam ſubtrahendo a valore, quem induit, ſi loco x ponatur $x + \omega$, prouenient differentia tertia $\Delta^{3} y$; hincque porro eodem modo differentia quarta $\Delta^{4} y$, &c. Dummodo ergo quis nouerit differentiam primam cuiusque functionis inueſtigare, ſimul poterit differentiam ſecundam, tertiam, omnesque ſequentes inuenire: propterea quod differentia ſecunda ipſius y nil aliud eſt, niſi differentia prima ipſius Δy; & differentia tertia ipſius y nil aliud, niſi differentia prima ipſius $\Delta\Delta y$; ſicque porro de reliquis.

12. Si functio y fuerit ex duabus pluribusue partibus compoſita, vt ſit $y = p + q + r +$ &c.; tum, quia eſt $y^{I} = p^{I} + q^{I} + r^{I} +$ &c., erit differentia $\Delta y = \Delta p + \Delta q + \Delta r +$ &c., ſimilique modo porro $\Delta\Delta y = \Delta\Delta p + \Delta\Delta q + \Delta\Delta r +$ &c., vnde inuentio differentiarum, ſi functio propoſita ex partibus fuerit compoſita, non parum facilior redditur. Quod ſi vero functio y fuerit productum ex duabus functionibus p & q, nempe

$y =$

$y = pq$, quia erit $y^I = p^I q^I$, & $p^I = p + \Delta p$ atque $q^I = q + \Delta q$, fiet $p^I q^I = pq + p\Delta q + q\Delta p + \Delta p \Delta q$, hincque $\Delta y = p\Delta q + q\Delta p + \Delta p \Delta q$. Vnde, ſi ſit p quantitas conſtans $= a$, ob $\Delta a = o$; erit functionis $y = aq$, differentia prima $\Delta y = a\Delta q$, ſimilique modo differentia ſecunda $\Delta\Delta y = a\Delta\Delta q$, tertia $\Delta^3 q = a\Delta^3 q$, & ita porro.

13. Quoniam omnis functio rationalis integra eſt aggregatum ex aliquot poteſtatibus ipſius x; omnes differentias functionum rationalium integrarum inuenire poterimus, ſi differentias poteſtatum tantum exhibere nouerimus. Hancobrem ſingularum poteſtatum quantitatis variabilis x differentias inueſtigemus in ſequentibus exemplis.

Cum autem ſit $x^0 = 1$, erit $\Delta x^0 = 0$; propterea quod x^0 non variatur, etiamſi x abeat in $x + \omega$.

Tum vero vidimus eſſe $\Delta x = \omega$; & $\Delta\Delta x = 0$, ſimulque differentiae ſequentium ordinum euaneſcunt. Quae cum ſint manifeſta a Poteſtate ſecunda incipiamus:

EXEMPLUM I.

Inuenire differentias omnium ordinum poteſtatis x^2.

Cum hic ſit $y = x^2$, erit $y^I = (x + \omega)^2$; ideoque $\Delta y = 2\omega x + \omega\omega$; quae eſt differentia prima. Iam ob ω quantitatem conſtantem, erit $\Delta\Delta y = 2\omega\omega$, & $\Delta^3 y = 0$; $\Delta^4 y = 0$; &c.

EXEMPLUM II.

Inuenire differentias omnium ordinum poteſtatis x^3.

Ponatur $y = x^3$; &, cum ſit $y^I = (x + \omega)^3$,

 erit

erit

$$\Delta y = 3\omega xx + 3\omega^2 x + \omega^3$$

quae eſt differentia prima. Deinde ob

$$\Delta . xx = 2\omega x + \omega\omega$$

erit

$$\Delta . 3\omega xx = 6\omega\omega x + 3\omega^3$$

&

$$\Delta . 3\omega^2 x = 3\omega^3 ; \quad \& \quad \Delta . \omega^3 = 0 :$$

quibus collectis erit

$$\Delta\Delta y = 6\omega^2 x + 6\omega^3 : \quad \text{atque} \quad \Delta^3 y = 6\omega^3 :$$

Differentiae vero ſequentes euaneſcent.

EXEMPLUM III.

Inuenire differentias omnium ordinum poteſtatis x^4.

Poſito $y = x^4$; ob $y^1 = (x + \omega)^4$

erit

$$\Delta y = 4\omega x^3 + 6\omega^2 x^2 + 4\omega^3 x + \omega^4 ;$$

quae eſt differentia prima. Tum ex praecedentibus eſt:

$$\Delta . 4\omega x^3 = 12\omega^2 x^2 + 12\omega^3 x + 4\omega^4$$
$$\Delta . 6\omega^2 x^2 = \ldots 12\omega^3 x + 6\omega^4$$
$$\Delta . 4\omega^3 x = \ldots\ldots + 4\omega^4$$
$$\Delta . \omega^4 = \ldots\ldots 0$$

His colligendis erit differentia ſecunda:

$$\Delta\Delta y = 12\omega^2 x^2 + 24\omega^3 x + 14\omega^4 :$$

Quia deinde porro eſt:

$$\Delta . 12\omega^2 x^2 = 24\omega^3 x + 12\omega^4$$
$$\Delta . 24\omega^3 x = \ldots 24\omega^4$$
$$\Delta . 14\omega^4 = \ldots\ldots 0$$

pro-

prodibit differentia tertia:

$$\Delta^3 y = 24\omega^3 x + 36\omega^4$$

atque tandem differentia quarta:

$$\Delta^4 y = 24\omega^4$$

quae cum sit constans, differentiae sequentium ordinum euanescent.

EXEMPLUM IV.

Inuenire differentias cuiusuis ordinis potestatis x^n.

Ponatur $y = x^n$; &, cum sit $y^{\text{I}} = (x+\omega)^n$; $y^{\text{II}} = (x+2\omega)^n$; $y^{\text{III}} = (x+3\omega)^n$; &c. Potestates euolutae dabunt:

$$y = x^n$$

$$y^{\text{I}} = x^n + \frac{n}{1}\omega x^{n-1} + \frac{n(n-1)}{1.\ 2}\omega^2 x^{n-2} + \frac{n(n-1)(n-2)}{1.\ 2.\ 3}\omega^3 x^{n-3} + \&c.$$

$$y^{\text{II}} = x^n + \frac{n}{1}2\omega x^{n-1} + \frac{n(n-1)}{1.\ 2}4\omega^2 x^{n-2} + \frac{n(n-1)(n-2)}{1.\ 2.\ 3}8\omega^3 x^{n-3} + \&c.$$

$$y^{\text{III}} = x^n + \frac{n}{1}3\omega x^{n-1} + \frac{n(n-1)}{1.\ 2}9\omega^2 x^{n-2} + \frac{n(n-1)(n-2)}{1.\ 2.\ 3}27\omega^3 x^{n-3} + \&c.$$

$$y^{\text{IV}} = x^n + \frac{n}{1}4\omega x^{n-1} + \frac{n(n-1)}{1.\ 2}16\omega^2 x^{n-2} + \frac{n(n-1)(n-2)}{1.\ 2.\ 3}64\omega^3 x^{n-3} + \&c.$$

Hinc, differentiis sumendis, prodibit:

$$\Delta y = \frac{n}{1}\omega x^{n-1} + \frac{n(n-1)}{1.\ 2}\omega^2 x^{n-2} + \frac{n(n-1)(n-2)}{1.\ 2.\ 3}.\ \omega^3 x^{n-3} + \&c.$$

$$\Delta y^{I} = \frac{n}{1}\omega x^{n-1} + \frac{n(n-1)}{1.\ 2}3\omega^2 x^{n-2} + \frac{n(n-1)(n-2)}{1.\ 2.\ 3}.\ 7\omega^3 x^{n-3} + \&c.$$

$$\Delta y^{II} = \frac{n}{1}\omega x^{n-1} + \frac{n(n-1)}{1.\ 2}5\omega^2 x^{n-2} + \frac{n(n-1)(n-2)}{1.\ 2.\ 3}\ 19\omega^3 x^{n-3} + \&c.$$

$$\Delta y^{III} = \frac{n}{1}\omega x^{n-1} + \frac{n(n-1)}{1.\ 2}7\omega^2 x^{n-2} + \frac{n(n-1)(n-2)}{1.\ 2.\ 3}\ 37\omega^3 x^{n-3} + \&c.$$

sumantur denuo differentiae, atque obtinebitur:

$$\Delta\Delta y = n(n-1)\omega^2 x^{n-2} + \frac{n(n-1)(n-2)}{1.\ 2.\ 3}6\omega^3 x^{n-3} + \frac{n(n-1)(n-2)(n-3)}{1.\ 2.\ 3.\ 4}14\omega^4 x^{n-4} + \&c.$$

$$\Delta\Delta y^{I} = n(n-1)\omega^2 x^{n-2} + \frac{n(n-1)(n-2)}{1.\ 2.\ 3}12\omega^3 x^{n-3} + \frac{n(n-1)(n-2)(n-3)}{1.\ 2.\ 3.\ 4}50\omega^4 x^{n-4} + \&c.$$

$$\Delta\Delta y^{II} = n(n-1)\omega^2 x^{n-2} + \frac{n(n-1)(n-2)}{1.\ 2.\ 3}18\omega^3 x^{n-3} + \frac{n(n-1)(n-2)(n-3)}{1.\ 2.\ 3.\ 4}110\omega^4 x^{n-4} + \&c.$$

Ex

Ex his per subtractionem vlterius eruitur:

$$\Delta^3 y = n(n-1)(n-2)\omega^3 x^{n-3} + \frac{n(n-1)(n-2)(n-3)}{1.\ 2.\ 3.\ 4.} 36\omega^4 x^{n-4} +$$

&c.

$$\Delta^3 y^I = n(n-1)(n-2)\omega^3 x^{n-3} + \frac{n(n-1)(n-2)(n-3)}{1.\ 2.\ 3.\ 4.} 60\omega^4 x^{n-4} +$$

&c.

atque porro:

$$\Delta^4 y = n(n-1)(n-2)(n-3)\omega^4 x^{n-4} +$$

&c.

14. Quo lex, secundum quam istae differentiae potestatis x^n progrediuntur, facilius perspiciatur. Ponamus primo breuitatis ergo:

$$A = \frac{n}{1}$$

$$B = \frac{n(n-1)}{1.\ 2.}$$

$$C = \frac{n(n-1)(n-2)}{1.\ 2.\ 3.}$$

$$D = \frac{n(n-1)(n-2)(n-3)}{1.\ 2.\ 3.\ 4}$$

$$E = \frac{n(n-1)(n-2)(n-3)(n-3)}{1.\ 2.\ 3.\ 4.\ 5}$$

&c.

De-

Deinde ſequens formetur Tabula, quae pro ſingulis differentiis inſeruiet:

y	1;	0;	0;	0;	0;	0;	0;	0;	0;	&c.
Δy	0;	1;	1;	1;	1;	1;	1;	1;	1;	&c.
$\Delta^2 y$	0;	0;	2;	6;	14;	30;	62;	126;	254;	&c.
$\Delta^3 y$	0;	0;	0;	6;	36;	150;	540;	1806;	5796;	&c.
$\Delta^4 y$	0;	0;	0;	0;	24;	240;	1560;	8400;	40824;	&c.
$\Delta^5 y$	0;	0;	0;	0;	0;	120;	1800;	16800;	126000;	&c.
$\Delta^6 y$	0;	0;	0;	0;	0;	0;	720;	15120;	191520;	&c.
$\Delta^7 y$	0;	0;	0;	0;	0;	0;	0;	5040;	141120;	&c.

in qua Tabula numerus cuiusuis ſeriei inuenitur, ſi eiusdem ſeriei praecedens ad numerum ſupra poſitum addatur, atque ſumma per indicem charačteri Δ infixum multiplicetur. Sic, in ſerie differentiae $\Delta^5 y$ reſpondente, terminus 16800 inuenitur, ſi praecedens 1800 ad ſupra ſcriptum 1560 addatur, atque Summa 3360 per 5 multiplicetur.

15. Tabula ergo hac conſtituta, ſingulae differentiae Poteſtatis $x^n = y$ ſequenti modo ſe habebunt:

$$\Delta y = A\omega x^{n-1} + B\omega^2 x^{n-2} + C\omega^3 x^{n-3} + D\omega^4 x^{n-4} + \&c.$$

$$\Delta^2 y = 2B\omega^2 x^{n-2} + 6C\omega^3 x^{n-3} + 14D\omega^4 x^{n-4} + \&c.$$

$$\Delta^3 y = 6C\omega^3 x^{n-3} + 36D\omega^4 x^{n-4} + 150E\omega^5 x^{n-5} + \&c.$$

$$\Delta^4 y = 24D\omega^4 x^{n-4} + 240E\omega^5 x^{n-5} + 1560F\omega^6 x^{n-6} + \&c.$$

Ge-

Generatim autem potestatis x^n differentia ordinis m, seu $\Delta^m y$, sequenti modo exprimetur.

Sit

$$I = \frac{n(n-1)(n-2)\ .\ .\ .\ .\ (n-m+1)}{1.\ 2.\ 3\ .\ .\ .\ .\ .\ .\ m};$$

$$K = \frac{n-m}{m+1}\ I;$$

$$L = \frac{n-m-1}{m+2}\ K;$$

$$M = \frac{n-m-2}{m+3}\ L;$$

&c.

Deinde vero sit:

$$\alpha = (m+1)^m - \frac{m}{1} m^m + \frac{m(m-1)}{1.\ 2}(m-1)^m - \frac{m(m-1)(m-2)}{1.\ 2.\ 3}(m-2)^m + \&c.$$

$$\beta = (m+1)^{m+1} - \frac{m}{1} m^{m+1} + \frac{m(m-1)}{1.\ 2}(m-1)^{m+1} - \frac{m(m-1)(m-2)}{1.\ 2.\ 3}(m-2)^{m+2} + \&c.$$

$$\gamma = (m+1)^{m+2} - \frac{m}{1} m^{m+2} + \frac{m(m-1)}{1.\ 2}(m-1)^{m+2} - \frac{m(m-1)(m-2)}{1.\ 2.\ 3}(m-2)^{m+2} + \&c.$$

quibus valoribus inuentis erit

$$\Delta^m y = \alpha I \omega^m x^{n-m} + \beta K \omega^{m+1} x^{n-m-1} + \gamma L \omega^{m+2} x^{n-m-2}\ \&c.$$

cuius expressionis ratio ex modo, quo singulae differentiae ex valoribus y, y', y'', y''', &c. eliciuntur, sponte sequitur.

16. Ex his perspicuum est, si exponens n fuerit numerus integer affirmatiuus, tandem ad differentias perueniri constantes, hisque vlteriores omnes esse $= 0$. Sic erit

$$\Delta. x = \omega$$
$$\Delta^2. x^2 = 2\omega^2$$
$$\Delta^3. x^3 = 6\omega^3$$
$$\Delta^4. x^4 = 24\omega^4 \quad \text{\& tandem}$$
$$\Delta^n. x^n = 1 \cdot 2 \cdot 3 \cdot \ldots n \cdot \omega^n$$

Omnis ergo functio rationalis integra tandem ad differentias constantes deducetur. Scilicet, functio ipsius x primi gradus, $ax + b$ differentiam primam iam habet constantem $= a\omega$. Functio secundi gradus $axx + bx + c$ differentiam secundam habebit constantem $= 2a\omega\omega$: functionis autem tertii gradus differentia tertia erit constans; quarti quarta, & ita porro.

17. Modus autem, quo inuenimus differentias potestatis x^n, quoque latius patet, atque ad eas potestates, quarum exponens n est numerus negatiuus, vel fractus, vel adeo irrationalis, extenditur. Quod quo clarius appareat, differentias tantum primas praecipuarum huiusmodi potestatum exhibebimus, quoniam lex differentiarum secundarum ac sequentium non tam facile cernitur: erit ergo,

$$\Delta. x = \omega$$
$$\Delta. x^2 = 2\omega x + \omega^2$$
$$\Delta. x^3 = 3\omega x^2 + 3\omega^2 x + \omega^3$$
$$\Delta. x^4 = 4\omega x^3 + 6\omega^2 x^2 + 4\omega^3 x + \omega^4 \ \&c.$$

Si-

Simili modo vero erit

$$\Delta. x^{-1} = -\frac{\omega}{x^2} + \frac{\omega^2}{x^3} - \frac{\omega^3}{x^4} + \&c.$$

$$\Delta. x^{-2} = -\frac{2\omega}{x^3} + \frac{3\omega^2}{x^4} - \frac{4\omega^3}{x^5} + \&c.$$

$$\Delta. x^{-3} = -\frac{3\omega}{x^4} + \frac{6\omega^2}{x^5} - \frac{10\omega^3}{x^6} + \&c.$$

$$\Delta. x^{-4} = -\frac{4\omega}{x^5} + \frac{10\omega^2}{x^6} - \frac{20\omega^3}{x^7} + \&c.$$

Et inde pro reliquis. Pariter erit

$$\Delta. x^{\frac{1}{2}} = \frac{\omega}{2x^{\frac{1}{2}}} - \frac{\omega^2}{8x^{\frac{3}{2}}} + \frac{\omega^3}{16x^{\frac{5}{2}}} - \&c.$$

$$\Delta. x^{\frac{1}{3}} = \frac{\omega}{3x^{\frac{2}{3}}} - \frac{\omega^2}{9x^{\frac{5}{3}}} + \frac{5\omega^3}{81x^{\frac{8}{3}}} - \&c.$$

$$\Delta. x^{-\frac{1}{2}} = -\frac{\omega}{2x^{\frac{3}{2}}} + \frac{3\omega^2}{8x^{\frac{5}{2}}} - \frac{5\omega^3}{16x^{\frac{7}{2}}} + \&c.$$

$$\Delta. x^{-\frac{1}{3}} = -\frac{\omega}{3x^{\frac{4}{3}}} + \frac{2\omega^2}{9x^{\frac{7}{3}}} - \frac{14\omega^3}{81x^{\frac{10}{3}}} + \&c.$$

18. Apparet itaque has differentias, si exponens ipsius x non fuerit numerus integer affirmatiuus, in infinitum progredi, seu ex terminorum numero infinito constare. Interim tamen eaedem differentiae quoque per expressionem finitam exhiberi possunt. Cum enim, posito $y = x^{-1} = \frac{1}{x}$, sit $y^{I} = \frac{1}{x+\omega}$, erit $\Delta . x^{-1} = \Delta . \frac{1}{x} = \frac{1}{x+\omega} - \frac{1}{x}$; vnde, si fractio $\frac{1}{x+\omega}$ in seriem conuertatur, prodit expressio superior. Simili modo erit

$$\Delta . x^{-2} = \Delta . \frac{1}{xx} = \frac{1}{(x+\omega)^2} - \frac{1}{xx},$$

atque pro irrationalibus erit

$$\Delta . \sqrt{x} = \sqrt{(x+\omega)} - \sqrt{x}, \ \& \ \Delta . \frac{1}{\sqrt{x}} = \frac{1}{\sqrt{(x+\omega)}} - \frac{1}{\sqrt{x}};$$

quae formulae si more solito in series explicentur, superiores expressiones praebent.

19. Hoc vero modo quoque differentiae functionum, siue fractarum siue irrationalium, inueniri possunt: sic, si quaeratur differentia prima fractionis $\frac{1}{aa+xx}$ ponatur $y = \frac{1}{aa+xx}$; &, quia est $y^{I} = \frac{1}{aa+xx+2\omega x+\omega^2}$ erit $\Delta y = \Delta . \frac{1}{aa+xx} = \frac{1}{aa+xx+2\omega x+\omega\omega} - \frac{1}{aa+xx}$, quae expressio quoque in seriem infinitam conuerti potest.

Pona-

Ponatur $aa + xx = P$ & $2\omega x + \omega\omega = Q$;
erit

$$\frac{1}{P+Q} = \frac{1}{P} - \frac{Q}{P^2} + \frac{Q^2}{P^3} - \frac{Q^3}{P^4} + \&c.$$

&

$$\Delta y = -\frac{Q}{P^2} + \frac{Q^2}{P^3} - \frac{Q^3}{P^4} + \&c.$$

Restitutis ergo loco P & Q valoribus erit:

$$\Delta y = \Delta.\frac{1}{aa+xx} = -\frac{2\omega x+\omega\omega}{(aa+xx)^2} + \frac{4\omega\omega xx + 4\omega^3 x + \omega^4}{(aa+xx)^3}$$
$$- \frac{8\omega^3 x^3 + 12\omega^4 x^2 + 6\omega^5 x + \omega^6}{(aa+xx^4} + \&c.$$

qui termini si secundum potestates ipsius ω ordinentur erit:

$$\Delta.\frac{1}{aa+xx} = -\frac{2\omega x}{(aa+xx)^2} + \frac{3\omega^2(xx-aa)}{(aa+xx)^3} - \frac{4\omega^3(x^3-aax)}{(aa+xx)^4} + \&c.$$

20. Similibus seriebus infinitis differentiae functionum irrationalium quoque exprimi possunt.

Sit proposita ista functio $y = \sqrt{(aa+xx)}$;
&, cum sit $y^1 = \sqrt{(aa+xx+2\omega x+\omega\omega)}$,
ponatur $aa+xx = P$ & $2\omega x + \omega\omega = Q$

$$\text{erit } \Delta v = \sqrt{(P+Q)} - \sqrt{P} = \frac{Q}{2\sqrt{P}} - \frac{QQ}{8P\sqrt{P}} + \frac{Q^3}{16P^2\sqrt{P}} - \&c.$$

 vnde

vnde fiet

$$\Delta y = \Delta.\, \sqrt{(aa+xx)} = \frac{2\omega x + \omega\omega}{2\sqrt{(aa+xx)}} - \frac{4\omega^2 x^2 - 4\omega^3 x - \omega^4}{8(aa+xx)\sqrt{(aa+xx)}} + \&c.$$

vel

$$= \frac{\omega x}{\sqrt{(aa+xx)}} + \frac{aa\omega^2}{2(aa+xx)\sqrt{(aa+xx)}} - \frac{aa\omega^3 x}{2(aa+xx)^2\sqrt{(aa+xx)}}\ \&c.$$

Hincque adeo colligimus functionis cuiuscunque ipsius x, quae sit y, differentiam hac forma exprimi posse, vt sit

$$\Delta y = P\omega + Q\omega^2 + R\omega^3 + S\omega^4 + \ \&c.$$

existentibus P, Q, R, S, &c. certis ipsius x functionibus, quae quouis casu ex functione y definiri possunt.

21. Neque etiam ex hac forma differentiae functionum transcendentium excluduntur, id quod ex sequentibus exemplis clarius apparebit.

EXEMPLUM I.

Inuenire differentiam primam logarithmi hyperbolici ipsius x.

Ponatur $y = lx$; & cum sit $y^{\mathrm{I}} = l(x+\omega)$, erit

$$\Delta y = y^{\mathrm{I}} - y = l(x+\omega) - lx = l\left(1 + \frac{\omega}{x}\right).$$

Huiumsodi autem logarithmum supra docuimus per seriem infinitam exprimere; qua adhibita, erit

$$\Delta y = \Delta.\, lx = \frac{\omega}{x} - \frac{\omega^2}{2xx} + \frac{\omega^3}{3x^3} - \frac{\omega^4}{4x^4} + \ \&c.$$

EX-

EXEMPLUM II.

Inuenire differentiam primam quantitatis exponentialis a^x.

Posito $y = a^x$ erit $y^I = a^{x+\omega} = a^x . a^\omega$:
at supra ostendimus esse

$$a^\omega = 1 + \frac{\omega l a}{1} + \frac{\omega^2 (la)^2}{1.\ 2} + \frac{\omega^3 (la)^3}{1.\ 2.\ 3} + \ \&c.$$

quo valore introducto erit

$$\Delta . a^x = y^I - y = \Delta y = \frac{a^x \omega la}{1} + \frac{a^x \omega^2 (la)^2}{1.\ 2} + \frac{a^x \omega^3 (la)^3}{1.\ 2.\ 3} + \ \&c.$$

EXEMPLUM III.

In circulo, cuius radius $= 1$, inuenire differentiam sinus arcus x.

Sit $\sin x = y$, erit $y^I = \sin (x+\omega)$,
vnde $\Delta y = y^I - y = \sin (x+\omega) - \sin x$.
At est $\sin (x+\omega) = \cos \omega . \sin x + \sin \omega . \cos x$,
atque per series infinitas ostendimus esse,

$$\cos \omega = 1 - \frac{\omega^2}{1.\ 2} + \frac{\omega^4}{1.\ 2.\ 3.\ 4} - \frac{\omega^6}{1.\ 2.\ 3.\ 4.\ 5.\ 6} + \ \&c.$$

&

$$\sin \omega = \omega - \frac{\omega^3}{1.2.3} + \frac{\omega^5}{1.\ 2.\ 3.\ 4.\ 5} - \frac{\omega^7}{1.\ 2.\ 3.\ 4.\ 5.\ 6.\ 7} + \ \&c.$$

quibus seriebus substitutus erit:

$$\Delta . \sin x = \omega . \cos x - \frac{\omega^2}{2} \sin x - \frac{\omega^3}{6} \cos x + \frac{\omega^4}{24} \sin x + \frac{\omega^5}{120} \cos x - \ \&c.$$

EX-

EXEMPLUM IV.

In circulo cuius radius $=1$ inuenire differentiam cosinus arcus x.

Posito $y = \cos x$, ob $y^{I} = \cos(x+\omega)$

erit $y^{I} = \cos\omega.\cos x - \sin\omega.\sin x$

& $\Delta y = \cos\omega.\cos x - \sin\omega.\sin x - \cos x$

Seriebus ergo ante expositis adhibendis prodibit:

$$\Delta.\cos x = -\omega\sin x - \frac{\omega^2}{2}\cos x + \frac{\omega^3}{6}\sin x + \frac{\omega^4}{24}\cos x - \frac{\omega^5}{120}\sin x - \&c.$$

22. Cum igitur proposita quacunque functione ipsius x, siue algebraica siue transcendente, quae sit y, eius differentia prima eiusmodi habeat formam vt sit:

$$\Delta y = P\omega + Q\omega^2 + R\omega^3 + S\omega^4 + \&c.$$

si huius differentia denuo capiatur, patebit differentiam secundam ipsius y huiusmodi formam esse habituram:

$$\Delta\Delta y = P\omega^2 + Q\omega^3 + R\omega^4 + \&c.$$

similique modo differentia tertia ipsius y, erit huiusmodi

$$\Delta^3 y = P\omega^3 + Q\omega^4 + R\omega^5 + \&c.$$

sicque porro.

Vbi notandum est litteras P, Q, R, &c. hic non pro valoribus determinatis adhiberi, neque eadem littera in diuersis differentiis eandem functionem ipsius x denotari: ideo enim tantum iisdem litteris vtor, ne sufficiens diuersarum litterarum numerus deficiat.

Ceterum *istae differentiarum formae* probe sunt *notandae*, cum in Analysi infinitorum maximum vsum offerant.

23. Cum

23. Cum igitur modum expoſuerim, quo cuiusuis functionis differentia prima, ex eaque porro differentiae ſequentium ordinum inueniri queant; quippe quae ex valoribus functionis y ſucceſſiuis y^{I}, y^{II}, y^{III}, y^{IV}, &c. reperiuntur: viciſſim ex differentiis ipſius y cuiusque ordinis datis, iſti ipſi variati valores ipſius y elici poterunt. Erit enim

$$y^{I} = y + \Delta y$$

$$y^{II} = y + 2\Delta y + \Delta\Delta y$$

$$y^{III} = y + 3\Delta y + 3\Delta\Delta y + \Delta^3 y$$

$$y^{IV} = y + 4\Delta y + 6\Delta\Delta y + 4\Delta^3 y + \Delta^4 y$$

&c.

vbi coefficientes numerici iterum ex euolutione binomii naſcuntur. Quemadmodum ergo y^{I}, y^{II}, y^{III}, &c. ſunt valores ipſius y, qui oriuntur ſi loco x ſucceſſiue ponantur hi valores $x + \omega$, $x + 2\omega$, $x + 3\omega$, &c. ſtatim valorem ipſius $y^{(n)}$ aſſignare poterimus, qui prodit ſi loco x ſcribatur $x + n\omega$, erit ſcilicet iſte valor:

$$y + \frac{n}{1}\Delta y + \frac{n(n-1)}{1 \cdot 2}\Delta^2 y + \frac{n(n-1)(n-2)}{1 \cdot 2 \cdot 3}\Delta^3 y + \&c.$$

Hincque adeo etiam valores ipſius y praeberi poſſunt ſi n fuerit numerus negatiuus. Sic, ſi loco x ponatur $x - \omega$, functio y abibit in hanc formam:

$$y - \Delta y + \Delta^2 y - \Delta^3 y + \Delta^4 y - \&c.$$

ſin autem loco x ponatur $x - 2\omega$, functio y tranſibit in:

$$y - 2\Delta y + 3\Delta^2 y - 4\Delta^3 y + 5\Delta^4 y - \&c.$$

24. Pauca quaedam addamus de methodo inuerſa, qua, ſi detur differentia, ex ea ipſa illa functio, cuius eſt differentia, inueſtigari debeat. Cum autem hoc ſit difficillimum atque ſaepe numero ipſam analyſin infinitorum requirat, caſus tantum quosdam faciliores euoluamus. Primum igitur, regrediendo, ſi functionis cuiuspiam differentiam inuenerimus, viciſſim hac differentia propoſita, ipſa illa functio, vnde eſt nata, exhiberi poterit. Sic, cum functionis $ax + b$ differentia ſit $a\omega$, ſi quaeratur cuiusnam functionis differentia ſit $a\omega$; reſponſio erit in promtu, eam functionem eſſe $ax + b$. In hac igitur reperitur quantitas conſtans b, quae in differentia non inerat, & quae propterea ab arbitrio noſtro pendet. Perpetuo autem ſi functionis cuiusuis P differentia fuerit Q, quoque functionis P + A, (denotante A quantitatem quamcunque conſtantem,) differentia erit Q. Hinc, ſi iſta differentia Q proponatur, functio, ex qua ea eſt orta, erit P + A, atque idcirco determinatum valorem non habet, cum conſtans A ab arbitrio pendeat.

25. Vocemus eam functionem quaeſitam cuius differentia proponitur, SUMMAM; quod nomen commode adhibetur, cum quod ſumma differentiae opponi ſolet, tum etiam, quod functio quaeſita reuera ſit ſumma omnium valorum praecedentium differentiae. Quemadmodum

dum enim est $y^{I} = y + \Delta y$, & $y^{II} = y + \Delta y + \Delta y^{I}$, si valores ipsius y retro continuentur; ita, ut is, qui valori $x - \omega$ respondet, scribatur y_{I}, huncque praecedens y_{II}; & qui vltra praecedunt y_{III}, y_{IV}, y_{V}, &c. hincque series formetur retrograda, cum suis differentiis:

$$y_{V};\ y_{IV};\ y_{III};\ y_{II};\ y_{I};\ y$$

&

$$\Delta y_{V};\ \Delta y_{IV};\ \Delta y_{III};\ \Delta y_{II};\ \Delta y_{I}$$

erit

$$y = \Delta y_{I} + y_{I}$$

&

ob $y_{I} = \Delta y_{II} + y_{II}$, porroque $y_{II} = \Delta y_{III} + y_{III}$

erit vtique

$$y = \Delta y_{I} + \Delta y_{II} + \Delta y_{III} + \Delta y_{IV} + \Delta y_{V}$$

&c.

sicque erit functio y, cuius differentia est Δy, summa omnium valorum antecedentium differentiae Δy, qui oriuntur, si loco x scribantur valores antecedentes $x - \omega$; $x - 2\omega$; $x - 3\omega$; &c.

26. Quemadmodum ad differentiam denotandam vsi sumus signo Δ, ita summam indicabimus signo Σ: scilicet, si functionis y differentia fuerit z, erit $z = \Delta y$; vnde, si y detur, differentiam z inuenire ante docuimus. Quodsi autem data sit differentia z, eiusque summa y reperiri debeat, fiet $y = \Sigma z$; atque adeo, ex aequatione $z = \Delta y$ regrediendo, formabitur haec aequatio $y = \Sigma z$; vbi constans quantitas quaecunque adiici poterit ob ratio-

 nes

nes ſupra datas; ex quo, aequatio $z = \Delta y$, ſi inuertatur, dabit quoque $y = \Sigma z + C$. Deinde, cum quantitatis ay differentia ſit $a\Delta y = az$, erit $\Sigma az = ay$, ſi quidem a ſit quantitas conſtans. Quia ergo eſt $\Delta x = \omega$; erit $\Sigma \omega = x + C$ & $\Sigma a\omega = ax + C$; atque ob ω quantitatem conſtantem, erit $\Sigma \omega^2 = \omega x + C$; $\Sigma \omega^3 = \omega^2 x + C$; & ita porro.

27. Si igitur differentias poteſtatum ipſius x ſupra inuentas inuertamus, erit

$$\Sigma \omega = x; \quad \text{hincque} \quad \Sigma 1 = \frac{x}{\omega};$$

Deinde habemus

$$\Sigma (2\omega x + \omega^2) = x^2;$$

vnde fit

$$\Sigma x = \frac{x^2}{2\omega} - \Sigma \frac{\omega}{2} = \frac{x^2}{2\omega} - \frac{x}{2}.$$

Porro eſt

$$\Sigma (3\omega xx + 3\omega^2 x + \omega^3) = x^3$$

ſeu

$$3\omega \Sigma x^2 + 3\omega^2 \Sigma x + \omega^3 \Sigma 1 = x^3$$

ergo

$$\Sigma x^2 = \frac{x^3}{3\omega} - \omega \Sigma x - \frac{\omega^2}{3} \Sigma 1$$

ſeu

$$\Sigma x^2 = \frac{x^3}{3\omega} - \frac{x^2}{2} + \frac{\omega x}{6}$$

ſimili modo erit

$$\Sigma x^3 = \frac{x^4}{4\omega} - \frac{3\omega}{2} \Sigma x^2 - \omega^2 \Sigma x - \frac{\omega^3}{4} \Sigma 1$$

vbi

vbi, ſi loco Σx^2, Σx & $\Sigma 1$ valores ante inuenti ſubſtituantur, reperietur:

$$\Sigma x^3 = \frac{x^4}{4\omega} - \frac{x^3}{2} + \frac{\omega xx}{4}.$$

Deinde, cum ſit

$$\Sigma x^4 = \frac{x^5}{5\omega} - 2\omega\Sigma x^3 - 2\omega^2\Sigma x^2 - \omega^3\Sigma x - \frac{\omega^4}{5}\Sigma 1$$

erit, adhibendis ſubſtitutionibus:

$$\Sigma x^4 = \frac{x^5}{5\omega} - \frac{1}{2}x^4 + \frac{1}{3}\omega x^3 - \frac{1}{30}\omega^3 x$$

ſimili modo vlterius progrediendo reperietur

$$\Sigma x^5 = \frac{x^6}{6\omega} - \frac{1}{2}x^5 + \frac{5}{12}\omega x^4 - \frac{1}{12}\omega^3 x^2$$

&

$$\Sigma x^6 = \frac{x^7}{7\omega} - \frac{1}{2}x^6 + \frac{1}{2}\omega x^5 - \frac{1}{6}\omega^3 x^3 + \frac{1}{42}\omega^5 x$$

quas expreſſiones infra facilius inuenire docebimus.

28. Si ergo differentia propoſita fuerit functio rationalis integra ipſius x, eius ſumma, (ſeu ea functio, cuius ea eſt differentia) ex his formulis facile inuenitur. Quia enim differentia ex aliquot poteſtatibus ipſius x conſtabit, quaeratur vniuscuiusque termini ſumma, omnesque iſtae ſummae colligantur.

EXEMPLUM I.

Quaeratur functio, cuius differentia ſit $= axx + bx + c$.

Quaerantur ſingulorum terminorum ſummae ope formularum ante inuentarum, erit

$$\Sigma axx = \frac{ax^3}{3\omega} - \frac{axx}{2} + \frac{a\omega x}{6}$$

&

$$\Sigma bx = \quad . \quad . \quad \frac{bxx}{2\omega} - \frac{bx}{2}$$

atque

$$\Sigma c = \quad . \quad . \quad . \quad . \quad . \quad . \quad . \quad \frac{cx}{\omega}$$

Hinc colligendo has summas erit

$$\Sigma(axx+bx+c) = \frac{a}{3\omega}x^3 - \frac{(a\omega-b)}{2\omega}x^2 + \frac{(a\omega^2-3b\omega+6c)}{6\omega}x + C$$

quae est functio quaesita, cuius differentia est $axx+bx+c$.

EXEMPLUM II.

Quaeratur functio, cuius differentia est $x^4-2\omega^2xx+\omega^4$.

Operationem simili modo instituendo habebitur.

$$\Sigma x^4 = \frac{1}{5\omega}x^5 - \frac{1}{2}x^4 + \frac{1}{3}\omega x^3 - \frac{1}{30}\omega x^3$$

&

$$-\Sigma 2\omega^2x^2 = \quad . \quad - \frac{2\omega}{3}x^3 + \omega^2x^2 - \frac{\omega^3}{3}x$$

atque

$$+\Sigma\omega^4 = \quad . \quad . \quad . \quad . \quad . \quad . \quad . \quad . \quad . \quad . \quad + \omega^3 x$$

vnde functio quaesita erit:

$$\frac{1}{5\omega}x^5 - \frac{1}{2}x^4 - \frac{1}{3}\omega x^3 + \omega^2x^2 + \frac{19}{30}\omega^3x + C$$

Si enim hic loco x ponatur $x+\omega$, atque a quantitate resultante subtrahatur ista inuenta, remanebit proposita differentia $x^4 - 2\omega^2x^2 + \omega^4$.

29. Si

29. Si ſummas, quas pro poteſtatibus ipſius x invenimus, attentius inſpiciamus, in terminis primis, ſecundis, ac tertiis mox quidem legem obſeruabimus, qua illi ſecundum ſingulas poteſtates progrediuntur: reliquorum autem terminorum lex non ita eſt perſpicua, vt ſummam poteſtatis x^n in genere inde colligere liceat. Interim tamen in ſequentibus docebitur eſſe:

$$\Sigma x^n =$$

$$\frac{x^{n+1}}{(n+1)\omega} - \frac{1}{2}x^n + \frac{1}{2}\cdot\frac{n\omega}{2.3}x^{n-1} - \frac{1}{6}\cdot\frac{n(n-1)(n-2)\omega^3}{2.\ 3.\ 4.\ 5}x^{n-3}$$

$$+ \frac{1}{6}\cdot\frac{n(n-1)(n-2)(n-3)(n-4)\omega^5}{2.\ 3.\ 4.\ 5.\ 6.\ 7.}x^{n-5}$$

$$- \frac{3}{10}\cdot\frac{n(n-1)\ \ldots\ldots\ (n-6)\omega^7}{2.\ 3\ \ldots\ldots\ 8.\ 9}x^{n-7}$$

$$+ \frac{5}{6}\cdot\frac{n(n-1)\ \ldots\ldots\ (n-8)\omega^9}{2.\ 3\ \ldots\ldots\ 10.\ 11}x^{n-9}$$

$$- \frac{691}{210}\cdot\frac{n(n-1)\ \ldots\ldots\ (n-10)\omega^{11}}{2.\ 3\ \ldots\ldots\ 12.\ 13}x^{n-11}$$

$$+ \frac{35}{2}\cdot\frac{n(n-1)\ \ldots\ldots\ n-12)\omega^{13}}{2.\ 3\ \ldots\ldots\ 14.\ 15}x^{n-13}$$

$$- \frac{3617}{30}\cdot\frac{n(n-1)\ \ldots\ldots\ (n-14)\omega^{15}}{2.\ 3\ \ldots\ldots\ 16.\ 17}x^{n-15}$$

$$+ \frac{43867}{42}\cdot\frac{n(n-1)\ \ldots\ldots\ (n-16)\omega^{17}}{2.\ 3\ \ldots\ldots\ 18.\ 19}x^{n-17}$$

$$- \frac{1222277}{110}\cdot\frac{n(n-1)\ \ldots\ldots\ (n-18)\omega^{19}}{2.\ 3\ \ldots\ldots\ 20.\ 21}x^{n-19}$$

$$+ \frac{854513}{6}\cdot\frac{n(n-1)\ \ldots\ldots\ (n-20)\omega^{21}}{2.\ 3\ \ldots\ldots\ 22.\ 23}x^{n-21}$$

$$-$$

$$-\frac{1181820455}{546}\cdot\frac{n(n-1)\;.\;.\;.\;(n-22)\omega^{23}}{2.\;3\;.\;.\;.\;.\;24.\;25}x^{n-23}$$

$$+\frac{76977927}{2}\cdot\frac{n(n-1)\;.\;.\;.\;.\;(n-24)\omega^{25}}{2.\;3\;.\;.\;.\;.\;.\;26.\;27}x^{n-25}$$

$$-\frac{23749461029}{30}\cdot\frac{n(n-1)\;.\;.\;.\;(n-26)\omega^{27}}{2.\;3\;.\;.\;.\;.\;28.\;29}x^{n-27}$$

$$+\frac{8615841276005}{462}\cdot\frac{n(n-1)\;.\;.\;.\;(n-28)\omega^{29}}{2.\;3\;.\;.\;.\;30.\;31}x^{n-29}$$

$$\&c. + C$$

cuius progressionis praecipuum momentum in coefficientibus mere numericis est situm, qui quemadmodum formentur, hic locus nondum est, vbi exponi queat.

30. Apparet autem nisi n sit numerus integer affirmatiuus, hanc summae expressionem in infinitum progredi, neque hoc modo summam in forma finita exhiberi posse. Ceterum hic notandum est, non omnes potestates ipsius x proposita x^n inferiores occurrere; desunt enim termini x^{n-2}, x^{n-4}, x^{n-6}, x^{n-8}, &c. quippe quorum coefficientes sunt $=0$, etiamsi termini secundi x^n coefficiens hanc legem non sequatur, sed sit $=-\frac{1}{2}$. Poterunt ergo huius expressionis ope summae potestatum, quarum exponentes sunt vel negatiui vel fracti in forma infinita exhiberi solo excepto casu quo $n=-1$, quia tum fit terminus $\frac{x^{n+1}}{(n+1)\omega}$ ob $n+1=0$ infinitus. Sic, posito $n=-2$; erit

$$\Sigma \frac{1}{xx} = C - \frac{1}{\omega x} - \frac{1}{2xx} - \frac{1}{6}\cdot\frac{\omega}{3x^3} + \frac{1}{6}\cdot\frac{\omega^3}{5x^5}$$

$$- \frac{1}{6}\cdot\frac{\omega^5}{7x^7} + \frac{3}{10}\cdot\frac{\omega^7}{9x^9} - \frac{5}{6}\cdot\frac{\omega^9}{11x^{11}} + \frac{691}{210}\cdot\frac{\omega^{11}}{13x^{13}}$$

$$- \frac{35}{2}\cdot\frac{\omega^{13}}{15x^{15}} + \frac{3617}{30}\cdot\frac{\omega^{15}}{17x^{17}} - \&c.$$

31. Si ergo differentia propoſita fuerit poteſtas ipſius x quaecunque, eius ſumma hinc perpetuo aſſignari, ſeu functio, cuius ea ſit differentia, exhiberi poterit. Sin autem differentia propoſita aliam habeat formam, vt in poteſtates ipſius x, tanquam partes, diſtribui nequeat, tum ſumma difficillime ac ſaepenumero prorſus non inueniri poteſt: niſi forte pateat, eam ex quapiam functione eſſe ortam. Hanc ob cauſam conueniet plurium functionum differentias inueſtigare easque probe notare, vt ſi quando huiusmodi differentia proponatur, eius ſumma, ſeu functio vnde eſt orta, ſtatim exhiberi queat. Interim tamen methodus infinitorum plures regulas ſuppeditabit, quarum ope inuentio ſummarum mirifice ſubleuabitur.

32. Facilius autem ſaepe ſumma quaeſita reperitur, ſi differentia propoſita ex factoribus ſimplicibus conſtet, qui progreſſionem arithmeticam conſtituant, cuius differentia ſit ipſa quantitas ω. Sic, ſi propoſita fuerit functio $(x+\omega)(x+2\omega)$, cuius differentia quaeratur: quia, poſito $x+\omega$ loco x, haec functio abit in $(x+2\omega)$

 $(x+$

$(x+3\omega)$, eius differentia erit $2\omega(x+2\omega)$. Quare viciſſim, ſi proponatur differentia $2\omega(x+2\omega)$, eius ſumma erit $(x+\omega)(x+2\omega)$, hinc ergo erit

$$\Sigma(x+2\omega)=\frac{1}{2\omega}(x+\omega)(x+2\omega).$$

Simili modo, ſi proponatur functio $(x+n\omega)(x+(n+1)\omega)$, cum ſit eius differentia $2\omega(x+(n+1)\omega)$ erit

$$\Sigma(x+(n+1)\omega)=\frac{1}{2\omega}(x+n\omega)(x+(n+1)\omega)$$

&

$$\Sigma(x+n\omega)=\frac{1}{2\omega}(x+(n-1)\omega)(x+n\omega).$$

33. Si functio ex pluribus factoribus conſtet, vt ſit $y=(x+(n-1)\omega)(x+n\omega)(x+(n+1)\omega)$, cum ſit

$$y^{I}=(x+n\omega)(x+(n+1)\omega)(x+(n+2)\omega),$$

erit

$$\Delta y=3\omega(x+n\omega)(x+(n+1)\omega)$$

ac propterea

$$\Sigma(x+n\omega)(x+(n+1)\omega)=\frac{1}{3\omega}(x+(n-1)\omega)(x+n\omega)(x+(n+1)\omega)$$

Pari modo reperietur eſſe:

$$\Sigma(x+n\omega)(x+(n+1)\omega)(x+(n+2)\omega)=$$
$$\frac{1}{4\omega}(x+(n-1)\omega)(x+n\omega)(x+(n+1)\omega)(x+(n+2)\omega).$$

vnde lex inueniendi ſummas, ſi differentia ex pluribus huiusmodi factoribus conſtet, ſponte patet. Quamuis au-

autem hae differentiae sint functiones rationales integrae, tamen earum summae hoc modo facilius reperiuntur, quam per methodum praecedentem.

34. Hinc quoque via patet ad differentiarum fractarum summas inueniendas. Sit enim proposita fractio

$$y = \frac{1}{x + n\omega}; \text{ quia erit } y^{I} = \frac{1}{x + (n+1)\omega}$$

erit

$$\Delta y = \frac{1}{x + (n+1)\omega} - \frac{1}{x + n\omega} = \frac{-\omega}{(x+n\omega)(x+(n+1)\omega)}$$

ac propterea

$$\Sigma \frac{1}{(x + n\omega)(x + (n+1)\omega)} = -\frac{1}{\omega} \cdot \frac{1}{x + n\omega}$$

Sit porro

$$y = \frac{1}{(x + n\omega)(x + (n+1)\omega)}$$

$$\text{ob } y^{I} = \frac{1}{(x + (n+1)\omega)(x + (n+2)\omega)}$$

erit

$$\Delta y = \frac{-2\omega}{(x + n\omega)(x + (n+1)\omega)(x + (n+2)\omega)}.$$

Hinc ideo fiet

$$\Sigma \frac{1}{(x + n\omega)(x + (n+1)\omega)(x + (n+2)\omega)}$$

$$= \frac{-1}{2\omega} \cdot \frac{1}{(x + n\omega)(x + (n+1)\omega)}.$$

 Simili

Simili modo erit porro

$$\Sigma \frac{1}{(x+n\omega)(x+(n+1)\omega)(x+(n+2)\omega)(x+(n+3)\omega)}$$
$$= \frac{-1}{3\omega} \cdot \frac{1}{(x+n\omega)(x+(n+1)\omega)(x+(n+2)\omega)}.$$

35. Modus iſte ſummandi probe eſt tenendus, quia huiusmodi differentiarum ſummae per praecedentem methodum inueniri non poſſunt. Quodſi autem differentia inſuper habeat numeratorem, vel factores denominatoris non in arithmetica progreſſione procedant, tum tutiſſimus modus inueſtigandi ſummas eſt, vt differentia propoſita in ſuas fractiones ſimplices reſoluatur, quarum ſingulae etſi ſummari nequeunt, tamen binis coniungendis toties ſumma inueniri poteſt, quoties id quidem fieri licet; tantum enim erit diſpiciendum, vtrum ſumma ope huius formulae inueniri queat:

$$\Sigma \frac{1}{x+(n+1)\omega} - \Sigma \frac{1}{x+n\omega} = \frac{1}{x+n\omega}$$

etſi enim neutra harum ſummarum per ſe exhiberi poteſt, tamen earum differentia cognoſcitur.

36. His igitur caſibus negotium redit ad reſolutionem cuiusque fractionis in fractiones ſuas ſimplices, quae in ſuperiori libro fuſius eſt oſtenſa. Quemadmodum ergo eius beneficio ſummae inueniri queant, aliquot exemplis docebimus.

EXEM-

EXEMPLUM I.

Quaeratur summa, cuius differentia sit

$$\frac{3x+2\omega}{x(x+\omega)(x+2\omega)}.$$

Resoluatur haec differentia proposita in suas fractiones simplices, quae erunt

$$\frac{1}{\omega}\cdot\frac{1}{x}+\frac{1}{\omega}\cdot\frac{1}{x+\omega}-\frac{2}{\omega}\cdot\frac{1}{x+2\omega}.$$

Cum iam sit ex superiori formula:

$$\Sigma\frac{1}{x+n\omega}=\Sigma\frac{1}{x+(n+1)\omega}-\frac{1}{x+n\omega}$$

erit

$$\Sigma\frac{1}{x}=\Sigma\frac{1}{x+\omega}-\frac{1}{x}.$$

Hinc erit summa quaesita

$$\frac{1}{\omega}\Sigma\frac{1}{x}+\frac{1}{\omega}\Sigma\frac{1}{x+\omega}-\frac{2}{\omega}\Sigma\frac{1}{x+2\omega}=$$

$$\frac{2}{\omega}\Sigma\frac{1}{x+\omega}-\frac{2}{\omega}\Sigma\frac{1}{x+2\omega}-\frac{1}{\omega x},$$

at est

$$\Sigma\frac{1}{x+\omega}=\Sigma\frac{1}{x+2\omega}-\frac{1}{x+\omega};$$

vnde summa quaesita erit

$$-\frac{1}{\omega x}-\frac{2}{\omega(x+\omega)}=\frac{-3x-\omega}{\omega x(x+\omega)}.$$

EXEMPLUM II.

Quaeratur summa, cuius differentia est

$$\frac{3\omega}{x(x+3\omega)}.$$

Posita hac differentia $= z$, erit $z = \frac{1}{x} - \frac{1}{x+3\omega}$ ideoque

$$\Sigma z = \Sigma \frac{1}{x} - \Sigma \frac{1}{x+3\omega} = \Sigma \frac{1}{x+\omega} - \Sigma \frac{1}{x+3\omega} - \frac{1}{x} = \Sigma \frac{1}{x+2\omega} - \Sigma \frac{1}{x+3\omega} - \frac{1}{x} - \frac{1}{x+\omega}$$

$$= - \frac{1}{x} - \frac{1}{x+\omega} - \frac{1}{x+2\omega}.$$

quae est summa quaesita. Quoties ergo hoc modo signa summatoria Σ sese tandem tollunt, toties differentiae propositae summa exhiberi poterit; sin autem haec destructio non succedat, signum hoc est, summam inueniri non posse.

CAPUT

CAPUT II.

DE VSU DIFFERENTIARUM IN DOCTRINA SERIERUM.

37.

Naturam ſerierum per differentias maxime illuſtrari, ex primis rudimentis ſatis eſt notum. Progreſſionis enim arithmeticae, quae primum conſiderari ſolet, praecipua proprietas in hoc verſatur, vt eius differentiae primae ſint inter ſe aequales; hinc differentiae ſecundae ac reliquae omnes erunt cyphrae. Dantur deinde ſeries, quarum differentiae ſecundae demum ſunt aequales, quae hanc ob rem *ſecundi ordinis* commode appellantur, dum progreſſiones arithmeticae ſeries *primi ordinis* vocantur. Porro igitur ſeries *tertii ordinis* erunt, quarum differentiae tertiae ſunt conſtantes; atque ad *quartum ordinem* & ſequentes eae referentur ſeries, quarum differentiae quartae, & vlteriores demum ſunt conſtantes.

38. In hac diuiſione infinita ſerierum genera comprehenduntur, neque tamen omnes ſeries ad haec genera reuocare licet. Occurrunt enim innumerabiles ſeries, quae, differentiis ſumendis, nunquam ad terminos conſtantes deducunt: cuiusmodi, praeter innumeras alias ſunt progreſſiones geometricae, quae nunquam praebent differentias conſtantes, vti ex hoc exemplo videre licet.

1, 2, 4, 8, 16, 32, 64, 128, &c.

1, 2, 4, 8, 16, 32, 64, &c.

1, 2, 4, 8, 16, 32, &c.

Cum enim feries differentiarum cuiusque ordinis aequalis ſit ipſi ſeriei propoſitae, aequalitas differentiarum prorſus excluditur. Quocirca plures ſerierum claſſes conſtitui debebunt, quarum una tantum in hos ordines, qui tandem ad differentias conſtantes revocantur, ſubdiuiditur; quam claſſem in hoc capite potiſſimum conſiderabimus.

39. Duae autem res ad naturam ſerierum cognoſcendam imprimis requiri ſolent, Terminus generalis atque Summa ſeu Terminus ſummatorius. Terminus generalis eſt expreſſio indefinita, quae vnumquemque ſeriei terminum complectitur, atque eiusmodi propterea eſt functio quantitatis variabilis x, quae, poſito $x = 1$, terminum ſeriei primum exhibet; ſecundum vero poſito $x = 2$; tertium poſito $x = 3$; quartum poſito $x = 4$; & ita porro. Cognito ergo termino generali, quotuscunque ſeriei terminus inuenietur, etiamſi lex, qua ſinguli termini cohaerent, non reſpiciatur. Sic verbi gratia ponendo $x = 1000$, ſtatim terminus milleſimus cognoſcetur. Ita huius ſeriei

1, 6, 15, 28, 45, 66, 91, 120, &c.

Terminus generalis eſt $2xx - x$; poſito enim $x = 1$, haec formula dat terminum primum 1; poſito $x = 2$, oritur terminus ſecundus 6; ſi ponatur $x = 3$, oritur tertius 15; &c. vnde patet huius ſeriei terminum centeſimum, poſito $x = 100$ fore $= 2.10000 - 100 = 19900$.

40. In-

40. Indices seu exponentes in qualibet serie vocantur numeri, qui indicant quotus quisque terminus sit in ordine: sic, termini primi index erit 1, secundi 2, tertii 3, & ita porro. Hinc indices singulis cuiusque seriei terminis inscribi solent, hoc modo

INDICES.

1, 2, 3, 4, 5, 6, 7, &c.

TERMINI.

A, B, C, D, E, F, G, &c.

vnde statim patet G esse seriei propositae terminum septimum, cum eius index sit 7. Hinc terminus generalis nil aliud erit, nisi terminus seriei, cuius index vel exponens est numerus indefinitus x. Quemadmodum ergo in quolibet serierum ordine, quarum differentiae vel primae, vel secundae, vel aliae sequentes sunt constantes, terminum generalem inueniri oporteat, primum docebimus: tum vero ad inuestigationem summae sumus progressuri.

41. Incipiamus ab ordine primo, qui continet progressiones arithmeticas, quarum differentiae primae sunt constantes; sitque a terminus seriei primus, & b terminus primus seriei differentiarum, cui sequentes omnes sunt aequales: vnde series ita erit comparata.

INDICES.

1, 2, 3, 4, 5, 6,

TERMINI.

a, $a+b$, $a+2b$, $a+3b$, $a+4b$, $a+5b$, &c.

DIFFERENTIAE.

b, b, b, b, b, &c.

Ex qua ſtatim patet, terminum, cuius index ſit $= x$, fore $a + (x-1)b$, eritque ergo terminus generalis $= bx + a - b$, qui ex terminis primis cum ipſius ſeriei, tum ſeriei differentiarum componitur. Quodſi autem terminus ſecundus ſeriei $a + b$ vocetur a^{I}, ob $b = a^{I} - a$, erit terminus generalis $= (a^{I} - a)x + 2a - a^{I} = a^{I}(x-1) - a(x-2)$ vnde, ex cognitis terminis primo & ſecundo progreſſionis arithmeticae, eius terminus generalis formabitur.

42. Sint in ſerie ſecundi ordinis termini primi, ipſius ſeriei $= a$; differentiarum primarum $= b$; differentiarum ſecundarum $= c$; eritque ipſa ſeries cum ſuis differentiis ita comparata.

INDICES.

1, 2, 3, 4, 5, 6, 7,

TERMINI.

$a; a+b; a+2b+c; a+3b+3c; a+4b+6c; a+5b+10c; a+6b+15c;$ &c.

DIFFER. I.

$b;\ b+c;\ b+2c;\ b+3c;\ b+4c;\ b+5c;$ &c.

DIFFER. II.

$c,\ c,\ c,\ c,\ c,$

ex cuius inſpectione liquet terminum, cuius index $= x$ fore $= a + (x-1)b + \frac{(x-1)(x-2)}{1 \cdot 2}c$; qui ergo eſt terminus generalis ſeriei propoſitae. Ponatur autem ipſius ſeriei terminus ſecundus $= a^{I}$, terminus tertius $= a^{II}$, cum ſit $b = a^{I} - a$; & $c = a^{II} - 2a^{I} + a$; vti ex natura

tura differentiarum (§. 10.) intelligitur; erit terminus generalis

$$a + (x-1)(a^{I} - a) + \frac{(x-1)(x-2)}{1 \cdot 2}(a^{II} - 2a^{I} + a)$$

qui reducitur ad hanc formam

$$\frac{a^{II}(x-1)(x-2)}{1 \cdot 2} - \frac{2a^{I}(x-1)(x-3)}{1 \cdot 2} + \frac{a(x-2)(x-3)}{1 \cdot 2}$$

vel etiam ad hanc

$$\frac{a^{II}}{2}(x-1)(x-2) - \frac{2a^{I}}{2}(x-1)(x-3) + \frac{a}{2}(x-2)(x-3)$$

aut denique ad hanc

$$\tfrac{1}{2}(x-1)(x-2)(x-3)\left(\frac{a^{II}}{x-3} - \frac{2a^{I}}{x-2} + \frac{a}{x-1}\right);$$

ideoque ex tribus terminis ipsius seriei definitur.

43. Sit series tertii ordinis a, a^{I}, a^{II}, a^{III}, a^{IV}, &c. eius differentiae primae b, b^{I}, b^{II}, b^{III}, &c. & differentiae secundae c, c^{I}, c^{II}, c^{III}, &c. & tertiae d, d, d, &c. quippe quae sunt constantes.

INDICES.

1, 2, 3, 4, 5, 6,

TERMINI.

a, a^{I}, a^{II}, a^{III}, a^{IV}, a^{V}, &c.

DIFFER. I.

b, b^{I}, b^{II}, b^{III}, b^{IV}, &c.

DIFFER. II.

c, c^{I}, c^{II}, c^{III}, &c.

DIFFER. III.

d, d, d, &c.

Quia

Quia est $a^{\text{I}} = a + b$; $a^{\text{II}} = a + 2b + c$; $a^{\text{III}} = a + 3b + 3c + d$; $a^{\text{IV}} = a + 4b + 6c + 4d$; &c.; erit terminus generalis, seu is cuius index est x,

$$a + \frac{(x-1)}{1} b + \frac{(x-1)(x-2)}{1.\ 2} c + \frac{(x-1)(x-2)(x-3)}{1.\ 2.\ 3} d$$

sicque terminus generalis ex differentiis formabitur. Cum autem porro sit

$$b = a^{\text{I}} - a;\ c = a^{\text{II}} - 2a^{\text{I}} + a;\ d = a^{\text{III}} - 3a^{\text{II}} + 3a^{\text{I}} - a$$

si hi valores substituantur erit terminus generalis

$$a^{\text{III}} \frac{(x-1)(x-2)(x-3)}{1.\ 2.\ 3} - 3a^{\text{II}} \frac{(x-1)(x-2)(x-4)}{1.\ 2.\ 3}$$

$$+ 3a^{\text{I}} \frac{(x-1)(x-3)(x-4)}{1.\ 2.\ 3} - a \frac{(x-2)(x-3)(x-4)}{1.\ 2.\ 3}$$

qui etiam hoc modo exprimetur, vt sit

$$= \frac{(x-1)(x-2)(x-3)(x-4)}{1.\ 2.\ 3} \left(\frac{a^{\text{III}}}{x-4} - \frac{3a^{\text{II}}}{x-3} + \frac{3a^{\text{I}}}{x-2} - \frac{a}{x-1} \right).$$

44. Sit nunc series cuiuscunque ordinis proposita:

INDICES

1, 2, 3, 4, 5, 6,

TERMINI.

a, a^{I}, a^{II}, a^{III}, a^{IV}, a^{V}, &c.

DIFFER. I.

b, b^{I}, b^{II}, b^{III}, b^{IV}, &c.

DIFFER. II.

c, c^{I}, c^{II}, c^{III}, &c.

DIF-

DIFFER. III.

$d, \quad d^{I}, \quad d^{II}, \quad$ &c.

DIFFER. IV.

$e, \quad e^{I}, \quad$ &c.

DIFFER. V.

$f, \quad$ &c.

ex ipsius seriei termino primo, atque ex differentiarum terminis primis b, c, d, e, f, &c. terminus generalis ita exprimetur, vt sit:

$$a + \frac{(x-1)}{1}b + \frac{(x-1)(x-2)}{1.\ 2}c + \frac{(x-1)(x-2)(x-3)}{1.\ 2.\ 3}d + \frac{(x-1)(x-2)(x-3)(x-4)}{1.\ 2.\ 3.\ 4}e + \text{\&c.}$$

donec ad differentias constantes perueniatur. Ex quo, patet, si nunquam prodeant differentiae constantes, terminum generalem per expressionem infinitam exhiberi.

45. Quia differentiae ex ipsis terminis seriei formantur; si earum valores substituantur, prodibit terminus generalis in eiusmodi forma expressus, cuiusmodi pro seriebus primi, secundi, & tertii ordinis exhibuimus. Scilicet, pro seriebus ordinis quarti, erit terminus generalis

$$\frac{(x-1)(x-2)(x-3)(x-4)(x-5)}{1.\ 2.\ 3.\ 4} \times \left(\frac{a^{IV}}{x-5} - \frac{4a^{III}}{x-4} + \frac{6a^{II}}{x-3} - \frac{4a^{I}}{x-2} + \frac{a}{x-1}\right)$$

 vnde

vnde lex, qua sequentium ordinum termini generales componuntur, facile perspicitur. Ex his autem patet pro quouis ordine terminum generalem fore functionem ipsius x rationalem integram, in qua maxima ipsius x dimensio congruat cum ordine, ad quem series refertur. Ita serierum primi ordinis erit terminus generalis functio primi gradus, secundi ordinis secundi gradus, & ita porro.

46. Differentiae autem, vti supra vidimus, ex ipsis terminis seriei ita resultant, vt sit

$$b = a^{I} - a$$
$$b^{I} = a^{II} - a^{I}$$
$$b^{II} = a^{III} - a^{II}$$
&c.
$$c = a^{II} - 2a^{I} + a$$
$$c^{I} = a^{III} - 2a^{II} + a^{I}$$
$$c^{II} = a^{IV} - 2a^{III} + a^{II}$$
&c.
$$d = a^{III} - 3a^{II} + 3a^{I} - a$$
$$d^{I} = a^{IV} - 3a^{III} + 3a^{II} - a^{I}$$
$$d^{II} = a^{V} - 3a^{IV} + 3a^{III} - a^{II}$$
&c.

Quare, cum in seriebus primi ordinis sint omnes valores ipsius $c = 0$; erit

$a^{II} = 2a^{I} - a$; $a^{III} = 2a^{II} - a^{I}$; $a^{IV} = 2a^{III} - a^{II}$; &c.

vnde patet has series simul esse recurrentes, & scalam relationis esse $2, -1$. Deinde, cum in seriebus secundi ordi-

ordinis sint omnes valores ipsius $d = 0$, erit

$$a^{III} = 3a^{II} - 3a^{I} + a;\quad a^{IV} = 3a^{III} - 3a^{II} + a^{I};\ \&c.$$

ideoque & hae erunt recurrentes ſcala relatione exiſtente

$$3, -3, +1.$$

Simili modo apparebit omnes huius claſſis ſeries, cuiuscunque ſint ordinis, ſimul ad claſſem ſerierum recurrentium pertinere, atque ita quidem, vt ſcala relationis conſtet ex coefficientibus poteſtatis binomii, vno gradu ſuperioris, quam eſt ordo, ad quem ſeries refertur.

47. Quia vero pro ſeriebus primi ordinis quoque omnes valores ipſius d & e, & ſequentium differentiarum omnium ſunt $= 0$, erit quoque in his

$$a^{III} = 3a^{II} - 3a^{I} + a$$
$$a^{IV} = 3a^{III} - 3a^{II} + a^{I}$$
&c.

aut

$$a^{IV} = 4a^{III} - 6a^{II} + 4a^{I} - a$$
$$a^{V} = 4a^{IV} - 6a^{III} + 4a^{II} - a^{I}$$
&c.

Pertinebunt ergo & hinc ad ſeries recurrentes idque infinitis modis, cum ſcalae relationis eſſe queant:

$$3, -3, +1;\ 4, -6, +4, -1;\ 5, -10, +10, -5, +1;$$
&c.

Similique modo intelligitur vnamquamque ſeriem huius, quam tractamus, claſſis ſimul eſſe ſeriem recurrentem innumeris modis: ſcala enim relationis erit

$$\frac{n}{1}, -\frac{n(n-1)}{1\cdot 2}, +\frac{n(n-1)(n-2)}{1\cdot 2\cdot 3}, -\frac{n(n-1)(n-2)(n-3)}{1\cdot 2\cdot 3\cdot 4},$$
&c.

dum-

dummodo n sit numerus integer maior, quam numerus quo ordo indicatur. Orietur ergo haec series quoque ex euolutione fractionis, cuius denominator est $(1-y)^n$, prouti in superiori libro de seriebus recurrentibus fusius est ostensum.

48. Quemadmodum vidimus, omnium huius classis serierum, cuiuscunque sint ordinis, terminos generales esse functiones ipsius x rationales integras, ita viciſſim apparebit omnes series, quarum termini generales sint huiusmodi functiones ipsius x, ad hanc classem pertinere, atque tandem ad differentias constantes perduci. Et quidem, si terminus generalis fuerit functio primi gradus $ax+b$, dum series inde orta erit primi ordinis seu arithmetica, differentias primas habebit constantes. Sin autem terminus generalis fuerit functio secundi gradus in hac forma $axx+bx+c$ contenta, tum series ex eo oriunda, dum loco x successiue numeri 1, 2, 3, 4, 5, &c. substituuntur, erit ordinis secundi, atque differentias secundas habebit constantes: simili modo, terminus generalis tertii gradus ax^3+bx^2+cx+d dabit seriem tertii ordinis atque ita porro.

49. Ex termino enim generali non solum omnes seriei termini inueniuntur, sed etiam series differentiarum tam primarum quam sequentium deduci possunt. Cum enim, si seriei terminus primus subtrahatur a secundo, prodeat seriei differentiarum terminus primus: secundus autem, si ipsius seriei terminus secundus a tertio auferatur; ita seriei differentiarum inde obtinebitur terminus,

minus, cuius index eſt x; ſi ipſius ſeriei terminus, cuius index eſt x, ſubtrahatur a ſequente cuius index eſt $x+1$. Quare ſi in termino ſeriei generali loco x ponatur $x+1$, ab hocque valore terminus generalis ſubtrahatur, remanebit terminus generalis ſeriei differentiarum: ſi igitur X fuerit ſeriei terminus generalis, erit eius differentia ΔX, (quae modo in praecedente capite oſtenſo inuenietur, ſi ſtatuatur ibi $\omega = 1$,) terminus generalis ſeriei differentiarum primarum. Simili igitur modo erit $\Delta\Delta X$ terminus generalis ſeriei differentiarum ſecundarum; $\Delta^3 X$ tertiarum, ſicque deinceps.

50. Quodſi autem terminus generalis X fuerit functio rationalis integra, in qua maximus exponens poteſtatis ipſius x ſit n; ex capite praecedente colligitur, eius differentiam ΔX fore functionem vno gradu inferiorem, nempe gradus $n-1$. Hincque porro $\Delta\Delta X$ erit functio gradus $n-2$, & $\Delta^3 X$ functio gradus $n-3$, & ita porro. Quare, ſi X fuerit functio primi gradus, vti $ax+b$, tum eius differentia ΔX erit conſtans $=a$; quae cum ſit terminus generalis ſeriei primarum differentiarum, perſpicitur ſeriem, cuius terminus generalis X ſit functio primi gradus, fore arithmeticam ſeu primi ordinis. Simili modo ſi terminus generalis X fuerit functio ſecundi gradus ob $\Delta\Delta X$ conſtantem, ſeries inde orta differentias ſecundas habebit conſtantes, eritque propterea ordinis ſecundi; ſicque perpetuo, cuius gradus fuerit functio X terminum generalem conſtituens, eiusdem ordinis erit ſeries ex eo nata.

 51. Hanc

51. Hanc ob rem series potestatum numerorum naturalium ad differentias constantes perueniunt, vti ex sequenti schemate fit manifestum.

POTEST. I.

1, 2, 3, 4, 5, 6, 7, 8, &c.

DIFFER. I.

1, 1, 1, 1, 1, 1, 1, &c.

POTEST. II.

1, 4, 9, 16, 25, 36, 49, 64, &c.

DIFFER. I.

3, 5, 7, 9, 11, 13, 15, &c.

DIFFER. II.

2, 2, 2, 2, 2, 2, &c.

POTEST. III.

1, 8, 27, 64, 125, 216, 343, &c.

DIFFER. I.

7, 19, 37, 61, 91, 127, &c.

DIFFER. II.

12, 18, 24, 30, 36, &c.

DIFFER. III.

6, 6, 6, 6, &c.

POTEST. IV.

1, 16, 81, 256, 625, 1296, 2401, &c.

DIFFER. I.

15, 65, 175, 369, 671, 1105, &c.

DIFFER. II.

50, 110, 194, 302, 434, &c.

DIFFER. III.

60, 84, 108, 132, &c.

DIFFER. IV.

24, 24, 24, &c.

Quae

Quae igitur in capite praecedente de differentiis cuiusque ordinis inueniendis sunt praecepta, ea hic inseruient ad terminos generales differentiarum quarumuis, quae ex seriebus nascuntur, inueniendos.

52. Si terminus generalis cuiusquam seriei fuerit cognitus, eius ope non solum omnes eius termini in infinitum inueniri, sed etiam series retro continuari, eiusque termini, quorum exponentes sint numeri negatiui, exhiberi poterunt, loco x numeros negatiuos substituendo: sic, si terminus generalis fuerit $\frac{xx+3x}{2}$, ponendo loco x tam negatiuos quam affirmatiuos indices, series vtrinque continuata erit huiusmodi.

INDICES.

&c. $-5, -4, -3, -2, -1, 0, 1, 2, 3, 4, 5, 6,$ &c.

SERIES.

&c. $+5, +2, 0, -1, -1, 0, 2, 5, 9, 14, 20, 27,$ &c.

DIFFER. I.

$-3, -2, -1, 0, 1, 2, 3, 4, 5, 6, 7,$ &c.

DIFFER. II.

$1, 1, 1, 1, 1, 1, 1, 1, 1, 1$ &c.

Cum igitur ex differentiis terminus generalis formetur, quaeque series ex differentiis retro continuari poterit; ita quidem, vt, si differentiae tandem fiant constantes, hi termini finite exhiberi, contra vero per expressionem infinitam assignari queant. Quin etiam ex termino generali

rali ii *termini*, quorum indices ſunt fracti, definientur, in quo ſerierum INTERPOLATIO continetur.

53. His de termino ſerierum generali monitis, progrediamur ad ſummam, ſeu terminum ſummatorium ſerierum cuiusque ordinis inueſtigandum. Propoſita autem quacunque ſerie, TERMINUS *ſummatorius* eſt functio ipſius x, quae aequalis eſt ſummae tot terminorum ſeriei, quot vnitates continet numerus x. Ita ergo terminus ſummatorius erit comparatus, vt ſi ponatur $x = 1$, prodeat terminus primus ſeriei; ſin autem ponatur $x = 2$, vt prodeat ſumma primi & ſecundi; facto autem $x = 3$, ſumma primi, ſecundi ac tertii; ſicque deinceps. Hinc, ſi ex ſerie propoſita noua ſeries formetur, cuius primus terminus aequalis ſit primo illius, ſecundus aequalis ſummae duorum, tertius aequalis ſummae trium, atque ita porro, haec noua ſeries vocatur illius *ſummatrix*, huiusque ſeriei ſummatricis terminus generalis erit terminus ſummatorius ſeriei propoſitae: ex quo inuentio termini ſummatorii ad inuentionem termini generalis reuocatur.

54. Sit ergo ſeries propoſita haec

$$a,\quad a^{I},\quad a^{II},\quad a^{III},\quad a^{IV},\quad a^{V},\quad \&c.$$

huiusque ſeriei ſummatrix ſit

$$A,\quad A^{I},\quad A^{II},\quad A^{III},\quad A^{IV},\quad A^{V},\quad \&c.$$

erit ex eius natura modo expoſita:

A =

$$A = a$$
$$A^{I} = a + a^{I}$$
$$A^{II} = a + a^{I} + a^{II}$$
$$A^{III} = a + a^{I} + a^{II} + a^{III}$$
$$A^{IV} = a + a^{I} + a^{II} + a^{III} + a^{IV}$$
&c.

Hinc ſeriei ſummatricis differentiae erunt:

$$A^{I} - A = a^{I};\; A^{II} - A^{I} = a^{II};\; A^{III} - A^{II} = a^{III};\; \&c.$$

vnde ſeries propoſita termino primo minuta erit ſeries differentiarum primarum ſeriei ſummatricis. Quodſi igitur ſeriei ſummatrici praefigatur terminus, $= 0$ vt habeatur:

$$0,\; A,\; A^{I},\; A^{II},\; A^{III},\; A^{IV},\; A^{V},\; \&c.$$

huius ſeries primarum differentiarum erit ipſa ſeries propoſita:

$$a,\; a^{I},\; a^{II},\; a^{III},\; a^{IV},\; a^{V},\; \&c.$$

55. Hanc ob rem ſeriei propoſitae differentiae primae, erunt differentiae ſecundae ſummatricis, atque differentiae ſecundae illius erunt differentiae tertiae huius, tertiae autem illius quartae huius, atque ita porro. Quare, ſi ſeries propoſita tandem habeat differentias conſtantes, tunc etiam eius ſummatrix ad differentias conſtantes deducetur, eritque igitur ſeries eiusdem naturae, at vno ordine ſuperior. Huiusmodi ergo ſerierum perpetuo terminus ſummatorius exhiberi poterit per expreſſionem finitam. Namque terminus generalis ſeriei:

$$0,\; A,\; A^{I},\; A^{II},\; A^{III},\; A^{IV},\; \&c.$$

ſeu is, qui indici x conuenit exhibebit ſummam $x - 1$ ter-

terminorum feriei huius a, a^{I}, a^{II}, a^{III}, a^{IV}, &c. atque fi tum loco x fcribatur $x+1$, orietur fumma x terminorum, ipfeque terminus fummatorius.

56. Sit igitur Seriei propofitae

a, a^{I}, a^{II}, a^{III}, a^{IV}, a^{V}, a^{VI}, &c.

Series differentiarum primarum

b, b^{I}, b^{II}, b^{III}, b^{IV}, b^{V}, b^{VI}, &c.

Series differentiarum fecundarum

c, c^{I}, c^{II}, c^{III}, c^{IV}, c^{V}, c^{VI}, &c.

Series differentiarum tertiarum

d, d^{I}, d^{II}, d^{III}, d^{IV}, d^{V}, d^{VI}, &c.

ficque porro donec ad differentias conftantes perueniatur. Deinde formetur feries fummatrix, quae cum praefixa o in locum termini primi, cum fuis differentiis continuis fe habebit fequenti modo:

INDICES.

1, 2, 3, 4, 5, 6, 7, &c.

SUMMATRIX.

0, A, A^{I}, A^{II}, A^{III}, A^{IV}, A^{V}, &c.

SERIES PROPOSITA.

a, a^{I}, a^{II}, a^{III}, a^{IV}, a^{V}, a^{VI}, &c.

DIFFER. I.

b, b^{I}, b^{II}, b^{III}, b^{IV}, b^{V}, b^{VI}, &c.

DIFFER. II.

c, c^{I}, c^{II}, c^{III}, c^{IV}, c^{V}, c^{VI}, &c.

DIFFER. III.

d, d^{I}, d^{II}, d^{III}, d^{IV}, d^{V}, d^{VI}, &c.

erit

erit seriei summatricis terminus generalis, seu qui indici x respondet

$$0+(x-1)a+\frac{(x-1)(x-2)}{1.\ 2}b+\frac{(x-1)(x-2)(x-3)}{1.\ 2.\ 3}c+\&c.$$

qui simul exhibet summam $x-1$ terminorum seriei propositae, a, a^{I}, a^{II}, a^{III}, a^{IV}, &c.

57. Quod si ergo in hac summa loco $x-1$ scribatur x, prodibit seriei propositae terminus summatorius summam x terminorum complectens

$$=xa+\frac{x(x-1)}{1.\ 2}b+\frac{x(x-1)(x-2)}{1.\ 2.\ 3}c+\frac{x(x-1)(x-2)(x-3)}{1.\ 2.\ 3.\ 4}d+\&c.$$

Hinc, si litterae b, c, d, e, valores ipsis assignatos retineant, erit

SERIEI.

a, a^{I}, a^{II}, a^{III}, a^{IV}, a^{V}, &c.

TERMINUS GENERALIS.

$$a+(x-1)b+\frac{(x-1)(x-2)}{1.\ 2}c+\frac{(x-1)(x-2)(x-3)}{1.\ 2.\ 3}d+\frac{(x-1)(x-2)(x-3)(x-4)}{1.\ 2.\ 3.\ 4}e+\&c.$$

ET TERMINUS SUMMATORIUS.

$$xa+\frac{x(x-1)}{1.\ 2}b+\frac{x(x-1)(x-2)}{1.\ 2.\ 3}c+\frac{x(x-1)(x-2)(x-3)}{1.\ 2.\ 3.\ 4}d+\&c.$$

Inuento ergo seriei cuiusuis ordinis hoc, quem ostendimus, modo termino generali, non difficulter ex eo terminus summatorius reperietur, quippe qui ex iisdem differentiis conflatur.

58. Hic

58. Hic modus terminum summatorium per differentias seriei inueniendi imprimis ad eiusmodi series, quae tandem ad differentias constantes deducunt, est accommodatus; in aliis enim casibus expressio finita non reperitur. Quodsi autem ea, quae ante de indole termini summatorii sunt exposita, attentius perpendamus, alius modus se offert terminum summatorium immediate ex termino generali inueniendi, qui multo latius patet, atque in infinitis casibus ad expressiones finitas deducit, quibus prior modus infinitas exhibet. Sit enim proposita series quaecunque.

$$a, \; b, \; c, \; d, \; e, \; f, \; \&c.$$

cuius terminus generalis, seu indici x respondens sit $= X$; terminus autem summatorius sit $= S$, qui cum summam tot terminorum ab initio exhibeat, quot numerus x continet vnitates, erit summa $x - 1$ terminorum $= S - X$; eritque adeo X differentia expressionis $S - X$, cum relinquatur, si haec a sequente S subtrahatur.

59. Cum igitur sit $X = \Delta\,(S - X)$ differentia eo modo sumta, quem capite praecedente docuimus, hoc tantum discrimine, vt quantitas illa constans ω hic nobis sit $= 1$. Quare, si ad summas regrediamur, erit $\Sigma X = S - X$, ideoque terminus summatorius quaesitus

$$S = \Sigma X + X + C.$$

Quaeri ergo debet summa functionis X methodo ante tradita, ad eamque addi ipse terminus generalis X, eritque aggregatum terminus summatorius. Quoniam autem in ſummis ſumendis inuoluitur quantitas conſtans, ſiue addenda ſiue ſubtrahenda; ea ad praeſentem caſum accommodari debebit. Manifeſtum autem eſt, ſi ponatur $x = 0$, quo caſu numerus terminorum ſummandorum eſt nullus, ſummam quoque fore nullam; ex quo quantitas illa conſtans C ita determinari debebit, vt poſito $x = 0$, fiat quoque $S = 0$. Poſitis ergo in illa aequatione $S = \Sigma X + X + C$ tam $S = 0$ quam $x = 0$, valor ipſius C inuenietur.

60 Quoniam ergo hic totum negotium ad ſummationem functionum ſupra monſtratam reducitur, ponendo $\omega = 1$, exinde depromamus ſummationes traditas; ac primo quidem pro poteſtatibus ipſius x erit

$$\Sigma x^0 = \Sigma 1 = x$$

$$\Sigma x = \tfrac{1}{2}x^2 - \tfrac{1}{2}x$$

$$\Sigma x^2 = \tfrac{1}{3}x^3 - \tfrac{1}{2}x^2 + \tfrac{1}{6}x$$

$$\Sigma x^3 = \tfrac{1}{4}x^4 - \tfrac{1}{2}x^3 + \tfrac{1}{4}x^2$$

$$\Sigma x^4 = \tfrac{1}{5}x^5 - \tfrac{1}{2}x^4 + \tfrac{1}{3}x^3 - \tfrac{1}{30}x$$

$$\Sigma x^5 = \tfrac{1}{6}x^6 - \tfrac{1}{2}x^5 + \tfrac{5}{12}x^4 - \tfrac{1}{12}x^2$$

$$\Sigma x^6 = \tfrac{1}{7}x^7 - \tfrac{1}{2}x^6 + \tfrac{1}{2}x^5 - \tfrac{1}{6}x^3 + \tfrac{1}{42}x$$

quibus accenſeatur ſummatio generalis poteſtatis x^n §. 29. tradita, dummodo ibi vbique loco ω vnitas ſcribatur. Harum ergo formularum ope omnium ſerierum, quarum termini generales ſunt functiones rationales integrae ipſius x, termini ſummatorii expedite inueniri poterunt.

61. Denotet S.X terminum summatorium seriei, cuius terminus generalis est $= X$; eritque, vt vidimus,

$$S.X = \Sigma X + X + C$$

dummodo constans C ita assumatur, vt terminus summatorius S.X euanescat posito $x = 0$. Hinc igitur terminos summatorios serierum potestatum, seu quarum termini generales comprehenduntur in hac forma x^n exprimamus. Posito itaque

$$S.x^n = 1 + 2^n + 3^n + 4^n + \ldots + x^n$$

erit

$$S.x^n = \frac{1}{n+1}x^{n+1} + \frac{1}{2}x^n + \frac{1}{2}.\frac{n}{2.3}x^{n-1} - \frac{1}{6}.\frac{n(n-1)(n-2)}{2.3.4.5}x^{n-3}$$

$$+ \frac{1}{6}.\frac{n(n-1)(n-2)(n-3)(n-4)}{2.3.4.5.6.7}x^{n-5} - \frac{3}{10}.\frac{n(n-1)\ldots(n-6)}{2.3\ldots8.9}x^{n-7}$$

$$+ \frac{5}{6}.\frac{n(n-1)\ldots(n-8)}{2.3.4\ldots10.11}x^{n-9} - \frac{691}{210}.\frac{n(n-1)\ldots(n-10)}{2.3\ldots12.13}x^{n-11}$$

$$+ \frac{35}{2}.\frac{n(n-1)\ldots(n-12)}{2.3\ldots14.15}x^{n-13} - \frac{3617}{30}.\frac{n(n-1)\ldots(n-14)}{2.3\ldots16.17}x^{n-15}$$

$$+ \frac{43867}{42}.\frac{n(n-1)\ldots\ldots(n-16)}{2.3\ldots\ldots18.19}x^{n-17}$$

$$- \frac{1222277}{110}.\frac{n(n-1)\ldots\ldots(n-18)}{2.3\ldots\ldots20.21}x^{n-19}$$

$$+ \frac{854513}{6}.\frac{n(n-1)\ldots\ldots(n-20)}{2.3\ldots\ldots22.23}x^{n-21}$$

$$- \frac{1181820455}{546}.\frac{n(n-1)\ldots\ldots(n-22)}{2.3\ldots\ldots24.25}x^{n-23}$$

$$+ \frac{76977927}{2}.\frac{n(n-1)\ldots\ldots(n-24)}{2.3\ldots\ldots26.27}x^{n-25}$$

&c.

62.

62. Hinc ergo summae pro variis ipsius n valoribus ita se habebunt:

$S.x^0 = x$

$S.x^1 = \frac{1}{2}x^2 + \frac{1}{2}x$

$S.x^2 = \frac{1}{3}x^3 + \frac{1}{2}xx + \frac{1}{6}x$

$S.x^3 = \frac{1}{4}x^4 + \frac{1}{2}x^3 + \frac{1}{4}x^2$

$S.x^4 = \frac{1}{5}x^5 + \frac{1}{2}x^4 + \frac{1}{3}x^3 - \frac{1}{30}x$

$S.x^5 = \frac{1}{6}x^6 + \frac{1}{2}x^5 + \frac{5}{12}x^4 - \frac{1}{12}x^2$

$S.x^6 = \frac{1}{7}x^7 + \frac{1}{2}x^6 + \frac{1}{2}x^5 - \frac{1}{6}x^3 + \frac{1}{42}x$

$S.x^7 = \frac{1}{8}x^8 + \frac{1}{2}x^7 + \frac{7}{12}x^6 - \frac{7}{24}x^4 + \frac{1}{12}x^2$

$S.x^8 = \frac{1}{9}x^9 + \frac{1}{2}x^8 + \frac{2}{3}x^7 - \frac{7}{15}x^5 + \frac{2}{9}x^3 - \frac{1}{30}x$

$S.x^9 = \frac{1}{10}x^{10} + \frac{1}{2}x^9 + \frac{3}{4}x^8 - \frac{7}{10}x^6 + \frac{1}{2}x^4 - \frac{3}{20}x^2$

$S.x^{10} = \frac{1}{11}x^{11} + \frac{1}{2}x^{10} + \frac{5}{6}x^9 - x^7 + x^5 - \frac{1}{2}x^3 + \frac{5}{66}x$

$S.x^{11} = \frac{1}{12}x^{12} + \frac{1}{2}x^{11} + \frac{11}{12}x^{10} - \frac{11}{8}x^8 + \frac{11}{6}x^6 - \frac{11}{8}x^4 + \frac{5}{12}x^2$

$S.x^{12} = \frac{1}{13}x^{13} + \frac{1}{2}x^{12} + x^{11} - \frac{11}{6}x^9 + \frac{22}{7}x^7 - \frac{33}{10}x^5 + \frac{5}{3}x^3 - \frac{691}{2730}x$

$S.x^{13} = \frac{1}{14}x^{14} + \frac{1}{2}x^{13} + \frac{13}{12}x^{12} - \frac{143}{60}x^{10} + \frac{143}{28}x^8 - \frac{143}{20}x^6 + \frac{65}{12}x^4 - \frac{691}{420}x^2$

$S.x^{14} = \frac{1}{15}x^{15} + \frac{1}{2}x^{14} + \frac{7}{6}x^{13} - \frac{91}{30}x^{11} + \frac{143}{18}x^9 - \frac{143}{10}x^7 + \frac{91}{6}x^5 - \frac{691}{90}x^3 + \frac{7}{6}x$

$S.x^{15} = \frac{1}{16}x^{16} + \frac{1}{2}x^{15} + \frac{5}{4}x^{14} - \frac{91}{24}x^{12} + \frac{143}{12}x^{10} - \frac{429}{16}x^8 + \frac{455}{12}x^6 - \frac{691}{24}x^4 + \frac{35}{4}x^2$

$S.x^{16} = \frac{1}{17}x^{17} + \frac{1}{2}x^{16} + \frac{4}{3}x^{15} - \frac{14}{3}x^{13} + \frac{52}{3}x^{11} - \frac{143}{3}x^9 + \frac{260}{3}x^7 - \frac{1382}{15}x^5 + \frac{140}{3}x^3 - \frac{3617}{510}x$

&c.

quae

quae summae ex forma generali vsque ad potestatem vicesimam nonam continuari possunt. Atque ad huc vlterius progredi liceret, si coefficientes illi numerici vlterius essent eruti.

63. Ceterum, in his formulis lex quaedam obseruatur, cuius ope quaelibet ex praecedente facile inueniri potest, excepto tantum termino vltimo, si in eo potestas ipsius x prima contineatur: tum enim in summa sequente vnus terminus insuper accedit. Hoc autem omisso, si fuerit

$$S.x^n = \alpha x^{n+1} + \beta x^n + \gamma x^{n-1} - \delta x^{n-3} + \varepsilon x^{n-5} - \zeta x^{n-7} + \eta x^{n-9} - \&c.$$

erit sequens summa:

$$S.x^{n+1} = \frac{n+1}{n+2}\alpha x^{n+2} + \frac{n+1}{n+1}\beta x^{n+1} + \frac{n+1}{n}\gamma x^n - \frac{n+1}{n-2}\delta x^{n-2} + \frac{n+1}{n-4}\varepsilon x^{n-4} - \frac{n+1}{n-6}\zeta x^{n-6} + \frac{n+1}{n-8}\eta x^{n-8} - \&c.$$

vnde si n fuerit numerus par, sequens summa vera prodit: at si n fuerit numerus impar, tum in sequente summa praeterea desiderabitur terminus vltimus, cuius forma erit $\pm \Phi x$. Interim tamen hic sine aliis subsidiis ita inueniri poterit. Cum enim si ponatur $x = 1$, summa vnici tantum termini, (hoc est terminus primus, qui erit $= 1$,) oriri debeat: ponatur in omnibus terminis iam inventis $x = 1$, ipsaque summa statuatur $= 1$, quo facto valor ipsius Φ elicietur, eoque inuento vlterius progredi licebit. Atque hoc pacto omnes istae summae inueniri potuissent. Sic, cum sit

$$S.x^5 = \tfrac{1}{6}x^6 + \tfrac{1}{2}x^5 + \tfrac{5}{12}x^4 - \tfrac{1}{12}x^2$$

erit

$$S.x^6 = \tfrac{6}{7}\cdot\tfrac{1}{6}x^7 + \tfrac{6}{6}\cdot\tfrac{1}{2}x^6 + \tfrac{6}{5}\cdot\tfrac{5}{12}x^5 - \tfrac{6}{3}\cdot\tfrac{1}{12}x^3 + \Phi x$$

seu

$$S.x^6 = \tfrac{1}{7}x^7 + \tfrac{1}{2}x^6 + \tfrac{1}{2}x^5 - \tfrac{1}{6}x^3 + \Phi x.$$

Ponatur nunc $x = 1$, fiet $1 = \frac{1}{7} + \frac{1}{2} + \frac{1}{2} - \frac{1}{6} + \Phi$ ideoque $\Phi = \frac{1}{6} - \frac{1}{7} = \frac{1}{42}$, vti ex forma generali inuenimus.

64. Ope harum formularum summatoriarum nunc facile omnium serierum, quarum termini generales sunt functiones ipsius x rationales integrae, termini summatorii inueniri poterunt, hocque multo expeditius, quam praecedente methodo per differentias.

EXEMPLUM I.

Inuenire terminum summatorium huius seriei

2, 7, 15, 26, 40, 57, 77, 100, 126, &c.

cuius terminus generalis est

$$\frac{3xx + x}{2}.$$

Cum terminus generalis constet duobus membris, quaeratur pro vtroque terminus summatorius ex formulis superioribus

$$S.\tfrac{3}{2}xx = \tfrac{1}{2}x^3 + \tfrac{3}{4}xx + \tfrac{1}{4}x$$

&

$$S.\tfrac{1}{2}x = \quad . \quad . \quad . \quad \tfrac{1}{4}xx + \tfrac{1}{4}x$$

eritque

$$S.\frac{3xx+x}{2} = \tfrac{1}{2}x^3 + xx + \tfrac{1}{2}x = \tfrac{1}{2}x(x+1)^2$$

 qui

qui est terminus summatorius quaesitus. Sic, si ponatur $x = 5$, erit $\frac{1}{4}.6^2 = 90$, summa quinque terminorum

$$2 + 7 + 15 + 26 + 40 = 90.$$

EXEMPLUM II.

Inuenire terminum summatorium seriei

1, 27, 125, 343, 729, 1331, &c.

quae continet cubos numerorum imparium.

Terminus generalis huius seriei est

$$= (2x-1)^3 = 8x^3 - 12xx + 6x - 1,$$

vnde terminus summatorius sequenti modo colligetur.

$$+ 8.\ S.x^3 = 2x^4 + 4x^3 + 2x^2$$

&

$$-12.\ S.x^2 = \ .\ -4x^3 - 6x^2 - 2x$$

atque

$$+ 6.\ S.x = \ .\ .\ .\ .\ .\ + 3x^2 + 3x$$

denique

$$- 1.\ S.x^0 = \ .\ .\ .\ .\ .\ .\ .\ .\ - x.$$

Erit scilicet summa quaesita $= 2x^4 - x^2 = xx(2xx-1)$.

Vti, si ponatur $x = 6$ erit $36.71 = 2556$ summa sex terminorum seriei propositae $= 1 + 27 + 125 + 343 + 729 + 1331 = 2556$.

65. Quod si terminus generalis fuerit productum ex factoribus simplicibus, tum terminus summatorius facilius reperietur per ea, quae supra §. 32. & sequentibus sunt tradita. Cum enim, posito $\omega = 1$, sit

$\Sigma(x$

$$\Sigma\,(x+n) = \tfrac{1}{2}(x+n-1)\,(x+n)$$

&

$$\Sigma\,(x+n)\,(x+n+1) = \tfrac{1}{3}(x+n-1)\,(x+n)\,(x+n+1)$$

atque

$$\Sigma(x+n)(x+n+1)(x+n+2) = \tfrac{1}{4}(x+n-1)(x+n)(x+n+1)(x+n+2)$$

&c.

ſi ad has ſummas ipſos terminos generales addamus, ſimulque conſtantem adiiciamus, quae poſito $x=0$, reddat terminum ſummatorium euaneſcentem, ſequentes obtinebimus terminos ſummatorios.

$$S.(x+n) = \tfrac{1}{2}(x+n)\,(x+n+1) - \tfrac{1}{2}\,n(n+1)$$

&

$$S.(x+n)(x+n+1) = \tfrac{1}{3}(x+n)(x+n+1)(x+n+2) - \tfrac{1}{3}n(n+1)(n+2)$$

atque

$$S.(x+n)(x+n+1)(x+n+2) = \tfrac{1}{4}(x+n)(x+n+1)(x+n+2)(x+n+3) - \tfrac{1}{4}n(n+1)(n+2)(n+3)$$

ſicque porro.

Si ergo fuerit vel $n=0$ vel $n=-1$, quantitas conſtans in his ſummis euaneſcit.

66. Seriei ergo 1, 2, 3, 4, 5, &c. cuius terminus generalis eſt $=x$; terminus ſummatorius erit $=\tfrac{1}{2}x(x+1)$ ſeriésque ſummatrix haec: 1, 3, 6, 10, 15, &c. cuius porro terminus ſummatorius erit $=\frac{x(x+1)(x+2)}{1.\ 2.\ 3}$, & ſeries ſummatrix haec: 1, 4, 10, 20, 35, &c. Haec vero denuo terminum ſummatorium habebit $=\frac{x(x+1)(x+2)(x+3)}{1.\ 2.\ 3.\ 4}$, qui

erit

erit terminis generalis feriei 1, 5, 15, 35, 70, &c. huiusque terminus fummatorius erit $= \frac{x(x+1)(x+2)(x+3)(x+4)}{1.\ 2.\ 3.\ 4.\ 5}$. Hae autem feries prae reliquis probe funt notandae, quoniam earum vbique amplifſimus eft vfus. Ex his enim defumuntur coefficientes binomii ad dignitates eleuati, qui quam late pateant, cuique in his rebus parum verfato abunde conftat.

67. Ex his etiam illi termini fummatorii, quos ante ex differentiis elicuimus, facile inueniuntur. Cum enim ibi terminum generalem fequenti forma inuenerimus expreffum

$$a + \frac{(x-1)}{1}b + \frac{(x-1)(x-2)}{1.\ 2}c + \frac{(x-1)(x-2)(x-3)}{1.\ 2.\ 3}d + \&c.$$

fi cuiusque membri terminum fummatorium quaeramus eosque omnes addamus, habebimus terminum fummatorium huic termino generali conuenientem. Sic cum fit

$$S\ 1 = x$$

&

$$S\ (x-1) = \tfrac{1}{2}\, x\, (x-1)$$

atque

$$S\ (x-1)(x-2) = \tfrac{1}{3}\, x\, (x-1)(x-2)$$

&

$$S\ (x-1)(x-2)(x-3) = \tfrac{1}{4}\, x\, (x-1)(x-2)(x-3)$$

&c.

erit terminus fummatorius quaefitus:

$$xa + \frac{x(x-1)}{1.\ 2}b + \frac{x(x-1)(x-2)}{1.\ 2.\ 3}c + \frac{x(x-1)(x-2)(x-3)}{1.\ 2.\ 3.\ 4}d + \&c.$$

quae

quae forma non discrepat ab ea, quam ante ex differentiis obtinuimus.

68. Deinde etiam haec terminorum summatoriorum inuentio ad fractiones accommodari potest: quia enim supra §. 34. inuenimus esse, ponendo $\omega = 1$

$$\Sigma \frac{1}{(x+n)(x+n+1)} = -1 . \frac{1}{x+n}$$

erit

$$S. \frac{1}{(x+n)(x+n+1)} = -1 . \frac{1}{x+n+1} + \frac{1}{n+1}$$

Simili modo, si ad summas supra inuentas ipsos terminos generales addamus, seu quod idem est, si in illis expressionibus loco x ponamus $x+1$ habebimus

$$S. \frac{1}{(x+n)(x+n+1)(x+n+2)} = -\frac{1}{2} . \frac{1}{(x+n+1)(x+n+2)} + \frac{1}{2} . \frac{1}{(n+1)(n+2)}$$

&

$$S. \frac{1}{(x+n)(x+n+1)(x+n+2)(x+n+3)} = -\frac{1}{3} . \frac{1}{(x+n+1)(x+n+2)(x+n+3)} + \frac{1}{3} . \frac{1}{(n+1)(n+2)(n+3)}$$

quae formae facile pro lubitu vlterius continuantur.

69. Quia erit $S. \frac{1}{(x+n)(x+n+1)} = \frac{1}{n+1} - \frac{1}{x+n+1}$ erit quoque

$$S. \frac{1}{x+n} - S. \frac{1}{x+n+1} = \frac{1}{n+1} - \frac{1}{x+n+1} .$$

 Etsi

Etsi ergo neuter horum duorum terminorum summatoriorum seorsim exhiberi potest, tamen eorum differentia cognoscitur; hincque in pluribus casibus summae serierum satis expedite assignantur: id quod vsu venit, si terminus generalis fuerit fractio, cuius denominator in factores simplices resolui potest. Tum enim tota fractio in fractiones partiales resoluatur; quo facto, ope huius lemmatis mox patebit, vtrum terminus summatorius exhiberi queat nec ne?

EXEMPLUM I.

Inuenire terminum summatorium seriei huius:

$$1 + \tfrac{1}{3} + \tfrac{1}{6} + \tfrac{1}{10} + \tfrac{1}{15} + \tfrac{1}{21} + \text{\&c.}$$

cuius terminus generalis est $= \frac{2}{xx + x}$.

Terminus iste generalis per resolutionem reducitur ad hanc formam $\frac{2}{x} - \frac{2}{x+1}$. Hinc terminus summatorius erit $= 2\,\mathrm{S}.\,\frac{1}{x} - 2\,\mathrm{S}.\,\frac{1}{x+1}$, qui ergo per praecedens lemma erit $= 2 - \frac{2}{x+1} = \frac{2x}{x+1}$. Sic, si sit $x = 4$, erit $\frac{8}{5} = 1 + \frac{1}{3} + \frac{1}{6} + \frac{1}{10}$.

EXEMPLUM II.

Quaeratur terminus summatorius seriei huius:

$$\tfrac{1}{5},\ \tfrac{1}{21},\ \tfrac{1}{45},\ \tfrac{1}{77},\ \tfrac{1}{117},\ \text{\&c.}$$

cuius terminus generalis est $= \frac{1}{4xx + 4x - 3}$.

Quia

Quia termini generalis denominator habet factores $2x - 1$ & $2x + 3$, is resoluetur in has partes:

$$\frac{1}{4} \cdot \frac{1}{2x - 1} - \frac{1}{4} \cdot \frac{1}{2x + 3} = \frac{1}{8} \cdot \frac{1}{x - \frac{1}{2}} - \frac{1}{8} \cdot \frac{1}{x + \frac{3}{2}}.$$

At est

$$S. \frac{1}{x - \frac{1}{2}} = S. \frac{1}{x + \frac{1}{2}} + 2 - \frac{1}{x + \frac{1}{2}}$$

&

$$S. \frac{1}{x + \frac{1}{2}} = S. \frac{1}{x + \frac{3}{2}} + \frac{2}{3} - \frac{1}{x + \frac{3}{2}}$$

ergo

$$S. \frac{1}{x - \frac{1}{2}} - S. \frac{1}{x + \frac{3}{2}} = 2 + \frac{2}{3} - \frac{1}{x + \frac{1}{2}} - \frac{1}{x + \frac{3}{2}}$$

cuius pars octaua dabit terminum summatorium quaesitum nempe

$$\frac{1}{4} + \frac{1}{12} - \frac{1}{8x + 4} - \frac{1}{8x + 12} = \frac{x}{4x + 2} + \frac{x}{3(4x + 6)} =$$

$$= \frac{x(4x + 5)}{3(2x + 1)(2x + 3)}.$$

70. Quoniam numeri figurati, quos coefficientes binomii ad dignitates euecti praebent, prae ceteris notari merentur, summas serierum exhibeamus, quarum numeratores sint $= 1$, denominatores vero numeri figurati; id quod ex §. 68. facile fiet. Seriei ergo cuius

Terminus generalis est	Terminus summatorius erit
$\frac{1.\ 2}{x(x+1)}$	$\frac{2}{1} - \frac{2}{x+1}$
$\frac{1.\ 2.\ 3}{x(x+1)(x+2)}$	$\frac{3}{2} - \frac{1.\ 3}{(x+1)(x+2)}$
$\frac{1.\ 2.\ 3.\ 4}{x(x+1)(x+2)(x+3)}$	$\frac{4}{3} - \frac{1.\ 2.\ 4}{(x+1)(x+2)(x+3)}$
$\frac{1.\ 2.\ 3.\ 4.\ 5}{x(x+1)(x+2)(x+3)(x+4)}$	$\frac{5}{4} - \frac{1.\ 2.\ 3.\ 5}{(x+1)(x+2)(x+3)(x+4)}$
&c.	&c.

vnde lex, qua istae expressiones progrediuntur, sponte apparet. Neque vero hinc terminus summatorius, qui conueniat termino generali $\frac{1}{x}$, colligi potest, quippe qui per formulam definitam exprimi nequit.

71. Quoniam terminus summatorius praebet summam tot terminorum, quot vnitates continentur in indice x; manifestum est harum serierum in infinitum continuatarum summas obtineri, si ponatur index x infinitus: quo casu expressionum modo inuentarum termini posteriores, ob denominatores in infinitum abeuntes, euanescent.

Hinc

Hinc istae series infinitae finitas habebunt summas, quae erunt

$$1 + \tfrac{1}{3} + \tfrac{1}{6} + \tfrac{1}{10} + \tfrac{1}{15} + \&c. = \tfrac{2}{1}$$

$$1 + \tfrac{1}{4} + \tfrac{1}{10} + \tfrac{1}{20} + \tfrac{1}{35} + \&c. = \tfrac{3}{2}$$

$$1 + \tfrac{1}{5} + \tfrac{1}{15} + \tfrac{1}{35} + \tfrac{1}{70} + \&c. = \tfrac{4}{3}$$

$$1 + \tfrac{1}{6} + \tfrac{1}{21} + \tfrac{1}{56} + \tfrac{1}{126} + \&c. = \tfrac{5}{4}$$

$$1 + \tfrac{1}{7} + \tfrac{1}{28} + \tfrac{1}{84} + \tfrac{1}{210} + \&c. = \tfrac{6}{5}$$

&c.

Omnium ergo serierum, quarum termini summatorii habentur, in infinitum continuatarum summae exhiberi poterunt posito $x = \infty$, dummodo hoc casu summae fiant finitae: quod quidem euenit, si in termino summatorio x tot habeat dimensiones in denominatore, quot habet in numeratore.

CAPUT III.

DE INFINITIS ATQUE INFINITE PARVIS.

72.

Cum omnis Quantitas, quantumuis sit magna, vlterius augeri possit, neque quicquam obstet, quominus ad datam quantitatem quamcunque alia quantitas eiusdem generis addi queat; omnis quoque quantitas sine fine augeri poterit: neque enim vnquam tam magna fiet, vt ipsi nihil amplius adiici posset. Nulla igitur datur quantitas tam magna, qua maior concipi nequeat: hincque extra dubium erit positum, *omnem quantitatem in infinitum augeri posse.* Qui enim hoc negauerit, is affirmare cogitur, dari limitem, quem quantitas, cum attigerit, superare nequeat, atque ideo statuere debebit quantitatem, cui nihil amplius adiici posset; quod cum sit absurdum atque quantitatis notioni aduersetur, necessario concedendum est, omnem quantitatem sine fine continuo magis, hoc est, in infinitum augeri posse.

73. In singulis quantitatum speciebus hoc etiam clarius perspicietur. Sic, nemo facile reperietur, qui statuerit seriem numerorum naturalium 1, 2, 3, 4, 5, 6, &c. ita vsquam esse determinatam, vt vlterius continuari non possit. Nullus enim datur numerus, ad quem non insuper vnitas addi, sicque numerus sequens maior exhiberi

queat; hinc series numerorum naturalium sine fine progreditur, neque vnquam peruenitur ad numerum maximum, quo maior prorsus non detur. Simili modo linea recta nunquam eousque produci potest, vt insuper vlterius prolongari non posset. Quibus euincitur, tam numeros in infinitum augeri, quam lineas in infinitum produci posse. Quae cum sint species quantitatum, simul intelligitur, omni quantitate, quantumuis sit magna, adhuc dari maiorem, hacque denuo maiorem, sicque augendo continuo vlterius sine fine, hoc est in infinitum, procedi posse.

74. Quanquam autem haec sunt adeo perspicua, vt qui ea negare vellet, sibi ipse contradicere deberet; tamen ista infiniti doctrina a pluribus, qui eam explicare sunt conati, tantopere est offuscata, tantisque difficultatibus atque etiam contradictionibus obuoluta, vt, qua se extricarent, nulla via pateret. Ex eo, quod quantitas in infinitum augeri possit, quidam concluserunt, dari reuera quantitatem infinitam, eamque ita descripserunt, vt nullum amplius augmentum suscipere possit. Hoc autem ipso ideam quantitatis euertunt, dum eiusmodi quantitatem statuunt, quae vlterius augeri nequeat. Praeterea vero secum ipsi infinitum admittentes pugnant; dum enim incrementi, quo quantitas sit capax, finem faciunt, simul negant quantitatem sine fine augeri posse; negant ergo quoque quantitatem in infinitum augeri posse, quoniam vtraque locutio congruit: sicque, dum quantitatem infinitam statuunt, eam simul tollunt. Si enim quantitas

titas sine fine, hoc est in infinitum, augeri nequeat, certe nulla quantitas infinita existere poterit.

75. Hinc igitur ex eo ipso, quod omnis quantitas in infinitum augeri possit, sequi videatur nullam dari quantitatem infinitam. Quantitas enim continuis incrementis aucta, infinita non euadet, nisi iam sine fine increuerit: quod autem sine fine fieri debet, id non tanquam iam factum concipi potest. Interim tamen non solum huiusmodi quantitatem, ad quam incrementis sine fine congestis peruenitur, certo charactere indicare, sicque debito modo in calculum inducere licet, vti mox fusius ostendemus; sed etiam in mundo eiusmodi casus existere, vel saltem concipi possunt, quibus numerus infinitus actu existere videatur. Sic si materia in infinitum sit diuisibilis, vti plures Philosophi statuerunt, numerus partium, quibus datum quodque materiae frustum constat, reuera erit infinitus; si enim statueretur finitus, materia certe non in infinitum foret diuisibilis. Simili modo si vniuersus mundus esset infinitus, vti pluribus placuit, numerus corporum mundum componentium finitus certe esse non posset, foretque ideo quoque infinitus.

76. Haec etiamsi inter se pugnare videantur, tamen si attentius perpendantur, a cunctis incommodis liberari poterunt. Qui enim statuit materiam in infinitum esse diuisibilem, is negat in diuisione materiae continua unquam ad partes tam paruas perueniri, quae vlterius diuidi nequeant: nullas ergo materia habebit partes,

tes, vlterius indiuiduas; cum ſingulae particulae, ad quas per continuam diuiſionem iam ſit peruentum, vlterius ſe ſubdiuidi patiantur. Qui igitur dicit hoc caſu numerum partium fore infinitum, is partes vltimas, quae vlterius ſint indiuiduae, intelligit; ad quas cum nunquam perueniatur, & quae propterea nullae ſunt, is has ipſas partes, quae nullae ſunt, numerare conatur. Si enim materia ſine fine continuo vlterius ſubdiuidi poteſt, partibus indiuiduis ſeu ſimplicibus prorſus caret: neque adeo quicquam ſupereſt, quod numerari queat. Hanc obrem qui materiam in infinitum diuiſibilem ſtatuit, is ſimul negat, materiam ex partibus ſimplicibus eſſe compoſitam.

77. Quod ſi autem, dum de partibus alicuius corporis ſeu materiae loquimur, non vltimas ſeu ſimplices, quippe quae nullae ſunt, intelligamus, ſed eas, quas diuiſio reuera produxit; tum, admiſſa hac hypotheſi de diuiſibilitate materiae in infinitum, vnumquodque vel minimum materiae fruſtum non ſolum in plurimas partes diſſecari, ſed etiam nullus numerus tam magnus aſſignari poterit, quo non maior partium ex illo fruſto ſectarum numerus exhiberi queat. Numerus ergo partium non quidem vltimarum, ſed quae ipſae adhuc ſint vlterius diuiſibiles, quae vnumquodque corpus componunt, omni numero aſſignabili erit maior. Simili modo, ſi vniuerſus mundus ſit infinitus, numerus corporum mundum conſtituentium pariter omni aſſignabili erit maior; qui cum finitus eſſe nequeat, ſequitur numerum

infinitum & numerum omni assignabili maiorem esse nomina synonyma.

78. Qui ergo hoc modo diuisibilitatem materiae in infinitum intuetur, nullis incommodis, quae vulgo huic opinioni imputantur, se implicat, nihilque affirmare cogitur, quod sanae rationi aduersetur. Qui autem contra materiam in infinitum diuisibilem esse negant, ii in maximas difficultates prolabuntur, ex quibus se nullo prorsus modo extrahere possunt. Statuere enim coguntur vnumquodque corpus nonnisi in certum partium numerum dissecari posse, ad quas si fuerit peruentum, nulla diuisio vlterior locum inueniat; quas vltimas particulas alii *atomos*, alii *monades* atque *entia simplicia* vocant. Cur autem istae vltimae particulae nullam amplius diuisionem admittant, duplex esse potest causa: altera, quod omni extensione careant; altera quod quidem sint extensae, sed tamen tam durae atque ita comparatae, vt nulla vis ad eas dissecandas sufficiat. Vtrumuis patroni huius opinionis dicant, sese aeque difficultatibus implicant.

79. Sint enim vltimae particulae omnis extensionis expertes, ita vt partibus prorsus careant; qua explicatione quidem ideam entium simplicium optime tuentur. At, quemadmodum corpus ex finito huiusmodi particularum numero constare queat, concipi nullo modo potest. Ponamus pedem cubicum materiae ex mille huiusmodi entibus simplicibus esse compositum, huncque actu in mille partes secari; quae si sint aequales, erunt digiti cubici: sin autem sint inaequales, aliae erunt ma-

maiores aliae minores. Vnus igitur digitus cubicus foret ens ſimplex, ſicque maxima reſultaret contradictio; niſi forte in digito cubico ineſſe tantum vnum ens ſimplex, reliquumque ſpatium vacuum eſſe dicere velint: at vero hoc modo continuitatem corporum tollerent, praeterquam quod iſti Philoſophi vacuum plane ex mundo profligant. Quodſi obiiciant numerum entium ſimplicium, quae pedem cubicum materiae conſtituunt, millenario longe eſſe maiorem, nihil omnino lucrantur: incommodum enim, quod ex numero millenario ſequitur, ex quouis alio numero quantumuis magno aeque manat. Hanc difficultatem Acutiſſimus LEIBNIZIVS, primus monadum inuentor, probe perſpexit, dum materiam abſolute in infinitum diuiſibilem eſſe ſtatuit. Neque ergo ante ad monades peruenire licet, quam corpus actu in infinitum ſit diuiſum. Hoc ipſo autem exiſtentiam entium ſimplicium, ex quibus corpora conſtent, penitus tollit: nam qui negat corpora ex entibus ſimplicibus eſſe compoſita, & ille qui ſtatuit corpora in infinitum eſſe diuiſibilia, in eadem prorſus ſunt ſententia.

80. Neque magis autem ſibi conſtant, ſi dicunt vltimas corporum particulas extenſas quidem eſſe, ſed ob ſummam duritiem in partes diuelli non poſſe. Cum primum enim in vltimis particulis extenſionem admittunt, eas ex partibus compoſitas eſſe ſtatuunt, quae, vtrum reuera a ſe inuicem ſeparari queant nec ne? parum refert; etiamſi nullam cauſam aſſignare poſſint, vnde tanta durities ſit orta. Nunc autem plerique, qui

diuiſibilitatem materiae in infinitum negant, hoc poſterius incommodum ſatis ſenſiſſe videntur, quia priori ideae partium vltimarum potiſſimum inhaerent; hasque difficultates aliter diluere non poſſunt, niſi aliquot leuiuſculis metaphyſicis diſtinctionibus, quae maximam partem eo tendunt, vt ne conſequentiis, quae ſecundum mathematica principia formantur, fidamus: neque dimenſiones in partibus ſimplicibus adhiberi oportere regerunt. At primum demonſtrare debuiſſent, iſtas ſuas partes vltimas, quarum determinatus numerus corpus conſtituat, extenſas prorſus non eſſe.

81. Cum igitur ex hoc labyrintho exitum nullum inuenire, neque obiectionibus debito modo occurrere queant, ad diſtinctiones confugiunt, reſpondentes has obiectiones a ſenſibus atque imaginatione ſuppeditari, in hoc autem negotio ſolum intellectum purum adhiberi oportere; ſenſus autem ac ratiocinia inde pendentia ſaepiſſime fallere. Intellectus ſcilicet purus agnoſcet fieri poſſe, vt pars milleſima pedis cubici materiae omni extenſione careat, quod imaginationi abſurdum videatur. Tum vero, quod ſenſus ſaepenumero fallant, res vera quidem eſt, at nemini minus quam mathematicis opponi poteſt. Matheſis enim nos imprimis a fallacia ſenſuum defendit, atque docet obiecta, quae ſenſibus percipiuntur, aliter reuera eſſe comparata, aliter vero apparere: haecque ſcientia tutiſſima tradit praecepta, quae qui ſequuntur, ab illuſione ſenſuum immunes ſunt. Huiusmodi ergo reſponſionibus, tantum abeſt, vt Metaphyſici ſuam doctrinam tueantur, vt eam potius magis ſuſpectam efficiant.

82.

82. Verum vt ad propositum reuertamur, etiamsi quis neget in mundo numerum infinitum reuera existere; tamen in speculationibus mathematicis saepissime occurrunt quaestiones, ad quas, nisi numerus infinitus admittatur, responderi non posset. Sic, si quaeratur summa omnium numerorum, qui hanc seriem 1+2+3+4+5+&c. constituunt; quia isti numeri sine fine progrediuntur, atque crescunt, eorum omnium summa certe finita esse non poterit: quo ipso efficitur, eam esse infinitam. Hinc, quae quantitas tanta est, vt omni quantitate finita sit maior, ea non infinita esse nequit. Ad huiusmodi quantitatem designandam Mathematici vtuntur hoc signo ∞, quo denotatur quantitas omni quantitate finita, seu assignabili, maior. Sic cum Parabola ita definiri queat, vt dicatur esse Ellipsis infinite longa, recte affirmare poterimus axem Parabolae esse Lineam rectam infinitam.

83. Haec autem Infiniti doctrina magis illustrabitur, si, quid sit infinite paruum Mathematicorum, exposuerimus. Nullum autem est dubium, quin omnis quantitas eousque diminui queat, quoad penitus euanescat, atque in nihilum abeat. Sed quantitas infinite parua nil aliud est nisi quantitas euanescens, ideoque reuera erit $=0$. Consentit quoque ea infinite paruorum definitio, qua dicuntur omni quantitate assignabili minora: si enim quantitas tam fuerit parua, vt omni quantitate assignabili sit minor, ea certe non poterit non esse nulla; namque nisi esset $=0$, quantitas assignari posset ipsi aequalis, quod est contra hypothesin. Quaerenti ergo, quid sit quantitas infi-

infinite parua in Mathesi, respondemus eam esse reuera $=0$: neque ergo in hac idea tanta Mysteria latent, quanta vulgo putantur, & quae pluribus calculum infinite parvorum admodum suspectum reddiderunt. Interim tamen dubia, si quae supererunt, in sequentibus, vbi hunc calculum sumus tradituri, funditus tollentur.

84. Cum igitur ostenderimus, quantitatem infinite paruam reuera esse cyphram, primum occurrendum est obiectioni, cur quantitates infinite paruas non perpetuo eodem charactere o designemus, sed peculiares notas ad eas designandas adhibeamus. Quia enim omnia nihila sunt inter se aequalia, superfluum videtur variis signis ea denotare. Verum quamquam duae quaeuis cyphrae ita inter se sunt aequales, vt earum differentia sit nihil: tamen, cum duo sint modi comparationis, alter arithmeticus, alter geometricus; quorum illo differentiam, hoc vero quotum ex quantitatibus comparandis ortum spectamus; ratio quidem arithmetica inter binas quasque cyphras est aequalitatis, non vero ratio geometrica. Facillime hoc perspicietur ex hac proportione geometrica $2:1=0:0$, in qua terminus quartus est $=0$, vti tertius. Ex natura autem proportionis, cum terminus primus duplo sit maior quam secundus, necesse est, vt & tertius duplo maior sit quam quartus.

85. Haec autem etiam in vulgari Arithmetica sunt planissima: cuilibet enim notum est, cyphram per quemvis numerum multiplicatam dare cyphram, esseque $n.0=0$,

sicque

sicque fore $n : 1 = 0 : 0$. Vnde patet fieri posse, vt duae cyphrae quamcunque inter se rationem geometricam teneant, etiamsi, rem arithmetice spectando, earum ratio semper sit aequalitatis. Cum igitur inter cyphras ratio quaecunque intercedere possit, ad hanc diuersitatem indicandam consulto varii characteres vsurpantur; praesertim tum, cum ratio geometrica, quam cyphrae variae inter se tenent, est inuestiganda. In calculo autem infinite paruorum nil aliud agitur, nisi vt ratio geometrica inter varia infinite parua indagetur, quod negotium propterea, nisi diuersis signis ad ea indicanda vteremur, in maximam confusionem illaberetur, neque vllo modo expediri posset.

86. Si ergo, prouti in Analysi infinitorum modus signandi est receptus, denotet dx quantitatem infinite paruam, erit vtique tam $dx = 0$, quam $adx = 0$, denotante a quantitatem quamcunque finitam. Hoc tamen non obstante erit ratio geometrica $adx : dx$ finita, nempe vt $a : 1$; & hanc obrem haec duo infinite parua dx & adx, etiamsi vtrumque sit $= 0$, inter se confundi non possunt, si quidem eorum ratio inuestigetur. Simili modo, si diuersa occurrunt infinite parua dx & dy, etiamsi vtrumque sit $= 0$, tamen eorum ratio non constat. Atque in inuestigatione rationis inter duo quaeque huiusmodi infinite parua omnis vis calculi differentialis versatur. Vsus autem huius comparationis, etiamsi primo intuitu admodum exiguus videatur, tamen amplissimus deprehenditur, atque adhuc indies magis elucet.

87. Cum

87. Cum igitur infinite paruum sit reuera nihil, patet quantitatem finitam neque augeri neque diminui, si ad eam infinite paruum vel addamus vel ab ea subtrahamus. Sit a quantitas finita atque dx infinite parua, erit tam $a + dx$, quam $a - dx$, & generaliter $a \pm ndx = a$. Siue enim relationem inter $a \pm ndx$ & a arithmetice intueamur siue geometrice, vtroque casu ratio aequalitatis deprehendetur. Arithmetica quidem ratio aequalitatis manifesta est; cum enim sit $ndx = 0$, erit $a \pm ndx - a = 0$: geometrica vero ratio aequalitatis inde patet, quod sit $\frac{a \pm ndx}{a} = 1$. Hinc sequitur canon ille maxime receptus, quod *infinite parua prae finitis euanescant, atque adeo horum respectu reiici queant.* Quare illa obiectio, qua Analysis infinitorum rigorem geometricum negligere arguitur, sponte cadit, cum nil aliud reiiciatur, nisi quod reuera sit nihil. Ac propterea iure affirmare licet, in hac sublimiori scientia rigorem geometricum summum, qui in Veterum libris deprehenditur, aeque diligenter obseruari.

88. Quoniam quantitas infinite parua dx reuera est $= 0$, eius quoque quadratum dx^2, cubus dx^3, & quaevis alia potestas affirmatiuum habens exponentem erit $= 0$, ideoque aeque prae quantitatibus finitis euanescent. At vero etiam quantitas infinite parua dx^2 prae ipsa dx euanescit; erit enim $dx \pm dx^2$ ad dx in ratione aequalitatis, siue comparatio arithmetice siue geometrice instituatur. De priori quidem dubium est nullum, at geometrice comparando erit

dx

$$dx \pm dx^2 : dx = \frac{dx \pm dx^2}{dx} = 1 \pm dx = 1.$$

Pari modo erit $dx \pm dx^3 = dx$, & generaliter $dx \pm dx^{n+1} = dx$, dummodo ſit n numerus nihilo maior: erit enim ratio geometrica $dx \pm dx^{n+1} : dx = 1 \pm dx^n$; ideoque, ob $dx^n = 0$, ratio aequalitatis. Si igitur vti in poteſtatibus fit, vocetur dx infinite paruum primi ordinis, dx^2 ſecundi ordinis, dx^3 tertii ordinis & ita porro, manifeſtum eſt prae infinite paruis primi ordinis, euaneſcere infinite parua altiorum ordinum.

89. Simili modo oſtendetur infinite parua tertii ac ſuperiorum ordinum euaneſcere prae infinite paruis ordinis ſecundi; atque in genere infinite parua cuiusque ordinis ſuperioris euaneſcere prae infinite paruis ordinis inferioris. Ita ſi m fuerit numerus minor quam n, erit $adx^m + bdx^n = adx^m$, quia dx^n euaneſcit prae dx^m, vti oſtendimus. Hocque etiam in exponentibus fractis habet locum; ita dx euaneſcet prae $\sqrt{dx}$ ſeu $dx^{\frac{1}{2}}$, eritque $a\sqrt{dx} + bdx = a\sqrt{dx}$. Quodſi autem exponens ipſius dx ſit $= 0$, erit $dx^0 = 1$, quamuis ſit $dx = 0$; hinc poteſtas dx^n, cum fiat $= 1$, ſi ſit $n = 0$, ex finita ſtatim fit quantitas infinite parua, atque exponens n nihilo fit maior. Hinc ergo infiniti ordines infinite paruorum exiſtunt, quae etſi omnia ſunt $= 0$, tamen inter ſe probe diſtingui debent, ſi ad earum relationem mutuam, quae per rationem geometricam explicatur, attendamus.

90. Stabilita notione infinite paruorum facilius indolem infinitorum seu infinite magnorum exponere poterimus. Notum est valorem fractionis $\frac{1}{z}$ eo maiorem euadere, quo magis diminuatur denominator z; quare si z fiat quantitas omni assignabili quantitate minor, seu infinite parua, necesse est vt valor fractionis $\frac{1}{z}$ fiat omni assignabili quantitate maior, ideoque infinitus. Quamobrem si vnitas seu quaeuis alia quantitas finita diuidatur per infinite paruum seu o, quotus erit infinite magnus, ideoque quantitas infinita. Cum igitur hoc signum ∞ denotet quantitatem infinite magnam, ista habebitur aequatio $\frac{a}{dx} = \infty$; cuius veritas quoque hinc patet, quod fit inuertendo $\frac{a}{\infty} = dx = 0$. Namque quo maior statuitur fractionis $\frac{a}{z}$ denominator z, eo minor fit fractionis valor, atque si z fiat quantitas infinite magna seu $z = \infty$, necesse est, vt fractionis valor $\frac{a}{\infty}$ fiat infinite paruus.

91. Qui vtrumuis horum ratiociniorum negaueric, eum in maxima incommoda prolabi, atque adeo certissima Analyseos fundamenta euertere necesse est. Qui enim statuit valorem fractionis $\frac{a}{0}$ esse finitum vti b, vtrinque per denominatorem multiplicando prodiret $a = 0 . b$, atque ideo quantitas finita b per nihil o multiplicata praeberet

beret quantitatem finitam a, quod esset absurdum. Multo minus valor ille b fractionis $\frac{a}{0}$ poterit esse $= 0$: nam 0 per 0 multiplicata quantitatem a producere nullo modo poterit. In idem absurdum incidit, qui negat esse $\frac{a}{\infty} = 0$, ei enim dicendum erit esse $\frac{a}{\infty} =$ quantitati finitae b: quare cum ex aequatione $\frac{a}{\infty} = b$ legitime sequatur haec $\infty = \frac{a}{b}$, foret valor fractionis $\frac{a}{b}$, cuius numerator ac denominator sunt quantitates finitae, infinite magnus, quod perinde foret absurdum. Neque vero etiam valores fractionum $\frac{a}{0}$ & $\frac{a}{\infty}$ imaginarii statui possunt; propterea quod valor fractionis, cuius numerator est finitus denominator vero imaginarius, neque infinite magnus neque infinite paruus esse potest.

92. Quantitas ergo infinite magna, ad quam nos haec consideratio perduxit, & quae sola in Analysi infinitorum locum habet, commodissime definitur dicendo, quantitatem infinite magnam esse quotum, qui ex diuisione quantitatis finitae per infinite paruam oritur. Vicissim ergo erit quantitas infinite parua quotus, qui oritur ex diuisione quantitatis finitae per infinite magnam. Quare, cum eiusmodi proportio geometrica subsistat, vt sit quantitas infinite parua ad finitam, ita finita ad infinite magnam; vti quantitas infinita infinities maior est quam finita, ita quantitas finita infinities maior erit quam infinite

nite parua. Huiusmodi igitur locutiones, quibus plures offenduntur, non sunt improbandae, cum certissimis innitantur principiis. Deinde etiam ex aequatione $\frac{a}{0} = \infty$ sequitur fieri posse, vt nihil per quantitatem infinite magnam multiplicatum producat quantitatem finitam, quod alienum videri posset, nisi planissime per legitimam consequentiam esset deductum.

93. Quoniam inter infinite parua, si secundum rationem geometricam inter se comparantur, maximum deprehenditur discrimen, ita quoque inter quantitates infinite magnas multo maior differentia intercedit, cum non solum geometrice sed etiam arithmetice comparatae discrepent. Ponatur quantitas illa infinita, quae ex diuisione quantitatis finitae a per infinite paruam dx oritur, $= A$, ita vt sit $\frac{a}{dx} = A$: erit vtique $\frac{2a}{dx} = 2A$ & $\frac{na}{dx} = nA$; cum igitur & nA sit quantitas infinita, sequitur inter quantitates infinite magnas rationem quamcunque locum habere posse. Hincque, si quantitas infinita per numerum finitum siue multiplicetur, siue diuidatur, prodibit quantitas infinita. Neque ergo de quantitatibus infinitis negari potest, eas vlterius augeri posse. Facile autem perspicitur, si ratio geometrica, quam duae quantitates infinitae inter se tenent, non fuerit aequalitatis, multo minus earum rationem arithmeticam aequalitatis esse posse, cum potius earum differentia semper sit infinite magna.

94. Quan-

94. Quantumuis autem nonnullis idea infiniti, qua in Mathesi vtimur, suspecta videatur, qui hanc ob caussam Analysin infinitorum profligandam arbitrantur; tamen hac idea ne in partibus quidem Matheseos triuialibus carere possumus. In Arithmetica enim, vbi doctrina logarithmorum tradi solet, logarithmus cyphrae & negatiuus & infinite magnus statuitur, neque quisquam est tam mente captus, vt hunc logarithmum vel finitum vel adeo nihilo aequalem dicere audeat. In Geometria autem & Trigonometria hoc clarius apparet; quis enim vnquam negabit tangentem secantemue auguli recti non esse infinite magnam? & cum rectangulum ex tangente in cotangentem sit radii quadrato aequale, cotangens autem anguli recti fit $= 0$; in Geometria adeo concedi debet, productum ex nihilo & infinito esse posse finitum.

95. Cum sit $\frac{a}{dx}$ quantitas infinita A, patet hanc quantitatem $\frac{A}{dx}$ fore quantitatem infinities maiorem, quam A: est enim $\frac{a}{dx} : \frac{A}{dx} = a : A$, hoc est vt numerus finitus ad infinite magnum. Dantur ergo inter quantitates infinite magnas eiusmodi relationes, vt aliae aliis infinities maiores esse queant. Sic $\frac{a}{dx^2}$ erit quantitas infinita infinities maior quam $\frac{a}{dx}$; posito enim $\frac{a}{dx} = A$ erit $\frac{a}{dx^2} = \frac{A}{dx}$. Simili modo erit $\frac{a}{dx^3}$ quantitas infinita infinities

nities maior quam $\frac{a}{dx^2}$, ideoque infinities infinities maior quam $\frac{a}{dx}$. Dantur ergo infiniti gradus infinitorum, quorum quisque infinities maior est quam praecedentes: atque adeo si numerus m vel tantillum maior sit quam n, erit $\frac{a}{dx^m}$ quantitas infinita infinities maior quam quantitas infinita $\frac{a}{dx^n}$.

96. Quemadmodum in quantitatibus infinite paruis dantur rationes geometricae inaequales, cum tamen rationes arithmeticae omnes sint aequales: ita in quantitatibus infinite magnis dantur rationes geometricae aequales, cum tamen arithmeticae sint quantumuis inaequales. Si enim a & b denotent quantitates finitas, hae duae quantitates infinitae $\frac{a}{dx} + b$ & $\frac{a}{dx}$ rationem geometricam habent aequalitatis; erit enim quotus ex earum diuisione ortus $= 1 + \frac{b\,dx}{a} = 1$ ob $dx = 0$: interim tamen, si arithmetice comparentur, ob differentiam $= b$, ratio erit inaequalitatis. Simili modo $\frac{a}{dx^2} + \frac{a}{dx}$ ad $\frac{a}{dx^2}$ rationem geometricam habet aequalitatis, exponens enim rationis est $= 1 + dx = 1$; verum tamen differentia est $\frac{a}{dx}$ ideoque infinita. Hinc si ad rationem geometricam spectemus, infinite magna inferiorum graduum

duum prae infinite magnis superiorum graduum euanescunt.

97. His de gradibus infinitorum praemonitis, mox apparebit fieri posse, vt productum ex quantitate infinite magna in infinite paruam non solum quantitatem finitam producat, quod supra euenisse vidimus; sed etiam huiusmodi productum esse poterit siue infinite magnum siue infinite paruum. Sic quantitas infinita $\frac{a}{dx}$, si per infinite paruam dx multiplicetur, dat productum finitum $= a$; sin autem $\frac{a}{dx}$ multiplicetur per infinite paruum dx^2, vel dx^3, vel alius superioris ordinis, productum erit vel adx, vel adx^2, vel adx^3 &c. ideoque infinite paruum. Eodem modo intelligetur, si quantitas infinita $\frac{a}{dx^2}$ multiplicetur per infinite paruam dx, productum fore infinite magnum: atque generatim si $\frac{a}{dx^n}$ multiplicetur per bdx^m, productum $abdx^{m-n}$ erit infinite paruum si m superat n; finitum si m aequat n; & infinite magnum si m superatur ab n.

98. Quantitates tam infinite paruae, quam infinite magnae in seriebus numerorum saepissime occurrunt, in quibus cum sint numeris finitis permixtae, ex iis luculenter patebit, quemadmodum secundum leges continuitatis a quantitatibus finitis ad infinite magnas atque infinite paruas transitio fiat. Consideremus primum seriem nume-

numerorum naturalium, quae simul retro continuata erit

&c. $-4-3-2-1+0+1+2+3+4+$ &c.

Numeri ergo continuo decrescendo praebent tandem o seu infinite paruum, vnde vlterius continuati negatiui euadunt. Quamobrem hinc intelligitur a numeris finitis affirmatiuis decrescentibus transiri per o ad negatiuos crescentes. Sin autem eorum numerorum quadrata spectentur, quia omnia sunt affirmatiua

&c. $16+9+4+1+0+1+4+9+16+$ &c.

erit o quoque transitus numerorum affirmatiuorum decrescentium ad affirmatiuos crescentes; atque si signa mutentur, erit quoque o transitus numerorum negatiuorum decrescentium ad negatiuos crescentes.

99. Si series consideretur, cuius terminus generalis est $\sqrt{x}$, quae etiam retro continuata erit huiusmodi

&c. $+\sqrt{-3}+\sqrt{-2}+\sqrt{-1}+0+\sqrt{1}+\sqrt{2}+\sqrt{3}+\sqrt{4}+$ &c.

ex qua patet o, quoque tanquam limitem considerari posse, per quem a quantitatibus realibus ad imaginaria transeatur. Si isti termini tanquam applicatae curuarum considerentur, perspicitur, si eae fuerint affirmatiuae atque eousque decreuerint vt tandem euanescant, tum eas vlterius continuatas vel fieri negatiuas, vel iterum affirmatiuas, vel adeo imaginarias. Idem eueniet, si applicatae primum fuerint negatiuae; tum enim aeque postquam euanuerint, si vlterius continuentur, vel affirmatiuae

tiuae fient, vel negatiuae vel imaginariae; quorum phaenomenorum plurima exempla praebet doctrina de lineis curuis in libro praecedente tractata.

100. Eodem modo in feriebus occurrunt faepe termini infiniti: fic in ferie harmonica, cuius terminus generalis eft $\frac{1}{x}$, indici $x = 0$ refpondebit terminus infinite magnus $\frac{1}{0}$; totaque feries ita fe habebit:

$$\&c. - \tfrac{1}{4} - \tfrac{1}{3} - \tfrac{1}{2} - \tfrac{1}{1} + \tfrac{1}{0} + \tfrac{1}{1} + \tfrac{1}{2} + \tfrac{1}{3} + \&c.$$

A dextra ergo ad finiftram progrediendo termini crefcunt, ita vt $\frac{1}{0}$ iam fit infinite magnus, quem cum tranfierint, fient negatiui decrefcentes. Hinc quantitas infinite magna fpectari poteft tanquam limes, per quem numeri affirmatiui progreffi fiunt negatiui, & viciffim: vnde pluribus vifum eft, numeros negatiuos confiderari poffe, tanquam infinito maiores, propterea quod in hac ferie termini continuo erefcentes, poftquam infinitum attigerint, abeant in negatiuos. At vero fi ad feriem, cuius terminus generalis eft $\frac{1}{xx}$, attendamus, poft tranfitum per infinitum rurfus prodeunt termini affirmatiui.

$$\&c. \tfrac{1}{9} + \tfrac{1}{4} + \tfrac{1}{1} + \tfrac{1}{0} + \tfrac{1}{1} + \tfrac{1}{4} + \tfrac{1}{9} + \&c.$$

quos tamen nemo infinito maiores dixerit.

101. Saepenumero quoque in feriebus terminus infinitus conftituit limitem, terminos reales ab imagina-

 riis

riis segregantem, vti fit in serie hac, cuius terminus generalis est $\frac{1}{\sqrt{x}}$

$$\&c. + \frac{1}{\sqrt{-3}} + \frac{1}{\sqrt{-2}} + \frac{1}{\sqrt{-1}} + \frac{1}{0} + \frac{1}{\sqrt{1}} + \frac{1}{\sqrt{2}} + \frac{1}{\sqrt{3}} + \&c.$$

neque tamen hinc sequitur, imaginaria esse infinito maiora: quoniam ex serie ante allata

$$\&c. + \sqrt{-3} + \sqrt{-2} + \sqrt{-1} + 0 + \sqrt{1} + \sqrt{2} + \sqrt{3} + \&c.$$

aeque sequeretur, imaginaria esse nihilo minora. Deinde vero etiam a terminis realibus transitus ad imaginarios exhiberi potest, quorum limes neque sit 0 neque ∞, vti fit, si terminus generalis fuerit $1 + \sqrt{x}$. His autem casibus, cum ob irrationalitatem quilibet terminus geminum habeat valorem, in limite inter realia & imaginaria semper bini illi valores fiunt inter se aequales. At quoties termini, qui ante erant affirmatiui, abeunt in negatiuos, transitus semper fit per limitem vel infinite paruum, vel infinite magnum, quae omnia ex lege continuitatis, quam in lineis curuis deprehendimus, clarius elucent.

102. Ex summatione quoque serierum in infinitum excurrentium plura hic afferri possunt, quae cum ad hanc infiniti doctrinam magis illustrandam, tum vero ad plura dubia, quae in hoc negotio suboriri solent, delenda inseruiunt. Ac primo quidem, si series constet ex terminis aequalibus, vt

$$1 + 1 + 1 + 1 + 1 + 1 + \&c.$$

ea-

eaque sine fine, hoc est in infinitum continuetur, nullum certe est dubium, quin omnium horum terminorum summa maior sit omni numero assignabili; eaque propterea infinita sit necesse est. Hoc quoque confirmat eius origo, dum oritur ex euolutione fractionis

$$\frac{1}{1-x} = 1 + x + x^2 + x^3 + \&c.$$

ponendo $x = 1$; erit ergo

$$\frac{1}{1-1} = 1 + 1 + 1 + 1 + \&c.$$

ideoque summa $= \frac{1}{1-1} = \frac{1}{0} =$ infinito.

103. Quamuis autem hic nullum dubium nasci queat, cum idem numerus finitus infinities sumtus in infinitum abire debeat; tamen ipsa origo ex serie generali

$$\frac{1}{1-x} = 1 + x + x^2 + x^3 + x^4 + x^5 + \&c.$$

grauissima incommoda afferre videtur: si enim pro x successiue ponantur numeri 1, 2, 3, &c. sequentes series cum suis summis prodibunt.

A . . . $1 + 1 + 1 + 1 + 1 + \&c. = \frac{1}{1-1} =$ infinito

B . . . $1 + 2 + 4 + 8 + 16 + \&c. = \frac{1}{1-2} = -1$

C . . . $1 + 3 + 9 + 27 + 81 + \&c. = \frac{1}{1-3} = -\frac{1}{2}$

D . . . $1 + 4 + 16 + 64 + 256 + \&c. = \frac{1}{1-4} = -\frac{1}{3}$

&c.

 Cum

Cum igitur series B singulos terminos praeter primum habeat maiores, quam series A, summa seriei B necessario multo maior esse deberet, quam summa seriei A: interim tamen iste calculus ostendit seriei A summam infinitam, seriei B vero summam negativam, hoc est nihilo minorem, quod concipi non potest. Multo minus cum solitis ideis conciliari potest, quemadmodum huius est sequentium serierum C, D, &c. summae fiant negatiuae, cum tamen omnes termini sint affirmatiui.

104. Ob hanc rationem opinio supra allata multis probabilis videri solet, quantitates scilicet negatiuas quandoque considerari posse tanquam infinito maiores seu plus quam infinitas; & cum etiam numeros vltra nihil diminuendo perueniatur ad negatiuos, discrimen statuunt inter numeros negatiuos huiusmodi $-1, -2, -3$, &c. & huiusmodi $\frac{+1}{-1}, \frac{+2}{-1}, \frac{+3}{-1}$, &c. illos nihilo minores, hos vero infinito maiores dicendo. Verumtamen hoc pacto difficultatem non tollunt, quam suggerit haec series

$$1 + 2x + 3x^2 + 4x^3 + 5x^4 + \&c. = \frac{1}{(1-x)^2}$$

vnde oriuntur sequentes series:

A . . $1 + 2 + 3 + 4 + 5 + \&c. = \frac{1}{(1-1)^2} = \frac{1}{0} =$ infinito

B . . $1 + 4 + 12 + 32 + 80 + \&c. = \frac{1}{(1-2)^2} = 1$

vbi cum singuli termini seriei B sint maiores, quam singuli termini seriei A, primis solis exceptis, quemadmodum

dum summa seriei A sit infinita, seriei B vero summa aequalis 1, hoc est soli termino primo, ex illo principio explicari omnino nequit.

105. Quoniam autem si vellemus negare esse $-1 = \frac{+1}{-1}$, & $\frac{+a}{-b} = \frac{-a}{+b}$, firmissima Analyseos fundamenta collaberentur, illa ante commemorata explicatio prorsus admitti non potest. Quin potius negare debebimus, illas, quas formulae generales suppeditauerant, summas esse veras. Cum enim hae series ex continua diuisione oriantur, dum residuum continuo vlterius diuiditur: residuum autem perpetuo fiat maius, quo longius progrediamur, id nunquam negligere poterimus; atque minime residuum vltimum, hoc est quod in diuisione infinitesima remanet, omitti potest, quippe quod sit infinite magnum. Quia autem hoc in superioribus seriebus non obseruatur, dum nullius residui ratio habetur, mirum non est, eas summationes ad absurdum deducere. Haecque responsio, vti est ex ipsa serierum genesi petita, ita quoque est verissima, atque omnem dubitationem tollit.

106. Quo hoc clarius appareat, contemplemur euolutionem fractionis $\frac{1}{1-x}$, vti in terminis primum finitis tantum absoluitur. Erit ergo

$$\frac{1}{1-x} = 1 + \frac{x}{1-x}$$

$$\frac{1}{1-x} = 1 + x + \frac{x^2}{1-x}$$

$$\frac{1}{1-x} = 1 + x + x^2 + \frac{x^3}{1-x}$$

$$\frac{1}{1-x} = 1 + x + x^2 + x^3 + \frac{x^4}{1-x}.$$

&c.

qui ergo dicere vellet huius ſeriei finitae $1 + x + x^2 + x^3$ ſummam eſſe $\frac{1}{1-x}$, is erraret a vero quantitate $\frac{x^4}{1-x}$; & qui ſummam huius ſeriei

$1 + x + x^2 + x^3 + \ldots\ldots\ldots + x^{1000}$

ſtatuere vellet $= \frac{1}{1-x}$, is erraret quantitate $\frac{x^{1001}}{1-x}$ qui error ſi x ſit numerus unitate maior, foret maximus.

107. Ex his perſpicuum eſt eum, qui eiusdem ſeriei in infinitum continuatae ſeu huius:

$1 + x + x^2 + x^3 + \ldots\ldots\ldots + x^\infty$

ſummam ſtatuere velit $= \frac{1}{1-x}$, a veritate eſſe aberraturum quantitate $\frac{x^{\infty+1}}{1-x}$; quae ſi ſit $x > 1$ vtique erit infinite magna. Simul vero hinc ratio patet, cur ſeriei in infinitum continuatae

$$1 + x + x^2 + x^3 + x^4 + \&c.$$

ſum-

summa reuera sit $= \frac{1}{1-x}$, si fuerit x fractio vnitate minor, tum enim error $\frac{x^{\infty+1}}{1-x}$ fit infinite paruus, ideoque nullus; cuius propterea ratio tuto potest negligi. Sic posito $x = \frac{1}{2}$, erit reuera

$$1 + \tfrac{1}{2} + \tfrac{1}{4} + \tfrac{1}{8} + \tfrac{1}{16} + \&c. = \frac{1}{1-\frac{1}{2}} = 2,$$

similiterque reliquarum serierum, si x sit fractio vnitate minor, summa vera hoc modo indicatur.

108. Haec eadem responsio valet de summis serierum diuergentium, in quibus signa $+$ & $-$ alternantur, quae vulgo ex eadem formula exhiberi solent, ponendo pro x numeros negatiuos. Cum enim sit:

$$\frac{1}{1+x} = 1 - x + x^2 - x^3 + x^4 - x^5 + \&c.$$

nisi vltimi residui ratio habeatur, foret:

A . . . $1 - 1 + 1 - 1 + 1 - 1 + \&c. = \frac{1}{2}$

B . . . $1 - 2 + 4 - 8 + 16 - 32 + \&c. = \frac{1}{3}$

C . . . $1 - 3 + 9 - 27 + 81 - 243 - \&c. = \frac{1}{4}$

&c.

Patet autem seriei secundae B summam ideo non posse esse $= \frac{1}{3}$, cum quo plures termini actu summentur, aggregata eo magis ab $\frac{1}{3}$ recedant. Perpetuo autem cuiusque seriei summa debet esse limes, ad quem eo propius peruenitur, quo plures termini actu addantur.

109. Ex his quidam concluserunt huiusmodi series, quae vocantur diuergentes, prorsus nullas habere summas fixas;

fixas; propterea quod colligendis actu terminis ad nullum limitem fiat appropinquatio; qui pro summa seriei in infinitum continuatae haberi posset: quae sententia, cum istae summae iam ob neglecta vltima residua erroneae sint ostensae, veritati maxime est consentanea. Interim tamen contra eam summo iure obiici potest, has memoratas summas, quantumuis a veritate abhorrere videantur, tamen nunquam in errores inducere; quin potius iis admissis plurima praeclara esse eruta, quibus si istas summationes prorsus reiicere vellemus, carendum esset. Neque vero hae summae, si essent falsae, perpetuo ad veritatem nos ducere possent; quin potius, cum non parum sed infinite a veritate discrepent, nos quoque in infinitum a vero seducere deberent. Quod tamen cum non eueniat, difficillimus nobis restat nodus soluendus.

110. Dico igitur in voce *summae* latere totam difficultatem; si enim *summa* seriei, vt vulgo vsus fert, sumatur pro aggregato omnium eius terminorum actu collectorum, tum dubium est nullum, quin earum tantum serierum in infinitum excurrentium summae exhiberi queant, quae sint conuergentes, atque continuo propius ad certum statumque valorem deducant, quo plures termini actu colligantur. Series autem diuergentes, quarum termini non decrescunt, siue signa + & — alternentur siue secus, prorsus nullas habebunt summas fixas; si quidem vox summae hoc sensu pro aggregato omnium terminorum accipiatur. At vero in iis casibus, quorum meminimus, quibus ex istiusmodi summis erroneis veritas tamen

men elicitur; id non fit, quatenus expressio finita, verbi gratia $\frac{1}{1-x}$, est summa seriei $1+x+x^2+x^3+$ &c. sed quatenus ea expressio euoluta hanc seriem praebet; sicque in hoc negotio nomen summae prorsus omitti posset.

111. Haec igitur incommoda, hasque apparentes contradictiones penitus euitabimus, si voci *summae* aliam notionem, atque vulgo fieri solet, tribuamus. Dicamus ergo seriei cuiusque infinitae *summam* esse expressionem finitam, ex cuius euolutione illa series nascatur. Hocque sensu seriei infinitae $1+x+x^2+x^3+$ &c. summa reuera erit $=\frac{1}{1-x}$, quia illa series ex huius fractionis euolutione oritur: quicunque numerus loco x substituatur. Hoc pacto, si series fuerit conuergens, ista noua vocis summae definitio, cum consueta congruet; & quia diuergentes nullas habent summas proprie sic dictas, hinc nullum incommodum ex noua hac appellatione orietur. Denique ope huius definitionis vtilitatem serierum diuergentium tueri, atque ab omnibus iniuriis vindicare poterimus.

CAPUT IV.

DE DIFFERENTIALIUM CUIUSQUE ORDINIS NATURA.

112.

In capite primo vidimus, ſi quantitas variabilis x accipiat augmentum $= \omega$, tum cuiusuis functionis ipſius x augmentum inde oriundum tali forma exprimi $P\omega + Q\omega^2 + R\omega^3 +$ &c. ſiue haec expreſſio ſit finita ſiue in infinitum excurrat. Functio ergo y, ſi in ea loco x ſcribatur $x + \omega$, valorem ſequentem induet:

$$y^{\text{I}} = y + P\omega + Q\omega^2 + R\omega^3 + S\omega^4 + \text{\&c.}$$

a quo, ſi valor prior y ſubtrahatur, remanebit differentia functionis y, quae ita exprimetur

$$\Delta y = P\omega + Q\omega^2 + R\omega^3 + S\omega^4 + \text{\&c.}$$

atque cum valor ipſius x ſequens ſit $x^{\text{I}} = x + \omega$, erit differentia ipſius x, nempe $\Delta x = \omega$. Litterae autem P, Q, R, &c. denotant functiones ipſius x pendentes ab y, quas capite primo inuenire docuimus.

113. Hinc ergo quocunque augmento ω augeatur quantitas variabilis x, ſimul definiri poterit augmentum, quod cuique ipſius x functioni y accedit; dummodo pro quouis ipſius y valore functiones P, Q, R, S, &c. definire valeamus. In hoc autem capite, atque in vniuerſa Analyſi infinitorum augmentum illud ω, quo quantitatem variabilem x creſcere ſumſimus, ſtatuemus infinite par-

paruum, atque adeo euanefcens, feu $=0$. Vnde manifeftum eft, incrementum feu differentiam functionis y quoque fore infinite paruam. Cum autem in hac hypothefi finguli termini expreffionis

$$P\omega + Q\omega^2 + R\omega^3 + S\omega^4 + \&c.$$

prae antecedentibus euanefcant, (88. & feqq.), folus primus $P\omega$ remanebit, eritque propterea hoc cafu, quo ω eft infinite paruum, differentia ipfius y nempe $\Delta y = P\omega$.

114. Erit ergo Analyfis infinitorum, quam hic tractare caepimus, nil aliud, nifi cafus particularis methodi differentiarum in capite primo expofitae, qui oritur, dum differentiae, quae ante finitae erant affumtae, ftatuantur infinite paruae. Quo igitur ifte cafus, quo vniuerfa Analyfis infinitorum continetur, a methodo differentiarum diftinguatur, cum peculiaribus nominibus, tum etiam fignis ad differentias iftas infinite paruas denotandas vti conueniet. Differentias igitur infinite paruas hic cum LEIBNIZIO *differentialia* vocabimus; atque cum differentiarum in primo capite diuerfos ordines conftituiffemus, ex iis nunc facile quoque intelligetur, quid differentialia prima, fecunda, tertia, &c. cuiusque functionis fignificent. Loco characteris autem Δ, quo ante differentias indicaueramus, nunc vtemur charactere d; ita vt dy fignificet differentiale primum ipfius y; ddy differentiale fecundum; d^3y tertium & ita porro.

115. Quoniam differentias infinite paruas, quas hic tractamus, *differentialia* vocamus, hinc totus calculus, quo differentialia inuestigantur atque ad vsum accommodantur, appellari solet *Calculus differentialis.* Mathematici Angli, inter quos primum NEWTONUS aeque ac LEIBNIZIUS inter Germanos hanc nouam Analyseos partem excolere coepit, aliis tam nominibus quam signis vtuntur. Differentias enim infinite paruas, quas nos differentialia vocamus, potissimum *fluxiones* nominare solent, interdum quoque *incrementa:* quae voces vti latino sermoni magis conueniunt, ita quoque res, quas denotant, satis commode exprimunt. Quantitas enim variabilis crescendo continuo alios atque alios valores recipiens tanquam fluens considerari potest, hincque vox fluxionis, quae primum a NEUTONO ad celeritatem crescendi adhibebatur, ad incrementum infinite paruum, quod quantitas quasi fluendo accipit, designandum analogice est translata.

116. Quamuis autem circa vocum vsum atque definitionem cum Anglis disceptare absonum foret, nosque coram iudice puritatem latinae linguae atque expressionum commoditatem spectante facile superaremur; tamen nullum est dubium, quin Anglis ratione signorum palmam praeripiamus. Differentialia enim, quae ipsi fluxiones appellant, punctis, quae litteris superscribunt, denotare solent, ita vt $\dot{y}$, iis significet fluxionem primam ipsius y; $\ddot{y}$ fluxionem secundam; $\dddot{y}$ fluxionem tertiam, atque ita porro. Qui notandi modus, vti ab arbitrio pen-

pendens, etsi improbari nequit, si punctorum numerus fuerit paruus, vt numerando facile percipi queat; tamen si plura puncta inscribi debeant, maximam confusionem plurimaque incommoda affert. Differentiale enim seu fluxio decima perquam incommode hoc modo $\overset{\vdots\vdots}{y}$ repraesentatur, cum nostro signandi modo $d^{10}y$ facillime comprehendatur. Oriuntur autem casus, quibus multo adhuc superiores differentialium ordines atque adeo indefiniti exprimi debent, ad quos Anglorum modus prorsus fit ineptus.

117. Nostris igitur tam nominibus quam signis vtemur, quippe quorum illa in nostris regionibus iam sunt vsu recepta atque plerisque familiaria, haec vero commodiora. Interim tamen non abs re erat, Anglorum denominationes & signationes hic commemorare, vt qui eorum libros euoluunt, eos quoque intelligere queant. Neque enim Angli suo mori tam pertinaciter adhaerent, vt quae nostro more sunt scripta, prorsus repudient, nec legere dignentur. Nos quidem ipsorum opera maxima cum auiditate perlegimus, ex iisque summum fructum percipimus; saepenumero vero etiam animaduertimus, ipsos nostratium scripta non sine vtilitate legisse. Quamobrem etsi idem vbique atque aequabilis modus cogitata sua exprimendi maxime esset optandus, tamen non admodum est difficile, vt vtrique assuescamus, quantum quidem intelligentia librorum alieno more scriptorum postulat.

118. Cum igitur littera ω nobis hactenus denotaverit differentiam seu incrementum, quo quantitas variabilis x crescere concipitur, nunc autem ω statuatur infinite paruum, erit ω differentiale ipsius x; & hancobrem recepto signandi modo erit $\omega = dx$; atque dx proinde erit differentia infinite parua, qua ipsa x crescere concipitur. Simili modo differentiale ipsius y ita exprimetur dy; atque si y fuerit functio quaecunque ipsius x, differentiale dy denotabit incrementum, quod functio y capit, dum x abit in $x + dx$. Quare si in functione y vbique loco x substituatur $x + dx$, & quantitas resultans ponatur $= y^{I}$, erit $dy = y^{I} - y$, hocque modo differentiale cujusque functionis reperietur: quod quidem intelligendum est de differentiali primo seu primi ordinis; de reliquis enim postea videbimus.

119. Probe ergo tenendum est litteram d hic non quantitatem denotare, sed tantum loco signi adhiberi, ad vocem *differentialis* exprimendam, eodem modo, quo in doctrina logarithmorum littera l pro signo logarithmi, & in Algebra charactere $\surd$ pro signo radicis vti consueuimus. Hinc dy non significat, vti vulgo in Analysi vsu est receptum, productum ex quantitate d in quantitatem y, sed ita enunciari debet, vt dicatur differentiale ipsius y. Simili modo si scribatur d^2y, neque binarius exponentem, neque d^2 potestatem ipsius d significat, sed adhibetur tantum ad nomen *differentialis secundi* breviter & apte exprimendum. Cum igitur littera d in calculo differentiali non quantitatem, sed signum tantum

ex-

exhibeat, ad confusionem vitandam in calculis, vbi plures quantitates constantes occurrunt, littera d ad earum designationem vsurpari nequit; perinde atque euitare solemus litteram l tanquam quantitatem in calculum inducere, vbi simul logarithmi occurrunt. Optandum autem esset, vt litterae istae d & l per characteres aliquantulum alteratos exprimerentur, ne cum litteris Alphabethi, quibus quantitates designari solent, confundantur: simili scilicet modo, quo loco litterae r, qua primum vox radicis indicabatur, nunc character iste distortus $\sqrt{}$ in vsum est receptus.

120. Quoniam igitur vidimus differentiale primum ipsius y, si y fuerit functio quaecunque ipsius x, habiturum esse huiusmodi formam $P\omega$; ob $\omega = dx$, erit $dy = Pdx$. Qualiscunque scilicet fuerit y functio ipsius x, eius differentiale dy exprimetur certa quadam functione ipsius x, pro qua hic ponimus P, per differentiale ipsius x, nempe per dx multiplicata. Etiamsi ergo differentialia ipsarum x & y reuera sint infinite parua, ideoque nihilo aequalia; tamen inter se finitam habebunt rationem: erit scilicet $dy : dx = P : 1$. Inuenta ergo functione ista P, innotescit ratio inter differentiale dx & differentiale dy. Cum igitur calculus differentialis in inuentione differentialium consistat, in eo non tam ipsa differentialia, quae sunt nihilo aequalia ac propterea nullo labore inuenirentur, quam eorum ratio mutua geometrica inuestigatur.

121. Differentialia igitur multo facilius inueniuntur, quam differentiae finitae. Ad differentiam enim finitam

tam Δy, qua functio y crescit, dum quantitas variabilis x incrementum ω accipit, non sufficit functionem P nosse, sed indagari insuper oportet functiones Q, R, S, &c. quae in differentiam finitam, quam posuimus

$$= P\omega + Q\omega^2 + R\omega^3 + \&c.$$

ingrediuntur; ad differentiale ipsius y autem inueniendum satis est, si nouerimus solam functionem P. Quamobrem ex cognita differentia finita cuiusque functionis ipsius x, facillime eius differentiale definitur; verum contra ex differentiali eius functionis, nondum erui potest eius differentia finita. Interim tamen infra docebitur, quemadmodum ex differentialibus omnium ordinum simul cognitis differentia quaeuis finita cuiusque functionis propositae inueniri queat. Ceterum ex his manifestum est differentiale primum $dy = P\,dx$, praebere terminum primum differentiae finitae, quippe qui est $= P\omega$.

122. Si igitur incrementum ω, quod quantitas variabilis x accipere concipitur, fuerit vehementer paruum, ita vt in expressione $P\omega + Q\omega^2 + R\omega^3 + \&c.$ termini $Q\omega^2$ & $R\omega^3$, multoque magis reliqui, fiant tam parui, vt in computo, quo summus rigor non obseruatur, prae primo $P\omega$ negligi queant; tum cognito differentiali $P\,dx$, ex eo differentia finita vero proxime cognoscetur, quippe quae erit $= P\omega$: vnde in pluribus occasionibus, quibus calculus ad praxin adhibetur, non parum fructus hauritur. Atque hinc nonnulli arbitrantur, differentialia tanquam incrementa vehementer parua considerari posse, eaque nihilo reuera aequalia esse negant, atque tantum inde-

indefinite parua statuunt. Haecque idea aliis occasionem praebuit Analysin infinitorum accusandi, quod non veras rerum quantitates eliciat, sed tantum vero proximas; quae obiectio semper aliquam vim retineret, nisi infinite parua prorsus nihilo aequalia statueremus.

123. Qui autem nolunt infinite parua plane in nihilum abire, ii vt vim obiectionis destruere videantur, differentialia comparant minimis puluisculis ratione totius terrae, cuius quantitatem nemo non veram tradidisse censeretur, qui vnico puluisculo a veritate aberrauerit. Talem igitur rationem inter quantitatem finitam & infinite paruam esse volunt, qualis est inter totam terram minimumque puluisculum: atque si cui hoc discrimen adhuc non satis magnum videatur, eam rationem millies magisque adaugent, vt paruitas amplius omnino percipi nequeat. Interim tamen agnoscere coguntur, summum rigorem geometricum aliquantulum infringi; quare quo huic obiectioni occurrant, ad eiusmodi exempla confugiunt, quorum tam per Geometriam quam per Analysin infinitorum solutiones inueniri possunt, ex earumque congruentia bonitatem posterioris methodi concludunt. Quanquam autem hoc argumentum negotium non conficit, cum saepe numero per erroneas methodos verum elici queat; tamen quia hoc vitio non laborat, potius euincit, eas quantitates, quae in calculo sint neglectae, non solum non incomprehensibiliter paruas, sed plane nullas esse, vti nos assumimus. Ex quo rigori geometrico nullam omnino vim inferimus.

124. Progrediamur ad differentialium secundi ordinis naturam explicandam, quae oriuntur ex differentiis secundis in capite primo expositis, ponendo quantitatem ω infinite paruam $= dx$. Cum igitur si ponamus quantitatem variabilem x aequalibus incrementis crescere, ita vt si valor secundus x^{I} fuerit $= x + dx$, sequentes futuri sint $x^{II} = x + 2dx$; $x^{III} = x + 3dx$ &c. ob differentias primas constantes $= dx$, differentiae secundae euanescent: erit ergo quoque differentiale secundum ipsius x nempe $ddx = 0$, atque ob hanc rationem quoque differentialia vlteriora erunt $= 0$, scilicet $d^3x = 0$, $d^4x = 0$; $d^5x = 0$; &c. Obiici quidem potest, haec differentialia, cum sint infinite parua, per se esse $= 0$, neque hoc proprium esse eius quantitatis variabilis x, cuius incrementa aequalia concipiantur: at vero hanc euanescentiam ita interpretari oportet, vt differentialia ddx, d^3x &c. non solum in se spectata sint nulla, sed etiam ratione potestatum ipsius dx, cum quibus alias comparari possent, euanescere.

125. Quae quo clarius intelligantur, recordandum est differentiam secundam cuiusque functionis ipsius x, quae sit y, huiusmodi forma exprimi $P\omega^2 + Q\omega^3 + R\omega^3 +$ &c. Quodsi ergo ω sit infinite paruum, termini $Q\omega^3$, $R\omega^4$ &c. prae primo $P\omega^2$ euanescent, vnde posito $\omega = dx$ differentiale secundum ipsius y erit $= Pdx^2$, denotante dx^2 quadratum differentialis dx. Quare etsi differentiale secundum ipsius y, nempe ddy per se sit $= 0$, tamen cum sit $ddy = Pdx^2$, ad dx^2 habebit rationem finitam, vti

vti P ad 1: sin autem sit $y = x$, tum sit $P = 0$, $Q = 0$, $R = 0$, &c. ideoque hoc casu differentiale secundum ipsius x etiam respectu dx^2 altiorumque ipsius dx potestatum euanescit. Hocque modo intelligenda sunt ea, quae ante diximus, esse scilicet $ddx = 0$, $d^3x = 0$, &c.

126. Cum differentia secunda nil aliud sit, nisi differentia differentiae primae; differentiale quoque secundum seu vti saepe vocari solet, differentio-differentiale nil aliud erit praeter differentiale differentialis primi. Quia deinde quantitas constans nulla neque augmenta neque decrementa accipit, nullasque admittit differentias, quippe quae solis quantitatibus variabilibus sunt propriae, dicimus eodem sensu quantitatum constantium differentialia omnia cuiusque ordinis esse $= 0$, hoc est prae omnibus adeo potestatibus ipsius dx euanescere. Cum igitur differentiale ipsius dx hoc est ddx sit $= 0$; differentiale dx tanquam quantitas constans considerari potest, & quoties differentiale cuiuspiam quantitatis dicitur constans, toties ea quantitas intelligenda est continuo aequalia incrementa accipere. Sumimus hic autem x pro ea quantitate, cuius differentiale sit constans, hicque singularum eius functionum variabilitatem, cui earum differentialia sunt obnoxia, aestimabimus.

127. Ponamus differentiale primum ipsius y esse $= p\,dx$; atque ad eius differentiale secundum inueniendum, ipsius $p\,dx$ denuo differentiale quaeri debet. Cum autem dx sit constans, neque varietur etiamsi loco x scri-

batur $x + dx$, tantum opus eſt, vt quantitatis finitae p differentiale quaeratur: ſit igitur $dp = q dx$, quoniam vidimus omnium functionum ipſius x differentialia ad huiusmodi formam reuocari: & cum ſit, vti de differentiis finitis oſtendimus, differentiale ipſius $np = nq dx$, ſi n ſit quantitas conſtans, ponatur dx loco n, eritque differentiale ipſius $p dx = q dx^2$. Hancobrem ſi ſit $dy = p dx$ & $dp = q dx$, erit differentiale ſecundum $ddy = q dx^2$, ſicque conſtat, quod iam ante innuimus, differentiale ſecundum ipſius y ad dx^2 habere rationem finitam.

128. In Capite primo iam notauimus differentias ſecundas atque ſequentes conſtitui non poſſe, niſi valores ſucceſſiui ipſius x certa quadam lege progredi aſſumantur, quae lex cum ſit arbitraria, his valoribus progreſſionem arithmeticam tanquam facillimam ſimulque aptiſſimam tribuimus. Ob eandem ergo rationem de differentialibus ſecundis nihil certi ſtatui poterit, niſi differentialia prima, quibus quantitas variabilis x continuo creſcere concipitur, ſecundum datam legem progrediantur; ponimus itaque differentialia prima ipſius x, nempe dx, dx^{I}, dx^{II}, &c. omnia inter ſe aequalia, vnde fiunt differentialia ſecunda

$$ddx = dx^{\mathrm{I}} - dx = 0; \quad ddx^{\mathrm{I}} = dx^{\mathrm{II}} - dx^{\mathrm{I}} = 0, \text{ \&c.}$$

Quoniam ergo differentialia ſecunda & vlteriora ab ordine, quem differentialia quantitatis variabilis x inter ſe tenent, pendent, hicque ordo ſit arbitrarius, quae conditio differentialia prima non afficit; hinc ingens diſcrimen inter differentialia prima ac ſequentia ratione inuentionis intercedit.

129. Quodsi autem successiui ipsius x valores x, x^{I}, x^{II}, x^{III}, x^{IV}, &c. non secundum arithmeticam progressionem statuantur, sed alia quacunque lege progredi ponantur, tum eorum quoque differentialia prima dx, dx^{I}, dx^{II}, &c. non erunt inter se aequalia, neque propterea erit $ddx = 0$. Hancobrem differentialia secunda quarumvis functionum ipsius x aliam formam induent; si enim huiusmodi functionis y differentiale primum fuerit $= pdx$ ad eius differentiale secundum inueniendum non sufficit differentiale ipsius p per dx multiplicasse, sed insuper ratio differentialis ipsius dx, quod est ddx haberi debet. Quoniam enim differentiale secundum oritur, si pdx a valore eius sequente, qui oritur dum $x + dx$ loco x & $dx + ddx$ loco dx ponitur, subtrahatur, ponamus valorem ipsius p sequentem esse $= p + qdx$, eritque ipsius pdx valor sequens

$$= (p + qdx)(dx + ddx) = pdx + pddx + qdx^2 + qdxddx;$$

a quo subtrahatur pdx, eritque differentiale secundum

$$ddy = pddx + qdx^2 + qdxddx = pddx + qdx^2,$$

quia $qdxddx$ prae $pddx$ euanescit.

130. Quanquam autem ratio aequalitatis est simplicissima atque aptissima, quae continuo ipsius x incrementis tribuatur, tamen frequenter euenire solet, vt non eius quantitatis variabilis x, cuius y est functio, incrementa aequalia assumantur, sed alius cuiuspiam quantitatis, cuius ipsa x sit functio quaedam. Quin etiam saepe eiusmodi alius quantitatis differentialia prima statuantur ae-

qualia, cuius nequidem relatio ad x constet. Priori casu pendebunt differentialia secunda & sequentia ipsius x a ratione, quam x tenet ad illam quantitatem, quae aequabiliter crescere ponitur, ex eaque pari modo definiri debent, quo hic differentialia secunda ipsius y ex differentialibus ipsius x definire docuimus. Posteriori autem casu differentialia secunda & sequentia ipsius x tanquam incognita spectari, eorumque loco signa ddx, d^3x, d^4x, &c. vsurpari debebunt.

131. Cum autem, quemadmodum his casibus differentiationes singulas absolui oporteat, infra fusius simus ostensuri, hic pergamus quantitatem variabilem x tanquam vniformiter crescentem assumere, ita vt eius differentialia prima dx, dx^{I}, dx^{II}, &c. inter se omnia aequalia, ac propterea differentialia secunda ac sequentia nihilo aequalia statuantur: quae conditio ita enunciari solet vt differentiale ipsius x nempe dx constans assumi dicatur. Sit deinde y functio quaecunque ipsius x, quae cum per x & constantes definiatur, singula quoque eius differentialia prima, secunda, tertia, quarta, &c. quae his signis indicantur dy, ddy, d^3y, d^4y, &c. per x & dx exprimi poterunt. Scilicet si in y loco x scribatur $x+dx$, ab hocque valore prior subtrahatur, remanebit differentiale primum dy: in quo si porro loco x ponatur $x+dx$, prodibit dy^{I}, eritque $ddy = dy^{I} - dy$, simili modo ponendo $x+dx$ loco x, ex ddy nascetur ddy^{I}, atque $ddy^{I} - ddy$ dabit d^3y & ita porro: in quibus

bus operationibus differentiale dx perpetuo tanquam quantitas constans spectatur, quae nullum differentiale recipiat.

132. Ex ratione, qua functio y per x determinatur, tam ope methodi differentiarum finitarum, quam multo expeditius ex iis, quae postea sumus tradituri, definietur valor functionis p, quae per dx multiplicata praebeat differentiale primum dy. Posito ergo $dy = pdx$, differentiale ipsius pdx dabit differentiale secundum ddy; vnde si fuerit $dp = qdx$, ob dx constans, orietur $ddy = qdx^2$, vti iam ante ostendimus. Vlterius igitur progrediendo, cum differentialis secundi differentiale praebeat differentiale tertium, ponamus esse $dq = rdx$, eritque $d^3y = rdx^3$: simili modo si huius functionis r differentiale quaeratur, fueritque $dr = sdx$, habebitur differentiale quartum $d^4y = sdx^4$; sicque porro, dummodo nouerimus differentiale primum cuiusque functionis inuenire, differentiale cuiusque ordinis assignare poterimus.

133. Quo igitur formae singulorum horum differentialium, simulque ratio ea inueniendi clarius menti repraesentetur, ea sequenti tabella complecti visum est.

Si y

Si y fuerit functio quaecunque ipsius x,

erit	atque posito
$dy = p\,dx$	$dp = q\,dx$
$ddy = q\,dx^2$	$dq = r\,dx$
$d^3y = r\,dx^3$	$dr = s\,dx$
$d^4y = s\,dx^4$	$ds = t\,dx$
$d^5y = t\,dx^5$	&c.

Cum igitur functio p ex functione y per differentiationem cognoscatur, similique modo ex p inueniatur q, hincque porro r, & ex eo vlterius s, &c. differentialia cuiusuis ordinis ipsius y facile reperientur, dummodo differentiale dx assumatur constans.

134. Cum p, q, r, s, t, &c. sint quantitates finitae, functiones nimirum ipsius x, differentiale primum ipsius y, rationem finitam habebit ad differentiale primum ipsius x, scilicet vt p ad 1; hancque ob causam differentialia dx & dy vocantur homogenea. Deinde cum ddy ad dx^2 habeat rationem finitam vt q ad 1, erunt ddy & dx^2 homogenea; simili modo homogenea erunt d^3q & dx^3, itemque d^4y & dx^4, & ita porro. Vnde vti differentialia prima sunt inter se homogenea, seu rationem finitam tenentia; sic differentialia secunda cum quadratis differentialium primorum, differentialia autem tertia cum cubis differentialium primorum atque ita porro erunt homogenea. Atque generatim differentiale ipsius

ſius y ordinis n, quod ita exprimitur $d^n y$, homogeneum erit cum dx^n, hoc eſt cum poteſtate differentialis dx, cuius exponens eſt n.

135. Cum igitur prae dx euaneſcant omnes eius poteſtates, quarum exponentes ſunt vnitate maiores, prae dy quoque euaneſcent dx^2, dx^3, dx^4, &c. & quae ad has poteſtates rationem finitam tenent differentialia altiorum ordinum ddy, d^3y, d^4y, &c. Simili modo prae ddy quia eſt homogeneum cum dx^2, omnes ipſius dx poteſtates quadrato ſuperiores dx^3, dx^4, &c. euaneſcent, euaneſcent ergo quoque d^3y, d^4y, &c. Atque prae d^3y, euaneſcent dx^4, d^4y; dx^5, d^5y; &c. Hincque facile, ſi propoſitae fuerint quaecunque expreſſiones huiusmodi differentialia inuoluentes, dignoſci poterunt, vtrum ſint homogeneae nec ne? Reſpici enim debebunt tantum differentialia, omiſſis quantitatibus finitis, quippe quae homogeneitatem non turbant; atque pro differentialibus ſecundi altiorumque ordinum ſcribantur poteſtates ipſius dx ipſis homogeneae, quae ſi praebeant vbique eundem dimenſionum numerum, expreſſiones erunt homogeneae.

136. Ita patebit has expreſſiones $Pddy^2$ & $Qdyd^3y$ eſſe inter ſe homogeneas. Nam ddy^2 denotat quadratum ipſius ddy, & quia ddy homogeneum eſt cum dx^2, erit ddy^2 homogeneum cum dx^4. Deinde quia dy cum dx & d^3y cum dx^3 homogeneum eſt, erit productum dyd^3y cum dx^4 homogeneum: ex quo ſequitur expreſſiones $Pddy^2$ & $Qdyd^3y$ inter ſe eſſe homogeneas, ideo-

 que

que rationem inter se finitam habere. Simili modo colligetur has expressiones $\frac{Pd^3y^2}{dxddy}$ & $\frac{Qd^5y}{dy^2}$ esse homogeneas; substitutis enim pro dy, ddy, d^3y & d^5y his ipsius dx potestatibus ipsis homogeneis dx, dx^2, dx^3 & dx^5, orientur hae expressiones Pdx^3 & Qdx^3, quae vtique erunt inter se homogeneae.

137. Quod si facta hac reductione expressiones propositae non contineant aequales ipsius dx potestates, tum non erunt homogeneae, neque propterea inter se rationem finitam tenebunt. Erit ergo altera infinities siue maior siue minor altera, hincque vna respectu alterius euanescet. Sic $\frac{Pd^3y}{dx^2}$ ad $\frac{Qddy^2}{dy}$ rationem habebit infinite magnam: prior enim expressio reducitur ad Pdx & altera ad Qdx^3, vnde haec prae illa euanescet. Quamobrem si in quopiam calculo aggregatum huiusmodi binarum formularum occurrat, $\frac{Pd^3y}{dx^2} + \frac{Qddy^2}{dy}$, posterior terminus prae priori tuto reiici, solusque primus $\frac{Pd^3y}{dx^2}$ in calculo retineri poterit: subsistet enim perfecta ratio aequalitatis inter expressiones

$$\frac{Pd^3y}{dx^2} + \frac{Qddy^2}{dy} \text{ \& } \frac{Pd^3y}{dx^2},$$

quia exponens rationis est

$$= 1 + \frac{Qdx^2ddy^2}{Pdyd^3y} = 1 \text{ ob } \frac{Qdx^2ddy^2}{Pdyd^3y} = 0.$$

Hoc-

Hocque pacto expressiones differentiales quandoque mirifice contrahi possunt.

138. In calculo differentiali praecepta traduntur, quorum ope cuiusuis quantitatis propositae differentiale primum inueniri potest: & quoniam differentialia secunda ex differentiatione primorum, tertia per eandem operationem ex secundis & ita porro sequentia ex praecedentibus reperiuntur, calculus differentialis continet methodum omnia cuiusque ordinis differentialia inueniendi. Ex voce autem *differentialis*, qua differentia infinite parva denotatur, alia nomina deriuantur, quae vsu sunt recepta. Sic verbum habetur *differentiare*, quod significat *differentiale inuenire*, quantitasque *differentiari* dicitur, quando eius differentiale elicitur. *Differentiatio* autem denotat operationem, qua differentialia inueniuntur. Hinc calculus differentialis quoque vocatur methodus *differentiandi*, cum modum differentialia inueniendi contineat.

139. Quemadmodum in calculo differentiali cuiusvis quantitatis differentiale inuestigatur, ita vicissim calculi species constituitur quoque in inuentione eius quantitatis, cuius differentiale proponitur, qui calculus integralis vocatur. Si enim propositum fuerit differentiale quodcunque, eius respectu ea quantitas, cuius est differentiale, vocari solet integrale. Cuius denominationis ratio est, quod, cum differentiale considerari possit, tanquam pars infinite parua, qua quantitas quaepiam crescit, ipsa illa quantitas respectu huius partis tanquam totum seu integrum spectari potest, hancque ob causam eius vo-

catur integrale. Sic cum dy sit differentiale ipsius y, vicissim y erit integrale ipsius dy, & cum ddy sit differentiale ipsius dy, erit dy integrale ipsius ddy. Similique modo erit ddy integrale ipsius d^3y, & d^3y ipsius d^4y & ita porro: vnde quaelibet differentiatio, si inuerse spectatur, integrationis exemplum exhibet.

140. Origo & natura integralium pariter ac differentialium clarissime ex differentiarum finitarum doctrina in capite primo exposita explicari potest. Postquam enim esset ostensum, quomodo cuiusque quantitatis differentiam inueniri oporteat, retrogrediendo quoque monstrauimus, quomodo, si proposita fuerit differentia, ea quantitas inueniri queat, cuius illa sit differentia; quam quantitatem respectu suae differentiae vocauimus eius summam. Vti igitur ad infinita parua procedendo differentiae in differentialia abierunt, ita summae quae ibi erant vocatae, integralium nomen sortiuntur: & hanc ob caussam integralia quoque non raro summae appellari solent. Angli qui differentialia fluxiones nominant, integralia vocant quantitates fluentes; eorumque loquendi more datae fluxionis fluentem inuenire, idem est, quod nostro more dati differentialis integrale inuenire dicimus.

141. Vti differentialia charactere d designamus, ita ad integralia indicanda hac littera $\int$ vtimur, quae ergo quantitatibus differentialibus praefixa eas denotabit quantitates, quarum illa sunt differentialia. Sic si differentiale ipsius y fuerit pdx, seu $dy = pdx$, erit y integrale ipsius pdx,

pdx, quod hoc modo scribitur $y = \int pdx$, cum sit $y = \int dy$. Integrale ergo ipsius pdx, quod per $\int pdx$ indicatur, denotat quantitatem, cuius differentiale est pdx. Simili modo cum sit $ddy = qdx^2$ existente $dp = qdx$; erit integrale ipsius ddy hoc est $dy = pdx$, atque ob $p = \int qdx$, erit $dy = dx\int qdx$, ac propterea $y = \int dx\int qdx$. Si vlterius sit $dq = rdx$, erit $q = \int rdx$ & $dp = dx\int rdx$; vnde si character $\int$ denuo praefigatur, fiet $p = \int dx\int rdx$, porroque $dy = dx\int dx\int rdx$, atque $y = \int dx\int dx\int rdx$.

142. Quia differentiale dy est quantitas infinite parva, eius integrale autem y quantitas finita, parique modo differentiale secundum ddy infinities minus est, quam eius integrale dy, manifestum est differentialia prae suis integralibus euanescere. Quae affectio quo melius percipiatur, infinite parua in ordines diuidi solent, diciturque infinite paruum primi ordinis, ad quod referuntur differentialia prima dx, dy. Infinite paruum secundi ordinis complectitur differentialia secundi ordinis, quae homogenea sunt cum dx^2; similique modo infinite parva, quae cum dx^3 sunt homogenea, vocantur ordinis tertii, ad quem ergo pertinent differentialia tertia omnia; sicque porro. Vnde vti infinite parua primi ordinis prae quantitatibus finitis euanescunt, sic infinite parua secundi ordinis prae infinite paruis primi ordinis, atque generatim infinite parua cuiusque ordinis altioris prae infinite paruis ordinis inferioris euanescent.

143. His igitur infinite paruorum ordinibus constitutis, vti differentiale quantitatis finitae est infinite parvum

vum primi ordinis, atque differentiale infinite parui primi ordinis est infinite paruum secundi ordinis, & ita porro; ita vicissim manifestum est integrale infinite parui primi ordinis esse quantitatem finitam, integrale autem infinite parui secundi ordinis esse infinite paruum primi ordinis sicque deinceps. Quare si differentiale propositum fuerit infinite paruum ordinis n, eius integrale erit infinite paruum ordinis $n-1$; hincque vti differentiando ordo infinite paruorum augetur, ita integratione ad ordines inferiores progredimur, donec ad ipsas quantitates finitas perueniamus. Sin autem quantitates finitas denuo integrare velimus, tum secundum hanc legem perueniemus ad quantitates infinite magnas, ab harumque integratione instituta ad quantitates adhuc infinities maiores, sicque progrediendo obtinebimus similes infinitorum ordines, quorum quisque praecedentem infinities superat.

144. Superest vt in hoc Capite quaedam de vsu signorum recepto moneamus, ne ambiguitati vllus locus relinquatur. Ac primo quidem signum differentiationis d tantum afficit literam immediate sequentem solam: sic dxy non denotat differentiale producti xy, sed differentiale ipsius x per ipsam quantitatem y multiplicatum. Solet autem, quominus confusio nascatur, quantitas y ante signum d hoc modo scribi ydx, quo productum ex y in dx indicatur. Attamen si y sit quantitas vel signum radicale $\surd$ vel logarithmicum habens praefixum, tum post differentiale poni solet: nimirum $dx\surd(aa-xx)$ significat productum ex quantitate finita $\surd(aa-xx)$ in

dif-

differentiale dx, similique modo $dxl(1+x)$ est productum ex logarithmo quantitatis $1+x$, per dx multiplicato. Ob eandem rationem $ddy\sqrt{x}$ exprimit productum differentialis secundi ddy & quantitatis finitae $\sqrt{x}$.

145. Neque vero signum d litteram immediate sequentem solam afficit, sed etiam nequidem exponentem si quem habet, spectat. Ita dx^2 non exprimit differentiale ipsius x^2, sed quadratum differentialis ipsius x, ita vt exponens 2 non ad x, sed ad dx referri debeat. Posset etiam scribi $dxdx$, quemadmodum productum duorum differentialium dx & dy hoc modo $dxdy$ exponitur, verum prior modus dx^2, vti est breuior, ita vsitatior, Praesertim si altiores potestates ipsius dx essent indicandae, nimis prolixum foret dx toties repeti: sic dx^3 denotat cubum ipsius dx, & in differentialibus altiorum ordinum similis ratio obseruatur. Scilicet ddy^4 denotat potestatem quartam differentialis secundi ordinis ddy; atque $d^3y^2\sqrt{x}$ significat quadratum differentialis tertii ordinis ipsius y multiplicatum esse per $\sqrt{x}$; sin autem per quantitatem rationalem x multiplicari deberet, ea praefigitur hoc modo xd^3y^2.

146. Sin autem velimus, vt signum d plus quam solam litteram subsequentem afficiat, id peculiari modo indicari debet. Vtimur hoc casu praecipue vncinulis, quibus ea quantitas includitur, cuius differentiale debet indicare. Vti $d(xx+yy)$ denotat differentiale quantitatis $xx+yy$; verum si velimus differentiale potestatis hu-

huiusmodi quantitatis designare, ambiguitatem vix euitare possumus: si enim scribamus $d(xx+yy)^2$, intelligi posset quadratum ipsius $d(xx+yy)$. Poterimus autem hoc casu punctum in auxilium vocare, ita vt $d.(xx+yy)^2$ denotet differentiale ipsius $(xx+yy)^2$, omisso autem puncto $d(xx+yy)^2$ quadratum ipsius $d(xx+yy)$. Puncto scilicet commode indicari potest signum d ad totam quantitatem post punctum sequentem pertinere: sic $d.xdy$ exprimet differentiale ipsius xdy; & $d.^3 xdy\surd(aa+xx)$ differentiale tertii ordinis expressionis $xdy\surd(aa+xx)$, quae est productum ex quantitatibus finitis x & $\surd(aa+xx)$ atque ex differentiali dy.

147. Quemadmodum autem signum differentiationis d solam quantitatem immediate sequentem afficit, nisi puncto interposito eius vis ad totam expressionem sequentem extendatur; ita contra signum integrationis $\int$ semper totam expressionem, cui est praefixum, complectitur. Ita $\int ydx(aa-xx)^n$ denotat integrale seu eam quantitatem, cuius differentiale est $ydx(aa-xx)^n$, atque haec expressio $\int xdx\int dxlx$ denotat quantitatem, cuius differentiale est $xdx\int dxlx$. Hinc si velimus productum duorum integralium scilicet $\int ydx$ & $\int zdx$ exprimere, id hoc modo $\int ydx\int zdx$ perperam fiet, intelligeretur enim integrale quantitatis $ydx\int zdx$. Hanc ob causam iterum puncto solet haec ambiguitas tolli, ita vt $\int ydx.\int zdx$ significet productum integralium $\int ydx$ & $\int zdx$.

148.

148. Analyſis infinitorum igitur cum in differentialibus tum in integralibus inueniendis verſatur, & hanc obrem in duas praecipuas partes diuiditur, quarum altera vocatur Calculus differentialis, altera Calculus integralis. In priori praecepta traduntur quantitatum quarumvis differentialia inueniendi; in poſteriori vero via monſtratur differentialium propoſitorum integralia inueſtigandi: in vtroque autem ſimul ſummus vſus, quem iſti calculi tam ad ipſam Analyſin quam ad Geometriam ſublimiorem afferunt, indicatur. Quam ob cauſam iſta Analyſeos pars iam tanta accepit incrementa, vt modico volumine prorſus comprehendi nequeat. Imprimis vero in calculo integrali indies tam nova artificia integrandi, quam adiumenta eius in ſoluendis variis generis problematibus, deteguntur, vt ob haec noua inuenta, quae continuo accedunt, nunquam exhauriri, multo minus perfecte deſcribi atque explicari poſſit. Dabo autem operam, vt quae adhuc ſunt reperta, vel cuncta in his libris exponam, vel ſaltem methodos explicem, vnde ea facile deduci queant.

149. Solent vulgo plures Analyſeos infinitorum partes numerari; praeter calculos enim differentialem & integralem inueniuntur paſſim calculi differentio-differentialis atque exponentialis. In calculo differentio-differentiali tradi ſolet methodus differentialia ſecundi atque altiorum ordinum inueniendi: quoniam autem modum cuiusque ordinis differentialia inueniendi in ipſo calculo differentiali ſum expoſiturus, hac ſubdiuiſione, quae potius

ex merito inuentionis, quam ex re ipsa facta esse videtur, supersedebimus. Quod deinde ad calculum exponentialem attinet, quo Celeb. IOH. BERNOULLI, cui ob innumera eaque maxima incrementa Analyseos infinitorum aeternas debemus gratias, methodos differentiandi atque integrandi ad quantitates exponentiales transtulit, quia vtrumque calculum ad omnis generis quantitates tam algebraicas quam transcendentes accommodare constitui, hinc partem peculiarem facere superfluum atque instituto contrarium foret.

150. Primum igitur calculum differentialem in hoc libro pertractare statui, modumque sum expositurus, cuius ope omnium quantitatum variabilium differentialia non solum prima, sed etiam secunda & altiorum ordinum expedite inueniri queant. Primum ergo quantitates algebraicas contemplabor, siue sint functiones vnius variabilis, siue plurium, siue demum explicite dentur, siue per aequationes. Deinde inuentionem differentialium quoque accommodabo ad quantitates non algebraicas, ad quarum notitiam quidem sine calculi integralis subsidio peruenire licet: cuiusmodi sunt logarithmi, atque quantitates exponentiales; deinde etiam arcus circuli, vicissimque arcuum circularium sinus, & tangentes. Denique etiam quantitates vtcunque ex his compositas & permixtas differentiare docebo; sicque calculi differentialis pars prior, methodus scilicet differentiandi absoluetur.

151. Altera pars vſui, quem methodus differentiandi tam ad Analyſin quam Geometriam ſubliomiorem affert, explicando eſt deſtinata. In Algebram autem communem inde plurima redundant commoda, partim ad radices aequationum inueniendas, partim ad ſeries tractandas atque ſummandas, partim ad maxima minimaque eruenda, partim ad valores expreſſionum, quae certis caſibus indeterminatae videantur, definiendos, & quae ſunt alia. Geometria autem ſublimior ex calculo differentiali maxima accepit incrementa, dum eius ope tangentes linearum curuarum, eorumque curuatura ipſa mira facilitate definiri, multaque alia problemata circa radios à lineis curuis vel reflexos vel refractos reſolui poſſunt. Quibus etſi ampliſſimus tractatus impleri poſſet, tamen conabor, quantum fieri licet, omnia breuiter ac perſpicue explicare.

CAPUT V.

DE DIFFERENTIATIONE FUNCTIONUM ALGEBRAICARUM VNICAM VARIABILEM INUOLUENTIUM.

152.

Quia quantitatis variabilis x differentiale est $= dx$ erit x in proximum promouendo $x^{\mathrm{I}} = x + dx$. Quare si fuerit y quaecunque functio ipsius x, si in ea loco x ponatur $x + dx$, ea abibit in y^{I}, atque differentia $y^{\mathrm{I}} - y$ dabit differentiale ipsius y. Si igitur ponamus $y = x^n$ fiet

$$y^{\mathrm{I}} = (x + dx)^n = x^n + nx^{n-1}dx + \frac{n(n-1)}{1 \cdot 2} x^{n-2}dx^2 + \&c.$$

eritque ergo

$$dy = y^{\mathrm{I}} - y = nx^{n-1}dx + \frac{n(n-1)}{1 \cdot 2} x^{n-2}dx^2 + \&c.$$

At in hac expressione terminus secundus cum reliquis sequentibus prae primo euanescit, eritque idcirco $nx^{n-1}dx$ differentiale ipsius x^n, seu $d.x^n = nx^{n-1}dx$. Vnde si a sit numerus seu quantitas constans, erit quoque $d.ax^n = nax^{n-1}dx$. Cuiuscunque ergo ipsius x potestatis differentiale inuenitur, multiplicando eam per exponentem, diuidendo per x, & reliquum per dx multiplicando, quae regula facile memoria retinetur.

153. Cognito differentiali primo ipsius x^n, ex eo facile differentiale secundum reperitur, dummodo, vt hic

hic conſtanter aſſumemus, differentiale dx conſtans ſtatuatur. Cum enim in differentiali $nx^{n-1}dx$ factor ndx ſit conſtans, alterius factoris x^{n-1} differentiale ſumi debet, quod proinde erit $(n-1)x^{n-2}dx$. Hoc ego per ndx multiplicatum dabit differentiale ſecundum: $dd.x^n = n(n-1)x^{n-2}dx^2$. Simili modo ſi differentiale ipſius x^{n-2} quod eſt $=(n-2)x^{n-3}dx$ multiplicetur per $n(n-1)dx^2$ prodibit differentiale tertium

$$d.^3x^n = n(n-1)(n-2)x^{n-3}dx^3.$$

Porro itaque erit differentiale quartum

$$d.^4x^n = n(n-1)(n-2)(n-3)x^{n-4}dx^4,$$

& differentiale quintum

$$d.^5x^n = n(n-1)(n-2)(n-3)(n-4)x^{n-5}dx^5;$$

vnde ſimul forma ſequentium differentialium facillime colligitur.

154. Quoties ergo n eſt numerus integer affirmatiuus, toties ad differentialia tandem peruenitur euaneſcentia; quae ſcilicet ita ſunt $=0$, vt prae omnibus ipſius dx poteſtatibus euaneſcant. Horum autem notandi ſunt caſus ſimpliciores.

$dx = dx$; $dd.x = 0$; $d.^3x = 0$; &c.

$dx^2 = 2xdx$; $dd.x^2 = 2dx^2$; $d.^3x^2 = 0$; $d.^4x^2 = 0$ &c.

$dx^3 = 3x^2dx$; $dd.x^3 = 6xdx^2$; $d.^3x^3 = 6dx^3$; $d.^4x^3 = 0$

$dx^4 = 4x^3dx$; $dd.x^4 = 12x^2dx^2$; $d.^3x^4 = 24xdx^3$; $d.^4x^4 = 24dx^4$

$dx^5 = 5x^4dx$; $dd.x^5 = 20x^3dx^2$; $d.^3x^5 = 60x^2dx^3$; $d.^4x^5 = 120xdx^4$; $d.^5x^5 = 120dx^5$; $d.^6x^5 = 0$.

Patet ergo si n fuerit numerus integer affirmatiuus, potestatis x^n differentiale ordinis n esse constans, nempe $= 1 . 2 . 3 . \ldots n dx^n$, adeoque differentialia superiorum ordinum omnium esse $= 0$.

155. Si n sit numerus integer negatiuus, huiusmodi ipsius x potestatum negatiuarum $\frac{1}{x}, \frac{1}{x^2}, \frac{1}{x^3}$, &c. differentialia sumi poterunt, cum sit $\frac{1}{x} = x^{-1}$; $\frac{1}{xx} = x^{-2}$, & generaliter $\frac{1}{x^m} = x^{-m}$. Si ergo in formula antecedente ponatur $n = -m$, erit ipsius $\frac{1}{x^m}$ differentiale primum $= \frac{-m dx}{x^{m+1}}$; differentiale secundum $= \frac{m(m+1)dx^2}{x^{m+2}}$; differentiale tertium $= \frac{-m(m+1)(m+2)dx^3}{x^{m+3}}$ &c. vnde sequentes casus simpliciores imprimis notari merentur.

$$d. \frac{1}{x} = \frac{-dx}{x^2}; \quad dd. \frac{1}{x} = \frac{2dx^2}{x^3}; \quad d.^3 \frac{1}{x} = \frac{-6dx^3}{x^4}$$

$$d. \frac{1}{x^2} = \frac{-2dx}{x^3}; \quad dd. \frac{1}{x^2} = \frac{6dx^2}{x^4}; \quad d.^3 \frac{1}{x^2} = \frac{-24dx^3}{x^5}$$

$$d. \frac{1}{x^3} = \frac{-3dx}{x^4}; \quad dd. \frac{1}{x^3} = \frac{12dx^2}{x^5}; \quad d.^3 \frac{1}{x^3} = \frac{-60dx^3}{x^6}$$

$$d. \frac{1}{x^4} = \frac{-4dx}{x^5}; \quad dd. \frac{1}{x^4} = \frac{20dx^2}{x^6}; \quad d.^3 \frac{1}{x^4} = \frac{-120dx^3}{x^7}$$

$$d. \frac{1}{x^5} = \frac{-5dx}{x^6}; \quad dd. \frac{1}{x^5} = \frac{30dx^2}{x^7}; \quad d.^3 \frac{1}{x^5} = \frac{-210dx^3}{x^8}$$

&c.

156.

156. Ponendis deinde pro n numeris fractis differentialia formularum irrationalium obtinebimus. Sit enim $n = \frac{\mu}{\nu}$, erit formulae $x^{\frac{\mu}{\nu}}$ seu $\sqrt[\nu]{x^{\mu}}$ differentiale primum

$$= \frac{\mu}{\nu} x^{\frac{\mu-\nu}{\nu}} dx = \frac{\mu}{\nu} dx \sqrt[\nu]{x^{\mu-\nu}} \quad \text{secundum}$$

$$= \frac{\mu(\mu-\nu)}{\nu^2} x^{\frac{\mu-2\nu}{\nu}} dx^2 = \frac{\mu(\mu-\nu)}{\nu\nu} dx^2 \sqrt[\nu]{x^{\mu-2\nu}} \quad \text{\&c.}$$

Hinc erit:

$$d.\sqrt{x} = \frac{dx}{2\sqrt{x}}; \quad dd.\sqrt{x} = \frac{-dx^2}{4x\sqrt{x}}; \quad d^3\sqrt{x} = \frac{1.3\,dx^3}{8x^2\sqrt{x}}$$

$$d.\sqrt[3]{x} = \frac{dx}{3\sqrt[3]{x^2}}; \quad dd.\sqrt[3]{x} = \frac{-2\,dx^2}{9x\sqrt[3]{x^2}}; \quad d^3\sqrt[3]{x} = \frac{2.5\,dx^3}{27x^2\sqrt[3]{x^2}}$$

$$d.\sqrt[4]{x} = \frac{dx}{4\sqrt[4]{x^3}}; \quad dd.\sqrt[4]{x} = \frac{-3\,dx^2}{16x\sqrt[4]{x^3}}; \quad d^3\sqrt[4]{x} = \frac{3.7\,dx^3}{64x^2\sqrt[4]{x^3}}$$

quae expressiones si paulisper inspiciantur, facile habitus acquiretur huiusmodi differentialia, etiam sine praeuia reductione ad formam potestatis, inueniendi.

157. Si μ non fuerit 1, sed numerus alius siue affirmatiuus siue negatiuus integer, differentialia aeque facile definientur. Cum autem differentialia secunda & altiorum ordinum eadem lege ex primis, qua haec ex ipsis potestatibus, deriuentur, exempla simpliciora primorum tantum differentialium apponamus.

d.x

$d.x\sqrt{x} = \frac{3}{2}\, dx\sqrt{x}$; $d.x^2\sqrt{x} = \frac{5}{2}\, x dx\sqrt{x}$; $d.x^3\sqrt{x} = \frac{7}{2}\, x^2 dx\sqrt{x}$;

$d.\frac{1}{\sqrt{x}} = \frac{-dx}{2x\sqrt{x}}$; $d.\frac{1}{x\sqrt{x}} = \frac{-3\,dx}{2xx\sqrt{x}}$; $d.\frac{1}{xx\sqrt{x}} = \frac{-5\,dx}{2x^3\sqrt{x}}$;

$d.\sqrt[3]{x^2} = \frac{2}{3}\frac{dx}{\sqrt[3]{x}}$; $d.x\sqrt[3]{x} = \frac{4}{3}\, dx\sqrt[3]{x}$; $d.x\sqrt[3]{x^2} = \frac{5}{3}\, dx\sqrt[3]{x^2}$;

$d.\, xx\sqrt[3]{x} = \frac{7}{3}\, x dx\sqrt[3]{x}$; $d.\, xx\sqrt[3]{x^2} = \frac{8}{3}\, x dx\sqrt[3]{x^2}$; &c.

$d.\frac{1}{\sqrt[3]{x}} = \frac{-dx}{3x\sqrt[3]{x}}$; $d.\frac{1}{\sqrt[3]{x^2}} = \frac{-2dx}{3x\sqrt[3]{x^2}}$; $d.\frac{1}{x\sqrt[3]{x}} = \frac{-4\,dx}{3x^2\sqrt[3]{x}}$;

$d.\frac{1}{x\sqrt[3]{x^2}} = \frac{-5\,dx}{3x^2\sqrt[3]{x^2}}$; $d.\frac{1}{x^2\sqrt[3]{x}} = \frac{-7\,dx}{3x^3\sqrt[3]{x}}$; &c.

158. Ex his iam functionum omnium algebraicarum rationalium integrarum differentialia poterunt inueniri, propterea quod earum singuli termini sunt potestates ipsius x, quas differentiare nouimus. Cum enim quantitas huiusmodi $p + q + r + s +$ &c. posito $x + dx$ loco x abeat in $p + dp + q + dq + r + dr + s + ds +$ &c. erit eius differentiale $= dp + dq + dr + ds +$ &c. Quare si singularum quantitatum p, q, r, s, differentialia assignare queamus, simul quoque aggregati earum differentiale innotescet. Atque cum multipli ipsius p differentiale sit aeque multiplum ipsius dp, hoc est $d.ap = adp$; erit quantitatis $ap + bq + cr$ differentiale $= adp + bdq + cdr$. Cum denique quantitatum constantium differentialia sint nulla, erit quoque quantitatis huius $ap + bq + cr + f$ differentiale $= adp + bdq + cdr$.

159. In functionibus ergo rationalibus integris cum singuli termini sint vel constantes vel potestates ipsius x, diffe-

differentiatio secundum praecepta data facile absoluetur. Sic erit:

$$d(a+x) = dx \quad ; \quad d(a+bx) = bdx \; ;$$
$$d(a+xx) = 2xdx \quad ; \quad d(aa-xx) = -2xdx \; ;$$
$$d(a+bx+cxx) = bdx+2cxdx \; ;$$
$$d(a+bx+cxx+ex^3) = bdx+2cxdx+3ex^2dx \; ;$$
$$d(a+bx+cxx+ex^3+fx^4) = bdx+2cxdx+3ex^2ax + 4fx^3dx.$$

Atque si exponentes fuerint indefiniti erit:

$$d(1-x^n) = -nx^{n-1}dx \quad ; \quad d(1+x^m) = mx^{m-1}dx \; ;$$
$$d(a+bx^m+cx^n) = mbx^{m-1}dx+ncx^{n-1}dx.$$

160. Cum igitur functiones rationales integrae secundum maximam ipsius x dignitatem in gradus distinguantur, manifestum est, si huiusmodi functionum continuo differentialia capiantur, ea tandem fieri constantia, posteaque in nihilum abire, si quidem differentiale dx assumatur constans. Sic functionis primi gradus $a+bx$ differentiale primum bdx est constans, secundum cum sequentibus nullum. Sit functio secundi gradus

$$a+bx+cxx = y; \text{ erit } dy = bdx+2cxdx;$$
$$ddy = 2cdx^2 \quad ; \quad d^3y = 0.$$

Simili modo si ponatur functio tertii gradus

$a+bx+cxx+ex^3 = y$; erit $dy = bdx+2cxdx+3ex^2dx$; $ddy = 2cdx^2+6exdx^2$ & $d^3y = 6edx^3$ atque $d^4y = 0$. Quare generaliter si huiusmodi functio sit gradus n, eius differentiale ordinis n erit constans, & sequentia omnia nulla.

161. Neque etiam differentiatio turbabitur, ſi inter poteſtates ipſius x, quae huiusmodi functionem componunt, occurrant tales, quarum exponentes ſint numeri negatiui ſeu fracti. Ita

I. Si ſit $y = a + b\sqrt{x} - \frac{c}{x}$

erit $dy = \frac{b\,dx}{2\sqrt{x}} + \frac{c\,dx}{xx}$.

II. Si ſit $y = \frac{a}{\sqrt{x}} + b + c\sqrt{x} - ex$

erit $dy = \frac{-a\,dx}{2x\sqrt{x}} + \frac{c\,dx}{2\sqrt{x}} - e\,dx$,

& $ddy = \frac{3a\,dx^2}{4xx\sqrt{x}} - \frac{c\,dx^2}{4x\sqrt{x}}$.

III. Si ſit $y = a + \frac{b}{\sqrt[3]{xx}} - \frac{c}{x\sqrt[3]{x}} + \frac{f}{xx}$

erit $dy = \frac{-2b\,dx}{3x\sqrt[3]{xx}} + \frac{4c\,dx}{3xx\sqrt[3]{x}} - \frac{2f\,dx}{x^3}$,

& $ddy = \frac{10b\,dx^2}{9x^2\sqrt[3]{xx}} - \frac{28c\,dx^2}{9x^3\sqrt[3]{x}} + \frac{6f\,dx^2}{x^4}$.

cuiusmodi exempla ſecundum praecepta data facillime abſoluuntur.

162. Si quantitas differentianda propoſita fuerit poteſtas eiusmodi functionis, cuius differentiale exhibere valemus, praecedentia praecepta ſufficiunt ad eius differentiale primum definiendum. Sit enim p functio quaecunque ipſius x, cuius differentiale dp in poteſtate eſt, erit ipſi-

ipſius poteſtatis p^n differentiale primum $= np^{n-1}dp$. Hinc ſequentia exempla ſoluuntur:

I. Si ſit $y = (a + x)^n$; erit $dy = n(a + x)^{n-1}dx$

II. Si ſit $y = (aa - xx)^2$; erit $dy = -4xdx(aa - xx)$

III. Si ſit $y = \frac{1}{aa + xx}$ ſeu $y = (aa + xx)^{-1}$

erit $dy = \frac{-2xdx}{(aa + xx)^2}$.

IV. Si ſit $y = \sqrt{(a + bx + cxx)}$ erit

$$dy = \frac{bdx + 2cxdx}{2\sqrt{(a + bx + cxx)}}.$$

V. Si ſit $y = \sqrt[3]{(a^4 - x^4)^2}$ ſeu $y = (a^4 - x^4)^{\frac{2}{3}}$

erit $dy = -\frac{8}{3}x^3dx(a^4 - x^4)^{-\frac{1}{3}} = \frac{-8x^3dx}{3\sqrt[3]{(a^4 - x^4)}}$.

VI. Si ſit $y = \frac{1}{\sqrt{(1 - xx)}}$ ſeu $y = (1 - xx)^{-\frac{1}{2}}$

erit $dy = xdx(1 - xx)^{-\frac{3}{2}} = \frac{xdx}{(1 - xx)\sqrt{(1 - xx)}}$.

VII. Si ſit $y = \sqrt[3]{(a + \sqrt{bx} + x)}$

erit $dy = \frac{dx\sqrt{b} : 2\sqrt{x} + dx}{3\sqrt[3]{(a + \sqrt{bx} + x)^2}} = \frac{dx\sqrt{b} + 2dx\sqrt{x}}{6\sqrt{x}.\sqrt[3]{(a + \sqrt{bx} + x)^2}}$.

VIII. Si ſit $y = \frac{1}{x + \sqrt{(aa - xx)}}$,

ob $d.\sqrt{(aa - xx)} = \frac{xdx}{\sqrt{(aa - xx)}}$, erit

$$dy = \frac{-dx + xdx : \sqrt{(aa - xx)}}{(x + \sqrt{(aa - xx)})^2} = \frac{xdx - dx\sqrt{(aa - xx)}}{(x + \sqrt{(aa - xx)})^2\sqrt{(aa - xx)}}.$$

ſeu $dy = \frac{dx(x - \sqrt{(aa - xx)})^3}{(2xx - aa)^2\sqrt{(aa - xx)}}$.

IX.

IX. Si sit $y = \sqrt[4]{\left(1 - \frac{1}{\sqrt{x}} + \sqrt[3]{(1-xx)^2}\right)^3}$.

Ponatur $\frac{1}{\sqrt{x}} = p$ & $\sqrt[3]{(1-xx)^2} = q$;

ob $y = \sqrt[4]{(1-p+q)^3}$, erit $dy = \frac{-3dp + 3dq}{4\sqrt[4]{(1-p+q)}}$.

Iam per antecedentia est

$$dp = \frac{-dx}{2x\sqrt{x}} \quad \& \quad dq = \left(\frac{3\sqrt[3]{(1-xx)}}{-4xdx}\right) \frac{-4xdx}{3\sqrt[3]{(1-xx)}},$$

quibus valoribus substitutis fiet:

$$dy = \frac{3dx : 2x\sqrt{x} - 4xdx : \sqrt[3]{(1-xx)}}{4\sqrt[4]{\left(1 - \frac{1}{\sqrt{x}} + \sqrt[3]{(1-xx)^2}\right)}}.$$

Simili autem modo singulares litteras loco terminorum aliquantum compositorum substituendo omnium huiusmodi functionum differentialia facile eruuntur.

163. Si quantitas differentianda fuerit productum ex duabus pluribusue functionibus ipsius x, quarum differentialia constant, eius differentiale sequente modo commodissime inuenietur. Sint p & q functiones ipsius x, quarum differentialia dp & dq iam sunt cognita, quia posito $x + dx$ loco x; p abit in $p + dp$ & q in $q + dq$; productum pq transmutabitur in

$$(p + dp)(q + dq) = pq + pdq + qdp + dpdq,$$

vnde producti pq differentiale erit $= pdq + qdp + dpdq$; vbi cum pdq & qdp sint infinite parua primi ordinis, at $dpdq$ secundi ordinis, vltimus terminus euanescet, eritque igitur $d.pq = pdq + qdp$. Differentiale ergo producti pq constat ex duobus membris, quae obtinentur, si si vterque factor per differentiale alterius factoris multiplicetur. Hinc facile deducitur differentiatio producti pqr ex tribus factoribus constantis: ponatur enim $qr = z$, fiet $pqr = pz$, & $d.pqr = pdz + zdp$, verum ob $z = qr$ erit $dz = qdr + rdq$, quibus valoribus loco z & dz substitutis erit

$$d.pqr = pqdr + prdq + qrdp,$$

Simili modo si quantitas differentianda quatuor habeat factores erit:

$$d.pqrs = pqrds + pqsdr + prsdq + qrsdp,$$

vnde quilibet differentiationem plurium factorum facile perspiciet.

I. Si ergo fuerit $y = (a + x)(b - x)$, erit

$$dy = -dx(a+x) + dx(b-x) = -adx + bdx - 2xdx$$

quod idem differentiale quoque inuenitur, si quantitas proposita euoluatur: fit enim $y = ab - ax + bx - xx$, ideoque per superiora praecepta $dy = -adx + bdx - 2xdx$.

II. Si fuerit $y = \frac{1}{x} V(aa - xx)$.

Ponatur $\frac{1}{x} = p$ & $V(aa - xx) = q$, quia est $dp = \frac{-dx}{xx}$

& $dq = \frac{-xdx}{V(aa-xx)}$, erit

$$dy = pdq + qdp = \frac{-dx}{V(aa-xx)} - \frac{dx}{xx} V(aa - xx);$$

quae ad eundem denominatorem reductae dabunt $\frac{-xxdx - aadx + xxdx}{xxV(aa-xx)} = \frac{-aadx}{xxV(aa-xx)}$. Hinc erit differentiale quaesitum, $dy = \frac{-aadx}{xxV(aa-xx)}$.

III.

III. Si fuerit $y = \frac{xx}{\sqrt{(a^4 + x^4)}}$.

Ponatur $xx = p$, & $\frac{1}{\sqrt{(a^4+x^4)}} = q$; quia inuenimus $dp = 2xdx$ & $dq = \frac{-2x^3dx}{(a^4+x^4)^{\frac{3}{2}}}$, erit

$$pdq + qdp = \frac{-2x^5dx}{(a^4+x^4)^{\frac{3}{2}}} + \frac{2xdx}{\sqrt{(a^4+x^4)}} = \frac{2a^4xdx}{(a^4+x^4)^{\frac{3}{2}}}.$$

Hinc ergo erit differentiale quaesitum

$$dy = \frac{2a^4xdx}{(a^4+x^4)\sqrt{(a^4+x^4)}}.$$

IV. Si fuerit $y = \frac{x}{x+\sqrt{(1+xx)}}$.

Ponendo $x = p$ & $\frac{1}{x+\sqrt{(1+xx)}} = q$, ob $dp = dx$ & $dq = \frac{-dx - xdx:\sqrt{(1+xx)}}{(x+\sqrt{(1+xx)})^2} = \frac{-dx(x+\sqrt{(1+xx)})}{(x+\sqrt{(1+xx)})^2\sqrt{(1+xx)}}$ $= \frac{-dx}{(x+\sqrt{(1+xx)})\sqrt{(1+xx)}}$, erit $pdq + qdp =$ $= \frac{-xdx}{(x+\sqrt{(1+xx)})\sqrt{(1+xx)}} + \frac{dx}{x+\sqrt{(1+xx)}} =$ $= \frac{dx(\sqrt{(1+xx)}-x)}{(x+\sqrt{(1+xx)})\sqrt{(1+xx)}}$. Fiet ergo differentiale quaesitum $dy = \frac{dx(\sqrt{(1+xx)}-x)}{(x+\sqrt{(1+xx)})\sqrt{(1+xx)}}$; cuius fractionis si numerator ac denominator multiplicetur per

$\sqrt{(1-}$

$V(1+xx)-x$, fiet $dy = \frac{dx(1+2xx-2xV(1+xx))}{V(1+xx)}$
$= \frac{dx+2xxdx}{V(1+xx)} - 2xdx$.

Idem differentiale alio modo commodius inueniri potest; cum enim sit $y = \frac{x}{x+V(1+xx)}$, multiplicetur numerator ac denominator per $V(1+xx)-x$, fietque

$$y = xV(1+xx) - xx = V(x^2+x^4) - xx,$$

cuius differentiale per priorem regulam est

$$dy = \frac{xdx+2x^3dx}{V(xx+x^4)} - 2xdx = \frac{dx+2xxdx}{V(1+xx)} - 2xdx.$$

V. Si fuerit $y = (a+x)(b-x)(x-c)$, erit

$$dy = (a+x)(b-x)dx - (a+x)(x-c)dx + (b-x)(x-c)dx.$$

VI. Si fuerit $y = x(aa+xx)V(aa-xx)$.

Ob tres factores ergo reperietur

$$dy = dx(aa+xx)V(aa-xx) + 2xxdxV(aa-xx)$$
$$- \frac{xxdx(aa+xx)}{V(aa-xx)} = \frac{dx(a^4+aaxx-4x^4)}{V(aa-xx)}.$$

164. Quanquam etiam fractiones in factoribus comprehendi possunt, tamen commodius vtemur regula fractionibus differentiandi inseruiente. Sit ergo proposita haec fractio $\frac{p}{q}$, cuius differentiale inueniri oporteat. Quoniam posito $x+dx$ loco x fractio illa abit in

$p+$

$$\frac{p+dp}{q+dq} = (p+dp)\left(\frac{1}{q} - \frac{dq}{qq}\right) = \frac{p}{q} - \frac{pdq}{qq} + \frac{dp}{q} - \frac{dpdq}{qq},$$

vnde ſi fractio ipſa $\frac{p}{q}$ ſubtrahatur, remanet eius differentiale $d.\frac{p}{q} = \frac{dp}{q} - \frac{pdq}{qq}$, ob euaneſcentem terminum $\frac{dpdq}{qq}$. Hinc ergo erit $d.\frac{p}{q} = \frac{qdp - pdq}{qq}$, vnde haec regula pro differentiatione cuiusque fractionis enaſcitur. *A differentiali numeratoris per denominatorem multiplicato ſubtrahatur differentiale denominatoris per numeratorem multiplicatum, reſiduum diuidatur per quadratum denominatoris, quotusque erit differentiale fractionis quaeſitum.* Cuius regulae vſus per ſequentia exempla illuſtrabitur.

I. Si fuerit $y = \frac{x}{aa+xx}$, erit per hanc regulam

$$dy = \frac{(aa+xx)dx - 2xxdx}{(aa+xx)^2} = \frac{(aa-xx)dx}{(aa+xx)^2}.$$

II. Si fuerit $y = \frac{\surd(aa+xx)}{aa-xx}$; reperitur

$$dy = \frac{(aa-xx)xdx:\surd(aa+xx) + 2xdx\surd(aa+xx)}{(aa-xx^2)},$$

& facta reductione $dy = \frac{(3aa+xx)xdx}{(aa-xx)^2\surd(aa+xx)}$. Saepenumero expedit ea regula vti, quae ſequitur ex formula priori $d.\frac{p}{q} = \frac{dp}{q} - \frac{pdq}{qq}$, qua differentiale fractionis aequale reperitur differentiali numeratoris per denonominatorem diuiso, demto differentiali denominatoris per numeratorem multiplicato, at per quadratum denominatoris diuiso. Ita

III. Si fuerit $y = \frac{aa - xx}{a^4 + aaxx + x^4}$, erit

$$dy = \frac{-2xdx}{a^4 + aaxx + x^4} - \frac{(aa - xx)(2aaxdx + 4x^3dx)}{(a^4 + aaxx + x^4)^2}$$

quae ad eundem determinatorem reuocata praebet.

$$dy = \frac{-2xdx(2a^4 + 2aaxx - x^4)}{(a^4 + aaxx + x^4)^2}.$$

165. Haec iam sufficiunt ad cuiusque functionis rationalis ipsius x propositae differentiale inuestigandum; si enim fuerit integra modus differentiandi iam supra est expositus. Sit igitur functio proposita fracta, quae semper ad huiusmodi formam reducetur:

$$y = \frac{A + Bx + Cx^2 + Dx^3 + Ex^4 + Fx^5 + \&c.}{\alpha + \beta x + \gamma x^2 + \delta x^3 + \varepsilon x^4 + \zeta x^5 + \&c.}$$

Ponatur numerator $= p$ & denominator $= q$, vt fiat $y = \frac{p}{q}$; eritque $dy = \frac{qdp - pdq}{qq}$. At cum sit:

$$p = A + Bx + Cx^2 + Dx^3 + Ex^4 + \&c.$$

$$\& \quad q = \alpha + \beta x + \gamma x^2 + \delta x^3 + \varepsilon x^4 + \&c.$$

erit $dp = Bdx + 2Cxdx + 3Dx^2dx + 4Ex^3dx + \&c.$

& $dq = \beta dx + 2\gamma xdx + 3\delta x^2dx + 4\varepsilon x^3dx + \&c.$

 vnde

vnde per multiplicationem obtinebitur:

$$\begin{aligned} qdp = {} & \alpha B\,dx + 2\alpha C x\,dx + 3\alpha D x^2 dx + 4\alpha E x^3 dx + \&c. \\ & + \beta B x\,dx + 2\beta C x^2 dx + 3\beta D x^3 dx + \&c. \\ & + \gamma B x^2 dx + 2\gamma C x^3 dx + \&c. \\ & + \delta B x^3 dx + \&c. \end{aligned}$$

$$\begin{aligned} pdq = {} & \beta A\,dx + \beta B x\,dx + \beta C x^2 dx + \beta D x^3 dx + \&c. \\ & + 2\gamma A x\,dx + 2\gamma B x^2 dx + 2\gamma C x^3 dx + \&c. \\ & + 3\delta A x^2 dx + 3\delta B x^3 dx + \&c. \\ & + 4\varepsilon A x^3 dx + \&c. \end{aligned}$$

Ex his itaque obtinebitur differentiale quaesitum:

$$dy = \frac{\begin{matrix} +\alpha B \\ -\beta A \end{matrix}\,dx \begin{matrix} +2\alpha C \\ -2\gamma A \end{matrix}\,x\,dx \begin{matrix} +3\alpha D \\ +\beta C \\ -\gamma B \\ -3\delta A \end{matrix}\,x^2 dx \begin{matrix} +4\alpha E \\ +2\beta D \\ -2\delta B \\ -4\varepsilon A \end{matrix}\,x^3 dx \begin{matrix} +5\alpha F \\ +3\beta E \\ +\gamma D \\ -\delta C \\ -3\varepsilon B \\ -5\zeta A \end{matrix}\,x^4 dx\,\&c.}{(\alpha + \beta x + \gamma x^2 + \delta x^3 + \varepsilon x^4 + \zeta x^5 + \&c.)^2}$$

Quae expressio ad cuiusuis functionis rationalis differentiale expedite inueniendum maxime est accommodata. Quamadmodum enim numerator differentialis ex coefficientibus numeratoris ac denominatoris functionis propositae combinatur, ex inspectione mox intelligitur. Denominator vero differentialis est quadratum denominatoris functionis propositae.

166. Si fractionis propositae vel numerator vel denominator vel vterque ex factoribus constet, multiplicatione actu instituta orietur quidem forma, qualem modo differentiauimus; attamen facilius pro his casibus regula peculiaris formabitur. Sit igitur proposita huiusmodi fractio $y = \frac{pr}{q}$. Ponatur numerator $pr = P$, vt sit $dP = pdr + rdp$. Atque ob $y = \frac{P}{q}$, erit $dy = \frac{qdP - Pdq}{qq}$, substitutis autem loco P & dP valoribus, habebitur:

I. Si fuerit $y = \frac{pr}{q}$;

eius diff. $dy = \frac{pqdr + qrdp - prdq}{qq}$.

Si sit $y = \frac{p}{qs}$, posito denominatore $qs = Q$, erit $dQ = qds + sdq$, & $dy = \frac{Qdp - pdQ}{qqss}$. Quare

II. Si fuerit $y = \frac{p}{qs}$,

erit $dy = \frac{qsdp - pqds - psdq}{qqss}$.

Si fuerit $y = \frac{pr}{qs}$, ponatur $pr = P$ & $qs = Q$, vt habeatur $y = \frac{P}{Q}$, & $dy = \frac{QdP - PdQ}{QQ}$. Cum autem sit $dP = pdr + rdp$ & $dQ = qds + sdq$, prodibit sequens differentiatio:

III. Si fuerit $y = \frac{pr}{qs}$,

erit $dy = \frac{pqsdr + qrsdp - pqrds - prsdq}{qqss}$,

seu $dy = \frac{rdp}{qs} + \frac{pdr}{qs} - \frac{prdq}{qqs} - \frac{prds}{qss}$.

Simili modo, ſi numerator ac denominator fractionis propoſitae plures habeant factores, differentialia eadem ratione inueſtigabuntur; neque ad hoc ampliori manuductione erit opus. Quamobrem quoque exempla huc pertinentia praetermitto, cum mox modus generalis has omnes differentiandi methodos particulares complectens afferetur.

167. Dantur autem caſus tam productorum quam fractionum, quibus differentiale commodius exprimi poteſt, quam per regulas generaliores hic expoſitas. Euenit hoc ſi factores, qui vel functionem ipſam, vel functionis numeratorem aut denominatorem conſtituunt, fuerint poteſtates.

Ponamus functionem differentiandam eſſe $y = p^m q^n$, ad cuius differentiale inueniendum ſit $p^m = P$ & $q^n = Q$, vt fiat $y = PQ$ & $dy = PdQ + QdP$. Cum autem ſit $dP = mp^{m-1}dp$ & $dQ = nq^{n-1}dq$, fiet his valoribus ſubſtitutis:

$dy = np^m q^{n-1}dq + mp^{m-1}q^n dp = p^{m-1}q^{n-1}(npdq + mqdp)$;
vnde ſequens oritur regula:

I. Si

I. Si fuerit $y = p^m q^n$;
erit $dy = p^{m-1} q^{n-1} (npdq + mqdp)$.

Simili modo si tres fuerint factores, differentiale inuenietur, ac reperietur hoc modo expressum.

II. Si fuerit $y = p^m q^n r^k$;
erit $dy = p^{m-1} q^{n-1} r^{k-1} (mqrdp + nprdq + kpqdr)$.

168. Sin autem fuerit proposita fractio, cuius vel numerator vel denominator habeat factorem, qui est potestas, regulae quoque particulares tradi poterunt. Sit primum proposita huiusmodi fractio $y = \frac{p^m}{q}$, erit per regulam fractionibus inseruientem $dy = \frac{mp^{m-1} qdp - p^m dq}{qq}$, quod differentiale commodius sic exprimetur.

I. Si fuerit $y = \frac{p^m}{q}$,
erit $dy = \frac{p^{m-1}(mqdp - pdq)}{qq}$.

Sit iam $y = \frac{p}{q^n}$, fiet per eandem superiorem regulam $dy = \frac{q^n dp - npq^{n-1} dq}{q^{2n}}$, cuius expressionis si numerator ac denominator per q^{n-1} diuidatur, erit $dy = \frac{qdp - npdq}{q^{n+1}}$. Quamobrem.

II. Si fuerit $y = \frac{p}{q^n}$, erit $dy = \frac{qdp - npdq}{q^{n+1}}$.

Quod si vero proponatur $y = \frac{p^m}{q^n}$; inuenietur

$$dy = \frac{mp^{m-1}q^n dp - np^m q^{n-1} dq}{q^{2n}},$$ quae reducitur ad

$$dy = \frac{mp^{m-1}q\,dp - np^m dq}{q^{n+1}}.$$ Quocirca

III. Si fuerit $y = \frac{p^m}{q^n}$;

erit $$dy = \frac{p^{m-1}(mq\,dp - np\,dq)}{q^{n+1}}.$$

Denique si proposita fuerit huiusmodi fractio $y = \frac{r}{p^m q^n}$, habebitur per regulam fractionum generalem

$$dy = \frac{p^m q^n dr - mp^{m-1}q^n r\,dp - np^m q^{n-1} r\,dq}{p^{2m}q^{2n}},$$

cuius expressionis cum numerator & denominator sit divisibilis per $p^{m-1}q^{n-1}$:

IV. Si fuerit $y = \frac{r}{p^m q^n}$;

erit $$dy = \frac{pq\,dr - mqr\,dp - npr\,dq}{p^{m+1}q^{n+1}}.$$

Si plures occurrant factores, huiusmodi regulae speciales, quas verbis exprimere superfluum foret, facili negotio pro quouis casus erui poterunt.

169. Regulae differentiandi quas hactenus exposuimus tam late patent, vt nulla excogitari possit functio ipsius x algebraica, quae non earum ope differentiari

que-

queat. Si enim functio ipsius x fuerit rationalis, vel erit integra vel fracta, priori casu §. 159. modum dedimus eiusmodi fructiones differentiandi, posteriori vero casu in §. 165. negotium absoluimus. Simul vero etiam compendia, si factores inuoluantur, differentiationis exhibuimus. Deinde vero etiam quantitates irrationales cuiusuis generis differentiare docuimus, quae quomodocunque functionem propositam afficiant, siue ei per additionem, siue per subtractionem siue multiplicationem, siue diuisionem sint implicatae, perpetuo ad casus iam tractatos reuocari poterunt. Intelligenda autem haec sunt de functionibus explicitis; nam de implicitis, quarum natura per aequationem datur, infra, postquam functiones duarum pluriumue variabilium differentiare docuerimus, tractandi locus erit.

170. Si regulas hic traditas singulas perpendamus atque inter se conferamus, eas omnes ad vnam maxime vniuersalem reducere poterimus; quam autem infra demum rigida demonstratione munire licebit; interim tamen & hoc loco non adeo difficile erit eius veritatem attendenti intueri. Functio quaecunque algebraica composita est ex partibus, quae vel additione vel subtractione vel multiplicatione vel diuisione inter se erunt complicatae; haeque partes erunt vel rationales vel irrationales. Vocemus ergo istas quantitates functionem quamvis constituentes eius partes. *Tum pro qualibet parte functio proposita seorsim ita differentietur, quasi ea pars sola esset variabilis, reliquae vero partes omnes constantes.*

Quo

Quo facto singula ista differentialia, quae ex singulis partibus modo descripto eliciuntur, in vnam summam colligantur, sicque obtinebitur differentiale functionis propositae. Huiusque regulae ope omnes omnino functiones differentiari poterunt, nequidem transcendentibus exceptis, vti infra ostendetur.

171. Ad regulam hanc illustrandam ponamus functionem y duabus constare partibus, siue per additionem siue subtractionem connexis, ita vt sit $y = p \pm q$. Ponatur primo sola pars p variabilis, altera q constans erit differentiale $= dp$, deinde ponatur altera pars $\pm q$ sola variabilis, altera vero p constans, eritque differentiale $= \pm dq$. Atque ex his differentialibus differentiale quaesitum ita componetur, vt sit $dy = dp \pm dq$, omnino vti idem iam supra inuenimus. Hinc vero simul liquet, si functio pluribus constet partibus, siue inuicem additis siue subtractis, nempe $q = p \pm q \pm r \pm s$, ope huius regulae inuentum iri $dy = dp \pm dq \pm dr \pm ds$, plane vti & superior regula docebat.

172. Si partes sint in se inuicem multiplicatae, ita vt sit $y = pq$; manifestum est posita sola parte p variabili, fore differentiale $= q\,dp$; at si altera pars q sola variabilis statuatur, erit differentiale $= p\,dq$. Addantur ergo haec duo differentialia inuicem, atque prodibit differentiale quaesitum $dy = q\,dp + p\,dq$, quemadmodum ex iam allatis constat. Si plures fuerint partes per multiplicationem connexae, scilicet $y = pqrs$, si successiue

vna-

vnaquaeque sola variabilis statuatur, orientur ista differentialia $qrsdp$, $prsdq$, $pqsdr$, & $pqrds$, quorum summa dabit differentiale quaesitum, nempe

$$dy = qrsdp + prsdq + pqsdr + pqrds,$$

prorsus vti iam ante inuenimus. Differentiale ergo ex totidem partibus componitur, siue partes functionem constituentes sint inuicem additae subtractaeve, siue in se inuicem multiplicatae.

173. Si partes functionem formantes per diuisionem sint connexae, nempe $y = \frac{p}{q}$, ponatur secundum regulam primum sola pars p variabilis, eritque ob q constans differentiale $= \frac{dp}{q}$; deinde ponatur sola pars q variabilis ob $y = pq^{-1}$, erit differentiale $= -\frac{pdq}{qq}$, quae duo differentialia collecta dabunt differentiale functionis propositae $dy = \frac{dp}{q} - \frac{pdq}{qq} = \frac{qdp - pdq}{qq}$, sicut iam supra inuenimus. Simili modo si functio proposita sit $y = \frac{pq}{rs}$, ponendo successiue singulas partes solas p, q, r & s variabiles, prodibunt sequentia differentialia:

$$\frac{qdp}{rs};\ \frac{pdq}{rs};\ \frac{-pqdr}{rrs};\ \&\ \frac{pqds}{rss},$$ vnde fit

$$dy = \frac{qrsdp + prsdq - pqsdr - pqrds}{rrss}.$$

174. Dummodo ergo ſingulae partes, ex quibus functio componitur, ita fuerint comparatae, vt earum differentialia exhiberi queant, ſimul quoque totius functionis differentiale inueniri poterit. Quodſi igitur partes fuerint functiones rationales, tum earum differentialia non ſolum ope praeceptorum ante iam datorum inueniuntur, ſed ea quoque ex hac ipſa regula generali erui poterunt: ſin autem partes fuerint irrationales, quia irrationalitas ad poteſtates, quarum exponentes ſunt numeri fracti, reducitur, eae per differentiationem poteſtatum, qua eſt $d.x^n = nx^{n-1}dx$ differentiabuntur. Atque ex eodem fonte haurietur quoque differentiatio eiusmodi formularum irrationalium, quae alias inſuper expreſſiones ſurdas inuoluunt. Vnde patet ſi cum regula generali hic data, infra vero demonſtranda, coniungatur regula differentiandi poteſtates, tum omnium omnino functionum algebraicarum differentialia exhiberi poſſe.

175. Ex his omnibus iam dilucide ſequitur, ſi y fuerit functio quaecunque ipſius x, differentiale eius dy huiusmodi habiturum eſſe formam $dy = p\,dx$, in qua valor ipſius p per praecepta hic expoſita ſemper aſſignari queat. Erit autem p functio ipſius x quoque algebraica, cum in eius determinationem nullae aliae operationes ingrediantur, niſi conſuetae, quibus functiones algebraicae conſtitui ſolent. Hancobrem ſi y fuerit functio algebraica ipſius x, erit quoque $\frac{dy}{dx}$ functio algebraica ipſius x. Atque ſi z fuerit etiam functio algebraica ipſius x, ita vt

ſi dz

si $dz = q\,dx$, ob q functionem algebraicam ipsius x, erit quoque $\frac{dz}{dy}$ functio algebraica ipsius x, quippe quae est $= \frac{p}{q}$. Quare si huiusmodi formulae $\frac{dz}{dy}$ in expressionem ceteroquin algebraicam ingrediantur, eae non impedient, quominus ea expressio sit algebraica, dummodo y & z fuerint functiones algebraicae.

176. Poterimus autem hoc ratiocinium extendere ad differentialia secunda & superiorem ordinum. Si enim manente y functione algebraica ipsius x, fuerit $dy = p\,dx$, atque $dp = q\,dx$; erit sumto differentiali dx constante; $ddy = q\,dx^2$ vti supra vidimus. Cum igitur ob rationes ante allegatas sit quoque q functio algebraica ipsius x, erit quoque $\frac{ddy}{dx^2}$ non solum quantitas finita, sed etiam functio algebraica ipsius x, dummodo y fuerit eiusmodi functio. Simili modo perspicietur, fore $\frac{d^3y}{dx^3}$, $\frac{d^4y}{dx^4}$, &c. functiones algebraicas ipsius x, modo y fuerit talis; atque si z sit quoque functio algebraica ipsius x, omnes expressiones finitae; quae ex differentialibus cuiusuis ordinis ipsarum y, z, & ex dx componuntur cuiusmodi sunt $\frac{ddy}{ddz}$; $\frac{d^3y}{dz\,ddy}$; $\frac{dx\,d^4y}{dy^3\,ddz}$; &c. simul erunt functiones algebraicae ipsius x.

177. Cum igitur nunc methodus sit tradita cuiusque functionis ipsius x algebraicae differentiale primum inueniendi, eadem methodo poterimus quoque differentialia secunda altiorumque ordinum inuestigare. Si enim y fuerit functio quaecunque algebraica ipsius x, ex eius differentiatione $dy = p\,dx$ innotescet valor ipsius p. Qui si denuo differentietur atque reperiatur $dp = q\,dx$, erit $ddy = q\,dx^2$, posito dx constante, sicque definietur differentiale secundum. Differentiando porro q, vt sit $dq = r\,dx$, habebitur differentiale tertium $d^3y = r\,dx^3$; sicque vlterius differentialia altiorum ordinum indagabuntur; quoniam quantitates p, q, r, &c. omnes sunt functiones ipsius x algebraicae, ad quas differentiandas praecepta data sufficiunt. Hoc ergo efficietur continua differentiatione; omissis enim dx, in differentiatione ipsius y, prodibit valor ipsius $\frac{dy}{dx} = p$, qui denuo differentiatus ac diuisus per dx, quod fit dum vbique differentiale dx omittatur, dabit valorem ipsius $q = \frac{ddy}{dx^2}$. Simili modo porro inuenitur $r = \frac{d^3y}{dx^3}$ &c.

I. Sit $y = \frac{aa}{aa + xx}$ cuius differentialia tam prima quam sequentium ordinum requiruntur.

Primum ergo differentiando simulque per dx diuidendo erit $\frac{dy}{dx} = \frac{-2aax}{(aa+xx)^2}$, hincque porro

ddy

$$\frac{ddy}{dx^2} = \frac{-2a^4 + 6aaxx}{(aa+xx)^3}$$

$$\frac{d^3y}{dx^3} = \frac{24a^4x - 24aax^3}{(aa+xx)^4}$$

$$\frac{d^4y}{dx^4} = \frac{24a^6 - 240a^4xx + 120aax^4}{(aa+xx)^5}$$

$$\frac{d^5y}{dx^5} = \frac{-720a^6x + 2400a^4x^3 - 720aax^5}{(aa+xx)^6}$$

&c.

II. Sit $y = \frac{1}{\sqrt{(1-xx)}}$, eruntque differentialia primum & sequentia:

$$\frac{dy}{dx} = \frac{x}{(1-xx)^{\frac{3}{2}}}$$

$$\frac{ddy}{dx^2} = \frac{1+2xx}{(1-xx)^{\frac{5}{2}}}$$

$$\frac{d^3y}{dx^3} = \frac{9x+6x^3}{(1-xx)^{\frac{7}{2}}}$$

$$\frac{d^4y}{dx^4} = \frac{9+72x^2+24x^4}{(1-xx)^{\frac{9}{2}}}$$

$$\frac{d^5y}{dx^5} = \frac{225x+600x^3+120x^5}{(1-xx)^{\frac{11}{2}}}$$

$$\frac{d^6y}{dx^6} = \frac{225+4050x^2+5400x^4+720x^6}{(1-xx)^{\frac{13}{2}}}$$

&c. Haec

Haec Differentialia facile vlterius continuantur; interim tamen lex, qua termini eorum progrediuntur, non cito patet. Coefficiens quidem supremarum ipsius x potestatum semper est productum numerorum naturalium ab 1 vsque ad ordinem differentialis, quod quaeritur. Interim si has formas vlterius continuemus atque perpendamus, deprehendemus fore generaliter, si $y = \frac{1}{\sqrt{(1-xx)}}$,

$$\frac{d^n y}{dx^n} = \frac{1.2.3 \ldots\ldots n}{(1-xx)^{n+\frac{1}{2}}} \left(x^n + \frac{1}{2} . \frac{n(n-1)}{1.\ 2.} x^{n-2} + \frac{1.3}{2.4} . \frac{n(n-1)(n-2)(n-3)}{1.\ 2.\ 3.\ 4} x^{n-4} + \frac{1.3.5}{2.4.6} . \frac{n(n-1)\ldots(n-5)}{1.\ 2\ \ldots\ 6} x^{n-6} + \frac{1.3.5.7}{2.4.6.8} . \frac{n(n-1)\ldots\ldots(n-7)}{1.\ 2\ \ldots\ldots\ 8} x^{n-8} + \&c. \right)$$

Huiusmodi ergo exempla non solum inseruiunt, ad habitum in differentiationis negotio acquirendum, sed etiam leges, quae in differentialibus omnium ordinum obseruantur, per se sunt notatu dignissimae, atque ad alias inuentiones deducere possunt.

CAPUT

CAPUT VI.

DE DIFFERENTIATIONE FUNCTIONUM TRANSCENDENTIUM.

178.

Praeter infinita quantitatum transcendentium seu non algebraicarum genera, quae calculus integralis suppeditabit, in Introductione ad analysin infinitorum ad cognitionem aliquot huiusmodi quantitatum magis vsitatarum nobis peruenire licuit, quas doctrina de logarithmis & arcubus circularibus suggesserat. Quoniam igitur harum quantitatum naturam tam dilucide exposuimus, vt fere eadem facilitate atque quantitates algebraicae in calculo tractari queant, earum quoque differentialia in hoc capite inuestigabimus, quo earum indoles ac proprietates clarius perspiciantur; hocque pacto aditus ad calculum integralem, qui quantitatum transcendentium est fons proprius, patefiat.

179. Primum igitur occurrunt quantitates logarithmicae, seu eiusmodi functiones ipsius x, quae praeter expressiones algebraicas quoque logarithmum ipsius x, seu cuiusuis ipsius functionis inuoluunt. Ad quas differentiandas, cum quantitates algebraicae nullum negotium amplius facessant, omnis difficultas in inueniendo differentiali logarithmi cuiusque ipsius x functionis erit posita. Quia vero logarithmorum plurima dantur genera diuersa,

quae

quae tamen inter se constantes tenent rationes, hic logarithmos hyperbolicos potissimum contemplabimur, cum ex iis omnes reliqui logarithmi facile formentur. Si enim functionis p logarithmus hyperbolicus fuerit $= lp$, tum eiusdem functionis p logarithmus ex alio canone desumtus erit $= mlp$, denotante m numerum, quo relatio huius logarithmorum canonis ad hyperbolicos exprimitur. Hanc ob caussam lp perpetuo hic designabit logarithmum hyperbolicum quantitatis p.

180. Quaeramus ergo differentiale logarithmi hyperbolici quantitatis x, ponaturque $y = lx$, ita vt differentialis dy valor definiri debeat. Ponatur $x + dx$ loco x, sicque transibit y in $y^{I} = y + dy$; quare habebitur $y + dy = l(x + dx)$ & $dy = l(x + dx) - lx = l(1 + \frac{dx}{x})$. At iam supra logarithmum hyperbolicum huiusmodi expressionis $1 + z$ ita per seriem infinitam expressimus, vt esset $l(1 + z) = z - \frac{z^2}{2} + \frac{z^3}{3} - \frac{z^4}{4} + \&c.$

Posito ergo $\frac{dx}{x}$ pro z, obtinebimus:

$$dy = \frac{dx}{x} - \frac{dx^2}{2x^2} + \frac{dx^3}{3x^3} - \&c.$$

Cum igitur huius seriei omnes termini prae primo euanescant, erit $d.\,lx = dy = \frac{dx}{x}$. Vnde alius cuiuscunque logarithmi, cuius ad hyperbolicum ratio est vt $n:1$, differentiale erit $= \frac{ndx}{x}$.

181. Si igitur cuiusque ipsius x functionis p logarithmus lp proponatur, eodem ratiocinio reperietur eius differentiale esse $= \frac{dp}{p}$, vnde ad logarithmorum differentialia inuenienda haec habetur regula. *Quantitatis* p, *cuius logarithmus proponitur, sumatur differentiale, hocque per ipsam quantitatem* p *diuisum dabit differentiale logarithmi quaesitum.* Sequitur haec eadem regula quoque ex forma $\frac{p^0 - 1^0}{0}$, ad quam superiori libro logarithmum ipsius p reduximus. Sit $\omega = 0$, & cum sit

$lp = \frac{p^\omega - 1}{\omega}$; erit $d.lp = d.\frac{1}{\omega}p^\omega = p^{\omega-1}dp = \frac{dp}{p}$ ob

$\omega = 0$. Notandum autem est $\frac{dp}{p}$ esse differentiale logarithmi hyperbolici ipsius p; ita vt, si logarithmus vulgaris ipsius p proponeretur, differentiale illud $\frac{dp}{p}$ multiplicari deberet per hunc numerum 0,43429448 &c.

182. Ope huius ergo regulae, cuiuscunque functionis ipsius x logarithmus proponatur, eius differentiale facillime inueniri poterit, quemadmodum ex sequentibus exemplis perspicietur:

I. Si sit $y = lx$; erit $dy = \frac{dx}{x}$.

II. Si sit $y = lx^n$; ponatur $x^n = p$, vt sit $y = lp$, eritque $dy = \frac{dp}{p}$. At est $dp = nx^{n-1}dx$, vnde fit $dy = \frac{ndx}{x}$.

Idem quoque ex logarithmorum natura colligitur; cum enim fit $lx^n = nlx$, erit $d.lx^n = nd.lx = \frac{ndx}{x}$.

III. Si fit $y = l(1+xx)$, erit $dy = \frac{2xdx}{1+xx}$.

IV. Si fit $y = l\frac{1}{\surd(1-xx)}$; quia erit $y = -l\surd(1-xx) = -\frac{1}{2}l(1-xx)$, inuenitur $dy = \frac{xdx}{1-xx}$.

V. Si fit $y = l\frac{x}{\surd(1+xx)}$, ob $y = lx - \frac{1}{2}l(1+xx)$; fiet $dy = \frac{dx}{x} - \frac{xdx}{1+xx} = \frac{dx}{x(1+xx)}$.

VI. Si fit $y = l(x+\surd(1+xx))$, fiet

$$dy = \frac{dx + xdx : \surd(1+xx)}{x+\surd(1+xx)} = \frac{xdx + dx\surd(1+xx)}{(x+\surd(1+xx))\surd(1+xx)},$$

cuius fractionis cum numerator ac denominator per $x+\surd(1+xx)$ fit diuisibilis fiet $dy = \frac{dx}{\surd(1+xx)}$.

VII. Si fit $y = \frac{1}{\surd-1}l(x\surd-1+\surd(1-xx))$, ponatur $x\surd-1 = z$. Atque ob $y = \frac{1}{\surd-1}l(z+\surd(1+zz))$, erit per praecedens $dy = \frac{1}{\surd-1}dz:\surd(1+zz)$.

Quare, ob $dz = dx\surd-1$, fiet $dy = \frac{dx}{\surd(1-xx)}$. Quamuis ergo logarithmus propofitus imaginaria inuoluat, tamen eius differentiale fit reale.

183.

183. Si quantitas, cuius logarithmus proponitur, habeat factores, tum ipse logarithmus in plures alios resoluetur hoc modo: Si proponatur $y = lpqrs$, quia erit $y = lp + lq + lr + ls$, erit $dy = \frac{dp}{p} + \frac{dq}{q} + \frac{dr}{r} + \frac{ds}{s}$. Haec resolutio pariter locum habet, si illa quantitas, cuius logarithmus differentiari debet, fuerit fractio. Sit enim $y = l\frac{pq}{rs}$, ob $y = lp + lq - lr - ls$, erit $dy = \frac{dp}{p} + \frac{dq}{q} - \frac{dr}{r} - \frac{ds}{s}$. Neque etiam potestates difficultatem mouebunt, si enim fuerit $y = l\frac{p^m q^n}{r^\mu s^\nu}$, ob $y = mlp + nlq - \mu lr - \nu ls$, erit $dy = \frac{mdp}{p} + \frac{ndq}{q} - \frac{\mu dr}{r} - \frac{\nu ds}{s}$.

I. Si fuerit $y = l(a+x)(b+x)(c+x)$, quia erit $y = l(a+x) + l(b+x) + l(c+x)$, fiet differentiale quaesitum $dy = \frac{dx}{a+x} + \frac{dx}{b+x} + \frac{dx}{c+x}$.

II. Si fuerit $y = \frac{1}{2}l\frac{1+x}{1-x}$, erit $y = \frac{1}{2}l(1+x) - \frac{1}{2}l(1-x)$, hincque $dy = \frac{\frac{1}{2}dx}{1+x} + \frac{\frac{1}{2}dx}{1-x} = \frac{dx}{1-xx}$.

III. Si sit $y = \frac{1}{2}l\frac{\sqrt{(1+xx)}+x}{\sqrt{(1+xx)}-x}$, ob $y = \frac{1}{2}l(\sqrt{(1+xx)}+x) - \frac{1}{2}l(\sqrt{(1+xx)}-x)$, erit $dy = \frac{\frac{1}{2}dx}{\sqrt{(1+xx)}} + \frac{\frac{1}{2}dx}{\sqrt{(1+xx)}} = \frac{dx}{\sqrt{(1+xx)}}$. Hoc idem facilius inuenitur, si in fractione

$\frac{\sqrt{(1+xx)}+x}{\sqrt{(1+xx)}-x}$, irrationalitas in denominatore tollatur multiplicando numeratorem ac denominatorem per $\sqrt{(1+xx)}+x$, prodibit enim

$$y=\tfrac{1}{2}\,l(\sqrt{(1+xx)}+x)^2=l(\sqrt{(1+xx)}+x),$$

cuius differentiale ante vidimus esse $dy=\frac{dx}{\sqrt{(1+xx)}}$.

IV. Si sit $y=l\frac{\sqrt{(1+x)}+\sqrt{(1-x)}}{\sqrt{(1+x)}-\sqrt{(1-x)}}$. Ponatur huius fractionis numerator $\sqrt{(1+x)}+\sqrt{(1-x)}=p$ & denominator $\sqrt{(1+x)}-\sqrt{(1-x)}=q$, erit $y=l\frac{p}{q}=lp-lq$, & $dy=\frac{dp}{p}-\frac{dq}{q}$. Est vero $dp=\frac{dx}{2\sqrt{(1+x)}}-\frac{dx}{2\sqrt{(1-x)}}=$ $\frac{-dx}{2\sqrt{(1-xx)}}(\sqrt{(1+x)}-\sqrt{(1-x)})=\frac{-q\,dx}{2\sqrt{(1-xx)}}$; & $dq=\frac{dx}{2\sqrt{(1+x)}}+\frac{dx}{2\sqrt{(1-x)}}=\frac{p\,dx}{2\sqrt{(1-xx)}}$. Hinc fiet

$$\frac{dp}{p}-\frac{dq}{q}=\frac{-q\,dx}{2p\sqrt{(1-xx)}}-\frac{p\,dx}{2q\sqrt{(1-xx)}}=\frac{-(pp+qq)dx}{2pq\sqrt{(1-xx)}}.$$

At est $pp+qq=4$ & $pq=2x$, vnde erit $dy=-\frac{dx}{x\sqrt{(1-xx)}}$. Hoc autem differentiale facilius inuenietur, si logarithmus propositus ita transformetur,

$$y=l\frac{1+\sqrt{(1-xx)}}{x}=l\left(\frac{1}{x}+\sqrt{\left(\frac{1}{xx}-1\right)}\right).$$

Posito

Posito enim $\frac{1}{x} + \sqrt{\left(\frac{1}{xx} - 1\right)} = p$, erit

$$dp = \frac{-dx}{xx} - \frac{dx}{x^3\sqrt{(\frac{1}{xx}-1)}} = \frac{-dx}{xx} - \frac{dx}{xx\sqrt{(1-xx)}}$$

$$= \frac{-dx(1+\sqrt{(1-xx)})}{xx\sqrt{(1-xx)}},$$ ideoque, ob $p = \frac{1+\sqrt{(1-xx)}}{x}$,

erit $dy = \frac{dp}{p} = \frac{-dx}{x\sqrt{(1-xx)}}$ vt ante.

184. Cum igitur logarithmorum differentialia prima, si per dx diuidantur, sint quantitates algebraicae, differentialia secunda ac sequentium ordinum per praecepta praecedentis capitis facile inueniuntur, siquidem differentiale dx assumatur constans. Sic posito

$$y = lx, \quad \text{erit}$$

$$dy = \frac{dx}{x}, \quad \& \quad \frac{dy}{dx} = \frac{1}{x}$$

$$ddy = \frac{-dx^2}{x^2}, \quad \& \quad \frac{ddy}{dx^2} = \frac{-1}{x^2}$$

$$d^3y = \frac{2dx^3}{x^3}, \quad \& \quad \frac{d^3y}{dx^3} = \frac{2}{x^3}$$

$$d^4y = \frac{-6dx^4}{x^4}, \quad \& \quad \frac{d^4y}{dx^4} = \frac{-6}{x^4}$$

&c.

Atque si p fuerit quantitas algebraica, sitque $y = lp$, etiamsi y non sit quantitas algebraica, tamen $\frac{dy}{dx}$; $\frac{ddy}{dx^2}$; $\frac{d^3y}{dx^3}$; &c. erunt functiones algebraicae ipsius x.

185. Exposita logarithmorum differentiatione, functiones, quae ex algebraicis ac logarithmis sunt permixtae, facile differentiabuntur, perinde atque eae, quae ex logarithmis solis componuntur; vti ex sequentibus exemplis fiet perspicuum.

I. Si sit $y = (lx)^2$, ponatur $lx = p$, atque ob $y = p^2$ erit $dy = 2pdp$; verum $dp = \frac{dx}{x}$; ideoque erit $dy = \frac{2dx}{x}lx$.

II. Simili modo si sit $y = (lx)^n$, erit $dy = \frac{ndx}{x}(lx)^{n-1}$, vnde, si sit $y = \sqrt{lx}$, ob $n = \frac{1}{2}$, erit $dy = \frac{dx}{2x\sqrt{lx}}$.

III. Atque si p fuerit functio quaecunque ipsius x, ponaturque $y = (lp)^n$, erit $dy = \frac{ndp}{p}(lp)^{n-1}$. Quare cum differentiale dp per praecedentia assignari possit, erit quoque differentiale ipsius y cognitum.

IV. Si sit $y = lp \cdot lq$, fuerintque p & q functiones quaecunque ipsius x, per regulam factorum supra datam erit $dy = \frac{dp}{p}lq + \frac{dq}{q}lp$.

V. Si sit $y = xlx$; erit per eandem regulam $dy = dxlx + \frac{xdx}{x} = dxlx + dx$.

VI.

VI. Si ſit $y = x^m lx - \frac{1}{m} x^m$, differentiatione ſecundum partes inſtituta, reperietur $d.x^m lx = mx^{m-1}dxlx + x^{m-1}dx$, & $d.\frac{1}{m}x^m = x^{m-1}dx$, vnde erit $dy = mx^{m-1}dxlx$.

VII. Si ſit $y = x^m (lx)^n$, fiet $dy = mx^{m-1}dx(lx)^n + nx^{m-1}dx\,(lx)^{n-1}$.

VIII. Si logarithmi logarithmorum occurrant, vti ſi fuerit $y = llx$, ponatur $lx = p$, erit $y = lp$, & $dy = \frac{dp}{p}$; at eſt $dp = \frac{dx}{x}$; vnde fiet $dy = \frac{dx}{xlx}$.

IX. Atque ſi fuerit $y = lllx$, ſi ſtatuatur $lx = p$, fiet $y = llp$, eritque per exemplum praecedens $dy = \frac{dp}{plp}$; at eſt $dp = \frac{dx}{x}$, quibus valoribus ſubſtitutis habebitur $dy = \frac{dx}{xlx.llx}$.

186. Expoſita logarithmorum differentiatione, progrediamur ad quantitates exponentiales, ſeu eiusmodi poteſtates, quarum exponentes ſint variabiles. Huiusmodi autem ipſius x functionum differentialia per logarithmorum differentiationem inueniri poſſunt hoc modo. Quaeratur differentiale ipſius a^x, ad quod inueſtigandum ponatur $y = a^x$, eritque logarithmis ſumendis $ly = xla$. Sumantur iam differentialia, atque obtinebitur $\frac{dy}{y} = dxla$; vnde fit $dy = ydxla$, cum autem ſit $y = a^x$, erit $dy = a^x dxla$, quod eſt differentiale ipſius a^x. Simili mo-

modo, si sit p functio quaecunque ipsius x, huius quantitatis exponentialis a^p differentiale erit $= a^p dp\, la$.

187. Hoc idem autem differentiale immediate ex natura quantitatum exponentialium in introductione exposita deduci potest. Sit enim proposita a^p, denotante p functionem quamcunque ipsius x, quae, posito $x + dx$ loco x, abeat in $p + dp$. Vnde si ponatur $y = a^p$, si x abeat in $x + dx$, erit $y + dy = a^{p+dp}$, ideoque $dy = a^{p+dp} - a^p = a^p(a^{dp} - 1)$. Ostendimus autem supra, quamuis quantitatem exponentialem a^z per huiusmodi seriem exprimi $1 + z\,la + \frac{z^2 (la)^2}{2} + \frac{z^3 (la)^3}{6} +$ &c. vnde erit $a^{dp} = 1 + dp\, la + \frac{dp^2 (la)^2}{2} +$ &c., & $a^{dp} - 1 = dp\, la$, quia sequentes termini prae $dp\, la$ omnes euanescunt. Consequenter erit $dy = d.\, a^p = a^p\, dp\, la$. *Quare quantitatis exponentialis* a^p *differentiale erit productum ex ipsa quantitate exponentiali, exponentis differentiali* dp, *& logarithmo quantitatis constantis* a, *quae ad exponentem variabilem est euecta.*

188. Si igitur e sit numerus, cuius logarithmus hyperbolicus est $= 1$, vt sit $le = 1$, erit quantitatis e^x differentiale $= e^x dx$. Atque si dx sumatur constans, erit huius differentiale $= e^x dx^2$, quod est differentiale secundum ipsius e^x. Simili modo differentiale tertium erit $= e^x dx^3$. Quare si sit

$y =$

$$y = e^{nx}, \text{ erit } \frac{dy}{dx} = ne^{nx}, \ \& \ \frac{ddy}{dx^2} = n^2 e^{nx}$$

$$\text{porroque } \frac{d^3 y}{dx^3} = n^3 e^{nx}; \ \frac{d^4 y}{dx^4} = n^4 e^{nx}; \ \&c.$$

Vnde patet ipſius e^{nx} differentialia primum, ſecundum & reliqua ſequentia conſtituere progreſſionem geometricam: eritque ergo differentiale ordinis m ipſius $e^{nx} = y$, nempe $\frac{d^m y}{dx^m} = n^m e^{nx}$; hincque igitur $\frac{d^m y}{y dx^m}$ quantitas conſtans n^m.

189. Si ipſa quantitas, quae eleuatur, fuerit variabilis, eius differentiale ſimili modo inueſtigabitur. Sint p & q functiones quaecunque ipſius x, ac proponatur quantitas exponentialis $y = p^q$. Sumtis logarithmis erit $ly = qlp$, quibus differentiatis erit $\frac{dy}{y} = dqlp + \frac{qdp}{p}$, vnde fit $dy = ydqlp + \frac{yqdp}{p} = p^q dqlp + qp^{q-1}dp$, ob $y = p^q$. Hoc ergo differentiale conſtat duobus membris, quorum prius $p^q dqlp$ oritur, ſi quantitas propoſita p^q ita differentietur, quaſi p eſſet quantitas conſtans, ſolusque exponens q variabilis: alterum vero membrum $qp^{q-1}dp$ oritur, ſi in quantitate propoſita p^q exponens q tanquam conſtans ſpectetur, ſolaque quantitas p, quaſi eſſet variabilis, tractetur. Hocque ergo differentiale per regulam generalem differentiandi ſupra traditam inueniri potuiſſet.

190. Eiusdem vero expressionis p^q differentiale quoque ex natura quantitatum exponentialium erui potest hoc modo: sit $y = p^q$, eritque, loco x posito $x + dx$, vtique $y + dy = (p + dp)^{q + dq}$, quae expressio, si more solito in seriem resoluatur, fiet

$$y + dy = p^{q+dq} + (q + dq)\, p^{q+dq-1} dp$$
$$+ \frac{(q + dq)(q + dq - 1)}{1 \cdot 2} p^{q+dq-2} dp^2 + \&c.$$

ideoque

$$dy = p^{q+dq} - p^q + (q + dq)\, p^{q+dq-1} dp,$$

sequentes enim termini, qui altiores ipsius dp potestates inuoluunt, prae $(q + dq) p^{q+dq-1} dp$ euanescunt. At est $p^{q+dq} - p^q = p^q (p^{dq} - 1) = p^q (1 + dq\, lp + \frac{dq^2 (lp)^2}{2} + \&c. - 1)$ $= p^q dq\, lp$. In altero vero termino $(q + dq) p^{q+dq-1} dp$, si loco $q + dq$ scribamus q, orietur $q p^{q-1} dp$, ideoque differentiale erit vt ante $dy = p^q dq\, lp + q p^{q-1} dp$.

191. Facilius vero hoc idem differentiale ex natura quantitatum exponentialium inuestigabitur, hoc modo: Cum, sumto e pro numero, cuius logarithmus hyperbolicus est $= 1$, sit $p^q = e^{qlp}$, vtriusque enim logarithmus est idem qlp; erit $y = e^{qlp}$. Quare, cum nunc quantitas eleuata e sit constans, erit $dy = e^{qlp}\left(dq\, lp + \frac{q\, dp}{p}\right)$, vti ante ostendimus in regula §. 187 data. Restituatur igitur p^q loco e^{qlp}, fietque

$$dy = p^q dq\, lp + p^q q\, dp : p = p^q dq\, lp + q p^{q-1} dp.$$

Si

Si igitur fuerit $y = x^x$, erit $dy = x^x dx\, lx + x^x dx$; atque hinc quoque eius vlteriora differentialia definientur: reperietur enim:

$$\frac{ddy}{dx^2} = x^x\left(\frac{1}{x} + (1 + lx)^2\right)$$

$$\frac{d^3y}{dx^3} = x^x\left((1 + lx)^3 + \frac{3(1 + lx)}{x} - \frac{1}{xx}\right)$$

&c.

192. Inter differentialia huiusmodi functionum, quae quantitates exponentiales complectuntur, imprimis sunt notanda sequentia exempla, quae ex differentiatione formulae $e^x p$ originem habent; est autem

$$d.\, e^x p = e^x dp + e^x p dx = e^x (dp + p dx).$$

I. Si sit $y = e^x x^n$; erit $dy = e^x n x^{n-1} dx + e^x x^n dx$ seu $dy = e^x dx (n x^{n-1} + x^n)$

II. Si sit $y = e^x (x - 1)$ Erit $dy = e^x x dx$.

III. Si sit $y = e^x (x^2 - 2x + 2)$ Erit $dy = e^x xx dx$.

IV. Si sit $y = e^x (x^3 - 3x^2 + 6x - 6)$ Erit $dy = e^x x^3 dx$.

193. Si ipsi exponentes fuerint denuo quantitates exponentiales, differentiatio secundum eadem praecepta insti-

ſtituetur. Sic ſi haec quantitas e^{e^x} differentiari debeat, ſtatuatur $e^x = p$, vt ſit $y = e^{e^x} = e^p$, erit $dy = e^p dp$; at eſt $dp = e^x dx$, vnde ſi fuerit

$$y = e^{e^x}; \text{ erit } dy = e^{e^x} e^x dx,$$

$$\text{atque ſi ſit } y = e^{e^{e^x}}; \text{ erit } dy = e^{e^{e^x}} e^{e^x} e^x dx.$$

Quod ſi vero fuerit $y = p^{q^r}$, ſtatuatur $q^r = z$, erit $dy = p^z dz lp + z p^{z-1} dp$, at $dz = q^r dr lq + r q^{r-1} dq$, vnde $dy = p^z q^r dr lp.lq + p^z r q^{r-1} dq lp + p^z q^r dp : p$. Quare ſi ſit:

$$y = p^{q^r}, \text{ erit } dy = p^{q^r} q^r \left(dr\, lp.lq + \frac{r\,dq\,lp}{q} + \frac{dp}{p} \right).$$

Hoc ergo modo, quaecunque occurrat quantitas exponentialis, eius differentiale inueniri poterit.

194. Pergamus ergo ad quantitates transcendentes, ad quarum cognitionem conſideratio arcuum circularium nos ſupra deduxit. Sit igitur in circulo, cuius radium conſtanter ponimus vnitati aequalem, propoſitus arcus, cuius ſinus ſit $= x$, quem arcum hoc modo exprimamus A ſin x; huiusque arcus differentiale inueſtigemus, ſeu incrementum quod accipit, ſi ſinus x differentiali ſuo dx au-

augeatur. Hoc autem ex differentiatione logarithmorum praeſtari poterit, quia in introductione oſtendimus hanc expreſſionem A ſin x reduci poſſe ad hanc logarithmicam: $\frac{1}{\sqrt{-1}}\, l(\sqrt{(1-xx)}+x\sqrt{-1})$. Poſito ergo $y = $ A ſin x, erit quoque $y = \frac{1}{\sqrt{-1}}\, l(\sqrt{(1-xx)}+x\sqrt{-1})$; quae differentiata dat

$$dy = \frac{\frac{1}{\sqrt{-1}}\left(\frac{-xdx}{\sqrt{(1-xx)}}+dx\sqrt{-1}\right)}{\sqrt{(1-xx)}+x\sqrt{-1}} = \frac{dx(x\sqrt{-1}+\sqrt{(1-xx)})}{(\sqrt{(1-xx)}+x\sqrt{-1})\sqrt{(1-xx)}},$$

vnde fit $dy = \frac{dx}{\sqrt{(1-xx)}}$.

195. Iſtud arcus circularis differentiale etiam hoc modo facilius ſine logarithmorum ſubſidio inueniri poteſt. Si enim ſit $y = $ A ſin x, erit x ſinus arcus y, ſeu $x = $ ſin y. Cum igitur, poſito $x + dx$ loco x, abeat y in $y + dy$, fiet $x + dx = $ ſin $(y + dy)$. At quia eſt

$$\text{ſin}\,(a+b) = \text{ſin}\,a.\,\text{coſ}\,b + \text{coſ}\,a.\,\text{ſin}\,b, \quad \text{erit}$$

$$\text{ſin}\,(y+dy) = \text{ſin}\,y.\,\text{coſ}\,dy + \text{coſ}\,y.\,\text{ſin}\,dy:$$

arcus autem euaneſcentis dy ſinus ipſi illi arcui dy, eiusque coſinus ſinui toti aequatur, hanc ob rem fiet

ſin$(y+dy) = $ ſin$\,y + dy\,$cſ$\,y$, ideoque $x + dx = $ ſin$\,y + dy\,$cſ$\,y$. Quia vero eſt

ſin$\,y = x$, erit coſinus ipſius y ſeu coſ$\,y = \sqrt{(1-xx)}$, quibus valoribus ſubſtitutis, erit $dx = dy\sqrt{(1-xx)}$, ex qua obtinebitur $dy = \frac{dx}{\sqrt{(1-xx)}}$.

Arcus ergo, cuius sinus proponitur, differentiale aequatur differentiali sinus per cosinum diuiso.

196. Cum igitur, si p fuerit functio quaecunque ipsius x, atque y denotet arcum, cuius sinus est $= p$, seu $y = \text{A} \sin p$, sit huius arcus differentiale $dy = \frac{dp}{V(1-pp)}$, vbi $V(1-pp)$ exprimit cosinum eiusdem arcus, inueniri quoque poterit differentiale arcus, cuius cosinus proponitur. Sit enim $y = \text{A} \cos x$, erit eiusdem arcus sinus $= V(1-xx)$, ideoque $y = \text{A} \sin V(1-xx)$. Facto ergo $p = V(1-xx)$, erit $dp = \frac{-x\,dx}{V(1-xx)}$, & $V(1-pp) = x$; vnde fiet $dy = \frac{-dx}{V(1-xx)}$. *Arcus ergo, cuius cosinus proponitur, differentiale aequatur differentiali cosinus negatiue sumto, atque per sinum eiusdem arcus diuiso.* Quod etiam hoc modo ostendi potest: si sit $y = \text{A} \cos x$, ponatur $z = \text{A} \sin x$, erit $dz = \frac{dx}{V(1-xx)}$; at arcus $y + z$ simul sumti dant arcum constantem $90°$, eritque $y + z =$ constans ideoque $dy + dz = 0$, seu $dy = -dz$; vnde fit $dy = \frac{-dx}{V(1-xx)}$, vt ante.

197. Si arcus proponatur differentiandus, cuius tangens detur, ita vt sit $y = \text{A} \tang x$. Arcus autem cuius tangens est x, sinus erit $= \frac{x}{V(1+xx)}$, & cosinus $= \frac{1}{V(1+xx)}$. Posito ergo $\frac{x}{V(1+xx)} = p$, vt sit $V(1-pp) = \frac{1}{V(1+xx)}$,

fiet

fiet $y = \text{A} \sin p$: vnde per regulam modo datam erit $dy = \frac{dp}{\sqrt{(1-pp)}}$. At, ob $p = \frac{x}{\sqrt{(1+xx)}}$, erit $dp = \frac{dx}{(1+xx)^{\frac{3}{2}}}$; quibus valoribus substitutis fiet $dy = \frac{dx}{1+xx}$. *Arcus ergo, cuius tangens proponitur, differentiale aequatur differentiali tangentis per quadratum secantis diuiso.* Est enim $\sqrt{(1+xx)}$ secans, si x sit tangens.

198. Simili modo si proponatur arcus, cuius cotangens datur, ita vt sit $y = \text{A} \cot x$; quia eiusdem arcus tangens est $= \frac{1}{x}$, posito $\frac{1}{x} = p$, erit $y = \text{A} \operatorname{tang} p$, ac propterea $dy = \frac{dp}{1+pp}$. Cum nunc sit $dp = \frac{-dx}{xx}$, facta substitutione, erit $dy = \frac{-dx}{1+xx}$, quod est differentiale cotangentis negatiue sumtum, atque per quadratum cosecantis diuisum. Porro si proponatur $y = \text{A} \sec. x$, quia est $y = \text{A} \cos \frac{1}{x}$, fiet $dy = \frac{dx}{xx\sqrt{\left(1 - \frac{1}{xx}\right)}} = \frac{dx}{x\sqrt{(xx-1)}}$.

Atque, si sit $y = \text{A} \operatorname{cosec}. x$, erit $y = \text{A} \sin \frac{1}{x}$, ideoque $dy = \frac{-dx}{x\sqrt{(xx-1)}}$. Saepe etiam sinus versus occurrit, ita si proponatur $y = \text{A} \operatorname{sv}. x$, quia est $y = \text{A} \cos(1-x)$, huiusque arcus sinus est $= \sqrt{(2x-xx)}$, fiet $dy = \frac{dx}{\sqrt{(2x-xx)}}$.

199. Quanquam ergo arcus, cuius ſinus, vel coſinus, vel tangens, vel cotangens, vel ſecans, vel coſecans, vel denique ſinus verſus datur, eſt quantitas transcendens, tamen eius differentiale, ſi per dx diuidatur, erit quantitas algebraica, ac propterea quoque eius differentialia ſecunda, tertia, quarta &c. ſi per poteſtates ipſius dx conuenientes diuidantur. Ceterum, quo haec differentiatio melius percipiatur, adiunximus ſequentia exempla.

I. Si ſit $y = A \sin 2x\sqrt{(1-xx)}$, ponatur $p = 2x\sqrt{(1-xx)}$, vt ſit $y = A \sin p$, eritque $dy = \frac{dp}{\sqrt{(1-pp)}}$. At eſt $dp = 2dx\sqrt{(1-xx)} - \frac{2xxdx}{\sqrt{(1-xx)}} = \frac{2dx(1-2xx)}{\sqrt{(1-xx)}}$, & $\sqrt{(1-pp)} = 1-2xx$, quibus valoribus ſubſtitutis, erit $dy = \frac{2dx}{\sqrt{(1-xx)}}$. Quod etiam inde patet, quod $2x\sqrt{(1-xx)}$ ſit ſinus arcus dupli, dum x eſt ſinus ſimpli, erit ergo $y = 2 A \sin x$, ideoque $dy = \frac{2dx}{\sqrt{(1-xx)}}$.

II. Si ſit $y = A \sin \frac{1-xx}{1+xx}$; ponatur $\frac{1-xx}{1+xx} = p$, erit $dp = \frac{-4xdx}{(1+xx)^2}$ & $\sqrt{(1-pp)} = \frac{2x}{1+xx}$. Quare cum ſit $dy = \frac{dp}{\sqrt{(1-pp)}}$, erit $dy = \frac{-2dx}{1+xx}$.

III.

III. Si sit $y = A \sin V \frac{1-x}{2}$, ponatur $V \frac{1-x}{2} = p$, erit $V(1-pp) = V \frac{1+x}{2}$, & $dp = \frac{-dx}{4V\left(\frac{1-x}{2}\right)}$, vnde fit $dy = \frac{dp}{V(1-pp)} = \frac{-dx}{2V(1-xx)}$.

IV. Si sit $y = A \operatorname{tang} \frac{2x}{1-xx}$, facto $p = \frac{2x}{1-xx}$, erit $1+pp = \frac{(1+xx)^2}{(1-xx)^2}$, & $dp = \frac{2dx(1+xx)}{(1-xx)^2}$. Quare cum sit $dy = \frac{dp}{1+pp}$ per regulam tangentium (197), erit $dy = \frac{2dx}{1+xx}$.

V. Si sit $y = A \operatorname{tang} \frac{V(1+xx)-1}{x}$, posito $p = \frac{V(1+xx)-1}{x}$, fiet $pp = \frac{2+xx-2V(1+xx)}{xx}$, & $1+pp = \frac{2+2xx-2V(1+xx)}{xx} = \frac{2(V(1+xx)-1)V(1+xx)}{xx}$. Atqui $dp = \frac{-dx}{xxV(1+xx)} + \frac{dx}{xx} = \frac{dx(V(1+xx)-1)}{xxV(1+xx)}$. Quare cum sit $dy = \frac{dp}{1+pp}$, fiet $dy = \frac{dx}{2(1+xx)}$; quod etiam inde intelligitur, quod sit $A \operatorname{tang} \frac{V(1+xx)-1}{x} = \frac{1}{2} A \operatorname{tang} x$.

VI. Si sit $y = e^{A \sin x}$, haec formula quoque per praecedentia differentiabitur: fiet enim $dy = e^{A \sin x} \frac{dx}{\sqrt{(1-xx)}}$. Hoc ergo modo omnes functiones ipsius x, in quas praeter logarithmos atque exponentiales quantitates etiam arcus circulares ingrediuntur, differentiari poterunt.

200. Quoniam differentialia arcuum per dx diuisa sunt quantitates algebraicae, eorum differentialia secunda & sequentia per ea, quae de functionum algebraicarum differentiatione exposuimus, inuenientur. Sit $y = A \sin x$, quia est $dy = \frac{dx}{\sqrt{(1-xx)}}$, erit $\frac{dy}{dx} = \frac{1}{\sqrt{(1-xx)}}$, cuius differentiale dabit valorem pro $\frac{ddy}{dx^2}$, si quidem dx sumatur constans: vnde differentialia ipsius y cuiusuis ordinis ita se habebunt.

Si sit $y = A \sin x$; erit

$$\frac{dy}{dx} = \frac{1}{\sqrt{(1-xx)}}; \quad \text{\& sumto } dx \text{ constante}$$

$$\frac{ddy}{dx^2} = \frac{x}{(1-xx)^{\frac{3}{2}}}$$

$$\frac{d^3y}{dx^3} = \frac{1+2xx}{(1-xx)^{\frac{5}{2}}}$$

$$\frac{d^4y}{dx^4} = \frac{9x+6x^3}{(1-xx)^{\frac{7}{2}}}$$

d^5y

$$\frac{d^5y}{dx^5}=\frac{9+72x^2+24x^4}{(1-xx)^{\frac{9}{2}}}$$

$$\frac{d^6y}{dx^6}=\frac{225x+600x^3+120x^5}{(1-xx)^{\frac{11}{2}}}$$

&c.

vnde concludimus vt supra §. 177 fore generaliter:

$$\frac{d^{n+1}y}{dx^{n+1}}=\frac{1.2.3\ldots\ldots n}{(1-xx)^{n+\frac{1}{2}}}\ \text{in}$$

$$\Big(x^n+\frac{1}{2}.\frac{n(n-1)}{1.\ 2.}x^{n-2}+\frac{1.3}{2.4}.\frac{n(n-1)(n-2)(n-3)}{1.\ 2.\ 3.\ 4}x^{n-4}$$

$$+\frac{1.3.5}{2.4.6}.\frac{n(n-1)(n-2)(n-3)(n-4)(n-5)}{1.\ 2.\ 3.\ 4.\ 5.\ 6}x^{n-6}+\&c.\Big)$$

201. Supersunt quantitates, quae ex harum inuersione nascuntur, scilicet sinus, tangentesue arcuum datorum, quas quomodo differentiare oporteat, ostendamus. Sit igitur x arcus circuli, & $\sin x$ denotet eius sinum, cuius differentiale inuestigemus. Ponamus $y=\sin x$, ac posito $x+dx$ loco x, quia y abit in $y+dy$, erit

$$y+dy=\sin(x+dx),\ \&\ dy=\sin(x+dx)-\sin x.$$

Est autem $\sin(x+dx)=\sin x.\cos dx+\cos x.\sin dx$, atque cum sit, vti in introductione ostendimus

$$\sin z=\frac{z}{1}-\frac{z^3}{1.2.3}+\frac{z^5}{1.2.3.4.5}-\&c.$$

$$\cos z=1-\frac{z^2}{1.2}+\frac{z^4}{1.2.3.4}-\&c.$$

 erit

erit reiectis terminis euanescentibus $\cos dx = 1$ & $\sin dx = dx$, vnde fit $\sin(x+dx) = \sin x + dx \cos x$. Quare, posito $y = \sin x$, erit $dy = dx \cos x$. *Differentiale ergo sinus arcus cuiusuis aequatur differentiali arcus per cosinum multiplicato.* Si igitur fuerit p functio quaecunque ipsius x, erit simili modo $d.\sin p = dp \cos p$.

202. Similiter si proponatur $\cos x$, seu cosinus arcus x, cuius differentiale inuestigari oporteat. Ponatur $y = \cos x$, & posito $x+dx$ loco x, fiet $y+dy = \cos(x+dx)$. Est vero $\cos(x+dx) = \cos x . \cos dx - \sin x . \sin dx$, & quia vt modo vidimus est $\cos dx = 1$ & $\sin dx = dx$, erit $y+dy = \cos x - dx \sin x$, ideoque $dy = -dx \sin x$. *Quare differentiale cosinus cuiusque arcus aequatur differentiali arcus negatiue sumto per sinum eiusdem arcus multiplicato.* Sic si p fuerit functio quaecunque ipsius x, erit $d.\cos p = -dp \sin p$. Hae differentiationes quoque ex antecedentibus elici possunt hoc modo: si fuerit $y = \sin p$, erit $p = \text{A} \sin y$; & $dp = \frac{dy}{\sqrt{(1-yy)}}$; at ob $y = \sin p$, erit $\cos p = \sqrt{(1-yy)}$, quo valore substituto erit $dp = \frac{dy}{\cos p}$ & $dy = dp \cos p$, vt ante. Pari modo si sit $y = \cos p$, erit $\sqrt{(1-yy)} = \sin p$, & $p = \text{A} \cos y$, ideoque $dp = \frac{-dy}{\sqrt{(1-yy)}} = \frac{-dy}{\sin p}$, vnde fit vt ante $dy = -dp \sin p$.

203. Si fuerit $y = \tan x$, erit $dy = \tan(x+dx) - \tan x$; at est $\tan(x+dx) = \frac{\tan x + \tan . dx}{1 - \tan x . \tan dx}$, a qua

a qua fractione si tangens x subtrahatur, remanebit $dy = \frac{\text{tang}\, dx (1 + \text{tang}\, x.\, \text{tang}\, x)}{1 - \text{tang}\, x.\, \text{tang}\, dx}$. Verum arcus euanescentis dx tangens ipsi arcui est aequalis, ideoque $\text{tang}\, dx = dx$, & denominator $1 - dx\, \text{tang}\, x$, abit in vnitatem: quocirca fiet $dy = dx(1 + \text{tang}\, x^2)$. Est vero $1 + \text{tang}\, x^2 = \text{sec.}\, x^2 = \frac{1}{\text{cos}\, x^2}$, denotante $\text{cos}\, x^2$ quadratum cosinus ipsius x: consequenter si fuerit $y = \text{tang}\, x$, erit $dy = dx\, \text{sec}\, x^2 = \frac{dx}{\text{cos}\, x^2}$. Quod differentiale quoque per differentiationem sinuum & cosinuum inueniri potest; cum enim sit $\text{tang}\, x = \frac{\text{sin}\, x}{\text{cos}\, x}$, erit

$$dy = \frac{dx\, \text{cos}\, x.\, \text{cos}\, x + dx\, \text{sin}\, x.\, \text{sin}\, x}{\text{cos}\, x^2} = \frac{dx}{\text{cos}\, x^2},$$

ob $\text{sin}\, x^2 + \text{cos}\, x^2 = 1$.

204. Aliter etiam hoc differentiale inuenitur. Cum sit $y = \text{tang}\, x$, erit $x = \text{A tang}\, y$, & per praecepta superiora fiet $dx = \frac{dy}{1 + yy}$. At cum sit $y = \text{tang}\, x$, erit $\sqrt{(1 + yy)} = \text{sec}\, x = \frac{1}{\text{cos}\, x}$, ideoque $dx = dy\, \text{cos}\, x^2$, & $dy = \frac{dx}{\text{cos}\, x^2}$, vt ante. *Tangentis ergo cuiusuis arcus differentiale aequatur differentiali arcus diuiso per quadratum cosinus eiusdem arcus.* Simili modo si proponatur

$y =$

$y = \cot x$, fiet $x = A\cot y$, & $dx = \frac{-dy}{1+yy}$. At vero erit $\sqrt{(1+yy)} = \text{cosec}\, x = \frac{1}{\sin x}$, vnde habebitur $dx = -dy \sin x^2$, & $dy = \frac{-dx}{\sin x^2}$. *Cotangentis ergo cuiusuis arcus differentiale aequatur differentiali arcus negatiue sumto ac per quadratum sinus eiusdem arcus diuiso.* Vel quia est $\cot x = \frac{\cos x}{\sin x}$, fiet hanc fractionem differentiando:

$$dy = \frac{-dx \sin x^2 - dx \cos x^2}{\sin x^2} = \frac{-dx}{\sin x^2},$$

vti modo inuenimus.

205. Si proponatur secans arcus, vt sit $y = \text{sec.}\, x$, quia erit $y = \frac{1}{\cos x}$, erit $dy = \frac{dx \sin x}{\cos x^2} = dx \,\text{tang}\, x.\, \text{sec.}\, x$. Simili modo si fuerit $y = \text{cosec.}\, x$, ob $y = \frac{1}{\sin x}$, erit $dy = \frac{-dx \cos x}{\sin x^2} = -dx \cot x \,\text{cosec.}\, x$, pro quibus casibus peculiares regulas formare superfluum foret. Si sinus versus arcus proponatur $y = \text{sv.}\, x$, quia est $y = 1 - \cos x$, erit $dy = dx \sin x$. Omnes ergo casus, quibus linea quaepiam recta ad arcum relata proponitur, quia semper per sinum cosinumue exprimi potest, sine difficultate differentiari poterunt. Neque vero tantum differentialia prima, sed etiam secunda & sequentia per regulas datas inuenientur. Ponamus esse $y = \sin x$ & $z = \cos x$, atque dx esse constans: erit vt sequitur:

$y =$

$y = \sin x$	$z = \cos x$
$dy = dx \cos x$	$dz = - dx \sin x$
$ddy = - dx^2 \sin x$	$ddz = - dx^2 \cos x$
$d^3y = - dx^3 \cos x$	$d^3z = dx^3 \sin x$
$d^4y = dx^4 \sin x$	$d^4z = dx^4 \cos x$
&c.	&c.

206. Simili modo inueniri poterunt differentialia omnium ordinum tangentis arcus x. Sit enim $y = \text{tang}\, x = \frac{\sin x}{\cos x}$, & ponatur dx constans, erit

$$y = \frac{\sin x}{\cos x}$$

$$\frac{dy}{dx} = \frac{1}{\cos x^2}$$

$$\frac{ddy}{dx^2} = \frac{2 \sin x}{\cos x^3}$$

$$\frac{d^3y}{dx^3} = \frac{6}{\cos x^4} - \frac{4}{\cos x^2}$$

$$\frac{d^4y}{dx^4} = \frac{24 \sin x}{\cos x^5} - \frac{8 \sin x}{\cos x^3}$$

$$\frac{d^5y}{dx^5} = \frac{120}{\cos x^6} - \frac{120}{\cos x^4} + \frac{16}{\cos x^2}$$

d^6y

$$\frac{d^6y}{dx^6} = \frac{720 \sin x}{\cos x^7} - \frac{480 \sin x}{\cos x^5} + \frac{32 \sin x}{\cos x^3}$$

$$\frac{d^7y}{dx^7} = \frac{5040}{\cos x^8} - \frac{6720}{\cos x^6} + \frac{2016}{\cos x^4} - \frac{64}{\cos x^2}.$$

&c.

207. Functiones ergo quaecunque, in quas ſinus vel coſinus arcuum ingrediuntur, per haec praecepta differentiari poterunt, vti ex ſequentibus exemplis videre licet.

I. Si ſit $y = 2 \sin x . \cos x = \sin 2x$
Erit $dy = 2dx \cos x^2 - 2dx \sin x^2 = 2dx \cos 2x$.

II. Si ſit $y = \sqrt{\frac{1-\cos x}{2}}$, vel $y = \sin \frac{1}{2} x$
Erit $dy = \frac{dx \sin x.}{2\sqrt{2(1-\cos x)}}$. Cum autem ſit $\sqrt{2(1-\cos x)} = 2 \sin \frac{1}{2} x$, & $\sin x = 2 \sin \frac{1}{2} x . \cos \frac{1}{2} x$; fiet $dy = \frac{1}{2} dx . \cos \frac{1}{2} x$, vti ex forma $y = \sin \frac{1}{2} x$ immediate ſequitur.

III. Si ſit $y = \cos l \frac{1}{x}$; erit, poſito $l \frac{1}{x} = p$, $y = \cos p$, & $dy = -dp \sin p$. At, ob $p = l1 - lx$, erit $dp = \frac{-dx}{x}$; ideoque $dy = \frac{dx}{x} \sin l \frac{1}{x}$.

IV. Si ſit $y = e^{\sin x}$; erit $dy = e^{\sin x} dx \cos x$.

V. Si

V. Si sit $y = e^{\frac{-n}{\operatorname{cof} x}}$; erit $dy = - \frac{e^{\frac{-n}{\operatorname{cof} x}} n\,dx \operatorname{fin} x}{\operatorname{cof} x^2}$.

VI. Si sit $y = l\left(1 - \sqrt{}\left(1 - e^{\frac{-n}{\operatorname{fin} x}}\right)\right)$; ponatur $e^{\frac{-n}{\operatorname{fin} x}} = p$; atque ob $y = l(1 - \sqrt{}(1 - p))$, erit

$$dy = \frac{dp}{2(1 - \sqrt{}(1-p))\sqrt{}(1-p)}.$$ At est $dp = \frac{e^{\frac{-n}{\operatorname{fin} x}} n\,dx \operatorname{cof} x}{\operatorname{fin} x^2}$.

Quo valore substituto prodibit

$$dy = \frac{-n\,e^{\frac{-n}{\operatorname{fin} x}}\,dx \operatorname{cof} x}{2 \operatorname{fin} x^2 \left(1 - \sqrt{}\left(1 - e^{\frac{-n}{\operatorname{fin} x}}\right)\right)\sqrt{}\left(1 - e^{\frac{-n}{\operatorname{fin} x}}\right)}$$

CAPUT VII.

DE DIFFERENTIATIONE FUNCTIONUM DUAS PLURESUE VARIABILES INUOLUENTIUM.

208.

Si duae pluresue quantitates variabiles x, y, z, a se inuicem prorſus non pendeant, fieri poteſt, vt etiamſi omnes ſint variabiles, tamen dum vna creſcit decreſcitue, reliquae maneant inuariatae: quia enim nullum nexum inter ſe habere ponuntur, immutatio vnius reliquas non afficit. Neque ergo differentialia quantitatum y & z pendebunt a differentiali ipſius x; ideoque dum x differentiali ſuo dx augetur, quantitates y & z, vel eaedem manere, vel quomodocunque pro lubitu variari poſſunt. Quodſi igitur differentiale quantitatis x ſtatuatur dx, reliquarum quantitatum differentialia dy & dz manent indeterminata, atque pro arbitrio noſtro vel prorſus nihil, vel infinite parua ad dx quamuis rationem tenentia denotabunt.

209. Plerumque autem litterae y & z functiones ipſius x vel incognitas, vel quarum relatio ad x non ſpectatur, ſignificare ſolent, hocque caſu earum differentialia dy & dz certam ad dx relationem habebunt. Siue autem y & z pendeant ab x ſiue ſecus, ratio differentiationis, quam hic ſpectamus, eodem redit. Quaerimus

enim

enim functionis, quae ex pluribus variabilibus x, y, & z vtcunque sit formata, differentiale, quod accipit, dum singulae variabiles x, y, & z suis differentialibus dx, dy, & dz procrescunt. Ad hoc ergo inueniendum in functione proposita vbique loco variabilium quantitatum x, y, z scribatur respectiue $x+dx$; $y+dy$; $z+dz$, & ab expressione hoc modo resultante auferatur ipsa functio proposita: residuum dabit ipsum differentiale, quod quaeritur, quemadmodum ex natura differentialium luculenter constat.

210. Sit X functio ipsius x, eiusque differentiale, seu augmentum, dum x differentiali suo dx crescit, sit $= Pdx$. Deinde sit Y functio ipsius y, eiusque differentiale $= Qdy$, quod augmentum Y accipit, dum y abit in $y+dy$; atque Z sit functio ipsius z, eiusque differentiale sit $= Rdz$, quae differentialia Pdx, Qdy, Rdz ex natura functionum X, Y & Z ope praeceptorum supra datorum inueniri poterunt. Quod si ergo proposita fuerit haec quantitas $X+Y+Z$, quae vtique erit functio trium variabilium x, y, & z, eius differentiale erit $= Pdx+Qdy+Rdz$. Vtrum autem haec tria differentialia sint inter se homogenea nec ne? perinde est. Termini enim qui continent potestates ipsius dx prae Pdx aeque euanescunt, ac si reliqua membra Qdy & Rdz abessent, similique est ratio terminorum, qui in differentiatione functionum Y & Z sunt neglecti.

211. Retineant X, Y & Z easdem significationes, sitque proposita ista functio XYZ ipsarum x, y & z, cuius

ius differentiale inuestigari oporteat. Quoniam, si $x+dx$ loco x, $y+dy$ loco y, & $z+dz$ loco z scribatur; abit X in $X+Pdx$; Y in $Y+Qdy$; & Z in $Z+Rdz$, ipsa functio proposita XYZ abibit in

$$(X+Pdx)(Y+Qdy)(Z+Rdz)$$

$$=XYZ+YZPdx+XZQdy+XYRdz$$

$$+ZPQdxdy+YPRdxdz+XQRdydz+PQRdxdydz.$$

At quia dx, dy, & dz sunt infinite parua, siue inter se sint homogenea siue non; vltimus terminus prae uno quoque praecedentium euanescit. Deinde terminus $ZPQdxdy$ tam prae $YZPdx$ quam prae $XZQdy$ euanescit; atque ob eandem rationem termini $YPRdxdz$ & $XQZdydz$ euanescent. Ablata ergo ipsa functione proposita XYZ, erit eius differentiale $=YZPdx+XZQdy+XYRdz$.

212. Exempla haec functionum trium variabilium x, y, & z, quibus pro lubitu quisque plura adiicere potest, sufficiunt ad ostendendum, si functio quaecunque trium variabilium x, y, & z proponatur, vtcunque etiam hae variabiles inter se fuerunt permixtae, eius differentiale semper huiusmodi formam esse habiturum $pdx+qdy+rdz$: vbi p, q, & r futurae sint singulae functiones, vel omnium trium variabilium x, y, & z, vel binarum, vel vnius tantum, prout ratio compositionis, qua functio proposita ex variabilibus x, y, & z atque constantibus formatur, fuerit comparata. Simili modo, si proponatur functio quatuor pluriumue variabilium

lium x, y, z, & v, eius differentiale semper huius modi formam habebit $pdx + qdy + rdz + sdv$.

213. Consideremus primum functionem duarum tantum variabilium x & y, quae sit $= V$, cuius ergo differentiale ita se habebit, vt sit $dV = pdx + qdy$. Si igitur quantitas y assumeretur constans, foret $dy = 0$, ideoque functionis V differentiale esset pdx: sin autem x statueretur constans, vt esset $dx = 0$, solaque y maneret variabilis, tum ipsius V differentiale prodiret $= qdy$. Cum igitur vtraque quantitate x & y variabili posita sit $dV = pdx + qdy$, ista regula pro differentianda functione V duas variabiles x & y inuoluente resultabit: *Ponatur primum sola* x *variabilis, altera vero* y *tanquam constans tractetur, & quaeratur ipsius* V *differentiale, quod sit* $= \mathrm{p}d\mathrm{x}$. *Deinde ponatur sola quantitas* y *variabilis, altera* x *pro constanti habita, & quaeratur ipsius* V *differentiale, quod sit* $= \mathrm{q}d\mathrm{y}$. *Quibus factis, posita vtraque quantitate* x *&* y *variabili, fiet* $d\mathrm{V} = \mathrm{p}d\mathrm{x} + \mathrm{q}d\mathrm{y}$.

214. Simili modo, cum functionis trium variabilium x, y, & z, quae sit $= V$, differentiale huiusmodi habeat formam $dV = pdx + qdy + rdz$, manifestum est, si sola quantitas x fuisset variabilis posita, reliquae vero y & z constantes mansissent, ob $dy = 0$ & $dz = 0$, prodiisset ipsius V differentiale $= pdx$. Pari modo inueniretur differentiale ipsius $V = qdy$, si x & z essent constantes solaque y poneretur variabilis; atque si x & y tanquam constantes tractarentur solaque z statueretur variabilis, pro-

diret differentiale ipsius $V = r\,dz$. Quare ad functionem trium pluriumue variabilium differentiandam, consideretur seorsim quaelibet quantitas variabilis, & functio pro qualibet differentietur, quasi reliquae omnes essent constantes; tum singula haec differentialia, quae ex singulis quantitatibus variabilibus sunt inuenta, colligantur, eritque aggregatum differentiale quaesitum functionis propositae.

215. In hac regula, quam pro differentiatione functionis quotcunque variabilium inuenimus, continetur demonstratio regulae supra §. 170 datae generalis, cuius ope functio quaecunque vnicam variabilem complectens differentiari potest. Si enim pro singulis partibus ibi commemoratis totidem litterae diuersae collocentur, functio speciem induet functionis totidem diuersarum variabilium, atque adeo modo hic praescripto differentiabitur, successiue vnamquamque partem, quasi sola esset variabilis, tractando, cunctaque differentialia, quae ex singulis partibus oriuntur, in vnam summam coniiciendo: quae summa erit differentiale quaesitum, postquam pro singulis litteris valores fuerint restituti. Haec ergo regula latissime patet, atque etiam ad functiones plurium variabilium, quomodocunque fuerint comparatae, extenditur. Vnde eius vsus per vniuersum calculum differentialem est amplissimus.

216. Inuenta ergo regula generali, cuius ope functiones quotcunque variabilium differentiari possunt, eius vsum in nonnullis exemplis ostendisse iuuabit.

I. Si

I. Si fuerit $V = xy$; erit $dV = x\,dy + y\,dx$.

II. Si fuerit $V = \frac{x}{y}$; erit $dV = \frac{dx}{y} - \frac{x\,dy}{yy}$.

III. Si fuerit $V = \frac{y}{\sqrt{(aa - xx)}}$; erit

$$dV = \frac{dy}{\sqrt{(aa-xx)}} + \frac{yx\,dx}{(aa-xx)^{\frac{3}{2}}}.$$

IV. Si fuerit $V = (\alpha x + \beta y + \gamma)^m (\delta x + \epsilon y + \zeta)^n$;

erit

$$dV = m(\alpha x + \beta y + \gamma)^{m-1}(\delta x + \epsilon y + \zeta)^n(\alpha\,dx + \beta\,dy)$$
$$+ n(\alpha x + \beta y + \gamma)^m(\delta x + \epsilon y + \zeta)^{n-1}(\delta\,dx + \epsilon\,dy),$$

siue

$$dV = (\alpha x + \beta y + \gamma)^{m-1}(\delta + \epsilon y + \zeta)^{n-1} \text{ in}$$
$$\left(\begin{matrix} m\alpha\delta \\ n\alpha\delta \end{matrix}\, x\,dx \begin{matrix} + m\beta\delta \\ + n\alpha\epsilon \end{matrix}\, x\,dy \begin{matrix} + m\alpha\epsilon \\ + n\beta\delta \end{matrix}\, y\,dx \right.$$
$$\left. \begin{matrix} + m\beta\epsilon \\ + n\beta\epsilon \end{matrix}\, y\,dy \begin{matrix} + m\alpha\zeta \\ + n\gamma\delta \end{matrix}\, dx \begin{matrix} + m\beta\zeta \\ + n\gamma\epsilon \end{matrix}\, dy \right).$$

V. Si fuerit $V = y\,lx$; erit $dV = dy\,lx + \frac{y\,dx}{x}$.

VI. Si fuerit $V = x^y$; erit $dV = yx^{y-1}dx + x^y dy\,lx$.

VII. Si fuerit $V = \text{A tang}\,\frac{y}{x}$; erit $dV = \frac{x\,dy - y\,dx}{xx + yy}$.

VIII. Si fuerit $V = \sin x . \cos y$; erit

$$dV = dx \cos x \cos y - dy \sin x . \sin y.$$

IX.

IX. Si fuerit $V = \frac{e^z y}{V(xx+yy)}$; erit

$$dV = \frac{e^z y dz}{V(xx+yy)} + \frac{e^z(xxdy - yxdx)}{(xx+yy)V(xx+yy)}.$$

X. Si fuerit $V = e^z A \sin \frac{x - V(xx-yy)}{x + V(xx-yy)}$,

reperietur $dV = e^z dz A \sin \frac{x - V(xx-yy)}{x + V(xx-yy)}$

$$+ e^z \frac{xydy - yydx}{(x+V(xx-yy))(xx-yy)^{\frac{3}{4}} Vx}.$$

217. Quoniam vidimus, si V fuerit functio quaecunque binarum variabilium x & y, eius differentiale huiusmodi habiturum esse formam $dV = Pdx + Qdy$, in qua sint P & Q functiones a functione V pendentes per eamque determinatae: sequitur has duas quantitates P & Q certo quodam modo etiam a se inuicem pendere, propterea quod vtraque ab eadem functione V pendet. Quicunque igitur sit iste nexus inter quantitates finitas P & Q, quem deinceps inuestigabimus, perspicuum est, non omnes formulas differentiales huiusmodi $Pdx + Qdy$, in quibus P & Q pro lubitu sint ex x & y formatae, posse esse differentialia cuiuspiam functionis finitae V ipsarum x & y. Nisi enim ea relatio inter functiones P & Q intercedat, quam natura differentiationis requirit, huiusmodi differentiale $Pdx + Qdy$ oriri plane per differentiationem non potuit, ideoque vicissim integrale non habebit.

218.

218. In integratione igitur plurimum interest nosse hanc relationem inter quantitates P & Q, vt differentialia, quae reuera ex differentiatione functionis cuiuspiam finitae sunt orta, dignosci queant ab iis, quae ad libitum sunt formata, atque nulla integralia admittunt. Quanquam autem hic nondum integrationis negotium suscipimus, tamen ad naturam differentialium realium penitius inspiciendam conueniet hanc relationem inuestigari; quippe cuius cognitio non solum ad calculum integralem, ad quem hic viam paramus, est maxime necessaria, sed etiam in ipso calculo differentiali insignem lucem accendit. Primum igitur patet, si V sit functio duarum variabilium x & y, in eius differentiali $Pdx + Qdy$ vtriusque differentiale dx & dy inesse oportere. Neque ergo potest esse $P = 0$ neque $Q = 0$. Hinc si P fuerit functio ipsarum x & y, formula Pdx nullius quantitatis finitae poterit est differentiale, seu nulla extat quantitas finita, cuius differentiale sit Pdx.

219. Sic nulla datur quantitas finita V siue algebraica siue transcendens, cuius differentiale sit $yxdx$, si quidem sit y quantitas variabilis ab x non pendens. Si enim ponamus dari eiusmodi quantitatem finitam V, quia y in eius differentiale ingreditur, necesse est, vt y quoque in ipsa quantitate V insit; verum si V contineret y, ob variabilitatem ipsius y necessario quoque in differentiali ipsius V differentiale dy inesse deberet. Quod tamen cum non adsit, fieri nequit, vt differentiale $yxdx$ ex cuiuspiam quantitatis finitae differentiatione sit ortum. Cum

igitur pateat formulam $Pdx + Qdy$, si Q sit o, & P contineat y, differentiale reale esse non posse, simul intelligitur, quantitati Q non pro lubitu valorem tribui posse, sed eum a valore ipsius P pendere.

220. Quo igitur hanc relationem inter P & Q in differentiali $dV = Pdx + Qdy$ inuestigemus, ponamus primo V esse functionem nullius dimensionis ipsarum x & y: a casibus enim particularibus ad relationem generalem ascendamus. Quod si ergo ponamus $y = tx$, ex functione V quantitas x prorsus euanescet, prodibitque functio ipsius t tantum, quae sit $= T$, cuius differentiale erit $= \Theta dt$, existente Θ functione ipsius t. Ponamus igitur quoque in differentiali $Pdx + Qdx$, vbique $y = tx$, & $dy = tdx + xdt$, quo facto prodibit

$$Pdx + Qtdx + Qxdt;$$

in quo cum dx non contineatur, necesse est vt sit $P + Qt = o$; ideoque $Q = -\frac{P}{t} = -\frac{Px}{y}$, seu erit $Px + Qy = o$, vnde relatio inter P & Q pro hoc casu innotescit. Deinde debet esse $\Theta = Qx$, ideoque $Qx =$ functioni ipsius t, hoc est functioni nullius dimensionis ipsarum x & y. Atque ob $Q = \frac{\Theta}{x}$ fiet $P = -\frac{\Theta y}{xx}$, & tam Px quam Qy erunt functiones nullius dimensionis ipsarum x & y.

221. Si igitur functio nullius dimensionis ipsarum x & y, quae sit $= V$, differentietur, eius differentiale

$dV =$

$dV = P\,dx + Q\,dy$, semper ita erit comparatum, vt sit $Px + Qy = 0$. Hoc est si in differentiali loco differentialium dx & dy scribantur x & y, resultabit quantitas $= 0$: vti in his exemplis vsu venire patet:

I. Sit $V = \frac{x}{y}$; erit $dV = \frac{y\,dx - x\,dy}{yy}$, atque posito x loco dx & y loco dy, erit $\frac{yx - xy}{yy} = 0$.

II. Sit $V = \frac{x}{\sqrt{(xx - yy)}}$, erit $dV = -\frac{yy\,dx + yx\,dy}{(xx - yy)^{\frac{3}{2}}}$, vnde fit $\frac{-yyx + yyx}{(xx - yy)^{\frac{3}{2}}} = 0$.

III. Sit $V = \frac{y + \sqrt{(xx + yy)}}{-y + \sqrt{(xx + yy)}}$, quae est functio nullius dimensionis ipsarum x & y; erit $dV = \frac{2xx\,dy - 2xy\,dx}{(\sqrt{(xx + yy)} - y)^2 \sqrt{(xx + yy)}}$, quae forma positis x & y loco dx & dy fit $= 0$.

IV. Sit $V = l\frac{x + y}{x - y}$; erit $dV = \frac{2x\,dy - 2y\,dx}{xx - yy}$, atque $\frac{2xy - 2yx}{xx - yy} = 0$.

V. Sit $V = A \sin \frac{\sqrt{(x - y)}}{\sqrt{(x + y)}}$, erit $dV = \frac{y\,dx - x\,dy}{(x + y)\sqrt{2y(x - y)}}$, quae formula eadem proprietate gaudet.

222. Contemplemur nunc alias functiones homogeneas, sitque V functio n dimensionum ipsarum x & y. Quare si ponatur $y = tx$, induet V huiusmodi formam Tx^n, existente T functione ipsius t, sitque

$$dT = \Theta dt, \quad \text{erit} \quad dV = x^n \Theta dt + nTx^{n-1} dx.$$

Quodsi ergo statuamus:

$$dV = Pdx + Qdy, \quad \text{ob} \quad dy = tdx + xdt,$$

fiet

$$dV = Pdx + Qtdx + Qxdt:$$

quae forma quoniam cum illa congruere debet, erit

$$P + Qt = nTx^{n-1} = \frac{nV}{x}, \quad \text{ob} \quad V = Tx^n.$$

Hancobrem ob $t = \frac{y}{x}$, fiet $Px + Qy = nV$, quae aequatio relationem inter P & Q ita definit, vt si altera sit cognita, altera facile inueniatur. Quia porro est $Qx = x^n \Theta$, erit Qx, ideoque etiam Qy & Px functio n dimensionum ipsarum x & y.

223. Si ergo in differentiali cuiusuis functionis homogeneae ipsarum x & y, loco dx & dy, ponatur x & y, quantitas oriunda aequabitur ipsi functioni, cuius differentiale proponebatur, per numerum dimensionum multiplicatae.

I. Si sit $V = \sqrt{(xx + yy)}$; erit $n = 1$, & ob

$$dV = \frac{xdx + ydy}{\sqrt{(xx + yy)}}, \text{ fiet } \frac{xx + yy}{\sqrt{(xx + yy)}} = V = \sqrt{(xx + yy)}.$$

II. Si

II. Si ſit $V = \frac{y^3 + x^3}{y - x}$; erit $n = 2$, &

$$dV = \frac{2y^3dy - 3yyxdy + 3yxxdx - 2x^3dx + y^3dx - x^3dy}{(y-x)^2}.$$

Ponatur x pro dx & y pro dy orietur:

$$\frac{2y^4 - 2y^3x + 2yx^3 - 2x^4}{(y-x)^2} = \frac{2y^3 + 2x^3}{y-x} = 2V.$$

III. Si ſit $V = \frac{1}{(yy+xx)^2}$, erit $n = -4$, atque $dV = -\frac{4ydy - 4xdx}{(yy+xx)^3}$. Quae formula poſitis x & y loco dx & dy abit in $-\frac{4yy - 4xx}{(yy+xx)^3} = -4V$.

IV. Si ſit $V = xxl\frac{y+x}{y-x}$; erit $n = 2$, atque $dV = 2xdxl\frac{y+x}{y-x} + \frac{2xx(ydx - xdy)}{yy - xx}$, facta autem memorata ſubſtitutione oritur $2xxl\frac{y+x}{y-x} = 2V$.

224. Similis proprietas obſeruabitur, ſi V fuerit functio homogenea plurium variabilium: ſit ergo V functio quantitatum x, y, z, quae coniunctim vbique n dimenſiones adimpleant; atque differentiale huiusmodi habebit formam $Pdx + Qdy + Rdz$. Ponatur iam $y = tx$ & $z = sx$, vt ſit $dy = tdx + xdt$, & $dz = sdx + xds$, atque functio V induet hanc formam Ux^n, exiſtente U

 func-

functione binarum variabilium t & s; hinc ergo si statuatur $dU = p\,dt + q\,ds$, fiet

$$dV = x^n p\,dt + x^n q\,ds + nUx^{n-1}dx.$$

Prior autem forma dabit

$$dV = P\,dx + Qt\,dx + Qx\,dt + Rs\,dx + Rx\,ds:$$

quae cum illa collata praebet

$$P + Qt + Rs = nUx^{n-1} = \frac{nV}{x},$$

vnde obtinetur $Px + Qy + Rz = nV$; quae eadem proprietas ad quotcunque plures variabiles extenditur.

225. Si igitur proposita fuerit functio homogenea quotcunque variabilium x, y, z, v, &c. eius differentiale perpetuo hanc habebit proprietatem, vt si loco differentialium dx, dy, dz, dv, &c. scribantur respective quantitates finitae x, y, z, v, &c. prodeat ipsa functio proposita per numerum dimensionum multiplicata. Haecque regula etiam valet, si V fuerit functio homogenea vnicae tantum variabilis x: Hoc enim casu erit V potestas ipsius x, puta $V = ax^n$, quae est functio homogenea n dimensionum: nulla scilicet alia datur functio ipsius x, in qua x vbique n dimensiones constituat praeter potestatem x^n. Cum igitur sit $dV = nax^{n-1}dx$, ponatur x loco dx, atque prodibit nax^n, hoc est nV. Ista ergo functionum homogenearum insignis proprietas diligenter notari meretur, cum in calculo integrali maximam afferat vtilitatem.

226.

226. Quo nunc in genere in relationem inter quantitates P & Q, quae differentiale $Pdx + Qdy$ functionis cuiuscunque V duarum variabilium x & y constituunt, inquiramus, ad sequentia attendi oportebit. Sit igitur V functio quaecunque ipsarum x & y; atque ponamus V abire in R, si loco x ponatur $x + dx$; posito autem $y + dy$ loco y abeat V in S: quodsi autem simul $x + dx$ loco x, & $y + dy$ loco y scribatur, mutetur V in V^{I}. Cum itaque R oriatur ex V, posito $x + dx$ loco x, manifestum est si vlterius in R ponatur $y + dy$ loco y, tum prodire V^{I}; idem enim est, ac si in V statim poneretur $x + dx$ loco x, & $y + dy$ loco y. Simili modo si in S ponatur $x + dx$ loco x, quia S iam orta est ex V posito $y + dy$ loco y, denuo prodibit V^{I}; vti ex hoc schematismo clarius perspicitur.

Quantitas	abit in	si loco	ponatur.
V	R	x	$x + dx$
V	S	y	$y + dy$
V	V^{I}	x y	$x + dx$ $y + dy$
R	V^{I}	y	$y + dy$
S	V^{I}	x	$x + dx$

227.

227. Si igitur V ita differentietur, vt tantum x tanquam variabilis, y vero tanquam constans tractetur, quia posito $x + dx$ loco x, functio V abit in R, eius differentiale erit $= R - V$; at ex forma $dV = Pdx + Qdy$, sequitur idem differentiale fore $= Pdx$, vnde erit $R - V = Pdx$. Quod si iam loco y ponatur $y + dy$, x vero tanquam constans tractetur, quia R abit in V^{I} & V in S, quantitas $R - V$ abibit in $V^{I} - S$; ideoque ipsius $R - V = Pdx$ differentiale, quod oritur si sola y variabilis assumatur, erit $V^{I} - R - S + V$. Simili modo, cum posito $y + dy$ loco y, abeat V in S, erit $S - V$ differentiale ipsius V posita sola y variabili, eritque propterea $S - V = Qdy$; nunc quia loco x posito $x + dx$, transit S in V^{I} & V in R, quantitas $S - V$ abibit in $V^{I} - R$; atque ipsius $S - V = Qdy$ differentiale, quod oritur si sola x variabilis statuatur, erit $= V^{I} - R - S + V$, quod prorsus congruit cum differentiali ante inuento.

228. Ex hac conuenientia deducitur sequens conclusio: Si functionis V cuiuscunque binarum variabilium x & y differentiale fuerit $dV = Pdx + Qdy$, tum differentiale ipsius Pdx, quod oritur si sola quantitas y tanquam variabilis, x vero tanquam constans tractetur, aequale erit differentiali ipsius Qdy, quod oritur si sola quantitas x tanquam variabilis, y vero tanquam constans tractetur. Si scilicet posita sola y variabili fuerit $dP = Zdy$ erit differentiale ipsius Pdx praescripto modo sumtum $= Z\,dx\,dy$; atque posita sola x variabili erit quoque $dQ = Zdx$; sic enim differentiale ipsius Qdy praescripto modo

modo sumtum fiet quoque $= Z\,dx\,dy$. Hacque ratione intelligitur relatio, quae inter quantitates P & Q intercedit, atque paucis verbis in hoc consistit, vt differentiale ipsius $P\,dx$ posito x constante aequale sit differentiali ipsius $Q\,dy$ posito y constante.

229. Ista insignis proprietas clarius perspicietur, si eam nonnullis exemplis illustremus.

I. Sit igitur $V = yx$; erit $dV = y\,dx + x\,dy$, ideoque $P = y$ & $Q = x$; vnde posito x constante erit $d.P\,dx = dx\,dy$, & posito y constante erit $d.Q\,dy = dx\,dy$, sicque haec duo differentialia inter se aequantur.

II. Sit $V = \sqrt{(xx + 2xy)}$; erit $dV = \frac{x\,dx + y\,dx + y\,dy}{\sqrt{(xx + 2xy)}}$, ideoque $P = \frac{x + y}{\sqrt{(xx + 2xy)}}$, & $Q = \frac{x}{\sqrt{(xx + 2xy)}}$, vnde posito x constante erit $d.P\,dx = \frac{xy\,dx\,dy}{(xx + 2xy)^{\frac{3}{2}}}$, & posito y constante erit $d.Q\,dy = \frac{xy\,dx\,dy}{(xx + 2xy)^{\frac{3}{2}}}$.

III. Sit $V = x \sin A\,y + y \sin A\,x$; eritque $dV = dx \sin A\,y + x\,dy \cos y + dy \sin A\,x + y\,dx \cos x$. Quare erit

$$P\,dx = dx \sin A\,y + y\,dx \cos x,$$

$$\&\quad Q\,dy = dy \sin A\,x + x\,dy \cos y.$$

Posito ergo x constante erit

$$d.Pdx = dxdy\cos y + dxdy\cos x,$$

& posito y constante erit

$$d.Qdy = dxdy\cos y + dxdy\cos x.$$

IV. Sit $V = x^y$; erit $dV = x^y dy lx + yx^{y-1}dx$, atque

$$Pdx = yx^{y-1}dx, \quad \& \quad Qdy = x^y dy lx.$$

Quamobrem posito x constante habebitur

$$d.Pdx = x^{y-1}dxdy + yx^{y-1}dxdylx,$$

& posito y constante erit

$$d.Qdy = yx^{y-1}dxdylx + x^{y-1}dxdy.$$

230. Ista proprietas etiam hoc modo enunciari potest, vnde eximia omnium functionum, quae duas variabiles inuoluunt, indoles cognoscetur. Si functio quaecunque V duarum variabilium x & y differentietur posita sola x variabili, hocque differentiale denuo differentietur posita sola y variabili, tum post duplicem hanc differentiationem idem prodibit, ac si ordine inuerso functio V primum posita sola y variabili differentiaretur, hocque differentiale posita sola x variabili denuo differentiaretur: vtroque scilicet casu prodibit eadem expressio huius formae $Z\,dx\,dy$. Ratio huius identitatis ex praecedente proprietate manifesto sequitur: si enim V differentietur posita sola x variabili, prodit Pdx; &, si V differentietur posita sola y variabili, prodit Qdy, horum differentia-

tialium vero differentialia modo indicato fumta inter se aequalia esse, ante demonstrauimus. Caeterum haec indoles immediate sequitur ex ratiocinio (§. 227) allato.

231. Relatio inter P & Q, si $Pdx + Qdy$ fuerit differentiale functionis V sequenti etiam modo indicari potest. Quoniam P & Q sunt functiones ipsarum x & y, differentientur ambae posita vtraque x & y variabili:

Si scilicet fuerit $dV = Pdx + Qdy$
fit $dP = pdx + rdy$
& $dQ = qdx + sdy.$

Posito ergo x constante erit
$$dP = rdy, \quad \& \quad d.Pdx = rdxdy.$$
Deinde posito y constante erit
$$dQ = qdx, \quad \& \quad d.Qdy = qdxdy.$$

Cum igitur haec duo differentialia $rdxdy$ & $qdxdy$ sint inter aequalia, sequitur fore $q = r$. Functiones ergo P & Q ita inuicem connectuntur, vt si ambae differentientur, vti fecimus, quantitates q & r inter se fiant aequales. Breuitatis gratia autem hoc saltem capite quantitates r & q ita commode denotari solent, vt r indicetur per $\left(\frac{dP}{dy}\right)$, quae scriptura designatur P ita differentiari, vt sola y tanquam variabilis tractetur, atque differentiale istud per dy diuidatur: sic enim prodibit quantitas finita r. Simili modo significabit $\left(\frac{dQ}{dx}\right)$ quantitatem finitam q, quia hac ratione indicatur functionem Q sola x posita variabili differentiari, tumque differentiale per dx diuidi debere.

232. Vtamur ergo hoc scribendi modo, etiamsi alias ambiguitatem afferre possit, quae tamen hic per clausulas euitatur, vt ambages in describendis differentiandi conditionibus euitemus, sicque breuiter relationem inter P & Q ita verbis exprimere poterimus, vt dicamus esse $\left(\frac{dP}{dy}\right) = \left(\frac{dQ}{dx}\right)$. In huiusmodi scilicet fractionibus denominator praeter propriam significationem, qua numerator per eum diuidi debet, indicat numeratoris differentiale ita esse capiendum, vt ea sola quantitas cuius differentiale denominatorem constituit, tanquam variabilis spectetur. Hoc enim modo per diuisionem differentialia prorsus ex calculo egredientur, istaeque fractiones $\left(\frac{dP}{dy}\right)$ & $\left(\frac{dQ}{dx}\right)$ exhibebunt quantitates finitas, quae in praesenti casu erunt inter se aequales. Hoc itaque modo recepto quantitates quoque p & s ita denotare licebit, vt sit $p = \left(\frac{dP}{dx}\right)$ & $s = \left(\frac{dQ}{dy}\right)$, si quidem vt monitum est, differentiatio numeratoris per denominatorem restringatur.

233. Consentit haec proprietas mirifice cum proprietate, quam ante in functionibus homogeneis inesse ostendimus. Sit enim V functio homogenea n dimensio-

fionum ipfarum x & y, ponaturque $dV = Pdx + Qdy$, atque demonftrauimus fore $nV = Px + Qy$, ideoque

$$Q = \frac{nV}{y} - \frac{Px}{y}. \text{ Sit } dP = pdx + rdy;$$

eritque $\left(\frac{dP}{dy}\right) = r$, cui aequale effe $\left(\frac{dQ}{dx}\right)$ ita oftendetur. Differentietur Q pofita fola x variabili, & quia in hac hypothefi eft $dQ = \frac{nPdx}{y} - \frac{Pdx}{y} - \frac{xpdx}{y}$, fiet $\left(\frac{dQ}{dx}\right) = \frac{(n-1)P}{y} - \frac{px}{y}$, debebitque effe

$$\frac{(n-1)P}{y} - \frac{px}{y} = r \text{ feu } (n-1)P = px + ry.$$

Quae aequalitas inde fit perfpicua, quod P fit functio homogenea $n-1$ dimenfionum ipfarum x & y, vnde eius differentiale $dP = pdx + rdy$, ob proprietatem functionum homogenearum, ita debet effe comparatum, vt fit $(n-1)P = px + ry$.

234. Ifta proprietas, quod fit $\left(\frac{dP}{dy}\right) = \left(\frac{dQ}{dx}\right)$, quam omnibus functionibus duarum variabilium x & y communem effe oftendimus, nobis quoque patefaciet naturam functionum trium pluriumue variabilium. Sit V functio quaecunque trium variabilium x, y, & z, ac ponatur $dV = Pdx + Qdy + Rdz$. Quod fi igitur in hac differentiatione z tanquam conftans tractaretur, foret vtique $dV = Pdx + Qdy$; hoc autem cafu per an-

antecedentia debet esse $\left(\frac{dP}{dy}\right) = \left(\frac{dQ}{dx}\right)$. Deinde si quantitas y constans assumeretur, foret $dV = Pdx + Rdz$, erit ergo $\left(\frac{dP}{dz}\right) = \left(\frac{dR}{dx}\right)$. Denique posito x constante reperietur $\left(\frac{dQ}{dz}\right) = \left(\frac{dR}{dy}\right)$. In differentiali ergo $Pdx + Qdy + Rdz$ functionis V quantitates P, Q, & R ita a se inuicem pendent, vt sit

$$\left(\frac{dP}{dy}\right) = \left(\frac{dQ}{dx}\right); \left(\frac{dP}{dz}\right) = \left(\frac{dR}{dx}\right); \& \left(\frac{dQ}{dz}\right) = \left(\frac{dR}{dy}\right).$$

235. Sequitur hinc ista functionum, quae tres pluresue variabiles inuoluunt, proprietas analoga ei, quam supra (230) de functionibus duarum variabilium ostendimus. Si fuerit V functio quaecunque trium variabilium x, y, & z, eaque continuo ter differentietur, ita vt primum vna quantitatum, puta x, sola variabilis ponatur, in differentiatione secunda sola y, atque in tertia sola z variabilis assumatur, prodibit expressio huius formae $Zdxdydz$, quae eadem reperietur, quocunque alio ordine quantitates x, y, & z collocentur. Sex igitur diversis modis post triplicem differentiationem ad eandem expressionem $Zdxdydz$ peruenietur, quoniam ordo quantitatum x, y, & z sexies variari potest. Quicunque ergo ordo eligatur, si functio V differentietur posita sola prima variabili, hocque differentiale denuo differentietur posita sola secunda variabili, atque differentiale hoc ite-

rum

rum differentietur posita sola tertia variabili, eadem prodibit expressio, vtcunque ordo quantitatum x, y, & z varietur.

236. Quo ratio huius proprietatis clarius perspiciatur, ponamus esse $dV = Pdx + Qdy + Rdz$; deinde etiam quantitates P, Q, & R differentiemus, eruntque earum differentialia per ante demonstrata, ita comparata:

$$dP = pdx + sdy + tdz$$
$$dQ = sdx + qdy + udz$$
$$dR = tdy + udy + rdz.$$

Differentietur nunc V posito solo x variabili prodibit Pdx; quod differentiale iterum differentietur posito solo y variabili atque habebitur $sdxdy$; quod si differentietur posito solo z variabili, postquam per $dxdydz$ fuerit diuisum, obtinebitur $\left(\frac{ds}{dz}\right)$. Collocentur nunc variabiles hoc ordine y, x, z, atque prima differentiatio dabit Qdy, secunda $sdxdy$, & tertia (facta diuisione per $dxdydz$) dabit $\left(\frac{ds}{dz}\right)$ vt ante. Disponantur variabiles hoc ordine z, y, x, ac prima differentiatio dabit Rdz secunda $udydz$, tertia vera post diuisionem per $dxdydz$ praebet $\left(\frac{du}{dx}\right)$. At cum posito y constante sit $dQ = sdx + udz$; erit $\left(\frac{ds}{dz}\right) = \left(\frac{du}{dx}\right)$, vti pariter est demonstratum.

237. Ponamus esse $V = \frac{xxy}{aa - zz}$; hancque functionum toties ter differentiemus, quoties ordo variabilium x, y, z variari potest:

	I. DIFFER.		II. DIFFER.		III. DIFFER.
posito variabili	solo x		solo y		solo z
	$\frac{2xydx}{aa - zz}$	;	$\frac{2xdxdy}{aa - zz}$	;	$\frac{4xzdxdydz}{(aa - zz)^2}$
posito variabili	solo x		solo z		solo y
	$\frac{2xydx}{aa - zz}$	;	$\frac{4xyzdxdz}{(aa - zz)^2}$	;	$\frac{4xzdxdydz}{(aa - zz)^2}$
posito variabili	solo y		solo x		solo z
	$\frac{xxdy}{aa - zz}$	;	$\frac{2xdxdy}{aa - zz}$	;	$\frac{4xzdxdydz}{(aa - zz)^2}$
posito variabili	solo y		solo z		solo x
	$\frac{xxdy}{aa - zz}$	;	$\frac{2xxzdydz}{(aa - zz)^2}$	;	$\frac{4xzdxdydz}{(aa - zz)^2}$
posito variabili	solo z		solo x		solo y
	$\frac{2xxyzdz}{(aa - zz)^2}$	;	$\frac{4xyzdxdz}{(aa - zz)^2}$	;	$\frac{4xzdxdydz}{(aa - zz)^2}$
posito variabili	solo z		solo y		solo x
	$\frac{2xxyzdz}{(aa - zz)^2}$	;	$\frac{2xxzdydz}{(aa - zz)^2}$	;	$\frac{4xzdxdydz}{(aa - zz)^2}$

ex quo exemplo patet, quocunque ordine tres variabiles fuerint assumtae, post triplicem differentiationem semper eandem prodire expressionem $\frac{4xzdxdydz}{(aa - zz)^2}$.

238.

238. Vti autem post triplicem differentiationem ad eandem expressionem est peruentum, ita quoque consensus deprehenditur in differentialibus, quae secunda differentiatio suppeditauit. In iis scilicet expressio quaeuis bis occurrit; vnde patet, quae formulae iisdem differentialibus sint affectae, easdem quoque inter se esse aequales, atque differentialia tertia ideo esse omnia inter se aequalia, quia iisdem differentialibus $dx\,dy\,dz$ sunt affecta. Hinc igitur concludimus, si V fuerit functio quotcunque variabilium x, y, z, v, u, &c. eaque successiue aliquoties differentietur, vt semper vnica tantum quantitas variabilis assumatur; tum quoties ad expressiones perueniatur, quae iisdem differentialibus sint affectae, eas quoque inter se aequales fore. Sic duplici differentiatione orietur huiusmodi expressio $Z\,dx\,dy$, dum in altera sola x, in altera sola y assumta est variabilis: perindeque est vtra prius, posteriusue sit variabilis assumta. Simili modo sex variis modis per triplicem differentiationem eadem exsurget expressio $Z\,dx\,dy\,dz$; atque viginti quatuor variis modis peruenietur post quadruplicem differentiationem ad eandem expressionem huius formae $Z\,dx\,dy\,dz\,dv$, atque ita porro.

239. Veritatem horum Theorematum quilibet adhibita leui attentione ex ante explicatis principiis facile agnoscet, atque propria meditatione facilius intuebitur, quam tantis verborum ambagibus, sine quibus demonstrationes proferri non possent. Quia vero harum proprietatum cognitio maximi est momenti in calculo integrali, Tyrones sunt monendi, vt non solum has proprietates ipsi diligen-

ter mediteritur, earumque veritatem ſcrutentur, ſed etiam pluribus exemplis comprobent; quo hoc pacto ſibi hanc materiam familiariorem reddant, fructusque inde natos poſtmodum facilius percipere queant. Neque vero ſolum tyrones, ſed etiam ii, qui principiis calculi differentialis iam ſunt imbuti, ad hoc ſunt cohortandi; quoniam in omnibus fere manuductionibus ad hanc Analyſeos partem hoc argumentum penitus praetermitti ſolet. Plerumque enim Auctores ſolas differentiationis regulas praeſcripſiſſe, earumque vſum in Geometria ſublimiori oſtendiſſe fuerunt contenti, neque in naturam atque proprietates differentialium inquiſiuerunt; vnde tamen maxima ſubſidia in calculum integralem redundant. Quam ob cauſam hoc argumentum fere nouum in iſto Capite fuſius perſequi viſum eſt, quo ſimul via ad integrationes alias difficiliores pararetur, atque negotium poſtea ſuſcipiendum ſubleuaretur.

240. Cognitis igitur his proprietatibus, quibus differentialia functionum duas pluresue variabiles inuoluentium gaudent, facile poterimus dignoſcere, vtrum formula differentialis propoſita, in qua occurrunt duae pluresue variabiles, ſit orta ex differentiatione cuiuspiam functionis finitae an ſecus? Si enim in formula $Pdx + Qdy$ non fuerit $\left(\frac{dP}{dy}\right) = \left(\frac{dQ}{dx}\right)$, certo poterimus affirmare, nullam exiſtere functionem ipſarum x & y, cuius differentiale ſit $= Pdx + Qdy$: neque ergo infra in calculo integrali huiusmodi formulae integrale indagari poteſt. Sic cum

cum in $yxdx + xxdy$ requisita conditio non adsit, nulla datur functio, cuius differentiale est $= yxdx + xxdy$. Vtrum autem semper, quoties est $\left(\frac{dP}{dy}\right) = \left(\frac{dQ}{dx}\right)$, formula ex differentiatione cuiuspiam functionis sit orta? quaestio est, quae demum ex integrationis principiis solide affirmari poterit.

241. Si in formula differentiali proposita tres pluresue insint variabiles, vti $Pdx + Qdy + Rdz$; tum ea ex differentiatione ortum traxisse omnino nequit, nisi tres istae conditiones in ea locum habeant, vt sit

$$\left(\frac{dP}{dy}\right) = \left(\frac{dQ}{dx}\right); \left(\frac{dP}{dz}\right) = \left(\frac{dR}{dx}\right); \& \left(\frac{dQ}{dz}\right) = \left(\frac{dR}{dy}\right).$$

Quarum conditionum, si vna tantum desit, certo affirmare debemus, nullam extare functionum ipsarum x, y, & z, cuius differentiale sit $Pdx + Qdy + Rdz$; huius modi ergo formularum differentialium nequidem requiri possunt integralia, hincque integrationem prorsus non recipere dicuntur. Facile autem intelligitur in calculo integrali formulas differentiales ante dignosci oportere, vtrum integrationis sint capaces, quam inuestigatio integralis actu suscipiatur.

CAPUT VIII.

DE FORMULARUM DIFFERENTIALIUM VLTERIORI DIFFERENTIATIONE.

242.

Si vnica variabilis adſit, eiusque differentiale primum conſtans aſſumatur, ſupra iam methodus eſt tradita differentialia cuiusque gradus inueniendi. Scilicet ſi functionis cuiusuis differentiale denuo differentietur, oritur eius differentiale ſecundum, hocque iterum differentiatum dat functionis differentiale tertium, atque ita porro. Haec vero eadem regula locum quoque habet, ſiue functio plures inuoluat variabiles ſiue vnicam tantum, cuius differentiale primum non ponitur conſtans. Sit igitur V functio quaecunque ipſius x, neque vero dx ſit conſtans, ſed vtcunque variabile, ita vt ipſius dx differentiale ſit $= ddx$, huiusque differentiale $= d^3x$, & ita porro, atque inueſtigemus differentialia ſecundum & ſequentia functionis V.

243. Ponamus differentiale primum functionis V eſſe $= Pdx$, vbi erit P functio quaepiam ipſius x pendens ab V. Si iam functionis V differentiale ſecundum inuenire velimus, eius differentiale primum Pdx denuo differentiari oportet; quod cum ſit productum ex duabus quantitatibus variabilibus P & dx, quarum illius differentiale ſit $dP = pdx$, huius vero dx differentiale

ddx,

ddx, per regulam de factoribus datam erit differentiale secundum $ddV = Pddx + pdx^2$. Deinde si ponatur $dp = qdx$, cum differentiale ipsius dx^2 sit $2dxddx$, erit iterum differentiando

$$d^3V = Pd^3x + dPddx + 2pdxddx + dpdx^2;$$

iam ob $dP = pdx$ & $dp = qdx$; erit

$$d^3V = Pd^3x + 3pdxddx + qdx^3,$$

similique modo vlteriora differentialia inuenientur.

224. Applicemus haec ad potestates ipsius x, quarum singula differentialia inuestigemus, si dx non ponatur constans:

I. Sit igitur $V = x$; erit $dV = dx$; $d^2V = d^2x$;

$$d^3V = d^3x;\quad d^4V = d^4x;$$

&c.

II. Sit $V = x^2$; erit $dV = 2xdx$; &

$$ddV = 2xddx + 2dx^2$$
$$d^3V = 2xd^3x + 6dxddx$$
$$d^4V = 2xd^4x + 8dxd^3x + 6ddx^2$$
$$d^5V = 2xd^5x + 10dxd^4x + 20ddxd^3x$$

&c.

III. Si in genere fuerit $V = x^n$; erit

$$dV = nx^{n-1}dx$$
$$ddV = nx^{n-1}ddx + n(n-1)x^{n-2}dx^2$$
$$d^3V = nx^{n-1}d^3x + 3n(n-1)x^{n-2}dxddx$$
$$+ n(n-1)(n-2)x^{n-3}dx^3$$

$$d^4V = nx^{n-1}d^4x + 4n(n-1)x^{n-2}dxd^3x$$
$$+ 3n(n-1)x^{n-2}ddx^2$$
$$+ 6n(n-1)(n-2)x^{n-3}dx^2ddx$$
$$+ n(n-1)(n-2)(n-3)x^{n-4}dx^4$$
&c.

Si igitur fuerit dx conſtans, ac propterea

$$ddx = 0, \quad d^3x = 0, \quad d^4x = 0, \quad \&c.$$

orientur eadem differentialia, quae iam ſupra pro hac hypotheſi ſunt inuenta.

245. Quoniam igitur differentialia cuiusque ordinis ipſius x eadem lege differentiantur, qua quantitates finitae, expreſſiones quaecunque, in quibus praeter quantitatem finitam eius differentialia occurrunt, ſecundum praecepta ſupra data differentiari poterunt. Quam operationem, cum nonnunquam occurrat, hic aliquot exemplis illuſtrabimus.

I. Si fuerit $V = \frac{x\,ddx}{dx^2}$, differentiando prodibit

$$dV = \frac{x\,d^3x}{dx^2} + \frac{ddx}{dx} - \frac{2x\,ddx^2}{dx^3}.$$

II. Si fuerit $V = \frac{x}{dx}$; erit $dV = 1 - \frac{x\,ddx}{dx^2}$, vbi nihil impedit, quod pro V quantitatem infinite magnam poſuimus.

III. Si fuerit $V = xx\,l\,\frac{ddx}{dx^2}$, quia transmutatur

V in

$$V \text{ in } xxlddx - 2xxldx;$$

erit secundum regulas consuetas differentiando:

$$dV = 2xdxlddx + \frac{xxd^3x}{ddx} - 4xdxldx - \frac{2xxddx}{dx}.$$

Simili autem modo differentialia altiora ipsius V reperientur.

246. Si expressio proposita duas variabiles inuoluat, nempe x & y, vel vnius differentiale ponitur constans vel neutrius; arbitrarium enim est alterutrius differentiale constans assumi, quia ab arbitrio nostro pendet, quemadmodum vnius valores successiuos crescere statuere velimus. Neque vero vtriusque variabilis differentialia simul statui possunt constantia, hoc ipso enim relatio inter variabiles x & y assumeretur, quae tamen vel nulla est, vel incognita ponitur. Si enim, dum x aequabiliter crescere ponimus, y quoque aequalia incrementa capere statueretur, tum eo ipso indicaretur fore $y = ax + b$; sicque y ab x penderet, quod tamen assumere non licet. Hancobrem vel vnius tantum variabilis differentiale constans assumi potest vel nullum. Quodsi autem differentiationes absoluere nouerimus nullo differentiali assumto constante, simul quoque differentialia constabunt, si alterutrum differentiale ponatur constans: tantum enim opus est, vt si dx constans statuatur, vbique termini continentes ddx, d^3x, d^4x, &c. deleantur.

247. Denotet ergo V functionem quamcunque finitam ipsarum x & y, sitque $dV = Pdx + Qdy$. Ad diffe-

differentiale ipsius V secundum inueniendum assumamus vtrumque differentiale dx & dy variabile, & cum P & Q sint functiones ipsarum x & y statuamus:

$$dP = p\,dx + r\,dy$$
$$dQ = r\,dx + q\,dy$$

supra enim vidimus esse $\left(\frac{dP}{dy}\right) = \left(\frac{dQ}{dx}\right) = r.$
His positis differentietur $dV = P\,dx + Q\,dy$, & reperietur:

$$ddV = P\,ddx + p\,dx^2 + 2r\,dx\,dy + Q\,ddy + q\,dy^2.$$

Si igitur differentiale dx statuatur constans, erit

$$ddV = p\,dx^2 + 2r\,dx\,dy + Q\,ddy + q\,dy^2,$$

sin autem differentiale dy statueretur constans, foret

$$ddV = P\,ddx + p\,dx^2 + 2r\,dx\,dy + q\,dy^2.$$

248. Si igitur functio quaecunque ipsarum x & y bis differentietur, nullo differentiali posito constante, eius differentiale secundum semper huiusmodi formam habebit:

$$ddV = P\,ddx + Q\,ddy + R\,dx^2 + S\,dy^2 + T\,dx\,dy$$

pendebunt autem quantitates P, Q, R, S, & T ita a se inuicem, vt sit signandi modo Capite praecedente adhibito:

$$\left(\frac{dP}{dy}\right) = \left(\frac{dQ}{dx}\right);\ R = \left(\frac{dP}{dx}\right);\ S = \left(\frac{dQ}{dy}\right);$$
$$\&\ T = 2\left(\frac{dQ}{dx}\right) = 2\left(\frac{dP}{dy}\right),$$

quarum conditionum si vel vnica desit, certo affirmare poteriterimus, formulam propositam nullius functionis esse differentiale secundum. Statim ergo dignosci poterit, vtrum huiusmodi formula sit cuiuspiam quantitatis differentiale secundum an minus?

242. Simili modo differentialia tertia ac sequentia inuenientur, quod in exemplo particulari ostendisse expediet, quam formulas generales adhibendo.

Sit igitur $V = xy$;

Erit $dV = y\,dx + x\,dy$

$ddV = y\,ddx + 2\,dx\,dy + x\,ddy$

$d^3V = y\,d^3x + 3\,dy\,ddx + x\,d^3y$

$d^4V = y\,d^4x + 4\,dy\,d^3x + 6\,ddx\,ddy + 4\,dx\,d^3y + x\,d^4y$

&c.

in quo exemplo coefficientes numerici legem potestatum binomii sequuntur, indeque quousque libuerit continuari possunt.

At si fuerit $V = \frac{y}{x}$;

Erit $dV = \frac{dy}{x} - \frac{y\,dx}{xx}$

$ddV = \frac{ddy}{x} - \frac{2\,dx\,dy}{xx} + \frac{2\,y\,dx^2}{x^3} - \frac{y\,ddx}{x^2}$

$d^3V = \frac{d^3y}{x} - \frac{3\,dx\,ddy}{xx} + \frac{6\,dx^2\,dy}{x^3} - \frac{3\,dy\,ddx}{x^2}$

$+ \frac{6\,y\,dx\,ddx}{x^3} - \frac{6\,y\,dx^3}{x^4} - \frac{y\,d^3x}{x^2}$

&c.

in quo exemplo progressio differentialium non tam facile patet quam in praecedente.

250. Neque vero tantum haec differentiandi methodus ad functiones finitas adstringitur, sed etiam eodem negotio cuiusuis expressionis, quae iam differentialia in se continet, differentiale inueniri potest, siue vnum quoddam differentiale assumitur constans siue minus. Cum enim singula differentialia aeque & eadem lege differentientur ac quantitates finitae, regulae in praecedentibus capitibus traditae, etiam hic valent atque obseruari debent. Denotet igitur V eam expressionem, quam differentiari oportet, siue sit finita, siue infinite magna siue infinite parua; atque ratio differentiationis ex his exemplis perspicietur:

I. Sit $V = \sqrt{(dx^2 + dy^2)}$;

Erit $dV = \dfrac{dx\,ddx + dy\,ddy}{\sqrt{(dx^2 + dy^2)}}$.

II. Sit $V = \dfrac{y\,dx}{dy}$;

Erit $dV = dx + \dfrac{y\,ddx}{dy} - \dfrac{y\,dx\,ddy}{dy^2}$.

III. Sit $V = \dfrac{(dx^2 + dy^2)^{\frac{3}{2}}}{dx\,ddy - dy\,ddx}$;

Erit $dV = \dfrac{(3dx\,ddx + 3dy\,ddy)\sqrt{(dx^2 + dy^2)}}{dx\,ddy - dy\,ddx}$

$- \dfrac{(dx^2 + dy^2)^{\frac{3}{2}}(dx\,d^3y - dy\,d^3x)}{(dx\,ddy - dy\,ddx)^2}$.

quae

quae differentialia cum sint generalissime sumta, nullo differentiali pro constante habito, hinc facile ea differentialia deriuari poterunt, quae oriuntur, si vel dx vel dy statuatur constans.

251. Quia nullo differentiali constante assumto, nulla etiam lex, secundum quam successiui variabilium valores progrediantur, praescribitur, differentialia secunda & sequentium ordinum non erunt determinata, neque quicquam certi significabunt. Hinc formula, in qua differentialia secunda atque altiora continentur, nullum determinatum habebit valorem, nisi quodpiam differentiale constans sit assumtum; sed eius significatio erit vaga, atque variabitur, prouti aliud atque aliud differentiale fuerit constans positum. Interim tamen dantur quoque eiusmodi expressiones differentialia secunda continentes, quae, etiamsi nullum differentiale positum sit constans, tamen significatum determinatum complectuntur, qui perpetuo idem maneat, quodcunque differentiale constans statuatur. Huiusmodi autem formularum naturam infra diligentius scrutabimur, modumque trademus eas ab aliis, quae valores determinatos non includunt, dignoscendi.

252. Quo haec ratio formularum, in quibus differentialia secunda vel altiora insunt, facilius perspiciatur, contemplemur primum formulas vnicam variabilem continentes, atque facile patet, si in quapiam formula insit eius variabilis x differentiale secundum ddx, nullumque differentiale constans statuatur, formulam nullum valo-

rem fixum habere posse. Si enim statuatur differentiale ipsius x constans, fiet $ddx = 0$; sin autem ipsius xx differentiale $2xdx$ seu xdx constans ponatur, cum ipsius xdx differentiale $xddx + dx^2$ sit $= 0$, fiet $ddx = -\frac{dx^2}{x}$. Verum si potestatis cuiuscunque x^n differentiale $nx^{n-1}dx$ seu $x^{n-1}dx$ debeat esse constans; erit eius differentiale secundum $x^{n-1}ddx + (n-1)x^{n-2}dx^2 = 0$, ideoque $ddx = -\frac{(n-1)dx^2}{x}$. Alii valores pro ddx prodibunt, si aliarum ipsius x functionum differentialia constantia ponantur. Manifestum autem est, formulam, in qua ddx occurrat, diuersissimos induere valores, prout loco ddx scribatur vel o vel $-\frac{dx^2}{x}$ vel $-\frac{(n-1)dx^2}{x}$ vel alia huiusmodi expressio. Scilicet si proponatur formula $\frac{xxddx}{dx^2}$, quae ob ddx & dx^2 infinite parua homogenea finitum valorem habere deberet; ea posito dx constante abit in o, si sit $d.x^2$ constans, ea abit in $-x$; si sit $d.x^3$ constans, ea abit in $-2x$; si $d.x^4$ sit constans, ea abit in $-3x$, & ita porro. Neque ergo determinatum valorem habere potest, nisi definiatur, cuiusmodi differentiale constans sit assumtum.

253. Ista inconstantia significationis simili ratione ostenditur, si differentiale tertium in quapiam formula insit. Consideremus hanc formulam $\frac{x^3d^3x}{dxddx}$, quae pariter

riter finitum valorem prae se fert. Si differentiale dx sit constans, abit ea in $\frac{0}{0}$, cuius valor mox patebit. Sit $d.x^2$ constans, erit $ddx = -\frac{dx^2}{x}$; & denuo differentiando

$$d^3x = -\frac{2\,dx\,ddx}{x} + \frac{dx^3}{x^2} = \frac{3dx^3}{x^2}, \text{ ob } ddx = -\frac{dx^2}{x}:$$

hoc ergo casu formula proposita $\frac{x^3 d^3x}{dx\,ddx}$ abit in $-3x^2$. At si fuerit $d.x^n$ constans, erit $ddx = -\frac{(n-1)dx^2}{x}$, hincque

$$d^3x = -\frac{2(n-1)dx\,ddx}{x} + \frac{(n-1)dx^3}{x^2} = \frac{2(n-1)^2dx^3}{xx}$$
$$+ \frac{(n-1)\,dx^3}{xx} = \frac{(2n-1)(n-1)\,dx^3}{xx}.$$

Hoc ergo casu erit

$$\frac{d^3x}{ddx} = -\frac{(2n-1)dx}{x}, \text{ \& } \frac{x^3d^3x}{dx\,ddx} = -(2n-1)\,x^2,$$

vnde patet si sit $n = 1$, seu dx constans, valorem formulae fore $= -x^2$. Ex quo manifestum est, si in quampiam formula differentialia tertia vel altiora occurrant, neque simul indicetur, cuiusmodi differentiale assumtum sit constans, eam formulam nullum certum valorem habere; atque adeo nihil prorsus significare; quamobrem tales expressiones in calculo occurrere non possunt.

254. Simili modo si formula contineat duas pluresue variabiles, in eaque occurrant differentialia secundi altiorisue gradus, intelligetur valorem determinatum locum habere non posse, nisi differentiale quodpiam constans statuatur, iis tantum exceptis casibus, quos mox perpendemus. Quum primum enim ddx in quapiam formula inest, quoniam pro variis differentialibus, quae constantia ponuntur, valor ipsius ddx perpetuo variatur, fieri nequit, vt formula statum obtineat valorem; hocque idem valet de quouis differentiali altiori ipsius x, atque etiam de differentialibus reliquarum variabilium secundis & altioribus. Sin autem duarum pluriumue variabilium differentialia secunda insint, fieri potest, vt inconstantia ab vno oriunda per inconstantiam reliquarum destruatur; hincque nascitur ille casus, cuius meminimus, quo formula huiusmodi differentialia secunda duarum pluriumue variabilium inuoluens valorem definitum habere potest, non obstante quod nullum differentiale constans sit positum.

255. Haec igitur formula $\frac{yddx + xddy}{dxdy}$, statam atque fixam significationem habere nequit, nisi quodpiam differentiale primum constans statuatur. Nam si dx constans ponatur habebitur $\frac{xddy}{dxdy}$; sin autem dy constans ponatur, habebitur $\frac{yddx}{dxdy}$; manifestum autem est has formulas non necessario inter se esse aequales. Si enim ne-

necessario essent aequales, tales manere deberent, quaecunque functio ipsius x loco y substitueretur. Ponamus tantum esse $y = xx$, & cum posito dx constante, sit $ddy = 2dx^2$, formula $\frac{xddy}{dxdy}$ abibit in 1, sin autem dy seu $2xdx$ ponatur constans, fiet

$ddy = 2xddx + 2dx^2 = 0$, ideoque $ddx = -\frac{dx^2}{x}$,

vnde formula $\frac{yddx}{dxdy}$ abit in $-\frac{1}{2}$. Cum igitur in vnico casu reperiatur discrepantia, multo minus in genere erit $\frac{xddy}{dxdy}$ posito dx constante aequalis $\frac{yddx}{dxdy}$ posito dy constante. Deinde quia formula $\frac{yddx + xddy}{dxdy}$ sibi non constat, dummodo vel dx vel dy constans ponatur, multo minus sibi constabit, si functionis cuiusuis vel ipsius x vel ipsius y vel vtriusque differentiale constans ponatur.

256. Hinc apparet huiusmodi formulam statum valorem habere non posse, nisi ita sit comparata, vt postquam loco variabilium y, & z, quae praeter x insunt, functiones quaecunque ipsius x fuerint substitutae, differentialia secunda & altiora ipsius x, nempe ddx, d^3x, &c. penitus ex calculo excedant. Si enim post talem substitutionem quamcunque in formula adhuc relinqueretur ddx, vel d^3x, vel d^4x, &c. quia haec differentialia, prout alia aliaque constantia assumuntur, significationem suam variant, valor quoque ipsius formulae erit vagus. Sic comparata est

for-

formula ante propoſita $\frac{yddx + xddy}{dxdy}$, quae ſi ſtatum haberet valorem, quicquid y ſignificet, ſtatum quoque habere deberet valorem, ſi y denotaret functionem quampiam ipſius x. At ſi tantum ponamus $y = x$, formula abit in $\frac{2xddx}{dx^2}$, quae vtique ob ddx in ea contentum eſt vaga, atque alios aliosque valores induit, prouti alia atque alia differentialia conſtantia ponuntur, vti ex §. 252 ſatis eſt manifeſtum.

257. Dubium autem hic ſubnaſcetur, vtrum dentur tales formulae duo pluraue differentialia ſecundi altioriſue gradus continentia, quae hac proprietate gaudeant, vt ſi loco reliquarum variabilium quaecunque functiones vnius ſubſtituantur, differentialia ſecundi gradus prorſus ſe deſtruant. Huic dubio primum ita occurramus, vt huiusmodi formulam proponamus, quae iſta proprietate ſit praedita, quo per explorationem vis quaeſtionis melius percipiatur. Dico igitur hanc formulam $\frac{dyddx - dxddy}{dx^3}$ memoratam proprietatem poſſidere: quaecunque enim functio ipſius x loco y ſubſtituatur, ſemper differentialia ſecundi gradus penitus euaneſcent; quam proprietatem ſequentibus exemplis comprobemus.

I. Sit $y = x^2$; erit $dy = 2xdx$,

& $ddy = 2xddx + 2dx^2$,

qui

qui valores in formula $\frac{dy\,ddx - dx\,ddy}{dx^3}$ substituti dabunt,

$$\frac{2x\,dx\,ddx - 2x\,dx\,ddx - 2dx^3}{dx^3} = -2.$$

II. Sit $y = x^n$; erit $dy = nx^{n-1}\,dx$,

&

$$ddy = nx^{n-1}ddx + n(n-1)x^{n-2}dx^2,$$

qui valores substituti formulam $\frac{dy\,ddx - dx\,ddy}{dx^3}$ transmutabunt in hanc

$$\frac{nx^{n-1}\,dx\,ddx - nx^{n-1}\,dx\,ddx - n(n-1)\,x^{n-2}\,dx^3}{dx^3}$$

$$= -n(n-1)x^{n-2}.$$

III. Sit $y = -\sqrt{(1-xx)}$; erit $dy = \frac{x\,dx}{\sqrt{(1-xx)}}$,

&

$$ddy = \frac{x\,ddx}{\sqrt{(1-xx)}} + \frac{dx^2}{(1-xx)^{\frac{3}{2}}};$$

atque formula $\frac{dy\,ddx - dx\,ddy}{dx^3}$, abit in

$$\frac{x\,ddx}{dx^2\sqrt{(1-xx)}} - \frac{x\,ddx}{dx^2\sqrt{(1-xx)}} - \frac{1}{(1-xx)^{\frac{3}{2}}} = \frac{-1}{(1-xx)^{\frac{3}{2}}}.$$

In his igitur omnibus exemplis differentialia secunda ddx se mutuo tollunt, hocque ita eueniet, quaecunque aliae functiones loco y substituantur.

258. Cum ista exempla iam probauerint veritatem nostrae propositionis, quod formula $\frac{dyddx - dxddy}{dx^3}$ fixum habeat valorem, etiamsi nullum differentiale constans sit assumtum, demonstrationem eo facilius adornare poterimus. Sit y functio quaecunque ipsius x, eiusque differentiale dy huiusmodi erit, vt sit $dy = pdx$, atque p erit functio quaepiam ipsius x, eiusque differentiale propterea huiusmodi formam habebit $dp = qdx$, eritque q iterum functio ipsius x. Cum igitur sit $dy = pdx$, erit differentiando $ddy = pddx + qdx^2$, & $dyddx - dxddy = pdxddx - pdxddx - qdx^3 = -qdx^3$; in qua expressione cum nullum insit differentiale secundum, habebit ea valorem fixum, atque $\frac{dyddx - dxddy}{dx^3}$ erit $= -q$. Quomodocunque igitur y pendeat ab x, differentialia secunda in hac formula semper se mutuo tollent, hancque ob causam eius valor, qui alioquin esset vagus, fiet status ac fixus.

259. Quanquam hic posuimus y esse functionem ipsius x, tamen veritas aeque subsistit, si y ab x prorsus non pendeat, vti assumsimus. Dum enim pro y functionem quamcunque substituimus, neque qualis sit determinauimus, nullam pendentiam ab x ipsi y tribuimus. Interim tamen sine functionis mentione demonstratio formari potest; quaecunque enim y sit quantitas siue pendens ab x siue non pendens, eius differentiale dy homoge-

geneum erit cum dx, ſicque $\frac{dy}{dx}$ quantitatem finitam denotabit, cuius differentiale, quod capit, dum x in $x+dx$ & y in $y+dy$ abit, erit fixum, neque a differentialium ſecundorum lege pendebit. Sit igitur $\frac{dy}{dx}=p$; erit $dy=pdx$, & $ddy=pddx+dpdx$, vnde fit

$$dxddy - dyddx = dpdx^2,$$

cuius valor non eſt vagus, quia tantum differentialia prima continet; ac propterea idem manet, ſiue quodpiam differentiale conſtans accipiatur, qualecunque id demum ſit, ſiue nullum differentiale poſitum ſit conſtans.

260. Quia igitur $dyddx - dxddy$ non obſtantibus differentialibus ſecundis, quae potentia ſe mutuo deſtruere cenſeri poſſunt, ſignificationem habet fixam; expreſſio quaecunque, in qua nulla alia differentialia ſecunda praeter formulam $dyddx - dxddy$ inſunt, pariter ſignificationem habebit fixam. Seu ſi ponatur $dyddx - dxddy = \omega$, atque V fuerit quantitas ex x, y, earum differentialibus primis dx, dy atque ex ω vtcunque compoſita, ea valorem habebit fixum. Cum enim in differentialibus primis dx & dy nulla ratio habeatur eius legis arbitrariae, qua valores ſucceſſiui ipſius x creſcere ponuntur, in ω differentialia ſecunda ſe mutuo tollunt, etiam ipſa quantitas V non erit vaga ſed fixa. Sic iſta expreſſio $\frac{(dx^2+dy^2)^{\frac{3}{2}}}{dxddy-dyddx}$ valorem obtinet fixum,

 quam-

quamuis ea differentialibus ſecundis inquinata videatur, atque inſuper, quia numerator eſt homogeneus denominatori, valorem obtinet finitum, niſi is caſu vel infinite magnus vel infinite paruus euadat.

261. Quemadmodum formula $dxddy - dyddx$ valorem fixum habere oſtenſa eſt, ita quoque ſi tertia variabilis z accedat, hae formulae $dxddz - dzddx$ & $dyddz - dzddy$ valores fixos habebunt. Hinc expreſſiones, quas tres variabiles x, y, & z inuoluunt, ſi in eis nulla alia differentialia ſecunda occurrant, praeter haec aſſignata, tum perinde erunt fixae, ac ſi nulla plane differentialia ſecunda ineſſent. Ita haec expreſſio:

$$\frac{(dx^2 + dy^2 + dz^2)^{\frac{3}{2}}}{(dx + dz)\,ddy - (dy + dz)\,ddx + (dx - dy)\,ddz}$$

non obſtantibus differentialibus ſecundis, fixa gaudet ſignificatione. Similique modo formulae exhiberi poſſunt, plures variabiles continentes, in quibus differentialia ſecunda non impediunt, quominus earum ſignificatio ſit fixa.

262. Exceptis ergo huius generis formulis, quae differentialia ſecunda complectuntur, reliquae omnes ſignificationes habebunt vagas, neque propterea in calculo locum habere poſſunt, niſi quodpiam differentiale primum definiatur, quod conſtans ſit aſſumtum. Statim vero atque differentiale quodpiam primum conſtans aſſumitur, omnes expreſſiones quotcunque variabiles conti-

tineant, & cuiuscunque ordinis differentialia post primum in eas ingrediuntur, fixas obtinebunt significationes, neque amplius ex calculo excluduntur. Si enim verbi gratia dx assumtum sit constans, ipsius x differentialia secunda & sequentia euanescunt; & quaecunque functiones ipsius x loco reliquarum variabilium y, z, &c. substituantur, earum differentialia secunda per dx^2, tertia per dx^3, &c. determinabuntur, sicque inconstantia a differentialibus secundis oriunda tollitur. Idem euenit, si alius variabilis seu functionis cuiuscunque differentiale primum constans ponatur.

263. Ex his igitur sequitur differentialia secunda & altiorum ordinum reuera nunquam in calculum ingredi, atque ob vagam significationem prorsus ad Analysin esse inepta. Quando enim differentialia secunda adesse videntur, vel differentiale quodpiam primum constans assumitur, vel nullum. Priori casu differentialia secunda prorsus ex calculo euanescunt, dum per differentialia prima determinantur. Posteriori casu autem nisi se mutuo destruant, significatio erit vaga, & propterea in Analysi locum nullum inueniunt; sin autem se mutuo destruunt, tantum apparenter adsunt, & reuera solae quantitates finitae cum suis differentialibus primis adesse censendae sunt. Quoniam tamen saepissime apparenter tantum in calculo vsurpantur, necesse fuit, vt methodus eas tractandi exponeretur. Modum autem mox ostendemus, cuius ope differentialia secunda & altiora semper exterminari queant.

264. Si expressio vnicam contineat variabilem x, eiusque differentialia altiora ddx, d^3x, d^4x, &c. in ea occurrant, ea significatum fixum habere nequit, nisi quodpiam differentiale primum constans sit positum. Sit igitur t illa quantitas variabilis, cuius differentiale dt sit constans positum, ita vt sit $ddt = 0$, $d^3t = 0$, $d^4t = 0$, &c. Ponatur $dx = pdt$; eritque p quantitas finita, cuius differentiale vaga significatione differentialium secundorum non afficietur, hincque etiam $\frac{dp}{dt}$ erit quantitas finita. Sit $dp = qdt$, similique modo vlterius $dq = rdt$; $dr = sdt$; &c. erunt q, r, s, &c. quantitates finitae fixos significatus habentes. Cum igitur sit $dx = pdt$; erit

$$ddx = dpdt = qdt^2 \; ; \quad d^3x = dqdt^2 = rdt^3 \; ;$$
$$d^4x = drdt^3 = sdt^4 \; ; \quad \&c.$$

qui valores si loco ddx, d^3x, d^4x, &c. substituantur, tota expressio meras quantitates finitas cum differentiali primo dt continebit, ideoque non amplius vagam significationem habebit.

265. Si x sit functio ipsius t, poterit hoc modo quantitas x prorsus eliminari, ita vt sola quantitas t cum suo differentiali dt in expressione remaneat: sin autem t sit functio ipsius x, vicissim quoque x erit ipsius t functio. Interim tamen ipsa quantitas x cum suo differentiali primo dx, in calculo retineri potest, dummodo post substitutiones ante factas vbique loco t & dt earum valores per x & dx expressi restituantur. Quod quo pla-

planius fiat, ponamus t esse $= x^n$, ita vt differentiale primum ipsius x^n constans sit positum. Quia igitur est

$$dt = nx^{n-1}dx\ ; \quad \text{erit} \quad p = \frac{1}{nx^{n-1}}\ ; \quad \&$$

$$dp = \frac{-(n-1)dx}{nx^n} = q\,dt = nqx^{n-1}dx\ ;$$

$$\text{vnde fit} \quad q = \frac{-(n-1)}{nnx^{2n-1}}\ ; \quad \&$$

$$dq = \frac{(n-1)(2n-1)dx}{nnx^{2n}} = r\,dt = nrx^{n-1}dx.$$

Hinc porro fit

$$r = \frac{(n-1)(2n-1)}{n^3x^{3n-1}}\ ; \ \& \ s = -\frac{(n-1)(2n-1)(3n-1)}{n^4x^{4n-1}}.$$

Quare si differentiale ipsius x^n ponatur constans, erit:

$$ddx = -\frac{(n-1)\,dx^2}{x}$$

$$d^3x = \frac{(n-1)\,(2n-1)\,dx^3}{xx}$$

$$d^4x = -\frac{(n-1)(2n-1)(3n-1)\,dx^4}{x^3}$$

&c.

266. Si expressio duas contineat variabiles x & y, earumque vnius x differentiale positum sit constans, ob $ddx = 0$, alia differentialia secunda & altiora non inerunt, praeter ddy, d^3y, &c. Haec autem eodem modo, quo ante vsi sumus, tolli poterunt ponendo

$dy =$

$dy = p\,dx$; $dp = q\,dx$; $dq = r\,dx$; $dr = s\,dx$; &c.

fiet enim

$ddy = q\,dx^2$; $d^3y = r\,dx^3$; $d^4y = s\,dx^4$ &c.

quibus ſubſtitutis expreſſio orietur, quae praeter quantitates finitas x, y, p, q, r, s, &c. nonniſi differentiale primum dx continebit. Sic ſi propoſita fuerit haec expreſſio

$$\frac{y\,dx^4 + x\,dy\,d^3y + x\,d^4y}{(xx+yy)\,ddy},$$

in qua dx eſt conſtans aſſumtum; ponatur

$dy = p\,dx$; $dp = q\,dx$; $dq = r\,dx$; & $dr = s\,dx$;

quibus valoribus ſubſtitutis expreſſio propoſita transmutabitur in hanc: $\frac{(y + xpr + xs)\,dx^2}{(xx+yy)\,q}$, quae nulla amplius differentialia ſecunda altioraue continet.

267. Simili modo differentialia ſecunda & altiora tollentur, ſi dy fuerit conſtans aſſumtum. Verum ſi aliud differentiale primum quodcunque dt ſtatuatur conſtans, tum primum modo ante indicato differentialia ipſius x altiora ex calculo tollantur, ponendo

$dx = p\,dt$; $dp = q\,dt$; $dq = r\,dt$; $dr = s\,dt$; &c.

vnde fit

$ddx = q\,dt^2$; $d^3x = r\,dt^3$; $d^4x = s\,dt^4$; &c.

Deinde ſimili modo differentialia altiora ipſius y ponendo

$dy =$

$dy = P\,dt$; $dP = Q\,dt$; $dQ = R\,dt$; $dR = S\,dt$; &c.
vnde fiet

$$ddy = Q\,dt^2;\quad d^3y = R\,dt^3;\quad d^4y = S\,dt^4;\quad \&c.$$

quibus substitutis obtinebitur expressio, quae praeter quantitates finitas, x, p, q, r, s, &c. y, P, Q, R, S, &c. solum differentiale dt complectetur, neque propterea vagam habebit significationem.

268. Si differentiale primum, quod constans ponitur, vel ab x vel ab y vel ab vtroque simul pendet, tum non opus est, vt duplex quantitatum finitarum p, q, r, &c. series introducatur. Si enim dt ab x tantum pendet, tum litterae p, q, r, &c. fient functiones ipsius x, solaeque litterae P, Q, R, &c. ingrediuntur; idemque euenit, si differentiale constans dt ab y tantum pendeat. At si dt ab vtraque pendeat, operatio aliquantum immutari debet. Ponamus exempli gratia hoc differentiale $y\,dx$ constans esse assumtum, eritque $yddx + dxdy = 0$; vnde fit $ddx = -\frac{dxdy}{y}$. Sit nunc $dy = pdx$; $dp = qdx$; $dy = rdx$ &c. eritque $ddx = -\frac{pdx^2}{y}$; vlteriusque differentiando

$$d^3x = -\frac{qdx^3}{y} + \frac{ppdx^3}{yy} - \frac{2pdxddx}{y},$$

substituatur hic loco ddx eius valor $-\frac{pdx^2}{y}$; fiet

$$d^3x = -\frac{qdx^3}{y} + \frac{3ppdx^3}{yy};\quad \text{porroque}$$

$$d^4x = -\frac{r\,dx^4}{y} + \frac{pq\,dx^4}{yy} + \frac{6pq\,dx^4}{yy} - \frac{6p^3\,dx^4}{y^3}$$
$$+ \left(\frac{3pp}{yy} - \frac{q}{y}\right) 3\,dx^2\,ddx;$$

& pro ddx ſubſtituto valore $-\frac{p\,dx^2}{y}$ emerget

$$d^4x = \left(\frac{-r}{y} + \frac{10pq}{yy} - \frac{15p^3}{y^3}\right) dx^4 \quad \&c.$$

Deinde cum ſit $dy = p\,dx$; erit

$$ddy = q\,dx^2 + p\,ddx = \left(q - \frac{pp}{q}\right) dx^2;$$

& continuo pro ddx valore $-\frac{p\,dx^2}{y}$ ſubſtituendo fiet

$$d^3y = \left(r - \frac{4pq}{y} + \frac{3p^3}{yy}\right) dx^3, \quad \&$$

$$d^4y = \left(s - \frac{7pr}{y} - \frac{4qq}{y} + \frac{25ppq}{yy} - \frac{15p^4}{y^3}\right) dx^4 \quad \&c.$$

qui valores loco differentialium altiorum ipſarum x & y ſubſtituti mutabunt expreſſionem propoſitam in eiusmodi formam, quae nulla amplius differentialia altiora continebit, hincque conſideratione cuiuspiam differentialis conſtantis exuetur. Facta enim hac transformatione, quia differentialia ſecunda non inſunt, nequidem opus eſt, vt quale differentiale ſumtum ſit conſtans, commemoretur.

269. Saepiſſime autem in calculo ad lineas curuas applicato euenire ſolet, vt hoc differentiale primum $\sqrt{(dx^2 + dy^2)}$ conſtans aſſumatur: quare quemadmodum hoc caſu differentialia ſecunda & altiora eliminari de-

debeant, oſtendamus. Sic enim ſimul via patebit ad idem negotium abſoluendum, ſi aliud quodcunque differentiale aſſumendum ſit conſtans. Ponatur iterum

$dy = p\,dx$; $dp = q\,dx$; $dq = r\,dx$; $dr = s\,dx$; &c.

atque differentiale $\sqrt{(dx^2 + dy^2)}$ induet hanc formam $dx\sqrt{(1+pp)}$, quae cum ſit conſtans fiet

$$ddx\sqrt{(1+pp)} + \frac{pq\,dx^2}{\sqrt{(1+pp)}} = 0,$$

ideoque $$ddx = -\frac{pq\,dx^2}{1+pp};$$

vnde iam ipſius ddx valor habebitur: hinc porro erit

$$d^3x = -\frac{pr\,dx^3}{1+pp} - \frac{qq\,dx^3}{1+pp} + \frac{2ppqq\,dx^3}{(1+pp)^2} - \frac{2pq\,dx\,ddx}{1+pp}$$

$$= -\frac{pr\,dx^3}{1+pp} - \frac{qq\,dx^3}{1+pp} + \frac{4ppqq\,dx^3}{(1+pp)^2}$$

$$= -\frac{pr\,dx^3}{1+pp} + \frac{(3pp-1)qq\,dx^3}{(1+pp)^2}.$$

Deinde fiet

$$d^4x = -\frac{ps\,dx^4}{1+pp} + \frac{(10pp-3)qr\,dx^4}{(1+pp)^2} - \frac{(15pp-13)pq^3\,dx^4}{(1+pp)^3}.$$

Quia autem aſſumſimus $dy = p\,dx$, fiet differentiando

$$ddy = q\,dx^2 + p\,ddx = q\,dx^2 - \frac{ppq\,dx^2}{1+pp} = \frac{q\,dx^2}{1+pp},$$

$$d^3y = \frac{r\,dx^3}{1+pp} - \frac{2pqq\,dx^3}{(1+pp)^2} + \frac{2q\,dx\,ddx}{1+pp},$$ ideoque

$$d^3y = \frac{r\,dx^3}{1+pp} - \frac{4pqq\,dx^3}{(1+pp)^2};$$

 por-

porroque differentiando :

$$d^4y = \frac{s\,dx^4}{1+pp} - \frac{13pqr\,dx^4}{(1+pp)^2} + \frac{4(6pp-1)q^3\,dx^4}{(1+pp)^3}.$$

Omnia ergo differentialia altiora vtriusque variabilis x & y per quantitates finitas & poteſtates ipſius dx exprimentur, atque poſt has ſubſtitutiones factas reſultabit expreſſio a differentialibus ſecundis prorſus libera.

270. Expoſito igitur modo differentialia ſecunda & altiora exuendi, conueniet hoc negotium aliquot exemplis illuſtrari.

I. Sit propoſita haec expreſſio $\frac{x\,ddy}{dx^2}$, in qua dx poſitum eſt conſtans. Poſito ergo $dy = p\,dx$, & $dp = q\,dx$, ob $ddy = q\,dx^2$, expreſſio propoſita abit in hanc finitam xq.

II. Sit propoſita haec expreſſio $\frac{dx^2 + dy^2}{ddx}$, in qua poſitum ſit dy conſtans. Ponatur $dx = p\,dy$; $dp = q\,dy$, ob $ddx = q\,dy^2$, orietur $\frac{1+pp}{q}$. Sin autem vt ante ſtatuere velimus $dy = p\,dx$, $dp = q\,dx$; ob dy conſtans erit $0 = p\,ddx + dp\,dx$ & $ddx = -\frac{q\,dx^2}{p}$; vnde expreſſio propoſita transibit in $\frac{-p(1+pp)}{q}$.

III. Sit propoſia haec expreſſio $\frac{y\,ddx - x\,ddy}{dx\,dy}$ in qua $y\,dx$ poſitum ſit conſtans. Ponatur $dy = p\,dx$ & $dp =$

$dp = q\,dx$, eritque ex §. 268: $ddx = -\frac{p\,dx^2}{y}$, $ddy = q\,dx^2 - \frac{pp\,dx^2}{y}$, quibus substitutis expressio proposita transmutatur in hanc: $-1 - \frac{xq}{p} + \frac{xp}{y}$.

IV. Sit proposita ista expressio $\frac{dx^2 + dy^2}{ddy}$, in qua constans sit positum $\sqrt{(dx^2 + dy^2)}$. Ponatur iterum $dy = p\,dx$, $dp = q\,dx$, & ex paragrapho praecedente erit $ddy = \frac{q\,dx^2}{1+pp}$; vnde expressio proposita abibit in $\frac{(1+pp)^2}{q}$.

Ex his autem exemplis satis intelligitur, quemadmodum in quouis casu oblato, quodcunque differentiale primum assumtum sit constans, differentialia secunda atque altiora eliminari debeant.

271. Cum igitur hoc modo introducendis quantitatibus finitis p, q, r, s, &c. differentialia secunda & altiora ita eliminari queant, vt tota expressio praeter quantitates finitas x, y, p, q, r, s, &c. solum differentiale dx complectatur: vicissim si huiusmodi expressio reducta proponatur, ea iterum in formam priorem transmutari poterit loco litterarum p, q, r, s, &c. introducendis differentialibus secundis & altioribus. Nunc autem perinde erit, quodnam differentiale primum constans assumatur; atque vel id ipsum, quod ante fuit assumtum constans

poni poteſt, vel aliud quodcunque. Quin etiam prorſus nullum differentiale conſtans aſſumi poterit, hocque modo prodibunt expreſſiones differentialia ſecunda altioraue continentes, quae etiamſi nullum differentiale conſtans ſit aſſumtum, tamen fixas ſignificationes obtineant, cuiusmodi expreſſiones dari ſupra oſtendimus.

272. Sit ergo propoſita expreſſio quaecunque continens litteras finitas x, y, p, q, r, &c. vna cum differentiali dx, in qua ſit $p = \frac{dy}{dx}$; $q = \frac{dp}{dx}$; $r = \frac{dy}{dx}$; &c. Si enim has litteras p, q, r, &c. ita eliminare velimus, vt earum loco introducamus differentialia ſecunda & altiora ipſarum x & y, nullo differentiali conſtante aſſumto: fiet $dp = \frac{dxddy - dyddx}{dx^2}$, hincque $q = \frac{dxddy - dyddx}{dx^3}$, quae formula differentiata dabit

$$dq = \frac{dx^2 d^3y - 3\,dx\,ddx\,ddy + 3\,dy\,ddx^2 - dx\,dy\,d^3x}{dx^4},$$

vnde fit

$$r = \frac{dx^2 d^3y - 3\,dx\,ddx\,ddy + 3\,dy\,ddx^2 - dx\,dy\,d^3x}{dx^5}.$$

Quod ſi inſuper littera s, quae denotat valorem $\frac{dr}{dx}$, inſit, pro ea ſubſtitui debebit hic valor $s =$

$$\frac{dx^3d^4y - 6dx^2ddxd^3y - 4dx^2ddyd^3x + 15dxddx^2ddy + 10dxdyddxd^3x - 15dyddx^3 - dx^2dyd^4x}{dx^7}$$

His

His igitur valoribus loco quantitatum p, q, r, s, &c. ſubſtitutis expreſſio propoſita transmutabitur in aliam differentialia altiora ipſarum x & y continentem, quae etiamſi nullum differentiale primum conſtans ſit aſſumtum, tamen non vagam ſed fixam habebit ſignificationem.

273. Hoc ergo modo quaeuis formula differentialis altioris gradus, in qua quodpiam differentiale primum aſſumtum eſt conſtans, transmutari poterit in aliam formam, in qua nullum differentiale conſtans ponitur, quae hoc non obſtante eundem valorem fixum habeat. Primum ſcilicet ope methodi ante traditae aſſumtis valoribus $dy = pdx$; $dp = qdx$; $dy = rdx$; $dr = sdx$; &c. differentalia altiora eliminentur, tum loco p, q, r, s, &c. valores nunc inuenti ſubſtituantur; atque orietur expreſſio priori aequalis nullum differentiale conſtans inuoluens: quam transformationem exempla ſequentia illuſtrabunt.

I. Sit propoſita haec expreſſio $\frac{xddy}{dx^2}$, in qua dx poſitum conſtans, quae transmutari debeat in aliam formam nullum differentiale conſtans inuoluentem.
Ponatur $dy = pdx$; $dp = qdx$; atque vt ante (270) vidimus expreſſio propoſita transibit in hanc: qx. Nunc loco q ſubſtituatur valor, quem obtinet nullo differentiali conſtanti aſſumto $q = \frac{dxddy - dyddx}{dx^3}$ atque reperietur haec expreſſio $\frac{xdxddy - xdyddx}{dx^3}$ propoſitae aequalis, & nullum amplius differentiale conſtans inuoluens.

II. Sit

II. Sit propoſita haec expreſſio $\frac{dx^2 + dy^2}{ddx}$, in qua dy aſſumtum eſt conſtans. Ponatur $dy = pdx$ & $dp = qdx$; eaque transibit in hanc: $-\frac{p(1+pp)}{q}$, ſtatuatur nunc $p = \frac{dy}{dx}$ & $q = \frac{dxddy - dyddy}{dx^3}$, atque inuenietur: $\frac{dy(dx^2 + dy^2)}{dyddx - dxddy}$ quae nullo differentiali aſſumto eundem fixum habet valorem, quem propoſita.

III. Sit propoſita haec expreſſio: $\frac{yddx - xddy}{dxdy}$, in qua differentiale ydx conſtans eſt aſſumtum. Ponatur $dy = pdx$, atque vti ſupra (270) vidimus haec expreſſio transmutatur in hanc: $-1 - \frac{xy}{p} + \frac{xp}{y}$, quae nullo differentiali conſtante aſſumto transformabitur in iſtam:

$$-1 - \frac{xdxddy + xdyddx}{dx^2dy} + \frac{xdy}{ydx}$$

$$= \frac{xdxdy^2 - ydx^2dy - yxdxddy + yxdyddx}{ydx^2dy}$$

IV. Sit propoſita haec expreſſio $\frac{dx^2 + dy^2}{ddy}$, in qua conſtans aſſumtum eſt differentiale $V(dx^2 + dy^2)$. Poſito $dy = pdx$, & $dp = qdx$, orietur haec expreſſio $\frac{(1+pp)^2}{q}$, (loco citato). Statuatur nunc $p = \frac{dy}{dx}$, & $q =$

$q = \frac{dxddy - dyddx}{dx^3}$, atque nullo assumto differentiali constante nanciscemur istam expressionem $\frac{(dx^2 + dy)^2}{dx^2ddy - dxdyddx}$ propositae aequiualentem.

V. Sit proposita haec expressio $\frac{dxd^3y}{xddy}$, in qua differentiale dx constans sit assumtum. Ponatur

$$dy = pdx\,;\quad dp = qdx \quad \& \quad dq = rdx\,;$$

atque ob

$$ddy = qdx^2 \quad \& \quad d^3y = rdx^3$$

formula proposita abibit in hanc $\frac{rdx^2}{xq}$. Nunc loco q & r substituantur valores, quos nullo differentiali constante assumto recipiunt scilicet: $q = \frac{dxddy - dyddx}{dx^3}$, &

$$r = \frac{dx^2d^3y - 3dxddxddy + 3dyddx^2 - dxdyd^3x}{dx^5},$$

atque obtinebitur sequens expressio propositae aequiualens:

$$\frac{dx^2d^3y - 3dxddxddy + 3dyddx^2 - dxdyd^3x}{dxddy - dyddx}$$

$$= \frac{dx\,(dxd^3y - dyd^3x)}{dxddy - dyddx} - 3ddx\,.$$

274. Si has transformationes diligentius intueamur, methodum eas perficiendi colligere poterimus expeditiorem, ita vt non opus sit litteras p, q, r, &c. introdu-

 cere

cere. Varii autem modi hoc opus abſoluendi occurrent, prout aliud atque aliud differentiale in formula propoſita conſtans fuerit aſſumtum. Ponamus primum in formula propoſita differentiale dx conſtans eſſe aſſumtum; & quia loco dy poſuimus pdx, rurſusque $\frac{dy}{dx}$ loco p: differentialia prima dx & dy, vbicunque in expreſſione occurrunt, ſine alteratione relinquuntur. Vbi autem occurrit ddy, quia eius loco ſcribitur qdx^2, & porro loco q valor $\frac{dxddy - dyddx}{dx^3}$, transmutatio abſoluetur, ſi vbique loco ddy ſtatim ponatur $\frac{dxddy - dyddx}{dx}$ ſeu $ddy - \frac{dyddx}{dx}$. Si inſuper in expreſſione propoſita occurrat d^3y, quia eius loco ponitur rdx^3, ob valorem ipſius r ante inuentum, vbique loco d^3y ſcribi debebit

$$d^3y - \frac{3ddxddy}{dx} + \frac{3dyddx^2}{dx^2} - \frac{dyd^3x}{dx},$$

quo facto expreſſio propoſita transmutabitur in aliam, quae nullum differentiale conſtans inuoluit. Sic ſi proponatur iſta expreſſio $\frac{(dx^2 + dy^2)^{\frac{3}{2}}}{dxddy}$, in qua dx poſitum eſt conſtans, ei aequalis erit poſito $ddy - \frac{dyddx}{dx}$ loco ddy, haec nullum differentiale conſtans inuoluens:

$$\frac{(dx^2 + dy^2)^{\frac{3}{2}}}{dxddy - dyddx}.$$

275. Hinc facile colligitur, si in expressione quapiam proposita assumtum fuerit differentiale dy constans, tum vbique loco ddx scribi debere $ddx - \frac{dxddy}{dy}$, & loco d^3x hoc $d^3x - \frac{3ddxddy}{dy} + \frac{3dxddy^2}{dy^2} - \frac{dxd^3y}{dy}$; vt obtineatur expressio aequiualens, in qua nullum differentiale constans ponatur. Sin autem in expressione proposita constans fuerit assumtum ydx, quoniam fit

$$ddx = -\frac{pdx^2}{y}, \quad \& \quad ddy = qdx^2 - \frac{ppdx^2}{y};$$

loco ddx vbique scribi debebit $-\frac{dxdy}{y}$, & loco ddy vbique $ddy - \frac{dyddx}{dx} - \frac{dy^2}{y}$: ad altiora differentialia, quia in hoc negotio rarissime occurrere solent, non progredior. Quod si vero in expressione proposita hoc differentiale $V(dx^2 + dy^2)$ assumtum fuerit constans, quia inuenimus $ddx = -\frac{pqdx^2}{1+pp}$ & $ddy = \frac{qdx^2}{1+pp}$; pro ddx vbique scribi debet $\frac{dy^2ddx - dxdyddy}{dx^2 + dy^2}$; & loco ddy vbique $\frac{dx^2ddy - dxdyddx}{dx^2 + dy^2}$. Sic si proposita fuerit expressio $\frac{dyV(dx^2+dy^2)}{ddx}$, in qua $V(dx^2+dy^2)$ assumtum sit constans, ea transmutabitur in hanc:

$\frac{(dx^2+dy^2)^2}{dyddx - dxddy}$, in qua nullum differentiale constans assumitur.

276. Quo istae reductiones facilius ad vsum accommodari queant, eas in sequenti tabella complecti visum est.

Formula igitur differentialis altioris gradus in aliam nullum differentiale constans inuoluentem transmutabitur ope substitutionum sequentium:

I. Si differentiale dx fuerit constans assumtum

loco	scribatur
ddy	$ddy - \frac{dyddx}{dx}$
d^3y	$d^3y - \frac{3ddxddy}{dx} + \frac{3dyddx^2}{dx^2} - \frac{dyd^3x}{dx}$

II. Si differentiale dy fuerit constans assumtum

loco	scribatur
ddx	$ddx - \frac{dxddy}{dy}$
d^3x	$d^3x - \frac{3ddxddy}{dy} + \frac{3dxddy^2}{dy^2} - \frac{dxd^3y}{dy}$

III.

III. Si differentiale ydx fuerit conſtans aſſumtum

loco	ſcribatur
ddx	$-\frac{dx\,dy}{y}$
ddy	$ddy - \frac{dy\,ddx}{dx} - \frac{dy^2}{y}$
d^3x	$\frac{dy\,ddx}{y} - \frac{dx\,ddy}{y} + \frac{3\,dx\,dy^2}{yy}$
d^3y	$d^3y - \frac{3\,ddx\,ddy}{dx} + \frac{3\,dy\,ddx^2}{dx^2} - \frac{dy\,d^3x}{dx}$ $- \frac{4\,dy\,ddy}{y} + \frac{4\,dy^2\,ddx}{y\,dx} + \frac{3\,dy^3}{yy}$

IV. Si differentiale $\sqrt{(dx^2+dy^2)}$ fuerit conſtans aſſumtum.

loco	ſcribatur
ddx	$\frac{dy^2\,ddx - dx\,dy\,ddy}{dx^2+dy^2}$
ddy	$\frac{dx^2\,ddy - dx\,dy\,ddx}{dx^2+dy^2}$
d^3x	$\frac{dy^2\,d^3x - dx\,dy\,d^3y}{dx^2+dy^2}$ $+ \frac{(dx\,ddy - dy\,ddx)(3\,dy^2\,ddy - dx^2\,ddy + 4\,dx\,dy\,ddx)}{(dx^2+dy^2)^2}$
d^3y	$\frac{dx^2\,d^3y - dx\,dy\,d^3x}{dx^2+dy^2}$ $+ \frac{(dy\,ddx - dx\,ddy)(3\,dx^2\,ddx - dy^2\,ddx + 4\,dx\,dy\,ddy)}{(dx^2+dy^2)^2}$

277. Expressiones ergo istae, quae nullum differentiale constans includunt, ita erunt comparatae, vt pro lubitu quoduis differentiale constans assumi queat. Hincque expressiones differentiales altiorum graduum, in quibus nullum differentiale constans assumtum perhibetur, examinari possunt, vtrum significatio earum sit vaga an fixa? Ponatur enim pro lubitu quodpiam differentiale puta dx constans, tum per regulam §. praeced. priorem reducatur expressio iterum ad formam, in qua nullum differentiale constans sit assumtum, quae si cum proposita conueniat, ea erit fixa, neque ab inconstantia differentialium secundorum pendebit: sin autem expressio prodeat diuersa, tum proposita vagam habet significationem. Sic si ponatur haec expressio $yddx - xddy$, in qua nullum differentiale positum sit constans; ad inuestigandum, vtrum significationem fixam habeat an vagam? ponatur dx constans, eaque abibit $-xddy$: nunc per regulam primam §. praeced. loco ddy ponatur $ddy - \frac{dyddx}{dx}$ ac prodibit $-xddy + \frac{xdyddx}{dx}$, cuius a proposita discrepantia indicat, propositam expressionem fixam statamque significationem non habere.

278. Simili modo si proponatur expressio generalis huiusmodi $Pddx + Qdxdy + Rddy$, conditio definiri poterit, sub qua ea nullo differentiali constante assumto valorem fixum habeat. Ponatur enim dx constans, atque expressio proposita abibit in hanc $Qdxdy + Rddy$: nunc haec iterum transformetur in aliam formam, vt

eius

eius significatus idem maneat, etiamsi nullum differentiale constans fingatur, sicque prodibit $Qdxdy + Rddy - \frac{Rdyddx}{dx}$, quae forma cum proposita congruet, si fuerit $Pdx + Rdy = 0$; hocque solo casu valor eius erit fixus. Verum si non fuerit $P = -\frac{Rdy}{dx}$ seu $R = -\frac{Pdx}{dy}$ tum expressio proposita $Pddx + Qdxdy + Rddy$ valorem fixum non habebit, sed eius significatio erit vaga atque diversa, prout aliud atque aliud differentiale constans assumitur.

279. Ex his principiis etiam facile erit expressionem differentialem, in qua quodpiam differentiale constans est positum, transmutare in aliam formam, in qua aliud differentiale constans assumatur. Reducatur enim primum ad eiusmodi formam, quae nullum differentiale constans involuat, quo facto illud alterum differentiale constans ponatur. Sic si in expressione proposita differentiale dx assumtum sit constans, eaque transmutanda sit in aliam, quae differentiale dy constans implicet: in formulis supra loco ddy & d^3y substituendis ob dy constans ponatur $ddy = 0$; $d^3y = 0$; atque quaesito satisfiet, si loco ddy substituatur $-\frac{dyddx}{dx}$ & $\frac{3dyddx^2}{dx^2} - \frac{dyddx}{dx}$ loco d^3y. Hoc modo ista formula $-\frac{(dx^2 + dy^2)^{\frac{3}{2}}}{dxddy}$, in qua dx positum est constans, transmutabitur in hanc $\frac{(dx^2 + dy^2)^{\frac{3}{2}}}{dyddx}$, in qua dy ponitur constans.

280. Si contra formula, in qua dy constans est positum, transmutari debeat in aliam, in qua dx sit constans, tum loco ddx substitui debet $-\frac{dx\,ddy}{dy}$ & loco d^3x haec expressio $\frac{3\,dx\,ddy^2}{dy^2} - \frac{dx\,d^3y}{dy}$. Simili modo si formula, in qua $\surd(dx^2 + dy^2)$ positum est constans, transmutari debeat in aliam, in qua dx sit constans, tum loco ddx scribatur $-\frac{dx\,dy\,ddy}{dx^2+dy^2}$ & $\frac{dx^2\,ddy}{dx^2+dy^2}$ loco ddy. At si formula, qua dx constans est assumtum, transmutari debeat in aliam, in qua $\surd(dx^2 + dy^2)$ sit constans, quia ob $dx^2 + dy^2$ constans fit $dx\,ddx + dy\,ddy = 0$; & $ddx = -\frac{dy\,ddy}{dx}$, hoc valore loco ddx assumto, pro ddy scribi debebit $ddy + \frac{dy^2\,ddy}{dx^2} = \frac{(dx^2+dy^2)\,ddy}{dx^2}$.

Sic haec formula $-\frac{(dx^2+dy^2)^{\frac{3}{2}}}{dx\,ddy}$, in qua dx est constans, transmutabitur in aliam, in qua $\surd(dx^2 + dy^2)$ ponitur constans, quae erit $-\frac{dx\surd(dx^2+dy^2)}{ddy}$.

CAPUT

CAPUT IX.

DE AEQUATIONIBUS DIFFERENTIALIBUS.

281.

In hoc Capite imprimis est propositum earum functionum ipsius x, quae non explicite, sed implicite per aequationem, qua relatio functionis istius y ad x continetur, definiuntur, differentiationem explicare: quo facto naturam aequationum differentialium in genere perpendemus, & quemadmodum ex aequationibus finitis oriantur, ostendemus. Cum enim in calculo integrali summum negotium consistat in integratione aequationum differentialium, seu in inuentione eiusmodi aequationum finitarum, quae cum differentialibus conueniant; necesse est, vt hoc loco indolem ac proprietates aequationum differentialium, quae ex earum origine sequuntur, diligentius scrutemur, sicque viam ad calculum integralem praeparemus.

282. Vt igitur hoc negotium absoluamus, sit y functio eiusmodi ipsius x, quae per hanc aequationem quadratam $yy + Py + Q = 0$ definiatur. Cum ergo haec expressio $yy + Py + Q$ sit $= 0$, quicquid x significet, nihilo quoque aequalis erit, si loco x scribatur $x + dx$, quo casu y abit in $y + dy$. Facta autem hac substitutione, si a quantitate resultante subtrahatur prior

$yy + Py + Q$, remanebit eius differentiale, quod propterea quoque erit $= 0$. Hinc patet si expressio quaecunque fuerit $= 0$, eius etiam differentiale fore aequale 0; atque si duae quaecunque expressiones inter se fuerint aequales, earum quoque differentialia fore aequalia. Cum igitur sit $yy + Py + Q = 0$, erit quoque

$$2ydy + Pdy + ydP + dQ = 0:$$

quia vero P & Q sunt functiones ipsius x, earum differentialia huiusmodi formam habebunt,

$$dP = pdx, \quad \& \quad dQ = qdx;$$

vnde fiet

$$2ydy + Pdy + ypdx + qdx = 0$$

ex qua oritur $\frac{dy}{dx} = -\frac{yp - q}{2y + P}$.

283. Quemadmodum ergo aequatio finita $yy + Py + Q = 0$ exponit relationem inter y & x, ita aequatio differentialis exprimit relationem seu rationem, quam dy tenet ad dx. Quoniam vero est $\frac{dy}{dx} = -\frac{yp - q}{2y + P}$, haec ratio $dy : dx$ cognosci non potest, nisi ipsa functio y sit cognita: neque vero res aliter se habere potest; cum enim ex aequatione finita y geminum obtineat valorem, vterque suum peculiare habebit differentiale, & vtriusque differentiale reperietur, prouti hic vel ille valor in expressione $-\frac{yp - q}{2y + P}$ loco y substituatur. Simili modo functio y per aequatio-

tionem cubicam definiatur, valor functionis $\frac{dy}{dx}$ erit triplex; triplici scilicet ipsius y valori respondens. Si in aequatione proposita finita y quatuor pluresue habeat dimensiones, necesse est vt $\frac{dy}{dx}$ totidem significationes sortiatur.

284. Interim tamen ipsa functio y ex aequatione eliminari poterit, cum duae habeantur aequationes y continentes, finita scilicet & differentialis: tum autem eius differentiale dy ad totidem dimensiones assurget, quot ante habuerat y, sicque ista aequatio omnes diuersas rationes ipsius dy ad dx simul complectetur. Sumamus praecedens exemplum aequationis $yy + Py + Q = 0$, cuius differentialis est:

$$2ydy + Pdy + ydP + dQ = 0,$$

ex qua fit $y = -\frac{Pdy - dQ}{2dy + dP}$, qui valor loco y in priori aequatione substitutus dabit:

$$(4Q-PP)dy^2 + (4Q-PP)dPdy + QdP^2 - PdPdQ + dQ^2 = 0,$$

cuius radices sunt:

$$dy = -\tfrac{1}{2}dP \pm \frac{(\frac{1}{2}PdP - dQ)}{\sqrt{(PP - 4Q)}},$$

quae sunt bina differentialia binorum ipsius y valorum ex aequatione finita:

$$y = -\tfrac{1}{2}P \pm \tfrac{1}{2}\sqrt{(PP - 4Q)}.$$

285. Inuento valore ipſius dy per repetitam differentiationem reperietur valor ipſius ddy, porroque ipſorum d^3y, d^4y, &c. qui autem, cum determinati non ſint, niſi aliquod differentiale primum conſtans ſtatuatur. Ponamus commoditatis ergo dx conſtans, atque ad hoc oſtendendum ſumamus hoc exemplum $y^3 + x^3 = 3axy$, vnde per differentiationem oritur

$$3yydy + 3xxdx = 3axdy + 3aydx,$$

hincque $\frac{dy}{dx} = \frac{ay - xx}{yy - ax}$, ſumantur denuo differentialia poſito dx conſtante atque inuenietur $\frac{ddy}{dx} =$

$$- \frac{ayydy - aaxdy + 2xxydy - 2xyydx + aaydx + axxdx}{(yy - ax)^2}$$

ſubſtituatur loco dy eius valor modo inuentus $\frac{aydx - xxdx}{yy - ax}$, atque diuiſione per dx facta habebitur

$$\frac{ddy}{dx^2} = \frac{(ay - xx)(2xxy - ayy - aax)}{(yy - ax)^3}$$

$$+ \frac{axx + aay - 2xyy}{(yy - ax)^2}$$

ſeu

$$\frac{ddy}{dx^2} = \frac{6axxyy - 2x^4y - 2xy^4 - 2a^3xy}{(yy - ax)^3}$$

$$= - \frac{2a^3xy}{(yy - ax)^3}$$

cum ex aequatione finita ſit $2x^4y + 2xy^4 = 6axxyy$: hocque modo ope aequationis finitae his valores in innumeras formas transmutari poſſunt.

286.

286. Aequatio etiam differentialis prima infinitis modis poteſt variari, dum cum aequatione finita permiſcetur. Sic cum exemplo praecedente inuenta eſſet aequatio differentialis

$$yy\,dy + xx\,dx = ax\,dy + ay\,dx,$$

ſi ea multiplicetur per y, orietur

$$y^3\,dy + xxy\,dx = axy\,dy + ayy\,dx,$$

in qua ſi loco y^3 ſubſtituatur eius valor $3axy - x^3$ orietur haec aequatio noua

$$2axy\,dy - x^3\,dy + xxy\,dx = ayy\,dx;$$

quae denuo per y multiplicata, poſtquam loco y^3 eius valor fuerit ſubſtitutus, praebebit

$$2axy^2\,dy - x^3y\,dy + xxyy\,dx = 3aaxy\,dx - ax^3\,dx.$$

Generaliter autem ſi P, Q, R, denotent funƈtiones quascunque ipſarum x & y. Si aequatio differentialis multiplicetur per P erit

$$Pyy\,dy + Pxx\,dx = aPx\,dy + aPy\,dx.$$

Tum cum ſit $x^3 + y^3 - 3axy = 0$ erit quoque

$$(x^3 + y^3 - 3axy)(Q\,dx + R\,dy) = 0,$$

quae aequationes inuicem additae dabunt aequationem differentialem generalem ex propoſita aequatione finita natam

$$Pyy\,dy - aPx\,dy + Rx^3\,dy + Ry^3\,dy - 3aRxy\,dy +$$
$$Pxx\,dx - aPy\,dx + Qx^3\,dx + Qy^3\,dx - 3aQxy\,dx = 0.$$

287. Poſſunt vero etiam per ipſam differentiationem infinitae aequationes differentiales ex eadem aequa-

tio-

tione finita inueniri, dum ea, antequam differentietur, per quantitatem quamcunque aut multiplicatur aut diuiditur. Sic si P fuerit functio quaecunque ipsarum x & y, vt sit $\partial P = p dx + q dy$, si aequatio finita per P multiplicetur, atque tum demum differentietur, obtinebitur aequatio differentialis generalis, quae infinitas formas diuersas induet, prouti pro P aliae atque aliae functiones assumuntur. Tum vero multiplicitas adhuc in infinitum augebitur, si ad hanc aequationem differentialem inuentam addatur ipsa aequatio finita per huiusmodi formulam $Q dx + R dy$ multiplicata, vbi pro Q & R functiones quascunque ipsarum x & y assumere licet. Quanquam autem in his omnibus aequationibus relatio inter dy & dx, quam differentiale functionis y aequatione finita per x determinatae ad dx tenet, comprehenditur; tamen plerumque multo latius patent, & differentiale ipsius y per alias aequationes finitas determinati exprimit; cuius rei ratio in calculo integrali potissimum explicabitur.

288. Non solum autem ex eadem aequatione finita innumerabiles aequationes differentiales deduci possunt, sed etiam plures imo infinitae exhiberi possunt aequationes finitae, quae ad easdem aequationes differentiales deducantur. Sic hae duae aequationes $yy = ax + ab$ & $yy = ax$ omnino sunt diuersae, dum in priori quaecunque quantitas constans in locum ipsius b collocatur. Interim tamen hae ambae aequationes differentiatae eandem dant aequationem differentialem $2y dy = a dx$; quin etiam omnes aequationes in hac forma $yy = ax$ con-

ten-

tentae, quicunque valor ipsi a tribuatur, in vna aequatione differentiali, in qua a non insit, comprehendi possunt. Diuidatur enim aequatio illa per x vt sit $\frac{yy}{x} = a$, haecque differentia dabit $2xdy - ydx = 0$. Possunt quoque aequationes transcendentes & algebraicae ad eandem aequationem differentialem perduci, vti fit in istis aequationibus

$$yy - ax = 0 \quad \& \quad yy - ax = bbe^{\frac{x}{a}},$$

si enim vtraque per $e^{\frac{x}{a}}$ diuidatur, vt habeantur istae aequationes:

$$e^{-\frac{x}{a}}(yy - ax) = 0 \quad \& \quad e^{-\frac{x}{a}}(yy - ax) = bb,$$

ex vtriusque differentiatione orietur eadem differentialis

$$2ydy - adx - \frac{yydx}{a} + xdx = 0.$$

289. Ratio huius diuersitatis in hoc consistit, quod quantitatis constantis differentiale sit $= 0$. Quodsi ergo aequatio finita ad eiusmodi formam reducatur, vt quantitas quaepiam constans sola adsit, neque per variabiles vel multiplicetur vel diuidatur; tum per differentiationem eruetur aequatio, in qua illa quantitas constans prorsus non adsit. Hoc modo quaelibet quantitas constans, quae in aequationem finitam ingreditur, per differentiationem tolli potest. Sic si proposita fuerit aequatio $x^3 + y^3 = 3axy$; si ea per xy diuidatur vt habeatur

x^3

$\frac{x^3 + y^3}{xy} = 3a$, haec aequatio differentiata dabit:

$$2x^3ydx + 2xy^3dy - x^4dy - y^4dx = 0,$$

quam constans a amplius non ingreditur.

290. Si plures quantitates constantes, quae in aequatione finita insunt, tolli debeant, id fiet per differentiationem bis pluriesue repetitam; sicque tandem obtinebuntur aequationes differentiales altiorum graduum iis constantibus prorsus carentes. Sit proposita haec aequatio $yy = maa - nxx$, ex qua per differentiationem constantes maa & n tolli debeant. Prima quidem tolletur prima differentiatione, vnde fit $ydy + nxdx = 0$, hinc porro formetur aequatio $\frac{ydy}{xdx} + n = 0$, quae sumto dx constante, per differentiationem dabit:

$$xyddy + xdy^2 - ydxdy = 0,$$

quae etsi nullam constantem complectitur, tamen omnes aequationes in hac forma $yy = maa - nxx$ contentas, quicunque valores litteris m, n & aa tribuantur, in se aeque comprehendit.

291. Non solum vero quantitates constantes, quae in aequationem finitam ingrediuntur, per differentiationem tolli possunt, sed etiam altera variabilis, eius scilicet, cuius differentiale constans assumitur, per differentiationem eliminari poterit. Ex aequatione enim inter x & y proposita quaeratur valor x, vt sit $x = Y$ denotante Y func-

functionem ipsius y; eritque $dx = dY$, & sumto dx constante, fiet differentiando $0 = ddY$. Sin autem fuerit $xx + ax + b = Y$, fiet ter differentiando $0 = d^3Y$, & aequatio $x^3 + axx + bx + c = Y$ quater differentiata dat $0 = d^4Y$. Quanquam autem in his aequationibus vna tantum variabilis inesse videtur, quae propterea variabilis esse cessaret, dum vnica variabilis in nulla aequatione adesse potest; tamen quia differentiale dx constans est assumtum, eiusque ratio in aequatione haberi debet, reuera in aequationem ingredi censendum est. Hinc mirandum non est, si saepius aequationes differentiales secundi altiorisue gradus occurrant, in quibus vnica tantum variabilis inesse videatur.

292. Praecipue autem notandum est, per differentiationem quantitates irrationales ac transcendentes ex aequatione tolli posse. Quod quidem ad irrationales attinet, quoniam per reductiones cognitas irrationalitas eliminari potest, hoc facto, per differentiationem aequatio obtinetur ab irrationalitate libera. Verum hoc saepenumero commodius sine ista reductione fieri potest, dum per comparationem aequationis differentialis cum finita formula irrationalis, si vna tantum insit, eliminari potest. Sin autem duae pluresue partes irrationales in aequatione finita contineantur, tum eius aequatio differentialis denuo differentietur, sicque aequationes differentiales altiorum graduum tot quaerantur, quot requiruntur ad singulas partes irrationales eliminandas. Hoc modo etiam exponentes indefiniti pariter atque fracti tolli poterunt.

runt. Vti si fuerit $y^m = (aa - xx)^n$, post differentiationem habebitur

$$my^{m-1}dy = -2n(aa - xx)^{n-1}xdx,$$

quae per finitam diuisa dat $\frac{mdy}{y} = -\frac{2nxdx}{aa-xx}$, in qua nullus amplius exponens indefinitus occurrit. Hinc ergo patet aequationem differentialem ab omni irrationalitate liberam ortam esse posse ex aequatione finita irrationali, atque adeo quantitates transcendentes inuoluente.

293. Vt autem intelligatur, quomodo per differentiationem quantitates transcendentes eliminentur, incipiamus a logarithmis, quorum differentialia cum sint algebraica, negotium sine difficultate absoluetur. Sit enim $y = xlx$: erit $\frac{y}{x} = lx$, vnde differentiando fit

$$\frac{xdy - ydx}{xx} = \frac{dx}{x},$$ ideoque $xdy - ydx = xdx$.

Si bini insint logarithmi duplici differentiatione erit opus: sit enim $ylx = xly$; erit $\frac{ylx}{x} = ly$, & differentiando, $\frac{xdylx + ydx - ydxlx}{xx} = \frac{dy}{y}$, ex qua concluditur fore $lx = \frac{xxdy - yydx}{yxdy - yydx}$. Haec aequatio iam iterum differentietur posito dx constante, atque prodibit

$$\frac{dx}{x} = \frac{xxddy + 2xdxdy - 2ydxdy}{yxdy - yydx}$$

$$+ \frac{(yydx - xxdy)(yxddy + xdy^2 - ydxdy)}{(yxdy - yydx)^2}$$

seu $$\frac{dx}{x} =$$

$$\frac{y^3xdxddy - yyxxdxddy + 3yxxdxdy^2 - y^2xdxdy^2 + y^3dx^2dy - 2xyydx^2dy - x^3dy^3}{(yxdy - yydx)^2}$$

quae reducta dabit:

$$y^3xdxddy - yyxxdxddy + 3yxxdxdy^2 - 2xyydxdy^2$$
$$+ 3y^3dx^2dy - 2xyydx^2dy - x^3dy^3 - \frac{y^4dx^3}{x} = 0$$

seu

$$yyxx(y - x)dxddy + 3yxdxdy(xxdy + yydx)$$
$$- 2yyxxdxdy(dx + dy) = x^4dy^3 + y^4dx^3.$$

294. Quantitates exponentiales ex aequatione eodem modo, quo logarithmi per differentiationem tolluntur. Si enim huiusmodi propoſita fuerit $P = e^Q$, vbi P & Q functiones quascunque ipſarum x & y denotent; ea aequatio transmutari poterit in hanc logarithmicam $lP = Q$; cuius differentialis eſt $\frac{dP}{P} = dQ$ ſeu $dP = PdQ$. Neque obſtat, ſi quantitates exponentiales magis fuerint complicatae; tum enim ſi vna differentiatio non ſufficit, duabus pluribusue negotium abſoluetur.

I. Sit $y = \frac{e^x + e^{-x}}{e^x - e^{-x}}$; multiplicetur huius fractionis numerator ac denominator per e^x eritque $y = \frac{e^{2x}+1}{e^{2x}-1}$, vnde fit

$$e^{2x} = \frac{y+1}{y-1} \quad \& \quad 2x = l\frac{y+1}{y-1},$$

cuius differentiale est

$$dx = -\frac{dy}{yy-1} = \frac{dy}{1-yy}.$$

II. Sit $y = l\frac{e^x + e^{-x}}{2}$, fiet per primam differentiationem $dy = \frac{(e^x - e^{-x})dx}{e^x + e^{-x}}$, seu $\frac{dy}{dx} = \frac{e^{2x}-1}{e^{2x}+1}$, atque $e^{2x} = \frac{dy+dx}{dx-dy}$. Ergo $2x = l\frac{dy+dx}{dx-dy}$.

Sumto ergo dx constante erit

$$dx = \frac{dx\,ddy}{dx^2 - dy^2} \quad \text{seu} \quad dx^2 = ddy + dy^2.$$

295. Simili modo quantitates transcendentes a circulo pendentes ex aequatione ope differentiationis tollentur, vti ex his exemplis intelligetur.

I. Sit $y = a\,\text{A}\sin\frac{x}{a}$; erit $dy = \frac{a\,dx}{\sqrt{(aa-xx)}}$.

II. Sit $y = a\cos\frac{y}{x}$; erit

$$\frac{y}{a} = \cos\frac{y}{x}, \quad \& \quad \frac{dy}{a} = -\frac{x\,dy + y\,dx}{xx}\sin\frac{y}{x}.$$

At

At cum sit

$$\operatorname{cof}\frac{y}{x} = \frac{y}{a}; \text{ erit } \sin\frac{y}{x} = \frac{V(aa-yy)}{a},$$

quo valore substituuo habebitur

$$\frac{dy}{a} = \frac{(ydx - xdy)V(aa-yy)}{axx}$$

seu $xxdy = (ydx - xdy)V(aa-yy)$.

III. Sit $y = m\sin x + n\operatorname{cof}x$, erit post differentiationem primam $dy = mdx\operatorname{cof}x - ndx\sin x$: quae denuo differentiata posito dx constante dabit

$$ddy = -mdx^2\sin x - ndx^2\operatorname{cof}x,$$

haec autem per primam diuisa dat

$$\frac{ddy}{y} = -dx^2 \text{ seu } ddy + ydx^2 = 0,$$

ex qua non solum sinus & cosinus, sed etiam constantes m & n euanuerunt.

IV. Sit $y = \sin lx$; erit $A\sin y = lx$, vnde per differentiationem fit $\frac{dy}{V(1-yy)} = \frac{dx}{x}$; quae sumtis quadratis dat $xxdy^2 = dx^2 - yydx^2$, haecque posito dx constante vlterius differentiata praebet,

$$2xxdyddy + 2xdxdy^2 = -2ydx^2dy$$

seu $xxddy + xdxdy + ydx^2 = 0$.

V. Sit $y = ae^{mx}\sin nx$, erit differentiando

$$dy = mae^{mx}dx\sin nx + nae^{mx}dx\operatorname{cof}nx,$$

 quae

quae per propositam diuisa dat:

$$\frac{dy}{y} = m\,dx + \frac{n\,dx \cos nx}{\sin nx} = m\,dx + n\,dx \cot nx.$$

Erit ergo $A \cot \left(\frac{dy}{n\,y\,dx} - \frac{m}{n}\right) = nx$. Quae aequatio posito dx constante differentiata dat:

$$n\,dx = \frac{n\,dx\,dy^2 - n\,y\,dx\,ddy}{m^2 y^2 dx^2 + n^2 y^2 dx^2 - 2\,m\,y\,dx\,dy}$$

seu $(m^2 + n^2) y^2 dx^2 - 2\,m\,y\,dx\,dy = dy^2 - y\,ddy$.

Perspicuum igitur est, etiamsi in aequatione differentiali nullae quantitates transcendentes insint, eam tamen ex aequatione finita oriri potuisse, quae a quantitatibus transcendentibus vtcunque sit affecta.

296. Quoniam igitur aequationes differentiales siue primi siue altioris gradus, quae duas variabiles x & y continent, ex aequationibus finitis oriuntur; iis etiam relatio inter binas istas variabiles exprimitur. Proposita scilicet aequatione differentiali quacunque binas variabiles x & y complectente, ea significatur certa quaedam relatio inter x & y, qua y fit functio quaedam ipsius x. Hinc natura aequationis differentialis perspicitur, si loco y ea ipsius x functio assignari poterit, quae per aequationem illam indicatur; seu quae sit ita comparata, vt si ea vbique loco y, eiusque differentiale loco dy, atque eius altiora differentialia loco ddy, d^3y, &c. substituantur, aequatio resultet identica. In huius autem functionis

nis inuestigatione versatur calculus integralis, cuius finis eo tendit, vt proposita aequatione differentiali quacunque, functio illa ipsius x, cui altera variabilis y est aequalis, definiatur; seu quod eodem redit, vt aequatio finita inveniatur, qua relatio inter x & y contineatur.

297. Si exempli gratia proponatur aequatio haec

$$2ydy - adx - \frac{yydx}{a} + xdx = 0$$

ad quam supra §. 288 peruenimus, eiusmodi relatio inter x & y ea definitur, quae simul hac aequatione finita $yy - ax = bbe^{\frac{x}{a}}$ continetur. Cum igitur hinc sit

$$yy = ax + bbe^{\frac{x}{a}}, \text{ patet } \sqrt{(ax + bbe^{\frac{x}{a}})} = y$$

eam esse functionem ipsius x, cui variabilis y vi propositae aequationis differentialis sit aequalis. Namque si in aequatione loco yy, hunc valorem $ax + bbe^{\frac{x}{a}}$ & loco $2ydy$ eius differentiale $adx + \frac{bb}{a}e^{\frac{x}{a}}dx$ substituamus, orietur aequatio identica:

$$adx + \frac{bb}{a}e^{\frac{x}{a}}dx - adx - xdx - \frac{bb}{a}e^{\frac{x}{a}}dx + xdx = 0.$$

Sicque patet omnem aequationem differentialem aeque ac finitam certam relationem inter variabiles x & y exhibere, quae autem sine subsidio calculi integralis reperiri nequeat.

298. Quo haec facilius intelligantur, ponamus cognitam esse eam functionem ipsius x, quae ipsi y vi cuiuscunque aequationis differentialis siue primi siue altioris gradus, conueniat; sitque

$$dy = p\,dx;\quad dp = q\,dx;\quad dq = r\,dx;\quad \&c.$$

atque si in aequatione differentiale dx assumtum sit constans, erit $ddy = q\,dx^2$, $d^3y = r\,dx^3$, &c. qui valores postquam in aequatione erunt substituti, ob omnes eius terminos homogeneos, differentialia dx per diuisionem euanescent, orieturque aequatio finitas tantum quantitates x, y, p, q, r, &c. complectens. Cum igitur sint p, q, r, &c. quantitates a natura functionis y pendentes, aequatio reuera tantum inter duas variabiles x & y subsistet; sicque viciſſim constat, omni aequatione differentiali certam quantam relationem inter variabiles x & y determinari. Quamobrem si in solutione cuiusuis problematis ad aequationem differentialem inter x & y perveniatur, per eam aeque relatio inter x & y exprimi censenda est, ac si ad aequationem finitam esset perventum.

299. Hoc igitur modo aequatio quaeuis differentialis ita ad formam finitam reduci potest, vt in ea nonnisi quantitates finitae contineantur, differentialia autem seu infinite parua prorsus excedant. Cum enim sit y certa functio ipsius x, si ponatur

$$dy = p\,dx;\quad dp = q\,dx;\quad dq = r\,dx;\quad \&c.$$

quodcunque differentiale fuerit constans acceptum, differentiatialia secunda & altiora per potestates ipsius dx exprimentur, quae deinceps per diuisionem penitus tollentur. Vt si proponeretur haec aequatio

$$xyd^3y + xxdyddy + yydxddy - xydx^3 = 0$$

in qua dx ponitur constans; facto

$$dy = pdx, \quad dp = qdx, \quad \& \quad dq = rdx,$$

ea abibit in

$$xyr + xxpq + yyq - xy = 0,$$

postquam scilicet tota aequatio per dx^3 est diuisa. Haecque aequatio finita relationem inter x & y determinat.

300. Omnes ergo aequationes differentiales, cuiuscunque sint ordinis, his substitutionibus

$$dy = pdx; \quad dp = qdx; \quad dq = rdx; \quad \&c.$$

ad meras quantitates finitas reducuntur. Atque si aequatio differentialis fuerit primi ordinis, ita vt differentialia prima eam tantum ingrediantur, per istam reductionem praeter variabiles y & x insuper quantitas p introducetur. Sin autem aequatio differentialis fuerit secundi ordinis continens differentialia secunda, praeterea quantitas q; ac, si fuerit differentialis tertii ordinis, introducetur insuper quantitas r, sicque porro. Quoniam igitur hoc modo differentialia prorsus ex calculo exterminantur, ratio illa differentialis constantis penitus cessat; neque amplius, etiamsi insint quantitates q, r, ex differentialibus secundis oriundae, opus erit indicare, an quodpiam differentiale constans sit assumtum. Perinde enim est, vtrum in euolutione aliquod differentiale pro lubitu constans statuatur, an nullum.

301. Si igitur aequatio differentialis secundi vel altioris gradus proponatur, in qua nullum differentiale primum constans esse assumtum perhibetur; hoc modo statim explorari poterit, vtrum ea determinatam relationem inter variabiles x & y contineat, nec ne? Quia enim nullum differentiale constans assumitur, in arbitrio nostro relinquitur, quodnam differentiale constans ponere velimus; hincque tantum erit dispiciendum, vtrum diversis differentialibus constantibus positis aequatio eandem relationem inter x & y exhibeat. Quodsi non eueniat, certum est signum, aequationem nullam determinatam relationem exprimere, ideoque in solutione nullius problematis locum habere posse. Tutissimus autem modus simulque facillimus hoc explorandi erit is ipse, quem supra in simili negotio pro expressionibus differentialibus altiorum ordinum, num fixos habeant significatus? dignoscendis tradidimus.

302. Proposita ergo huiusmodi aequatione differentiali secundi altiorisue ordinis, in qua nullum differentiale constans sit positum, statuatur differentiale dx constans; deinde haec aequatio, vti supra de expressionibus differentialibus ostendimus, iterum reducatur ad eiusmodi formam, quae nullum differentiale constans supponat, statuendo scilicet $ddy - \frac{dy\,ddx}{dx}$ loco ddy;

&

& $d^3y - \frac{3ddxddy}{dx} + \frac{3dyddx^2}{dx^2} - \frac{dyd^3x}{dx}$ loco d^3y;

&c.

Quo facto dispiciatur, vtrum aequatio hoc modo resultans conueniat cum aequatione proposita; quod si eueniat, aequatio proposita determinatam relationem inter x & y complectetur; sin autem secus accidat, aequatio erit vaga, neque definitam rationem inter variabiles x & y exprimet: quemadmodum hoc iam ante fusius est demonstratum.

303. Sit, quo hoc plenius explicetur, haec aequatio proposita, quae nullo differentiali constante posito reperta esse perhibeatur.

$$Pddx + Qddy + Rdx^2 + Sdxdy + Tdy^2 = o.$$

Ponatur dx constans, atque ea transibit in hanc:

$$Qddy + Rdx^2 + Sdxdy + Tdy^2 = o.$$

Ex hac nunc iterum consideratio differentialis constantis exuatur, modo ante praescripto, & obtinebitur:

$$-\frac{Qdyddx}{dx} + Qddy + Rdx^2 + Sdxdy + Tdy^2 = o;$$

quae, quoniam a proposita tantum ratione primi termini discrepat, videndum est, vtrum sit $P = -\frac{Qdy}{dx}$. Quod si deprehendatur, aequatio proposita fixam relationem inter x & y exhibebit, quae per regulas in calculo integrali tradendas reperietur, quodcunque differentiale primum

mum constans accipiatur. At, si fieri nequeat $P = -\frac{Qdy}{dx}$, aequatio proposita erit impossibilis.

304. Nisi igitur haec proposita aequatio:

$$Pddx + Qddy + Rdx^2 + Sdxdy + Tdy^2 = 0$$

sit absurda, necesse est vt sit $Pdx + Qdy = 0$, quod duplici modo euenire potest: vel enim actu erit

$$P = -\frac{Qdy}{dx}, \text{ seu aequatio } Pdx + Qdy = 0$$

identica; vel erit $Pdx + Qdy = 0$ ipsa illa aequatio differentialis primi gradus, ex cuius differentiatione proposita est orta: quo posteriore casu aequatio $Pdx + Qdy = 0$ congruet cum proposita, eandemque relationem inter x & y continebit, sicque sine auxilio calculi integralis haec relatio erui poterit. Cum enim sit $Pdx + Qdy = 0$, erit differentiando

$$Pddx + Qddy + dPdx + dQdy = 0,$$

quae ab aequatione proposita subtracta relinquet:

$$Rdx^2 + Sdxdy + Tdy^2 = dPdx + dQdy.$$

Cum autem sit $dy = -\frac{Pdx}{Q}$, differentialia prorsus extingui poterunt, nasceturque aequatio finita inter x & y earum relationem indicans.

305. Ponamus in solutione problematis nullo differentiali constante assumto peruentum esse ad hanc aequationem:

$$x^3ddx + xxyddy - yydx^2 + xxdy^2 + aadx^2 = 0.$$

Erit

Erit ergo, cum aequationem absurdum non continere constet; $x^3dx + xxydy = 0$, seu $xdx + ydy = 0$: cuius differentiale erit

$$x^3ddx + xxyddy + 3xxdx^2 + 2xydxdy + xxdy^2 = 0$$

quae aequatio a proposita subtracta relinquit:

$$aadx^2 - yydx^2 - 3xxdx^2 - 2xydxdy = 0, \text{ seu}$$
$$aadx - yydx - 3xxdx - 2xydy = 0.$$

Cum autem sit

$$xdx + ydy = 0; \text{ erit } 2xydy = -2xxdx;$$

ideoque

$$aadx - yydx - xxdx = 0 \text{ seu } yy + xx = aa;$$

quae aequatio veram relationem inter x & y exprimit, siquidem ea consentit cum differentiali primum inuenta $xdx + ydy = 0$. Qui consensus, nisi se manifestasset, aequatio proposita pro impossibili esset habenda; cum autem hoc casu locum habuerit, aequationem finitam $xx + yy = aa$ sine calculo integrali elicere licuit.

306. Vt vero etiam exemplum aequationis impossibilis afferamus, proposita sit haec aequatio:

$$yyddx - xxddy + ydx^2 - xdy^2 + adxdy = 0,$$

in qua nullum differentiale constans sit assumtum. Foret ergo $yydx - xxdy = 0$, ideoque differentiando

$$yyddx - xxddy + 2ydxdy + 2xdxdy = 0,$$

quae propositae aequalis posita dabit:

$$ydx^2 - xdy^2 + adxdy = 2ydxdy - 2xdxdy.$$

 Cum

Cum vero fit $dy = \frac{yy\,dx}{xx}$, extinguendis differentialibus obtinebitur :

$$y - \frac{y^4}{x^3} + \frac{ayy}{xx} = \frac{2y^3}{xx} - \frac{2yy}{x} \qquad \text{feu}$$

$$x^3 - y^3 + axy = 2xyy - 2xxy,$$

quae virum cum differentiali $yy\,dx - xx\,dy = 0$ con-
fentiat, eam differentiando, facile patebit, fiet enim :

$$3xx\,dx - 3yy\,dy + ax\,dy + ay\,dx = 2yy\,dx + 4xy\,dy - 2xx\,dy - 4xy\,dx$$

feu　$\dfrac{dy}{dx} = \dfrac{3xx + ay - 2yy + 4xy}{9yy - ax + 4xy - 2xx},$

at ex illa eſt $\dfrac{dy}{dx} = \dfrac{yy}{xx}$, foretque ergo

$$3x^4 + 4x^3y + axxy = 3y^4 + 4xy^3 - axyy$$

feu　$axy = \dfrac{3y^4 + 4xy^3 - 4x^3y - 3x^4}{x + y} =$

$$= 3y^3 + xyy - xxy - 3x^3.$$

Verum ex aequatione finita primum inuenta eſt

$$axy = y^3 + 2xyy - 2xxy - x^3,$$

quae ab iſta ſubtracta relinquit :

$$0 = 2y^3 - xyy + xxy - 2x^3,$$

quae reſoluitur in has :

$$0 = y - x; \quad \& \quad 2yy + yx + 2xx = 0.$$

Quarum illa $y = x$ quidem cum differentiali $dy = \frac{yy\,dx}{xx}$

conſtare poteſt, at vero aequationi finitae primum inuentae

tae aduerfatur, nisi statuatur $a = 0$, vel nisi vtraque variabilis x & y constans statuatur, quo quidem casu ob $dx = 0$ & $dy = 0$ omnibus aequationibus differentialibus satisfit, aequatio proposita subsistere nequit.

307. Consideremus nunc etiam aequationes differentiales tres variabiles x, y, & z inuoluentes, quae erunt vel primi, vel secundi, vel altioris gradus. Ad quarum naturam scrutandam notari oportet, aequationem finitam tres variabiles complectentem determinare relationem, quam vnaquaeque ad binas reliquas teneat; definitur ergo, qualis functio sit z ipsarum x & y. Quemadmodum igitur aequatio huiusmodi finita resoluitur, si reperiatur qualis functio ipsarum x & y loco z substitui debeat, vt aequationi satisfiat, ita quoque aequatio differentialis tres variabiles complectens determinabit, qualis functio vna sit reliquarum; isque huiusmodi aequationem resoluisse censendus est, qui indicauerit eam binarum variabilium x & y functionem, quae loco tertiae z substituta aequationi satisfaciat, seu eam identicam reddat. Aequatio ergo differentialis resoluitur, si vel functio ipsarum x & y valorem ipsius z exhibens definiatur, vel aequatio finita assignetur, qua idem debitus ipsius z valor exprimatur.

308. Quanquam autem omnis aequatio differentialis duas tantum variabiles complectens, semper determinatam relationem inter eas exprimit; tamen hoc non semper euenit in aequationibus differentialibus trium variabilium. Dantur enim eiusmodi aequationes, quibus pla-

plane nullo modo ſatisfieri poterit, quaecunque functio ipſarum x & y in locum ipſius z ſubſtituatur. Vti ſi propoſita fuerit haec aequatio $zdy = ydx$ facile patet, nullam prorſus dari functionem ipſarum x & y, quae loco z ſubſtituta reddat $zdy = ydx$, differentialia enim dx & dy nullo modo extinguentur. Simili modo apparet nullam dari functionem ipſarum x & z, quae loco y ſubſtituta eidem aequationi ſatisfaciat. Quaecunque enim pro y concipiatur functio ipſarum x & z, in eius differentiali dy ineſt dz, quod quia in aequatione non ineſt, deſtrui non poterit. Hancobrem nulla aequatio finita inter x, y, & z dari poteſt, quae aequationi differentiali $zdy = ydx$ conueniat.

309. Hinc aequationes differentiales tres variabiles continentes diſtribui oportet in imaginarias & reales. Huiusmodi autem aequatio erit imaginaria ſeu abſurda, cui per nullam aequationem finitam ſatisfieri poteſt, cuiusmodi erat illa $zdy = ydx$, quam modo conſideravimus. Aequatio autem erit realis, cui aequiualens aequatio finita exhiberi poteſt, quod euenit, ſi vna variabilis aequalis ſit certae cuipiam functioni binarum reliquarum. Cuiusmodi eſt haec aequatio:

$$zdy + ydz = xdz + zdx + xdy + ydx$$

congruit enim haec cum iſta aequatione finita:

$$yz = xz + xy \quad \text{ſitque} \quad z = \frac{xy}{y - x}.$$

Iſtud ergo diſcrimen inter huiusmodi aequationes imaginaginarias & reales diligentissime est obseruandum; praecipue in calculo integrali, quia ridiculum foret, cuiuspiam aequationis differentialis velle integralem, hoc est aequationem finitam satisfacientem quaerere, quae plane nullam habeat.

310. Primum igitur patet, omnes aequationes differentiales trium variabilium, in quibus tantum binarum differentialia occurrant, esse imaginarias & absurdas. Ponamus enim in aequatione, quae contineat variabilem z, tantum inesse differentialia dx & dy, differentiale autem dz prorsus abesse; atque manifestum erit nullam exhiberi posse functionem ipsarum x & y, quae loco z substituta aequationem identicam producat; differentialia enim dx & dy nullo modo tollentur. His ergo casibus omnino nulla datur aequatio finita satisfaciens; nisi forte eiusmodi relatio inter x & y assignari queat, quae quicquid sit z subsistere possit, vti fit in hac aequatione:

$$z\,dy - z\,dx = y\,dy - x\,dx,$$

cui satisfacit aequatio $y = x$. Facile autem inuestigatur, quibus casibus hoc eueniat, quaerendo relationem inter x & y primo si $z = 0$, & tum an ista relatio aequationi pro quocunque ipsius z valore satisfaciat.

311. Neque vero solum aequatio tres variabiles inuoluens est absurda, si duo tantum continet differentialia, sed etiam si in ea omnia tria differentialia occurrant, talis esse poterit. Quos casus vt euoluamus, ponamus

 P

P & Q esse functiones ipsarum x & y tantum, atque haberi hanc aequationem

$$dz = P\,dx + Q\,dy,$$

quae si non est absurda, erit z functio quaepiam ipsarum x & y, cuius differentiale sit

$dz = p\,dx + q\,dy$, eritque $P = p$ & $Q = q$.

At supra demonstrauimus $p\,dx + q\,dy$ non esse posse differentiale cuiusquam functionis ipsarum x & y, nisi sit $\left(\frac{dp}{dy}\right) = \left(\frac{dq}{dx}\right)$, denotante, vti ante assumsimus $\left(\frac{dp}{dy}\right)$ differentiale ipsius p posita sola y variabili, per dy diuisum, atque $\left(\frac{dq}{dx}\right)$ differentiale ipsius q, posita sola x variabili, diuisum per dx. Quocirca aequatio $dz = P\,dx + Q\,dy$ realis esse nequit, nisi sit

$$\left(\frac{dP}{dy}\right) = \left(\frac{dQ}{dx}\right).$$

312. Similis omnino erit ratio huius aequationis

$$dZ = P\,dx + Q\,dy$$

si Z denotet functionem quamcunque ipsius z, P vero & Q sint functiones ipsarum x & y, tertiam variabilem z non complectentes. Vt enim Z aequalis fieri possit functioni ipsarum x & y, necesse est vt sit $\left(\frac{dP}{dy}\right) = \left(\frac{dQ}{dx}\right)$. Ex hoc ergo criterio aequatio differentialis quaeque proposita, quae quidem in hac forma generali contineatur, diiu-

diiudicari potest, vtrum sit realis an absurda. Sic patebit hanc aequationem $zdz = ydx + xdy$ esse realem, nam ob

$$P = y \ \& \ Q = x, \ \text{fit} \ \left(\frac{dP}{dy}\right) = 1 = \left(\frac{dQ}{dx}\right) = 1.$$

Haec vero aequatio $azdz = yydx + xxdy$ est absurda, sit enim $\left(\frac{dP}{dy}\right) = 2y$ & $\left(\frac{dQ}{dx}\right) = 2x$; qui valores sunt inaequales.

313. Vt autem criterum latissime patens inuestigemus, sint P, Q, & R functiones quaecunque ipsarum x, y, & z; atque omnis aequatio differentialis trium variabilium, siquidem sit primi gradus, continebitur in hac forma:

$$Pdx + Qdy + Rdz = 0.$$

Quoties ergo haec aequatio est realis, z aequabitur functioni cuipiam ipsarum x & y; eiusque adeo differentiale erit huius formae $dz = pdx + qdy$. Quare si in aequatione proposita ista functio ipsarum x & y loco z, & $pdx + qdy$ loco dz substituatur, necesse est, vt prodeat aequatio identica $0 = 0$. Atque cum ex aequatione proposita fiat:

$$dz = -\frac{Pdx}{R} - \frac{Qdy}{R},$$

si in P, Q, & R valor ille loco z substituatur, necesse est vt fiat

$$p = -\frac{P}{R}, \ \& \ q = -\frac{Q}{R}.$$

 314.

idv

314. Quoniam vero est $dz = pdx + qdy$, erit per ante demonstrata $\left(\frac{dp}{dy}\right) = \left(\frac{dq}{dx}\right)$. Cum igitur substituto loco z ipsius valore in x & y sit

$$p = -\frac{P}{R} \quad \& \quad q = -\frac{Q}{R},$$

erit $$\left(\frac{dp}{dy}\right) = \left(-\frac{RdP + PdR}{RRdy}\right)$$

& $$\left(\frac{dq}{dx}\right) = \left(-\frac{RdQ + QdR}{RRdx}\right)$$

ideoque habebitur per RR multiplicando haec aequatio:

$$P\left(\frac{dR}{dy}\right) - R\left(\frac{dP}{dy}\right) = Q\left(\frac{dR}{dx}\right) - R\left(\frac{dQ}{dx}\right);$$

vbi denominatores dy & dx iterum indicant, in differentialibus numeratorum eam solam quantitatem variabilem assumi debere, cuius differentiale denominatorem constituit. Haec autem differentialia dP, dQ, dR ante cognosci non possunt, quam in ipsis quantitatibus P, Q, & R valor debitus loco z fuerit substitutus, qui autem cum sit incognitus, sequenti modo erit procedendum.

315. Quia P, Q, & R sunt functiones ipsarum x, y, & z, ponamus

$$dP = \alpha dx + \beta dy + \gamma dz$$
$$dQ = \delta dx + \varepsilon dy + \zeta dz$$
$$dR = \eta dx + \theta dy + \iota dz$$

vbi

vbi α, β, γ, δ, ε, &c. denotant eas functiones, quae ex differentiatione oriuntur. Concipiamus nunc loco z vbique eius valorem in x & y expressum substitui, & loco dz, ponamus valorem $pdx + qdy$; fietque

$$dP = (\alpha + \gamma p)dx + (\beta + \gamma q)dy$$
$$dQ = (\delta + \zeta p)dx + (\varepsilon + \zeta q)dy$$
$$dR = (\eta + \iota p)dx + (\theta + \iota q)dy.$$

Ex his ergo valoribus erit:

$$\left(\frac{dR}{dy}\right) = \theta + \iota q \;;\quad \left(\frac{dR}{dx}\right) = \eta + \iota p$$
$$\left(\frac{dP}{dy}\right) = \beta + \gamma q \;;\quad \left(\frac{dQ}{dx}\right) = \delta + \zeta p.$$

316. Cum igitur ad realitatem aequationis requiratur, vt sit:

$$P\left(\frac{dR}{dy}\right) - R\left(\frac{dP}{dy}\right) = Q\left(\frac{dR}{dx}\right) - R\left(\frac{dQ}{dx}\right),$$

fiet si inuenti valores substituantur:

$$P(\theta + \iota q) - R(\beta + \gamma q) = Q(\eta + \iota p) - R(\delta + \zeta p).$$

At ante inuenimus esse $p = -\frac{P}{R}$ & $q = -\frac{Q}{R}$ qui valores, cum differentialia non amplius in computum veniant, adhiberi poterunt, etiamsi loco z eius valor in x & y non substituatur. Eritque ergo

$$P\theta - \frac{PQ\iota}{R} - R\beta + Q\gamma = Q\eta - \frac{PQ\iota}{R} - R\delta + P\zeta$$

seu $\quad 0 = P(\zeta - \theta) + Q(\eta - \gamma) + R(\beta - \delta).$

Quia autem quantitates β, δ, γ, η, ζ, θ, per differentiationem inueniuntur, erit superiori notandi modo adhibito:

$$0 = P\left(\frac{dQ}{dz} - \frac{dR}{dy}\right) + Q\left(\frac{dR}{dx} - \frac{dP}{dz}\right) + R\left(\frac{dP}{dy} - \frac{dQ}{dx}\right).$$

Quae proprietas, nisi in aequatione locum habeat, aequatio non erit realis, sed imaginaria & absurda.

317. Quanquam hanc regulam ex consideratione variabilis z elicuimus, tamen quia omnes quantitates aeque ingrediuntur, manifestum est, & reliquarum consideratione, eandem expressionem prodituram fuisse. Proposita ergo aequatione differentiali primi gradus, quae tres variabiles inuoluat, quacunque, statim diiudicari poterit vtrum sit realis an imaginaria. Comparetur enim cum hac forma generali:

$$P\,dx + Q\,dy + R\,dz = 0,$$

atque quaeratur valor huius formulae:

$$P\left(\frac{dQ}{dz} - \frac{dR}{dy}\right) + Q\left(\frac{dR}{dx} - \frac{dP}{dz}\right) + R\left(\frac{dP}{dy} - \frac{dQ}{dx}\right),$$

qui si fuerit $= 0$, aequatio erit realis, sin autem non fuerit $= 0$, certum hoc est signum, aequationem esse imaginariam seu absurdam.

318. Aequatio proposita per diuisionem quoque semper ad huiusmodi formam reduci potest:

$$P\,dx + Q\,dy + dz = 0,$$

in

in quam, cum prior abeat si fiat $R = 1$, criterium simplicius exprimetur, hoc modo:

$$P\left(\frac{dQ}{dz}\right) - Q\left(\frac{dP}{dz}\right) + \left(\frac{dP}{dy}\right) - \left(\frac{dQ}{dx}\right) = 0.$$

Quoties enim haec expressio reuera nihilo aequalis reperitur, toties aequatio proposita erit realis; sin autem contrarium eueniat, aequatio erit imaginaria. Posterius quidem ex iis, quae demonstrauimus, est certum; de priori autem adhuc dubitari possit, vtrum aequatio semper sit realis, quoties quidem hoc criterium id indicat. Quod cum hoc loco plenissime demonstrari nequeat, sed in calculo demum integrali demonstratione confirmari possit, hic tantum id affirmamus; neque autem periculum inde est metuendum, si quis tantisper de eius veritate dubitare voluerit.

319. Ex hoc ergo criterio primum patet, si in aequatione $P\,dx + Q\,dy + R\,dz = 0$, fuerit P functio ipsius x, Q functio ipsius y, & R functio ipsius z tantum, aequationem semper fore realem. Fit enim

$$\left(\frac{dP}{dy}\right) = 0\ ;\ \left(\frac{dP}{dz}\right) = 0\ ;\ \left(\frac{dQ}{dz}\right) = 0\ ;$$

$$\left(\frac{dQ}{dx}\right) = 0\ ;\ \left(\frac{dR}{dx}\right) = 0\ \&\ \left(\frac{dR}{dy}\right) = 0\ ;$$

ideoque tota expressio criterii sponte euanescet.

320. Si fuerit vt ante P ipsius x, & Q ipsius y functio tantum, R autem functio quaecunque ipsarum x, y & z, aequatio erit realis si fuerit:

$$P\left(\frac{dR}{dy}\right) = Q\left(\frac{dR}{dx}\right) \text{ seu } \left(\frac{dR}{dx}\right) : \left(\frac{dR}{dy}\right) = P : Q$$

Sic si proposita fuerit haec aequatio:

$$\frac{2dx}{x} + \frac{3dy}{y} + \frac{x^2y^3dz}{z^6} = 0.$$

Quia hic est $P = \frac{2}{x}$; $Q = \frac{3}{y}$, & $R = \frac{x^2y^3}{z^6}$

hinc $\left(\frac{dR}{dx}\right) = \frac{2xy^3}{z^6}$; atque $\left(\frac{dR}{dy}\right) = \frac{3xxyy}{z^6}$;

erit $P\left(\frac{dR}{dy}\right) = Q\left(\frac{dR}{dx}\right) = \frac{6xyy}{z^6}$; ideoque aequatio proposita erit realis.

321. Si fuerint P & Q functiones ipsarum x & y, at R functio ipsius z tantum, ob

$$\left(\frac{dP}{dz}\right) = 0 \; ; \; \left(\frac{dQ}{dz}\right) = 0 \; ; \; \left(\frac{dR}{dx}\right) = 0 \; \& \; \left(\frac{dR}{dy}\right) = 0,$$

aequatio erit realis si fuerit $\left(\frac{dP}{dy}\right) = \left(\frac{dQ}{dx}\right)$. Haec eadem vero conditio requiritur, si $Pdx + Qdy$ debeat esse differentiale determinatum, seu ex differentiatione cuiuspiam functionis finitae ipsarum x & y ortum. Hucque redit quod supra §. 312 iam obseruauimus, aequatiotionem $dZ = Pdx + Qdy$, si Z sit functio ipsius z tantum at P & Q functiones ipsarum x & y, realem esse non posse, nisi sit $\left(\frac{dP}{dy}\right) = \left(\frac{dQ}{dx}\right)$. Ambo autem isti casus inter se prorsus conueniunt: nam loco $R\,dz$, si R est functio ipsius z tantum, poni potest dZ existente Z functione ipsius z.

322. Vt hoc criterium inuentum exemplo illustremus, consideremus hanc aequationem:

$$(6xy^2z - 5yz^3)\,dx + (5x^2yz - 4xz^3)\,dy$$
$$+ (4x^2y^2 - 6xyz^2)\,dz = 0,$$

qua cum forma generali comparata fit:

$$P = 6xy^2z - 5yz^3 \;;\quad \left(\frac{dP}{dy}\right) = 12xyz - 5z^3\;;$$
$$\left(\frac{dP}{dz}\right) = 6xy^2 - 15yz^2$$
$$Q = 5x^2yz - 4xz^3 \;;\quad \left(\frac{dQ}{dx}\right) = 10xyz - 4z^3\;;$$
$$\left(\frac{dQ}{dz}\right) = 5x^2y - 12xzz$$
$$R = 4x^2y^2 - 6xyz^2 \;;\quad \left(\frac{dR}{dx}\right) = 8xy^2 - 6yz^2\;;$$
$$\left(\frac{dR}{dy}\right) = 8x^2y - 6xz^2.$$

His inuentis valoribus aequatio iudicium continens erit haec:

$$+ (6xy^4z - 5yz^3)(-3xxy - 6xzz)$$
$$+ (5x^2yz - 4xz^3)(2xyy + 9yzz)$$
$$+ (4x^2y^2 - 6xyz^2)(2xyz - z^3) = 0.$$

Haec autem expreſſio ſi euoluatur, omnes termini actu ſe mutuo deſtruunt, ſitque $0 = 0$, quod indicat aequationem propoſitam eſſe realem.

323. Quando autem expreſſio hoc modo ex criterio eruta non euaneſcit, tum id ſignum eſt aequationem propoſitam eſſe imaginariam. Quoniam vero hoc pacto ex criterio aequatio finita inuenitur, ea, ſi quidem aequationi differentiali conueniat, ſimul relationem indicabit, quam variabiles inter ſe tenent. Atque hoc modo ii caſus, quorum ſupra meminimus (310), euoluuntur. Sit enim propoſita iſta aequatio:

$$(z - x)dx + (y - z)dy = 0,$$

fiet $P = z - x$; $Q = y - z$; & $R = 0$,

porro $\left(\frac{dP}{dz}\right) = 1$, & $\left(\frac{dQ}{dz}\right) = -1$.

Aequatio iudicium exhibens fit $P\left(\frac{dQ}{dz}\right) = Q\left(\frac{dP}{dz}\right)$

ſeu $z - x = z - y$; vnde fit $y = x$.

Quoniam igitur hic caſu euenit, vt aequatio $y = x$ ſimul aequationi differentiali ſatisfaciat, dicendum eſt propoſitam aequationem nil aliud ſignificare, niſi eſſe $y = x$.

324.

324. Proposita ergo aequatione differentiali tres variabiles continente:

$$Pdx + Qdy + Rdz = 0,$$

tres considerandi erunt casus sequentes, ad quos haec aequatio deducit:

$$P\left(\frac{dQ}{dz} - \frac{dR}{dy}\right) + Q\left(\frac{dR}{dx} - \frac{dP}{dz}\right) + R\left(\frac{dP}{dy} - \frac{dQ}{dx}\right) = 0.$$

Primus est si haec expressio reuera sit $= 0$, tumque aequatio proposita erit realis. Sin autem haec aequatio finita non sit identica, tum dispiciendum est, vtrum ea aequationi propositae satisfaciat: quodsi euenit, habebitur aequatio finita, qui est casus secundus. Tertius autem casus locum habet, si aequatio finita cum proposita differentiali subsistere nequeat, atque tum aequatio proposita erit imaginaria: neque enim vlla aequatio finita exhiberi poterit, quae ipsi satisfaciat.

325. Casus primus ac tertius per se sunt perspicui, secundus autem, etsi rarissime occurrit, probe tamen notari meretur: & cum eius exemplum iam supra in aequatione, quae duo tantum continet differentialia, exhibuerimus, etiam aequationem afferamus, in qua omnia tria differentialia insint:

$$(z - y)dx + xdy + (y - z)dz = 0.$$

Erit ergo:

$$P = z - y \quad ; \quad \left(\frac{dQ}{dz}\right) = 0 \quad ; \quad \left(\frac{dR}{dy}\right) = 1$$

$$Q = x \quad ; \quad \left(\frac{dR}{dx}\right) = 0 \quad ; \quad \left(\frac{dP}{dz}\right) = 1$$

$$R = y - z \quad ; \quad \left(\frac{dP}{dy}\right) = -1 \quad ; \quad \left(\frac{dQ}{dx}\right) = 1$$

vnde aequatio finita criterium continens euadet:

$$z - x - y = 0, \text{ seu } z = x + y$$

substituatur hic valor pro z in aequatione differentiali fietque $x\,dx + x\,dy - x(dx + dy) = 0$;

quae aequatio, cum sit identica, sequitur aequationem differentialem nil aliud significare, nisi $z = x + y$.

326. Quoniam diximus omnes aequationes differentiales primi ordinis, in quibus tres variabiles insunt contineri in hac forma:

$$P\,dx + Q\,dy + R\,dz = 0,$$

dubium hic nasci poterit circa eas aequationes, in quibus differentialia prima duas pluresue dimensiones constituunt, cuiusmodi est haec:

$$P\,dx^2 + Q\,dy^2 + R\,dz^2 = 2S\,dx\,dy + 2T\,dx\,dz + V\,dx\,dz.$$

Ve-

Verum de huiusmodi aequationibus notandum eſt, eas nullo modo reales eſſe poſſe, niſi habeant diuiſores prioris formae, qui propterea aequationes ſimplices conſtituent. Cum enim ex hac aequatione fiat:

$$dz = \frac{-Tdx - Vdy \pm \sqrt{(dx^2(T^2-PR) + 2dxdy(TV+RS) + dy^2(V^2-QR))}}{R}$$

facile patet z functioni cuipiam ipſarum x & y, ſeu dz huiusmodi expreſſioni $p\,dx + q\,dy$ aequale fieri non poſſe, niſi quantitas irrationalis euadat rationalis, quod eueniet ſi fuerit:

$$(T^2 - PR)(V^2 - QR) = (TV + RS)^2$$

ſeu

$$R = \frac{PVV + 2STV + QTT}{PQ - SS}.$$

Niſi ergo haec aequatio finita ipſa aequationi propoſitae ſatisfaciat, haec erit imaginaria.

327. Supereſſet vt in hoc Capite quoque aequationes differentiales altiorum ordinum, quae tres variabiles complectuntur, perpenderemus, caſusque definiremus, quibus eae vel reales vel imaginariae euadunt; verum quia criteria nimis fierent intricata, hunc laborem hic praetermittimus, praeſertim, cum ex iisdem fonti-

bus, quos hic aperuimus, ſequantur. Ceterum ſi in calculo integrali his criteriis erit opus, tum ea facile erui poterunt. Ob eandem cauſam hic quoque aequationes, quae plures variabiles complectuntur, non contemplamur, cum fere nunquam occurrant, atque, ſi vnquam occurrerent, ex principiis hic traditis ſine negotio examinari poſſent. Quare his expoſitis Inſtitutioni Calculi Differentialis hic finem imponimus progreſſuri ad inſignes vſus oſtendendos, quos iſte calculus cum in ipſa Analyſi, tum in Geometria ſublimiori affert.

INSTI-

INSTITUTIONUM
CALCULI DIFFERENTIALIS
PARS POSTERIOR

CONTINENS

VSUM HUIUS CALCULI IN ANALYSI FINITORUM, NEC NON IN DOCTRINA SERIERUM.

CAPUT I.

DE TRANSFORMATIONE SERIERUM.

1.

Cum nobis propositum sit vsum Calculi differentialis tam in vniuersa Analysi, quam in doctrina de seriebus ostendere; nonnulla subsidia ex Algebra communi, quae vulgo tractari non solent, hic erunt repetenda. Quae quamuis maximam partem iam in Introductione sumus complexi, tamen quaedam ibi sunt praetermissa, vel studio quod expediat ea tum demum explicari, quando necessitas id exigat, vel quia cuncta, quibus opus sit futurum, praeuideri non poterant. Huc pertinet transformatio serierum, cui hoc Caput destinauimus, qua quaeuis series in innumerabiles alias series transmutatur, quae omnes eandem habeant summam communem; ita vt, si seriei propositae summa sit cognita, reliquae series omnes simul summari queant. Hoc autem capite praemisso, eo vberius doctrinam serierum per calculum differentialem & integralem amplificare poterimus.

2. Considerabimus autem potissimum eiusmodi series, quarum singuli termini per potestates successiuas quantitatis cuiusdam indeterminatae sunt multiplicati; quo-

niam hae latius patent, maioremque vtilitatem afferent.

Sit igitur propofita fequens feries generalis, cuius fummam, fiue fit cognita fiue fecus, ponamus $= S$, fitque

$$S = ax + bx^2 + cx^3 + dx^4 + ex^5 + \&c.$$

Ponatur iam $x = \frac{y}{1+y}$, & cum fit per feries infinitas

$$\begin{array}{llllllll}
x & = y & - y^2 & + y^3 & - y^4 & + y^5 & - y^6 & + \&c. \\
x^2 & = y^2 & - 2y^3 & + 3y^4 & - 4y^5 & + 6y^6 & - 7y^7 & + \&c. \\
x^3 & = y^3 & - 3y^4 & + 6y^5 & - 10y^6 & + 15y^7 & - 21y^8 & + \&c. \\
x^4 & = y^4 & - 4y^5 & + 10y^6 & - 20y^7 & + 35y^8 & - 56y^9 & + \&c. \\
 & & & \&c. & & & &
\end{array}$$

hi valores fubftituti, ferieque fecundum poteftates ipfius y difpofita, dabunt

$$\begin{array}{llllll}
S = ay & - ay^2 & + ay^3 & - ay^4 & + ay^5 & \&c. \\
 & + b & - 2b & + 3b & - 4b & \\
 & & + c & - 3c & + 6c & \\
 & & & + d & - 4d & \\
 & & & & + e. &
\end{array}$$

3. Quoniam pofuimus $x = \frac{y}{1+y}$; erit $y = \frac{x}{1-x}$; quo valore loco y fubftituto, feries propofita

$$S = ax + bx^2 + cx^3 + dx^4 + ex^5 + \&c.$$

transmutabitur in hanc:

$$S = a.\frac{x}{1-x} + (b-a)\frac{x^2}{(1-x)^2} + (c-2b+a)\frac{x^3}{(1-x)^3} + \&c.$$

in

in qua coefficiens secundi termini $b - a$ est differentia prima ipsius a ex serie $a, b, c, d, e,$ &c. quam supra per Δa exposuimus; coefficiens tertii termini $c - 2b + a$ est differentia secunda $\Delta^2 a$; coefficiens quarti est differentia tertia $\Delta^3 a$, &c. Hinc differentiis ipsius a continuis, quae formantur ex serie $a, b, c, d, e,$ &c. adhibendis proposita Series transmutabitur in hanc

$$S = \frac{x}{1-x} a + \frac{x^2}{(1-x)^2} \Delta a + \frac{x^3}{(1-x)^3} \Delta^2 a + \frac{x^4}{(1-x)^4} \Delta^3 a + \&c.$$

cuius ergo seriei summa habebitur, si propositae summa fuerit cognita.

4. Si igitur series $a, b, c, d,$ &c. ita fuerit comparata, vt tandem differentias habeat constantes, quod euenit, si eius terminus generalis fuerit functio rationalis integra, tum series posterior $\frac{x}{1-x} a + \frac{x^2}{(1-x)^2} \Delta a + \&c.$ tandem habebit terminos euanescentes, sicque eius summa per expressionem finitam exhiberi poterit. Ita si seriei $a, b, c, d,$ &c. differentiae primae iam fuerint constantes, tum seriei huius:

$$ax + bx^2 + cx^3 + dx^4 + \&c.$$

summa erit $= \frac{x}{1-x} a + \frac{x^2}{(1-x)^2} \Delta a$. At si illius seriei coefficientium differentiae secundae fiant constantes, tum ipsius seriei propositae erit

$$= \frac{x}{1-x} a + \frac{x^2}{(1-x)^2} \Delta a + \frac{x^3}{(1-x)^3} \Delta\Delta a.$$

 Vnde

Vnde summae huiusmodi serierum ex differentiis coefficientium facile inuenientur.

I. *Quaeratur summa huius seriei:*

$$1x + 3x^2 + 5x^3 + 7x^4 + 9x^5 + \&c.$$

Diff. I. 2, 2, 2, 2, &c.

Cum ergo differentiae primae sint constantes, ob $a = 1$ & $\Delta a = 2$, erit seriei propositae summa

$$= \frac{x}{1-x} + \frac{2xx}{(1-x)^2} = \frac{x+xx}{(1-x)^2}.$$

II. *Quaeratur summa huius seriei:*

$$1x + 4xx + 9x^3 + 16x^4 + 25x^5 + \&c.$$

Diff. I. 3, 5, 7, 9, &c.

Diff. II. 2, 2, 2, &c.

Quia itaque est

$$a = 1;\quad \Delta a = 3;\quad \Delta^2 a = 2;$$

erit seriei propositae summa

$$= \frac{x}{1-x} + \frac{3xx}{(1-x)^2} + \frac{2x^3}{(1-x)^3} = \frac{x+xx}{(1-x)^3}.$$

III. *Quaeratur summa huius seriei:*

$$S = 4x + 15x^2 + 40x^3 + 85x^4 + 156x^5 + 259x^6 + \&c.$$

Diff. I. 11, 25, 45, 71, 103

Diff. II. 14, 20, 26, 32

Diff. III. 6, 6, 6,

Quia

Quia est

$$a = 4;\quad \Delta a = 11;\quad \Delta^2 a = 14;\quad \Delta^3 a = 6;$$

erit summa

$$S = \frac{4x}{1-x} + \frac{11xx}{(1-x)^2} + \frac{14x^3}{(1-x)^3} + \frac{6x^4}{(1-x)^4},$$

siue

$$S = \frac{4x - xx + 4x^3 - x^4}{(1-x)^4} = \frac{x(1+xx)(4-x)}{(1-x)^4}.$$

5. Quanquam hoc modo istarum serierum in infinitum progredientium summae inueniuntur; tamen ex iisdem principiis hae Series quoque ad datum quemuis terminum summari possunt. Proposita enim sit haec series

$$S = ax + bx^2 + cx^3 + dx^4 + \ldots\ldots + ox^n,$$

& quaeratur eius summa, si in infinitum progrediatur, quae erit $= \frac{x}{1-x}a + \frac{x^2}{(1-x)^2}\Delta a + \frac{x^3}{(1-x)^3}\Delta^2 a + \&c.$ Nunc considerentur eiusdem seriei termini post vltimum ox^n sequentes, qui sint

$$px^{n+1} + qx^{n+2} + rx^{n+3} + sx^{n+4} + \&c.$$

cuius seriei, si per x^n diuidatur, summa, vt ante inueniri poterit; quae rursus per x^n multiplicata erit

$$\frac{x^{n+1}}{1-x}p + \frac{x^{n+2}}{(1-x)^2}\Delta p + \frac{x^{n+3}}{(1-x)^3}\Delta^2 p + \&c.$$

quae summa si a totius seriei in infinitum continuatae

 sum-

summa subtrahatur, remanebit summa portionis propositae quaesita: S =

$$\frac{x}{1-x}(a-x^n p)+\frac{x^2}{(1-x)^2}(\Delta a-x^n\Delta p)+\frac{x^3}{(1-x)^3}(\Delta^2 a-x^n\Delta^2 p)$$

&c.

I. *Quaeratur summa huius seriei finitae.*

$$S = 1x + 2x^2 + 3x^3 + 4x^4 + \ldots\ldots + nx^n.$$

Tam horum coefficientium, quam terminum vltimum sequentium quaerantur differentiae:

1, 2, 3, 4, &c.	$n+1$, $n+2$, $n+3$, &c.
1, 1, 1	1, 1;

eritque

$$a = 1,\quad \Delta a = 1,\quad p = n+1,\quad \Delta p = 1,$$

unde summa quaesita est:

$$S = \frac{x}{1-x}(1-(n+1)x^n)+\frac{x^2}{(1-x)^2}(1-x^n),$$

seu

$$S = \frac{x-(n+1)x^{n+1}+nx^{n+2}}{(1-x)^2}.$$

II. *Quaeratur summa huius seriei finitae.*

$$S = 1x + 4x^2 + 9x^3 + 16x^4 + \ldots\ldots + n^2x^n.$$

Inuestigentur primum differentiae hoc modo:

1, 4, 9, 16, &c.	$(n+1)^2$, $(n+2)^2$, $(n+2)^2$, &c.
3, 5, 7	$2n+3$, $2n+5$
2, 2, ...	2

qui-

quibus inuentis erit fumma quaefita $S =$

$$\frac{x}{1-x}(1-(n+1)^2 x^n) + \frac{x^2}{(1-x)^2}(3-(2n+3)x^n) + \frac{x^3}{(1-x)^3}(2-2x^n),$$

feu $S =$

$$\frac{x + xx - (n+1)^2 x^{n+1} + (2nn+2n-1)x^{n+2} - nnx^{n+3}}{(1-x)^3}.$$

6. Quodfi autem feries propofita non eiusmodi habeat coefficientes, qui tandem ad differentias conftantes deducantur, tum transmutatio hic exhibita nihil confert ad eius fummam determinandam. Neque vero etiam eius ope fumma proxime definiri poterit commodius, quam per ipfam feriei propofitae additionem fieri licet. Si enim in ferie $ax + bx^2 + cx^3 + dx^4 + \&c.$ fuerit $x < 1$ quo folo cafu fummatio proprie fic dicta locum habere poteft, erit $\frac{x}{1-x} > x$, ideoque non feries minus conuergit quam propofita. Sin autem in ferie propofita fuerit $x = 1$ tum nouae feriei omnes plane termini fiunt infiniti, quo ergo cafu ifta transmutatio nullius prorfus erit vfus.

7. Confideremus autem feriem, in qua figna $+$ & $-$ alternatim fe excipiant, quae ex praecedente deducetur ponendo x negatiuum. Si itaque fuerit

$$S = ax - bx^2 + cx^3 - dx^4 + ex^5 - \&c.$$

cuius feriei negatiua oritur, fi in praecedente ftatuatur

tur x negatiuum. Sumantur ergo vt ante differentiae Δa, $\Delta^2 a$, $\Delta^3 a$, &c. ex ſerie coefficientium $a, b, c, d, e,$ &c. ſignis ad ſolas ipſius x poteſtates relatis, atque ſeries propoſita transformabitur in hanc: $S =$

$$\frac{x}{1+x}a - \frac{x^2}{(1+x)^2}\Delta a + \frac{x^3}{(1+x)^3}\Delta^2 a - \frac{x^4}{(1+x)^4}\Delta^3 a + \&c.$$

vnde perſpicitur aequationem propoſitam iisdem caſibus ſummari poſſe quibus praecedens. Scilicet ſi ſeries $a, b, c, d,$ &c. tandem ad differentias conſtantes deducatur.

8. Hoc autem caſu iſta transformatio commodam praebet approximationem ad valorem ſeriei propoſitae:

$$ax - bx^2 + cx^3 - dx^4 + ex^5 - fx^6 + \&c.$$

quantuscunque enim x fuerit numerus, fractio $\frac{x}{1+x}$, ſecundum cuius poteſtates altera ſeries progreditur, fit vnitate minor: atque ſi ſit $x = 1$, erit $\frac{x}{1+x} = \frac{1}{2}$. Sin autem ſit $x < 1$ puta $x = \frac{1}{n}$ fiet $\frac{x}{1+x} = \frac{1}{n+1}$, ideoque ſeries per transformationem inuenta ſemper magis conuergit quam propoſita. Conſideremus imprimis caſum, quo $x = 1$, qui ad ſeries ſummandas ingens affert ſubſidium, ſitque

$$S = a - b + c - d + e - f + \&c.$$

ac denotentur differentiae primae, ſecundae & ſequentes ipſius a, quas progreſſio $a, b, c, d, e,$ &c. praebet

per

per Δ, $\Delta^2 a$, $\Delta^3 a$, &c. quibus inuentis erit

$$S = \tfrac{1}{2} a - \tfrac{1}{4} \Delta a + \tfrac{1}{8} \Delta^2 a - \tfrac{1}{16} \Delta^3 a + \&c.$$

quae nisi actu terminatur, summam vero proximam satis commode exhibet.

9. Vsum igitur huius vltimae transmutationis, qua sumsimus $x = 1$, in aliquot exemplis ostendamus, ac primo quidem in eiusmodi, quibus vera summa finite exprimi potest. Tales sunt series diuergentes, quibus numeri a, b, c, d, &c. tandem ad differentias constantes deducant, quarum summae, cum recepto huius vocis significatu, proprie non exhiberi queant, vocem summae hic eo sensu, quem supra tribuimus, accipimus, ita vt denotet valorem expressionis finitae, ex cuius euolutione proposita series nascatur.

I. *Sit igitur proposita haec series Leibnitzii:*

$$S = 1 - 1 + 1 - 1 + 1 - 1 + \&c.$$

in qua cum omnes termini sint aequales, fient omnes differentiae $= 0$, ideoque ob $a = 1$, erit $S = \tfrac{1}{2}$.

II. *Sit proposita ista series:*

$$S = 1 - 2 + 3 - 4 + 5 - 6 + \&c.$$

Diff. $1 = \quad 1, \quad 1, \quad 1, \quad 1, \quad 1, \quad \&c,$

Cum ergo sit $a = 1$, $\Delta a = 1$, erit $S = \tfrac{1}{2} - \tfrac{1}{4} = \tfrac{1}{4}$.

III. *Sit proposita haec series:*

$$S = 1 - 3 + 5 - 7 + 9 - \&c.$$

Diff. $1 = \quad 2, \quad 2, \quad 2, \quad 2, \quad \&c.$

Ob $a = 1$ & $\Delta a = 2$ fit $S = \tfrac{1}{2} - \tfrac{2}{4} = 0$.

IV. *Sit proposita haec series trigonalium numerorum.*

$$S = 1 - 3 + 6 - 10 + 15 - 21 + \&c.$$

Diff. 1 = 2, 3, 4, 5, 6, &c.

Diff. 2 = 1, 1, 1, 1, &c.

Hic ergo ob $a = 1$, $\Delta a = 2$, & $\Delta\Delta a = 1$; erit

$$S = \tfrac{1}{2} - \tfrac{2}{4} + \tfrac{1}{8} = \tfrac{1}{8}.$$

V. *Sit proposita series quadratorum:*

$$S = 1 - 4 + 9 - 16 + 25 - 36 + \&c.$$

Diff. 1 = 3, 5, 7, 9, 11, &c.

Diff. 2 = 2, 2, 2, 2, &c.

Ob $a = 1$; $\Delta a = 3$; $\Delta\Delta a = 2$; erit $S = \tfrac{1}{2} - \tfrac{3}{4} + \tfrac{2}{8} = 0.$

VI. *Sit proposita series biquadratorum:*

$$S = 1 - 16 + 81 - 256 + 625 - 1296 + \&c.$$

Diff. 1 = 15, 65, 175, 369, 671

Diff. 2 = 50, 110, 194, 302

Diff. 3 = 60, 84, 108

Diff. 4 = 24, 24

Erit ergo $S = \tfrac{1}{2} - \tfrac{15}{4} + \tfrac{50}{8} - \tfrac{60}{16} + \tfrac{24}{32} = 0.$

10. Si ſeries magis diuergant vti geometriae aliaeque ſimiles, eae hoc modo ſtatim in ſeriem magis convergentem transmutantur, quae niſi adhuc ſatis conuergat, eodem modo in aliam magis conuergentem convertetur.

I. *Sit*

I. *Sit proposita haec series geometrica:*

$$S = 1 - 2 + 4 - 8 + 16 - 32 + \&c.$$

Diff. 1 = 1, 2, 4, 8, 16, &c.
Diff. 2 = 1, 2, 4, 8, &c.
Diff. 3 = 1, 2, 4, &c.

Cum igitur in omnibus differentiis primus terminus sit $= 1$. Summa seriei exprimetur hoc modo

$$S = \tfrac{1}{2} - \tfrac{1}{4} + \tfrac{1}{8} - \tfrac{1}{16} + \tfrac{1}{32} - \tfrac{1}{64} + \&c.$$

cuius summa est $= \frac{1}{3}$, oritur enim ex euolutione fractionis $\frac{1}{2+1}$, dum proposita oritur ex $\frac{1}{1+2}$.

II. *Sit proposita haec series recurrens:*

$$S = 1 - 2 + 5 - 12 + 29 - 70 + 169 - \&c.$$

Diff. 1 = 1, 3, 7, 17, 41, 99 &c.
Diff. 2 = 2, 4, 10, 24, 58 &c.
Diff. 3 = 2, 6, 14, 34 &c.
Diff. 4 = 4, 8, 20 &c.
Diff. 5 = 4, 12 &c.
Diff. 6 = 8 &c.
&c.

Continuarum ergo differentiarum termini primi constituunt hanc progressionem geometricam geminatam:

1, 1, 2, 2, 4, 4, 8, 8, 16, 16, &c.

vnde erit

$$S = \tfrac{1}{2} - \tfrac{1}{4} + \tfrac{2}{8} - \tfrac{2}{16} + \tfrac{4}{32} - \tfrac{4}{64} + \tfrac{8}{128}\ \&c.$$

cum igitur praeter primum terminum reliqui bini se continuo destruant, erit $S = \frac{1}{2}$. Oritur autem series proposita ex euolutione fractionis $\frac{1}{1+2-1} = \frac{1}{2}$, vti in expressione naturae serierum recurrentium ostendimus.

III. *Sit proposita series hypergeometrica:*

$$S = 1 - 2 + 6 - 24 + 120 - 720 + 5040 - \&c.$$

cuius differentias continuas hoc modo commodius inuestigabimus:

	Diff. 1.	Diff. 2.	Diff. 3.	
1	1	3	11	
2	4	14	64	
6	18	78	426	
24	96	504	3216	&c.
120	600	3720	27240	
720	4320	30960	256320	
5040	35280	287280	2656080	
40320	322560	2943360		
362880	3265920			
3628800				

Quibus differentiis vlterius continuatis erit:

$$S = \frac{1}{2} - \frac{1}{4} + \frac{3}{8} - \frac{11}{16} + \frac{53}{32} - \frac{309}{64} + \frac{2119}{128} - \frac{16687}{256} + \frac{148329}{512} - \frac{1468457}{1024} + \frac{16019531}{2048} - \frac{190899411}{4096} + \&c.$$

Col-

Colligantur duo termini initiales, eritque $S = \frac{1}{4} + A$ existente

$$A = \frac{3}{8} - \frac{11}{16} + \frac{53}{32} - \frac{309}{64} + \frac{2119}{128} - \&c.$$

Si nunc eodem modo differentiae capiantur, erit

$$A = \frac{3}{2^4} - \frac{5}{2^6} + \frac{21}{2^8} - \frac{99}{2^{10}} + \frac{615}{2^{12}} - \frac{4401}{2^{14}} + \frac{36585}{2^{16}}$$

$$- \frac{342207}{2^{18}} + \frac{3565323}{2^{20}} - \frac{40866525}{2^{22}} + \&c.$$

Colligantur duo termini initiales, quia conuergunt, fietque

$$A = \frac{7}{2^6} + B \quad \text{existente} \quad B = \frac{21}{2^8} - \frac{99}{2^{10}} + \&c.$$

cuius seriei differentiis denuo sumendis fiet:

$$B = \frac{21}{29} - \frac{15}{2^{12}} + \frac{159}{2^{15}} - \frac{429}{2^{18}} + \frac{5241}{2^{21}} - \frac{26283}{2^{24}}$$

$$+ \frac{338835}{2^{27}} - \frac{2771097}{2^{30}} + \&c.$$

Colligantur quatuor termini initiales in vnum & statuatur $B = \frac{153}{2^{12}} + \frac{843}{2^{18}} + C$ existente $C = \frac{5241}{2^{21}} - \frac{26283}{2^{24}} + \&c.$ fietque aliquot terminis actu colligendis proxime: $C = \frac{15645}{2^{24}} - \frac{60417}{2^{30}}$. Ex his ergo tandem concludetur summa seriei propositae: $S = 0,40082038$, quae tamen vix vltra tres quatuorue figuras pro accurata haberi

beri poteſt ob nimiam ſeriei diuergentiam; eſt tamen certe iuſto minor. Aliunde enim inueni hanc ſummam eſſe $= 0,4036524077$, vbi ne vltima quidem nota a vero aberrat.

11. Imprimis autem haec transmutatio ingentem affert vtilitatem ad ſeries iam quidem, ſed lente conuergentes in alias, quae multo promtius conuergant, transmutandas. Quoniam vero termini ſequentes minores ſunt quam praecedentes, differentiae primae fiunt negatiuae; vnde in ſequentibus ſignorum ratio probe eſt habenda.

I. *Sit propoſita haec ſeries:*

$$S = 1 - \frac{1}{2} + \frac{1}{3} - \frac{1}{4} + \frac{1}{5} - \frac{1}{6} + \&c.$$

$$\text{Diff. } 1 = -\frac{1}{2};\ -\frac{1}{2.3};\ -\frac{1}{3.4};\ -\frac{1}{4.5};\ -\frac{1}{5.6}$$

$$\text{Diff. } 2 = +\frac{1}{3};\ \frac{2}{2.3.4};\ \frac{2}{3.4.5};\ \frac{2}{4.5.6}.$$

$$\text{Diff. } 3 = -\frac{1}{4};\ -\frac{2.3}{2.3.4.5};\ -\frac{2.3}{3.4.5.6}$$

$$\text{Diff. } 4 = +\frac{1}{5};\ \&c.$$

Hinc ergo erit

$$S = \frac{1}{2} + \frac{1}{2.4} + \frac{1}{3.8} + \frac{1}{4.16} + \frac{1}{5.32} + \&c.$$

vtramque autem hanc ſeriem logarithmum hyperbolicum binarii exhibere, iam in Introductione oſtendimus.

II. *Sit*

II. *Sit proposita ista series pro circulo:*

$$S = 1 - \frac{1}{3} + \frac{1}{5} - \frac{1}{7} + \frac{1}{9} - \frac{1}{11} \text{ \&c.}$$

$$\text{Diff. } 1 = -\frac{2}{1.3};\ -\frac{2}{3.5};\ -\frac{2}{5.7};\ -\frac{2}{7.9};\ -\frac{2}{9.11} \text{ \&c.}$$

$$\text{Diff. } 2 = +\frac{2.4}{1.3.5};\ \frac{2.4}{3.5.7};\ \frac{2.4}{5.7.9};\ \frac{2.4}{7.9.11} \text{ \&c.}$$

$$\text{Diff. } 3 = -\frac{2.4.6}{1.3.5.7};\ -\frac{2.4.6}{3.5.7.9};\ - \text{ \&c.}$$

&c.

Hinc ergo concluditur fore summam seriei:

$$S = \frac{1}{2} + \frac{1}{3.2} + \frac{1.2}{3.5.2} + \frac{1.2.3}{3.5.7.2} + \text{ \&c.}$$

seu

$$2S = 1 + \frac{1}{3} + \frac{1.2}{3.5} + \frac{1.2.3}{3.5.7} + \frac{1.2.3.4}{3.5.7.9} + \text{ \&c.}$$

III. *Quaeratur valor huius seriei infinitae:*

$$S = l2 - l3 + l4 - l5 + l6 - l7 + l8 - l9 \text{ \&c.}$$

Quia differentiae ab initio nimis fiunt inaequales, colligantur actu termini vsque ad $l10$ ex tabulis, quorum valor reperietur $= - 0,3911005$; eritque $S = -0,3911005 + l10 - l11 + l12 - l13 + l14 - l15 + \text{\&c.}$ in infinitum.

De

Desumantur hi logarithmi ex tabulis, eorumque differentiae quaerantur hoc modo

	Diff. 1.	Diff. 2.	Diff. 3.	Diff. 4.	Diff. 5.
$l10 = 1,0000000$	+	—	+	—	+
$l11 = 1,0413927$	413927				
		36042			
$l12 = 1,0791812$	377885		5779		
		30263		1292	
$l13 = 1,1139434$	347622		4487		368
		25776		924	
$l14 = 1,1461280$	321846		3563		
		22213			
$l15 = 1,1760913$	299633				

Ex quibus reperitur

$$l10 - l11 + l12 - l13 + \&c. =$$

$$\frac{1,0000000}{2} - \frac{413927}{4} - \frac{36042}{8} - \frac{5779}{16} - \frac{1292}{32} - \frac{368}{64}$$

$$= 0,4891606.$$

Hinc valor seriei propositae erit

$$S = l2 - l3 + l4 - l5 + \&c. = 0,0980601;$$

cui logarithmo respondet numerus 1,253315.

12. Quemadmodum has transmutationes obtinuimus ponendo in serie loco x hanc fractionem $\frac{y}{1 \pm y}$, ita innumerabiles aliae transmutationes oriuntur, si loco x aliae functiones ipsius y substituantur. Sit iterum proposita ista series:

$$S = ax + bx^2 + cx^3 + dx^4 + ex^5 + fx^6 + \&c.$$

atque ponatur $x = y(1 - y)$, quo facto series orietur sequens

S =

$$
\begin{aligned}
S = ay &- ayy \\
&+ byy - 2by^3 + by^4 \\
&\quad + cy^3 - 3cy^4 + 3cy^5 - cy^6 \\
&\qquad + dy^4 - 4dy^5 + 6dy^6 \\
&\qquad\quad + ey^5 - 5ey^6 \quad \&c. \\
&\qquad\qquad + fy^6
\end{aligned}
$$

Quodſi ergo altera harum ſerierum fuerit ſummabilis, ſimul alterius ſumma erit cognita. Ita ſi ſtatuatur

$S = x + x^2 + x^3 + x^4 + x^5 + \&c. = \frac{x}{1-x}$, erit

$S = y - y^3 - y^4 + y^6 + y^7 - y^9 - y^{10} + \&c.$

Cuius ergo ſeriei ſumma erit $= \frac{y - yy}{1 - y + yy}$.

13. Si altera ſeries alicubi abrumpatur, tum ſumma prioris abſolute exhiberi poterit. Ponamus eſſe $a = 1$, & in ſerie inuenta omnes terminos poſt primum euaneſcere, vt ſit $S = y$; ideoque ob $x = y - yy$, erit ſumma prioris $= \frac{1}{2} - V(\frac{1}{4} - x)$.

Fiet autem ob $a = 1$; vt ſequitur:

$b = 1 = \frac{1}{4} \cdot 2^2$

$c = 2 = \frac{1.3}{4.6} \cdot 2^4$

$d = 5 = \frac{1.3.5}{4.6.8} \cdot 2^6$

$e = 14 = \frac{1.3.5.7}{4.6.8.10} \, 2^8$

$f = 42 = \frac{1.3.5.7.9}{4.6.8.10.12} \, 2^{10}$

$g = 132 = \frac{1.3.5.7.9.11}{4.6.8.10.12.14} \, 2^{12}$ &c.

vnde prior ſeries abibit in hanc: $S =$

$$\tfrac{1}{2} - \sqrt{(\tfrac{1}{4} - x)} = x + x^2 + 2x^3 + 5x^4 + 14x^5 + 42x^6 + 132x^7 + \&c.$$

quae eadem inuenitur, ſi quantitas ſurda $\sqrt{(\tfrac{1}{4} - x)}$ in ſeriem euoluatur, atque ab $\tfrac{1}{2}$ ſubtrahatur.

14. Statuamus, quo transmutatio latius pateat $x = y(1 + ny)^{\nu}$, atque ſeries propoſita:

$$S = ax + bx^2 + cx^3 + dx^4 + ex^5 + \&c.$$

transmutabitur in ſequentem:

$$\begin{aligned} S = ay &+ \frac{\nu}{1} nay^2 + \frac{\nu(\nu-1)}{1.2} n^2ay^3 + \frac{\nu(\nu-1)(\nu-2)}{1.2.3} n^3ay^4 + \frac{\nu(\nu-1)(\nu-2)(\nu-3)}{1.2.3.4} n^4ay^5 \\ &+ by^2 + \frac{2\nu}{1} nby^3 + \frac{2\nu(2\nu-1)}{1.2} n^2by^4 + \frac{2\nu(2\nu-1)(2\nu-2)}{1.2.3} n^3by^5 \\ &+ cy^3 + \frac{3\nu}{1} ncy^4 + \frac{3\nu(3\nu-1)}{1.2} n^2cy^5 \\ &+ dy^4 + \frac{4\nu}{1} ndy^5 \\ &+ ey^5 \\ &\&c. \end{aligned}$$

Si ergo illius ſeriei ſumma fuerit cognita, & huius ſimul ſumma habebitur, ac viciſſim. Quoniam vero n & ν pro lubitu accipi poſſunt, hinc ex vna ſerie ſummabili innumerae aliae ſummabiles inueniri poſſunt.

15. Poſſunt etiam eiusmodi transmutationes fieri, vt ſeriei inuentae ſumma fiat irrationalis, hoc modo.

Sit

Sit proposita ista series:

$$S = ax + bx^3 + cx^5 + dx^7 + ex^9 + fx^{11} + \&c.$$

erit

$$Sx = ax^2 + bx^4 + cx^6 + dx^8 + ex^{10} + fx^{12} + \&c.$$

Iam statuatur

$$x = \frac{y}{\sqrt{(1 - nyy)}}; \quad \text{erit} \quad xx = \frac{y}{1 - nyy}.$$

atque series proposita transmutabitur in hanc:

$$\frac{Sy}{\sqrt{(1 - nyy)}} =$$

$$\begin{aligned} ay^2 &+ nay^4 + n^2ay^6 + n^3ay^8 + n^4ay^{10} + \&c. \\ &+ by^4 + 2nby^6 + 3n^2by^8 + 4n^3by^{10} + \&c. \\ &\qquad + cy^6 + 3ncy^8 + 6n^2cy^{10} + \&c. \\ &\qquad\qquad + dy^8 + 4ndy^{10} + \&c. \\ &\qquad\qquad\qquad + ey^{10} + \&c. \end{aligned}$$

Si igitur summa S ex priori serie fuerit cognita, habebitur simul summa sequentis seriei:

$$\frac{S}{\sqrt{(1 - nyy)}} =$$

$$ay + (na + b)y^3 + (n^2a + 2nb + c)y^5 + (n^3a + 3n^2b + 3nc + d)y^7 + \&c.$$

16. Si sumatur $n = -1$; erunt coefficientes huius seriei differentiae continuae ipsius a, ex serie a, b, c, d, &c. sin autem signa in serie proposita alternentur, tum posito $n = 1$, coefficientes erunt istae differentiae. Denotent ergo Δa, $\Delta^2 a$, $\Delta^3 a$, $\Delta^4 a$, &c.

 diffe-

differentias primas, secundas, tertias, &c. ipsius a ex serie numerorum $a, b, c, d, e, f,$ &c.

Ac si fuerit:

$$S = ax + bx^3 + cx^5 + dx^7 + ex^9 + \&c.$$

posito $x = \frac{y}{\sqrt{(1+yy)}}$; erit

$$\frac{S}{\sqrt{(1+yy)}} = ay + \Delta a.y^3 + \Delta^2 a.y^5 + \Delta^3 a.y^7 + \&c.$$

Sin autem fuerit:

$$S = ax - bx^3 + cx^5 - dx^7 + ex^9 - \&c.$$

ponaturque $x = \frac{y}{\sqrt{(1-yy)}}$; erit

$$\frac{S}{\sqrt{(1-yy)}} = ay - \Delta a.y^3 + \Delta^2 a.y^5 - \Delta^3 a.y^7 + \&c.$$

Quodsi ergo series $a, b, c, d, e,$ &c. tandem ad differentias constantes deducat, tum vtraque series absolute summari poterit; quae summatio autem quoque ex superioribus sequitur.

17. Ponamus coefficientes $a, b, c, d,$ &c. constituere hanc seriem $1, \frac{1}{3}, \frac{1}{5}, \frac{1}{7}, \frac{1}{9},$ &c. eritque, vti supra iam vidimus:

$$a = 1$$

$$\Delta a = -\frac{2}{3}$$

$$\Delta^2 a = \frac{2.4}{3.5}$$

$$\Delta^3 a = -\frac{2.4.6}{3.5.7} \quad \&c.$$

vnde

vnde sequentes duas series summabimus:

I. Sit $S = x + \frac{1}{3}x^3 + \frac{1}{5}x^5 + \frac{1}{7}x^7 + \&c.$

Erit $S = \frac{1}{2} l \frac{1+x}{1-x}$. Posito iam $x = \frac{y}{\sqrt{(1+yy)}}$, fiet

$$S = \frac{1}{2} l \frac{\sqrt{(1+yy)}+y}{\sqrt{(1+yy)}-y} = l(\sqrt{(1+yy)}+y):$$

vnde erit

$$\frac{l(\sqrt{(1+yy)}+y)}{\sqrt{(1+yy)}} = y - \frac{2}{3}y^3 + \frac{2.4}{3.5}y^5 - \frac{2.4.6}{3.5.7}y^7 + \&c.$$

II. Sit $S = x - \frac{1}{3}x^3 + \frac{1}{5}x^5 - \frac{1}{7}x^7 + \&c.$

Erit $S = A \tang x$. Posito iam $x = \frac{y}{\sqrt{(1-yy)}}$, fiet

$$S = A \tang \frac{y}{\sqrt{(1-yy)}} = A \sin y = A \cos \sqrt{(1-yy)}.$$

Hancobrem obtinebitur ista summatio:

$$\frac{A \sin y}{\sqrt{(1-yy)}} = y + \frac{2}{3}y^3 + \frac{2.4}{3.5}y^5 + \frac{2.4.6}{3.5.7}y^7 + \&c.$$

18. Possunt quoque loco x functiones transcendentes ipsius y substitui, sicque summationes aliae inuentu difficiliores erui; verumtamen ne series nouae fiant nimis perplexae, eiusmodi functiones eligi debent, quarum potestates facile exhiberi queant; quales sunt quantitates exponentiales e^y. Proposita igitur hac serie:

$$S = ax + bx^2 + cx^3 + dx^4 + ex^5 + fx^6 + \&c.$$

ponatur $x = e^{ny}y$, denotante e numerum, cuius logarithmus hyperbolicus $= 1$,

erit $x^2 = e^{2ny}y^2$; $x^3 = e^{3ny}y^3$; &c.

Generaliter vero eſt, vti conſtat:

$$e^z = 1 + z + \frac{z^2}{1.2} + \frac{z^3}{1.2.3} + \frac{z^4}{1.2.3.4} + \&c.$$

Quare ſeries propoſita in hanc transmutabitur:

$$\begin{aligned} S = ay &+ 1nay^2 + \tfrac{1}{2}n^2ay^3 + \tfrac{1}{6}n^3ay^4 + \tfrac{1}{24}n^4ay^5 + \&c. \\ &+ by^2 + \tfrac{2}{1}nby^3 + \tfrac{4}{2}n^2by^4 + \tfrac{8}{6}n^3by^5 + \&c. \\ &+ cy^3 + \tfrac{3}{1}ncy^4 + \tfrac{9}{2}n^2cy^5 + \&c. \\ &+ dy^4 + \tfrac{4}{1}ndy^5 + \&c. \\ &+ ey^5 + \&c. \end{aligned}$$

I. Sit ſeries propoſita geometrica:

$S = x + x^2 + x^3 + x^4 + x^5 + \&c.$ erit $S = \frac{x}{1-x}$.

Ponatur iam

$n = -1$; vt ſit $x = e^{-y}y$; & $S = \frac{e^{-y}y}{1-e^{-y}y} = \frac{y}{e^y - y}$;

reperietur ſumma haec:

$$\frac{y}{e^y - y} = y - \frac{1}{2}y^3 - \frac{1}{6}y^4 + \frac{5}{24}y^5 + \frac{19}{120}y^6 - \&c.$$

cuius autem ſeriei lex non perſpicitur.

II. Sint in altera ſerie omnes termini praeter primum $= 0$; erit $b = -na$; $c = \frac{3}{2}n^2a$; $d = -\frac{8}{3}n^3a$;

$e = \frac{125}{24}n^4a$; $f = -\frac{29}{30}n^5a$; &c.

Cum

Cum ergo sit summa $S = ny$; & $x = e^{ny}$; fiet:

$$y = x - nx^2 + \frac{3}{2}n^2x^3 - \frac{8}{3}n^3x^4 + \frac{125}{24}n^4x^5 - \frac{29}{30}n^5x^6 + \&c.$$

Quoniam vero in his seriebus lex progreſſionis non eſt manifeſta, ſummationes ex hac ſubſtitutione deductae parum habent vtilitatis. Praecipue autem notari merentur transformationes ex ſubſtitutione $x = \frac{y}{1 \pm y}$ deriuatae, quippe quae non ſolum eximias ſummationes, ſed etiam idoneos modos ad ſummas ſerierum appropinquandi ſuppeditant. His ergo, quae ſine calculi differentialis ope ſunt expedita, praemiſſis, ad ipſum huius calculi vſum in doctrina ſerierum oſtendendum progrediamur.

CAPUT

CAPUT II.

DE INUESTIGATIONE SERIERUM SUMMABILIUM.

19.

Si Seriei, in cuius terminis ineſt quantitas indeterminata x, ſumma fuerit cognita, quae vtique erit functio ipſius x; tum quicunque valor ipſi x tribuatur, ſeriei ſumma perpetuo aſſignari poterit. Quare ſi loco x ponatur $x + dx$, ſeriei reſultantis ſumma erit aequalis ſummae prioris, vna cum ipſius differentiali: vnde ſequitur fore differentiale ſummae $=$ differentiali ſeriei. Quia vero hoc modo tam ſumma, quam ſinguli ſeriei termini multiplicati erunt per dx, ſi vbique per dx diuidatur, habebitur noua ſeries, cuius ſumma erit cognita. Simili modo ſi haec ſeries cum ſua ſumma denuo differentietur, & vbique per dx diuidatur, noua exoritur ſeries cum ſua ſumma: ſicque ex vna ſerie ſummabili quantitatem indeterminatam x inuoluente, per continuam differentiationem innumerae nouae ſeries pariter ſummabiles elicientur.

20. Quo haec clarius perſpiciantur, propoſita ſit progreſſio geometrica indeterminata, quippe cuius ſumma eſt cognita, haec:

$$\frac{1}{1-x} = 1 + x + x^2 + x^3 + x^4 + x^5 + x^6 + \&c.$$

Si

Si nunc differentiatio instituatur, erit:

$$\frac{dx}{(1-x)^2} = dx + 2xdx + 3x^2dx + 4x^3dx + 5x^4dx + \&c.$$

atque diuisione per dx instituta, habebitur:

$$\frac{1}{(1-x)^2} = 1 + 2x + 3x^2 + 4x^3 + 5x^4 + \&c.$$

Si denuo differentietur, atque per dx diuidatur, prodibit:

$$\frac{2}{(1-x)^3} = 2 + 2.3x + 3.4x^2 + 4.5x^3 + 5.6x^4 + \&c.$$

seu

$$\frac{1}{(1-x)^3} = 1 + 3x + 6x^2 + 10x^3 + 15x^4 + 21x^5 + \&c.$$

vbi coefficientes sunt numeri trigonales. Si haec porro differentietur, atque per $3dx$ diuidatur, obtinebitur:

$$\frac{1}{(1-x)^4} = 1 + 4x + 10x^2 + 20x^3 + 35x^4 + \&c.$$

cuius coefficientes sunt numeri pyramidales primi. Sicque vlterius procedendo oriuntur eaedem series quas ex euolutione fractionis $\frac{1}{(1-x)^n}$ nasci constat.

21. Latius autem patebit haec serierum inuestigatio, si antequam quaeuis differentiatio suscipiatur, ipsa series vna cum summa per quamuis ipsius x potestatem seu functionem multiplicetur. Sic cum sit

$$\frac{1}{1-x} = 1 + x + x^2 + x^3 + x^4 + x^5 + \&c.$$

multiplicetur vbique per x^m, eritque

$$\frac{x^m}{1-x} = x^m + x^{m+1} + x^{m+2} + x^{m+3} + x^{m+4} + \&c.$$

nunc differentietur haec ſeries, fietque per dx diuiſo:

$$\frac{mx^{m-1}-(m-1)x^m}{(1-x)^2}=mx^{m-1}+(m+1)x^m$$
$$+(m+2)x^{m+1}+(m+3)x^{m+2}+\&c.$$

Diuidatur nunc per x^{m-1}, habebitur:

$$\frac{m-(m-1)x}{(1-x)^2}=\frac{m}{1-x}+\frac{x}{(1-x)^2}=m+(m+1)x$$
$$+(m+2)x^2+\&c.$$

multiplicetur haec antequam noua differentiatio ſuſcipiatur per x^n, vt ſit

$$\frac{mx^n}{1-x}+\frac{x^{n+1}}{(1-x)^2}=mx^n+(m+1)x^{n+1}+(m+2)x^{n+2}+\&c.$$

Nunc inſtituatur differentiatio, & diuiſo per dx erit:

$$\frac{mnx^{n-1}}{1-x}+\frac{(m+n+1)x^n}{(1-x)^2}+\frac{2x^{n+1}}{(1-x)^3}=mnx^{n-1}$$
$$+(m+1)(n+1)x^n+(m+2)(n+2)x^{n+1}+\&c.$$

Diuiſione autem per x^{n-1} inſtituta, fiet:

$$\frac{mn}{1-x}+\frac{(m+n+1)x}{(1-x)^2}+\frac{2xx}{(1-x)^3}=$$
$$mn+(m+1)(n+1)x+(m+2)(n+2)x^2+\&c.$$

ſicque vlterius progredi licebit: inuenientur autem perpetuo eaedem ſeries, quae ex euolutione fractionum ſummam conſtituentium naſcuntur.

22. Quoniam progreſſionis geometricae primum aſſumtae ſumma ad quemuis terminum vsque aſſignari po-

potest, hoc modo quoque series definito terminorum numero constantes summabuntur. Ita cum sit

$$\frac{1-x^{n+1}}{1-x} = x + x^2 + x^3 + x^4 + \dots\dots + x^n$$

erit differentiatione instituta & terminis per dx diuisis:

$$\frac{1}{(1-x)^2} - \frac{(n+1)x^n - nx^{n+1}}{(1-x)^2} = 1 + 2x + 3x^2 + 4x^3 + \dots\dots + nx^{n-1}$$

Hinc summae potestatum numerorum naturalium ad quemuis terminum inueniri poterunt. Multiplicetur enim haec series per x, vt fiat:

$$\frac{x-(n+1)x^{n+1}+nx^{n+2}}{(1-x)^2} = x + 2x^2 + 3x^3 + \dots\dots + nx^n$$

quae denuo differentiata ac per dx diuisa dabit:

$$\frac{1+x-(n+1)^2x^n+(2nn+2n-1)x^{n+1}-nnx^{n+2}}{(1-x)^3} = 1 + 4x + 9x^2 + \dots\dots + n^2x^{n-1}$$

quae per x multiplicata dabit:

$$\frac{x+x^2-(n+1)^2x^{n+1}+(2nn+2n-1)x^{n+2}-nnx^{n+3}}{(1-x)^3} = x + 4x^2 + 9x^3 + \dots\dots + n^2x^n$$

quae differentiata, per dx diuisa ac per x multiplicata producet seriem hanc:

$$x + 8x^2 + 27x^3 + \dots\dots + n^3x^n$$

cuius summa propterea inuenietur. Ex hacque simili modo summa biquadratorum altiorumque potestatum indefinita eruetur.

23. Methodus igitur haec ad omnes ſeries quantitatem indeterminatam continentes accommodari poteſt, quarum quidem ſummae conſtant. Cum igitur praeter geometricas ſeries recurrentes omnes eadem praerogatiua gaudeant, vt non ſolum in infinitum, ſed etiam ad quemuis terminum ſummari queant; ex iis quoque hac methodo innumerae aliae ſeries ſummabiles inueniri poterunt. Quod cum opus foret maxime diffuſum, ſi id perſequi vellemus, vnicum caſum perpendamus.

Sit ſcilicet propoſita haec ſeries:

$$\frac{x}{1-x-xx} = x + x^2 + 2x^3 + 3x^4 + 5x^5 + 8x^6 + 13x^7 + \&c.$$

quae differentiata ac per dx diuiſa dabit:

$$\frac{1+xx}{(1-x-xx)^2} = 1 + 2x + 6x^2 + 12x^3 + 25x^4 + 48x^5 + 91x^6 + \&c.$$

Facile autem patet omnes has ſeries hoc modo reſultantes fore quoque recurrentes, quarum adeo ſummae ex ipſarum natura inueniri poterunt.

24. In genere igitur ſi ſeriei cuiuspiam in hac forma contentae: $ax + bx^2 + cx^3 + dx^4 + \&c.$ ſumma fuerit cognita, quam ponamus $= S$, eiusdem ſeriei, ſi ſinguli termini ſingulatim per terminos progresſionis arithmeticae multiplicentur, ſumma inueniri poterit.

Sit enim

$$S = ax + bx^2 + cx^3 + dx^4 + ex^5 + \&c.$$

multiplicetur per x^m, erit

$$Sx^m = ax^{m+1} + bx^{m+2} + cx^{m+3} + dx^{m+4} + \&c.$$

diſdifferentietur haec aequatio, & diuidatur per dx:

$$mSx^{m-1} + x^m \frac{dS}{dx} = (m+1)ax^m + (m+2)bx^{m+1} + (m+3)cx^{m+2} + \&c.$$

diuidatur per x^{m-1}, eritque

$$mS + \frac{xdS}{dx} = (m+1)ax + (m+2)bx^2 + (m+3)cx^3 + \&c.$$

Quodsi ergo huius sequentis seriei summa desideretur:

$$\alpha ax + (\alpha+\beta)bx^2 + (\alpha+2\beta)cx^3 + (\alpha+3\beta)dx^4 + \&c.$$

multiplicetur superior per β ac statuatur $m\beta + \beta = \alpha$ vt sit $m = \frac{\alpha - \beta}{\beta}$; eritque huius seriei summa

$$= (\alpha - \beta)S + \frac{\beta x dS}{dx}.$$

25. Poterit etiam huius seriei propositae summa inueniri, si singuli eius termini multiplicentur per terminos seriei secundi ordinis singulatim, cuius scilicet differentiae demum secundae sint constantes. Quoniam enim iam inuenimus.

$$mS + \frac{xdS}{dx} = (m+1)ax + (m+2)bx^2 + (m+3)cx^3 + \&c.$$

multiplicetur per x^n, vt sit

$$mSx^n + \frac{x^{n+1}dS}{dx} = (m+1)ax^{n+1} + (m+2)bx^{n+2} + \&c.$$

differentietur posito dx constante, & per dx diuidatur:

$$mnSx^{n-1} + \frac{(m+n+1)x^n dS}{dx} + \frac{x^{n+1}ddS}{dx^2} =$$

$$(m+1)(n+1)ax^n + (m+2)(n+2)bx^{n+1} + \&c.$$

Diuidatur per x^{n-1}, ac multiplicatur per k, vt fit:

$$mnkS + \frac{(m+n+1)kxdS}{dx} + \frac{kx^2ddS}{dx^2} =$$

$$(m+1)(n+1)kax + (m+2)(n+2)kbx^2 + (m+3)(n+3)cx^3 + \&c.$$

Comparetur nunc haec series cum ista:

erit:	Diff. 1.	Diff. 2.
$kmn + km + kn + k = \alpha$		
$kmn + 2km + 2kn + 4k = \alpha + \beta$	$km + kn + 3k = \beta$	
$kmn + 3km + 3kn + 9k = \alpha + 2\beta + \gamma$	$km + kn + 5k = \beta + \gamma$	$2k = \gamma$

Ergo $k = \frac{1}{2}\gamma$; & $m + n = \frac{2\beta}{\gamma} - 3$; atque

$$mn = \frac{\alpha}{k} - m - n - 1 = \frac{2\alpha}{\gamma} - \frac{2\beta}{\gamma} + 2 = \frac{2(\alpha - \beta + \gamma)}{\gamma}.$$

Hinc summa seriei quaesita erit:

$$(\alpha - \beta + \gamma)S + \frac{(\beta - \gamma)xdS}{dx} + \frac{\gamma x^2 ddS}{2dx^2}.$$

26. Simili modo summa reperiri poterit seriei huius

$$Aa + Bbx + Ccx^2 + Ddx^3 + Eex^4 + \&c.$$

si quidem cognita fuerit summa S seriei huius:

$$S = a + bx + cx^2 + dx^3 + ex^4 + fx^5 + \&c.$$

atque A, B, C, D, &c. constituant seriem, quae ad differentias constantes deducitur. Fingatur enim summa, quoniam eius forma ex antecedentibus colligitur, haec

$$\alpha S + \frac{\beta xdS}{dx} + \frac{\gamma x^2 ddS}{2dx^2} + \frac{\delta x^3 d^3S}{6dx^3} + \frac{\epsilon x^4 d^4S}{24dx^4} + \&c.$$

Nunc

Nunc ad litteras α, β, γ, δ, &c. inueniendas euoluantur ſingulae ſeries, eritque:

$$\alpha S = \alpha a + \alpha bx + \alpha cx^2 + \alpha dx^3 + \alpha ex^4 + \&c.$$

$$\frac{\beta x dS}{dx} = \beta bx + 2\beta cx^2 + 3\beta dx^3 + 4\beta ex^4 + \&c.$$

$$\frac{\gamma x^2 ddS}{2dx^2} = \gamma cx^2 + 3\gamma dx^3 + 6\gamma ex^4 + \&c.$$

$$\frac{\delta x^3 d^3S}{6dx^3} = \delta dx^3 + 4\delta ex^4 + \&c.$$

$$\frac{\varepsilon x^4 d^4S}{24dx^4} = \varepsilon ex^4 + \&c.$$

quae ſimul ſumtae comparentur cum propoſita:

$$Z = Aa + Bbx + Ccx^2 + Ddx^3 + Eex^4 + \&c.$$

fietque comparatione ſingulorum terminorum inſtituta:

$$\alpha = A$$
$$\beta = B - \alpha = B - A$$
$$\gamma = C - 2\beta - \alpha = C - 2B + A$$
$$\delta = D - 3\gamma - 3\beta - \alpha = D - 3C + 3B - A$$
&c.

His igitur valoribus inuentis erit ſumma quaeſita:

$$Z = AS + \frac{(B - A)\,xdS}{1\,dx} + \frac{(C - 2B + A)\,x^2ddS}{1.2\,dx^2} + \frac{(D - 3C + 3B - A)\,x^3d^3S}{1.2.3\,dx^3} + \&c.$$

ſeu ſi ſeriei A, B, C, D, E, &c. differentiae continuae more conſueto indicentur, erit

Z =

$$Z = AS + \frac{\Delta A . x dS}{1\, dx} + \frac{\Delta^2 A . x^2 d^2 S}{1.2\, dx^2} + \frac{\Delta^3 A . x^3 d^3 S}{1.2.3\, dx^3} + \&c.$$

ſi quidem fuerit vti aſſumſimus:

$$S = a + bx + cx^2 + dx^3 + ex^4 + fx^5 + \&c.$$

Si ergo ſeries A, B, C, D, &c. tandem habeat differentias conſtantes, ſumma ſeriei Z finite exprimi poterit.

27. Quia ſumto e pro numero, cuius logarithmus hyperbolicus eſt $= 1$, eſt:

$$e^x = 1 + \frac{x}{1} + \frac{x^2}{1.2} + \frac{x^3}{1.2.3} + \frac{x^4}{1.2.3.4} + \frac{x^5}{1.2.3.4.5} + \&c.$$

ſumatur haec ſeries pro priori, & cum ſit

$$S = e^x \quad \text{erit}$$

$$\frac{dS}{dx} = e^x$$

$$\frac{ddS}{dx^2} = e^x \quad \&c.$$

Quare huius ſeriei, quae ex illa & hac A, B, C, D, &c. componitur:

$$A + \frac{Bx}{1} + \frac{Cx^2}{1.2} + \frac{Dx^3}{1.2.3} + \frac{Ex^4}{1.2.3.4} + \&c.$$

ſumma hoc modo exprimetur:

$$e^x \left(A + \frac{x\Delta A}{1} + \frac{xx\Delta^2 A}{1.2} + \frac{x^3 \Delta^3 A}{1.2.3} + \frac{x^4 \Delta^4 A}{1.2.3.4} + \&c. \right)$$

Sic ſi proponatur haec ſeries:

$$2 + \frac{5x}{1} + \frac{10x^2}{1.2} + \frac{17x^3}{1.2.3} + \frac{26x^4}{1.2.3.4} + \frac{37x^5}{1.2.3.4.5} + \&c.$$

Ob

Ob seriem A, B, C, D, E, &c.

erit $A = 2, \quad 5, \quad 10, \quad 17, \quad 26$ &c.

$\Delta A = \quad 3, \quad 5, \quad 7, \quad 9,$ &c.

$\Delta^2 A = \quad 2, \quad 2, \quad 2$ &c.

erit huius serei:

$$2 + 5x + \frac{10x^2}{2} + \frac{17x^3}{6} + \frac{26x^4}{24} + \&c.$$

summa $= e^x(2 + 3x + xx) = e^x(1+x)(2+x)$:

quod quidem sponte patet. Est enim

$$2e^x = 2 + \frac{2x}{1} + \frac{2x^2}{2} + \frac{2x^3}{6} + \frac{2x^4}{24} + \&c.$$

$$3xe^x = \quad 3x + \frac{3x^2}{1} + \frac{3x^3}{2} + \frac{3x^4}{6} + \&c.$$

$$xxe^x = \quad xx + \frac{x^3}{1} + \frac{x^4}{2} + \&c.$$

$$e^x(2+3x+xx) = 2+5x+\frac{10xx}{2}+\frac{17x^3}{6}+\frac{26x^4}{24}+\&c.$$

28. Quae hactenus sunt tradita non solum ad series in infinitum excurrentes spectant, sed etiam ad summas quotcunque terminorum: coefficientes enim a, b, c, d, &c. vel in infinitum progredi, vel vbicunque libuerit abrumpi possunt. Verum cum hoc non egeat vberiori explicatione, quae ex hactenus allatis sequuntur, accuratius perpendamus. Proposita ergo quacunque serie, cuius singuli termini duobus constent factoribus, quorum alteri seriem ad differentias constantes deducen-

tem constituant, huius seriei summa poterit assignari; dummodo omissis istis factoribus, series fuerit summabilis. Scilicet si proposita sit ista series

$$Z = Aa + Bbx + Ccx^2 + Ddx^3 + Eex^4 + \&c.$$

in qua quantitates A, B, C, D, E, &c. eiusmodi seriem constituant, quae tandem ad differentias constantes perducatur; tum istius seriei summa exhiberi poterit, dummodo habeatur summa S huius seriei

$$S = a + bx + cx^2 + dx^3 + ex^4 + \&c.$$

Sumtis enim ex progressione A, B, C, D, E, &c. differentiis continuis, vti initio huius libri ostendimus:

$$\begin{array}{ccccccc} A, & B, & C, & D, & E, & F & \&c. \\ \Delta A, & \Delta B, & \Delta C, & \Delta D, & \Delta E & \&c. & \\ \Delta^2 A, & \Delta^2 B, & \Delta^2 C, & \Delta^2 D & \&c. & & \\ \Delta^3 A, & \Delta^3 B, & \Delta^3 C & \&c. & & & \\ \Delta^4 A, & \Delta^4 B, & \&c. & & & & \\ \Delta^5 A, & \&c. & & & & & \\ \&c. & & & & & & \end{array}$$

erit seriei propositae summa:

$$Z = SA + \frac{xdS}{1\,dx}\Delta A + \frac{x^2 ddS}{1.2\,dx^2}\Delta^2 A + \frac{x^3 d^3 S}{1.2.3\,dx^3}\Delta^3 A + \&c.$$

posito in altioribus ipsius S differentialibus dx constante.

29. Si igitur series A, B, C, D, &c. nunquam ad differentias constantes deducat, summa seriei Z per nouam seriem infinitam exprimetur, quae interdum magis

gis conuerget quam proposita; sicque ista series in aliam sibi aequalem transformabitur. Sit ad hoc declarandum proposita haec series:

$$Y = y + \frac{y^2}{2} + \frac{y^3}{3} + \frac{y^4}{4} + \frac{y^5}{5} + \frac{y^6}{6} + \&c.$$

quam constat exprimere $l\frac{1}{1-y}$, ita vt sit $Y = -l(1-y)$. Diuidatur haec series per y, & statuatur $y = x$, &

$$Y = yZ, \text{ vt sit } Z = -\frac{1}{y}l(1-y) = -\frac{1}{x}l(1-x),$$

erit

$$Z = 1 + \frac{x}{2} + \frac{x^2}{3} + \frac{x^3}{4} + \frac{x^4}{5} + \frac{x^5}{6} + \&c.$$

quae comparata cum ista:

$$S = 1 + x + x^2 + x^3 + x^4 + x^5 + x^6 + \&c. = \frac{1}{1-x},$$

dabit pro serie A, B, C, D, E, &c. hos valores:

$$1, \quad \frac{1}{2}, \quad \frac{1}{3}, \quad \frac{1}{4}, \quad \frac{1}{5}$$

$$-\frac{1}{1.2}, \quad -\frac{1}{2.3}, \quad -\frac{1}{3.4}, \quad -\frac{1}{4.5}$$

$$\frac{1.2}{1.2.3}, \quad \frac{1.2}{2.3.4}, \quad \frac{1.2}{3.4.5}$$

$$-\frac{1.2.3}{1.2.3.4}, \quad -\frac{1.2.3}{2.3.4.5}$$

&c.

Erit ergo $A = 1$; $\Delta A = -\frac{1}{2}$; $\Delta^2 A = \frac{1}{3}$; $\Delta^3 A = -\frac{1}{4}$ &c.

 Porro

Porro cum sit $S = \frac{1}{1-x}$, erit

$$\frac{dS}{dx} = \frac{1}{(1-x)^2}$$

$$\frac{ddS}{1.2\,dx^2} = \frac{1}{(1-x)^3}$$

$$\frac{d^3S}{1.2.3\,dx^3} = \frac{1}{(1-x)^4}$$

&c.

Quibus valoribus substitutis orietur summa: $Z =$

$$\frac{1}{1-x} - \frac{x}{2(1-x)^2} + \frac{x^2}{3(1-x)^3} - \frac{x^3}{4(1-x)^4} + \frac{x^4}{5(1-x)^5} + \&c.$$

Cum ergo sit $x = y$, & $Y = -l(1-y) = yZ$; erit

$$-l(1-y) = \frac{y}{1-y} - \frac{y^2}{2(1-y)^2} + \frac{y^3}{3(1-y)^3} - \frac{y^4}{4(1-y)^4} + \&c.$$

quae series vtique exprimit

$$l\left(1 + \frac{y}{1-y}\right) = l\,\frac{1}{1-y} = -l(1-y),$$

cuius adeo veritas per ante demonstrata constat.

30. Proposita nunc sit ista series, vt etiam vsus pateat, si potestates tantum impares occurrant, & signa alternentur.

$$Y = y - \frac{y^3}{3} + \frac{y^5}{5} - \frac{y^7}{7} + \frac{y^9}{9} - \frac{y^{11}}{11} + \&c.$$

ex qua constat esse $Y = A\tang y$.

Di-

Diuidatur haec seriei per y, & ponatur $\frac{Y}{y} = Z$,

& $yy = x$; erit:

$$Z = 1 - \frac{x}{3} + \frac{xx}{5} - \frac{x^3}{7} + \frac{x^4}{9} - \frac{x^5}{11} + \&c.$$

quae si comparetur cum ista:

$S = 1 - x + xx - x^3 + x^4 - \&c.$ fiet $S = \frac{1}{1+x}$,

& series coefficientium A, B, C, D, &c. fiet:

$$A = 1, \frac{1}{3}, \frac{1}{5}, \frac{1}{7}, \frac{1}{9} \ \&c.$$

$$\Delta A = -\frac{2}{3}; -\frac{2}{3.5}; -\frac{2}{5.7}; -\frac{2}{7.9}$$

$$\Delta^2 A = \frac{2.4}{3.5}; \frac{2.4}{3.5.7}; \frac{2.4}{5.7.9}$$

$$\Delta^3 A = -\frac{2.4.6}{3.5.7}; -\frac{2.4.6}{3.5.7.9}$$

$$\Delta^4 A = \frac{2.4.6.8}{3.5.7.9}$$

&c.

At cum sit $S = \frac{1}{1+x}$; erit

$$\frac{dS}{1dx} = -\frac{1}{(1+x)^2}$$

$$\frac{ddS}{1.2dx^2} = \frac{1}{(1+x)^3}$$

$$\frac{d^3S}{1.2.3dx^3} = -\frac{1}{(1+x)^4} \ \&c.$$

 Qua-

Quare substitutis his valoribus fiet forma $Z =$

$$\frac{1}{1+x} + \frac{2x}{3(1+x)^2} + \frac{2.4x^2}{3.5(1+x)^3} + \frac{2.4.6x^3}{3.5.7(1+x)^4} + \&c.$$

Restituto ergo $x = yy$; & per y multiplicato fiet:

$$Y = A \tang y =$$

$$\frac{y}{1+yy} + \frac{2y^3}{3(1+yy)^2} + \frac{2.4y^5}{3.5(1+yy)^3} + \frac{2.4.6y^7}{3.5.7(1+yy)^4} + \&c.$$

31. Potest quoque superior series, qua arcus circuli per tangentem exprimitur, alio modo transmutari, eam comparando cum serie logarithmica.

Consideremus nempe seriem

$$Z = 1 - \frac{x}{3} + \frac{xx}{5} - \frac{x^3}{7} + \frac{x^4}{9} - \frac{x^5}{11} + \&c.$$

quam comparemus cum hac:

$$S = \frac{1}{0} - \frac{x}{2} + \frac{xx}{4} - \frac{x^3}{6} + \frac{x^4}{8} - \&c.$$

$$= \frac{1}{0} - \frac{1}{2} l(1+x),$$

atque valores litterarum A, B, C, D, &c. erunt

$$A = \frac{0}{1};\ \frac{2}{3};\ \frac{4}{5};\ \frac{6}{7};\ \frac{8}{9};\ \&c.$$

$$\Delta A = \frac{2}{3};\ \frac{+2}{3.5};\ \frac{+2}{5.7};\ \frac{+2}{7.9};\ \&c.$$

$$\Delta^2 A = \frac{-2.4}{3.5};\ \frac{-2.4}{3.5.7};\ \frac{-2.4}{5.7.9};\ \&c.$$

$$\Delta^3 A = \frac{2.4.6}{3.5.7};\ \&c.$$

De

Deinde cum sit $S = \frac{1}{0} - \frac{1}{2} l(1+x)$; erit

$$\frac{dS}{1.dx} = -\frac{1}{2(1+x)}$$

$$\frac{ddS}{1.2dx^2} = +\frac{1}{4(1+x)^2}$$

$$\frac{d^3S}{1.2.3dx^3} = -\frac{1}{6(1+x)^3}$$

$$\frac{d^4S}{1.2.3.4\,dx^3} = \frac{1}{8(1+x)^4}$$

&c.

Erit igitur $SA = S.\frac{0}{1} = 1$: & ex reliquis fiet:

$$Z = 1 - \frac{x}{3(1+x)} - \frac{2xx}{3.5(1+x)^2} - \frac{2.4x^3}{3.5.7(1+x)^3} - \&c.$$

Ponatur nunc $x = yy$, & multiplicetur per y fiet:

$$Y = A \text{ tang } y =$$

$$y - \frac{y^3}{3(1+yy)} - \frac{2y^5}{3.5(1+yy)^2} - \frac{2.4y^7}{3.5.7(1+yy)^3} - \&c.$$

Haec ergo transmutatio non impediebatur termino infinito $\frac{1}{0}$, qui in seriem S ingrediebatur. Sin autem cui supersit dubium, is tantum singulos terminos praeter primum secundum potestates ipsius y in series resoluat, atque deprehendet actu seriem primum propositam resultare.

32.

32. Hactenus eiusmodi tantum series sumus contemplati, in quibus omnes potestates variabilis occurrunt. Nunc igitur ad alias series progrediamur, quae in singulis terminis eandem potestatem ipsius variabilis complectantur, cuiusmodi est haec:

$$S = \frac{1}{a+x} + \frac{1}{b+x} + \frac{1}{c+x} + \frac{1}{d+x} + \&c.$$

Huius enim seriei si summa S fuerit, cognita ac per functionem quampiam ipsius x exprimatur, erit differentiando ac per $-dx$ diuidendo:

$$\frac{-dS}{dx} = \frac{1}{(a+x)^2} + \frac{1}{(b+x)^2} + \frac{1}{(c+x)^2} + \frac{1}{(d+x)^2} + \&c.$$

Si haec vlterius differentietur, atque per $-2\,dx$ diuidatur, cognoscetur series cuborum:

$$\frac{ddS}{2dx^2} = \frac{1}{(a+x)^3} + \frac{1}{(b+x)^3} + \frac{1}{(c+x)^3} + \frac{1}{(d+x)^3} + \&c.$$

haecque denuo differentiata, atque per $-3\,dx$ diuisa dabit:

$$\frac{-d^3S}{6dx^3} = \frac{1}{(a+x)^4} + \frac{1}{(b+x)^4} + \frac{1}{(c+x)^4} + \frac{1}{(d+x)^4} + \&c.$$

Similique modo omnium sequentium potestatum summae reperientur, dummodo summa seriei primae fuerit cognita.

33. Huiusmodi autem series fractionum quantitatem indeterminatam inuoluentes supra in introductione elicuimus, vbi ostendimus, si circuli, cuius radius $= 1$, semiperipheria statuatur $= \pi$; fore

$$\frac{\pi}{n \sin \frac{m}{n}\pi} =$$

$$\frac{1}{m} + \frac{1}{n-m} - \frac{1}{n+m} - \frac{1}{2n-m} + \frac{1}{2n+m} + \frac{1}{3n-m} - \&c.$$

$$\frac{\pi \cos \frac{m}{n}\pi}{n \sin \frac{m}{n}\pi} =$$

$$\frac{1}{m} - \frac{1}{n-m} + \frac{1}{n+m} - \frac{1}{2n-m} + \frac{1}{2n+m} - \frac{1}{3n-m} + \&c.$$

Cum igitur pro m & n numeros quoscunque assumere liceat, statuamus $n = 1$, & $m = x$; vt obtineamus series illi quam in §. praec. proposueramus similes; hoc facto erit:

$$\frac{\pi}{\sin \pi x} =$$

$$\frac{1}{x} + \frac{1}{1-x} - \frac{1}{1+x} - \frac{1}{2-x} + \frac{1}{2+x} + \frac{1}{3-x} - \&c.$$

$$\frac{\pi \cos \pi x}{\sin \pi x} =$$

$$\frac{1}{x} - \frac{1}{1-x} + \frac{1}{1+x} - \frac{1}{2-x} + \frac{1}{2+x} - \frac{1}{3-x} + \&c.$$

Per differentiationes ergo summae quarumuis potestatum ex his fractionibus oriundarum exhiberi poterunt.

34. Consideremus seriem priorem, sitque breuitatis gratia $\frac{\pi}{\sin \pi x} = S$, cuius differentialia altiora capiantur posito dx constante: eritque

$$S = \frac{1}{x} + \frac{1}{1-x} - \frac{1}{1+x} - \frac{1}{2-x} + \frac{1}{2+x} + \frac{1}{3-x} - \&c.$$

$$\frac{-dS}{dx} = \frac{1}{xx} - \frac{1}{(1-x)^2} - \frac{1}{(1+x)^2} + \frac{1}{(2-x)^2} + \frac{1}{(2+x)^2} - \frac{1}{(3-x)^2} - \&c.$$

$$\frac{ddS}{2dx^2} = \frac{1}{x^3} + \frac{1}{(1-x)^3} - \frac{1}{(1+x)^3} - \frac{1}{(2-x)^3} + \frac{1}{(2+x)^3} + \frac{1}{(3-x)^3} - \&c.$$

$$\frac{-d^3S}{6dx^3} = \frac{1}{x^4} - \frac{1}{(1-x)^4} - \frac{1}{(1+x)^4} + \frac{1}{(2-x)^4} + \frac{1}{(2+x)^4} - \frac{1}{(3-x)^4} - \&c.$$

$$\frac{d^4S}{24dx^4} = \frac{1}{x^5} + \frac{1}{(1-x)^5} - \frac{1}{(1+x)^5} - \frac{1}{(2-x)^5} + \frac{1}{(2+x)^5} + \frac{1}{(3-x)^5} - \&c.$$

$$\frac{-d^5S}{120dx^5} = \frac{1}{x^6} - \frac{1}{(1-x)^6} - \frac{1}{(1+x)^6} + \frac{1}{(2-x)^6} + \frac{1}{(2+x)^6} - \frac{1}{(3-x)^6} - \&c.$$

&c.

vbi notandum eſt in poteſtatibus paribus ſigna eandem ſequi legem, pariterque in imparibus eandem legem ſignorum obſeruari. Omnium ergo iſtarum ſerierum ſummae inuenientur ex differentialibus expreſſionis

$$S = \frac{\pi}{\sin \pi x}.$$

35. Ad Differentialia haec ſimplicius exprimenda ponamus $\sin \pi x = p$ & $\cos \pi x = q$, erit $dp = \pi dx \cos \pi x = \pi q dx$, & $dq = \pi p dx$; Cum ergo ſit

S =

$S = \frac{\pi}{p}$ erit

$\frac{-dS}{dx} = \frac{\pi^2 q}{pp}$

$\frac{ddS}{dx^2} = \frac{\pi^3(pp+2qq)}{p^3} = \frac{\pi^3(qq+1)}{p^3}$ ob $pp+qq=1$

$\frac{-d^3S}{dx^3} = \pi^4\left(\frac{5q}{pp}+\frac{6q^3}{p^4}\right) = \frac{\pi^4(q^3+5q)}{p^4}$

$\frac{d^4S}{dx^4} = \pi^5\left(\frac{24q^4}{p^5}+\frac{28q^2}{p^3}+\frac{5}{p}\right)$

vel $= \frac{\pi^5(q^4+18q^2+5)}{p^5}$.

$\frac{-d^5S}{dx^5} = \pi^6\left(\frac{120q^5}{p^6}+\frac{180q^3}{p^4}+\frac{61q}{pp}\right)$

vel $= \frac{\pi^6(q^5+58q^3+61q)}{p^6}$

$\frac{d^6S}{dx^6} = \pi^7\left(\frac{720q^6}{p^7}+\frac{1320q^4}{p^5}+\frac{662q^2}{p^3}+\frac{61}{p}\right)$

vel $= \frac{\pi^7(q^6+179q^4+479q^2+61)}{p^7}$

$\frac{-d^7S}{dx^7} = \pi^8\left(\frac{5040q^7}{p^8}+\frac{10920q^5}{p^6}+\frac{7266q^3}{p^4}+\frac{1385q}{p^2}\right)$

vel $= \frac{\pi^8}{p^8}(q^7+543q^5+3111q^3+1385q)$

$\frac{d^8S}{dx^8} = \pi^9\left(\frac{40320q^8}{p^9}+\frac{100800q^6}{p^7}+\frac{83664q^4}{p^5}+\frac{24568q^2}{p^3}+\frac{1385}{p}\right)$

&c.

 Quae

Quae expreſſiones facile vlterius quousque libuerit continuari poſſunt, ſi enim fuerit:

$$\pm\frac{d^nS}{dx^n}=\pi^{n+1}\left(\frac{\alpha q^n}{p^{n+1}}+\frac{\beta q^{n-2}}{p^{n-1}}+\frac{\gamma q^{n-4}}{p^{n-3}}+\frac{\delta q^{n-6}}{p^{n-5}}+\&c.\right)$$

erit differentiale ſequens ſignis mutatis:

$$\mp\frac{d^{n+1}S}{dx^{n+1}}=\pi^{n+2}\left(\frac{(n+1)\alpha q^{n+1}}{p^{n+2}}\begin{matrix}+n\alpha\\+(n-1)\beta\end{matrix}\Big\}\frac{q^{n-1}}{p^n}\begin{matrix}+(n-2)\beta\\+(n-3)\gamma\end{matrix}\Big\}\frac{q^{n-3}}{p^{n-2}}\begin{matrix}+(n-4)\gamma\\+(n-5)\delta\end{matrix}\Big\}\frac{q^{n-5}}{p^{n-4}}\ \&c.\right)$$

36. Ex his ergo obtinebuntur ſummae ſerierum ſuperiorum §. 34. exhibitarum ſequentes:

$$S=\pi.\frac{1}{p}$$

$$\frac{-dS}{dx}=\frac{\pi^2}{1}.\frac{q}{p^2}$$

$$\frac{ddS}{2dx^2}=\frac{\pi^3}{2}\left(\frac{2q^2}{p^3}+\frac{1}{p}\right)$$

$$\frac{-d^3S}{6dx^3}=\frac{\pi^4}{6}\left(\frac{6q^3}{p^4}+\frac{5q}{p^2}\right)$$

$$\frac{d^4S}{24dx^4}=\frac{\pi^5}{24}\left(\frac{24q^4}{p^5}+\frac{28q^2}{p^3}+\frac{5}{p}\right)$$

$$\frac{-d^5S}{120dx^5}=\frac{\pi^6}{120}\left(\frac{120q^5}{p^6}+\frac{180q^3}{p^4}+\frac{61q}{p^2}\right)$$

$$\frac{d^6S}{720dx^6}=\frac{\pi^7}{720}\left(\frac{720q^6}{p^7}+\frac{1320q^4}{p^6}+\frac{662q^4}{p^3}+\frac{61}{p}\right)$$

$$\frac{-d^7S}{5040dx^7}=\frac{\pi^8}{5040}\left(\frac{5040q^7}{p^8}+\frac{10920q^5}{p^6}+\frac{7266q^3}{p^4}+\frac{1385q}{p^2}\right)$$

$$\frac{d^8S}{40320dx^8}=\frac{\pi^9}{40320}\left(\frac{40320q^8}{p^9}+\frac{100800q^6}{p^7}+\frac{83664q}{p^5}+\frac{24568q^2}{p^3}+\frac{1385}{p}\right)$$

&c.

37.

37. Tractemus simili modo alteram seriem supra inuentam:

$$\frac{\pi \cos \pi x}{\sin \pi x} = \frac{1}{x} - \frac{1}{1-x} + \frac{1}{1+x} - \frac{1}{2-x} + \frac{1}{2+x} - \frac{1}{3-x} + \&c.$$

atque posito breuitatis ergo $\frac{\pi \cos \pi x}{\sin \pi x} = T$, orientur sequentes summationes:

$$T = \frac{1}{x} - \frac{1}{1-x} + \frac{1}{1+x} - \frac{1}{2-x} + \frac{1}{2+x} - \&c.$$

$$\frac{-dT}{dx} = \frac{1}{x^2} + \frac{1}{(1-x)^2} + \frac{1}{(1+x)^2} + \frac{1}{(2-x)^2} + \frac{1}{(2+x)^2} + \&c.$$

$$\frac{ddT}{2dx^2} = \frac{1}{x^3} - \frac{1}{(1-x)^3} + \frac{1}{(1+x)^3} - \frac{1}{(2-x)^3} + \frac{1}{(2+x)^3} - \&c.$$

$$\frac{-d^3T}{6dx^3} = \frac{1}{x^4} + \frac{1}{(1-x)^4} + \frac{1}{(1+x)^4} + \frac{1}{(2-x)^4} + \frac{1}{(2+x)^4} + \&c.$$

$$\frac{d^4T}{24dx^4} = \frac{1}{x^5} - \frac{1}{(1-x)^5} + \frac{1}{(1+x)^5} - \frac{1}{(2-x)^5} + \frac{1}{(2+x)^5} - \&c.$$

$$\frac{-d^5T}{120dx^5} = \frac{1}{x^6} + \frac{1}{(1-x)^6} + \frac{1}{(1+x)^6} + \frac{1}{(2-x)^6} + \frac{1}{(2+x)^6} + \&c.$$

&c.

vbi in potestatibus paribus omnes termini sunt affirmatiui, in imparibus autem signa + & — alternatim se excipiunt.

38. Quo differentialium horum valores innotescant, ponamus vt ante $\sin \pi x = p$ & $\cos \pi x = q$, vt sit $pp + qq = 1$; erit $dp = \pi q dx$ & $dq = -\pi p dx$.

Quibus valoribus adhibitis erit;

$$T = \pi . \frac{q}{p}$$

$$\frac{-dT}{dx} = \pi^2 \left(\frac{qq}{pp} + 1\right) = \frac{\pi^2}{pp}$$

$$\frac{ddT}{dx^2} = \pi^3 \left(\frac{2q^3}{p^3} + \frac{2q}{p}\right) = \frac{2\pi^3 q}{p^3}$$

$$\frac{-d^3T}{dx^3} = \pi^4 \left(\frac{6q^4}{p^4} + \frac{8qq}{pp} + 2\right) = \pi^4 \left(\frac{6qq}{p^4} + \frac{2}{pp}\right)$$

$$\frac{d^4T}{dx^4} = \pi^5 \left(\frac{24q^3}{p^5} + \frac{16q}{p^3}\right)$$

$$\frac{-d^5T}{dx^5} = \pi^6 \left(\frac{120q^4}{p^6} + \frac{120qq}{p^4} + \frac{16}{pp}\right)$$

$$\frac{d^6T}{dx^6} = \pi^7 \left(\frac{720q^5}{p^7} + \frac{960q^3}{p^5} + \frac{272q}{p^3}\right)$$

$$\frac{-d^7T}{dx^7} = \pi^8 \left(\frac{5040q^6}{p^8} + \frac{8400q^4}{p^6} + \frac{3696q^2}{p^4} + \frac{272}{p^2}\right)$$

$$\frac{d^8T}{dx^8} = \pi^9 \left(\frac{40320q^7}{p^9} + \frac{80640q^5}{p^7} + \frac{48384q^3}{p^5} + \frac{7936q}{p^3}\right)$$

&c.

Quae formulae facile vlterius quousque libuerit continuari possunt. Si enim sit

$$\pm \frac{d^nT}{dx^n} = \pi^{n+1} \left(\frac{\alpha q^{n-1}}{p^{n+1}} + \frac{\beta q^{n-3}}{p^{n-1}} + \frac{\gamma q^{n-5}}{p^{n-3}} + \frac{\delta q^{n-7}}{p^{n-5}} + \&c.\right)$$

erit expressio sequens:

$$\mp \frac{d^{n+1}T}{dx^{n+1}} = \pi^{n+2} \left(\frac{(n+1)\alpha q^n}{p^{n+2}} + \frac{(n-1)(\alpha+\beta)q^{n-2}}{p^n} + \frac{(n-3)(\beta+\gamma)q^{n-4}}{p^{n-2}} + \&c.\right)$$

39. Series ergo potestatum §. 37. datae sequentes habebunt summas posito $\sin \pi x = p$ & $\cos \pi x = q$.

$$T = \pi \cdot \frac{q}{p}$$

$$\frac{-dT}{dx} = \pi^2 \frac{1}{pp}$$

$$\frac{ddT}{2\,dx^2} = \pi^3 \cdot \frac{q}{p^3}$$

$$\frac{-d^3T}{6\,dx^3} = \pi^4 \left(\frac{qq}{p^4} + \frac{1}{3pp}\right)$$

$$\frac{d^4T}{24\,dx^4} = \pi^5 \left(\frac{q^3}{p^5} + \frac{2q}{3p^3}\right)$$

$$\frac{-d^5T}{120\,dx^5} = \pi^6 \left(\frac{q^4}{p^6} + \frac{3qq}{3p^4} + \frac{2}{15pp}\right)$$

$$\frac{d^6T}{720\,dx^6} = \pi^7 \left(\frac{q^5}{p^7} + \frac{4q^3}{3p^6} + \frac{17q}{45p^3}\right)$$

$$\frac{-d^7T}{5040\,dx^7} = \pi^8 \left(\frac{q^6}{p^8} + \frac{5q^4}{3p^6} + \frac{11q^2}{15p^4} + \frac{17}{315pp}\right)$$

$$\frac{d^8T}{40320\,dx^8} = \pi^9 \left(\frac{q^7}{p^9} + \frac{6q^5}{3p^7} + \frac{6q^3}{5p^5} + \frac{62q}{315p^3}\right)$$

&c.

40. Praeter has series inuenimus in introductione nonnullas alias, ex quibus simili modo per differentiationes nouae elici possunt. Ostendimus enim esse:

$$\frac{1}{2x} - \frac{\pi \sqrt{x}}{2x \text{ tang } \pi \sqrt{x}} =$$

$$\frac{1}{1-x} + \frac{1}{4-x} + \frac{1}{9-x} + \frac{1}{16-x} + \frac{1}{25-x} + \&c.$$

Po-

Ponamus ſummam huius ſeriei eſſe $= S$,

vt ſit $S = \frac{1}{2x} - \frac{\pi}{2\sqrt{x}} \cdot \frac{\cos \pi\sqrt{x}}{\sin \pi\sqrt{x}}$, erit

$$\frac{dS}{dx} = -\frac{1}{2xx} + \frac{\pi}{4x\sqrt{x}} \cdot \frac{\cos \pi\sqrt{x}}{\sin \pi\sqrt{x}} + \frac{\pi\pi}{4x(\sin \pi\sqrt{x})^2},$$

quae ergo expreſſio praebet ſummam huius ſeriei:

$$\frac{1}{(1-x)^2} + \frac{1}{(4-x)^2} + \frac{1}{(9-x)^2} + \frac{1}{(16-x)^2} + \frac{1}{(25-x)^2} + \&c.$$

Deinde quoque oſtendimus eſſe:

$$\frac{\pi}{2\sqrt{x}} \cdot \frac{e^{2\pi\sqrt{x}}+1}{e^{2\pi\sqrt{x}}-1} - \frac{1}{2x} =$$

$$\frac{1}{1+x} + \frac{1}{4+x} + \frac{1}{9+x} + \frac{1}{16+x} + \&c.$$

Quodſi ergo haec ſumma ponatur $= S$, erit:

$$\frac{-dS}{dx} = \frac{1}{(1+x)^2} + \frac{1}{(4+x)^2} + \frac{1}{(9+x)^2} + \frac{1}{(16+x)^2} + \&c.$$

At eſt

$$\frac{dS}{dx} = \frac{-\pi}{4x\sqrt{x}} \cdot \frac{e^{2\pi\sqrt{x}}+1}{e^{2\pi\sqrt{x}}-1} - \frac{\pi\pi}{x} \cdot \frac{e^{2\pi\sqrt{x}}}{(e^{2\pi\sqrt{x}}-1)^2} + \frac{1}{2xx}.$$

Ergo ſumma huius ſeriei erit:

$$\frac{-dS}{dx} = \frac{\pi}{4x\sqrt{x}} \cdot \frac{e^{2\pi\sqrt{x}}+1}{e^{2\pi\sqrt{x}}-1} + \frac{\pi\pi}{x} \cdot \frac{e^{2\pi\sqrt{x}}}{(e^{2\pi\sqrt{x}}-1)^2} - \frac{1}{2xx}.$$

Similique modo vlterioribus differentiationibus ſummae ſequentium poteſtatum inuenientur.

41. Si cognitus fuerit valor producti cuiuspiam ex factoribus indeterminatam litteram inuoluentibus compo-

ſiti

siti, ex eo per eandem methodum innumerabiles series summabiles inueniri poterunt. Sit enim huius producti

$$(1+\alpha x)(1+\beta x)(1+\gamma x)(1+\delta x)(1+\epsilon x) \ \&c.$$

valor $= S$, functioni scilicet cuiuspiam ipsius x, erit logarithmis sumendis:

$$lS = l(1+\alpha x) + l(1+\beta x) + l(1+\gamma x) + l(1+\delta x) + \&c.$$

Sumantur iam differentialia, erit diuisione per dx instituta:

$$\frac{dS}{Sdx} = \frac{\alpha}{1+\alpha x} + \frac{\beta}{1+\beta x} + \frac{\gamma}{1+\gamma x} + \frac{\delta}{1+\delta x} + \&c.$$

ex cuius vlteriori differentiatione summae potestatum quarumuis istarum fractionum reperietur; plane vti in exemplis praecedentibus fusius exposuimus.

42. Exhibuimus autem in introductione nonnullas istiusmodi expressiones, ad quas hanc methodum accommodemus. Scilicet si sit π arcus $180°$ circuli, cuius radius $= 1$, ostendimus esse:

$$\sin\frac{m\pi}{2n} = \frac{m\pi}{2n} \cdot \frac{4nn-mm}{4nn} \cdot \frac{16nn-mm}{16nn} \cdot \frac{36nn-mm}{36nn} \ \&c.$$

$$\cos\frac{m\pi}{2n} = \frac{nn-mm}{nn} \cdot \frac{9nn-mm}{9nn} \cdot \frac{25nn-mm}{25nn} \cdot \frac{49nn-mm}{49nn} \ \&c.$$

Ponamus $n = 1$ & $m = 2x$; vt sit

$$\sin \pi x = \pi x \cdot \frac{1-xx}{1} \cdot \frac{4-xx}{4} \cdot \frac{9-xx}{9} \cdot \frac{16-xx}{16} \cdot \&c. \ \text{vel}$$

$$\sin \pi x = \pi x \cdot \frac{1-x}{1} \cdot \frac{1+x}{1} \cdot \frac{2-x}{2} \cdot \frac{2+x}{2} \cdot \frac{3-x}{3} \cdot \frac{3+x}{3} \cdot \frac{4-x}{4} \cdot \&c. \ \&$$

$$\cos\pi x = \frac{1-4xx}{1}\cdot\frac{9-4xx}{9}\cdot\frac{25-4xx}{25}\cdot\frac{49-4xx}{49}\cdot \&c. \quad \text{seu}$$

$$\cos\pi x = \frac{1-2x}{1}\cdot\frac{1+2x}{1}\cdot\frac{3-2x}{3}\cdot\frac{3+2x}{3}\cdot\frac{5-2x}{5}\cdot\frac{5+2x}{5}\cdot \&c.$$

Ex his ergo expressionibus, si logarithmi sumantur, erit:

$$l\sin\pi x = l\pi x + l\frac{1-x}{1} + l\frac{1+x}{1} + l\frac{2-x}{2} + l\frac{2+x}{2} + l\frac{3-x}{3} + \&c.$$

$$l\cos\pi x = l\frac{1-2x}{1} + l\frac{1+2x}{1} + l\frac{3-2x}{3} + l\frac{3+2x}{3} + l\frac{5-2x}{5} + \&c.$$

43. Sumamus nunc harum serierum logarithmicarum differentialia, & diuisione vbique per dx facta prior series dabit:

$$\frac{\pi\cos\pi x}{\sin\pi x} = \frac{1}{x} - \frac{1}{1-x} + \frac{1}{1+x} - \frac{1}{2-x} + \frac{1}{2+x} - \frac{1}{3-x} + \&c.$$

quae est ea ipsa series, quam §. 37. tractauimus. Altera vero series dabit:

$$\frac{-\pi\sin\pi x}{\cos\pi x} = \frac{-2}{1-2x} + \frac{2}{1+2x} - \frac{2}{3-2x} + \frac{2}{3+2x} - \frac{2}{5-2x} + \&c.$$

Ponamus $2x = z$, vt sit $x = \frac{z}{2}$, & diuidamus per -2 erit:

$$\frac{\pi\sin\frac{1}{2}\pi z}{2\cos\frac{1}{2}\pi z} = \frac{1}{1-z} - \frac{1}{1+z} + \frac{1}{3-z} - \frac{1}{3+z} + \frac{1}{5-z} - \&c.$$

Cum autem sit

$$\sin\tfrac{1}{2}\pi z = V\frac{1-\cos\pi z}{2} \quad \& \quad \cos\tfrac{1}{2}\pi z = V\frac{1+\cos\pi z}{2}$$

erit:

$$\frac{\pi V(1-\cos\pi z)}{V(1+\cos\pi z)} = \frac{2}{1-z} - \frac{2}{1+z} + \frac{2}{3-z} - \frac{2}{3+z} + \frac{2}{5-z} - \&c.$$

seu

seu loco z scribendo x erit:

$$\frac{\pi\sqrt{(1-\cos\pi x)}}{\sqrt{(1+\cos\pi x)}} = \frac{2}{1-x} - \frac{2}{1+x} + \frac{2}{3-x} - \frac{2}{3+x} + \frac{2}{5-x} - \&c.$$

Addatur haec series ad primum inuentam:

$$\frac{\pi\cos\pi x}{\sin\pi x} = \frac{1}{x} - \frac{1}{1-x} + \frac{1}{1+x} - \frac{1}{2-x} + \frac{1}{2+x} - \frac{1}{3-x} + \&c.$$

Atque reperietur huius seriei:

$$\frac{1}{x} + \frac{1}{1-x} - \frac{1}{1+x} - \frac{1}{2-x} + \frac{1}{2+x} + \frac{1}{3-x} - \frac{1}{3+x} - \&c.$$

Summa $= \frac{\pi\sqrt{(1-\cos\pi x)}}{\sqrt{(1+\cos\pi x)}} + \frac{\pi\cos\pi x}{\sin\pi x}$. At fractio haec $\frac{\sqrt{(1-\cos\pi x)}}{\sqrt{(1+\cos\pi x)}}$, si numerator & denominator multiplicetur per $\sqrt{(1-\cos\pi x)}$ abit in $\frac{1-\cos\pi x}{\sin\pi x}$. Quocirca summa seriei erit $= \frac{\pi}{\sin\pi x}$, quae est ea ipsa, quam §. 34. habuimus: vnde eam vlterius non persequemur.

CAPUT III.

DE INUENTIONE DIFFERENTIARUM FINITARUM.

44.

Quemadmodum ex functionum differentiis finitis earum differentialia facile inueniri queant, in initio fusius exposuimus, atque adeo ex hoc fonte principium differentialium deriuauimus. Si enim differentiae, quae assumtae erant finitae, euanescant, in nihilumque abeant, oriuntur differentialia; & quia hoc casu plures & saepe innumeri termini, qui differentiam finitam constituunt, reiiciuntur, differentialia multo facilius inueniri, atque commodius succinctiusque exprimi possunt, quam differentiae finitae. Neque igitur hinc vicissim via patere videtur, a differentialibus ad differentias finitas ascendendi. Interim tamen eo modo, quo hic vtemur, ex differentialibus omnium ordinum cuiuscunque functionis, eiusdem differentiae finitae omnes definiri poterunt.

45. Sit y functio quaecunque ipsius x, quae cum posito $x+dx$ loco x abeat in $y+dy$, si denuo loco x ponatur $x+dx$, valor $y+dy$ suo differentiali $dy+ddy$ augebitur, fietque $=y+2dy+ddy$, qui ergo valor respondebit ipsius x valori $x+2dx$. Simili modo si ponamus quantitatem x continuo suo differentiali dx augeri, vt successiue valores

$x+$

$x + dx$; $x + 2dx$; $x + 3dx$; $x + 4dx$; &c.
induat, valores ipſius y reſpondentes erunt, quos haec tabella indicat:

Valores ipſius	Valores reſpondentes functionis
x	y
$x + dx$	$y + dy$
$x + 2dx$	$y + 2dy + ddy$
$x + 3dx$	$y + 3dy + 3ddy + dy$
$x + 5dx$	$y + 4dy + 6ddy + 4d^3y + d^4y$
$x + 5dx$	$y + 5dy + 10ddy + 10d^3y + 5d^4y + d^5y$
$x + 6dx$	$y + 6dy + 15ddy + 20d^3y + 15d^4y + 6d^5y + d^6y$
&c.	&c.

46. Generaliter ergo ſi x abeat in $x + ndx$, functio y recipiet hanc formam:

$$y + \frac{n}{1}dy + \frac{n(n-1)}{1.\ 2}ddy + \frac{n(n-1)(n-2)}{1.\ 2.\ 3}d^3y$$
$$+ \frac{n(n-1)(n-2)(n-3)}{1.\ 2.\ 3.\ 4}d^4y + \&c.$$

in qua expreſſione, etſi quilibet terminus infinities minor eſt quam praecedens, tamen nullum praetermiſimus, quo iſta formula ad praeſens negotium apta redderetur. Statuemus enim pro n numerum infinite magnum, & quoniam notauimus, fieri poſſe vt productum ex quantitate infinite magna in infinite paruam aequetur quantitati finitae, terminus ſecundus vtique homo-

 ge-

geneus fieri poterit primo, seu $n\,dy$ quantitatem finitam repraesentare poterit. Ob eandemque rationem terminus tertius $\frac{n(n-1)}{1\cdot 2}ddy$, etsi ddy infinities minus est quam dy, tamen quia alter factor $\frac{n(n-1)}{1\cdot 2}$ infinities maior est quam n, terminus quoque tertius quantitatem finitam exprimere poterit: sicque posito n numero infinito nullum illius expressionis terminum reiicere licebit.

47. Posito autem n numero infinito quocunque is numero finito siue augeatur siue diminuatur, numerus resultans ad n habebit rationem aequalitatis, hincque pro singulis factoribus $n-1$, $n-2$, $n-3$, $n-4$, &c. vbique scribi poterit n. Cum enim sit

$$\frac{n(n-1)}{1\cdot 2}ddy = \tfrac{1}{2}nnddy - \tfrac{1}{2}nddy$$

prior terminus $\frac{1}{2}nnddy$ ad posteriorem $\frac{1}{2}nddy$ rationem tenebit vt n ad 1, sicque hic respectu illius euanescet; loco $\frac{n(n-1)}{1\cdot 2}$ ergo scribi poterit $\frac{1}{2}nn$. Simili modo quarti termini coefficiens $\frac{n(n-1)(n-2)}{1\cdot 2\cdot 3}$ contrahi poterit in $\frac{n^3}{6}$ pariterque in sequentibus numeri, quibus n in factoribus diminuitur, negligi poterunt. Hoc vero facto functio y, si loco x ponatur $x+ndx$, existente numero n infinito, sequentem valorem accipiet:

$y+$

$$y + \frac{ndy}{1} + \frac{nnddy}{1.2} + \frac{n^3d^3y}{1.2.3} + \frac{n^4d^4y}{1.2.3.4} + \frac{n^5d^5y}{1.2.3.4.5} + \&c.$$

48. Cum igitur ſumto n numero infinite magno etiamſi dx ſit infinite paruum, productum ndx quantitatem finitam exprimere poſſit, ponamus $ndx = \omega$, vt ſit $n = \frac{\omega}{dx}$, erit vtique n numerus infinitus, cum ſit quotus ex diuiſione quantitatis finitae ω per infinite paruam dx reſultans. Valore autem hoc loco n adhibito cognoſcemus, ſi quantitas variabilis x augeatur quauis quantitate finita ω, ſeu ſi loco x ponatur $x + \omega$, tum quamuis ipſius functionem y abituram eſſe in hanc formam:

$$y + \frac{\omega dy}{1dx} + \frac{\omega^2ddy}{1.2dx^2} + \frac{\omega^3d^3y}{1.2.3dx^3} + \frac{\omega^4d^4y}{1.2.3.4dx^4} + \&c.$$

cuius expreſſionis ſinguli termini per continuam ipſius y differentiationem inueniri poterunt. Cum enim y ſit functio ipſius x, oſtendimus ſupra, has functiones omnes $\frac{dy}{dx}$; $\frac{ddy}{dx^2}$; $\frac{d^3y}{dx^3}$; &c. quantitates finitas exhibere.

49. Cum igitur, dum quantitas variabilis x quantitate finita ω augeri aſſumitur, functio eius quaecunque y augeatur ſua differentia prima, quam ſupra per Δy indicauimus, exiſtente $\omega = \Delta x$: differentia ipſius y per continuam differentiationem reperiri poterit; erit enim:

Δy

$$\Delta y = \frac{\omega dy}{dx} + \frac{\omega^2 ddy}{2dx^2} + \frac{\omega^3 d^3y}{6dx^3} + \frac{\omega^4 d^4y}{24dx^4} + \&c.$$

seu

$$\Delta y = \frac{\Delta x}{1} \cdot \frac{dy}{dx} + \frac{\Delta x^2}{2} \cdot \frac{ddy}{dx^2} + \frac{\Delta x^3}{6} \cdot \frac{d^3y}{dx^3} + \frac{\Delta x^4}{24} \cdot \frac{d^4y}{dx^4} + \&c.$$

Sicque differentia finita Δy exprimitur per progreſſionem, cuius ſinguli termini ſecundum poteſtates ipſius Δx procedunt. Atque hinc viciſſim patet, ſi quantitas x tantum quantitate infinite parua augeatur, vt Δx abeat in eius differentiale dx, omnes terminos prae primo euaneſcere, foreque $\Delta y = dy$; facto enim $\Delta x = dx$, differentia Δy abit per definitionem in differentiale dy.

50. Quoniam ſi loco x ponatur $x + \omega$, eius functio quaecuuque y induit ſequentem valorem:

$$y + \frac{\omega dy}{dx} + \frac{\omega^2 ddx}{2dx^2} + \frac{\omega^3 d^3y}{6dx^3} + \frac{\omega^4 d^4y}{24dx^4} + \&c.$$

veritas huius expreſſionis comprobari poterit eiusmodi exemplis, quibus differentialia altiora ipſius y tandem euaneſcunt: his enim caſibus numerus terminorum ſuperioris expreſſionis fiet finitus:

EXEMPLUM I.

Quaeratur valor expreſſionis $xx - x$ *ſi loco* x *ponatur* $x + 1$.

Ponatur $y = xx - x$; & cum x in $x + 1$ abire ſtatuatur, fiet $\omega = 1$, ſumtis iam differentialibus erit:

$$\frac{dy}{dx} = 2x - 1; \quad \frac{ddy}{dx^2} = 2; \quad \frac{d^3y}{dx^3} = 0; \quad \&c.$$

Hinc

Hinc functio $y = xx - x$ posito $x + 1$ loco x abibit in: $xx - x + 1(2x - 1) + \frac{1}{2}.2 = xx + x$.

Quodsi autem in $xx - x$ loco x actu ponatur $x + 1$ abibit

abibit	xx	in	$xx + 2x + 1$
	x	in	$x + 1$
Ergo	$xx - x$	in	$xx + x$.

EXEMPLUM II.

Quaeratur valor expressionis $x^3 + xx + x$, *si loco* x *ponatur* $x + 2$.

Ponatur $y = x^3 + xx + x$, fietque $\omega = 2$; nunc cum sit $y = x^3 + xx + x$

erit
$$\frac{dy}{dx} = 3xx + 2x + 1$$
$$\frac{ddy}{dx^2} = 6x + 2$$
$$\frac{d^3y}{dx^3} = 6$$
$$\frac{d^4y}{dx^4} = 0.$$

Ex his valor functionis $y = x^3 + xx + x$, si pro x statuatur $x + 2$, erit sequens:

$x^3 + xx + x + 2(3xx + 2x + 1) + \frac{4}{2}(6x + 2) + \frac{8}{6}.6$
$= x^3 + 7xx + 17x + 14$, qui idem prodit si actu loco x substituatur $x + 2$.

EXEMPLUM III.

Quaeratur valor expressionis $xx + 3x + 1$, *si loco* x *ponatur* $x - 3$.

Fiet ergo $\omega = -3$; & posito

$$y = xx + 3x + 1, \quad \text{erit}$$

$$\frac{dy}{dx} = 2x + 3$$

$$\frac{ddy}{dx^2} = 2:$$

vnde posito $x - 3$ loco x functio $x^2 + 3x + 1$ abibit in $x^2 + 3x + 1 - \frac{3}{1}(2x+3) + \frac{9}{2} \cdot 2 = x^2 - 3x + 1$.

51. Si pro ω sumatur numerus negatiuus, reperietur valor, quem functio quaecunque ipsius x induit, dum ipsa quantitas x diminuitur data quantitate ω. Scilicet si loco x ponatur $x - \omega$, functio ipsius x quaecunque y accipiet istum valorem:

$$y - \frac{\omega dy}{dx} + \frac{\omega^2 ddy}{2 dx^2} - \frac{\omega^3 d^3y}{6 dx^3} + \frac{\omega^4 d^4y}{24 dx^4} - \&c.$$

vnde omnes variationes, quas functio y subire potest, dum quantitas x vtrinque variatur, inueniri poterunt. Quodsi autem y fuerit functio rationalis integra ipsius x, quoniam tandem ad eius differentialia euanescentia deuenitur, valor variatus per expressionem finitam exprimetur; sin autem y non fuerit huiusmodi functio, valor variatus per seriem infinitam exprimetur, cuius propterea summa, quoniam si substitutio actu instituatur, valor variatus facile assignatur, expressione finita exhiberi poterit.

52. Quemadmodum autem differentia prima est inuenta, ita quoque differentiae sequentes similibus expres-

pressionibus exhiberi possunt. Induat enim x successiue valores $x+\omega$, $x+2\omega$, $x+3\omega$, $x+4\omega$, &c. atque valores ipsius y respondentes indicentur per y^{I}, y^{II}, y^{III}, y^{IV}, &c. sicuti in initio huius libri posuimus. Quoniam ergo y^{I}, y^{II}, y^{III}, y^{IV}, &c. sunt valores, quos y nanciscitur, si loco x scribatur respectiue

$$x+\omega,\quad x+2\omega,\quad x+3\omega,\quad x+4\omega,\quad \&c.$$

per modo demonstrata isti ipsius y valores ita exprimentur:

$$y^{I}=y+\frac{\omega dy}{dx}+\frac{\omega^2 ddy}{2dx^2}+\frac{\omega^3 d^3y}{6dx^3}+\frac{\omega^4 d^4y}{24dx^4}+\&c.$$

$$y^{II}=y+\frac{2\omega dy}{dx}+\frac{4\omega^2 ddy}{2dx^2}+\frac{8\omega^3 d^3y}{6dx^3}+\frac{16\omega^4 d^4y}{24dx^4}+\&c.$$

$$y^{III}=y+\frac{3\omega dy}{dx}+\frac{9\omega^2 ddy}{2dx^2}+\frac{27\omega^3 d^3y}{6dx^3}+\frac{81\omega^4 d^4y}{24dx^4}+\&c.$$

$$y^{IV}=y+\frac{4\omega dy}{dx}+\frac{16\omega^2 ddy}{2dx^2}+\frac{64\omega^3 d^3y}{6dx^3}+\frac{256\omega^4 d^4y}{24dx^4}+\&c.$$

&c.

53. Cum igitur, si Δy, $\Delta^2 y$, $\Delta^3 y$, $\Delta^4 y$, &c. denotent differentias, primam, secundam, tertiam, quartam, &c. sit:

$$\Delta y = y^{I} - y$$

$$\Delta^2 y = y^{II} - 2y^{I} + y$$

$$\Delta^3 y = y^{III} - 3y^{II} + 3y^{I} - y$$

$$\Delta^4 y = y^{IV} - 4y^{III} + 6y^{II} - 4y^{I} + y$$

&c.

istae differentiae per differentialia hoc modo exprimentur:

$$\Delta y = \frac{\omega dy}{dx} + \frac{\omega^2 ddy}{2dx^2} + \frac{\omega^3 d^3 y}{6dx^3} + \frac{\omega^4 d^4 y}{24dx^4} + \&c.$$

$$\Delta^2 y = \frac{(2^2-2.1)\omega^2 ddy}{2dx^2} + \frac{(2^3-2.1)\omega^3 d^3 y}{6dx^3} + \frac{(2^4-2.1)\omega^4 d^4 y}{24dx4} + \&c.$$

$$\Delta^3 y = \frac{(3^3-3.2^3+3.1)\omega^3 d^3 y}{6dx^3} + \frac{(3^4-3.2^4+3.1)\omega^4 d^4 y}{24dx^4} + \&c.$$

$$\Delta^4 y = \frac{(4^4-4.3^4+6.2^4-4.1)\omega^4 d^4 y}{24dx^4} + \frac{(4^5-4.3^5+6.2^5-4.1)\omega^5 d^5 y}{120dx^5} + \&c.$$

&c.

54. Quantam vtilitatem afferant istae differentiarum expressionis in doctrina serierum & progressionum, cum sponte patet, tum in sequentibus vberius exponemus. Interim tamen in hoc capite vsum, qui hinc ad serierum notitiam immediate redundat, perpendamus. Quanquam vulgo indices terminorum seriei cuiuscunque progressionem arithmeticam, cuius differentia est vnitas, constituere assumuntur; tamen quo vsus latius pateat, atque applicatio facilius fieri possit, differentiam statuamus $= \omega$, ita vt, si terminus generalis seu is qui indici x respondet, fuerit y; sequentes conueniant indicibus

$$x+\omega,\quad x+2\omega,\quad x+3\omega,\quad \&c.$$

Quodsi ergo his indicibus respondeant sequentes seriei termini:

$$x,\ x+\omega,\ x+2\omega,\ x+3\omega,\ x+4\omega,\ \&c.$$
$$y,\quad P,\quad Q,\quad R,\quad S,\quad \&c.$$

sin-

singuli ex y eiusque differentialibus definientur hoc modo:

$$P = y + \frac{\omega dy}{dx} + \frac{\omega^2 ddy}{2dx^2} + \frac{\omega^3 d^3y}{6dx^3} + \frac{\omega^4 d^4y}{24dx^4} + \&c.$$

$$Q = y + \frac{2\omega dy}{dx} + \frac{4\omega^2 ddy}{2dx^2} + \frac{8\omega^3 d^3y}{6dx^3} + \frac{16\omega^4 d^4y}{24dx^4} + \&c.$$

$$R = y + \frac{3\omega dy}{dx} + \frac{9\omega^2 ddy}{2dx^2} + \frac{27\omega^3 d^3y}{6dx^3} + \frac{81\omega^4 d^4y}{24dx^4} + \&c.$$

$$S = y + \frac{4\omega dy}{dx} + \frac{16\omega^2 ddy}{2dx^2} + \frac{64\omega^3 d^3y}{6dx^3} + \frac{256\omega^4 d^4y}{24dx^4} + \&c.$$

&c.

55. Si hae expressiones a se inuicem subtrahantur, in differentias non amplius ingredietur y, eritque

$$P - y = \frac{\omega dy}{dx} + \frac{\omega^2 ddy}{2dx^2} + \frac{\omega^3 d^3}{6dx^3} + \frac{\omega^4 d^4y}{24dx^4} + \&c.$$

$$Q - P = \frac{\omega dy}{dx} + \frac{3\omega^2 ddy}{2dx^2} + \frac{7\omega^3 d^3y}{6dx^3} + \frac{15\omega^4 d^4y}{24dx^4} + \&c.$$

$$R - Q = \frac{\omega dy}{dx} + \frac{5\omega^2 ddy}{2dx^2} + \frac{19\omega^3 d^3y}{6dx^3} + \frac{65\omega^4 d^4y}{20dx^4} + \&c.$$

$$S - R = \frac{\omega dy}{dx} + \frac{7\omega^2 ddy}{2dx^2} + \frac{37\omega^3 d^3y}{6dx^3} + \frac{175\omega^4 d^4y}{24dx^4} + \&c.$$

$$T - S = \frac{\omega dy}{dx} + \frac{9\omega^2 ddy}{2dx^2} + \frac{61\omega^3 d^3y}{6dx^3} + \frac{369\omega^4 d^4y}{24dx^4} + \&c.$$

&c.

Si hae expressiones denuo a se inuicem subtrahantur, etiam differentialia prima se destruent; eritque

$$Q-2P+y=\frac{2\omega^2 ddy}{2dx^2}+\frac{6\omega^3 d^3y}{6dx^3}+\frac{14\omega^4 d^4y}{24dx^4}+\&c.$$

$$R-2Q+P=\frac{2\omega^2 ddy}{2dx^2}+\frac{12\omega^3 d^3y}{6dx^3}+\frac{50\omega^4 d^4y}{24dx^4}+\&c.$$

$$S-2R+Q=\frac{2\omega^2 ddy}{2dx^2}+\frac{18\omega^3 d^3y}{6dx^3}+\frac{110\omega^4 d^4y}{24dx^4}+\&c.$$

$$T-2S+R=\frac{2\omega^2 ddy}{2dx^2}+\frac{24\omega^3 d^3y}{6dx^3}+\frac{194\omega^4 d^4y}{24dx^4}+\&c.$$

&c.

His autem denuo a se inuicem subtractis differentialia quoque secunda ex computo egredientur:

$$R-3Q+3P-y=\frac{6\omega^3 d^3y}{6dx^3}+\frac{36\omega^4 d^4y}{24dx^4}+\&c.$$

$$S-3R+3Q-P=\frac{6\omega^3 d^3y}{6dx^3}+\frac{60\omega^4 d^4y}{24dx^4}+\&c.$$

$$T-3S+3R-Q=\frac{6\omega^3 d^3y}{6dx^3}+\frac{84\omega^4 d^4y}{24dx^4}+\&c.$$

subtractionem autem vlterius continuando fiet:

$$S-4R+6Q-4P+y=\frac{24\omega^4 d^4y}{24dx^4}+\&c.$$

$$T-4S+6R-4Q+P=\frac{24\omega^4 d^4y}{24dx^4}+\&c.$$

atque

$$T-5S+10R-10Q+5P-y=\frac{120\omega^5 d^5y}{120dx^5}+\&c.$$

56. Quodsi ergo y fuerit functio rationalis integra ipsius x, quia eius differentialia altiora tandem euanes-

cent

escant, hoc modo procedendo tandem ad expressiones euanescentes peruenietur. Cum igitur istae expressiones sint differentiae ipsius y, earum formas & coefficientes diligentius perpendamus:

$$y = y$$

$$\Delta y = \frac{\omega dy}{dx} + \frac{\omega^2 ddy}{2dx^2} + \frac{\omega^3 d^3y}{6dx^3} + \frac{\omega^4 d^4y}{24dx^4} + \frac{\omega^5 d^5y}{120dx^5} + \&c.$$

$$\Delta^2 y = \frac{\omega^2 ddy}{dx^2} + \frac{3\omega^3 d^3y}{3dx^3} + \frac{7\omega^4 d^4y}{3.4dx^4} + \frac{15\omega^5 d^5y}{3.4.5dx^5} + \frac{31\omega^6 d^6y}{3.4.5.6dx^6} + \&c.$$

$$\Delta^3 y = \frac{\omega^3 d^3y}{dx^3} + \frac{6\omega^4 d^4y}{4dx^4} + \frac{25\omega^5 d^5y}{4.5dx^5} + \frac{90\omega^6 d^6y}{4.5.6dx^6} + \frac{301\omega^7 d^7y}{4.5.6.7dx^7} + \&c.$$

$$\Delta^4 y = \frac{\omega^4 d^4y}{dx^4} + \frac{10\omega^5 d^5y}{5dx^5} + \frac{65\omega^6 d^6y}{5.6dx^6} + \frac{350\omega^7 d^7y}{5.6.7.dx^7} + \&c.$$

$$\Delta^5 y = \frac{\omega^5 d^5y}{dx^5} + \frac{15\omega^6 d^6y}{6dx^6} + \frac{140\omega^7 d^7y}{6.7dx^7} + \frac{1050\omega^8 d^8y}{6.7.8dx^8} + \&c.$$

$$\Delta^6 y = \frac{\omega^6 d^6y}{dx^6} + \frac{21\omega^7 d^7y}{7dx^7} + \frac{266\omega^8 d^8y}{7.8dx^8} + \frac{2646\omega^9 d^9y}{7.8.9dx^9} + \&c.$$

&c.

In quibus seriebus quemadmodum denominatores procedant, clarum est; numeratorum autem coefficientes ita formantur, vt quiuis coefficiens numeratoris sit aggregatum ex supra stante & praecedente per exponentem differentiae multiplicato. Sic in serie differentiam $\Delta^6 y$ exprimente, est $2646 = 1050 + 6.266$.

57. Consideremus quoque seriem eandem simul retro continuatam, quae continet terminos indicibus $x - \omega$; $x - 2\omega$; $x - 3\omega$; &c. respondentes:

 In

$$x-4\omega;\ x-3\omega;\ x-2\omega;\ x-\omega;\ x;\ x+\omega;\ x+2\omega;\ x+3\omega;\ x+4\omega;\ \&c.$$
$$s,\quad r,\quad q,\quad p,\quad y,\quad P,\quad Q,\quad R,\quad S,\quad \&c.$$

Cum igitur fit:

$$p=y-\frac{\omega dy}{dx}+\frac{\omega^2 ddy}{2dx^2}-\frac{\omega^3 d^3y}{6dx^3}+\frac{\omega^4 d^4y}{24dx^4}-\&c.$$

$$q=y-\frac{2\omega dy}{dx}+\frac{4\omega^2 ddy}{2dx^2}-\frac{8\omega^3 d^3y}{6dx^3}+\frac{16\omega^4 d^4y}{24dx^4}-\&c.$$

$$r=y-\frac{3\omega dy}{dx}+\frac{9\omega^2 ddy}{2dx^2}-\frac{27\omega^3 d^3y}{6dx^3}+\frac{81\omega^4 d^4y}{24dx^4}-\&c.$$

$$s=y-\frac{4\omega dy}{dx}+\frac{16\omega^2 ddy}{2dx^2}-\frac{64\omega^3 d^3y}{6dx^3}+\frac{256\omega^4 dx^4}{24dx^4}-\&c.$$

&c.

erit his valoribus a superioribus P, Q, R, S, &c. subtrahendis:

$$\frac{P-p}{2}=\frac{\omega dy}{dx}+\frac{\omega^3 d^3y}{6dx^3}+\frac{\omega^5 d^5y}{120dx^5}+\&c.$$

$$\frac{Q-q}{2}=\frac{2\omega dy}{dx}+\frac{8\omega^3 d^3y}{6dx^3}+\frac{32\omega^5 d^5y}{120dx^5}+\&c.$$

$$\frac{R-r}{2}=\frac{3\omega dy}{dx}+\frac{27\omega^3 d^3y}{6dx^3}+\frac{243\omega^5 d^5y}{120dx^5}+\&c.$$

$$\frac{S-s}{2}=\frac{4\omega dy}{dx}+\frac{64\omega^3 d^3y}{6dx^3}+\frac{1024\omega^5 d^5y}{120dx^5}+\&c.$$

&c.

fin

sin autem termini hi ad superiores addantur, tum, quemadmodum hic differentialia parium ordinum deerant, differentialia imparia ex computo egredientur.

Erit enim

$$\frac{P+p}{2}=y+\frac{\omega^2 ddy}{2dx^2}+\frac{\omega^4 d^4y}{24dx^4}+\frac{\omega^6 d^6y}{720dx^6}+\&c.$$

$$\frac{Q+q}{2}=y+\frac{4\omega^2 ddy}{2dx^2}+\frac{16\omega^4 d^4y}{24dx^4}+\frac{64\omega^6 d^6y}{720dx^6}+\&c.$$

$$\frac{R+r}{2}=y+\frac{9\omega^2 ddy}{2dx^2}+\frac{81\omega^4 d^4y}{24dx^4}+\frac{729\omega^6 d^6y}{720dx^6}+\&c.$$

$$\frac{S+s}{2}=y+\frac{16\omega^2 ddy}{2dx^2}+\frac{256\omega^4 d^4y}{24dx^4}+\frac{4096\omega^6 d^6y}{720dx^6}+\&c.$$

&c.

58. Quoniam termini antecedentes omnes exprimi possunt, si ii in vnam summam colligantur, prodibit seriei propositae terminus summatorius. Respondeat scilicet terminus primus indici $x-n\omega$, eritque ipse terminus

primus $=$

$$y-\frac{n\omega dy}{dx}+\frac{n^2\omega^2 ddy}{2dx^2}-\frac{n^3\omega^3 d^3y}{6dx^3}+\frac{n^4\omega^4 d^4y}{24dx^4}+\&c.$$

Cum igitur terminus indici x respondens sit $=y$, terminorumque omnium numerus sit $=n+1$, erit summa omnium a primo ad vltimum y inclusiue sumtorum

seu terminus summatorius $=$

Xx (n+1)

$$(n+1)y - \frac{\omega dy}{dx}(1+2+3+\ldots+n)$$
$$+\frac{\omega^2 ddy}{2dx^2}(1+2^2+3^2+\ldots+n^2)$$
$$-\frac{\omega^3 d^3y}{6dx^3}(1+2^3+3^3+\ldots+n^3)$$
$$+\frac{\omega^4 d^4y}{24dx^4}(1+2^4+3^4+\ldots+n^4)$$
$$-\frac{\omega^5 d^5y}{120dx^5}(1+2^5+3^5+\ldots+n^5)$$
&c.

59. Supra autem singularum harum serierum summas exhibuimus, quae si hic substituantur, erit summa seriei nostrae propositae $=$

$$(n+1)y - \frac{\omega dy}{dx}(\tfrac{1}{2}nn+\tfrac{1}{2}n)$$
$$+\frac{\omega^2 ddy}{2dx^2}(\tfrac{1}{3}n^3+\tfrac{1}{2}nn+\tfrac{1}{6}n)$$
$$-\frac{\omega^3 d^3y}{6dx^3}(\tfrac{1}{4}n^4+\tfrac{1}{2}n^3+\tfrac{1}{4}n^2)$$
$$+\frac{\omega^4 d^4y}{24dx^4}(\tfrac{1}{5}n^5+\tfrac{1}{2}n^4+\tfrac{1}{3}n^3-\tfrac{1}{30}n)$$
$$-\frac{\omega^5 d^5y}{120dx^5}(\tfrac{1}{6}n^6+\tfrac{1}{2}n^5+\tfrac{5}{12}n^4-\tfrac{1}{12}n^2)$$
&c.

vbi n dabitur ex indice termini primi, a qua summa computatur. Ita si ponatur $\omega = 1$, & index termini pri-

primi sit $= 1$, secundi $= 2$, & vltimi $= x$; ita vt haec series sit proposita:

$$\begin{array}{ccccc} 1, & 2, & 3, & 4, & \ldots\ldots\ldots\ x \\ a, & b, & c, & d, & \ldots\ldots\ldots\ y \end{array}$$

erit huius seriei summa (ob $x - n = 1$ & $n = x - 1$)

$$= xy - \frac{dy}{dx}\left(\tfrac{1}{2}xx - \tfrac{1}{2}x\right)$$

$$+ \frac{ddy}{2dx^2}\left(\tfrac{1}{3}x^3 - \tfrac{1}{2}xx + \tfrac{1}{6}x\right)$$

$$- \frac{d^3y}{6dx^3}\left(\tfrac{1}{4}x^4 - \tfrac{1}{2}x^3 + \tfrac{1}{4}xx\right)$$

$$+ \frac{d^4y}{24dx^4}\left(\tfrac{1}{5}x^5 - \tfrac{1}{2}x^4 + \tfrac{1}{3}x^3 - \tfrac{1}{30}x\right)$$

$$- \frac{d^5y}{120dx^5}\left(\tfrac{1}{6}x^6 - \tfrac{1}{2}x^5 + \tfrac{5}{12}x^4 - \tfrac{1}{12}x^2\right)$$

$$+ \frac{d^6y}{720dx^6}\left(\tfrac{1}{7}x^7 - \tfrac{1}{2}x^6 + \tfrac{1}{2}x^5 - \tfrac{1}{6}x^3 + \tfrac{1}{42}x\right)$$

&c.

60. Ex hac summae expressione, quia coefficientes vehementer augentur, si x fuerit numerus magnus, parum vtilitatis ad doctrinam serierum redundat; interim tamen iuvabit aliquas proprietates inde fluentes commemorasse. Sit terminus generalis $y = x^n$, atque terminus summatorius per Sy seu $S.x^n$ indicetur. Qua designatione vbique adhibita erit:

$$\tfrac{1}{2}xx - \tfrac{1}{2}x = S.x - x$$

$$\tfrac{1}{3}x^3 - \tfrac{1}{2}x^2 + \tfrac{1}{6}x = S.x^2 - x^2$$

$$\tfrac{1}{4}x^4 - \tfrac{1}{2}x^3 + \tfrac{1}{4}xx = S.x^3 - x^3 \quad \&c.$$

 Quam-

Quamobrem ex fuperiori expreffione obtinebitur:

$$S.x^n = x^{n+1} - nx^{n-1} S.x + nx^n$$
$$+ \frac{n(n-1)}{1.\ 2} x^{n-2} S.x^2 - \frac{n(n-1)}{1.\ 2} x^n$$
$$- \frac{n(n-1)(n-2)}{1.\ 2.\ 3} x^{n-3} S.x^3 + \frac{n(n-1)(n-2)}{1.\ 2.\ 3} x^n$$
&c.

At cum fit

$$(1-1)^n = 0 = 1 - n + \frac{n(n-1)}{1.\ 2} - \frac{n(n-1)(n-2)}{1.\ 2.\ 3} + \&c.$$

erit $n - \frac{n(n-1)}{1.\ 2} + \frac{n(n-1)(n-2)}{1.\ 2.\ 3} - \&c.$

$= 1$, ideoque excepto cafu $n = 0$, quo ifta expreffio fit $= 0$.

$$S.x^n = x^{n+1} + x^n - nx^{n-1} S.x$$
$$+ \frac{n(n-1)}{1.\ 2} x^{n-2} S.x^2$$
$$- \frac{n(n-1)(n-2)}{1.\ 2.\ 3} x^{n-3} S.x^3$$
$$+ \frac{n(n-1)(n-2)(n-3)}{1.\ 2.\ 3.\ 4} x^{n-4} S.x^4$$
&c.

61. Quo tam veritas quam vis huius formulae clarius perfpiciatur, euoluamus fingulos cafus, fitque primo $n = 1$, eritque:

$S.x = x^2 + x - S.x$, ideoque $S.x = \frac{xx + x}{2}$, quemadmodum fatis conftat.

Pona-

Ponamus ergo $n = 2$, eſt erit:

$$S.x^2 = x^3 + xx - 2x S.x + S.x^2,$$

quae aequatio, cum vtrinque termini $S.x^2$ ſe tollant, idem dat, quod praecedens $S.x = \frac{xx + x}{2}$. Si ſit $n = 3$, erit

$$S.x^3 = x^4 + x^3 - 3x.^2 Sx + 3x S.x^2 - S.x^3,$$

ideoque

$$S.x^3 = \tfrac{3}{2} x S.x^2 - \tfrac{3}{2} x^2 Sx + \tfrac{1}{2} x^3 (x + 1),$$

ſi ponatur $n = 4$ prodibit:

$$S.x^4 = x^5 + x^4 - 4x^3 Sx + 6x^2 S.x^2 - 4x S.x^3 + S.x4,$$

vnde ob $S.x^4$ deſtructum erit:

$$S.x^3 = \tfrac{3}{2} x S.x^2 - x^2 S.x + \tfrac{1}{4} x^3 (x + 1)$$

a cuius triplo, ſi praecedentis duplum ſubtrahatur remanebit: $S.x^3 = \tfrac{3}{2} x S.x^2 - \tfrac{1}{4} x^3 (x - 1)$.

Si ponatur $n = 5$ fiet:

$$S.x^5 = x^6 + x^5 - 5x^4 Sx + 10x^3 S.x^2 - 10x^2 S.x^3$$
$$+ 5x S.x^4 - S.x^5$$

ſeu

$$S.x^5 = \tfrac{5}{2} x S.x^4 - 5x.^2 Sx^3 + 5x.^3 Sx^2 - \tfrac{5}{2} x^4 Sx$$
$$+ \tfrac{1}{2} x^5 (x + 1)$$

atque ex $n = 6$ ſequitur:

$$S.x^6 = x^7 + x^6 - 6x^5 Sx + 15x^4 S.x^2 - 20x^3 S.x^3$$
$$+ 15x^2 S.x^4 - 6x S.x^5 + S.x^6$$

ſeu

$$S.x^5 = \tfrac{5}{2} x S.x^4 - \tfrac{10}{3} x^2 S.x^3 + \tfrac{5}{2} x^3 S.x^2 - x^4 S.x$$
$$+ \tfrac{1}{6} x^5 (x + 1).$$

62. Ex his ergo generaliter concludimus, si fuerit $n = 2m + 1$ fore:

$$S.x^{2m+1} = \frac{2m+1}{2} x S x^{2m} - \frac{(2m+1)2m}{2.\ 1.\ 2} x^2 S.x^{2m-1} + \frac{(2m+1)2m(2m-1)}{2.\ 1.\ 2.\ 3} x^3 S.x^{2m-2}$$

$$- \ldots\ldots - \frac{(2m+1)}{2} x^{2m} Sx + \tfrac{1}{2} x^{2m+1}(x+1).$$

Sin autem sit $n = 2m + 2$, quia termini $S.x^{2m+2}$ se mutuo destruunt, reperietur:

$$S.x^{2m+1} = \frac{2m+1}{2} x S x^{2m} - \frac{(2m+1)2m}{2.\ 3} x^2 S x^{2m-1} + \frac{(2m+1)2m(2m-1)}{2.\ 3.\ 4} x^3 S.x^{2m-2}$$

$$- \ldots\ldots - x^{2m} S x + \frac{1}{2m+2} x^{2m+1}(x+1).$$

Duplici ergo modo summae potestatum imparium ex summis potestatum inferiorum determinari possunt: atque ex varia combinatione harum duarum formularum infinitae aliae formari possunt.

63. Multo facilius autem summae potestatum imparium ex antecedentibus definiri possunt: atque ad hoc quidem sufficit solam summam potestatis paris antecedentis nouisse. Ex summis enim potestatum supra exhibitis constat, numerum terminorum summas constituentium, imparibus tantum potestatibus augeri, ita vt summa potestatis imparis totidem constet terminis, quot summa potestatis paris praecedentis. Sic si potestatis paris x^{2n} summa sit:

$$S.x^{2n} = \alpha x^{2n+1} + \beta x^{2n} + \gamma x^{2n-1} - \delta x^{2n-3} + \varepsilon x^{2n-5} - \&c.$$

vidi-

vidimus enim, post terminum tertium alternos terminos deficere, simulque signa alternari; hinc summa sequentis potestatis x^{2n+1} inuenietur, si singuli illius termini respectiue multiplicentur per hos numeros:

$$\frac{2n+1}{2n+2}x;\quad \frac{2n+1}{2n+1}x;\quad \frac{2n+1}{2n}x;\quad \frac{2n+1}{2n-1}x;\quad \frac{2n+1}{2n-2}x;\ \&c.$$

non omittendo terminos deficientes; eritque ergo

$$S.x^{2n+1} = \frac{2n+1}{2n+2}\alpha x^{2n+2} + \frac{2n+1}{2n+1}\beta x^{2n+1} + \frac{2n+1}{2n}\gamma x^{2n}$$

$$-\frac{2n+1}{2n-2}\delta x^{2n-2} + \frac{2n+1}{2n-4}\varepsilon x^{2n-4} - \frac{2n+1}{2n-6}\zeta x^{2n-6} + \&c.$$

Quodsi ergo constet summa potestatis x^{2n}, ex ea expedite summa sequentis potestatis x^{2n+1} formari poterit.

64. Haec sequentium summarum inuestigatio etiam ad potestates pares extenditur; quoniam autem harum summae nouum terminum recipiunt, hic per istam methodum non inuenitur, ex natura tamen ipsius seriei, qua constat, si ponatur $x=1$, summam quoque fieri debere $=1$, semper erui poterit. Vicissim autem semper ex summa cuiusuis potestatis cognita praecedentium potestatum summae inueniri poterunt. Si enim fuerit:

$$S.x^n = \alpha x^{n+1} + \beta x^n + \gamma x^{n-1} - \delta x^{n-3} + \varepsilon x^{n-5} - \zeta x^{n-7} + \&c.$$

erit pro potestate praecedente:

$$S.x^{n-1} = \frac{n+1}{n}\alpha x^n + \frac{n}{n}\beta x^{n-1} + \frac{(n-1)}{n}\gamma x^{n-2} - \frac{(n-3)}{n}\delta x^{n-4} + \&c.$$

hinc-

hincque vlterius regredi licet, quousque libuerit. Notandum autem est esse perpetuo $\alpha = \frac{1}{n+1}$ & $\beta = \frac{1}{2}$, vti ex formulis iam supra datis apparet.

65. Attendenti statim patebit summam potestatum x^{n-1} prodire, si summa potestatum x^n differentietur, eiusque differentiale per $n dx$ diuidatur; eritque adeo

$d.Sx^n = n dx . Sx^{n-1}$ & quia est $d.x^n = n x^{n-1} dx$;

erit $d.Sx^n = S.n x^{n-1} dx = S.d.x^n$;

ex quo intelligitur differentiale summae aequari summae differentialis: ita in genere si seriei cuiuspiam terminus generalis fuerit $= y$, & Sy eius terminus summatorius; erit quoque $S.dy = d.Sy$: hoc est summa differentialium omnium terminorum aequatur differentiali summae ipsorum terminorum. Ratio autem huius aequalitatis facile perspicitur ex iis, quae supra de serierum differentiatione attulimus. Cum enim sit

$$S.x^n = x^n + (x-1)^n + (x-2)^n + (x-3)^n + (x-4)^n + \&c.$$

erit

$$\frac{d.Sx^n}{ndx} = x^{n-1} + (x-1)^{n-1} + (x-2)^{n-1} + (x-3)^{n-1} + \&c. = S.x^{n-1}$$

quae demonstratio ad omnes alias series patet.

66. Reuertamur autem, vnde digressi sumus, ad differentias functionum, circa quas adhuc quaedam annotanda sunt. Quoniam vidimus, si y fuerit functio quaecunque ipsius x, atque loco x vbique ponatur $x \pm \omega$, functionem y adepturam esse sequentem valorem:

$y \pm$

$$y \pm \frac{\omega dy}{1dx} + \frac{\omega^2 ddy}{1.2dx^2} \pm \frac{\omega^3 d^3y}{1.2.3dx^3} + \frac{\omega^4 d^4y}{1.2.3.4dx^4} \pm \frac{\omega^5 d^5y}{1.2.3.4.5dx^5} + \&c.$$

haec expreſſio locum habebit, ſiue pro ω quantitas quaecunque conſtans accipiatur, ſiue etiam variabilis, ab ipſa x pendens. Inuentis enim per differentiationem valoribus fractionum $\frac{dy}{dx}$; $\frac{ddy}{dx^2}$; $\frac{d^3y}{dx^3}$; &c. in factoribus ω, ω^2, ω^3, &c. variabilitas non ſpectatur, hincque perinde eſt ſiue ω denotet quantitatem conſtantem, ſiue variabilem ab x pendentem.

67. Ponamus ergo eſſe $\omega = x$, atque in functione y loco x ſcribi $x - x = 0$. Quamobrem ſi in functione ipſius x quacunque y loco x vbique ſcribatur 0, valor functionis erit hic:

$$y - \frac{xdy}{1dx} + \frac{x^2 ddy}{1.2dx^2} - \frac{x^3 d^3y}{1.2.3dx^3} + \frac{x^4 d^4y}{1.2.3.4dx^4} - \&c.$$

Haec ergo expreſſio ſemper indicat valorem, quem functio quaecunque y induit, ſi in ea ponatur $x = 0$, cuius veritatem ſequentia exempla illuſtrabunt:

EXEMPLUM I.

Sit $y = xx + ax + ab$, cuius valor, ſi ponatur $x = 0$, quaeratur, quem quidem conſtat fore $= ab$.

Cum ſit $y = xx + ax + ab$

erit $\frac{dy}{1dx} = 2x + a$

$\frac{ddy}{1.2dx^2} = 1$

Yy ideo-

ideoque prodibit valor quaesitus

$$= xx + ax + ab - x(2x + a) + xx \cdot 1 = ab.$$

EXEMPLUM II.

Sit $y = x^3 - 2x + 3$, cuius valor, posito $x = 0$, quaeratur, quem constat fore $= 3$.

Cum sit $y = x^3 - 2x + 3$

erit $\frac{dy}{dx} = 3xx - 2$

$$\frac{ddy}{1.2\,dx^2} = 3x$$

$$\frac{d^3y}{1.2.3\,dx^3} = 1$$

obtinebitur valor quaesitus

$$= x^3 - 2x + 3 - x(3xx - 2) + xx \cdot 3x - x^3 \cdot 1 = 3.$$

EXEMPLUM III.

Sit $y = \frac{x}{1-x}$, cuius valor posito $x = 0$, quaeritur, quem constat fore $= 0$.

Cum sit $y = \frac{x}{1-x}$; erit $\frac{dy}{dx} = \frac{1}{(1-x)^2}$;

$$\frac{ddy}{1.2\,dx^2} = \frac{1}{(1-x)^3}; \quad \frac{d^3y}{1.2.3\,dx^3} = \frac{1}{(1-x)^4}; \quad \&c.$$

Hinc erit valor quaesitus

$$= \frac{x}{1-x} - \frac{x}{(1-x)^2} + \frac{xx}{(1-x)^3} - \frac{x^3}{(1-x)^4} + \frac{x^4}{(1-x)^5} - \&c.$$

huiusque ergo seriei valor est $= 0$.

Quod

Quod etiam hinc patet, quod haec series primo termino truncata $\frac{x}{(1-x)^2} - \frac{xx}{(1-x)^3} + \frac{x^3}{(1-x)^4} -$ &c. sit series geometrica, eiusque summa $= \frac{x}{(1-x)^2 + x(1-x)} = \frac{x}{1-x}$, vnde valor inuentus erit $= \frac{x}{1-x} - \frac{x}{1-x} = 0$.

EXEMPLUM IV.

Sit $y = e^x$, denotante e numerum, cuius logarithmus hyperbolicus est vnitas, & quaeratur valor ipsius y si ponatur $x = 0$, quem quidem constat fore $= 1$.

Cum sit $y = e^x$; erit $\frac{dy}{dx} = e^x$; $\frac{ddy}{dx^2} = e^x$; &c. ideoque valor quaesitus erit

$$= e^x - \frac{e^x x}{1} + \frac{e^x xx}{1.2} - \frac{e^x x^3}{1.2.3} + \frac{e^x x^4}{1.2.3.4} - \text{\&c.}$$

$$= e^x\left(1 - \frac{x}{1} + \frac{xx}{1.2} - \frac{x^3}{1.2.3} + \frac{x^4}{1.2.3.4} - \text{\&c.}\right)$$

At supra vidimus seriem $1 - \frac{x}{1} + \frac{xx}{1.2} - \frac{x^3}{1.2.3} +$ &c. exprimere valorem e^{-x}, erit ergo valor quaesitus vtique $= e^x . e^{-x} = \frac{e^x}{e^x} = 1$.

EXEMPLUM V.

Sit $y = \sin x$, atque posito $x = 0$, manifestum est fore $y = 0$, id quod etiam formula generalis indicabit.

 Cum

Cum enim ſit $y = \sin x$; erit $\frac{dy}{dx} = \cos x$;
$\frac{ddy}{dx^2} = - \sin x$; $\frac{d^3y}{dx^3} = - \cos x$; $\frac{d^4y}{dx^4} = \sin x$; &c.
erit poſito $x = 0$ valor ipſius y hic:

$$\sin x - \frac{x}{1}\cos x - \frac{xx}{1.2}\sin x + \frac{x^3}{1.2.3}\cos x + \frac{x^4}{1.2.3.4}\sin x - \&c.$$

qui eſt $= \sin x\left(1 - \frac{xx}{1.2} + \frac{x^4}{1.2.3.4} - \frac{x^6}{1.2.3\ldots6} + \&c.\right)$

$$- \cos x\left(\frac{x}{1} - \frac{x^3}{1.2.3} + \frac{x^5}{1.2.3.4.5} - \frac{x^7}{1.2.3\ldots.7} + \&c.\right)$$

harum autem ſerierum ſuperior exprimit $\cos x$, inferior autem $\sin x$, vnde valor quaeſites erit

$$= \sin x \,.\, \cos x - \cos x \,.\, \sin x = 0.$$

68. Hinc igitur viciſſim cognoſcimus, ſi y eiusmodi fuerit functio ipſius x, vt ipſa euaneſcat, poſito $x = 0$, tum fore

$$y - \frac{xdy}{1dx} + \frac{xxddy}{1.2\,dx^2} - \frac{x^3d^3y}{1.2.3dx^3} + \frac{x^4d^4y}{1.2.3.4dx^4} - \&c. = 0.$$

Vnde haec eſt aequatio generalis omnium omnino functionum ipſius x, quae dum ſit $x = 0$, ſimul ipſae euaneſcunt. Et hancobrem iſta aequatio ita eſt comparata, vt, quaecunque functio ipſius x, dummodo ea euaneſcat euaneſcente x, loco y ſubſtituatur, aequationi perpetuo ſatisfiat. Quodſi vero y eiusmodi fuerit functio ipſius x, quae

quae posito $x = 0$, recipiat valorem datum $= A$, tum erit:

$$y - \frac{x\,dy}{1\,dx} + \frac{x^2\,ddy}{1.2\,dx^2} - \frac{x^3\,d^3y}{1.2.3\,dx^3} + \frac{x^4\,d^4y}{1.2.3.4\,dx^4} - \&c. = A.$$

in qua aequatione omnes continentur functiones ipsius x, quae posito $x = 0$, abeunt in A.

69. Si loco x scribatur $2x$, seu $x + x$, functio quaecunque ipsius x, quae designetur per y hunc induet valorem

$$y + \frac{x\,dy}{1\,dx} + \frac{x^2\,ddy}{1.2\,dx^2} + \frac{x^3\,d^3y}{1.2.3\,dx^3} + \frac{x^4\,d^4y}{1.2.3.4\,dx^4} + \&c.$$

Atque si loco x scribamus nx, hoc est $x + (n-1)x$ functio y accipiet valorem sequentem:

$$y + \frac{(n-1)x\,dy}{1\,dx} + \frac{(n-1)^2 xx\,ddy}{1.2\,dx^2} + \frac{(n-1)^3 x^3\,d^3y}{1.2.3\,dx^3} + \&c.$$

Sin autem generaliter pro x scribamus t, functio quaecunque y ipsius x, transmutabitur ob $t = x + t - x$ in formam sequentem:

$$y + \frac{(t-x)\,dy}{1\,dx} + \frac{(t-x)^2\,ddy}{1.2\,dx^2} + \frac{(t-x)^3\,d^3y}{1.2.3\,dx^3} + \&c.$$

Si igitur v fuerit talis functio ipsius t, qualis y est ipsius x, quia v ex y nascitur, ponendo t loco x, erit:

$$v = y + \frac{(t-x)\,dy}{1\,dx} + \frac{(t-x)^2\,ddy}{1.2\,dx^2} + \frac{(t-x)^3\,d^3y}{1.2.3\,dx^3} + \&c.$$

cuius veritas quibuscunque exemplis comprobari potest.

EXEMPLUM.

Sit enim $y = xx - x$: manifestum est posito t loco x fore $v = tt - t$, quod idem expressio inuenta declarabit.

Nam ob

$$y = xx - x; \text{ erit } \frac{dy}{dx} = 2x - 1; \ \& \ \frac{ddy}{2dx^2} = 1;$$

vnde fiet

$$v = xx - x + (t - x)(2x - 1) + (t - x)^2 =$$
$$xx - x + 2tx - 2xx - t + x + tt - 2tx + xx = tt - t.$$

Si itaque y fuerit eiusmodi functio ipsius x, quae posito $x = a$ abeat in A; ob $t = a$ & $v = A$ fiet

$$A = y + \frac{(a - x)dy}{1dx} + \frac{(a - x)^2 ddy}{1.2dx^2} + \frac{(a - x)^3 d^3y}{1.2.3dx^3} + \&c.$$

huicque ergo aequationi omnes functiones ipsius x, quae facto $x = a$ abeunt in A, satisfaciunt.

CAPUT

CAPUT IV.

DE CONUERSIONE FUNCTIONUM IN SERIES.

70.

In Capite superiori iam ex parte ostensus est vsus, quem expressiones generales ibi pro differentiis finitis inventae habent in inuestigatione serierum, quae valorem cuiusque functionis ipsius x exhibeant. Si enim y fuerit functio data ipsius x, eius valor quem induit posito $x = 0$, erit cognitus; hicque si ponatur $= A$, erit vti inuenimus:

$$y - \frac{xdy}{dx} + \frac{x^2 ddy}{1.2\,dx^2} - \frac{x^3 d^3 y}{1.2.3\,dx^3} + \frac{x^4 d^4 y}{1.2.3.4\,dx^4} - \&c. = A.$$

Hinc ergo non solum habemus seriem plerumque in infinitum excurrentem, cuius summa aequetur quantitati constanti A, etiamsi in singulis terminis insit quantitas variabilis x, sed etiam ipsam functionem y per seriem exprimere poterimus, erit enim:

$$y = A + \frac{xdy}{dx} - \frac{xxddy}{1.2\,dx^2} + \frac{x^3 d^3 y}{1.2.3\,dx^3} - \frac{x^4 d^4 y}{1.2.3.4\,dx^3} + \&c.$$

cuius exempla iam aliquot sunt allata.

71. Quo autem haec inuestigatio latius pateat, ponamus functionem y abire in z, si loco x vbique scribatur $x + \omega$, ita vt z talis sit functio ipsius $x + \omega$, qualis y est ipsius x, atque ostendimus fore:

$z =$

$$z = y + \frac{\omega dy}{dx} + \frac{\omega^2 ddy}{1.2\,dx^2} + \frac{\omega^3 d^3 y}{1.2.3\,dx^3} + \frac{\omega^4 d^4 y}{1.2.3.4\,dx^4} + \&c.$$

Cum igitur huius feriei finguli termini per continuam ipfius y differentiationem ponendo dx conftans inueniri, fimulque valor ipfius z per fubftitutionem $x+\omega$ in locum ipfius x actu exhiberi queat; hoc modo perpetuo obtinebitur feries valori ipfius z aequalis, quae fi ω fuerit quantitas vehementer parua, maxime conuergit, atque non admodum multis terminis capiendis valorem ipfius z proxime verum praebebit. Ex quo huius formulae in negotio approximationum vberrimus erit vfus.

72. Vt igitur in infigni huius formulae vfu oftendendo ordine procedamus, fubftituamus primo in locum ipfius y functiones ipfius x algebraicas. Ac primo quidem fit $y = x^n$; eritque fi $x+\omega$ loco x ponatur $z = (x+\omega)^n$.

Cum igitur fit:

$$\frac{dy}{dx} = nx^{n-1} \quad ; \quad \frac{ddy}{dx^2} = n(n-1)x^{n-2}$$

$$\frac{d^3y}{dx^3} = n(n-1)(n-2)x^{n-3} \quad ; \quad \frac{d^4y}{dx^4} = n(n-1)(n-2)(n-3)x^{n-4}$$

&c.

his valoribus fubftitutis fiet:

$$(x+\omega)^n = x^n + \frac{n}{1}x^{n-1}\omega + \frac{n(n-1)}{1.\,2}x^{n-2}\omega^2 + \frac{n(n-1)(n-2)}{1.\,2.\,3}x^{n-3}\omega^3 + \&c.$$

quae eft notiffima expreffio Neutoniana, qua poteftas binomii $(x+\omega)^n$ in feriem conuertitur. Huiusque feri-

feriei terminorum numerus femper eft finitus, fi n fuerit numerus integer affirmatiuus.

73. Poterimus hinc quoque progreffionem inuenire, quae valorem poteftatis binomii ita exprimat, vt ea abrumpatur, quoties exponens poteftatis fuerit numerus negatiuus. Statuamus enim

$$\omega = \frac{-ux}{x+u}; \text{ erit } z = (x+\omega)^n = \left(\frac{xx}{x+u}\right)^n$$

ideoque habebitur:

$$\frac{x^{2n}}{(x+u)^n} = x^n - \frac{nx^n u}{1(x+u)} + \frac{n(n-1)x^n u^2}{1.2(x+u)^2} - \frac{n(n-1)(n-2)x^n u^3}{1.2.3(x+u)^3} + \&c.$$

diuidatur vbique per x^{2n}, eritque

$$(x+u)^{-n} = x^{-n} - \frac{nx^{-n}u}{1(x+u)} + \frac{n(n-1)x^{-n}u^2}{1.2(x+u)^2} - \frac{n(n-1)(n-2)x^{-n}u^3}{1.2.3(x+u)^3} + \&c.$$

Ponatur nunc $-n = m$; prodibitque

$$(x+u)^m = x^m + \frac{mx^m u}{1(x+u)} + \frac{m(m+1)x^m u^2}{1.2(x+u)^2} + \frac{m(m+1)(m+2)x^m u^3}{1.2.3(x+u)^3} + \&c.$$

quae feries, quoties m eft numerus integer negatiuus, finito terminorum numero conftabit. Haec igitur feries aequalis eft primum inuentae, fi pro ω & n fcribantur u & m; erit enim inde

$$(x+u)^m = x^m + \frac{mx^{m-1}u}{1} + \frac{m(m-1)x^{m-2}u^2}{1.2} + \frac{m(m-1)(m-2)x^{m-3}u^3}{1.2.3} + \&c.$$

74. Haec eadem feries quoque deduci poteft ex expreffione initio §. 70. data. Cum enim, fi pofito $x=0$, abeat y in A fit:

$$y - \frac{xdy}{dx} + \frac{xxddy}{1.2dx^2} - \frac{x^3d^3y}{1.2.3dx^3} + \frac{x^4d^4y}{1.2.3.4dx^4} - \&c. = A,$$

ponatur $y = (x+a)^n$; eritque $A = a^n$; & ob

$$\frac{dy}{dx} = n(x+a)^{n-1} \; ; \; \frac{ddy}{dx^2} = n(n-1)(x+a)^{n-2} \; ;$$

$$\frac{d^3y}{dx^3} = n(n-1)(n-2)(x+a)^{n-3} \; ; \; \&c. \text{ fiet}$$

$$(x+a)^n - \frac{n}{1}x(x+a)^{n-1} + \frac{n(n-1)}{1.2}x^2(x+a)^{n-2} - \&c. = a^n$$

diuidatur per $a^n(x+a)^n$, atque prodibit:

$$(x+a)^{-n} = a^{-n} - \frac{na^{-n}x}{1(x+a)} + \frac{n(n-1)a^{-n}x^2}{1.2(x+a)^2} - \&c.$$

quae positis respectiue u, x & $-m$ pro x, a & n orietur series ante inuenta.

75. Si pro m statuantur numeri fracti, ambae series in infinitum excurrent, interim tamen si u prae x fuerit quantitas valde parua, vehementer ad verum valorem conuergent. Sit igitur $m = \frac{\mu}{\nu}$; & $x = a^\nu$, erit

ex seriem primum inuenta:

$$(a^\nu+u)^{\frac{\mu}{\nu}} = a^\mu\left(1 + \frac{\mu u}{\nu . a^\nu} + \frac{\mu(\mu-\nu)}{\nu . 2\nu}.\frac{uu}{a^{2\nu}} + \frac{\mu(\mu-\nu)(\mu-2\nu)}{\nu . 2\nu . 3\nu}.\frac{u^3}{a^{3\nu}} + \&c.\right)$$

Series autem posterius inuenta dabit:

$$(a^\nu+u)^{\frac{\mu}{\nu}} = a^\mu\left(1 + \frac{\mu u}{\nu(a^\nu+u)} + \frac{\mu(\mu+\nu)u^2}{\nu . 2\nu(a^\nu+u)^2} + \frac{\mu(\mu+\nu)(\mu+2\nu)u^3}{\nu . 2\nu . 3\nu(a^\nu+u)^3} + \&c.\right)$$

Haec

Haec autem posterior series magis conuergit quam prior; cum eius termini etiam decrescant, si fuerit $u > a^{\nu}$, quo casu tamen prior series diuergit.

Si igitur sit $\mu = 1$, $\nu = 2$, erit

$$\sqrt{(a^2+u)} = a\left(1 + \frac{1}{2}\cdot\frac{u}{(a^2+u)} + \frac{1.\,3}{2.\,4}\cdot\frac{u^2}{(a^2+u)^2} + \frac{1.\,3.\,5}{2.\,4.\,6}\cdot\frac{u^3}{(a^2+u)^3} + \&c.\right)$$

Simili modo pro ν ponendo numeros 3, 4, 5 &c. manente $\mu = 1$, erit:

$$\sqrt[3]{(a^3+u)} = a\left(1 + \frac{1}{3}\cdot\frac{u}{(a^3+u)} + \frac{1.\,4}{3.\,6}\cdot\frac{u^2}{(a^3+u)^2} + \frac{1.\,4.\,7}{3.\,6.\,9}\cdot\frac{u^3}{(a^3+u)^3} + \&c.\right)$$

$$\sqrt[4]{(a^4+u)} = a\left(1 + \frac{1}{4}\cdot\frac{u}{(a^4+u)} + \frac{1.\,5}{4.\,8}\cdot\frac{u^2}{(a^4+u)^2} + \frac{1.\,5.\,9}{4.\,8.\,12}\cdot\frac{u^3}{(a^4+u)^3} + \&c.\right)$$

$$\sqrt[5]{(a^5+u)} = a\left(1 + \frac{1}{5}\cdot\frac{u}{(a^5+u)} + \frac{1.\,6}{5.\,10}\cdot\frac{u^2}{(a^5+u)^2} + \frac{1.\,6.\,11}{5.\,10.\,15}\cdot\frac{u^3}{(a^5+u)^3} + \&c.\right)$$

&c.

76. Ex his ergo formulis facile cuiusque numeri propositi radix cuiusuis potestatis inueniri poterit. Proposito enim numero c quaeratur potestas ei proxima, siue maior siue minor: priori casu u fiet numerus negatiuus, posteriori affirmatiuus. Quod si vero series resultans non satis conuergere videatur, multiplicetur numerus c per quampiam potestatem puta per f^{ν}, si radix dignitatis ν extrahi debeat, & quaeratur numeri $f^{\nu}c$ radix, quae per f diuisa dabit radicem numeri c quaesitam.

tam. Quo maior autem accipitur numerus f, eo magis series conuerget; idque imprimis, si quaepiam similis potestas a^{ν} non multum ab $f^{\nu}c$ discrepet.

EXEMPLUM I.

Quaeratur radix quadrata ex numero 2.

Si sine vlteriori praeparatione ponatur $a = 1$ & $u = 1$ fiet

$$\sqrt{2} = 1 + \frac{1}{2.2} + \frac{1.3}{2.4.2^2} + \frac{1.3.5}{2.4.6.2^3} + \&c.$$

quae etsi iam satis conuergit, tamen praestabit numerum 2 ante per quadratum quodpiam vti 25 multiplicare, vt productum 50 ab alio quadrato 49 minime discrepet. Hancobrem quaeratur radix quadrata ex 50, quae per 5 diuisa dabit $\sqrt{2}$. Erit autem tum $a = 7$ & $u = 1$, vnde fiet:

$$\sqrt{50} = 5\sqrt{2} = 7\left(1 + \frac{1}{2.50} + \frac{1.3}{2.4.50^2} + \frac{1.3.5}{2.4.6.50^3} + \&c.\right)$$

seu

$$\sqrt{2} = \frac{7}{5}\left(1 + \frac{1}{100} + \frac{1.3}{100.200} + \frac{1.3.5}{100.200.300} + \&c.\right)$$

quae ad computum in fractionibus decimalibus instituendum est aptissima.

Erit

Erit enim

$$\frac{7}{5} = 1,4000000000000$$
$$\frac{7}{5}\cdot\frac{1}{100} = 140000000000$$
$$\frac{7}{5}\cdot\frac{1}{100}\cdot\frac{1}{200} = 2100000000$$
$$\frac{7}{5}\cdot\frac{1}{100}\cdot\frac{1}{200}\cdot\frac{5}{300} = 35000000$$
$$\text{praec. in } \frac{7}{400} = 612500$$
$$\text{praec. in } \frac{9}{500} = 11025$$
$$\text{praec. in } \frac{11}{600} = 202$$
$$3$$

Ergo $\sqrt{2} = 1,4142135623730$

EXEMPLUM II.

Quaeratur radix cubica ex 3.

Multiplicetur 3 per cubum 8, & quaeratur radix cubica ex 24, erit enim $\sqrt[3]{24} = 2\sqrt[3]{3}$. Ponatur ergo

$a = 3$ & $u = -3$, eritque

$$\sqrt[3]{24} = 3\left(1 - \frac{1.3}{3.24} + \frac{1.4.3^2}{3.6.24^2} - \frac{1.4.7.3^3}{3.6.9.24^3} + \&c.\right)$$

&

$$\sqrt[3]{3} = \frac{3}{2}\left(1 - \frac{1}{3.8} + \frac{1.4}{3.6.8^2} - \frac{1.4.7}{3.6.9.8^3} + \&c.\right)$$

seu

$$\sqrt[3]{3} = \frac{3}{2}\left(1 - \frac{1}{24} + \frac{1}{24}\cdot\frac{4}{48} - \frac{1}{24}\cdot\frac{4}{48}\cdot\frac{7}{72} + \&c.\right)$$

 quae

quae ſeries iam vehementer convergit, cum quilibet terminus plusquam octies minor ſit praecedente. Sin autem 3 multiplicetur per cubum 729 fiet 2187, &

$$\sqrt[3]{2187} = \sqrt[3]{(13^3 - 10)} = 9\sqrt[3]{3}.$$

Erit ergo ob $a = 13$ & $u = -10$.

$$\sqrt[3]{3} = \tfrac{13}{9}\left(1 - \frac{1.\ 10}{3.\ 2187} + \frac{1.\ 4.\ 10^2}{3.6.2187^2} - \frac{1.\ 4.\ 7.\ 10^3}{3.6.9.2187^3} + \&c.\right)$$

cuius quiuis terminus plusquam ducenties minor eſt quam praecedens.

77. Euolutio binomii poteſtatis tum late patet, vt omnes functiones algebraicae in ea comprehendi queant. Si enim verbi gratia quaeratur valor huius functionis $\sqrt{(a + 2bx + cxx)}$ per ſeriem expreſſus, hoc per praecedentes formulas, duos terminos tanquam vnum conſiderando fieri poterit. Deinde vero haec explicatio fieri poterit ope expreſſionis primum traditae: nam ſi ponatur $\sqrt{(a + 2bx + cxx)} = y$, quia poſito $x = 0$ fit $y = \sqrt{a}$, erit $A = \sqrt{a}$, & cum differentialia ipſius y ita ſe habeant:

$$\frac{dy}{dx} = \frac{b + cx}{\sqrt{(a + 2bx + cxx)}}$$

$$\frac{ddy}{dx^2} = \frac{ac - bb}{(a + 2bx + cxx)^{\frac{3}{2}}}$$

$$\frac{d^3y}{dx^3} = + \frac{3(bb - ac)(b + cx)}{(a + 2bx + cxx)^{\frac{5}{2}}}$$

$$\frac{d^4y}{dx^4} = \frac{3(bb - ac)(ac - 5bb - 8bcx - 4ccxx)}{(a + 2bx + cxx)^{\frac{7}{2}}}$$

&c.

Ex

Ex his ergo obtinebitur:

$$\sqrt{(a+2bx+cxx)} - \frac{(b+cx)x}{\sqrt{(a+2bx+cxx)}} - \frac{(bb-ac)xx}{2(a+2bx+cxx)^{\frac{3}{2}}} - \frac{(bb-ac)(b+cx)x^3}{2(a+2bx+cxx)^{\frac{5}{2}}}$$
$$- \frac{(bb-ac)(5bb-ac+8bcx+4ccxx)x^4}{8(a+2bx+cxx)^{\frac{7}{2}}} - \&c. = \sqrt{a}.$$

Quodsi ergo vbique per $\sqrt{(a+2bx+cxx)}$ multiplicetur series fiet rationalis, eritque

$$\sqrt{a(a+2bx+cxx)} = a+2bx+cxx-(b+cx)x - \frac{(bb-ac)xx}{2(a+2bx+cxx)} -$$
$$\frac{(bb-ac)(b+cx)x^3}{2(a+2bx+cxx)^2} - \frac{(bb-ac)(5bb-ac+8bcx+4ccxx)x^4}{8(a+2bx+cxx)^3} - \&c.$$

siue

$$\sqrt{(a+2bx+cxx)} = \sqrt{a} + \frac{bx}{\sqrt{a}} - \frac{(bb-ac)xx}{2(a+2bx+cxx)\sqrt{a}} - \frac{(bb-ac)(b+cx)x^3}{2(a+2bx+cxx)^2\sqrt{a}} - \&c.$$

78. Transeamus ergo ad functiones transcendentes, quas loco y substituamus. Sit itaque primum $y = lx$, ac posito $x+\omega$ loco x fiet $z = l(x+\omega)$. Sint autem hi logarithmi quicunque, qui ad hyperbolicos rationem teneant $n : 1$, eritque pro logarithmis hyperbolicis $n = 1$, & pro tabularibus erit $n = 0,4342944819032$. Hinc differentialia ipsius $y = lx$ erunt:

$$\frac{dy}{dx} = \frac{n}{x}; \quad \frac{ddy}{dx^2} = -\frac{n}{x^2}; \quad \frac{d^3y}{dx^3} = \frac{2n}{x^3}; \quad \&c.$$

ex quibus conficitur:

$$l(x+\omega) = lx + \frac{n\omega}{x} - \frac{n\omega^2}{2x^2} + \frac{n\omega^3}{3x^3} - \frac{n\omega^4}{4x^4} + \&c.$$

Si-

Simili modo si ω statuatur negatiuum, erit:

$$l(x-\omega) = lx - \frac{n\omega}{x} - \frac{n\omega^2}{2x^2} - \frac{n\omega^3}{3x^3} - \frac{n\omega^4}{4x^4} - \&c.$$

Quodsi ergo haec series a priori subtrahatur, fiet

$$l\frac{x+\omega}{x-\omega} = 2n\left(\frac{\omega}{x} + \frac{\omega^3}{3x^3} + \frac{\omega^5}{5x^5} + \frac{\omega^7}{7x^7} + \&c.\right)$$

79. Si in serie primum inuenta:

$$l(x+\omega) = lx + \frac{n\omega}{x} - \frac{n\omega^2}{2x^2} + \frac{n\omega^3}{3x^3} - \frac{n\omega^4}{4x^4} + \&c.$$

ponatur $\omega = \frac{xx}{u-x}$; erit $x+\omega = \frac{ux}{u-x}$; &

$$l(x+\omega) = lu + lx - l(u-x) = lx + \frac{nx}{u-x} - \frac{nxx}{2(u-x)^2} + \&c.$$

atque

$$l(u-x) = lu - \frac{nx}{u-x} + \frac{nxx}{2(u-x)^2} - \frac{nx^3}{3(u-x)^3} + \&c.$$

sumtoque x negatiuo habebitur:

$$l(u+x) = lu + \frac{nx}{u+x} + \frac{nxx}{2(u+x)^2} + \frac{nx^3}{3(u+x)^3} + \frac{nx^4}{4(u+x)^4} \ldots$$

Harum ergo serierum ope logarithmi expedite inueniri poterunt, si quidem series valde conuergant. Huiusmodi autem erunt sequentes, quae ex inuentis facile deducuntur:

$$l(x+1) = lx + n\left(\frac{1}{x} - \frac{1}{2xx} + \frac{1}{3x^3} - \frac{1}{4x^4} + \&c.\right)$$

$$l(x-1) = lx - n\left(\frac{1}{x} + \frac{1}{2xx} + \frac{1}{3x^3} + \frac{1}{4x^4} + \&c.\right)$$

quae

quae duae series, cum tantum signis a se inuicem discrepent, si ad calculum reuocentur, ex logarithmo numeri x cognito, eadem opera logarithmi amborum numerorum $x+1$ & $x-1$ reperientur. Deinde ex reliquis seriebus erit:

$$l(x+1) = l(x-1) + 2n\left(\frac{1}{x} + \frac{1}{3x^3} + \frac{1}{5x^5} + \frac{1}{7x^7} + \&c.\right)$$

$$l(x-1) = lx - n\left(\frac{1}{x-1} - \frac{1}{2(x-1)^2} + \frac{1}{3(x-1)^3} - \frac{1}{4(x-1)^4} + \&c.\right)$$

$$l(x+1) = lx + n\left(\frac{1}{x+1} + \frac{1}{2(x+1)^2} + \frac{1}{3(x+1)^3} + \frac{1}{4(x+1)^4} + \&c.\right)$$

80. Ex dato ergo logarithmo numeri x, logarithmi numerorum contiguorum $x+1$ & $x-1$ facile inueniri poterunt; quin etiam ex logarithmo numeri $x-1$ logarithmus numeri binario maioris & viciſſim eruetur. Quod quamuis in Introductione vberius ſit oſtenſum, tamen hic quaedam exempla adiungemus.

EXEMPLUM I.

Ex dato numeri 10 *logarithmo hyperbolico*, qui eſt 2,302585092994 0, *logarithmos hyperbolicos numerorum* 11 *&* 9 *inuenire.*

Quoniam haec quaeſtio logarithmos hyperbolicos ſpectat, erit $n = 1$; ideoque habebuntur hae ſeries:

$$l11 = l10 + \frac{1}{10} - \frac{1}{2.10^2} + \frac{1}{3.10^3} - \frac{1}{4.10^4} + \frac{1}{5.10^5} - \&c.$$

$$l9 = l10 - \frac{1}{10} - \frac{1}{2.10^2} - \frac{1}{3.10^3} - \frac{1}{4.10^4} - \frac{1}{5.10^5} - \&c.$$

 Ad

Ad quarum ſerierum ſummas inueniendas, colligantur termini pares & impares ſeorſim, eritque

$\frac{1}{10} = 0{,}1000000000000$	$\frac{1}{2.10^2} = 0{,}0050000000000$
$\frac{1}{3.10^3} = 0{,}0003333333333$	$\frac{1}{4.10^4} = 0{,}0000250000000$
$\frac{1}{5.10^5} = 0{,}0000020000000$	$\frac{1}{6.10^6} = 0{,}0000001666666$
$\frac{1}{7.10^7} = 0{,}0000000142857$	$\frac{1}{8.10^8} = 0{,}0000000012500$
$\frac{1}{9.10^9} = 0{,}0000000001111$	$\frac{1}{10.10^{10}} = 0{,}0000000000100$
$\frac{1}{11.10^{11}} = 0{,}0000000000009$	$\frac{1}{12.10^{12}} = 0{,}0000000000001$
ſumma $= 0{,}1003353477310$	ſumma $= 0{,}0050251679267$

Summa vtriusque erit . . . 0,1053605156577

Differentia ambarum erit 0,0953101798043

Iam eſt $l10 = 2{,}3025850929940$

Ergo erit $l11 = 2{,}3978952727983$

& $l9 = 2{,}1972245773363$

Hinc porro erit $l3 = 1{,}0986122886681$

& $l99 = 4{,}5951198501346$

EXEMPLUM II.

Ex logarithmo hyperbolico numeri 99 *nunc inuento invenire logarithmum numeri* 101.

Adhibeatur ad hoc ſeries ſupra inuenta:

$$l(x+1) = l(x-1) + \frac{2}{x} + \frac{2}{3x^3} + \frac{2}{5x^5} + \frac{2}{7x^7} + \&c.$$

in qua fiat $x = 100$; eritque:

$$l101 = l99 + \frac{2}{100} + \frac{2}{3.100^3} + \frac{2}{5.100^5} + \frac{2}{7.100^7} + \&c.$$

cuius ſeriei ſumma ex his quatuor terminis colligitur $= 0,0200006667066$, quae ad $l99$ addita dabit $l101 = 4,6151205168412$.

EXEMPLUM III.

Ex dato logarithmo tabulari numeri 10, qui eſt $=1$, *inuenire logarithmos numerorum* 11 & 9.

Quoniam hic logarithmos communes tabulares quaerimus, erit $n = 0,4342944819032$, poſito ergo $x = 10$ erit:

$$l11 = l10 + \frac{n}{10} + \frac{n}{2.10^2} - \frac{n}{3.10^3} + \frac{n}{4.10^4} + \&c.$$

$$l9 = l10 - \frac{n}{10} - \frac{n}{2.10^2} - \frac{n}{3.10^3} - \frac{n}{4.10^4} - \&c.$$

 Col-

Colligantur termini pares & impares seorsim:

$\frac{n}{10} = 0,0434294481903$	$\frac{n}{2.10^2} = 0,0021714724095$
$\frac{n}{3.10^3} = 0,0001447648273$	$\frac{n}{4.10^4} = 0,0000108573620$
$\frac{n}{5.10^5} = 0,0000008685889$	$\frac{n}{6.10^6} = 0,0000000723824$
$\frac{n}{7.10^7} = 0,0000000062042$	$\frac{n}{8.10^8} = 0,0000000005428$
$\frac{n}{9.10^9} = 0,0000000000482$	$\frac{n}{10.10^{10}} = 0,0000000000043$
$\frac{n}{11.10^{11}} = 0,0000000000005$	$\frac{n}{12.10^{12}} = 0,0000000000000$
summa $= 0,0435750878593$	summa $= 0,0021824027010$

Aggregatum ambarum est $= 0,0457574905603$

Differentia earum est $= 0,0413926851583$

Cum ergo sit $l10 = 1,0000000000000$

Erit $l11 = 1,0413926851583$

& $l9 = 0,9542425094396$

Hinc $l3 = 0,4771212547198$

& $l99 = 1,9956351945979$

EX-

EXEMPLUM IV.

Ex logarithmo tabulari numeri 99 hic inuentis inuenire logarithmum tabularem numeri 101.

Adhibendo hic eandem seriem, qua in Exemplo secundo vsi sumus, habebimus:

$$l101 = l99 + 2n\left(\frac{1}{100} + \frac{1}{3 \cdot 100^3} + \frac{1}{5 \cdot 100^5} + \&c.\right)$$

cuius seriei posito pro n valore debito, summa mox reperietur $= 0{,}0086861791849$ quae addita ad $l99 = 1{,}9956351945979$ oritur.

$$l101 = 2{,}0043213637829$$

81. Tribuamus nunc in expressione nostra generali y valorem exponentialem, sitque $y = a^x$, posito $x + \omega$ loco x; erit $z = a^{x+\omega}$, cuius valor ob differentialia:

$$\frac{dy}{dx} = a^x\, la; \quad \frac{ddy}{dx^2} = a^x (la)^2; \quad \frac{d^3y}{dx^3} = a^x (la)^3; \quad \&c.$$

erit

$$a^{x+\omega} = a^x\left(1 + \frac{\omega\, la}{1} + \frac{\omega^2 (la)^2}{1 \cdot 2} + \frac{\omega^3 (la)^3}{1 \cdot 2 \cdot 3} + \&c.\right)$$

quae si diuidatur per a^x prodibit series valores quantitatis exponentialis exprimens, quam supra in Introductione iam elicuimus: nempe

$$a^\omega = 1 + \frac{\omega\, la}{1} + \frac{\omega^2 (la)^2}{1 \cdot 2} + \frac{\omega^3 (la)^3}{1 \cdot 2 \cdot 3} + \frac{\omega^4 (la)^4}{1 \cdot 2 \cdot 3 \cdot 4} + \&c.$$

 Si-

Simili modo sumto ω negatiuo erit:

$$a^{-\omega} = 1 - \frac{\omega la}{1} + \frac{\omega^2(la)^2}{1.\,2} - \frac{\omega^3(la)^3}{1.\,2.\,3} + \frac{\omega^4(la)^4}{1.2.3.4} - \&c.$$

ex quarum combinatione oritur:

$$\frac{a^{\omega}+a^{-\omega}}{2} = 1 + \frac{\omega^2(la)^2}{1.\,2} + \frac{\omega^4(la)^4}{1.2.3.4} + \frac{\omega^6(la)^6}{1.2\ldots6} + \&c.$$

$$\frac{a^{\omega}-a^{-\omega}}{2} = \frac{\omega la}{1} + \frac{\omega^3(la)^3}{1.\,2.\,3} + \frac{\omega^5(la)^5}{1.2.3.4.5} + \&c.$$

vbi notandum est la denotare logarithmum hyperbolicum numeri a.

82. Huius formulae ope ex dato quouis logarithmo numerus ei conueniens reperiri poterit. Sit enim propositus logarithmus quicunque u ad canonem, in quo numeri a logarithmus $= 1$ statuitur, pertinens. Quaeratur in eodem canone logarithmus x proxime ad u accedens, sitque $u = x + \omega$; numerus autem logarithmo x conueniens sit $= y = a^x$, erit numerus logarithmo $u = x + \omega$ respondens $= a^{x+\omega} = z$; fietque

$$z = y\left(1 + \frac{\omega la}{1} + \frac{\omega^2(la)^2}{1.\,2} + \frac{\omega^3(la)^3}{1.\,2.\,3} + \frac{\omega^4(la)^4}{1.2.3.4} + \&c.\right)$$

quae series ob ω numerum valde paruum, vehementer conuerget, cuius vsum sequenti exemplo declaremus.

EXEMPLUM.

Quaeratur numerus isti binarii potestati $2^{2^{24}}$ *aequalis*.

Cum sit $2^{24} = 16777216$, erit $2^{2^{24}} = 2^{16777216}$, su-

ſumendisque logarithmis vulgaribus, erit huius numeri logarithmus $= 16777216\, l2$. Cum autem ſit:

$$l2 = 0,30102999566398119521373889$$

numeri quaeſiti logarithmus erit:

$$5050445,2597336759320390 63$$

cuius characteriſtica indicat numerum quaeſitum exprimi 5050446 figuris, quae cum omnes exhiberi nequeant, ſufficiet figuras initiales aſſignaſſe, quae ex mantiſſa

$$,259733675932039063 = u$$

inueſtigari debent. Ex tabulis autem colligitur, numerum cuius logarithmus proxime ad hunc accedat fore $18.101 = 1,818$; qui ponatur y; cuius logarithmus

$x = 0,2595938788859486 44$, vnde erit

$\omega = 0,0001397970460904 19$. Cum iam ſit

$a = 10$ erit

$la = 2,30258509299404568401799 14$ &

$\omega la = 0,000321894594372398$ Deinde erit

$$y = 1,818000000000000000$$

$$\frac{\omega la}{1} y = 585204372569020$$

$$\frac{\omega^2 (la)^2}{1.\ 2} y = 94187062064$$

$$\frac{\omega^3 (la)^3}{1.\ 2.\ 3} y = 10106100$$

$$\frac{\omega^4 (la)^4}{1.2.3.4} y = 813$$

$$1818585298569737997$$

hae-

haeque sunt figurae initiales numeri quaesiti, cuius omnes figurae excepta forte vltima sunt iustae.

83. Consideremus quantitates transcendentes a circulo pendentes, sitque vti perpetuo ponimus, radius circuli $=1$, atque y denotet arcum circuli cuius sinus $=x$ seu sit $y = \text{A sin}\, x$. Ponatur $x+\omega$ loco x, eritque $z = \text{A sin}\,(x+\omega)$: ad quem valorem exprimendum quaerantur differentialia ipsius y:

$$\frac{dy}{dx} = \frac{1}{\sqrt{(1-xx)}}$$

$$\frac{ddy}{dx^2} = \frac{+x}{(1-xx)^{\frac{3}{2}}}$$

$$\frac{d^3y}{dx^3} = \frac{1+2xx}{(1-xx)^{\frac{5}{2}}}$$

$$\frac{d^4y}{dx^4} = \frac{9x+6x^3}{(1-xx)^{\frac{7}{2}}}$$

$$\frac{d^5y}{dx^5} = \frac{9+72x^2+24x^4}{(1-xx)^{\frac{9}{2}}}$$

$$\frac{d^6y}{dx^6} = \frac{225x+600x^3+120x^5}{(1-xx)^{\frac{11}{2}}} \quad \&c.$$

Ex his ergo inuenitur:

$$\text{A sin}(x+\omega) = \text{A sin}\, x + \frac{\omega}{\sqrt{(1-xx)}} + \frac{\omega^2 x}{2(1-xx)^{\frac{3}{2}}} + \frac{\omega^3(1+2xx)}{6(1-xx)^{\frac{5}{2}}}$$
$$+ \frac{\omega^4(9x+6x^3)}{24(1-xx)^{\frac{7}{2}}} + \frac{\omega^5(9+72x^2+24x^4)}{120(1-xx)^{\frac{9}{2}}} + \&c.$$

84. Si ergo cognitus fuerit arcus, cuius ſinus eſt $= x$, huius formulae beneficio inueniri poterit arcus, cuius ſinus eſt $x + \omega$, ſi fuerit ω quantitas valde parua. Series autem cuius ſumma addi debet, exprimetur in partibus radii, quae ad arcum facile reducentur: vti ex hoc exemplo intelligetur.

EXEMPLUM.

Quaeratur arcus circuli, cuius ſinus eſt
$= \frac{1}{3} = 0,3333333333.$

Quaeratur ex tabulis ſinuum arcus, cuius ſinus ſit proxime minor, quam $\frac{1}{3}$, qui erit $19^\circ, 28'$, cuius ſinus eſt $= 0,3332584$. Statuatur ergo $19^\circ, 28', = \text{A} \sin x = y$. erit $x = 0,3332584$, & $\omega = 0,0000749$, atque ex tabulis $\sqrt{(1 - xx)} = \cos y = 0,9428356$. Erit ergo arcus quaeſitus z, cuius ſinus $= \frac{1}{3}$ proponitur

$$= 19^\circ, 28' + \frac{\omega}{\cos y} + \frac{\omega\omega \sin y}{2 \cos y^3},$$

quae expreſſio iam ſufficit; erit ergo per logarithmos calculum inſtituendo:

$$l\omega = 5,8744818$$
$$l\cos y = 9,9744359$$

$$l\frac{\omega}{\cos y} = 5,9000459 \quad ; \quad \frac{\omega}{\cos y} = 0,0000794412$$
$$l\frac{\omega^2}{\cos y} = 1,8000918$$
$$l\frac{\sin y}{\cos y} = 9,5483452$$

$$1,3484370$$
$$l2 = 0,3010300$$

$$l\frac{\omega^2 \sin y}{2\cos y^3} = 1,0474070 \quad ; \quad \frac{\omega^2 \sin y}{2\cos y^3} = 0,0000000011$$

Summa $= 0,0000794423$

qui est valor arcus ad $19^\circ, 28^{\text{I}}$ addendi, ad quem in minutis secundis exprimendum, sumamus eius logarithmum

qui est	5,9000518
a quo subtrahatur	4,6855749
	1,2144769
cui log. respondet num. $=$	16,38615

qui est numerus minutorum secundorum; fractionem vero in tertiis & quartis exprimendo fiet arcus quaesitus

$$= 19^\circ, 28^{\text{I}}, 16^{\text{II}}, 23^{\text{III}}, 10^{\text{IV}}, 8^{\text{V}}, 24^{\text{VI}}.$$

85.

85. Simili modo expreſſio pro coſinibus eruetur; poſito enim $y = \text{A}\cos x$; quia eſt $dy = \frac{-dx}{\sqrt{(1-xx)}}$, ſeries ante inuenta inuariata manebit, dummodo eius ſigna permutentur. Erit itaque

$$\text{A}\cos(x+\omega) = \text{A}\cos x - \frac{\omega}{\sqrt{(1-xx)}} - \frac{\omega^2 x}{2(1-xx)^{\frac{3}{2}}} - \frac{\omega^3(1+2xx)}{6(1-xx)^{\frac{5}{2}}}$$

$$- \frac{\omega^4(9x+6x^3)}{24(1-xx)^{\frac{7}{2}}} - \frac{\omega^5(9+72x^2+24x^4)}{120(1-xx)^{\frac{9}{2}}} + \text{\&c.}$$

quae ſeries pariter ac praecedens vehementer ſemper conuerget, ſi ex tabulis ſinuum proxime veri anguli excerpantur, ita vt plerumque vnicus terminus primus $\frac{\omega}{\sqrt{(1-xx)}}$ ſufficiat. Interim tamen ſi x fuerit ipſi 1 ſeu ſinui toti proxime aequalis, tum ob denominatores admodum paruos illa ſeries conuergentiam amittit. His igitur caſibus, quibus x non multum ab 1 deficit, quoniam tum differentiae fiunt minimae, commodius vtemur ſolita interpolatione.

86. Ponamus quoque pro y arcum cuius tangens datur, ſitque $y = \text{A}\,\text{tang}\, x$ & $z = \text{A}\,\text{tang}\,(x+\omega)$ ita vt ſit

$$z = y + \frac{\omega\, dy}{dx} + \frac{\omega^2\, ddy}{2\,dx^2} + \frac{\omega^3\, d^3y}{6\,dx^3} + \text{\&c.}$$

Ad quos terminos indagandos quaerantur ipſius y ſingula differentialia:

$$\frac{dy}{dx} = \frac{1}{1+xx}$$

$$\frac{ddy}{dx^2} = \frac{-2x}{(1+xx)^2}$$

$$\frac{d^3y}{dx^3} = \frac{-2+6xx}{(1+xx)^3}$$

$$\frac{d^4y}{dx^4} = \frac{24x-24x^3}{(1+xx)^4}$$

$$\frac{d^5y}{dx^5} = \frac{24-240x^2+120x^4}{(1+xx)^5}$$

$$\frac{d^6y}{dx^6} = \frac{-720x+2400x^3-720x^5}{(1+xx)^6}$$

&c.

vnde colligitur fore:

$$\text{A tang}(x+\omega) = \text{A tang}\, x +$$

$$\frac{\omega}{1(1+xx)} - \frac{\omega^2 x}{(1+xx)^2} + \frac{\omega^3}{(1+xx)^3}(xx-\tfrac{1}{3}) - \frac{\omega^4}{(1+xx)^4}(x^3-x) +$$

$$\frac{\omega^5}{(1+xx)^5}(x^4-2x^2+\tfrac{1}{5}) - \frac{\omega^6}{(1+xx)^6}(x^5-\tfrac{10}{3}x^3+x) + \&c.$$

87. Haec feries, cuius lex progreffionis non adeo manifefta eft, transmutari poteft in aliam formam, cuius progreffio ftatim in oculos incurrit. Ponatur in hunc finem $\text{A tang}\, x = 90° - u$, vt fit $x = \cot u = \frac{\text{cof}\, u}{\text{fin}\, u}$; erit $1+xx = \frac{1}{\text{fin}\, u^2}$, vnde fit $\frac{dy}{dx} = \frac{1}{1+xx} = \text{fin}\, u^2$.

Cum

Cum deinde sit $dx = \frac{-du}{\sin u^2}$, seu $du = -dx \sin u^2$, fiet vlteriora differentialia sumendo:

$$\frac{ddy}{dx} = 2du \sin u \cos u = du \sin 2u = -dx \sin u \sin 2u$$

ideoque $\frac{ddy}{1dx^2} = -\sin u^2 . \sin 2u$.

$$\frac{d^3y}{2dx^2} = -du \sin u . \cos u . \sin 2u - du \sin u^2 \cos 2u = -du \sin u . \sin 3u$$
$$= dx \sin u^3 \sin 3u$$

ideoque $\frac{d^3y}{1.2dx^3} = +\sin u^3 . \sin 3u$

$$\frac{d^4y}{1.2.3dx^3} = du \sin u^3 . (\cos u . \sin 3u + \sin u . \cos 3u) = du \sin u^3 . \sin 4u$$
$$= -dx \sin u^4 . \sin 4u$$

ideoque $\frac{d^4y}{1.2.3dx^4} = -\sin u^4 . \sin 4u$

$$\frac{d^5y}{1.2.3.4dx^4} = -du \sin u^3 (\cos u \sin 4u + \sin u . \cos 4u) = -du . \sin u . \sin 5u$$
$$= +dx \sin u^5 . \sin 5u$$

ideoque $\frac{d^5y}{1.2.3.4dx^5} = +\sin u^5 . \sin 5u$

&c.

Ex quibus colligitur fore:

$$A\,tg(x+\omega) = A\,tg x + \frac{\omega}{1} \sin u . \sin u - \frac{\omega^2}{2} \sin u^2 . \sin 2u + \frac{\omega^3}{3} \sin u^3 . \sin 3u$$
$$- \frac{\omega^4}{4} \sin u^4 \sin 4u + \frac{\omega^5}{5} \sin u^5 . \sin 5u - \frac{\omega^6}{6} \sin u^6 \sin 6u + \&c.$$

vbi cum sit $A\,tg x = y$ & $A\,tg x = 90° - u$, erit $y = 90° - u$.

88. Si ponatur $A\cot x = y$ & $A\cot(x+\omega) = z$; erit

$$z = y + \frac{\omega\, dy}{dx} + \frac{\omega^2\, ddy}{1.2\, dx^2} + \frac{\omega^3\, d^3y}{1.2.3\, dx^3} + \frac{\omega^4\, d^4y}{1.2.3.4\, dx^4} + \&c.$$

Cum autem ſit $dy = \frac{-dx}{1+xx}$, termini huius ſeriei congruent praeter primum cum ante inuentis, exceptis tantum ſignis. Quare ſi ponatur, vt ante $A\,\mathrm{tang}\, x = 90° - u$, ſeu $A\cot x = u$, vt ſit $u = y$; erit:

$$A\cot(x+\omega) = A\cot x - \frac{\omega}{1}\,\mathrm{ſin}\, u.\mathrm{ſin}\, u + \frac{\omega^2}{2}\,\mathrm{ſin}\, u^2.\mathrm{ſin}\, 2u - \frac{\omega^3}{3}\,\mathrm{ſin}\, u^3\, \mathrm{ſin}\, 3u$$

$$+ \frac{\omega^4}{4}\,\mathrm{ſin}\, u^4.\mathrm{ſin}\, 4u - \frac{\omega^5}{5}\,\mathrm{ſin}\, u^5.\mathrm{ſin}\, 5u + \&c.$$

quae expreſſio immediate ex praecedente ſequitur: quia enim eſt $A\cot(x+\omega) = 90 - A\,\mathrm{tang}(x+\omega)$

& $A\cot x = 90 - A\,\mathrm{tang}\, x$; erit

$$A\cot(x+\omega) - A\cot x = -A\,\mathrm{tang}\,(x+\omega) + A\,\mathrm{tang}\, x.$$

89. Ex his expreſſionibus multa egregia corollaria conſequuntur, prout loco x & ω dati valores ſubſtituantur. Sit igitur primum $x = 0$; & cum ſit $u = 90° - A\,\mathrm{tang}\, x$ fiet $u = 90°$; atque $\mathrm{ſin}\, u = 1$; $\mathrm{ſin}\, 2u = 0$; $\mathrm{ſin}\, 3u = -1$; $\mathrm{ſin}\, 4u = 0$; $\mathrm{ſin}\, 5u = 1$; $\mathrm{ſin}\, 6u = 0$; $\mathrm{ſin}\, 7u = -1$; &c. vnde fiet

$$A\,\mathrm{tang}\, \omega = \frac{\omega}{1} - \frac{\omega^3}{3} + \frac{\omega^5}{5} - \frac{\omega^7}{7} + \frac{\omega^9}{9} - \frac{\omega^{11}}{11} + \&c.$$

quae eſt notiſſima ſeries exprimens arcum, cuius tangens eſt $= \omega$.

Sit

Sit $x = 1$, erit Atang $x = 45^\circ$, ideoque $u = 45^\circ$, hinc $\sin u = \frac{1}{\sqrt{2}}$; $\sin 2u = 1$; $\sin 3u = \frac{1}{\sqrt{2}}$; $\sin 4u = 0$; $\sin 5u = -\frac{1}{\sqrt{2}}$; $\sin 6u = -1$; $\sin 7u = -\frac{1}{\sqrt{2}}$; $\sin 8u = 0$; $\sin 9u = \frac{1}{\sqrt{2}}$ &c. Ex quibus fit:

$$A\,tg(1+\omega) = 45^\circ + \frac{\omega}{2} - \frac{\omega^2}{2.2} + \frac{\omega^3}{3.4} - \frac{\omega^5}{5.8} + \frac{\omega^6}{6.8} - \frac{\omega^7}{7.16}$$
$$+ \frac{\omega^9}{9.32} - \frac{\omega^{10}}{10.32} + \frac{\omega^{11}}{11.64} - \frac{\omega^{13}}{13.128} + \frac{\omega^{14}}{14.128} - \&c.$$

Si igitur sit $\omega = -1$; ob Atang$(1+\omega) = 0$, & $45^\circ = \frac{\pi}{4}$ fiet:

$$\frac{\pi}{4} = \frac{1}{1.2} + \frac{1}{2.2} + \frac{1}{3.2^2} - \frac{1}{5.2^3} - \frac{1}{6.2^3} - \frac{1}{7.2^4}$$
$$+ \frac{1}{9.2^5} + \frac{1}{10.2^5} + \frac{1}{11.2^6} - \&c.$$

qui valor si loco arcus 45° substituatur in illa expressione erit: $\quad A\,tang(1+\omega) =$

$$\frac{\omega+1}{1.2} - \frac{\omega^2+1}{2.2} + \frac{\omega^3+1}{3.2^2} - \frac{\omega^5-1}{5.2^3} + \frac{\omega^6-1}{6.2^3} - \frac{\omega^7-1}{7.2^4} + \&c.$$

Illa autem series maxime est idonea ad valorem ipsius $\frac{\pi}{4}$ proxime inueniendum.

90. Cum sit

$$\frac{\pi}{4} = \frac{1}{1.2} + \frac{1}{2.2} + \frac{1}{3.2^2} - \frac{1}{5.2^3} - \frac{1}{6.2^3} - \frac{1}{7.2^4} + \&c.$$

ter-

termini autem in denominatoribus habentes 2, 6, 10, &c.

$\frac{1}{2.2} - \frac{1}{6.2^3} + \frac{1}{10.2^5} - \frac{1}{14.2^7} + \&c.$ exprimunt $\frac{1}{2}A\,tg\,\frac{1}{2}$;

erit:

$$\frac{\pi}{4} = \frac{1}{2}A\,tg\,\frac{1}{2} + \frac{1}{1.2} + \frac{1}{3.2^2} - \frac{1}{5.2^3} - \frac{1}{7.2^4} + \frac{1}{9.2^5} + \frac{1}{11.2^6} - \&c.$$

In altera autem formula posito ω negatiuo, cum sit

$$A\,tg(1-\omega) = \begin{cases} + \frac{1}{1.2} + \frac{1}{2.2} + \frac{1}{3.2^2} - \frac{1}{5.2^3} - \frac{1}{6.2^3} - \frac{1}{7.2^4} + \&c. \\ - \frac{\omega}{1.2} - \frac{\omega^2}{2.2} - \frac{\omega^3}{3.2^2} + \frac{\omega^5}{5.2^3} + \frac{\omega^6}{6.2^3} + \frac{\omega^7}{7.2^4} - \&c. \end{cases}$$

si fiat $\omega = \frac{1}{2}$; erit:

$$A\,tg\,\frac{1}{2} = \begin{cases} \frac{1}{1.2} + \frac{1}{2.2} + \frac{1}{3.2^2} + \frac{1}{5.2^3} - \frac{1}{6.2^3} - \frac{1}{7.2^4} + \&c. \\ - \frac{1}{1.2^2} - \frac{1}{2.2^3} - \frac{1}{3.2^5} + \frac{1}{5.2^8} + \frac{1}{6.2^9} + \frac{1}{7.2^{11}} - \&c. \end{cases}$$

& terminis per 2, 6, 10, &c. diuisis seorsim sumtis erit:

$$A\,tg\,\frac{1}{2} = \frac{1}{2}A\,tg\,\frac{1}{2} + \frac{1}{1.2} + \frac{1}{3.2^2} - \frac{1}{5.2^3} - \frac{1}{7.2^4} + \frac{1}{9.2^5} + \&c.$$
$$- \frac{1}{2}A\,tg\,\frac{1}{8} - \frac{1}{1.2^2} - \frac{1}{3.2^5} + \frac{1}{5.2^8} + \frac{1}{7.2^{11}} - \frac{1}{9.2^{14}} - \&c.$$

ideoque

$$\frac{1}{2}A\,tang\,\frac{1}{2} = \frac{1}{1.2} + \frac{1}{3.2^2} - \frac{1}{5.2^3} + \frac{1}{7.2^4} + \&c.$$
$$- \frac{1}{2}A\,tg\,\frac{1}{8} - \frac{1}{1.2^2} - \frac{1}{3.2^5} + \frac{1}{5.2^8} + \frac{1}{7.2^{11}} - \&c.$$

qui

qui valor si in superiore serie substituatur, atque A tang $\frac{1}{2}$ ipse in seriem conuertatur, reperietur:

$$\frac{\pi}{4} = \begin{cases} 1 + \frac{1}{3.2^1} - \frac{1}{5.2^2} - \frac{1}{7.2^3} + \frac{1}{9.2^4} + \&c. \\ \frac{1}{1.2^2} - \frac{1}{3.2^5} + \frac{1}{5.2^8} + \frac{1}{7.2^{11}} - \frac{1}{9.2^{14}} - \&c. \\ -\frac{1}{1.2^4} + \frac{1}{3.2^{10}} - \frac{1}{5.2^{16}} + \frac{1}{7.2^{22}} - \frac{1}{9.2^{28}} + \&c. \end{cases}$$

90. Sequuntur hae multaeque aliae series ex positione $x = 1$: sin autem ponamus $x = \sqrt{3}$, vt sit A tang $x = 60^\circ$, fiet $u = 30$, & sin $u = \frac{1}{2}$; sin $2u = \frac{\sqrt{3}}{2}$; sin $3u = 1$; sin $4u = \frac{\sqrt{3}}{2}$; sin $5u = \frac{1}{2}$; sin $6u = 0$; sin $7u = -\frac{1}{2}$; &c. vnde erit:

$$A\,tang(\sqrt{3}+\omega) = 60^\circ + \frac{\omega}{1.2^2} - \frac{\omega^2\sqrt{3}}{2.2^2} + \frac{\omega^3}{3.2^3} - \frac{\omega^4\sqrt{3}}{4.2^5}$$
$$+ \frac{\omega^5}{5.2^6} - \frac{\omega^7}{7.2^8} + \frac{\omega^8\sqrt{3}}{8.2^9} - \frac{\omega^9}{9.2^9} + \frac{\omega^{10}\sqrt{3}}{10.2^{11}} - \frac{\omega^{11}}{11.2^{12}} + \&c.$$

Sin autem ponatur $x = \frac{1}{\sqrt{3}}$, vt sit A tg $x = 30^\circ$; erit $u = 60^\circ$; atque sin $u = \frac{\sqrt{3}}{2}$; sin $2u = \frac{\sqrt{3}}{2}$; sin $3u = 0$; sin $4u = -\frac{\sqrt{3}}{2}$; sin $5u = -\frac{\sqrt{3}}{2}$; sin $6u = 0$; sin $7u = \frac{\sqrt{3}}{2}$; &c.

quibus valoribus substitutis erit:

$$\mathrm{Atg}\left(\frac{1}{\sqrt{3}}+\omega\right)=30^\circ+\frac{3\omega}{1.2^2}-\frac{3\omega^2\sqrt{3}}{2.2^3}+\frac{3^2\omega^4\sqrt{3}}{4.2^5}-\frac{3^3\omega^5}{5.2^6}+\&c.$$

si igitur sit $\omega=-\frac{1}{\sqrt{3}}$, ob $30^\circ=\frac{\pi}{6}$; erit:

$$\frac{\pi}{6\sqrt{3}}=\frac{1}{1.2^2}+\frac{1}{2.2^3}-\frac{1}{4.2^5}-\frac{1}{5.2^6}+\frac{1}{7.2^8}+\frac{1}{8.2^9}-\&c.$$

91. Resumamus expressionem generalem inuentam:

$$\mathrm{A\,tang}\,(x+\omega)=\mathrm{A\,tang}\,x$$

$$+\frac{\omega}{1}\sin u.\sin u-\frac{\omega^2}{2}\sin u^2.\sin 2u+\frac{\omega^3}{3}\sin u^3.\sin 3u-\&c.$$

ac ponamus $\omega=-x$, vt fit $\mathrm{A\,tang}(x+\omega)=0$, eritque

$$\mathrm{A\,tang}\,x=$$

$$\frac{x}{1}\sin u.\sin u+\frac{x^2}{2}\sin u^2.\sin 2u+\frac{x^3}{3}\sin u^3.\sin 3u+\&c.$$

Cum autem sit $\mathrm{A\,tang}\,x=90-u=\frac{\pi}{2}-u$;

erit: $x=\cot u=\frac{\cos u}{\sin u}$. Quamobrem erit:

$$\frac{\pi}{2}=u+\cos u.\sin u+\tfrac{1}{2}\cos u^2.\sin 2u+\tfrac{1}{3}\cos u^3.\sin 3u+\tfrac{1}{4}\cos u^4.\sin 4u+\&c.$$

quae series eo magis est notatu digna, quod quicunque arcus loco u accipiatur, valor seriei semper prodeat idem $=\frac{\pi}{2}$. Sin autem sit $\omega=-2x$, ob $\mathrm{Atg}(-x)=-\mathrm{Atg}\,x$; fiet:

$$2\,\mathrm{A\,tang}\,x=$$

$$\frac{2x}{1}\sin u.\sin u+\frac{4x^2}{2}\sin u^2.\sin 2u+\frac{8x^3}{3}\sin u^3.\sin 3u+\&c.$$

Cum

Cum autem sit $A\tang x = \frac{\pi}{2} - u$ & $x = \frac{\cos u}{\sin u}$, erit:

$$\pi = 2u + \frac{2}{1}\cos u.\sin u + \frac{2^2}{2}\cos u^2.\sin 2u + \frac{2^3}{3}\cos u^3.\sin 3u + \&c.$$

Sit $u = 45° = \frac{\pi}{4}$; erit $\cos u = \frac{1}{\sqrt{2}}$; $\sin u = \frac{1}{\sqrt{2}}$; $\sin 2u = 1$;

$\sin 3u = \frac{1}{\sqrt{2}}$; $\sin 4u = 0$; $\sin 5u = \frac{-1}{\sqrt{2}}$; $\sin 6u = -1$;

$\sin 7u = \frac{-1}{\sqrt{2}}$; $\sin 8u = 0$; $\sin 9u = \frac{1}{\sqrt{2}}$; eritque

$$\frac{\pi}{2} = \frac{1}{1} + \frac{2}{2} + \frac{2}{3} - \frac{2^2}{5} - \frac{2^3}{6} - \frac{2^3}{7} + \frac{2^4}{9} + \frac{2^5}{10} + \frac{2^5}{11} - \&c.$$

quae series etsi diuergit, tamen ob simplicitatem est notatu digna.

92. Ponatur in expressione generali inuenta:

$$\omega = -x - \frac{1}{x} = \frac{-1}{\sin u.\cos u}, \quad \text{ob} \quad x = \frac{\cos u}{\sin u}; \quad \text{erit:}$$

$$A\tang(x+\omega) = A\tang - \frac{1}{x} = -A\tang\frac{1}{x} = -\frac{\pi}{2} + A\tang x.$$

Hinc ergo obtinebitur sequens expressio:

$$\frac{\pi}{2} = \frac{\sin u}{1\cos u} + \frac{\sin 2u}{2\cos u^2} + \frac{\sin 3u}{3\cos u^3} + \frac{\sin 4u}{4\cos u^3} + \frac{\sin 5u}{5\cos u^5} + \&c.$$

quae posito $u = 45°$ dat eandem seriem, quam vltimo loco inuenimus. Sin autem ponamus $\omega = -\sqrt{(1+xx)}$

ob $x = \frac{\cos u}{\sin u}$, fiet $\omega = -\frac{1}{\sin u}$, &

$$A\,\mathrm{tang}\,(x - \surd(1+xx)) - A\,\mathrm{tang}\,(\surd(1+xx) - x)$$
$$= -\tfrac{1}{2} A\,\mathrm{tang}\,\frac{1}{x} = -\tfrac{1}{2}\left(\frac{\pi}{2} - A\,\mathrm{tang}\,x\right) = -\tfrac{1}{2}u,$$

& $A\,\mathrm{tang}\,x = \frac{\pi}{2} - u$. Hancobrem erit:

$$\frac{\pi}{2} = \tfrac{1}{2}u + \tfrac{1}{1}\sin u + \tfrac{1}{2}\sin 2u + \tfrac{1}{3}\sin 3u + \tfrac{1}{4}\sin 4u + \&c.$$

Quodsi haec aequatio differentietur erit:

$$0 = \tfrac{1}{2} + \cos u + \cos 2u + \cos 3u + \cos 4u + \cos 5u + \&c.$$

cuius ratio ex natura serierum recurrentium intelligitur.

93. Si simili modo series ante inuentae differentientur, nouae series summabiles reperientur. Ac primo quidem ex serie:

$$A\,\mathrm{tang}\,(1+\omega) = \frac{\pi}{4} + \frac{\omega}{2} - \frac{\omega^2}{2.2} + \frac{\omega^3}{3.4} - \frac{\omega^5}{5.8} + \frac{\omega^6}{6.8} - \&c.$$

sequitur

$$\frac{1}{2+2\omega+\omega^2} = \frac{1}{2} - \frac{\omega}{2} + \frac{\omega^2}{4} - \frac{\omega^4}{8} + \frac{\omega^5}{8} - \frac{\omega^6}{16} + \frac{\omega^8}{32} - \&c.$$

quae oritur ex euolutione fractionis $\frac{2-2\omega+\omega^2}{4+\omega^4} = \frac{1}{2+2\omega+\omega^2}$.

Deinde ista series:

$$\frac{\pi}{2} = u + \cos u \sin u + \tfrac{1}{2}\cos u^2 . \sin 2u + \tfrac{1}{3}\cos u^3 \sin 3u + \tfrac{1}{4}\cos u^4 \sin 4u + \&c.$$

per differentiationem dabit:

$$0 = 1 + \cos 2u + \cos u . \cos 3u + \cos u^2 . \cos 4u + \cos u^3 \cos 5u + \&c.$$

Denique series $\frac{\pi}{2} = \frac{\sin u}{\cos u} + \frac{\sin 2u}{2\cos u^2} + \frac{\sin 3u}{3\cos u^3} + \frac{\sin 4u}{4\cos u^4} + \&c.$

dat

dat $0 = \dfrac{1}{\cos u^2} + \dfrac{\cos u}{\cos u^3} + \dfrac{\cos 2u}{\cos u^4} + \dfrac{\cos 3u}{\cos u^5} + \dfrac{\cos 4u}{\cos u^6} + $ &c.

feu $0 = 1 + \dfrac{\cos u}{\cos u} + \dfrac{\cos 2u}{\cos u^2} + \dfrac{\cos 3n}{\cos u^3} + \dfrac{\cos 4u}{\cos u^4} + \dfrac{\cos 5u}{\cos u^5} + $ &c.

94. Imprimis autem expreffio inuenta:

$$A \, \tan g \, (x + \omega) = $$

$$A \, tg \, x + \frac{\omega}{1} \sin u . \sin u - \frac{\omega^2}{2} \sin u^2 . \sin u + \frac{\omega^3}{3} \sin u^3 . \sin 3u - \&c.$$

exiftente $x = \cot u$ feu $u = A \cot x = 90° - A \tan g \, x$ inferuiet ad angulum feu arcum datae cuique tangenti refpondentem inueniendum. Sit enim propofita tangens $= t$, quaeraturque in tabulis tangens ad hanc proxime accedens $= x$, cui refpondeat arcus $= y$; eritque $u = 90° - y$. Tum ponatur $x + \omega = t$, feu $\omega = t - x$; eritque arcus quaefitus:

$$= y + \frac{\omega}{1} \sin u . \sin u - \frac{\omega^2}{2} \sin u^2 . \sin 2u + \&c.$$

quae regula tum praecipue eft vtilis, cum tangens propofita fuerit admodum magna, ac propterea arcus quaefitus parum a 90° difcrepet. His enim cafibus ob tangentes vehementer increfcentes, folita methodus interpolationum nimium a veritate abducit. Sit ergo propofitum hoc exemplum.

EXEMPLUM.

Quaeratur arcus, cuius tangens fit $= 100$, pofito radio $= 1$.

Ar-

Arcus proxime quaesito aequalis est $89°, 25'$, cuius tangens est $x = 98, 217943$ secund.
quae subtrahatur a $t = 100, 00000$

remanebit $\omega = 1, 782057$

Deinde cum sit $y = 89°, 25'$, erit $u = 0°, 35'$, $2u = 1°, 10'$, $3u = 1°, 45'$, &c. Iam singuli termini per logarithmos inuestigentur.

Ad	$l\omega =$	0, 2509215
add.	$l\,\text{sin}\,u =$	8, 0077867
	$l\,\text{sin}\,u =$	8, 0077867
	$l\,\omega\,\text{sin}\,u.\,\text{sin}\,u =$	6, 2664949
		4, 6855749
subtr.	$=$	1, 5809200
Ergo	$\omega\,\text{sin}\,u.\,\text{sin}\,u =$	38,09956 secund.
Ad	$l\,\omega\,\text{sin}\,u^2 =$	6, 2664949
add.	$l\omega =$	0, 2509215
	$l\,\text{sin}\,2u =$	8, 3087941
		4, 8262105
subr.	$l\,2 =$	0, 3010300
	$l\,\frac{1}{2}\,\omega^2\,\text{sin}\,u^2.\,\text{sin}\,2u =$	4, 5251805
subtr.		4, 6855749
Remanet		9, 8396056
Ergo	$\frac{1}{2}\omega^2\,\text{sin}\,u^2.\,\text{sin}\,2u =$	0, 69120 secund.

Porro

Porro ad	$l\omega^3 =$	0, 7527645	
add.	l fin $u^3 =$	4, 0233601	
	l fin $3u =$	8, 4848479	
		3, 2609725	
fubtr.	$l3 =$	0, 4771213	
		2, 7838512	
fubtr.		4, 6855749	
		8, 0982763	
Ergo	$\frac{1}{3}\omega^3$ fin u^3 fin $3u =$	0, 01254	fecund.
Denique ad	$l\omega^4 =$	1, 0036860	
add.	l fin $u^4 =$	2, 0311468	
	l fin $4u =$	8, 6097341	
		1, 6445669	
fubtr.	$l4 =$	0, 6020600	
		1, 0425069	
fubtr.		4, 6855749	
		6, 3569320	
Ergo	$\frac{1}{4}\omega^4$ fin u^4. fin $4u =$	0, 00023	fecund.

Hinc:

Hinc:

Termini addendi	Termini subtrahendi
38, 09956	0, 69120
0, 01254	0, 00023
38, 11210	0, 69143
subtr. 0, 69143	

$$37,42067 = 37^{II}, 25^{III}, 14^{IV}, 24^{V}, 36^{VI}.$$

Quocirca arcus, cuius tangens centies superat radium erit: $89^{\circ}, 25^{I}, 37^{II}, 25^{III}, 14^{IV}, 24^{V}, 36^{VI}$, neque error ad minuta quarta ascendit; sed in minutis tantum quintis inesse potest, ex quo vere hunc angulum pronunciare poterimus $= 89^{\circ}, 25^{I}, 37^{II}, 25^{III}, 14^{IV}$. Si tangens adhuc maior proponatur, etiamsi fortasse ω maius prodeat, tamen ob u angulum adhuc minorem, aeque expedite arcus definiri poterit.

95. Cum hic pro y arcum circuli substituerimus, nunc functiones reciprocas in locum y ponamus, cuiusmodi sunt $\sin x$, $\cos x$, $\tang x$, $\cot x$, &c. Sit igitur $y = \sin x$, positoque $x + \omega$ loco x, fiet: $z = \sin(x + \omega)$, atque aequatio

$$z = y + \frac{\omega dy}{dx} + \frac{\omega^2 ddy}{2dx^2} + \frac{\omega^3 d^3y}{6dx^3} + \frac{\omega^4 d^4y}{24dx^4} + \&c.$$

ob $\frac{dy}{dx} = \cos x$; $\frac{ddy}{dx^2} = -\sin x$; $\frac{d^3y}{dx^3} = -\cos x$; &c. dabit

$$\sin(x + \omega) = \sin x + \omega \cos x - \tfrac{1}{2}\omega^2 \sin x - \tfrac{1}{6}\omega^3 \cos x + \tfrac{1}{24}\omega^4 \sin x + \&c.$$

&

& sumto ω negatiuo erit:

$$\sin(x-\omega) = \sin x - \omega\, \mathrm{cs}\, x - \tfrac{1}{2}\omega^2 \sin x + \tfrac{1}{6}\omega^3 \mathrm{cs}\, x + \tfrac{1}{24}\omega^4 \sin x - \&c.$$

Quod si vero statuatur $y = \cos x$,

ob $\frac{dy}{dx} = -\sin x$; $\frac{ddy}{dx^2} = -\mathrm{cs}\, x$; $\frac{d^3y}{dx^3} = \sin x$; $\frac{d^4y}{dx^4} = \mathrm{cs}\, x$; &c.

erit:

$$\cos(x+\omega) = \mathrm{cs}\, x - \omega \sin x - \tfrac{1}{2}\omega^2 \mathrm{cs}\, x + \tfrac{1}{6}\omega^3 \sin x + \tfrac{1}{24}\omega^4 \mathrm{cs}\, x - \&c.$$

& facto ω negatiuo erit:

$$\cos(x-\omega) = \mathrm{cs}\, x + \omega \sin x - \tfrac{1}{2}\omega^2 \mathrm{cs}\, x - \tfrac{1}{6}\omega^3 \sin x + \tfrac{1}{24}\omega^4 \mathrm{cs}\, x + \&c.$$

96. Vsus harum formularum eximius est cum in condendis, tum interpolandis tabulis sinuum & cosinuum. Si enim cogniti fuerint sinus & cosinus cuiuspiam arcus x, ex iis facili negotio sinus & cosinus angulorum $x+\omega$ & $x-\omega$ inueniri possunt, siquidem differentia ω fuerit satis exigua: hoc enim casu series inuentae vehementer couergunt. Ad hoc vero necesse est, vt arcus ω in partibus radii exprimatur; quod cum arcus 180° sit:

3,14159265358979323846

facile fiet: erit enim diuisione per 180 instituta

arcus 1° = 0,01745329251994329576̇9
arcus 1′ = 0,000290888208665721596
arcus 10″ = 0,000048481368110953599

EXEMPLUM I.

Inuenire sinus & cosinus angulorum 45°, 1′, *&* 44°, 59′, *ex datis sinu & cosinu anguli* 45°, *quorum vterque est*

$$= \frac{1}{\sqrt{2}} = 0,7071067811865.$$

Cum igitur sit:

$$\sin x = \cos x = 0,7071067811865$$
$$\text{atque}\quad \omega = 0,0002908882086$$

erit ad multiplicationes facilius instituendas:

$$2\omega = 0,0005817764173$$
$$3\omega = 0,0008726646259$$
$$4\omega = 0,0011635528346$$
$$5\omega = 0,0014544410432$$
$$6\omega = 0,0017453292519$$
$$7\omega = 0,0020362174605$$
$$8\omega = 0,0023271056692$$
$$9\omega = 0,0026179938779$$

Ergo $\omega\sin x$ & $\omega\cos x$ hoc modo inuenietur:

7	0, 00020362174605
0	. . . .
7	0, 00000020362174
1	2908882
0	. . .
6	174532
7	20362
8	2372
1	29
1	2
8	2
6	0

$$\omega\sin x = \omega\cos x = 0,00020568902490$$

$$\text{Ergo}\quad \tfrac{1}{2}\omega\cos x = 0,00010284451245$$

per

per ω . 1 . 0,00000002908882
0 . . . .
2 . . 58177
8 . . 23271
4 . . 1163
4 . . 116
5 . . 14

$\frac{1}{2}\omega^2 \cos x = 0,00000002991625$

$\frac{1}{3}\omega^2 \cos x = 0,00000000997208$

per ω . 9 . . 0,00000000000261
9 . . . 26
7 . . . 2

$\frac{1}{6}\omega^3 \cos x = 0,00000000000290$

Ergo ad sin 45°, 1', inueniendum:

Ad $\sin x = 0,7071067811865$
add. $\omega \cos x =$ 2056890249

0,7073124702114
subtr. $\frac{1}{2}\omega^2 \sin x =$ 299162

0,7073124402952
subtr. $\frac{1}{6}\omega^3 \cos x =$ 29

sin 45°, 1', $=$ 0,7073124402923 $=$ cos 44°, 59'.

At

At ad cos 45°, 1', inueniendum:

$$\begin{array}{rrl} & A\cos x = & 0,7071067811865 \\ \text{subr.} & \omega \sin x = & 2056890249 \\ \hline & & 0,7069010921616 \\ \text{subtr.} & \tfrac{1}{2}\omega^2 \cos x = & 299162 \\ \hline & & 0,7069010622454 \\ \text{add.} & \tfrac{1}{6}\omega^3 \sin x = & 29 \\ \hline \end{array}$$

$$\cos 45°, 1', = 0,7069010622483 = \sin 44°, 59'.$$

EXEMPLUM II.

Ex datis sinu & cosinu arcus 67°, 30', inuenire sinus & cosinus arcuum 67°, 31', & 67°, 29'.

Absoluamus hunc calculum in fractionibus decimalibus, tantum ad 7 notas, vti tabulae vulgares construi solent, sicque negotium facile per logarithmos conficietur. Cum sit $x = 67°, 30'$, & $\omega = 0,000290888$; erit: $l\omega = 6,4637259$ &

$$\begin{array}{rl|rl} l\sin x = & 9,9656153 & l\cos x = & 9,5828397 \\ l\omega = & 6,4637259 & l\omega = & 6,4637259 \\ \hline l\omega\sin x = & 6,4293412 & l\omega\cos x = & 6,0465656 \\ l\tfrac{1}{2}\omega = & 6,1626959 & l\tfrac{1}{2}\omega = & 6,1626959 \\ \hline l\tfrac{1}{2}\omega^2\sin x = & 2,5920371 & l\tfrac{1}{2}\omega^2\cos x = & 2,2092615 \end{array}$$

ergo:

ergo:

$\omega \sin x = 0,00026874 \quad ; \quad \omega \cos x = 0,00011232$

$\frac{1}{2}\omega^2 \sin x = 0,00000004 \quad ; \quad \frac{1}{2}\omega^2 \cos x = 0,00000001$

vnde fit:

$\sin 67^\circ, 31' = 0,9239908 \quad ; \quad \cos 67^\circ, 31' = 0,3824147$

$\sin 67^\circ, 29' = 0,9237681 \quad ; \quad \cos 67^\circ, 29' = 0,3829522$

vbi nequidem terminis $\frac{1}{2}\omega^2 \sin x$ & $\frac{1}{2}\omega^2 \cos x$ erat opus.

97. Ex seriebus quas supra inuenimus:

$$\sin(x+\omega) = \sin x + \omega \cos x - \tfrac{1}{2}\omega^2 \sin x - \tfrac{1}{6}\omega^3 \cos x + \tfrac{1}{24}\omega^4 \sin x + \&c.$$

$$\cos(x+\omega) = \cos x - \omega \sin x - \tfrac{1}{2}\omega^2 \cos x + \tfrac{1}{6}\omega^3 \sin x + \tfrac{1}{24}\omega^4 \cos x - \&c.$$

$$\sin(x-\omega) = \sin x - \omega \cos x - \tfrac{1}{2}\omega^2 \sin x + \tfrac{1}{6}\omega^3 \cos x + \tfrac{1}{24}\omega^4 \sin x - \&c.$$

$$\cos(x-\omega) = \cos x + \omega \sin x - \tfrac{1}{2}\omega^2 \cos x - \tfrac{1}{6}\omega^3 \sin x + \tfrac{1}{24}\omega^4 \cos x + \&c.$$

sequitur per combinationem fore:

$$\frac{\sin(x+\omega) + \sin(x-\omega)}{2} =$$

$$\sin x - \tfrac{1}{2}\omega^2 \sin x + \tfrac{1}{24}\omega^4 \sin x - \tfrac{1}{720}\omega^6 \sin x + \&c. = \sin x \cos \omega$$

Et

$$\frac{\sin(x+\omega) - \sin(x-\omega)}{2} =$$

$$\omega \cos x - \tfrac{1}{6}\omega^3 \cos x + \tfrac{1}{120}\omega^5 \cos x - \&c. = \cos x \sin \omega$$

vnde prodeunt series pro sinibus & cosinibus iam supra inuentae:

$$\cos \omega = 1 - \tfrac{1}{2}\omega^2 + \tfrac{1}{24}\omega^4 - \tfrac{1}{720}\omega^6 + \&c.$$

$$\sin \omega = \omega - \tfrac{1}{6}\omega^3 + \tfrac{1}{120}\omega^5 - \tfrac{1}{5040}\omega^7 + \&c.$$

quae eaedem series ex primis ponendo $x = 0$ consequuntur; cum enim sit $\cos x = 1$ & $\sin x = 0$ prima series $\sin \omega$, secunda vero $\cos \omega$ exhibebit.

98. Ponamus nunc quoque $y = \tang x$, vt ſit $z = \tang(x + \omega)$, erit ob

$$y = \frac{\sin x}{\cos x}; \quad \frac{dy}{dx} = \frac{1}{\cos x^2}; \quad \frac{ddy}{2dx^2} = \frac{\sin x}{\cos x^3};$$

$$\frac{d^3y}{2dx^3} = \frac{1}{\cos x^2} + \frac{3\sin x^2}{\cos x^4} = \frac{3}{\cos x^4} - \frac{2}{\cos x^2};$$

$$\frac{d^4y}{2.4dx^4} = \frac{3\sin x}{\cos x^5} - \frac{\sin x}{\cos x^3};$$

$$\frac{d^5y}{2.4dx^5} = \frac{15}{\cos x^6} - \frac{15}{\cos x^4} + \frac{2}{\cos x^2};$$

vnde ſequitur fore:

$$\tang(x+\omega) = \operatorname{tg} x + \frac{\omega}{\cos x^2} + \frac{\omega^2 \sin x}{\cos x^3} + \frac{\omega^3}{\cos x^4} + \frac{\omega^4 \sin x}{\cos x^5}$$
$$- \frac{2\omega^3}{3\cos x^2} - \frac{\omega^4 \sin x}{3\cos x^3};$$

cuius formulae ope ex data cuiusuis anguli tangente inueniri poſſunt tangentes angulorum proximorum. Quia vero ſuperior ſeries eſt geometrica, ea in vnam ſummam collecta erit:

$$\tang(x+\omega) = \operatorname{tg} x + \frac{\omega + \omega^2 \operatorname{tg} x}{\cos x^2 - \omega^2} - \frac{2\omega^3}{3\cos x^2} - \frac{\omega^4 \sin x}{3\cos x^3} \ \&c.$$

ſeu $$\tang(x+\omega) = \frac{\sin x \cos x + \omega}{\cos x^2 - \omega^2} - \frac{2\omega^3}{3\cos x^2} - \frac{\omega^4 \sin x}{3\cos x^3} \ \&c.$$

quae formula in hunc finem commodius adhibetur.

99. Similes expreſſiones quoque pro logarithmis ſinuum, coſinuum & tangentium inueniri poſſunt. Sit enim $y =$ logarithmo ſinus anguli x, quod ita exprimamus

mus $y = l\sin x$, & $z = l\sin(x + \omega)$, ob $\frac{dy}{dx} = \frac{n\cos x}{\sin x}$; erit: $\frac{ddy}{dx^2} = \frac{-n}{\sin x^2}$; $\frac{d^3y}{dx^3} = \frac{+n\cos x}{\sin x^3}$ &c. vnde fiet:

$$z = l\sin(x + \omega) = l\sin x$$

$$+ \frac{n\omega\cos x}{\sin x} - \frac{n\omega^2}{2\sin x^2} + \frac{n\omega^3\cos x}{3\sin x^3} \text{ \&c.}$$

vbi n denotat numerum, per quem logarithmi hyperbolici multiplicari debent, vt prodeant logarithmi propositi. Sin autem sit

$$y = l\,\text{tang}\,x \quad \& \quad z = l\,\text{tang}(x + \omega)$$

fiet:

$$\frac{dy}{dx} = \frac{n}{\sin x\cos x} = \frac{2n}{\sin 2x}; \quad \frac{ddy}{2dx^2} = \frac{-2n\cos 2x}{(\sin 2x)^2};$$

ideoque

$$l\,\text{tang}(x + \omega) = l\,\text{tang}\,x + \frac{2n\omega}{\sin 2x} - \frac{2n\omega^2\cos 2x}{(\sin 2x)^2} \text{ \&c.}$$

quarum formularum ope logarithmi sinuum & tangengentium interpolari possunt.

100. Ponamus denotare y arcum cuias sinus logarithmus sit $= x$, seu vt sit $y = A.l\sin x$, & z esse arcum, cuius sinus logarithmus sit $= x + \omega$, seu $z = A.l\sin(x + \omega)$; erit $x = l\sin y$, & $\frac{dx}{dy} = \frac{n\cos y}{\sin y}$, vnde $\frac{dy}{dx} = \frac{\sin y}{n\cos y}$; erit:

$$\frac{ddy}{dx} = \frac{dy}{n\cos y^2} = \frac{dx \sin y}{n^2 \cos y^3}; \quad \text{ergo} \quad \frac{ddy}{dx^2} = \frac{\sin y}{n^2 \cos y^3}:$$

Consequenter

$$z = y + \frac{\omega \sin y}{n \cos y} + \frac{\omega^2 \sin y}{2n^2 \cos y^3} + \&c.$$

Simili modo si logarithmus cosinus detur, expressio reperietur. Sin autem sit

$$y = A.l\,\text{tang}\,x \quad \& \quad z = A.l\,\text{tang}\,(x + \omega).$$

Eum sit $x = l\,\text{tang}\,y$; fiet:

$$\frac{dx}{dy} = \frac{n}{\sin y \cos y}, \quad \& \quad \frac{dy}{dx} = \frac{\sin y \cos y}{n} = \frac{\sin 2y}{2n};$$

quare

$$\frac{ddy}{dx} = \frac{2\,dy \cos 2y}{2n} = \frac{dx \sin 2y \cos 2y}{2nn}$$

&

$$\frac{ddy}{dx^2} = \frac{\sin 2y \cos 2y}{2nn} = \frac{\sin 4y}{4nn}; \quad \frac{d^3y}{dx^3} = \frac{\sin 2y \,.\, \cos 4y}{2n^3} \;\&c.$$

hinc

$$z = y + \frac{\omega \sin 2y}{2n} + \frac{\omega^2 \sin 2y \cos 2y}{4nn} + \frac{\omega^3 \sin 2y . \cos 4y}{12 n^3} + \&c.$$

101. Quoniam vsus harum expressionum in condendis tabulis logarithmorum sinuum & tangentium ex antecedentibus facile perspici potest, his diutius non immorabimur. Consideremus ergo adhuc huiusmodi valorem:

$y =$

$y = e^x \sin nx$; sitque $z = e^{x+\omega} \sin n(x+\omega)$

quia est

$$\frac{dy}{dx} = e^x(\sin nx + n\cos nx)$$

$$\frac{ddy}{dx^2} = e^x((1-nn)\sin nx + 2n\cos nx)$$

$$\frac{d^3y}{dx^3} = e^x((1-3nn)\sin nx + n(3-nn)\cos nx)$$

$$\frac{d^4y}{dx^4} = e^x((1-6nn+n^4)\sin nx + n(4-4nn)\cos nx)$$

$$\frac{d^5y}{dx^5} = e^x((1-10nn+5n^4)\sin nx + n(5-10nn+n^4)\cos nx)$$

His substitutis & diuisione per e^x instituta erit:

$$e^\omega \sin n(x+\omega) = \sin nx + \omega \sin nx + \frac{(1-nn)}{2}\omega^2 \sin nx$$

$$+ n\omega \cos nx + \frac{2n\omega^2}{2} \cos nx$$

$$+ \frac{(1-3nn)}{6}\omega^3 \sin nx + \frac{(1-6nn+n^4)}{24}\omega^4 \sin nx + \&c.$$

$$+ \frac{n(3-nn)}{6}\omega^3 \cos nx + \frac{n(4-4nn)}{24}\omega^4 \cos nx + \&c.$$

102. Hinc plurima egregia corollaria deduci possunt; sufficiat autem nobis haec annotasse.

Si fuerit $x = 0$ erit:

$$e^\omega \sin n\omega = n\omega$$

$$+ \frac{2n\omega^2}{2} + \frac{n(3-nn)}{6}\omega^3 + \frac{n(4-4nn)}{24}\omega^4 + \frac{n(5-10n^2+n^4)}{120}\omega^5 + \&c.$$

Si sit $\omega = -x$, ob $\sin n(x+\omega) = 0$; erit:

$$\tan nx = \frac{nx - \frac{2n}{2}x^2 + \frac{n(3-nn)}{6}x^3 - \frac{n(4-4nn)}{24}x^4 + \frac{n(5-10n^2+n^4)}{120}x^5}{1 - x + \frac{(1-nn)}{2}x^2 - \frac{(1-3nn)}{6}x^3 + \frac{(1-6nn+n^4)}{24}x^4 - \&c.}$$

Generaliter vero si sit $n = 1$ habebitur:

$$e^{\omega}\sin(x+\omega) = \sin x\left(1 + \omega - \tfrac{1}{3}\omega^3 - \tfrac{1}{6}\omega^4 - \tfrac{1}{30}\omega^5 + \tfrac{1}{630}\omega^7 + \&c.\right)$$
$$+\ \omega\cos x\left(1 + \omega + \tfrac{1}{3}\omega^2 - \tfrac{1}{30}\omega^4 - \tfrac{1}{90}\omega^5 - \tfrac{1}{630}\omega^6 + \&c.\right)$$

Sin autem sit $n = 0$, ob $\sin n(x+\omega) = n(x+\omega)$, & $\sin nx = nx$, atque $\cos nx = 1$, si vbique per n diuidatur, prodibit:

$$e^{\omega}(x+\omega) = x + \omega x + \tfrac{1}{2}\omega^2 x + \tfrac{1}{6}\omega^3 x + \tfrac{1}{24}\omega^4 x + \&c.$$
$$+\ \omega + \omega^2 + \tfrac{1}{2}\omega^3 + \tfrac{1}{6}\omega^4 + \tfrac{1}{24}\omega^5 + \&c.$$

cuius seriei ratio est manifesta.

CAPUT

CAPUT V.

INUESTIGATIO SUMMAE SERIERUM EX TERMINO GENERALI.

103.

Sit Seriei cuiusque terminus generalis $= y$, respondens indici x, ita vt y sit functio quaecunque ipsius x. Sit porro Sy summa seu terminus summatorius seriei, exprimens aggregatum omnium terminorum a primo seu alio termino fixo vsque ad y inclusiue. Computabimus autem summas serierum a termino primo, vnde si sit $x = 1$, dabit y terminum primum, atque Sy hunc y terminum primum exhibebit: sin autem ponatur $x = 0$, terminus summatorius Sy in nihilum abire debet, propterea quod nulli termini summandi adsunt. Quocirca terminus summatorius Sy eiusmodi erit functio ipsius x, quae euanescat posito $x = 0$.

104. Si terminus generalis y ex pluribus partibus constet, vt sit $y = p + q + r +$ &c. tum ipsa series considerari poterit tanquam conflata ex pluribus aliis seriebus, quarum termini generales sint p, q, r, &c. Hinc si singularum istarum serierum summae fuerint cognitae, simul seriei propositae summa poterit assignari; erit enim aggregatum ex summis singularum serierum. Hancobrem si sit $y = p + q + r +$ &c. erit Sy = Sp + Sq + Sr + &c. Cum igitur supra exhibue-

buerimus summas serierum, quarum termini generales sint quaecunque potestates ipsius x, habentes exponentes integros affirmatiuos; hinc cuiusque seriei, cuius terminus generalis est $ax^{\alpha} + bx^{\beta} + cx^{\gamma} +$ &c. denotantibus α, β, γ, &c. numeros integros affirmatiuos, seu cuius terminus generalis est functio rationalis integra ipsius x, terminus summatorius inueniri poterit.

105. Sit in serie, cuius terminus generalis seu exponenti x respondens est $= y$, terminus hunc praecedens seu exponenti $x-1$ respondens $= v$, quoniam v oritur ex y, si loco x scribatur $x-1$; erit:

$$v = y - \frac{dy}{dx} + \frac{ddy}{2dx^2} - \frac{d^3y}{6dx^3} + \frac{d^4y}{24dx^4} - \frac{d^5y}{120dx^5} + \text{\&c.}$$

Si igitur y fuerit terminus generalis huius seriei

$$\begin{matrix} 1 & 2 & 3 & 4 & \ldots & x-1 & x \\ a + & b + & c + & d + & \ldots & + v + & y \end{matrix}$$

huiusque seriei terminus indici o respondens fuerit $= A$, erit v, quatenus est functio ipsius x, terminus generalis huius seriei:

$$\begin{matrix} 1 & 2 & 3 & 4 & 5 & \ldots & x \\ A + & a + & b + & c + & d + & \ldots & + v \end{matrix}$$

vnde si Sv denotet summam huius seriei, erit $Sv = Sy - y + A$. Sicque posito $x = 0$, quia fit $Sy = 0$ & $y = A$, quoque Sv euanescet.

106. Cum igitur sit $v = y - \frac{dy}{dx} + \frac{ddy}{2dx^2} - \frac{d^3y}{6dx^3} +$ &c. erit per ante ostensa:

$Sv =$

$$Sv = Sy - S\frac{dy}{dx} + S\frac{ddy}{2dx^2} - S\frac{d^3y}{6dx^3} + S\frac{d^4y}{24dx^4} - \&c.$$

atque ob $Sv = Sy - y + A$, erit:

$$y - A = S\frac{dy}{dx} - S\frac{ddy}{2dx^2} + S\frac{d^3y}{6dx^3} - S\frac{d^3y}{24dx^4} + \&c.$$

ideoque habebitur:

$$S\frac{dy}{dx} = y - A + S\frac{ddy}{2dx^2} - S\frac{d^3y}{6dx^3} + S\frac{d^4y}{24dx^4} - \&c.$$

Si ergo habeantur termini summatorii serierum, quarum termini generales sunt $\frac{ddy}{dx^2}$, $\frac{d^3y}{dx^3}$, $\frac{d^4y}{dx^4}$, &c. ex iis obtinebitur terminus summatorius seriei, cuius terminus generalis est $\frac{dy}{dx}$. Quantitas vero constans A ita debet esse comparata, vt facto $x = 0$ terminus summatorius $S\frac{dy}{dx}$ euanescat; hacque conditione facilius determinatur, quam si diceremus, eam esse terminum indici o respondentem in serie, cuius terminus generalis sit $= y$.

107. Ex hoc fonte summae potestatum numerorum naturalium inuestigari solent. Sit enim $y = x^{n+1}$; quoniam fit $\frac{dy}{dx} = (n+1)x^n$; $\frac{ddy}{2dx^2} = \frac{(n+1)n}{1.\ 2}x^{n-1}$; $\frac{d^3y}{6dx^3} = \frac{(n+1)n(n-1)}{1.\ 2.\ 3}x^{n-2}$; $\frac{d^4y}{24dx^4} = \frac{(n+1)n(n-1)(n-2)}{1.\ 2.\ 3.\ 4}x^{n-3}$ &c.

erit his valoribus substitutis:

$$(n+1)Sx^n = x^{n+1} - A + \frac{(n+1)n}{1.\,2} Sx^{n-1} - \frac{(n+1)n(n-1)}{1.\,2.\,3} Sx^{n-2} + \&c.$$

atque si vtrinque per $n+1$ diuidatur; erit:

$$Sx^n = \frac{1}{n+1} x^{n+1} + \frac{n}{2} Sx^{n-1} - \frac{n(n-1)}{2.\,3} Sx^{n-2} + \frac{n(n-1)(n-2)}{2.\,3.\,4} Sx^{n-3} + \&c.$$
$$- \text{Const.}$$

quae constans ita accipi debet, vt posito $x = 0$, totus terminus summatorius euanescat. Ope huius ergo formulae ex iam cognitis summis potestatum inferiorum, quarum termini generales sunt x^{n-1}, x^{n-2}, &c. inueniri poterit summa potestatum superiorum termino generali x^n expressarum.

108. Si in hac expressione n denotet numerum integrum affirmatiuum, numerus terminorum erit finitus. Atque adeo hinc summa infinitarum potestatum si $n=0$, absolute cognoscetur; erit enim: $S.x^0 = x$. Hacque cognita ad superiores progredi licebit, posito enim $n=1$; fiet:

$S.x^1 = \frac{1}{2} x^2 + \frac{1}{2} Sx^0 = \frac{1}{2} x^2 + \frac{1}{2} x$

si porro ponatur $n=2$ prodibit:

$S.x^2 = \frac{1}{3} x^3 + Sx - \frac{1}{3} Sx^0 = \frac{1}{3} x^3 + \frac{1}{2} x^2 + \frac{1}{6} x$; deinde

$S.x^3 = \frac{1}{4} x^4 + \frac{3}{2} Sx^2 - Sx + \frac{1}{4} Sx^0 = \frac{1}{4} x^4 + \frac{1}{2} x^3 + \frac{1}{4} x^2$

$S.x^4 = \frac{1}{5} x^5 + \frac{4}{2} Sx^3 - \frac{4}{2} Sx^2 + Sx - \frac{1}{5} Sx^0$ siue

$S.x^4 = \frac{1}{5} x^5 + \frac{1}{2} x^4 + \frac{1}{3} x^3 - \frac{1}{30} x.$

Sic-

Sicque porro quarumvis poteſtatum ſuperiorum ſummae ſucceſſiuae ex inferioribus colligentur; hoc autem facilius per ſequentes modos praeſtabitur.

109. **Quoniam ſupra inuenimus eſſe:**

$$S\frac{dy}{dx} = y + \tfrac{1}{2}S\frac{ddy}{dx^2} - \tfrac{1}{6}S\frac{d^3y}{dx^3} + \tfrac{1}{24}S\frac{d^4y}{dx^4} - \tfrac{1}{120}S\frac{d^5y}{dx^5} + \&c.$$

Si ponamus $\frac{dy}{dx} = z$; fiet $\frac{ddy}{dx^2} = \frac{dz}{dx}; \frac{d^3y}{dx^3} = \frac{ddz}{dx^2}$, &c. tum vero ob $dy = zdx$, erit y quantitas, cuius differentiale eſt $= zdx$, quod hoc modo indicamus, vt ſit $y = \int zdx$. Quanquam autem haec inuentio ipſius y ex dato z a calculo integrali pendet, tamen hic iam iſta forma $\int zdx$ vti poterimus, ſi quidem pro z alias ipſius x functiones non ſubſtituamus, niſi eiusmodi, vt functio illa, cuius differentiale eſt $= zdx$, ex praecedentibus exhiberi queat. His igitur valoribus ſubſtitutis erit:

$$Sz = \int zdx + \tfrac{1}{2}S\frac{dz}{dx} - \tfrac{1}{6}S\frac{ddz}{dx^2} + \tfrac{1}{24}S\frac{d^3z}{dx^3} - \&c.$$

adiiciendo eiusmodi conſtantem, vt poſito $x = 0$ ipſa ſumma Sz euaneſcat.

110. Subſtituendo autem loco y in ſuperiori expreſſione litteram z, vel quod eodem redit differentiando iſtam aequationem erit:

$$S\frac{dz}{dx} = z + \tfrac{1}{2}S\frac{ddz}{dx^2} - \tfrac{1}{6}S\frac{d^3z}{dx^3} + \tfrac{1}{24}S\frac{d^4z}{dx^4} - \&c.$$

fin

ſin autem loco y ponatur $\frac{dz}{dx}$; erit:

$$S\frac{ddz}{dx^2} = \frac{dz}{dx} + \tfrac{1}{2}S\frac{d^3z}{dx^3} - \tfrac{1}{6}S\frac{d^4z}{dx^4} + \tfrac{1}{24}S\frac{d^5z}{dx^5} - \&c.$$

Similique modo ſi pro y ſucceſſiue ponantur valores $\frac{ddz}{dx^2}$; $\frac{d^3z}{dx^3}$; &c. reperietur:

$$S\frac{d^3z}{dx^3} = \frac{ddz}{dx^2} + \tfrac{1}{2}S\frac{d^4z}{dx^4} - \tfrac{1}{6}S\frac{d^5z}{dx^5} + \tfrac{1}{24}S\frac{d^6z}{dx^6} - \&c.$$

$$S\frac{d^4z}{dx^4} = \frac{d^3z}{dx^4} + \tfrac{1}{2}S\frac{d^5z}{dx^5} - \tfrac{1}{6}S\frac{d^6z}{dx^6} + \tfrac{1}{24}S\frac{d^7z}{dx^7} - \&c.$$

ſicque porro in infinitum.

111. Si nunc iſti valores pro $S\frac{dz}{dx}$; $S\frac{ddz}{dx}$; $S\frac{d^3z}{dx^3}$; &c. ſucceſſiue ſubſtituantur in expreſſione:

$$Sz = \int z\,dx + \tfrac{1}{2}S\frac{dz}{dx} - \tfrac{1}{6}S\frac{ddz}{dx^2} + \tfrac{1}{24}S\frac{d^3z}{dx^3} - \&c.$$

inuenietur expreſſio pro Sz, quae conſtabit ex his terminis $\int z\,dx$; z; $\frac{dz}{dx}$; $\frac{ddz}{dx^2}$; $\frac{d^3z}{dx^3}$; &c. quorum coefficientes facilius ſequenti modo inueſtigabuntur.

Ponatur

$$Sz = \int z\,dz + \alpha z + \frac{\beta dz}{dx} + \frac{\gamma ddz}{dx^2} + \frac{\delta d^3z}{dx^3} + \frac{\varepsilon d^4z}{dx^4} + \&c.$$

atque pro his terminis ſui valores ſubſtituantur, quos obtinent ex praecedentibus ſeriebus, ex quibus eſt:

$\int z\,dx$

$$\int z\,dx = Sz - \frac{1}{2}S\frac{dz}{dx} + \frac{1}{6}S\frac{ddz}{dx^2} - \frac{1}{24}S\frac{d^3z}{dx^3} + \frac{1}{120}S\frac{d^4z}{dx^4} - \&c.$$

$$\alpha z = + \alpha S\frac{dz}{dx} - \frac{\alpha}{2}S\frac{ddz}{dx^2} + \frac{\alpha}{6}S\frac{d^3z}{dx^3} - \frac{\alpha}{24}S\frac{d^4z}{dx^4} + \&c.$$

$$\frac{\beta dz}{dx} = \beta S\frac{ddz}{dx^2} - \frac{\beta}{2}S\frac{d^3z}{dx^3} + \frac{\beta}{6}S\frac{d^4z}{dx^4} - \&c.$$

$$\frac{\gamma ddz}{dx^2} = \gamma S\frac{d^3z}{dx^3} - \frac{\gamma}{2}S\frac{d^4z}{dx^4} + \&c.$$

$$\frac{\delta d^3z}{dx^3} = \delta S\frac{d^4z}{dx^4} - \&c.$$

qui valores additi, cum producere debeant Sz, coefficientes α, β, γ, δ, &c. ex ſequentibus aequationibus definientur:

$$\alpha - \frac{1}{2} = 0$$

$$\beta - \frac{\alpha}{2} + \frac{1}{6} = 0$$

$$\gamma - \frac{\beta}{2} + \frac{\alpha}{6} - \frac{1}{24} = 0$$

$$\delta - \frac{\gamma}{2} + \frac{\beta}{6} - \frac{\alpha}{24} + \frac{1}{120} = 0$$

$$\varepsilon - \frac{\delta}{2} + \frac{\gamma}{6} - \frac{\beta}{24} + \frac{\alpha}{120} - \frac{1}{720} = 0$$

$$\zeta - \frac{\varepsilon}{2} + \frac{\delta}{6} - \frac{\gamma}{24} + \frac{\beta}{120} - \frac{\alpha}{720} + \frac{1}{5040} = 0$$

&c.

112. Ex his ergo aequationibus ſucceſſiue valores omnium litterarum α, β, γ, δ, &c. definiri poterunt, reperietur autem:

$$\alpha = \frac{1}{2}$$

$$\beta = \frac{\alpha}{2} - \frac{1}{6} = \frac{1}{12}$$

$$\gamma = \frac{\beta}{2} - \frac{\alpha}{6} + \frac{1}{24} = 0$$

$$\delta = \frac{\gamma}{2} - \frac{\beta}{6} + \frac{\alpha}{24} - \frac{1}{120} = -\frac{1}{720}$$

$$\varepsilon = \frac{\delta}{2} - \frac{\gamma}{6} + \frac{\beta}{24} - \frac{\alpha}{120} + \frac{1}{720} = 0$$

&c.

ſicque vlterius progrediendo reperientur continuo termini alterni euaneſcentes. Litterae ergo ordine tertia, quinta, ſeptima, &c. omnesque impares erunt $= 0$, excepta prima, quo ipſo haec valorum ſeries contra legem continuitatis impingere videtur. Quamobrem eo magis neceſſe eſt, vt rigide demonſtretur, omnes terminos impares praeter primum neceſſario euaneſcere.

113. Quoniam ſingulae litterae ſecundum legem conſtantem ex praecedentibus determinantur, eae ſeriem recurrentem inter ſe conſtituent. Ad quam explicandam concipiatur iſta ſeries:

$$1 + \alpha u + \beta u^2 + \gamma u^3 + \delta u^4 + \varepsilon u^5 + \zeta u^6 + \&c.$$

cu-

cuius valor sit $= V$; atque manifestum est hanc seriem recurrentem oriri ex euolutione huius fractionis:

$$V = \frac{1}{1 - \frac{1}{2}u + \frac{1}{6}u^2 - \frac{1}{24}u^3 + \frac{1}{120}u^4 - \&c.}$$

atque si ista fractio alio modo in seriem infinitam secundum potestates ipsius u progredientem resolui queat, necesse est, vt semper eadem series:

$$V = 1 + \alpha u + \beta u^2 + \gamma u^3 + \delta u^4 + \varepsilon u^5 + \&c.$$

resultet: hocque modo alia lex, qua isti iidem valores α, β, γ, δ, &c. determinantur, eruetur.

114. Quoniam, si e denotet numerum, cuius logarithmus hyperbolicus vnitati aequatur, erit:

$$e^{-u} = 1 - u + \frac{1}{2}u^2 - \frac{1}{6}u^3 + \frac{1}{24}u^4 - \frac{1}{120}u^5 + \&c.$$

erit: $\frac{1-e^{-u}}{u} = 1 - \frac{1}{2}u + \frac{1}{6}u^2 - \frac{1}{24}u^3 + \frac{1}{120}u^4 - \&c.$

ideoque $V = \frac{u}{1-e^{-u}}$. Nunc extinguatur ex serie secundus terminus $\alpha u = \frac{1}{2}$, vt sit:

$$V - \frac{1}{2}u = 1 + \beta u^2 + \gamma u^3 + \delta u^4 + \varepsilon u^5 + \zeta u^6 + \&c.$$

erit: $V - \frac{1}{2}u = \frac{\frac{1}{2}u(1+e^{-u})}{1-e^{-u}}$. Multiplicentur numerator ac denominator per $e^{\frac{1}{2}u}$, eritque

$$V - \frac{1}{2}u = \frac{u(e^{\frac{1}{2}u} + e^{-\frac{1}{2}u})}{2(e^{\frac{1}{2}u} - e^{-\frac{1}{2}u})},$$

& quantitatibus $e^{\frac{1}{2}u}$ & $e^{-\frac{1}{2}u}$ in series conuersis fiet:

$$V - \tfrac{1}{2}u = \frac{1 + \frac{u^2}{2.4} + \frac{u^4}{2.4.6.8} + \frac{u^6}{2.4.6.8.10.12} + \&c.}{2(\frac{1}{2} + \frac{u^2}{2.4.6} + \frac{u^4}{2.4.6.8.10} + \&c.)}$$

fiue

$$V - \tfrac{1}{2}u = \frac{1 + \frac{u^2}{2.4} + \frac{u^4}{2.4.6.8} + \frac{u^6}{2.4\ldots 12} + \frac{u^8}{2.4\ldots 16} + \&c.}{1 + \frac{u^2}{4.6} + \frac{u^4}{4.6.8.10} + \frac{u^6}{4.6\ldots 14} + \frac{u^8}{4.6\ldots 18} + \&c.}$$

115. Cum igitur in hac fractione poteftates impares prorfus defint, in eius quoque euolutione poteftates impares omnino nullae ingredientur; quare cum $V - \frac{1}{2}u$ aequetur ifti feriei:

$$1 + \beta u^2 + \gamma u^3 + \delta u^4 + \varepsilon u^5 + \zeta u^6 + \&c.$$

coefficientes imparium poteftatum γ, ε, η, ι, &c. omnes euanefcent. Sicque ratio manifefta eft, cur in ferie:

$$1 + \alpha u + \beta u^2 + \gamma u^3 + \delta u^4 + \&c.$$

termini ordine pares omnes praeter fecundum fint $= 0$, neque tamen lex continuitatis vim patiatur. Erit ergo

$$V = 1 + \tfrac{1}{2}u + \beta u^2 + \delta u^4 + \zeta u^6 + \theta u^8 + \varkappa u^{10} + \&c.$$

litterisque β, δ, ζ, θ, $\varkappa$, &c. per euolutionem fuperioris fractionis determinatis, obtinebimus terminum fummatorium Sz feriei, cuius terminus generalis eft $= z$, indici x refpondens, hoc modo expreffum:

$$Sz = \int z\,dx + \tfrac{1}{2}z + \frac{\beta dz}{dx} + \frac{\delta d^3z}{dx^3} + \frac{\zeta d^5z}{dx^5} + \frac{\theta d^7z}{dx^7} + \&c.$$

116.

116. Quia series $1+\beta u^2+\delta u^4+\zeta u^6+\theta u^8+\&c.$ oritur ex euolutione huius fractionis:

$$\frac{1+\frac{u^2}{2.4}+\frac{u^4}{2.4.6.8}+\frac{u^6}{2.4.6.8.10.12}+\&c.}{1+\frac{u^2}{4.6}+\frac{u^4}{4.6.8.10}+\frac{u^6}{4.6.8.10.12.14}+\&c.}$$

litterae β, δ, ζ, θ, &c. hanc legem tenebunt, vt sit:

$$\beta=\frac{1}{2.4}-\frac{1}{4.6}$$

$$\delta=\frac{1}{2.4.6.8}-\frac{\beta}{4.6}-\frac{1}{4.6.8.10}$$

$$\zeta=\frac{1}{2.4.6.12}-\frac{\delta}{4.6}-\frac{\beta}{4.6.8.10}-\frac{1}{4.6...14}$$

$$\theta=\frac{1}{2.4...16}-\frac{\zeta}{4.6}-\frac{\delta}{4.6.8.10}-\frac{\beta}{4.6...14}-\frac{1}{4.6...18}.$$

Hi autem valores alternatiue fiunt affirmatiui & negatiui.

117. Si igitur harum litterarum alternae capiantur negatiue, ita vt sit:

$$Sz=\int z\,dx+\tfrac{1}{2}z-\frac{\beta dz}{dx}+\frac{\delta d^3z}{dx^3}-\frac{\zeta d^5z}{dx^5}+\frac{\theta d^7z}{dx^7}-\&c.$$

litterae β, δ, ζ, θ, &c. definientur ex hac fractione:

$$\frac{1-\frac{u^2}{2.4}+\frac{u^4}{2.4.6.8}-\frac{u^6}{2.4...12}+\frac{u^8}{2.4...16}-\&c.}{1-\frac{u^2}{4.6}+\frac{u^4}{4.6.8.10}-\frac{u^6}{4.6...14}+\frac{u^8}{4.6...18}-\&c.}$$

 eam

eam euoluendo in seriem

$$1 + \beta u^2 + \delta u^4 + \zeta u^6 + \theta u^8 + \&c.$$

quocirca erit:

$$\beta = \frac{1}{4.6} - \frac{1}{2.4}$$

$$\delta = \frac{\beta}{4.6} - \frac{1}{4.6.8.10} + \frac{1}{2.4.6.8}$$

$$\zeta = \frac{\delta}{4.6} - \frac{\beta}{4.6.8.10} + \frac{1}{4.6\ldots14} - \frac{1}{2.4\ldots12}$$

&c.

nunc autem omnes termini fient negatiui.

118. Ponamus ergo $\beta = -A$; $\delta = -B$; $\zeta = -C$; &c. vt sit:

$$Sz = \int z\,dx + \tfrac{1}{2}z + \frac{A\,dz}{dx} - \frac{B\,d^3z}{dx^3} + \frac{C\,d^5z}{dx^5} - \frac{D\,d^7z}{dx^7} + \&c.$$

atque ad litteras A, B, C, D, &c. definiendas consideretur haec series:

$$1 - Au^2 - Bu^4 - Cu^6 - Du^8 - Eu^{10} - \&c.$$

quae oritur ex euolutione huius fractionis:

$$\frac{1 - \frac{u^2}{2.4} + \frac{u^4}{2.4.6.8} - \frac{u^6}{2.4\ldots12} + \frac{u^8}{2.4\ldots16} - \&c.}{1 - \frac{u^2}{4.6} + \frac{u^4}{4.6.8.10} - \frac{u^6}{4.6\ldots18} + \frac{u^8}{4.6\ldots18} - \&c.}$$

vel consideretur ista series:

$$\frac{1}{u} - Au - Bu^3 - Cu^5 - Du^7 - Eu^9 - \&c. = s$$

quae oritur ex euolutione huius fractionis:

$s =$

$$s = \frac{1 - \frac{u^2}{2.4} + \frac{u^4}{2.4.6.8} - \frac{u^6}{2.4...12} + \&c.}{u - \frac{u^3}{4.6} + \frac{u^5}{4.6.8.10} - \frac{u^7}{4.6...14} + \&c.}$$

Cum autem sit:

$$\cos \tfrac{1}{2} u = 1 - \frac{u^2}{2.4} + \frac{u^4}{2.4.6.8} - \frac{u^6}{2.4...12} + \&c.$$

$$\sin \tfrac{1}{2} u = \frac{u}{2} - \frac{u^3}{2.4.6} + \frac{u^5}{2.4.6.8.10} - \frac{u^7}{2.4...14} + \&c.$$

sequitur fore: $s = \frac{\cos \frac{1}{2} u}{2 \sin \frac{1}{2} u} = \frac{1}{2} \cot. \frac{1}{2} u.$

Quare si cotangens arcus $\frac{1}{2} u$ in seriem conuertatur, cuius termini secundum potestates ipsius u procedant, ex ea cognoscentur valores litterarum A, B, C, D, E, &c.

119. Cum igitur sit $s = \frac{1}{2} \cot \frac{1}{2} u$; erit $\frac{1}{2} u = A \cot 2s$, & differentiando erit $\frac{1}{2} du = \frac{-2 ds}{1 + 4ss}$ seu $4ds + du + 4ssdu = 0$; siue $\frac{4ds}{du} + 1 + 4ss = 0$.

Quia autem est; $s = \frac{1}{u} - Au - Bu^3 - Cu^5 - \&c.$

erit:

$$\begin{aligned}
\frac{4ds}{du} &= -\frac{4}{uu} - 4A - 3.4Bu^2 - 5.4Cu^4 - 7.4Du^6 - \&c. \\
1 &= 1 \\
4ss &= \frac{4}{uu} - 8A - 8Bu^2 - 8Cu^4 - 8Du^6 - \&c. \\
& \qquad\qquad + 4A^2u^2 + 8ABu^4 + 8ACu^6 + \&c. \\
& \qquad\qquad\qquad\qquad + 4BBu^6 + \&c.
\end{aligned}$$

per-

perductis his terminis homogeneis ad cyphram fiet:

$$A = \frac{1}{12}$$

$$B = \frac{A^2}{5}$$

$$C = \frac{2AB}{7}$$

$$D = \frac{2AC + BB}{9}$$

$$E = \frac{2AD + 2BC}{11}$$

$$F = \frac{2AE + 2BD + CC}{13}$$

$$G = \frac{2AF + 2BE + 2CD}{15}$$

$$H = \frac{2AG + 2BF + 2CE + DD}{17}$$

&c.

Ex quibus formulis iam manifesto liquet, singulos hos valores esse affirmatiuos.

120. Quoniam vero denominatores horum valorum fiunt vehementer magni, calculumque non mediocriter impediunt; loco litterarum A, B, C, D, &c. has

has nouas introducamus:

$$A = \frac{\alpha}{1.2.3}$$

$$B = \frac{\beta}{1.2.3.4.5}$$

$$C = \frac{\gamma}{1.2.3 \ldots 7}$$

$$D = \frac{\delta}{1.2.3 \ldots 9}$$

$$E = \frac{\varepsilon}{1.2.3 \ldots 11} \text{ \&c.}$$

Atque reperietur fore:

$$\alpha = \frac{1}{2}$$

$$\beta = \frac{2}{3}\alpha^2$$

$$\gamma = 2.\frac{3}{3}.\alpha\beta$$

$$\delta = 2.\frac{4}{3}\alpha\gamma + \frac{8.7}{4.5}\beta^2$$

$$\varepsilon = 2.\frac{5}{3}\alpha\delta + 2.\frac{10.9.8}{1 \ldots 5}\beta\gamma.$$

$$\zeta = 2.\frac{12}{1.2.3}\alpha\varepsilon + 2.\frac{12.11.10}{1 \ldots 5}\beta\delta + \frac{12.11.10.9.8}{1 \ldots 7}\gamma\gamma$$

$$\eta = 2.\frac{14}{1.2.3}\alpha\zeta + 2.\frac{14.13.12}{1 \ldots 5}\beta\varepsilon + 2.\frac{14.13.12.11.10}{1 \ldots 7}\gamma\delta$$

&c.

121. Commodius autem vtemur his formulis:

$$\alpha = \frac{1}{2}$$

$$\beta = \frac{4}{3} \cdot \frac{\alpha\alpha}{2}$$

$$\gamma = \frac{6}{3} \cdot \alpha\beta$$

$$\delta = \frac{8}{3} \cdot \alpha\gamma + \frac{8 \cdot 7 \cdot 6}{3 \cdot 4 \cdot 5} \cdot \frac{\beta\beta}{2}$$

$$\varepsilon = \frac{10}{3} \cdot \alpha\delta + \frac{10 \cdot 9 \cdot 8}{3 \cdot 4 \cdot 5} \cdot \beta\gamma$$

$$\zeta = \frac{12}{3} \cdot \alpha\varepsilon + \frac{12 \cdot 11 \cdot 10}{3 \cdot 4 \cdot 5} \cdot \beta\delta + \frac{12 \cdot 11 \cdot 10 \cdot 9 \cdot 8}{3 \cdot 4 \cdot 5 \cdot 6 \cdot 7} \cdot \frac{\gamma\gamma}{2}$$

$$\eta = \frac{14}{3} \cdot \alpha\zeta + \frac{14 \cdot 13 \cdot 12}{3 \cdot 4 \cdot 5} \cdot \beta\varepsilon + \frac{14 \cdot 13 \cdot 12 \cdot 11 \cdot 10}{3 \cdot 4 \cdot 5 \cdot 6 \cdot 7} \cdot \gamma\delta$$

$$\theta = \frac{16}{3} \alpha\eta + \frac{16 \cdot 15 \cdot 14}{3 \cdot 4 \cdot 5} \cdot \beta\zeta + \frac{16 \cdot 15 \ldots 12}{3 \cdot 4 \ldots 7} \cdot \gamma\varepsilon + \frac{16 \cdot 15 \ldots 10}{3 \cdot 4 \ldots 9} \cdot \frac{\delta\delta}{2}$$

&c.

Ex hac igitur lege, secundum quam calculus non difficulter instituitur, si inuenti fuerint valores litterarum α, β, γ, δ, &c. tum seriei cuiuscunque, cuius terminus generalis seu indici x conueniens fuerit $= z$, terminus summatorius ita exprimetur, vt sit:

$$Sz = \int z\,dx + \tfrac{1}{2}z + \frac{\alpha\,dz}{1 \cdot 2 \cdot 3 \cdot dx} - \frac{\beta\,d^3z}{1 \cdot 2 \cdot 3 \cdot 4 \cdot 5\,dx^3} + \frac{\gamma\,d^5z}{1 \cdot 2 \ldots 7\,dx^5}$$
$$- \frac{\delta\,d^7z}{1 \cdot 2 \ldots 9\,dx^7} + \frac{\varepsilon\,d^9z}{1 \cdot 2 \ldots 11\,dx^9} - \frac{\zeta\,d^{11}z}{1 \cdot 2 \ldots 13\,dx^{11}} + \text{&c.}$$

istae autem litterae α, β, γ, δ, &c. sequentes valores habere inuentae sunt:

$\alpha =$	$\frac{1}{2}$	$1.2\alpha = 1$
$\beta =$	$\frac{1}{6}$	$1.2.3\beta = 1$
$\gamma =$	$\frac{1}{6}$	$1.2.3.4\gamma = 4$
$\delta =$	$\frac{3}{10}$	$1.2.3.4.5\delta = 36$
$\varepsilon =$	$\frac{5}{6}$	$1.2.3 \ldots 6\varepsilon = 600$
$\zeta =$	$\frac{691}{210}$	$1.2.3 \ldots 7\zeta = 24.691$
$\eta =$	$\frac{35}{2}$	$1.2.3 \ldots 8\eta = 20160.35$
$\theta =$	$\frac{3617}{30}$	$1.2.3 \ldots 9\theta = 12096.3617$
$\iota =$	$\frac{43867}{42}$	$1.2.3 \ldots 10\iota = 86400.43867$
$\varkappa =$	$\frac{1222277}{110}$	$1.2.3 \ldots 11\varkappa = 362880.1222277$
$\lambda =$	$\frac{854513}{6}$	$1.2.3 \ldots 12\lambda = 79833600.854513$
$\mu =$	$\frac{1181820455}{546}$	$1.2.3 \ldots 13\mu = 11404800.1181820455$
$\nu =$	$\frac{76977927}{2}$	$1.2.3 \ldots 14\nu = 109109145600.76977927$
$\xi =$	$\frac{23749461029}{30}$	$1.2.3 \ldots 15\xi = 43589145600.23749461029$
$\pi =$	$\frac{8615841276005}{462}$	$1.2.3 \ldots 16\pi = 45287424000.8615841276005$

&c.

122.

122. Numeri isti per vniuersam serierum doctrinam amplissimum habent vsum. Primum enim ex his numeris formari possunt vltimi termini in summis potestatum parium, quos non aeque ac reliquos terminos ex summis praecedentium reperiri posse supra annotauimus. In potestatibus enim paribus postremi summarum termini sunt x per certos numeros multiplicati; qui numeri pro potestatibus II; IV; VI; VIII; &c. sunt $\frac{1}{6}$, $\frac{1}{30}$, $\frac{1}{42}$, $\frac{1}{30}$, &c. signis alternantibus affecti. Oriuntur autem hi numeri si valores litterarum α, β, γ, δ, &c. supra inuenti respectiue diuidantur per numeros impares 3, 5, 7, &c. vnde isti numeri, qui ab Inuentore *Iacobo Bernoullio* vocari solent Bernoulliani erunt:

$$\frac{\alpha}{3} = \frac{1}{6} = \mathfrak{A}$$

$$\frac{\beta}{5} = \frac{1}{30} = \mathfrak{B}$$

$$\frac{\gamma}{7} = \frac{1}{42} = \mathfrak{C}$$

$$\frac{\delta}{9} = \frac{1}{30} = \mathfrak{D}$$

$$\frac{\epsilon}{11} = \frac{5}{66} = \mathfrak{E}$$

$$\frac{\zeta}{13} = \frac{691}{2730} = \mathfrak{F}$$

$$\frac{\eta}{15} = \frac{7}{6} = \mathfrak{G}$$

$\theta =$

$$\frac{\theta}{17} = \frac{3617}{510} = \mathfrak{H}$$

$$\frac{\iota}{19} = \frac{43867}{798} = \mathfrak{I}$$

$$\frac{\kappa}{21} = \frac{174611}{330} = \mathfrak{K} = \frac{283.617}{330}$$

$$\frac{\lambda}{23} = \frac{854513}{138} = \mathfrak{L} = \frac{11.131.593}{2.3.23}$$

$$\frac{\mu}{25} = \frac{236364091}{2730} = \mathfrak{M} =$$

$$\frac{\nu}{27} = \frac{8553103}{6} = \mathfrak{N} = \frac{13.657931}{6}$$

$$\frac{\xi}{29} = \frac{23749461029}{870} = \mathfrak{O}$$

$$\frac{\pi}{31} = \frac{8615841276005}{14322} = \mathfrak{P}.$$

&c.

123. Isti igitur numeri Bernoulliani $\mathfrak{A}$, $\mathfrak{B}$, $\mathfrak{C}$; &c. immediate ex sequentibus aequationibus inueniri poterunt:

$$\mathfrak{A} = \frac{1}{6}$$

$$\mathfrak{B} = \frac{4.3}{1.2} \cdot \frac{1}{5} \mathfrak{A}^2$$

$$\mathfrak{C} = \frac{6.5}{1.2} \cdot \frac{2}{7} \mathfrak{A}\mathfrak{B}$$

$$\mathfrak{D} = \frac{8.7}{1.2} \cdot \frac{2}{9} \mathfrak{A}\mathfrak{C} + \frac{8.7.6.5}{1.2.3.4} \cdot \frac{1}{9} \mathfrak{B}^2$$

$$\mathfrak{E} = \frac{10.9}{1.2} \cdot \frac{2}{11} \mathfrak{A}\mathfrak{D} + \frac{10.9.8.7}{1.2.3.4} \cdot \frac{2}{11} \mathfrak{B}\mathfrak{C}$$

$$\mathfrak{F} = \frac{12.11}{1.2} \cdot \frac{2}{13} \mathfrak{A}\mathfrak{E} + \frac{12.11.10.9}{1.2.3.4} \cdot \frac{2}{13} \mathfrak{B}\mathfrak{D} + \frac{12.11.10.9.8.7}{1.2.3.4.5.6} \cdot \frac{1}{13} \mathfrak{C}^2$$

$$\mathfrak{G} = \frac{14.13}{1.2} \cdot \frac{2}{15} \mathfrak{A}\mathfrak{F} + \frac{14.13.12.11}{1.2.3.4} \cdot \frac{2}{15} \mathfrak{B}\mathfrak{E} + \frac{14.13.12.11.10.9}{1.2.3.4.5.6} \cdot \frac{2}{15} \mathfrak{C}\mathfrak{D}$$

&c.

quarum aequationum lex per se est manifesta, si tantum notetur, vbi quadratum cuiuspiam litterae occurrit, eius coefficientem duplo esse minorem, quam secundum regulam esse debere videatur. Reuera autem termini, qui continent producta ex disparibus litteris, bis occurrere censendi sunt, erit enim verbi gratia:

$$13\mathfrak{F} = \frac{12.11}{1.2} \mathfrak{A}\mathfrak{E} + \frac{12.11.10.9}{1.2.3.4} \mathfrak{B}\mathfrak{D} + \frac{12.11.10.9.8.7}{1.2.3.4.5.6} \mathfrak{C}\mathfrak{C} +$$

$$\frac{12.11.10 \dots 5}{1.2.3 \dots 8} \mathfrak{D}\mathfrak{B} + \frac{12.11.10 \dots 11}{1.2.3 \dots 3} \mathfrak{E}\mathfrak{A}$$

124. Deinde vero etiam iidem numeri α, β, γ, δ, &c. ingrediuntur in expressiones summarum serierum fractionum in hac forma generali:

$$1 + \frac{1}{2^n} + \frac{1}{3^n} + \frac{1}{4^n} + \frac{1}{5^n} + \frac{1}{6^n} + \text{\&c.}$$

quoties n est numerus par affirmatiuus, contentarum. Has enim summas in Introductione per potestates semiperipheriae circuli π radio existente $= 1$ expressas dedimus, atque in harum potestatum coefficientibus isti ipsi numeri α, β, γ, δ, &c. ingredi deprehenduntur. Quo autem haec conuenientia non casu euenire, sed necessario locum habere intelligatur, has easdem summas singugulari modo inuestigemus, quo lex summarum illarum facilius patebit. Quoniam supra inuenimus esse:

$$\frac{\pi}{n}\cot.\frac{m}{n}\pi = \frac{1}{m} - \frac{1}{n-m} + \frac{1}{n+m} - \frac{1}{2n-m} + \frac{1}{2n+m} - \frac{1}{3n-m} + \&c.$$

binis terminis coniungendis habebimus:

$$\frac{\pi}{n}\cot.\frac{m}{n}\pi = \frac{1}{m} - \frac{2m}{nn-m^2} - \frac{2m}{4n^2-m^2} - \frac{2m}{9n^2-m^2} - \frac{2m}{16n^2-m^2} - \&c.$$

vnde colligimus fore:

$$\frac{1}{n^2-m^2} + \frac{1}{4n^2-m^2} + \frac{1}{9n^2-m^2} + \frac{1}{16n^2-m^2} + \&c. = \frac{1}{2mm} - \frac{\pi}{2mn}\cot.\frac{m}{n}\pi$$

Statuamus nunc $n=1$, & pro m ponamus u; vt fit:

$$\frac{1}{1-u^2} + \frac{1}{4-u^2} + \frac{1}{9-u^2} + \frac{1}{16-u^2} + \&c. = \frac{1}{2uu} - \frac{\pi}{2u}\cot.\pi u.$$

Resoluantur singulae istae fractiones in series:

$$\frac{1}{1-u^2} = 1 + u^2 + u^4 + u^6 + u^8 + \&c.$$

$$\frac{1}{4-u^2} = \frac{1}{2^2} + \frac{u^2}{2^4} + \frac{u^4}{2^6} + \frac{u^6}{2^8} + \frac{u^8}{2^{10}} + \&c.$$

$$\frac{1}{9-u^2} = \frac{1}{3^2} + \frac{u^2}{3^4} + \frac{u^4}{3^6} + \frac{u^6}{3^8} + \frac{u^8}{3^{10}} + \&c.$$

$$\frac{1}{16-u^2} = \frac{1}{4^2} + \frac{u^2}{4^4} + \frac{u^4}{4^6} + \frac{u^6}{4^8} + \frac{u^8}{4^{10}} + \&c.$$

&c.

125. Quod si ergo ponatur:

$$1 + \frac{1}{2^2} + \frac{1}{3^2} + \frac{1}{4^2} + \&c. = \mathfrak{a}$$

$$1 + \frac{1}{2^4} + \frac{1}{3^4} + \frac{1}{4^4} + \&c. = \mathfrak{b}$$

1 +

$$1 + \frac{1}{2^6} + \frac{1}{3^6} + \frac{1}{4^6} + \&c. = \mathfrak{c}$$

$$1 + \frac{1}{2^8} + \frac{1}{3^8} + \frac{1}{4^8} + \&c. = \mathfrak{d}$$

$$1 + \frac{1}{2^{10}} + \frac{1}{3^{10}} + \frac{1}{4^{10}} + \&c. = \mathfrak{e}$$

&c.

superior series transmutabitur in hanc:

$$\mathfrak{a} + \mathfrak{b}u^2 + \mathfrak{c}u^4 + \mathfrak{d}u^6 + \mathfrak{e}u^8 + \mathfrak{f}u^{10} + \&c. = \frac{1}{2uu} - \frac{\pi}{2u}\cot.\pi u.$$

Cum igitur in §. 118. litterae A, B, C, D, &c. ita comparatae sint inuentae, vt posito: $\frac{z}{}$

$$s = \frac{1}{u} - Au - Bu^3 - Cu^5 - Du^7 - Eu^9 - \&c.$$

sit $s = \frac{1}{2}\cot.\frac{1}{2}u$, erit posito πu loco $\frac{1}{2}u$ seu $2\pi u$ loco u

$$\frac{1}{2}\cot\pi u = \frac{1}{2\pi u} - A\pi u - 2^3B\pi^3u^3 - 2^5C\pi^5u^5 - 2^7D\pi^7u^7 - \&c.$$

vnde per $\frac{\pi}{u}$ multiplicando erit:

$$\frac{\pi}{2u}\cot.\pi u = \frac{1}{2uu} - 2A\pi^2 - 2^3B\pi^4u^2 - 2^5C\pi^6u^4 - \&c.$$

hincque sequitur fore:

$$\frac{1}{2uu} - \frac{\pi}{2u}\cot.\pi u = 2A\pi^2 + 2^3B\pi^4u^2 + 2^5C\pi^6u^4 + 2^7D\pi^8u^6 + \&c.$$

Quia igitur modo inuenimus esse:

$$\frac{1}{2uu} - \frac{\pi}{2u}\cot.\pi u = \mathfrak{a} + \mathfrak{b}u^2 + \mathfrak{c}u^4 + \mathfrak{d}u^6 + \&c.$$

necesse est vt sit:

$\mathfrak{a} =$

$$\mathfrak{a} = 2A\pi^2 = \frac{2\alpha}{1.2.3}\cdot\pi^2 = \frac{2\mathfrak{A}}{1.2}\cdot\pi^2$$

$$\mathfrak{b} = 2^3B\pi^4 = \frac{2^3\beta}{1.2.3.4.5}\cdot\pi^4 = \frac{2^3\mathfrak{B}}{1.2.3.4}\cdot\pi^4$$

$$\mathfrak{c} = 2^5C\pi^6 = \frac{2^5\gamma}{1.2.3\ldots7}\pi^6 = \frac{2^5\mathfrak{C}}{1.2\ldots\ldots6}\pi^6$$

$$\mathfrak{d} = 2^7D\pi^8 = \frac{2^7\delta}{1.2.3\ldots\ldots9}\pi^8 = \frac{2^7\mathfrak{D}}{1.2\ldots\ldots8}\pi^8$$

$$\mathfrak{e} = 2^9E\pi^{10} = \frac{2^9\varepsilon}{1.2.3\ldots11}\pi^{10} = \frac{2^9\mathfrak{E}}{1.2\ldots,10}\pi^{10}$$

$$\mathfrak{f} = 2^{11}F\pi^{12} = \frac{2^{11}\zeta}{1.2.3\ldots13}\pi^{12} = \frac{2^{11}\mathfrak{F}}{1.2\ldots\ldots12}\pi^{12}$$

&c.

126. Ex hoc ergo tam facili ratiocinio non solum omnes series potestatum reciprocarum, quas §. praeced. exhibuimus, expedite summantur; sed simul quoque perspicitur, quemadmodum istae summae ex cognitis valoribus litterarum α, β, γ, δ, ε, &c. vel etiam ex numeris Bernoullianis $\mathfrak{A}$, $\mathfrak{B}$, $\mathfrak{C}$, $\mathfrak{D}$, &c. formentur. Quare cum istorum numerorum quindecim §. 122. definiuerimus, ex iis summae omnium potestatum parium vsque ad summam huius seriei inclusiue assignari poterunt:

$1 + \frac{1}{2^{30}} + \frac{1}{3^{30}} + \frac{1}{4^{30}} + \frac{1}{5^{30}} +$ &c. erit enim huius seriei summa $= \frac{2^{29}\pi}{1.2.3\ldots31}\pi^{30} = \frac{2^{29}\mathfrak{P}}{1.2\ldots\ldots30}\pi^{30}$.

Atque si quis voluerit has summas vlterius determinare, id continuandis numeris α, β, γ, &c. vel his $\mathfrak{A}$, $\mathfrak{B}$, $\mathfrak{C}$, &c. facillime praestabitur.

127. Origo ergo horum numerorum α, β, γ, δ, &c. vel inde formatorum $\mathfrak{A}$, $\mathfrak{B}$, $\mathfrak{C}$, $\mathfrak{D}$, &c. potissimum debetur euolutioni cotangentis cuiusuis anguli in seriem infinitam. Cum enim sit

$$\tfrac{1}{2}\cot.\tfrac{1}{2}u = \frac{1}{u} - Au - Bu^3 - Cu^5 - Du^7 - Eu^9 - \&c.$$

erit:

$$Au^2 + Bu^4 + Cu^6 + Du^8 + \&c. = 1 - \frac{u}{2}\cot.\tfrac{1}{2}u,$$

si igitur loco coefficientium A, B, C, D, &c. valores ipsorum substituantur, reperietur:

$$\frac{\alpha u^2}{1.2.3} + \frac{\beta u^4}{1.2\ldots 5} + \frac{\gamma u^6}{1.2\ldots 7} + \frac{\delta u^8}{1.2\ldots 9} + \&c. = 1 - \frac{u}{2}\cot\tfrac{1}{2}u$$

atque numeros Bernoullianos adhibendo erit:

$$\frac{\mathfrak{A}u^2}{1.2} + \frac{\mathfrak{B}u^4}{1.2.3.4} + \frac{\mathfrak{C}u^6}{1.2\ldots 6} + \frac{\mathfrak{D}u^8}{1.2\ldots 8} + \&c. = 1 - \frac{u}{2}\cot\tfrac{1}{2}u$$

ex quibus seriebus per differentiationem innumerabiles aliae deduci possunt, sicque infinitae series summari, in quas isti numeri notatu tantopere digni ingrediuntur.

128. Sumamus aequationem priorem, quam per u multiplicemus, vt sit:

$$\frac{\alpha u^3}{1.2.3} + \frac{\beta u^5}{1.2\ldots 5} + \frac{\gamma u^7}{1.2\ldots 7} + \frac{\delta u^9}{1.2\ldots 9} + \&c. = u - \frac{uu}{2}\cot\tfrac{1}{2}u$$

quae

quae differentiata ac per du diuisa dat:

$$\frac{\alpha u^2}{1.2}+\frac{\beta u^4}{1.2.3.4}+\frac{\gamma u^6}{1.2\ldots6}+\frac{\delta u^8}{1.2\ldots8}+\&c.=1-u\cot\tfrac{1}{2}u+\frac{uu}{4(\sin\frac{1}{2}u)^2}$$

&, si denuo differentietur erit:

$$\frac{\alpha u}{1}+\frac{\beta u^3}{1.2.3}+\frac{\gamma u^5}{1.2.3.4.5}+\&c.=-\cot\tfrac{1}{2}u+\frac{u}{(\sin\frac{1}{2}u)^2}-\frac{uu\cos\frac{1}{2}u}{4(\sin\frac{1}{2}u)^3}$$

Sin autem altera aequatio differentietur erit:

$$\frac{\mathfrak{A}u}{1}+\frac{\mathfrak{B}u^3}{1.2.3}+\frac{\mathfrak{C}u^5}{1.2\ldots5}+\frac{\mathfrak{D}u^7}{1.2\ldots7}=-\tfrac{1}{2}\cot\tfrac{1}{2}u+\frac{u}{4(\sin\frac{1}{2}u)^2}$$

Ex his ergo si ponatur $u=\pi$, ob $\cot\frac{1}{2}\pi=0$, & $\sin\frac{1}{2}u=1$, sequuntur istae summationes:

$$1=\frac{\alpha\pi^2}{1.2.3}+\frac{\beta\pi^4}{1.2.3.4.5}+\frac{\gamma\pi^6}{1.2.3\ldots7}+\frac{\delta\pi^8}{1.2.3\ldots9}+\&c.$$

$$1+\frac{\pi^2}{4}=\frac{\alpha\pi^2}{1.2}+\frac{\beta\pi^4}{1.2.3.4}+\frac{\gamma\pi^6}{1.2.3\ldots6}+\frac{\delta\pi^8}{1.2.3\ldots8}+\&c.$$

$$\pi=\frac{\alpha\pi}{1}+\frac{\beta\pi^3}{1.2.3}+\frac{\gamma\pi^5}{1.2.3.4.5}+\frac{\delta\pi^7}{1.2.3\ldots7}\ \&c.$$

seu $$1=\alpha+\frac{\beta\pi^2}{1.2.3}+\frac{\gamma\pi^4}{1.2.3.4.5}+\frac{\delta\pi^6}{1.2.3\ldots7}+\&c.$$

a qua si prima subtrahatur remanebit:

$$\alpha=\frac{(\alpha-\beta)\pi^2}{1.2.3}+\frac{(\beta-\gamma)\pi^4}{1.2.3.4.5}+\frac{(\gamma-\delta)\pi^6}{1.2.3\ldots7}+\&c.$$

 Tum

Tum vero erit:

$$1 = \frac{\mathfrak{A}\pi^2}{1.2} + \frac{\mathfrak{B}\pi^4}{1.2.3.4} + \frac{\mathfrak{C}\pi^6}{1.2.3\ldots6} + \frac{\mathfrak{D}\pi^8}{1.2.3\ldots.8} + \&c.$$

$$\frac{\pi}{4} = \frac{\mathfrak{A}\pi}{1} + \frac{\mathfrak{B}\pi^3}{1.2.3} + \frac{\mathfrak{C}\pi^5}{1.2.3.4.5} + \frac{\mathfrak{D}\pi^7}{1.2.3\ldots.7} + \&c.$$

seu $$\tfrac{1}{4} = \frac{\mathfrak{A}}{1} + \frac{\mathfrak{B}\pi^2}{1.2.3} + \frac{\mathfrak{C}\pi^4}{1.2.3.4.5} + \frac{\mathfrak{D}\pi^6}{1.2.3\ldots.7} + \&c.$$

129. Ex tabula valorum numerorum $\alpha, \beta, \gamma, \delta$, &c. quam supra §. 121. exhibuimus, patet eos primum decrescere tum vero iterum crescere, & quidem in infinitum. Operae igitur pretium erit inuestigare, in quanam ratione hi numeri, postquam iam vehementer longe fuerint continuati, vlterius progredi pergant. Sit igitur ϕ numerus quicunque huius seriei numerorum $\alpha, \beta, \gamma, \delta$, &c. longissime ab initio remotus, & sit ψ numerorum sequens. Quoniam per hos numeros summae potestatum reciprocarum definiuntur, sit $2n$ exponens potestatis, in cuius summa numerus ϕ ingreditur, erit $2n+2$ exponens potestatis numero ψ respondens, atque numerus n iam erit vehementer magnus. Hinc ex §. 125. habebitur:

$$1 + \frac{1}{2^{2n}} + \frac{1}{3^{2n}} + \frac{1}{4^{2n}} + \&c. = \frac{2^{2n-1}\phi}{1.2.3\ldots(2n+1)}\pi^{2n}$$

$$1 + \frac{1}{2^{2n+2}} + \frac{1}{3^{2n+2}} + \frac{1}{4^{2n+2}} + \&c. = \frac{2^{2n+1}\psi}{1.2.3\ldots(2n+3)}\pi^{2n+2}$$

Quod

Quod si ergo haec per istam diuidatur, erit:

$$\frac{1+\frac{1}{2^{2n+2}}+\frac{1}{3^{2n+2}}+\&c.}{1+\frac{1}{2^{2n}}+\frac{1}{3^{2n}}+\&c.}=\frac{4\psi}{(2n+2)(2n+3)}\frac{\pi^2}{\phi}$$

Quia vero n est numerus vehementer magnus, ob seriem vtramque proxime $=1$, erit:

$$\frac{\psi}{\phi}=\frac{(2n+2)(2n+3)}{4\pi^2}=\frac{nn}{\pi\pi}.$$

Cum igitur n designet, quotus sit numerus ϕ a primo α computatus, se habebit hic numerus ϕ ad suum sequentem ψ vt π^2 ad n^2, quae ratio, si n fuerit numerus infinitus, veritati penitus fit consentanea. Quoniam est fere $\pi\pi=10$, si ponatur $n=100$; erit terminus centesimus circiter millies minor suo sequente. Constituunt ergo numeri α, β, γ, δ, &c. pariter ac Bernoulliani 𝔄, 𝔅, ℭ, 𝔇, &c. seriem maxime diuergentem, quae etiam magis increscat, quam vlla series geometrica terminis crescentibus procedens.

130. Inuentis ergo his valoribus numerorum α, β, γ, δ, &c. seu 𝔄, 𝔅, ℭ, 𝔇, &c. si proponatur series, cuius terminus generalis z fuerit functio quaecunque ipsius indicis x, terminus summatorius Sz huius seriei sequenti modo exprimetur, vt sit:

 $Sz=$

$$Sz = \int z\,dx + \tfrac{1}{2}z + \frac{1}{6}\cdot\frac{dz}{1.2\,dx} - \frac{1}{30}\cdot\frac{d^3z}{1.2.3.4\,dx^3}$$
$$+ \frac{1}{42}\cdot\frac{d^5z}{1.2.3\ldots5\,dx^5} - \frac{1}{30}\cdot\frac{d^7z}{1.2.3\ldots8\,dx^7}$$
$$+ \frac{5}{66}\cdot\frac{d^9z}{1.2.3\ldots10\,dx^9} - \frac{691}{2730}\cdot\frac{d^{11}z}{1.2.3\ldots12\,dx^{11}}$$
$$+ \frac{7}{6}\cdot\frac{d^{13}z}{1.2.3\ldots14\,dx^{13}} - \frac{3617}{510}\cdot\frac{d^{15}z}{1.2.3\ldots16\,dx^{15}}$$
$$+ \frac{43867}{798}\cdot\frac{d^{17}z}{1.2.3\ldots18\,dx^{17}} - \frac{174611}{330}\cdot\frac{d^{19}z}{1.2.3\ldots20\,dx^{19}}$$
$$+ \frac{854513}{138}\cdot\frac{d^{21}z}{1.2.3\ldots22\,dx^{21}} - \frac{236364091}{2730}\cdot\frac{d^{23}z}{1.2.3\ldots24\,dx^{23}}$$
$$+ \frac{8553103}{6}\cdot\frac{d^{25}z}{1.2.3\ldots26\,dx^{25}} - \frac{23749461029}{870}\cdot\frac{d^{27}z}{1.2.3\ldots28\,dx^{27}}$$
$$+ \frac{8615841276005}{14322}\cdot\frac{d^{29}z}{1.2.3\ldots30\,dx^{29}} - \&c.$$

Si igitur innotuerit integrale $\int z\,dx$, ſeu quantitas illa cuius differentiale ſit $= z\,dx$, terminus ſummatorius ope continuae differentiationis inuenietur. Perpetuo autem notandum eſt ad hanc expreſſionem ſemper eiusmodi conſtantem addi oportere, vt ſumma fiat $= 0$, ſi index x ponatur in nihilum abire.

131. Si igitur z fuerit functio rationalis integra ipſius x, quia eius differentialia tandem euaneſcunt, terminus ſummatorius per expreſſionem finitam exprimetur; id quod ſequentibus exemplis illuſtrabimus.

EX-

EXEMPLUM I.

Quaeratur terminus summatorius huius seriei:

$$\begin{matrix} 1 & 2 & 3 & 4 & 5 & & x \\ 1 + & 9 + & 25 + & 49 + & 81 + & \dots\dots & + (2x-1)^2 \end{matrix}$$

Quia hic est $z = (2x-1)^2 = 4xx - 4x + 1$;

erit $\int z\,dx = \frac{4}{3}x^3 - 2x^2 + x$,

ex huius enim differentiatione oritur:

$$4xxdx - 4xdx + dx = zdx.$$

Deinde vero per differentiationem erit:

$$\frac{dz}{dx} = 8x - 4$$

$$\frac{ddz}{dx^2} = 8$$

$$\frac{d^3z}{dx^3} = 0 \qquad \&c.$$

Hinc erit terminus summatorius quaesitus $=$

$\frac{4}{3}x^3 - 2x^2 + x + 2xx - 2x + \frac{1}{2} + \frac{2}{3}x - \frac{1}{3} \pm$ Const.

qua constante tolli debent termini $\frac{1}{2} - \frac{1}{3}$; vnde erit:

$$S(2x-1)^2 = \frac{4}{3}x^3 - \frac{1}{3}x = \frac{x}{3}(2x-1)(2x+1).$$

Sic erit posito $x = 4$ summa 4 primorum terminorum

$$1 + 9 + 25 + 49 = \frac{4}{3}\cdot 7\cdot 9 = 84.$$

EXEMPLUM II.

Quaeratur terminus summatorius huius seriei:

$$\begin{matrix} 1 & 2 & 3 & 4 & & x \\ 1 + & 27 + & 125 + & 343 + & \dots\dots & (2x-1)^3 \end{matrix}$$

Quia

Quia est $z = (2x-1)^3 = 8x^3 - 12x^2 + 6x - 1$; erit:

$\int z\,dx = 2x^4 - 4x^3 + 3x^2 - x$; $\frac{dz}{dx} = 24x^2 - 24x + 6$;

$\frac{ddz}{dx^2} = 48x - 24$; $\frac{d^3z}{dx^3} = 48$; sequentia euanescunt.

Quare erit
$$\begin{aligned} S(2x-1)^3 = 2x^4 &- 4x^3 + 3x^2 - x \\ &+ 4x^3 - 6x^2 + 3x - \tfrac{1}{2} \\ &\qquad + 2x^2 - 2x + \tfrac{1}{2} \\ &\qquad\qquad - \tfrac{1}{15} \end{aligned}$$

hoc est $S(2x-1)^3 = 2x^4 - x^2 = x^2(2xx-1)$. Sic erit posito $x = 4$ $1 + 27 + 125 + 343 = 16.31 = 496$.

132. Ex hac inuenta generali expressione pro termino summatorio sponte sequitur ille terminus summatorius, quem superiori parte pro potestatibus numerorum naturalium dedimus, cuiusque demonstrationem ibi tradere non licuerat. Quod si enim ponamus $z = x^n$, erit vtique $\int z\,dx = \frac{1}{n+1}x^{n+1}$; differentialia vero ita se habebunt:

$$\frac{dz}{dx} = nx^{n-1}$$

$$\frac{ddz}{dx^2} = n(n-1)x^{n-2}$$

$$\frac{d^3z}{dx^3} = n(n-1)(n-2)x^{n-3}$$

$$\frac{d^5z}{dx^5} = n(n-1)(n-2)(n-3)(n-4)x^{n-5}$$

$$\frac{d^7z}{dx^7} = n(n-1)\ \ldots\ldots\ (n-6)x^{n-7} \quad \&c.$$

Ex

Ex his ergo deducetur sequens terminus summatorius respondens termino generali x^n; scilicet

$$Sx^n = \frac{1}{n+1}x^{n+1} + \frac{1}{2}x^n + \frac{1}{6}\cdot\frac{n}{2}x^{n-1}$$

$$-\frac{1}{30}\cdot\frac{n(n-1)(n-2)}{2.\ 3.\ 4}x^{n-3}$$

$$+\frac{1}{42}\cdot\frac{n(n-1)(n-2)(n-3)(n-4)}{2.\ 3.\ 4.\ 5.\ 6}x^{n-5}$$

$$-\frac{1}{30}\cdot\frac{n(n-1)\ .\ .\ .\ .\ .\ (n-6)}{2.\ 3.\ .\ .\ .\ .\ .\ .\ .\ 8}x^{n-7}$$

$$+\frac{5}{66}\cdot\frac{n(n-1)\ .\ .\ .\ .\ .\ (n-8)}{2.\ 3.\ .\ .\ .\ .\ .\ .\ .\ 10}x^{n-9}$$

$$-\frac{691}{2730}\cdot\frac{n(n-1)\ .\ .\ .\ .\ .\ (n-10)}{2.\ 3\ .\ .\ .\ .\ .\ .\ .\ 12}x^{n-11}$$

$$+\frac{7}{6}\cdot\frac{n(n-1)\ .\ .\ .\ .\ .\ (n-12)}{2.\ 3\ .\ .\ .\ .\ .\ .\ .\ 14}x^{n-13}$$

$$-\frac{3617}{510}\cdot\frac{n(n-1)\ .\ .\ .\ .\ .\ (n-14)}{2.\ 3\ .\ .\ .\ .\ .\ .\ .\ 16}x^{n-15}$$

$$+\frac{43867}{798}\cdot\frac{n(n-1)\ .\ .\ .\ .\ .\ (n-16)}{2.\ 3\ .\ .\ .\ .\ .\ .\ .\ 18}x^{n-17}$$

$$-\frac{174611}{330}\cdot\frac{n(n-1)\ .\ .\ .\ .\ .\ (n-18)}{2.\ 3\ .\ .\ .\ .\ .\ .\ .\ 20}x^{n-19}$$

$$+\frac{854513}{138}\cdot\frac{n(n-1)\ .\ .\ .\ .\ .\ (n-20)}{2.\ 3\ .\ .\ .\ .\ .\ .\ .\ 22}x^{n-21}$$

$$-\frac{236364091}{2730}\cdot\frac{n(n-1)\ .\ .\ .\ .\ .\ (n-22)}{2.\ 3\ .\ .\ .\ .\ .\ .\ .\ 24}x^{n-23}$$

$$+\frac{8553103}{6}\cdot\frac{n(n-1)\ .\ .\ .\ .\ .\ (n-24)}{2.\ 3\ .\ .\ .\ .\ .\ .\ .\ 26}x^{n-25}$$

$$-\frac{23749461029}{870}\cdot\frac{n(n-1)\;.\;.\;.\;.\;.\;(n-26)}{2.3\;.\;.\;.\;.\;.\;.\;.\;28}x^{n-27}$$

$$+\frac{8615841276005}{14322}\cdot\frac{n(n-1)\;.\;.\;.\;.\;.\;(n-28)}{2.3\;.\;.\;.\;.\;.\;.\;.\;30}x^{n-29}\text{\&c.}$$

quae expreſſio non differt ab ea, quam ſupra dedimus, niſi quod hic numeros Bernoullianos 𝔄, 𝔅, ℭ, &c. introduximus, cum ſupra vſi eſſemus numeris α, β, γ, δ, &c. interim tamen conſenſus ſponte elucet. Hinc ergo terminos ſummatorios omnium poteſtatum vsque ad poteſtatem trigeſimam incluſiue exhibere licuit; quae inveſtigatio, ſi alia via fuiſſet ſuſcepta, ſine longiſſimis & taedioſiſſimis calculis abſolui non potuiſſet.

133. Iam ſupra §. 59. ſimilem fere expreſſionem pro termino ſummatorio dedimus ex termino generali definiendo. Ea enim pariter ſecundum differentialia termini generalis procedebat; ab iſta autem in hoc potiſſimum erat diuerſa, quod illa non integrale $\int z\,dx$ requirebat, ſingula vero termini generalis differentialia per certas ipſius x functiones habebat multiplicata. Eandem igitur expreſſionem ſequenti modo ad naturam ſerierum magis accommodato denuo eliciamus, ex quo ſimul lex clarius patebit, ſecundum quam coefficientes illi differentialium progrediuntur. Sit igitur ſeriei terminus generalis z, functio quaecunque ipſius indicis x, terminus vero ſummatorius quaeſitus ſit s: qui quoniam vti vidimus eiusmodi erit functio ipſius x, vt euaneſcat poſito $x = 0$, erit per ea, quae ſupra de natura huiusmodi functionum demonſtrauimus:

$$s - \frac{xds}{1dx} + \frac{x^2dds}{1.2dx^2} - \frac{x^3d^3s}{1.2.3dx^3} + \frac{x^4d^4s}{1.2.3.4dx^4} - \&c. = 0.$$

134. Quia s denotat summam omnium terminorum seriei a primo vsque ad vltimum z, perspicuum est si in s loco x ponatur $x-1$, tum priorem summam vltimo termino z mulctari: erit scilicet

$$s - z = s - \frac{ds}{dx} + \frac{dds}{2dx^2} - \frac{d^3s}{6dx^3} + \frac{d^4s}{24dx^4} - \&c.$$

ideoque $$z = \frac{ds}{dx} - \frac{dds}{2dx^2} + \frac{d^3s}{6dx^3} - \frac{d^4s}{24dx^4} + \&c.$$

quae aequatio modum suppeditat ex dato termino summatorio s definiendi terminum generalem, quod quidem per se est facillimum. Ex idonea autem combinatione huius aequationis cum ea, quam §. praeced. inuenimus, valor ipsius s per x & z determinari poterit. Ponamus in hunc finem esse:

$$s - Az + \frac{Bdz}{dx} - \frac{Cddz}{dx^2} + \frac{Dd^3z}{dx^3} - \frac{Ed^4z}{dx^4} + \&c. = 0$$

vbi A, B, C, D, &c. denotent coefficientes necessarios siue constantes siue variabiles: nam cum sit

$$z = \frac{ds}{dx} - \frac{dds}{2dx^2} + \frac{d^3s}{6dx^3} - \frac{d^4s}{24dx^4} + \frac{d^5s}{120dx^5} - \&c.$$

si hinc valores pro z, $\frac{dz}{dx}$, $\frac{ddz}{dx^2}$, $\frac{d^3z}{dx^3}$, &c. in superiori aequatione substituantur, prodibit:

$$
\begin{aligned}
s &= s \\
-Az &= -\frac{Ads}{dx}+\frac{Adds}{2dx^2}-\frac{Ad^3s}{6dx^3}+\frac{Ad^4s}{24dx^4}-\frac{Ad^5s}{120dx^5}+\&c. \\
+\frac{Bdz}{dx} &= +\frac{Bdds}{dx^2}-\frac{Bd^3s}{2dx^3}+\frac{Bd^4s}{6dx^4}-\frac{Bd^5s}{24dx^5}+\&c. \\
-\frac{Cddz}{dx^2} &= -\frac{Cd^3s}{dx^3}+\frac{Cd^4s}{4dx^4}-\frac{Cd^5s}{6dx^5}+\&c. \\
+\frac{Dd^3z}{dx^3} &= +\frac{Dd^4s}{dx^4}-\frac{Dd^5s}{2dx^5}+\&c. \\
-\frac{Ed^4z}{dx^4} &= -\frac{Ed^5s}{dx^5}+\&c.
\end{aligned}
$$

&c.

quae igitur ſeries iunctim ſumtae aequales erunt nihilo.

135. Cum ergo ante inuenimus eſſe:

$$o = s-\frac{xds}{dx}+\frac{x^2dds}{2dx^2}-\frac{x^3d^3s}{6dx^3}+\frac{x^4d^4s}{24dx^4}-\frac{x^5d^5s}{120dx^5}+\&c.$$

ſi ſuperior aequatio huic aequalis ſtatuatur, prodibunt ſequentes litterarum A, B, C, D, &c. denominationes:

$$
\begin{aligned}
A &= x \\
B &= \frac{x^2}{2}-\frac{A}{2} \\
C &= \frac{x^3}{6}-\frac{B}{2}-\frac{A}{6} \\
D &= \frac{x^4}{24}-\frac{C}{2}-\frac{B}{6}-\frac{A}{24} \\
E &= \frac{x^5}{120}-\frac{D}{2}-\frac{C}{6}-\frac{B}{24}-\frac{A}{120} \quad \&c.
\end{aligned}
$$

His

His igitur litterarum A, B, C, D, &c. valoribus inuentis, ex termino generali z terminus summatorius $s = Sz$ ita determinabitur, vt fit:

$$Sz = Az - \frac{Bdz}{dx} + \frac{Cddz}{dx^2} - \frac{Dd^3z}{dx^3} + \frac{Ed^4z}{dx^4} - \frac{Fd^5z}{dx^5} + \&c.$$

136. Cum autem fiat:

$$A = x$$
$$B = \tfrac{1}{2}x^2 - \tfrac{1}{2}x$$
$$C = \tfrac{1}{6}x^3 - \tfrac{1}{4}x^2 + \tfrac{1}{12}x$$
$$D = \tfrac{1}{24}x^4 - \tfrac{1}{12}x^3 + \tfrac{1}{24}xx \qquad \&c.$$

patet hos coefficientes esse eosdem, quos supra §. 59. habuimus, vnde ista termini summatorii expressio eadem est, quam ibi inuenimus; eritque propterea:

$$A = Sx^0 = S1$$
$$B = \tfrac{1}{1}Sx^1 - \tfrac{1}{1}x$$
$$C = \tfrac{1}{2}Sx^2 - \tfrac{1}{2}x^2$$
$$D = \tfrac{1}{6}Sx^3 - \tfrac{1}{6}x^3$$
$$E = \tfrac{1}{24}Sx^4 - \tfrac{1}{24}x^4 \qquad \&c.$$

Hinc ergo erit:

$$Sz = xz - \frac{dz}{dx}Sx + \frac{ddz}{2dx^2}Sx^2 - \frac{d^3z}{6dx^3}Sx^3 + \frac{d^4z}{24dx^4}Sx^4 - \&c.$$
$$+ \frac{xdz}{dx} - \frac{x^2ddz}{2dx^2} + \frac{x^3d^3z}{6dx^3} - \frac{x^4d^4z}{24dx^4} + \&c.$$

Quodsi autem in termino generali z ponatur $x = 0$, prodibit terminus indici $= 0$ respondens; qui si ponatur $= a$,

 erit

erit: $a = z - \frac{xdz}{dx} + \frac{x^2 ddz}{2dx^2} - \frac{x^3 d^3 z}{6dx^3} + \&c.$ ideoque

$$\frac{xdz}{dx} - \frac{x^2 ddz}{2dx^2} + \frac{x^3 d^3 z}{6dx^3} - \frac{x^4 d^4 z}{24dx^4} + \&c. = z - a,$$

quo valore ſubſtituto habebitur:

$$Sz = (x+1)z - a - \frac{dz}{dx}Sx + \frac{ddz}{2dx^2}Sx^2 - \frac{d^3 z}{6dx^3}Sx^3 + \frac{d^4 z}{24dx^4}Sx^4 - \&c.$$

Cognitis ergo ſummis poteſtatum, hinc pro quouis termino generali ei conueniens terminus ſummatorius exhiberi poteſt.

137. Quoniam ergo geminam inuenimus expreſſionem termini ſummatorii Sz pro termino generali z, earumque altera formulam integralem $\int z dx$ continet, ſi iſtae duae expreſſiones ſibi aequales ponantur, obtinebitur valor ipſius $\int z dx$ per ſeriem expreſſus. Cum enim ſit:

$$\int z dx + \frac{1}{2}z + \frac{\mathfrak{A}dz}{1.2\,dx} - \frac{\mathfrak{B}d^3 z}{1.2.3.4\,dx^3} + \frac{\mathfrak{C}d^5 z}{1.2\ldots6\,dx^5} - \&c.$$

$$= (x+1)z - a - \frac{dz}{1\,dx}Sx + \frac{ddz}{1.2\,dx^2}Sx^2 - \frac{d^3 z}{1.2.3\,dx^3}Sx^3 + \&c.$$

erit:

$$\int z dx = (x+\tfrac{1}{2})z - a - \frac{dz}{dx}(Sx + \tfrac{1}{2}\mathfrak{A}) + \frac{ddz}{2dx^2}Sx^2 - \frac{d^3 z}{6dx^3}(Sx^3 - \tfrac{1}{4}\mathfrak{B})$$

$$+ \frac{d^4 z}{24dx^4}Sx^4 - \frac{d^5 z}{120dx^5}(Sx^5 + \tfrac{1}{6}\mathfrak{C}) + \frac{d^6 z}{720dx^6}Sx^6$$

$$- \frac{d^7 z}{5040dx^7}(Sx^7 - \tfrac{1}{8}\mathfrak{D}) + \&c.$$

vbi $\mathfrak{A}$, $\mathfrak{B}$, $\mathfrak{C}$, $\mathfrak{D}$, &c. denotant numeros Bernoullianos ſupra §. 122. exhibitos.

Sit

Sit v.gr. $z = xx$, fiet $a = 0$; $\frac{dz}{dx} = 2x$; & $\frac{ddz}{2dx^2} = 1$, hinc erit: $\int xxdx = (x+\frac{1}{2})xx - 2x(\frac{1}{2}xx+\frac{1}{2}x+\frac{1}{12}) + 1(\frac{1}{3}x^3+\frac{1}{2}x^2+\frac{1}{6}x)$ seu $\int xxdx = \frac{1}{3}x^3$; dat autem $\frac{1}{3}x^3$ differentiatum vtique $xxdx$.

138. Noua ergo hinc patet via ad terminos summatorios sectierum potestatum inueniendos; quoniam enim ex coefficientibus ante assumtis A, B, C, D, &c. hi termini summatorii facillime formantur, horum autem coefficientium quilibet ex praecedentibus conflatur; si in formulis §. 135. datis loco istarum litterarum valores in §. 136. traditi substituantur, erit:

$$Sx^1 - x = \frac{1}{2}xx - \frac{1}{2}x$$

$$Sx^2 - x^2 = \frac{1}{3}x^3 - \frac{1}{3}x - \frac{2}{2}(Sx - x)$$

$$Sx^3 - x^3 = \frac{1}{4}x^4 - \frac{1}{4}x - \frac{3}{2}(Sx^2 - x^2) - \frac{3.2}{2.3}(Sx^1 - x^1)$$

$$Sx^4 - x^4 = \frac{1}{5}x^5 - \frac{1}{5}x - \frac{4}{2}(Sx^3 - x^3) - \frac{4.3}{2.3}(Sx^2 - x^2) - \frac{4.3.2}{2.3.4}(Sx - x)$$

&c.

Hinc ergo summae potestatum superiorum ex summis inferiorum formari poterunt.

139. Quod si vero legem, qua coefficientes A, B, C, D, &c. supra §. 135. progredi inuenti sunt, attentius intueamur, eos seriem recurrentem constituere deprehendemus. Si enim euoluamus hanc fractionem:

$$\frac{x + \frac{1}{2}xxu + \frac{1}{6}x^3u^2 + \frac{1}{24}x^4u^3 + \frac{1}{120}x^5u^4 + \&c.}{1 + \frac{1}{2}u + \frac{1}{6}u^2 + \frac{1}{24}u^3 + \frac{1}{120}u^4 + \&c.}$$

secundum potestates ipsius u, hancque seriem resultare sumamus: A +

$$A + Bu + Cu^2 + Du^3 + Eu^4 + \&c.$$

erit vti ante inuenimus $A = x$; $B = \frac{1}{2}xx - \frac{1}{2}A$; &c. sicque inuenta hac serie, obtinebuntur termini summatorii serierum potestatum. Illa autem fractio, ex cuius euolutione ista series nascitur, transit in hanc formam: $\frac{e^{xu}-1}{e^u-1}$, quae si x fuerit numerus integer affirmatiuus, abit in $1 + e^u + e^{2u} + e^{3u} + \ldots + e^{(x-1)u}$; cum ergo sit:

$$1 = 1$$

$$e^u = 1 + \frac{u}{1} + \frac{u^2}{1.2} + \frac{u^3}{1.2.3} + \frac{u^4}{1.2.3.4} + \&c.$$

$$e^{2u} = 1 + \frac{2u}{1} + \frac{4u^2}{1.2} + \frac{8u^3}{1.1.3} + \frac{16u^4}{1.2.3.4} + \&c.$$

$$e^{3u} = 1 + \frac{3u}{1} + \frac{9u^2}{1.2} + \frac{27u^3}{1.2.3} + \frac{81u^4}{1.2.3.4} + \&c.$$

$$e^{(x-1)u} = 1 + \frac{(x-1)u}{1} + \frac{(x-1)^2 u^2}{1.2} + \frac{(x-1)^3 u^3}{1.2.3} + \frac{(x-1)^4 u^4}{1.2.3.4} + \&c.$$

ideoque erit:

$$A = x$$
$$B = S(x-1) = Sx - x$$
$$C = \tfrac{1}{2}S(x-1)^2 = \tfrac{1}{2}Sx^2 - \tfrac{1}{2}x^2$$
$$D = \tfrac{1}{6}S(x-1)^3 = \tfrac{1}{6}Sx^3 - \tfrac{1}{6}x^3 \qquad \&c.$$

Vnde nexus horum coefficientium cum summis potestatum, ante iam obseruatus, penitus confirmatur ac demonstratur.

CAPUT VI.

DE SUMMATIONE PROGRESSIONUM PER SERIES INFINITAS.

140.

Expressio generalis, quam in Capite praecedente pro termino summatorio cuiusque seriei, cuius terminus generalis seu indici x respondens est $= z$, invenimus:

$$Sz = \int z dx + \tfrac{1}{2} z + \frac{\mathfrak{A} dz}{1.2\, dx} - \frac{\mathfrak{B} d^3 z}{1.2.3.4\, dx^3} + \frac{\mathfrak{C} d^5 z}{1.2\ldots 6\, dx^5} - \&c.$$

proprie inseruit seriebus summandis, quarum termini generales sunt functiones quaecunque rationales integrae indicis x, quoniam his casibus ad differentialia tandem euanescentia peruenitur. Sin autem z non fuerit eiusmodi functio ipsius x, tum eius differentialia in infinitum progrediuntur, sicque resultat series infinita summam seriei propositae exprimens, & quidem ad datum vsque terminum, cuius index est $= x$. Quocirca progressionis propositae in infinitum continuatae summa prodibit, si ponatur $x = \infty$; hocque pacto alia inuenitur series infinita priori aequalis.

141. Sin autem ponatur $x = 0$, tum expressio summam exhibens debet euanescere, vti iam annotauimus; quod nisi fiat, eiusmodi quantitas constans ad summam addi vel inde auferri debet, vt huic conditioni satisfiat.

 Quo

Quo facto si ponatur $x=1$, summa inuenta praebebit terminum primum seriei: sin $x=2$, aggregatum primi & secundi; sin $x=3$, orietur aggregatum trium terminorum initialium seriei, & ita porro. His igitur casibus, quia summa vnius, vel duorum, vel trium, &c. terminorum est cognita, seriei infinitae, qua ista summa exprimitur, valor innotescet; ex hocque fonte innumerabiles series summari poterunt.

142. Quoniam, si eiusmodi constans summae fuerit adiecta, vt ea euanescat posito $x=0$, tum summa omnibus reliquis casibus, quicunque numeri pro x substituantur, satisfacit; manifestum est, dummodo summae inuentae eiusmodi quantitas constans adiiciatur, vt vno quodam casu vera summa indicetur, tum omnibus reliquis casibus veram summam prodire debere. Quare si ponendo $x=0$, non pateat, cuiusmodi valorem expressio summae recipiat, neque igitur constans adiicienda hinc inueniri queat; tum alius quicunque numerus pro x statui poterit, adiiciendaque constante effici vt debita summa indicetur: quod quomodo fieri debeat, ex sequentibus magis fiet perspicuum.

142. Consideremus primum hanc progressionem harmonicam:

$$1+\frac{1}{2}+\frac{1}{3}+\frac{1}{4}+\ \ldots\ +\frac{1}{x}=s,$$

cuius terminus generalis cum sit $=\frac{1}{x}$, fiet $z=\frac{1}{x}$, & ter-

terminus summatorius s ita inuenietur. Primo erit $\int z\,dx = \int \frac{dx}{x} = lx$; deinde differentialia ita se habebunt:

$$\frac{dz}{dx} = -\frac{1}{x^2}; \quad \frac{ddz}{2\,dx^2} = \frac{1}{x^3}; \quad \frac{d^3z}{6\,dx^3} = -\frac{1}{x^4};$$

$$\frac{d^4z}{24\,dx^4} = \frac{1}{x^5}; \quad \frac{d^5z}{120\,dx^6} = -\frac{1}{x^6}$$ &c. Hinc itaque erit:

$$s = lx + \frac{1}{2x} - \frac{\mathfrak{A}}{2x^2} + \frac{\mathfrak{B}}{4x^4} - \frac{\mathfrak{C}}{6x^6} + \frac{\mathfrak{D}}{8x^8} - \&c.$$
$$+ \text{Constante}.$$

Constans igitur hic addenda ex casu $x = 0$ non potest definiri. Ponatur ergo $x = 1$, quia tum fit $s = 1$, erit $1 = \frac{1}{2} - \frac{\mathfrak{A}}{2} + \frac{\mathfrak{B}}{4} - \frac{\mathfrak{C}}{6} + \frac{\mathfrak{D}}{8} + \text{Const.}$ vnde fit ista constans $= \frac{1}{2} + \frac{\mathfrak{A}}{2} - \frac{\mathfrak{B}}{4} + \frac{\mathfrak{C}}{6} - \frac{\mathfrak{D}}{8} + \&c.$ eritque ideo terminus summatorius quaesitus:

$$s = lx + \frac{1}{2x} - \frac{\mathfrak{A}}{2x^2} + \frac{\mathfrak{B}}{4x^4} - \frac{\mathfrak{C}}{6x^6} + \frac{\mathfrak{D}}{8x^8} - \&c.$$
$$+ \frac{1}{2} + \frac{\mathfrak{A}}{2} - \frac{\mathfrak{B}}{4} + \frac{\mathfrak{C}}{6} - \frac{\mathfrak{D}}{8} + \&c.$$

143. Quoniam numeri Bernoulliani $\mathfrak{A}$, $\mathfrak{B}$, $\mathfrak{C}$, $\mathfrak{D}$, &c. constituunt seriem diuergentem, hic valor constantis cognosci nequit. Sin autem loco x substituatur numerus maior, atque summa totidem terminorum actu quaeratur, valor constantis commode inuestigabitur. Ponatur in

in hunc finem $x = 10$, decemque primis terminis colligendis reperietur eorum summa =

$$2,9289682539682539 68$$

cui aequalis esse debet expressio summae, si in ea ponatur $x = 10$, quae sit:

$$l10 + \frac{1}{20} - \frac{\mathfrak{A}}{200} + \frac{\mathfrak{B}}{40000} - \frac{\mathfrak{C}}{6000000} + \frac{\mathfrak{D}}{800000000} - \&c. + C.$$

sumto ergo pro $l10$ logarithmo hyperbolico denarii & loco $\mathfrak{A}$, $\mathfrak{B}$, $\mathfrak{C}$, &c. substitutis valoribus supra inuentis, reperietur constans illa:

$$C = 0,5772156649015325$$

qui numerus ergo exprimit summam seriei:

$$\frac{1}{2} + \frac{\mathfrak{A}}{2} - \frac{\mathfrak{B}}{4} + \frac{\mathfrak{C}}{6} - \frac{\mathfrak{D}}{8} + \frac{\mathfrak{E}}{10} - \&c.$$

144. Si pro x numeri non nimis magni substituantur, quia summa seriei facile actu inuenitur, obtinebitur summa seriei huius:

$$\frac{1}{2x} - \frac{\mathfrak{A}}{2x^2} + \frac{\mathfrak{B}}{4x^4} - \frac{\mathfrak{C}}{6x^6} + \frac{\mathfrak{D}}{8x^8} - \&c. = s - lx - C.$$

Sin autem x significet numerum valde magnum, quia tum valor huius expressionis in infinitum excurrentis facile in fractionibus decimalibus assignatur, vicissim summa seriei definietur. Ac primo quidem constat, si series in infinitum continuetur, eius summam futuram esse infinite magnam; facto enim $x = \infty$ fit lx quoque infini-

ni-

nitus; etsi ω ad x rationem infinite paruam teneat. Quo autem commodius summa quotcunque terminorum seriei assignari queat, valores litterarum $\mathfrak{A}$, $\mathfrak{B}$, $\mathfrak{C}$, &c. in fractionibus decimalibus exprimamus:

$$\mathfrak{A} = 0,1666666666666$$
$$\mathfrak{B} = 0,0333333333333$$
$$\mathfrak{C} = 0,0238095238095$$
$$\mathfrak{D} = 0,0333333333333$$
$$\mathfrak{E} = 0,0757575757575$$
$$\mathfrak{F} = 0,2531135531135$$
$$\mathfrak{G} = 1,1666666666666$$
$$\mathfrak{H} = 7,0921568627451 \quad \&c.$$

vnde ergo erit:

$$\frac{\mathfrak{A}}{2} = 0,0833333333333$$
$$\frac{\mathfrak{B}}{4} = 0,0083333333333$$
$$\frac{\mathfrak{C}}{6} = 0,0039682539682$$
$$\frac{\mathfrak{D}}{8} = 0,0041666666666$$
$$\frac{\mathfrak{E}}{10} = 0,0075757575757$$
$$\frac{\mathfrak{F}}{12} = 0,0210927960928$$
$$\frac{\mathfrak{G}}{14} = 0,0833333333333$$
$$\frac{\mathfrak{H}}{16} = 0,4432598039216 \quad \&c.$$

EXEMPLUM I.

Inuenire summam mille terminorum seriei

$$1 + \frac{1}{2} + \frac{1}{3} + \frac{1}{4} + \frac{1}{5} + \frac{1}{6} + \text{\&c.}$$

Ponatur ergo $x = 1000$, & cum sit

$$l10 = 2,3025850929940456840 \quad \text{erit}$$

$$\begin{array}{rcl}
lx & = & 6,9077552789821 \\
\text{Conſt.} & = & 0,5772156649015 \\
\frac{1}{2x} & = & 0,0005000000000 \\
\hline
& & 7,4849709438836 \\
\text{ſubt.}\ \frac{\mathfrak{A}}{2xx} & = & 0,0000000833333 \\
\hline
& & 7,4849708605503 \\
\text{add.}\ \frac{\mathfrak{B}}{4x^4} & = & 0,0000000000000 \\
\hline
\end{array}$$

Ergo $7,4849708605503$ eſt ſumma quaeſita mille terminorum, qui nequidem ſeptem vnitates cum ſemiſſe conficiunt.

EXEMPLUM II.

Inuenire ſummam millies mille terminorum ſeriei

$$1 + \frac{1}{2} + \frac{1}{3} + \frac{1}{4} + \text{\&c.}$$

Quia eſt $x = 1000000$, erit $lx = 6.l10$, ergo

$$\begin{array}{rcl}
lx & = & 13,8155105579642 \\
\text{Conſt.} & = & 0,5772156649015 \\
\frac{1}{2x} & = & 0,0000005000000 \\
\hline
& & 14,3927262228657 = \text{ſummae quaeſitae.}
\end{array}$$

145. Si ergo pro x ſtatuatur numerus vehementer magnus, ſumma ſatis exacte inuenitur ex ſolo primo termino lx conſtante C aucto: vnde egregia corollaria deduci poſſunt. Sic ſi x fuerit numerus vehementer magnus, ponaturque:

$$1 + \frac{1}{2} + \frac{1}{3} + \frac{1}{4} + \frac{1}{5} + \ldots \frac{1}{x} = s$$

$$\& \; 1 + \frac{1}{2} + \frac{1}{3} + \frac{1}{4} \ldots + \frac{1}{x} + \ldots \frac{1}{x+y} = t$$

quia eſt proxime $s = lx + C$, & $t = l(x+y) + C$; erit $t - s = l(x+y) - lx = l\frac{x+y}{x}$, ideoque hic logarithmus proxime per ſeriem harmonicam finito terminorum numero conſtantem exprimetur hoc modo:

$$l\frac{x+y}{x} = \frac{1}{x+1} + \frac{1}{x+2} + \frac{1}{x+3} + \ldots + \frac{1}{x+y}.$$

Accuratius autem hic logarithmus exhibebitur, ſi ſuperiores ſummae s & t exactius capiantur. Sic cum ſit

$$s = lx + C + \frac{1}{2x} - \frac{1}{12xx}, \quad \&$$

$$t = l(x+y) + C + \frac{1}{2(x+y)} - \frac{1}{12(x+y)^2}; \text{ erit}$$

$$t - s = l\frac{x+y}{x} - \frac{1}{2x} + \frac{1}{2(x+y)} + \frac{1}{12xx} - \frac{1}{12(x+y)^2},$$

ideoque

$$l\frac{x+y}{x} = \frac{1}{x+1} + \frac{1}{x+2} + \frac{1}{x+3} + \ldots + \frac{1}{x+y} + \frac{1}{2x} - \frac{1}{2(x+y)} - \frac{1}{12xx} + \frac{1}{12(x+y)^2}$$

Sin

Sin autem sit numerus tam magnus, vt bini termini vltimi reiici queant, erit proxime:

$$l\frac{x+y}{x}=\frac{1}{x+1}+\frac{1}{x+2}+\frac{1}{x+3}+\dots+\frac{1}{x+y}+\frac{1}{2}\left(\frac{1}{x}-\frac{1}{x+y}\right).$$

145. Ex hac quoque serie harmonica deriuare poterimus summam huius seriei, in qua tantum numeri impares occurrunt:

$$\frac{1}{1}+\frac{1}{3}+\frac{1}{5}+\frac{1}{7}+\frac{1}{9}\dots+\frac{1}{2x+1}.$$

Cum enim omnibus terminis capiendis sit:

$$1+\frac{1}{2}+\frac{1}{3}+\frac{1}{4}\dots\dots+\frac{1}{2x}+\frac{1}{2x+1}=$$

$$l(2x+1)+C+\frac{1}{2(2x+1)}-\frac{\mathfrak{A}}{2(2x+1)^2}+\frac{\mathfrak{B}}{4(2x+1)^4}-\frac{\mathfrak{C}}{6(2x+1)^6}+\&c.$$

terminorum vero ordine parium:

$$\frac{1}{2}+\frac{1}{4}+\frac{1}{6}+\dots\dots+\frac{1}{2x}$$

summa fit semissis superioris nempe:

$$\tfrac{1}{2}C+\tfrac{1}{2}lx+\frac{1}{4x}-\frac{\mathfrak{A}}{4x^2}+\frac{\mathfrak{B}}{8x^4}-\frac{\mathfrak{C}}{12x^6}+\frac{\mathfrak{D}}{16x^8}-\&c.$$

erit hac serie ab illa ablata:

$$1+\frac{1}{3}+\frac{1}{5}+\frac{1}{7}+\dots\dots+\frac{1}{2x+1}=$$

$$\tfrac{1}{2}C+l\frac{2x+1}{\sqrt{x}}+\frac{1}{2(2x+1)}-\frac{\mathfrak{A}}{2(2x+1)^2}+\frac{\mathfrak{B}}{4(2x+1)^4}-\&c.$$

$$-\frac{1}{4x}+\frac{\mathfrak{A}}{4x^2}-\frac{\mathfrak{B}}{8x^4}+\&c.$$

146.

146. Poteſt vero etiam per eandem expreſſionem generalem ſumma cuiusque ſeriei harmonicae inueniri; ſit enim:

$$\frac{1}{m+n}+\frac{1}{2m+n}+\frac{1}{3m+n}+\frac{1}{4m+n}+\dots+\frac{1}{mx+n}=s,$$

quia eſt terminus generalis $z=\frac{1}{mx+n}$, erit:

$$\int z\,dx=\frac{1}{m}l(mx+n);\quad \frac{dz}{dx}=-\frac{m}{(mx+n)^2}$$

$$\frac{ddz}{2dx^2}=\frac{mm}{(mx+n)^3};\quad \frac{d^3z}{6dx^3}=-\frac{m^3}{(mx+n)^4}$$

$$\frac{d^4z}{24dx^4}=\frac{m^4}{(mx+n)^5};\quad \frac{d^5z}{120dx^5}=-\frac{m^5}{(mx+n)^6}\ \&c.$$

Ex his ergo reperitur:

$$s=D+\frac{1}{m}l(mx+n)+\frac{1}{2(mx+n)}-\frac{\mathfrak{A}m}{2(mx+n)^2}+\frac{\mathfrak{B}m^3}{4(mx+n)^4}$$

$$-\frac{\mathfrak{C}m^5}{6(mx+n)^6}+\frac{\mathfrak{D}m^7}{8(mx+n)^8}-\&c.$$

Poſito ergo $x=0$, fiet conſtans illa addenda:

$$D=-\frac{1}{m}ln-\frac{1}{2n}+\frac{\mathfrak{A}m}{2n^2}-\frac{\mathfrak{B}m^3}{4n^4}+\frac{\mathfrak{C}m^5}{6n^6}-\&c.$$

147. Si vero ſit $n=0$, quoniam ſeriei:

$$\frac{1}{m}+\frac{1}{2m}+\frac{1}{3m}+\frac{1}{4m}+\dots\dots+\frac{1}{mx}$$

ſumma eſt $=\frac{1}{m}C+\frac{1}{m}lx+\frac{1}{2mx}-\frac{\mathfrak{A}}{2mx^2}+\frac{\mathfrak{B}}{4mx^4}-\&c.$

at vero huius ſeriei:

$$1 + \frac{1}{2} + \frac{1}{3} + \frac{1}{4} + \frac{1}{5} + \dots\dots\dots + \frac{1}{mx}$$

ſumma eſt $= C + lmx + \frac{1}{2mx} - \frac{\mathfrak{A}}{2m^2x^2} + \frac{\mathfrak{B}}{4m^4x^4} - \&c.$ ſi ab hac ſerie illa m vicibus ſumta ſubtrahatur vt prodeat haec ſeries:

$$1 + \tfrac{1}{2} + \dots + \frac{1}{m} + \dots + \frac{1}{2m} + \dots + \frac{1}{3m} + \dots + \frac{1}{mx}$$
$$\qquad - \frac{m}{m} \qquad\quad - \frac{m}{2m} \qquad\quad - \frac{m}{3m} \qquad\quad - \frac{m}{mx}$$

eius ſumma erit $= lm + \frac{1}{2mx} - \frac{\mathfrak{A}}{2m^2x^2} + \frac{\mathfrak{B}}{4m^4x^4} - \&c.$

$$- \frac{1}{2x} + \frac{\mathfrak{A}}{2xx} - \frac{\mathfrak{B}}{4x^4} + \&c.$$

atque ſi ſtatuatur $x = \infty$ ſumma erit $= lm$. Hinc pro m ponendo numeros 2, 3, 4, &c. erit:

$$l2 = 1 - \tfrac{1}{2} + \tfrac{1}{3} - \tfrac{1}{4} + \tfrac{1}{5} - \tfrac{1}{6} + \tfrac{1}{7} - \tfrac{1}{8} + \&c.$$
$$l3 = 1 + \tfrac{1}{2} - \tfrac{2}{3} + \tfrac{1}{4} + \tfrac{1}{5} - \tfrac{2}{6} + \tfrac{1}{7} + \tfrac{1}{8} - \tfrac{2}{9}\ \&c.$$
$$l4 = 1 + \tfrac{1}{2} + \tfrac{1}{3} - \tfrac{3}{4} + \tfrac{1}{5} + \tfrac{1}{6} + \tfrac{1}{7} - \tfrac{3}{8} + \&c.$$
$$l5 = 1 + \tfrac{1}{2} + \tfrac{1}{3} + \tfrac{1}{4} - \tfrac{4}{5} + \tfrac{1}{6} + \tfrac{1}{7} + \tfrac{1}{8} + \tfrac{1}{9} - \tfrac{4}{10}\ \&c.$$
&c.

148. Relicta autem ſerie harmonica progrediamur ad ſeriem quadratorum reciprocam, ſitque:

$$s = 1 + \frac{1}{4} + \frac{1}{9} + \frac{1}{16} + \dots\dots\dots + \frac{1}{xx},$$

in

in qua cum ſit terminus generalis $z = \frac{1}{xx}$, erit $\int z\,dx = -\frac{1}{x}$, & differentialia ipſius z ita ſe habebunt

$$\frac{dz}{2\,dx} = -\frac{1}{x^3};\quad \frac{ddz}{2.3\,dx^2} = \frac{1}{x^4};\quad \frac{d^3z}{2.3.4\,dx^3} = -\frac{1}{x^5};\quad \&c.$$

vnde erit ſumma

$$s = C - \frac{1}{x} + \frac{1}{2xx} - \frac{\mathfrak{A}}{x^3} + \frac{\mathfrak{B}}{x^5} - \frac{\mathfrak{C}}{x^7} + \frac{\mathfrak{D}}{x^9} - \frac{\mathfrak{E}}{x^{11}} + \&c.$$

in qua conſtans addenda C ex vno caſu, quo ſumma conſtat, eſt definienda. Ponamus ergo $x = 1$, quia fit $s = 1$ debet eſſe:

$$C = 1 + 1 - \tfrac{1}{2} + \mathfrak{A} - \mathfrak{B} + \mathfrak{C} - \mathfrak{D} + \mathfrak{E} - \&c.$$

quae ſeries autem cum ſit maxime diuergens, valorem conſtantis C non oſtendit. Quia autem ſupra demonſtrauimus ſummam huius ſeriei in infinitum continuatae eſſe $= \frac{\pi\pi}{6}$; facto $x = \infty$, ſi ponatur $s = \frac{\pi\pi}{6}$, fiet $C = \frac{\pi\pi}{6}$, ob reliquos terminos omnes euaneſcentes.

Erit ergo

$$1 + 1 - \tfrac{1}{2} + \mathfrak{A} - \mathfrak{B} + \mathfrak{C} - \mathfrak{D} + \mathfrak{E} - \&c. = \frac{\pi\pi}{6}.$$

149. Sin autem ſumma huius ſeriei cognita non fuiſſet, valor conſtantis illius C ex alio quopiam caſu, quo ſumma actu eſt inuenta, determinari deberet. Hunc in finem ponamus $x = 10$, atque decem terminis actu addendis reperietur:

$s = 1,5497677311665406\,90$ tum eſt

add. $\frac{1}{x} = 0,1$

ſubtr. $\frac{1}{2xx} = 0,005$

$\quad 1,6447677311665406\,90$

add. $\frac{\mathfrak{A}}{x^3} = 0,0001666666666666\,6$

$\quad 1,6449343978332073\,56$

ſubtr. $\frac{\mathfrak{B}}{x^5} = 0,0000003333333333\,33$

$\quad 1,6449340644998740\,23$

add. $\frac{\mathfrak{C}}{x^7} = 0,0000000023809523\,81$

$\quad 1,6449340668808264\,04$

ſubtr. $\frac{\mathfrak{D}}{x^9} = 0,0000000000333333\,33$

$\quad 1,6449340668474930\,71$

add. $\frac{\mathfrak{E}}{x^{11}} = 0,0000000000007575\,75$

$\quad 1,6449340668482506\,46$

ſubtr. $\frac{\mathfrak{F}}{x^{13}} = 0,0000000000000253\,11$

$\quad 1,6449340668482253\,35$

add. $\frac{\mathfrak{G}}{x^{15}} = 0,0000000000000011\,66$

ſubtr. $\frac{\mathfrak{H}}{x^{17}} = \qquad\qquad 71$

$\quad 1,6449340668482264\,30 = C.$

Hicque numerus ſimul eſt valor expreſſionis $\frac{\pi\pi}{6}$, quemadmodum ex valore ipſius π cognito calculum inſtituenti patebit. Vnde ſimul intelligitur, etiamſi ſeries $\mathfrak{A}$, $\mathfrak{B}$, $\mathfrak{C}$, &c. diuergat, tamen hoc modo veram prodire ſummam.

150. Sit nunc $z = \frac{1}{x^3}$; atque

$$s = 1 + \frac{1}{2^3} + \frac{1}{3^3} + \frac{1}{4^3} + \ldots\ldots\ldots + \frac{1}{x^3},$$

quia est

$$\int z\,dx = -\frac{1}{2xx};\quad \frac{dz}{1.2.3\,dx} = -\frac{1}{2x^4};\quad \frac{ddz}{1.2.3.4\,dx^2} = \frac{1}{2x^5}$$

$$\frac{d^3z}{1.2\ldots5\,dx^3} = -\frac{1}{2x^6};\quad \frac{d^5z}{1.2\ldots7\,dx^5} = -\frac{1}{2x^8};\ \&c.$$

erit

$$s = C - \frac{1}{2xx} + \frac{1}{2x^3} - \frac{3\mathfrak{A}}{2x^4} + \frac{5\mathfrak{B}}{2x^6} - \frac{7\mathfrak{C}}{2x^8} + \&c.$$

hincque posito $x = 1$, ob $s = 1$, fiet:

$$C = 1 + \tfrac{1}{2} - \tfrac{1}{2} + \tfrac{3}{2}\mathfrak{A} - \tfrac{5}{2}\mathfrak{B} + \tfrac{7}{2}\mathfrak{C} - \tfrac{9}{2}\mathfrak{D} + \&c.$$

atque iste valor ipsius C simul ostendet summam seriei propositae in infinitum continuatae. Quoniam vero summae potestatum imparium non aeque ac parium constant, iste ipsius C valor ex cognita summa aliquot terminorum definiri debet. Sit ergo $x = 10$, erit:

$$C = s + \frac{1}{2xx} - \frac{1}{2x^3} + \frac{3\mathfrak{A}}{2x^4} - \frac{5\mathfrak{B}}{2x^4} + \frac{7\mathfrak{C}}{2x^8} - \&c.$$

Est vero ad computum facilius instituendum:

$$\frac{3\mathfrak{A}}{2} = 0,2500000000000$$

$$\frac{5\mathfrak{B}}{2} = 0,0833333333333$$

$$\frac{7\mathfrak{C}}{2} = 0,0833333333333$$

$$\frac{9\mathfrak{D}}{2} = 0,1500000000000$$

$$\frac{11\mathfrak{E}}{2} = 0,4166666666666$$

$$\frac{13\mathfrak{F}}{2} = 1,6452380952380$$

$$\frac{15\mathfrak{G}}{2} = 8,7500000000000$$

$$\frac{17\mathfrak{H}}{2} = 60,2833333333333 \quad \&c.$$

Hinc ergo fient termini ad s addendi:

$$\frac{1}{2xx} = 0,005000000000000000$$

$$\frac{3\mathfrak{A}}{2x^4} = 0,000025000000000000$$

$$\frac{7\mathfrak{C}}{2x^8} = 0,000000000833333333$$

$$\frac{11\mathfrak{E}}{2x^{12}} = 0,000000000000416666$$

$$\frac{15\mathfrak{G}}{2x^{16}} = 0,000000000000000875$$

$$0,005025000833750875$$

ter-

termini autem subtrahendi sunt:

$$\frac{1}{2x^3} = 0,0005000000000000000$$

$$\frac{5\mathfrak{B}}{2x^6} = 0,0000000833333333333$$

$$\frac{9\mathfrak{D}}{2x^{10}} = 0,0000000000015000000$$

$$\frac{13\mathfrak{F}}{2x^{14}} = 0,0000000000000016452$$

$$\frac{17\mathfrak{H}}{2x^{18}} = 0,0000000000000000060$$

$$0,0005000833348349845$$

ab: $0,0050250008333750875$

$$0,0045249174985401030$$

$$s = 1,1975319856741932251$$

$$C = 1,2020569031595942881.$$

151. Si hoc modo vlterius progrediamur, inueniemus summas omnium serierum potestatum reciprocarum in fractionibus decimalibus expressas:

$$1+\frac{1}{2^2}+\frac{1}{3^2}+\frac{1}{4^2}+\&c. = 1,6449340668482264 = \frac{2\mathfrak{A}}{1.\ 2}\pi^2$$

$$1+\frac{1}{2^3}+\frac{1}{3^3}+\frac{1}{4^3}+\&c. = 1,2020569031595942$$

$$1+\frac{1}{2^4}+\frac{1}{3^4}+\frac{1}{4^4}+\&c. = 1,0823232337111381 = \frac{2^3\mathfrak{B}}{1.2.3.4}\pi^4$$

$$1+\frac{1}{2^5}+\frac{1}{3^5}+\frac{1}{4^5}+\&c. = 1,0369277551068632$$

$$1+\frac{1}{2^6}+\frac{1}{3^6}+\frac{1}{4^6}+\&c. = 1,0173430619844491 = \frac{2^5\mathfrak{C}}{1.2\ldots 6}\pi^6$$

$$1+\frac{1}{2^7}+\frac{1}{3^7}+\frac{1}{4^7}+\&c. = 1,0083492773866018$$

$$1+\frac{1}{2^8}+\frac{1}{3^8}+\frac{1}{4^8}+\&c. = 1,0040773561979443 = \frac{2^7\mathfrak{D}}{1.2\ldots 8}\pi^8$$

$$1+\frac{1}{2^9}+\frac{1}{3^9}+\frac{1}{4^9}+\&c. = 1,0020083928260822$$

$$1+\frac{1}{2^{10}}+\frac{1}{3^{10}}+\frac{1}{4^{10}}+\&c. = 1,0009945751278180 = \frac{2^9\mathfrak{E}}{1.2\ldots 10}\pi^{10}$$

$$1+\frac{1}{2^{11}}+\frac{1}{3^{11}}+\frac{1}{4^{11}}+\&c. = 1,0004941886041094$$

$$1+\frac{1}{2^{12}}+\frac{1}{3^{12}}+\frac{1}{4^{12}}+\&c. = 1,0002460865533080 = \frac{2^{11}\mathfrak{F}}{1.2\ldots 12}\pi^{12}$$

$$1+\frac{1}{2^{13}}+\frac{1}{3^{13}}+\frac{1}{4^{13}}+\&c. = 1,0001227233475857$$

$$1+\frac{1}{2^{14}}+\frac{1}{3^{14}}+\frac{1}{4^{14}}+\&c. = 1,0000612481350587 = \frac{2^{13}\mathfrak{G}}{1.2\ldots 14}\pi^{14}$$

$$1+\frac{1}{2^{15}}+\frac{1}{3^{15}}+\frac{1}{4^{15}}+\&c. = 1,0000305882363070$$

$$1+\frac{1}{2^{16}}+\frac{1}{3^{16}}+\frac{1}{4^{16}}+\&c. = 1,0000152822594086 = \frac{2^{15}\mathfrak{H}}{1.2\ldots 16}\pi^{16}$$

&c.

152. Ex his ergo vicissim summae illarum serierum infinitarum numeris Bernoullianis constantium exhiberi poterunt. Erit enim:

$$1+0-\tfrac{1}{2}+\frac{\mathfrak{A}}{2}-\frac{\mathfrak{B}}{4}+\frac{\mathfrak{C}}{6}-\frac{\mathfrak{D}}{8}+\&c.=0,57721\,\&c.$$

$$1+1-\tfrac{1}{2}+\mathfrak{A}-\mathfrak{B}+\mathfrak{C}-\mathfrak{D}+\&c.=\frac{2\,\mathfrak{A}}{1.\,2}\pi^2$$

$$1+\tfrac{1}{2}-\tfrac{1}{2}+\frac{3\mathfrak{A}}{2}-\frac{5\mathfrak{B}}{2}+\frac{7\mathfrak{C}}{2}-\frac{9\mathfrak{D}}{2}+\&c.=1,2020\ \&c.$$

$$1+\tfrac{1}{3}-\tfrac{1}{2}+\frac{3.4\mathfrak{A}}{2.\,3}-\frac{5.6\mathfrak{B}}{2.\,3}+\frac{7.8\mathfrak{C}}{2.\,3}-\frac{9.10\mathfrak{D}}{2.\,3}+\&c.=\frac{2^3\mathfrak{B}}{1.2.3.4}\pi^4$$

$$1+\tfrac{1}{4}-\tfrac{1}{2}+\frac{3.4.5\mathfrak{A}}{2.3.4}-\frac{5.6.7\mathfrak{B}}{2.3.4}+\frac{7.8.9\mathfrak{C}}{2.3.4}-\frac{9.10.11\mathfrak{D}}{2.3.4}+\&c.=1,0369\ \&c.$$

$$1+\tfrac{1}{5}-\tfrac{1}{2}+\frac{3.4.5.6\mathfrak{A}}{2.3.4.5}-\frac{5.6.7.8\mathfrak{B}}{2.3.4.5}+\frac{7.8.9.10\mathfrak{C}}{2.3.4.5}-\&c.=\frac{2^5\mathfrak{C}}{1.2\ldots6}\pi^6$$

&c.

Harum ergo serierum alternae ope quadraturae circuli summari possunt; a quanam vero quantitate transcendente reliquae pendeant, adhuc non constat: neque enim ad potestates ipsius π exponentes impares habentes revocari possunt; ita vt coefficientes essent numeri rationales. Quo autem saltem proxime appareat, quales futuri sint coefficientes potestatum ipsius π pro exponentibus imparibus, tabellam sequentem adiunximus:

$$1+\frac{1}{2}+\frac{1}{3}+\frac{1}{4}+\&c.\ \text{in infin.} = \frac{\pi}{0,0000} = \infty$$

$$1+\frac{1}{2^2}+\frac{1}{3^2}+\frac{1}{4^2}+\&c.\ .\ .\ = \frac{\pi^2}{6,0000}\ \text{vere}$$

$$1+\frac{1}{2^3}+\frac{1}{3^3}+\frac{1}{4^3}+\&c.\ .\ .\ = \frac{\pi^3}{25,79436}\ \text{prox.}$$

$$1+\frac{1}{2^4}+\frac{1}{3^4}+\frac{1}{4^4}+\&c.\ .\ .\ = \frac{\pi^4}{90,00000}\ \text{vere}$$

$$1+\frac{1}{2^5}+\frac{1}{3^5}+\frac{1}{4^5}+\&c.\ .\ .\ = \frac{\pi^5}{295,1215}\ \text{prox.}$$

$$1+\frac{1}{2^6}+\frac{1}{3^6}+\frac{1}{4^6}+\&c.\ .\ .\ = \frac{\pi^6}{945,000}\ \text{vere}$$

$$1+\frac{1}{2^7}+\frac{1}{3^7}+\frac{1}{4^7}+\&c.\ .\ .\ = \frac{\pi^7}{2995,286}\ \text{prox.}$$

$$1+\frac{1}{2^8}+\frac{1}{3^8}+\frac{1}{4^8}+\&c.\ .\ .\ = \frac{\pi^8}{9450,000}\ \text{vere}$$

$$1+\frac{1}{2^9}+\frac{1}{3^9}+\frac{1}{4^9}+\&c.\ .\ .\ = \frac{\pi^9}{29749,35}\ \text{prox.}$$

&c.

153. Ex hoc fonte series numerorum Bernoullianorum

1	2	3	4	5	6	7	8	9	
$\mathfrak{A}$,	$\mathfrak{B}$,	$\mathfrak{C}$,	$\mathfrak{D}$,	$\mathfrak{E}$,	$\mathfrak{F}$,	$\mathfrak{G}$,	$\mathfrak{H}$,	$\mathfrak{I}$,	&c.

quantumuis irregularis videatur interpolari, seu termini in medio binorum quorumcunque constituti assignari poterunt: si enim terminus medium interiacens inter primum $\mathfrak{A}$ & secundum $\mathfrak{B}$, seu indici $1\frac{1}{2}$ respondens fuerit $= p$; erit vtique:

1 +

$$1 + \frac{1}{2^3} + \frac{1}{3^3} + \&c. = \frac{2^2 p}{1.2.3}\pi^3$$

ideoque $p = \frac{3}{2\pi^3}\left(1 + \frac{1}{2^3} + \frac{1}{3^3} + \&c.\right) = 0{,}05815227$

Simili modo si terminus inter 𝔅 & ℭ medium interiacens seu indicem habens $2\frac{1}{2}$ ponatur $= q$, quia erit:

$$1 + \frac{1}{2^5} + \frac{1}{3^5} + \&c. = \frac{2^4 q}{1.2.3.4.5}\pi^5$$

fiet $q = \frac{15}{2\pi^5}\left(1 + \frac{1}{2^5} + \frac{1}{3^5} + \&c.\right) = 0{,}02541327$

Si ergo istarum serierum, in quibus exponentes potestatum sunt numeri impares, summae exhiberi possent, tum quoque series numerorum Bernoullianorum interpolari posset.

154. Ponamus nunc $z = \frac{1}{nn + xx}$, & quaeratur summa huius seriei:

$$s = \frac{1}{nn+1} + \frac{1}{nn+4} + \frac{1}{nn+9} + \ldots\ldots + \frac{1}{nn+xx}.$$

Quia est $\int z dx = \int \frac{dx}{nn+xx}$; erit $\int z dx = \frac{1}{n}\,\mathrm{A\,tang}\,\frac{x}{n}$.

Ponatur $\mathrm{A\,cot}\,\frac{x}{n} = u$, erit $\int z dx = \frac{1}{n}\left(\frac{\pi}{2} - u\right)$, &

$\frac{x}{n} = \cot u = \frac{\cos u}{\sin u}$, & $\frac{nn+xx}{nn} = \frac{1}{\sin u^2}$, & $z = \frac{\sin u^2}{nn}$,

& $\frac{dx}{n} = -\frac{du}{\sin u^2}$, vnde fit $du = -\frac{dx \sin u^2}{n}$.

 Hinc

Hinc differentialia ipsius z inuenientur hoc modo:

$$dz = \frac{2\,du \sin u . \cos u}{nn} = -\frac{dx \sin u^2 . \sin 2u}{n^3}$$

$$\& \quad \frac{dz}{dx} = -\frac{\sin u^2 . \sin 2u}{n^3}$$

$$\frac{ddz}{2\,dx} = -\frac{du(\sin u \cos u \sin 2u + \sin u^2 . \cos 2u)}{n^3} = \frac{dx \sin u^3 . \sin 3u}{n^4}$$

$$\& \quad \frac{ddz}{2\,dx^2} = \frac{\sin u^3 . \sin 3u}{n^4}.$$

Simili modo erit, vti iam supra pro eodem casu inuenimus:

$$\frac{d^3 z}{2.3\,dx^3} = -\frac{\sin u^4 . \sin 4u}{n^5}; \quad \frac{d^4 z}{2.3.4\,dx^4} = \frac{\sin u^5 . \sin 5u}{n^6} \;\&c.$$

ex quibus formabitur summa quaesita:

$$s = \frac{\pi}{2n} - \frac{u}{n} + \frac{\sin u . \sin u}{2nn} - \frac{\mathfrak{A}}{2} . \frac{\sin u^2 . \sin 2u}{n^3} + \frac{\mathfrak{B}}{4} . \frac{\sin u^4 . \sin 4u}{n^5}$$

$$- \frac{\mathfrak{C}}{6} . \frac{\sin u^6 . \sin 6u}{n^7} + \frac{\mathfrak{D}}{8} . \frac{\sin u^8 . \sin 8u}{n^9} - \&c.$$

$$+ \text{Const.}$$

Si hic ad constantem determinandam ponatur $x = 0$, quo fiat $s = 0$, erit $\cot u = 0$, ideoque u angulus $90°$, ac propterea $\sin u = 1$, $\sin 2u = 0$, $\sin 4u = 0$, $\sin 6u = 0$, &c. videtur ergo fore $0 = \frac{\pi}{2n} - \frac{\pi}{2n} + \frac{1}{2nn} + C$, hinc $C = -\frac{1}{2nn}$: at vero notandum est, etiamsi reliqui termini euanescant, tamen quia coefficientes $\mathfrak{A}$, $\mathfrak{B}$, $\mathfrak{C}$, &c.

tan-

tandem in infinitum excrefcunt, eorum fummam poffe effe finitam.

155. Ad hanc ergo conftantem rite determinandam ponamus effe $x = \infty$, fummam enim huius feriei in infinitum excurrentis fupra iam in introductione definiuimus, oftendimusque effe eam $= -\frac{1}{2nn} + \frac{\pi}{2n} + \frac{\pi}{n(e^{2n\pi}-1)}$. Pofito autem $x = \infty$, fiet $u = 0$, ideoque $\sin u = 0$, fimulque finus omnium arcuum multiplorum euanefcent. Cum autem in hac ferie poteftates ipfius $\sin u$ crefcant, diuergentia feriei impedire nequit, quominus valor feriei hoc cafu euanefcat. Fiet ergo $s = \frac{\pi}{2n} + C$; vnde erit

$$\frac{\pi}{2n} + C = -\frac{1}{2nn} + \frac{\pi}{2n} + \frac{\pi}{n(e^{2n\pi}-1)}, \quad \&$$

$C = -\frac{1}{2nn} + \frac{\pi}{n(e^{2n\pi}-1)}$. Quare fumma feriei quaefita erit

$$s = \frac{\pi}{2n} - \frac{u}{n} - \frac{\sin u^2}{2nn} - \frac{\mathfrak{A}}{2}\cdot\frac{\sin u^2 . \sin 2u}{n^3} + \frac{\mathfrak{B}}{4}\cdot\frac{\sin u^4 . \sin 4u}{n^5} - \frac{\mathfrak{C}}{6}\cdot\frac{\sin u^6 . \sin 6u}{n^7} + \&c. + \frac{\pi}{n(e^{2n\pi}-1)}.$$

Vbi notandum eft, fi n fuerit numerus mediocriter magnus, vltimum terminum $\frac{\pi}{n(e^{2n\pi}-1)}$ tantopere fieri exiguum, vt negligi queat.

156. Ponamus esse $x = n$, ita vt denotet:

$$s = \frac{1}{nn+1} + \frac{1}{nn+4} + \frac{1}{nn+1} + \ldots + \frac{1}{nn+nn}.$$

Tum vero erit $\cot u = 1$, & $u = 45° = \frac{\pi}{4}$. Quamobrem habebitur $\sin u = \frac{1}{\sqrt{2}}$; $\sin 2u = 1$; $\sin 4u = 0$; $\sin 6u = -1$; $\sin 8u = 0$; $\sin 10u = 1$; &c.

Hancobrem erit:

$$s = \frac{\pi}{4n} - \frac{1}{2nn} + \frac{1}{4nn} - \frac{\mathfrak{A}}{2.2n^3} + \frac{\mathfrak{C}}{6.8n^7} - \frac{\mathfrak{E}}{10.2^5n^{11}}$$
$$+ \frac{\mathfrak{G}}{14.2^7n^{15}} - \&c. + \frac{\pi}{n(e^{2n\pi}-1)},$$

in qua expressione tantum numeri alterni ex Bernoullianis occurrunt. Si igitur valor ipsius s per computum actu institutum iam fuerit inuentus, hinc quantitas π definiri poterit, erit enim:

$$\pi = 4ns + \frac{1}{n} + \frac{\mathfrak{A}}{1.n^2} - \frac{\mathfrak{C}}{3.2^3n^6} + \frac{\mathfrak{E}}{5.2^4n^{10}}$$
$$\frac{\mathfrak{G}}{7.2^6.n^{14}} + \&c. - \frac{\pi}{e^{2n\pi}-1}.$$

Etsi enim in termino vltimo inest π, tamen quia is tantopere est paruus, sufficit valorem ipsius π proxime nosse.

EXEMPLUM: Sit $n = 5$; erit:

$$s = \frac{1}{26} + \frac{1}{29} + \frac{1}{34} + \frac{1}{41} + \frac{1}{50}$$

qui

qui termini actu additi dabunt:

$$s = 0,14674630569054949 4$$

vnde erunt termini illi:

$$\begin{aligned}
4ns &= 2,9349261138109898 8 \\
\frac{1}{n} &= 0,2 \\
\frac{\mathfrak{A}}{nn} &= 0,0066666666666666 6 \\
&\overline{3,1415927804776565 4} \\
\frac{\mathfrak{C}}{3.2^2.n^6} &= 0,0000001269841269 8 \\
&\overline{3,1415926534935295 6} \\
\frac{\mathfrak{E}}{5.2^4.n^{10}} &= 0,0000000000969696 9 \\
&\overline{3,1415926535904992 5} \\
\frac{\mathfrak{G}}{7.2^6.n^{14}} &= 0,0000000000000426 66 \\
&\overline{3,1415926535900725 9} \\
\frac{\mathfrak{I}}{9.2^8.n^{18}} &= \quad 625 \\
&\overline{3,1415926535900788 4}
\end{aligned}$$

Hic valor iam tam prope ad veritatem accedit, vt mirandum ſit tam leui calculo eousque perueniri poſſe. Eſt vero haec expreſſio aliquantillum iuſto maior, ſubtrahi enim adhuc inde debet $\frac{4\pi}{e^{2n\pi}-1}$, cuius valor, dummodo π prope ſit cognitum, exhiberi poteſt; quod per logarithmos ita expedietur.

Quia eſt $\pi le = 1,3643763538$

erit $le^{2n\pi} = 10\pi le = 13,6437635.$

Cum

Cum iam sit $\frac{4\pi}{e^{2n\pi}-1} = \frac{4\pi}{e^{2n\pi}} + \frac{4\pi}{e^{4n\pi}} +$ &c. facile intelligitur ad nostrum calculum sufficere primum terminorum sumsisse. Augeamus ergo characteristicam numero 17, quia habemus totidem figuras decimales, erit:

$$l\pi = 17,4971498$$
$$l4 = 0,6020600$$
$$18,0992098$$
subtr. $$le^{2n\pi} = 13,6437635$$
$$4,4554463$$

Ergo $\frac{4\pi}{e^{2n\pi}} = 28539$ subtrahatur

ab $3,14159265359007884$ erit

$$\pi = 3,14159265358979345$$

quae expressio in figura demum penultima a veritate recedit; quod mirandum non est, cum adhuc terminum $\frac{8}{11.2^{10}.\pi^{22}}$, qui dat 22, subtrahere debuissemus, sicque ne vltima quidem figura aberrasset. Ceterum intelligitur, si pro n maiorem numerum vti 10 assumsissemus, tum facili negotio peripheriam π ad 25 pluresque figuras inueniri potuisse.

157. Ponamus nunc quoque pro z functiones transcendentes ipsius x, sitque $z = lx$, sumendo logarithmos hyperbolicos, quoniam vulgares facile eo reuocantur;

sit-

sitque: $s = l1 + l2 + l3 + l4 + \ldots + lx.$
Quia igitur est $z = lx$, erit $\int z dx = xlx - x$, huius enim differentiale dat $dxlx$. Deinde est

$$\frac{dz}{dx} = \frac{1}{x};\ \frac{ddz}{dx^2} = -\frac{1}{x^2};\ \frac{d^3z}{1.2\,dx^3} = \frac{1}{x^3};\ \frac{d^5z}{1.2.3.4\,dx^5} = \frac{1}{x^5};$$
&c.

Hinc itaque concluditur fore:

$$s = xlx - x + \tfrac{1}{2}lx + \frac{\mathfrak{A}}{1.2x} - \frac{\mathfrak{B}}{3.4x^3} + \frac{\mathfrak{C}}{5.6x^5} - \frac{\mathfrak{D}}{7.8x^7} + \&c. + \text{Const.}$$

Haec autem constans ponendo $x = 1$, quia fit $s = l1 = 0$ ita definietur, vt sit:

$$C = 1 - \frac{\mathfrak{A}}{1.2} + \frac{\mathfrak{B}}{3.4} - \frac{\mathfrak{C}}{5.6} + \frac{\mathfrak{D}}{7.8} - \&c.$$

quae series ob nimiam diuergentiam est inepta ad valorem ipsius C saltem proxime eruendum.

158. Non solum autem proximum sed etiam ipsum verum valorem ipsius C inueniemus, si consideremus expressionem Wallisianam pro valore ipsius π inuentam, atque in introductione demonstratam: quae erat:

$$\frac{\pi}{2} = \frac{2.\,2.\,4.\,4.\,6.\,6.\,8.\,8.\,10.\,10.\,12.\ \&c.}{1.\,3.\,3.\,5.\,5.\,7.\,7.\,9.\,9.\,11.\,11.\ \&c.}$$

hinc enim logarithmis sumendis erit:

$$l\pi - l2 = 2l2 + 2l4 + 2l6 + 2l8 + 2l10 + \&c.$$
$$- l1 - 2l3 - 2l5 - 2l7 - 2l9 - 2l11 - \&c.$$

Ponamus ergo in serie assumta $x = \infty$, & cum sit:

$$l1 + l2 + l3 + l4 + \ldots + lx = C + (x + \tfrac{1}{2})\, lx - x$$

erit $$l1 + l2 + l3 + l4 + \ldots + l2x = C + (2x + \tfrac{1}{2})\, l2x - 2x$$

& $$l2 + l4 + l6 + l8 + \ldots + l2x = C + (x + \tfrac{1}{2})\, lx + x\,l2 - x$$

hinc $$l1 + l3 + l5 + l7 + \ldots + l(2x-1) = x\,lx + (x + \tfrac{1}{2})\, l2 - x$$

Cum igitur sit:

$$l\frac{\pi}{2} = 2l2 + 2l4 + 2l6 + \ldots + 2\,l2x - l2x$$
$$- 2l1 - 2l3 - 2l5 - \ldots - 2\,l(2x-1)$$

posito $x = \infty$, erit:

$$l\frac{\pi}{2} = 2C + (2x+1)\, lx + 2x\,l2 - 2x - l2 - lx$$
$$- 2x\,lx - (2x+1)\, l2 + 2x,$$

ideoque $l\frac{\pi}{2} = 2C - 2l2$, ergo $2C = l2\pi$, & $C = \frac{1}{2} l2\pi$, vnde in fractionibus decimalibus reperitur:

$$C = 0{,}9189385332046727417803297$$

atque simul sequens series summatur:

$$1 - \frac{\mathfrak{A}}{1.2} + \frac{\mathfrak{B}}{3.4} - \frac{\mathfrak{C}}{5.6} + \frac{\mathfrak{D}}{7.8} - \frac{\mathfrak{E}}{9.10} + \&c. = \tfrac{1}{2}\, l2\pi.$$

159. Cognita nunc ista constante $C = \frac{1}{2} l2\pi$, summa quotcunque logarithmorum ex hac serie $l1 + l2 + l3 + \&c.$ exhiberi potest. Si enim ponatur:

$$s = l1 + l2 + l3 + l4 + \ldots + lx, \text{ erit}$$

$$s = \tfrac{1}{2} l2\pi + (x + \tfrac{1}{2})\, lx - x + \frac{\mathfrak{A}}{1.2x} - \frac{\mathfrak{B}}{3.4x^3} + \frac{\mathfrak{C}}{5.6x^5} - \frac{\mathfrak{D}}{7.8x^7} + \&c.$$

siquisi quidem logarithmi propositi fuerit hyperbolici; sin autem proponantur logarithmi vulgares, tum in terminis $\frac{1}{2}l2\pi + (x+\frac{1}{2})lx$ pro $l2\pi$ & lx sumi debebunt logarithmi vulgares, reliqui autem seriei termini $-x+\frac{\mathfrak{A}}{1.2x}-\frac{\mathfrak{B}}{3.4x^3}+\&c.$ multiplicari debent per $0,434294481903251827 = n$.

Erit igitur hoc casu pro logarithmis vulgaribus:

$$l\pi = 0,497149872694133854351268$$
$$l2 = 0,301029995663981195213738$$
$$l2\pi = 0,798179868358115049565006$$
$$\tfrac{1}{2}l2\pi = 0,399089934179057524782503$$

EXEMPLUM.

Quaeratur aggregatum mille logarithmorum tabularium

$$s = l1 + l2 + l3 + \ldots + l1000.$$

Erit ergo $x = 1000$, & $lx = 3,0000000000000$

vnde fit $xlx = 3000,0000000000000$

$\frac{1}{2}lx = 1,5000000000000$

$\frac{1}{2}l2\pi = 0,3990899341790$

$3001,8990899341790$

subtr. $nx = 434,2944819032518$

$2567,6046080309272$

Deinde est $\frac{n\mathfrak{A}}{1.2x} = 0,0000361912068$

subtr. $\frac{n\mathfrak{B}}{3.4x^3} = 0,0000000000012$

$0,0000361912056$

addatur $2567,6046080309272$

summa quaesita $s = 2567,6046442221328$.

 Cum

Cum igitur s fit logarithmus producti numerorum

$$1.\ 2.\ 3.\ 4.\ 5.\ 6.\ \dots\ 1000$$

patet hoc productum, si actu multiplicetur, constare ex 2568 figuris, atque notas a leua initiales fore 4023872 quas insuper 2561 figurae sequentur.

160. Ope ergo huius logarithmorum summationis producta ex quocunque factoribus, qui secundum numeros naturales procedunt, proxime assignari poterunt. Huc potissimum referri potest problema, quo quaeritur vncia media seu maxima in potestate binomii quacunque $(a+b)^m$; vbiquidem notandum est, si m sit numerus impar, binas dari medias inter se aequales, quae iunctim sumtae praebeant vnciam mediam in potestate sequente pari. Quare cum vncia maxima in quaque potestate pari sit duplo maior quam vncia media in potestate praecedente impari, sufficiet pro potestatibus paribus vnciam mediam maximam determinasse. Sit igitur $m = 2n$, & vncia media ita exprimetur vt sit:

$$\frac{2n(2n-1)(2n-2)(2n-3)\ \dots\ (n+1)}{1.\ 2.\ 3.\ 4.\ \dots\ n}$$

Vocetur ista vncia media quae quaeritur $= u$, atque ea hoc modo repraesentari poterit, vt sit:

$$u = \frac{1.\ 2.\ 3.\ 4.\ 5.\ \dots\ 2n}{(1.\ 2.\ 3.\ 4.\ \dots\ n)^2}$$

sumtisque logarithmis erit:

$$lu = l1 + l2 + l3 + l4 + l5 + \dots + l2n$$
$$- 2l1 - 2l2 - 2l3 - 2l4 - 2l5 \dots - 2ln.$$

161. Iam vero sumendis his logarithmis hyperbolicis erit:

$$l1 + l2 + l3 + l4 + \dots + l2n =$$

$$= \tfrac{1}{2} l2\pi + (2n + \tfrac{1}{2})\, ln + (2n + \tfrac{1}{2})\, l2 - 2n$$

$$+ \frac{\mathfrak{A}}{1.2.2n} - \frac{\mathfrak{B}}{3.4.2^3 n^3} + \frac{\mathfrak{C}}{5.6.2^5 n^5} - \&c.$$

& $2l1 + 2l2 + 2l3 + 2l4 + \dots + 2ln =$

$$l2\pi + (2n+1)\, ln - 2n + \frac{2\mathfrak{A}}{1.2n} - \frac{2\mathfrak{B}}{3.4n^3} + \frac{2\mathfrak{C}}{5.6n^5} - \&c.$$

qua expressione ab illa sublata relinquetur:

$$lu = -\tfrac{1}{2} l\pi - \tfrac{1}{2} ln + 2nl2 + \frac{\mathfrak{A}}{1.2.2n} - \frac{\mathfrak{B}}{3.4.2^3 n^3} + \frac{\mathfrak{C}}{5.6.2^5 n^5} - \&c.$$

$$- \frac{2\mathfrak{A}}{1.2n} + \frac{2\mathfrak{B}}{3.4n^3} - \frac{2\mathfrak{C}}{5.6n^5} + \&c.$$

his vero binis terminis colligendis, erit:

$$lu = l\frac{2^{2n}}{\sqrt{n\pi}} - \frac{3\mathfrak{A}}{1.2.2n} + \frac{15\mathfrak{B}}{3.4.2^3 n^3} - \frac{63\mathfrak{C}}{5.6.2^5 n^5} + \frac{255\mathfrak{D}}{7.8.2^7 n^7} - \&c.$$

Sit $\frac{3\mathfrak{A}}{1.2.2^2 n^2} - \frac{15\mathfrak{B}}{3.4.2^4 n^4} + \frac{63\mathfrak{C}}{5.6.2^6 n^6} - \frac{255\mathfrak{D}}{7.8.2^8 n^8} + \&c.$

$= l\left(1 + \frac{A}{2^2 n^2} + \frac{B}{2^4 n^4} + \frac{C}{2^6 n^6} + \frac{D}{2^8 n^8} + \&c.\right)$; erit

$$lu = l\frac{2^{2n}}{\sqrt{n\pi}} - 2nl\left(1 + \frac{A}{2^2 n^2} + \frac{B}{2^4 n^4} + \frac{C}{2^6 n^6} + \&c.\right);$$

ideoque $u = \dfrac{2^{2n}}{\left(1 + \frac{A}{2^2 n^2} + \frac{B}{2^4 n^4} + \frac{C}{2^6 n^6} + \&c.\right)^{2n} \sqrt{n\pi}}.$

 Erit

Erit vero posito $2n = m$

$$l\left(1+\frac{A}{2^2 n^2}+\frac{B}{2^4 n^4}+\frac{C}{2^6 n^6}+\frac{D}{2^8 n^8}+\&c.\right)=$$

$$\frac{A}{m^3}+\frac{B}{m^4}+\frac{C}{m^6}+\frac{D}{m^8}+\frac{E}{m^{10}}+\&c.$$

$$-\frac{A^2}{2m^4}-\frac{AB}{m^6}-\frac{AC}{m^8}-\frac{AD}{m^{10}}-\&c.$$

$$-\frac{BB}{2m^8}-\frac{BC}{m^{10}}-\&c.$$

$$+\frac{A^3}{3m^6}+\frac{A^2B}{m^8}+\frac{A^2C}{m^{10}}+\&c.$$

$$+\frac{AB^2}{m^{10}}+\&c.$$

$$-\frac{A^4}{4m^8}-\frac{A^3B}{m^{10}}-\&c.$$

$$+\frac{A^5}{5m^{10}}+\&c.$$

quae expressio cum aequalis esse debeat huic:

$$\frac{3\mathfrak{A}}{1.2m^2}-\frac{15\mathfrak{B}}{3.4m^4}+\frac{63\mathfrak{C}}{5.6m^6}-\frac{255\mathfrak{D}}{7.8m^8}+\&c.$$

fiet:

$$A=\frac{3\mathfrak{A}}{1.2}$$

$$B=\frac{A^2}{2}-\frac{15\mathfrak{B}}{3.4}$$

$$C=AB-\tfrac{1}{3}A^3+\frac{63\mathfrak{C}}{5.6}$$

D =

$$\mathrm{D} = \mathrm{AC} + \tfrac{1}{2}\mathrm{B}^2 - \mathrm{A}^2\mathrm{B} + \tfrac{1}{4}\mathrm{A}^4 - \frac{255\,\mathfrak{D}}{7\cdot 8}$$

$$\mathrm{E} = \mathrm{AD} + \mathrm{BC} - \mathrm{A}^2\mathrm{C} - \mathrm{AB}^2 + \mathrm{A}^3\mathrm{B} - \tfrac{1}{5}\mathrm{A}^5 + \frac{1023\,\mathfrak{E}}{9\cdot 10}$$

&c.

162. Cum iam sit $\mathfrak{A} = \frac{1}{6}$; $\mathfrak{B} = \frac{1}{30}$; $\mathfrak{C} = \frac{1}{42}$; $\mathfrak{D} = \frac{1}{30}$; $\mathfrak{E} = \frac{5}{66}$; erit:

$$\mathrm{A} = \frac{1}{4}$$

$$\mathrm{B} = -\frac{1}{96}$$

$$\mathrm{C} = \frac{27}{640}$$

$$\mathrm{D} = -\frac{90031}{2^{11}\cdot 3^2\cdot 5\cdot 7} \quad \&c.$$

Hinc efficitur:

$$u = \frac{2^{2n}}{\left(1 + \frac{1}{2^4 n^2} - \frac{1}{2^9\cdot 3 n^4} + \frac{27}{2^{15}\cdot 5 n^6} - \frac{90031}{2^{19}\cdot 3^2\cdot 5\cdot 7 n^8} + \&c.\right)^{2n} \sqrt{n\pi}}$$

seu
$$u = \frac{2^{2n}\left(1 - \frac{1}{2^4 n^2} + \frac{7}{2^9\cdot 3 n^4} - \frac{121}{2^{13}\cdot 3\cdot 5 n^6} + \frac{104969}{2^{18}\cdot 3^2\cdot 5\cdot 7 n^8} - \&c.\right)^{2n}}{\sqrt{n\pi}}$$

vel si ista seriei eleuatio actu instituatur, erit proxime:

$$u = \frac{2^{2n}}{\sqrt{n\pi}\left(1 + \frac{1}{4n} + \frac{1}{32 n^2} - \frac{1}{128 n^3} - \frac{5}{16\cdot 128 n^4} \&c.\right)}$$

hinc

hinc terminus medius in $(1+1)^{2n}$, erit ad summam omnium terminorum 2^{2n}

$$\text{vti } 1 \text{ ad } \sqrt{n\pi}\left(1+\frac{1}{4n}+\frac{1}{32n^2}-\frac{1}{128n^3}-\frac{5}{16.128n^4}-\&c.\right)$$

vel posito breuitatis gratia $4n=\nu$, erit ista ratio:

$$\text{vt } 1 \text{ ad } \sqrt{n\pi}\left(1+\frac{1}{\nu}+\frac{1}{2\nu^2}-\frac{1}{2\nu^3}-\frac{5}{8\nu^4}+\frac{23}{8\nu^5}+\frac{53}{16\nu^6}-\&c.\right)$$

EXEMPLUM I.

Quaeratur vncia media in binomio $(a+b)^{10}$ *euoluto, quam constat esse* $=\frac{10.\,9.\,8.\,7.\,6}{1.\,2.\,3.\,4.\,5}=252.$

Adhibendo vltimam formulam pro u inuentam erit $n=5$

$$\frac{1}{4n} = 0{,}0500000$$

$$\frac{1}{32n^2} = 0{,}0012500$$

$$0{,}0512500$$

$$\text{subtr. } \frac{1}{128n^3} = 625$$

$$0{,}0511875$$

$$\text{subtr. } \frac{5}{16.128n^4} = 39$$

$$\text{Ergo } 1+\frac{1}{4n}+\&c. = 1{,}0511836$$

$$\text{Huius log.} = 0{,}0216784$$

$$ln = 0{,}6989700$$

$$l\pi = 0{,}4971498$$

$$1{,}2177982$$

$l\sqrt{n}$

$$
\begin{aligned}
lV n\pi(1+\&c.) &= 0,6088991 \\
a \quad l 2^{2n} &= 3,0102999 \\
\hline
lu &= 2,4014008 \\
\text{vnde fit } u &= 252.
\end{aligned}
$$

EXEMPLUM II.

Inuestigetur ratio, quam in potestate centesima binomii $1+1$ *terminus medius ad summam omnium* 2^{100} *tenet.*

Vtamur ad hoc formula primum inuenta:

$$lu = l\frac{2^{2n}}{V n\pi} - \frac{3\mathfrak{A}}{1.2.2n} + \frac{15\mathfrak{B}}{3.4.2^3 n^3} - \frac{63\mathfrak{C}}{5.6.2^5 n^5} + \&c.$$

in qua posito $2n = m$ vt habeatur ista potestas $(1+1)^m$ & loco $\mathfrak{A}$, $\mathfrak{B}$, $\mathfrak{C}$, $\mathfrak{D}$, substitutis valoribus; fiet:

$$lu = l\frac{2^m}{V\frac{1}{2}m\pi} - \frac{1}{4m} + \frac{1}{24m^3} - \frac{1}{20m^5} + \frac{17}{112m^7} - \frac{31}{36m^9} + \frac{691}{88m^{11}} - \&c.$$

qui logarithmi cum sint hyperbolici, multiplicentur ii per

$$k = 0,434294481903251,$$

vt transmutentur in tabulares, eritque

$$lu = l\frac{2^m}{V\frac{1}{2}m\pi} - \frac{k}{4m} + \frac{k}{24m^3} - \frac{k}{20m^5} + \frac{17k}{112m^7} - \frac{31k}{36m^9} + \&c.$$

vnde cum vncia media sit u, erit $2^m : u$ ratio quaesita, ideoque

$$l\frac{2^m}{u} = lV\tfrac{1}{2}m\pi + \frac{k}{4m} - \frac{k}{24m^3} + \frac{k}{20m^5} - \frac{17k}{112m^7} + \frac{31k}{36m^9} - \frac{691k}{88m^{11}} + \&c.$$

Quare cum sit ob exponentem $n = 100$

$\frac{k}{m} = 0,0043429448$: $\frac{k}{m^3} = 0,0000004343$;

$\frac{k}{m^5} = 0,0000000000$:

erit :

$$\frac{k}{4m} = 0,0010857362$$

$$\frac{k}{24m^3} = 0,0000000181$$

$$0,0010857181$$

Tum est $l\pi = 0,4971498726$

$$l\tfrac{1}{2}m = 1,6989700043$$

$$l\tfrac{1}{2}m\pi = 2,1961198769$$

$$l\sqrt{\tfrac{1}{2}m\pi} = 1,0980599384$$

$$\frac{k}{4m} - \frac{k}{24m^3} + \&c. = 0,0010857181$$

$$1,0991456565 = l\frac{2^{100}}{u}.$$

Erit ergo $\frac{2^{100}}{u} = 12,56451$, atque adeo in potestate $(1+1)^{100}$ euoluta terminus medius se habebit ad summam omnium 2^{100} vti 1 ad 12,56451.

163. Denotet nunc terminus generalis z functionem exponentialem a^x, ita vt summari debeat haec series geometrica:

$$s = a + a^2 + a^3 + a^4 + \ldots\ldots + a^x$$

quae

quae cum sit geometrica, eius summa iam constat, erit enim $s = \frac{(a^x - 1)a}{a-1}$. Modo autem hic exposito hanc summam inuestigemus. Quia est $z = a^x$, erit $\int z dx = \frac{a^x}{la}$, huius enim differentiale est $a^x dx$, tum vero erit:

$$\frac{dz}{dx} = a^x la; \quad \frac{ddz}{dx^2} = a^x (la)^2; \quad \frac{d^3 z}{dx^3} = a^x (la)^3; \quad \text{\&c.}$$

vnde sequitur fore:

$$s = a^x \left(\frac{1}{la} + \frac{1}{2} + \frac{\mathfrak{A}}{1.2} la - \frac{\mathfrak{B}}{1.2.3.4}(la)^3 + \frac{\mathfrak{C}}{1.2.3\ldots6}(la)^5 - \text{\&c.} \right) + C.$$

Ad constantem C definiendam ponatur $x = 0$, & ob $s = 0$, erit $C = -\frac{1}{la} - \frac{1}{2} - \frac{\mathfrak{A}}{1.2} la + \frac{\mathfrak{B}}{1.2.3.4}(la)^3 - \text{\&c.}$

ideoque fiet:

$$s = (a^x - 1)\left(\frac{1}{la} + \frac{1}{2} + \frac{\mathfrak{A}}{1.2} la - \frac{\mathfrak{B}}{1.2.3.4}(la)^3 + \frac{\mathfrak{C}}{1.2.3\ldots6}(la)^5 - \text{\&c.} \right)$$

Cum igitur summa sit $\frac{(a^x - 1)a}{a-1}$, erit:

$$\frac{a}{a-1} = \frac{1}{la} + \frac{1}{2} + \frac{\mathfrak{A}}{1.2} la - \frac{\mathfrak{B}}{1.2.3.4}(la)^3 + \frac{\mathfrak{C}(la)^5}{1.2\ldots6} - \text{\&c.}$$

vbi la denotat logarithmum hyperbolicum ipsius a: hinc fit $\frac{(a+1)la}{2(a-1)} = 1 + \frac{\mathfrak{A}(la)^2}{1.2} - \frac{\mathfrak{B}(la)^4}{1.2.3.4} + \frac{\mathfrak{C}(la)^6}{1.2\ldots6} - \text{\&c.}$ sicque istius seriei summa exhiberi poterit.

164. Sit terminus generalis $z = \sin ax$, &

$$s = \sin a + \sin 2a + \sin 3a + \ldots\ldots + \sin ax$$

quae series cum sit recurrens quoque summari potest; erit enim

$$s = \frac{\sin a + \sin ax - \sin(ax+a)}{1 - 2\cos a + 1} = \frac{\sin a + (1 - \cos a)\sin ax - \sin a \cos ax}{2(1 - \cos a)}$$

Erit vero $\int z dx = \int dx \sin ax = -\frac{1}{a}\cos ax$, & $\frac{dz}{dx} = a\cos ax$;

$$\frac{ddz}{dx^2} = -aa\sin ax; \quad \frac{d^3z}{dx^3} = a^3\cos ax; \quad \frac{d^5z}{dx^5} = a^5\cos ax \text{ \&c.}$$

$$s = C - \frac{1}{a}\cos ax + \tfrac{1}{2}\sin ax + \frac{\mathfrak{A}a\cos ax}{1.2} + \frac{\mathfrak{B}a^3\cos ax}{1.2.3.4}$$

$$+ \frac{\mathfrak{C}a^5\cos ax}{1.2.3.4.5.6} + \frac{\mathfrak{D}a^7\cos ax}{1.2\ldots\ldots8} + \text{\&c.}$$

Ponatur $x = 0$ vt fiat $s = 0$; eritque:

$$C = \frac{1}{a} - \frac{\mathfrak{A}a}{1.2} - \frac{\mathfrak{B}a^3}{1.2.3.4} - \frac{\mathfrak{C}a^5}{1.2\ldots6} - \text{\&c.} \quad \text{ergo}$$

$$s = \tfrac{1}{2}\sin ax + (1 - \cos ax)\left(\frac{1}{a} - \frac{\mathfrak{A}a}{1.2} - \frac{\mathfrak{B}a^3}{1.2.3.4} - \frac{\mathfrak{C}a^5}{1.2\ldots6} - \text{\&c.}\right)$$

At cum sit $s = \frac{1}{2}\sin ax + \frac{(1-\cos ax)\sin a}{2(1-\cos a)}$, fiet:

$$\frac{\sin a}{2(1-\cos a)} = \tfrac{1}{2}\cot\tfrac{1}{2}a = \frac{1}{a} - \frac{\mathfrak{A}a}{1.2} - \frac{\mathfrak{B}a^3}{1.2.3.4} - \frac{\mathfrak{C}a^5}{1.2\ldots6} - \text{\&c.}$$

quam eandem seriem iam supra §. 127. habuimus.

165. Sit nunc $z = \cos ax$, ac series summanda:

$$s = \cos a + \cos 2a + \cos 3a + \ldots\ldots + \cos ax$$

cu-

cuius seriei, quia est recurrens, erit summa:

$$s = \frac{\cos a - 1 + \cos ax - \cos(ax+a)}{1 - 2\cos a + 1} = -\tfrac{1}{2} + \tfrac{1}{2}\cos ax + \tfrac{1}{2}\cot\tfrac{1}{2}a.\sin ax.$$

At vero ad summam nostra methodo exprimendam, erit:

$$\int z\,dx = \int dx \cos ax = \frac{1}{a}\sin ax, \quad \& \quad \frac{dz}{dx} = -a\sin ax;$$

$$\frac{d^3 z}{dx^3} = +a^3 \sin ax; \quad \frac{d^5 z}{dx^5} = -a^5 \sin ax; \quad \&c. \quad \text{Ergo}$$

$$s = C + \frac{1}{a}\sin ax + \tfrac{1}{2}\cos ax - \frac{\mathfrak{A} a \sin ax}{1.\,2} - \frac{\mathfrak{B} a^3 \sin ax}{1.2.3.4} - \&c.$$

Sit $x = 0$, erit $s = 0$, & $C = -\tfrac{1}{2}$, hincque erit:

$$s = -\tfrac{1}{2} + \tfrac{1}{2}\cos ax + \frac{1}{a}\sin ax - \frac{\mathfrak{A} a \sin ax}{1.\,2} - \frac{\mathfrak{B} a^3 \sin ax}{1.2.3.4} - \&c.$$

Quare cum sit $s = -\tfrac{1}{2} + \tfrac{1}{2}\cos ax + \tfrac{1}{2}\cot\tfrac{1}{2}a.\sin ax$, erit vti iam modo inuenimus:

$$\tfrac{1}{2}\cot\tfrac{1}{2}a = \frac{1}{a} - \frac{\mathfrak{A} a}{1.2} - \frac{\mathfrak{B} a^3}{1.2.3.4} - \frac{\mathfrak{C} a^5}{1.2.3.4.5.6} - \&c.$$

166. Quoniam supra inuenimus, si a denotet arcum quemcunque, esse

$$\frac{\pi}{2} = \frac{a}{2} + \sin a + \tfrac{1}{2}\sin 2a + \tfrac{1}{3}\sin 3a + \tfrac{1}{4}\sin 4a + \&c.$$

consideremus hanc seriem, sitque $z = \frac{1}{x}\sin ax$, vt sit

$$s = \sin a + \tfrac{1}{2}\sin 2a + \tfrac{1}{3}\sin 3a + \quad \ldots \quad + \frac{1}{x}\sin ax.$$

Hoc autem casu fit $\int z\,dx = \int \frac{dx}{x}\sin ax$, quod integrale exhiberi nequit.

Erit

Erit vero $\frac{dz}{dx} = \frac{a}{x}\cos ax - \frac{1}{xx}\sin ax$;

$$\frac{ddz}{dx^2} = -\frac{a^2}{x}\sin ax - \frac{2a}{xx}\cos ax + \frac{2}{x^3}\sin ax;$$

$$\frac{d^3z}{dx^3} = -\frac{a^3}{x}\cos ax + \frac{3a^2}{x^2}\sin ax + \frac{6a}{x^3}\cos ax - \frac{6}{x^4}\sin ax;$$

$$\frac{d^4z}{dx^4} = \frac{a^4}{x}\sin ax + \frac{4a^3}{xx}\cos ax - \frac{12a^2}{x^3}\sin ax - \frac{24a}{x^4}\cos ax + \frac{24}{x^5}\sin ax.$$

Quia igitur neque formulam integralem $\int z\,dx$ exhibere, neque haec differentialia satis commode exprimere licet, summam huius seriei per hanc methodum definire non possumus, ita vt quicquam inde concludi posset. Idem incommodum in multis aliis seriebus occurrit, quoties terminus generalis non satis est simplex, vt eius differentialia ad commodam legem exprimi queant. Quamobrem in sequenti Capite alias expressiones generales pro summis serierum, quarum termini generales vel nimis sunt compositi vel prorsus dari nequeunt, eliciemus; quae feliciori successu in vsum vocari poterunt. Imprimis autem insufficientia methodi hic traditae elucet, si signa terminorum seriei propositae alternentur, tum enim quantumuis termini generales sint simplices, tamen termini summatorii hac methodo exhiberi commode nequeunt.

CAPUT VII.

METHODUS SUMMANDI SUPERIOR VLTERIUS PROMOTA.

167.

Vt defectum methodi summandi ante traditae suppleamus, in hoc Capite eiusmodi series considerabimus, quarum termini generales magis sint complexi. Cum igitur expressio ante inuenta in progressionibus geometricis, etsi aliis methodis facillime summari possunt, veram summam finita formula contentam non praebeat, hic primum eiusmodi series contemplabimur, quarum termini sint producta ex terminis seriei geometricae & alius cuiuscunque. Sit igitur proposita haec series:

$$\overset{1}{}\qquad\overset{2}{}\qquad\overset{3}{}\qquad\overset{4}{}\qquad\qquad\overset{x}{}$$
$$s = ap + bp^2 + cp^3 + dp^4 + \ldots + yp^x$$

quae est composita ex geometrica p, p^2, p^3, &c. & alia quacunque serie $a + b + c + d +$ &c. cuius terminus generalis seu indici x respondens sit $= y$, atque expressionem generalem inuestigemus pro valore eius summae $s = S.yp^x$.

168. Instituamus ratiocinium eodem modo, quo supra vsi sumus, sitque v terminus antecedens ipsi y in serie $a + b + c + d +$ &c. atque A praecedens ipsi a seu is qui indici o respondet, eritque vp^{x-1} terminus generalis huius seriei:

$$\overset{1}{\mathrm{A}} + \overset{2}{ap} + \overset{3}{bp^2} + \overset{4}{cp^3} + \ldots + \overset{x}{vp^{x-1}}$$

cuius summa, si indicetur per $S.vp^{x-1}$, erit:

$$S.vp^{x-1} = \frac{1}{p}S.vp^x = S.yp^x - yp^x + \mathrm{A}.$$

Cum autem sit:

$$v = y - \frac{dy}{dx} + \frac{ddy}{2dx^2} - \frac{d^3y}{6dx^3} + \frac{d^4y}{24dx^4} - \frac{d^5y}{120dx^5} + \&c.$$

erit:

$$S.yp^x - yp^x + \mathrm{A} = \frac{1}{p}S.yp^x - \frac{1}{p}S\frac{dy}{dx}p^x + \frac{1}{2p}S\frac{ddy}{dx^2}p^x$$
$$- \frac{1}{6p}S\frac{d^3y}{dx^3}p^x + \frac{1}{24p}S\frac{d^4y}{dx^4}p^x - \&c.$$

Ex qua fit:

$$S.yp^x = \frac{1}{p-1}\left(yp^{x+1} - \mathrm{A}p - S\frac{dy}{dx}p^x + S\frac{ddy}{2dx^2}p^x - S\frac{d^3y}{6dx^3}p^x + \&c.\right)$$

Si ergo habeantur termini summatorii serierum, quarum termini generales sunt $\frac{dy}{dx}p^x$; $\frac{ddy}{dx^2}p^x$; $\frac{d^3y}{dx^3}p^x$; &c. ex iis definiri poterit terminus summatorius $S yp^x$.

169. Hinc iam summae inueniri poterunt serierum, quarum termini generales in hac forma $x^n p^x$ continentur. Sit enim $y = x^n$, erit $\mathrm{A} = 0$, nisi sit $n = 0$, quo casu foret $\mathrm{A} = 1$, & quia est:

$$\frac{dy}{dx} = nx^{n-1}; \quad \frac{ddy}{2dx^2} = \frac{n(n-1)}{1 \cdot 2}x^{n-2}; \quad \frac{d^3y}{dx^3} = \frac{n(n-1)(n-2)}{1 \cdot 2 \cdot 3}x^{n-3};$$

&c.

erit:

erit:

$$S.x^n p^x = \frac{1}{p-1}\left(x^n p^{x+1} - Ap - n S.x^{n-1} p^x + \frac{n(n-1)}{1.\ 2} S.x^{n-2} p^x\right.$$

$$\left. - \frac{n(n-1)(n-2)}{1.\ 2.\ 3} S.x^{n-3} p^x + \frac{n(n-1)(n-2)(n-3)}{1.\ 2.\ 3.\ 4} S.x^{n-4} p^x - \&c.\right)$$

Ex hac forma nunc succeſſiue pro n ſubſtituendo numeros 0, 1, 2, 3, &c. obtinebuntur ſequentes ſummationes; ac primo quidem ſi $n=0$, fit $A=1$, in reliquis autem caſibus erit $A=0$:

$$S.x^0 p^x = S.p^x = \frac{1}{p-1}(p^{x+1}-p) = \frac{p^{x+1}-p}{p-1} = \frac{p(p^x-1)}{p-1},$$

quae eſt ſumma progreſſionis geometricae cognita:

$$S.xp^x = \frac{1}{p-1}(xp^{x+1} - S.p^x) = \frac{xp^{x+1}}{p-1} - \frac{(p^{x+1}-p)}{(p-1)^2}$$

$$\text{ſeu}\quad S.xp^x = \frac{pxp^x}{p-1} - \frac{p(p^x-1)}{(p-1)^2},$$

$$S.x^2 p^x = \frac{1}{p-1}(x^2 p^{x+1} - 2 S.xp^x + S.p^x) \quad \text{ſeu}$$

$$S.x^2 p^x = \frac{x^2 p^{x+1}}{p-1} - \frac{2xp^{x+1}}{(p-1)^2} + \frac{p(p+1)(p^x-1)}{(p-1)^3}.$$

Porro eſt

$$S.x^3 p^x = \frac{1}{p-1}(x^3 p^{x+1} - S.x^2 p^x + 3 S.xp^x - S.p^x)$$

ſeu

$$S.x^3 p^x = \frac{x^3 p^{x+1}}{p-1} - \frac{3x^2 p^{x+1}}{(p-1)^2} + \frac{3(p+1)xp^{x+1}}{(p-1)^3} - \frac{p(pp+4p+1)(p^x-1)}{(p-1)^4}$$

ſicque vlterius progrediendo ſuperiorum poteſtatum x^4p^x; x^5p^x; x^6p^x; &c. ſummae definiri poterunt, hoc vero commodius praeſtabitur ope expreſſionis generalis, quam nunc inueſtigabimus.

170. Quoniam inuenimus eſſe:

$$S.yp^x = \frac{1}{p-1}\left(yp^{x+1} - Ap - S.\frac{dy}{dx}p^x + S.\frac{ddy}{2dx^2}p^x - S.\frac{d^3y}{6dx^3}p^x + \&c.\right)$$

vbi A eſt eiusmodi conſtans, vt ſumma fiat $=0$, ſi ponatur $x=0$: namque hoc caſu fit $y=A$, & $yp^{x+1}=Ap$; hanc conſtantem omittere poterimus, dummodo perpetuo meminerimus ad ſummam quamque ſemper eiusmodi conſtantem adiici oportere, vt facto $x=0$, euaneſcat, ſeu vt alii cuipiam caſui ſatisfiat. Statuamus ergo z loco y, eritque

$$S.p^xz = \frac{p^{x+1}z}{p-1} - \frac{1}{p-1}S.p^x\frac{dz}{dx} + \frac{1}{2(p-1)}S.p^x\frac{ddz}{dx^2}$$
$$-\frac{1}{6(p-1)}S.p^x\frac{d^3z}{dx^3} + \frac{1}{24(p-1)}S.p^x\frac{d^4z}{dx^4} - \frac{1}{120(p-1)}S.p^x\frac{d^5z}{dx^5}$$
$$+ \&c.$$

Deinde ſtatuamus ſucceſſiue $\frac{dz}{dx}$; $\frac{ddz}{dx^2}$; $\frac{d^3z}{dx^3}$; &c. in locum y eritque:

$$S.\frac{p^xdz}{dx} = \frac{p^{x+1}}{p-1}\cdot\frac{dz}{dx} - \frac{1}{p-1}S.\frac{p^xddz}{dx^2} + \frac{1}{2(p-1)}S.\frac{p^xd^3z}{dx^3} - \&c.$$

S.

$$S.\frac{p^x ddz}{dx^2} = \frac{p^{x+1}}{p-1}.\frac{ddz}{dx^2} - \frac{1}{p-1}S.\frac{p^x d^3 z}{dx^3} + \frac{1}{2(p-1)}S.\frac{p^x d^4 z}{dx^4} - \&c.$$

$$S.\frac{p^x d^3 z}{dx^3} = \frac{p^{x+1}}{p-1}.\frac{d^3 z}{dx^3} - \frac{1}{p-1}S.\frac{p^x d^4 z}{dx^4} + \frac{1}{2(p-1)}S.\frac{p^x d^5 z}{dx^5} - \&c.$$

&c.

Si igitur hi valores succeſſiue ſubſtituantur, $S.p^x z$ huiusmodi forma exprimetur:

$$S.p^x z = \frac{p^{x+1}z}{p-1} - \frac{\alpha p^{x+1}}{(p-1)}.\frac{dz}{dx} + \frac{\beta p^{x+1}}{(p-1)}\frac{ddz}{dx^2} - \frac{\gamma p^{x+1}}{(p-1)}.\frac{ddz}{dx^3}$$
$$+ \frac{\delta p^{x+1}}{(p-1)}\frac{d^4 z}{dx^4} - \frac{\varepsilon p^{x+1}}{(p-1)}.\frac{d^5 z}{dx^5} + \&c.$$

171. Ad valores litterarum $\alpha, \beta, \gamma, \delta, \varepsilon$, &c. definiendos, ſubſtituantur pro quouis termino ſeries ante inuentae nempe:

$$\frac{p^{x+1}z}{p-1} = S.p^x z + \frac{1}{p-1}S.\frac{p^x dz}{dx} - \frac{1}{2(p-1)}S\frac{p^x ddz}{dx^2} + \frac{1}{6(p-1)}S\frac{p^x d^3 z}{dx^3} - \&c.$$

$$\frac{p^{x+1}dz}{(p-1)dx} = S\frac{p^x dz}{dx} + \frac{1}{p-1}S\frac{p^x ddz}{dx^2} - \frac{1}{2(p-1)}S\frac{p^x d^3 dz}{dx^3} + \&c.$$

$$\frac{p^{x+1}ddz}{(p-1)dx^2} = S\frac{p^x ddz}{dx^2} + \frac{1}{(p-1)}S\frac{p^x d^3 z}{dx^3} - \&c.$$

$$\frac{p^{x+1}d^3 z}{(p-1)dx^3} = S\frac{p^x d^3 z}{dx^3} + \&c.$$

Habebimus ergo: $\quad S.p^x z \quad = \quad .$

$$\begin{array}{llllll} S.p^x z & +\frac{1}{p-1} S\frac{p^x dz}{dx} & -\frac{1}{2(p-1)} S.\frac{p^x ddz}{dx^2} & +\frac{1}{6(p-1)} S\frac{p^x d^3 z}{dx^3} & -\frac{1}{24(p-1)} S\frac{p^x d^4 z}{dx^4} & +\&c. \\ & -\alpha & -\frac{\alpha}{p-1} & +\frac{\alpha}{2(p-1)} & -\frac{\alpha}{6(p-1)} & \\ & & +\beta & +\frac{\beta}{p-1} & -\frac{\beta}{2(p-1)} & \\ & & & -\gamma & -\frac{\gamma}{p-1} & \\ & & & & +\delta & \end{array}$$

vnde coefficientium $\alpha, \beta, \gamma, \delta$, &c. valores sequentes obtinebuntur:

$$\alpha = \frac{1}{p-1}$$

$$\beta = \frac{1}{p-1}\left(\alpha + \frac{1}{2}\right)$$

$$\gamma = \frac{1}{p-1}\left(\beta + \frac{\alpha}{2} + \frac{1}{6}\right)$$

$$\delta = \frac{1}{p-1}\left(\gamma + \frac{\beta}{2} + \frac{\alpha}{6} + \frac{1}{24}\right)$$

$$\varepsilon = \frac{1}{p-1}\left(\delta + \frac{\gamma}{2} + \frac{\beta}{6} + \frac{\alpha}{24} + \frac{1}{120}\right) \quad \&c.$$

172. Sit breuitatis gratia $\frac{1}{p-1} = q$, erit:

$$\alpha = q$$

$$\beta = \alpha q + \tfrac{1}{2} q = qq + \tfrac{1}{2} q$$

$$\gamma = \beta q + \tfrac{1}{2}\alpha q + \tfrac{1}{6} q = q^3 + qq + \tfrac{1}{6} q$$

$$\delta = \gamma q + \tfrac{1}{2}\beta q + \tfrac{1}{6}\alpha q + \tfrac{1}{24} q = q^4 + \tfrac{3}{2} q^3 + \tfrac{7}{12} q^2 + \tfrac{1}{24} q$$

$$\varepsilon = \delta q + \tfrac{1}{2}\gamma q + \tfrac{1}{6}\beta q + \tfrac{1}{24}\alpha q + \tfrac{1}{120} q$$

seu

seu $\varepsilon = q^5 + 2q^4 + \frac{5}{4}q^3 + \frac{1}{4}q^2 + \frac{1}{120}q$ &

$\zeta = q^6 + \frac{5}{2}q^5 + \frac{13}{6}q^4 + \frac{3}{4}q^3 + \frac{31}{360}q^2 + \frac{1}{720}q$ &c.

seu hoc modo exprimantur:

$$\alpha = \frac{q}{1}$$

$$\beta = \frac{2qq + q}{1.\ 2}$$

$$\gamma = \frac{6q^3 + 6q^2 + q}{1.\ 2.\ 3}$$

$$\delta = \frac{24q^4 + 36q^3 + 14q^2 + q}{1.\ 2.\ 3.\ 4}$$

$$\varepsilon = \frac{120q^5 + 240q^4 + 150q^3 + 30q^2 + q}{1.\ 2.\ 3.\ 4.\ 5}$$

$$\zeta = \frac{720q^6 + 1800q^5 + 1560q^4 + 540q^3 + 62q^2 + q}{1.\ 2.\ 3.\ 4.\ 5.\ 6}$$

$$\eta = \frac{5040q^7 + 15120q^6 + 16800q^5 + 8400q^4 + 1806q^3 + 126q^2 + q}{1.\ 2.\ 3.\ 4.\ 5.\ 6.\ 7}$$
&c.

vbi quilibet coefficiens 16800 oritur, si summa binorum superiorum $1560 + 1800$ per exponentem ipsius q, qui hic est 5, multiplicetur.

173. Restituamus autem loco q valorem $\frac{1}{p-1}$,

$$\alpha = \frac{1}{1(p-1)}$$

$$\beta = \frac{p+1}{1.2(p-1)^2}$$

$$\gamma = \frac{pp+4p+1}{1.2.3(p-1)^3}$$

$\delta =$

$$\delta = \frac{p^3 + 11p^2 + 11p + 1}{1.2.3.4(p-1)^4}$$

$$\varepsilon = \frac{p^4 + 26p^3 + 66p^2 + 26p + 1}{1.2.3.4.5(p-1)^5}$$

$$\zeta = \frac{p^5 + 57p^4 + 302p^3 + 302p^2 + 57p + 1}{1.2.3.4.5.6(p-1)^6}$$

$$\eta = \frac{p^6 + 120p^5 + 1191p^4 + 2416p^3 + 1191p^2 + 120p + 1}{1.2.3.4.5.6.7(p-1)^7}$$

&c.

Lex harum quantitatum ita se habet, vt si ponatur terminus quicunque:

$$\frac{p^{n-2} + Ap^{n-3} + Bp^{n-4} + Cp^{n-5} + Dp^{n-6} + \&c.}{1.2.3 \ldots\ldots (n-1)(p-1)^{n-1}}$$

futurum sit:

$$A = 2^{n-1} - n$$

$$B = 3^{n-1} - n.2^{n-1} + \frac{n(n-1)}{1.2}$$

$$C = 4^{n-1} - n.3^{n-1} + \frac{n(n-1)}{1.2}2^{n-1} - \frac{n(n-1)(n-2)}{1.2.3}$$

$$D = 5^{n-1} - n.4^{n-1} + \frac{n(n-1)}{1.2}3^{n-1} - \frac{n(n-1)(n-2)}{1.2.3}2^{n-1} + \frac{n(n-1)(n-2)(n-3)}{1.2.3.4}$$

&c.

vnde isti coefficientes α, β, γ, δ, &c. quousque libuerit, continuari possunt.

174. Quodsi vero legem, qua hi coefficientes inter se cohaerent, consideremus, facile patet, eos seriem re-

recurrentem constituere, atque prodire si haec fractio euoluatur:

$$\frac{1}{1-\frac{u}{p-1}-\frac{u^2}{2(p-1)}-\frac{u^3}{6(p-1)}-\frac{u^4}{24(p-1)}-\&c.}$$

prodibit enim haec series:

$$1+\alpha u+\beta u^2+\gamma u^3+\delta u^4+\varepsilon u^5+\zeta u^6+\&c.$$

Ponatur illa fractio $=V$, & cum sit:

$$V=\frac{p-1}{p-1-u-\frac{u^2}{2}-\frac{u^3}{6}-\frac{u^4}{24}-\&c.}$$

erit $V=\frac{p-1}{p-e^u}$; vbi e est numerus cuius logarithmus hyperbolicus est $=1$.

Atque si valor ipsius V per seriem exprimatur secundum potestates ipsius u, orietur:

$$V=1+\alpha u+\beta u^2+\gamma u^3+\delta u^4+\varepsilon u^5+\zeta u^6+\&c.$$

cuius coefficientes α, β, γ, δ, &c. erunt ii ipsi, quorum in praesenti negotio opus habemus. Iis igitur inventis erit:

$$S.p^x z=\frac{p^{x+1}}{p-1}\left(z-\frac{\alpha dz}{dx}+\frac{\beta ddz}{dx^2}-\frac{\gamma d^3z}{dx^3}+\frac{\delta d^4z}{dx^4}-\&c.\right)$$
$$\pm\ \text{Const.}$$

quae ergo expressio est terminus summatorius seriei huius:

$$ap+bp^2+cp^3+\ldots\ldots\ldots+p^x z$$

cuius terminus generalis est $=p^x z$.

175. Quoniam inuenimus esse $V = \frac{p-1}{p-e^u}$, erit $e^u = \frac{pV-p+1}{V}$, & logarithmis sumendis fiet $u = l(pV-p+1) - lV$, hincq; differentiando $du = \frac{(p-1)dV}{pV^2-(p-1)V}$ quocirca erit $pV^2 = (p-1)V + \frac{(p-1)dV}{du}$. Quoniam ergo est $V = 1 + \alpha u + \beta u^2 + \gamma u^3 + \delta u^4 + \varepsilon u^5 + \&c.$ erit:

$$pV^2 = p + 2\alpha pu + 2\beta pu^2 + 2\gamma pu^3 + 2\delta pu^4 + 2\varepsilon pu^5 + \&c.$$
$$+ \alpha^2 pu^2 + 2\alpha\beta pu^3 + 2\alpha\gamma pu^4 + 2\alpha\delta pu^5 + \&c.$$
$$+ \beta\beta pu^4 + 2\beta\gamma pu^5 + \&c.$$

$$(p-1)V = (p-1) + \alpha(p-1)u + \beta(p-1)u^2 + \gamma(p-1)u^3$$
$$+ \delta(p-1)u^4 + \varepsilon(p-1)u^5 + \&c.$$
$$\frac{(p-1)dV}{du} = (p-1)\alpha + 2(p-1)\beta u + 3(p-1)\gamma u^2 + 4(p-1)\delta u^3$$
$$+ 5(p-1)\varepsilon u^4 + 6(p-1)\zeta u^5 + \&c.$$

quibus expressionibus inter se coaequatis reperietur:

$$(p-1)\alpha = 1$$
$$2(p-1)\beta = \alpha(p+1)$$
$$3(p-1)\gamma = \beta(p+1) + \alpha^2 p$$
$$4(p-1)\delta = \gamma(p+1) + 2\alpha\beta p$$
$$5(p-1)\varepsilon = \delta(p+1) + 2\alpha\gamma p + \beta\beta p$$
$$6(p-1)\zeta = \varepsilon(p+1) + 2\alpha\delta p + 2\beta\gamma p$$
$$7(p-1)\eta = \zeta(p+1) + 2\alpha\varepsilon p + 2\beta\delta p + \gamma\gamma p$$
&c.

ex quibus formulis, si pro p datus numerus assumatur, valores coefficientium α, β, γ, δ, &c. facilius determinari possunt, quam ex lege primum inuenta.

176. Antequam ad casus speciales ratione valoris ipsius p descendamus, ponamus esse $z = x^n$, ita vt haec series summari debeat:

$$s = p + 2^n p^2 + 3^n p^3 + 4^n p^4 + \ldots + x^n p^x$$

eritque per expressionem ante inuentam:

$$s = p^x\left(\frac{p}{p-1}.x^n - \frac{p}{(p-1)^2}nx^{n-1} + \frac{pp+p}{(p-1)^3}.\frac{n(n-1)}{1.\ 2}x^{n-2}\right.$$
$$\left. - \frac{(p^3+4p^2+p)}{(p-1)^4}.\frac{n(n-1)(n-2)}{1.\ 2.\ 3}x^{n-3} + \&c.\right)$$

$\pm$ C, quae reddat $s = 0$ si ponatur $x = 0$.

Hinc ponendo pro n successiue numeros 0, 1, 2, 3, 4, &c. erit:

$$S.x^0 p^x = p^x.\frac{p}{p-1} - \frac{p}{p-1}$$

$$S.x^1 p^x = p^x\left(\frac{px}{p-1} - \frac{p}{(p-1)^2}\right) + \frac{p}{(p-1)^2}$$

$$S.x^2 p^x = p^x\left(\frac{px^2}{p-1} - \frac{2px}{(p-1)^2} + \frac{p(p+1)}{(p-1)^3}\right) - \frac{p(p+1)}{(p-1)^3}$$

$$S.x^3 p^x = p^x\left(\frac{px^3}{p-1} - \frac{3px^2}{(p-1)^2} + \frac{3p(p+1)x}{(p-1)^3} - \frac{p(p^2+4p+1)}{(p-1)^4}\right)$$
$$+ \frac{p(p^2+4p+1)}{(p-1)^4}$$

$$S.x^4p^x = p^x\left(\frac{px^4}{p-1} - \frac{4px^3}{(p-1)^2} + \frac{6p(p+1)x^2}{(p-1)^3} - \frac{4p(p^2+4p+1)x}{(p-1)^4} + \frac{p(p^3+11p^2+11p+1)}{(p-1)^5}\right) - \frac{p(p^3+11p^2+11p+1)}{(p-1)^5}$$

$$S.x^5p^x = \frac{p^{x+1}x^5}{p-1} - \frac{5p^{x+1}x^4}{(p-1)^2} + \frac{10(p+1)p^{x+1}x^3}{(p-1)^3} - \frac{10(p^2+4p+1)p^{x+1}x^2}{(p-1)^4} + \frac{5(p^3+11p^2+11p+1)p^{x+1}x}{(p-1)^5} - \frac{(p^4+26p^3+66p^2+26p+1)(p^{x+1}-p)}{(p-1)^6}$$

$$S.x^6p^x = \frac{p^{x+1}x^6}{p-1} - \frac{6p^{x+1}x^5}{(p-1)^2} + \frac{15(p+1)p^{x+1}x^4}{(p-1)^3} - \frac{20(p^2+4p+1)p^{x+1}x^3}{(p-1)^4} + \frac{15(p^3+11p^2+11p+1)p^{x+1}x^2}{(p-1)^5} - \frac{6(p^4+26p^3+66p^2+26p+1)p^{x+1}x}{(p-1)^6} + \frac{(p^5+57p^4+302p^3+302p^2+57p+1)(p^{x+1}-p)}{(p-1)^7}$$

&c.

177. Hinc intelligitur, quoties z fuerit functio rationalis integra ipsius x, toties seriei, cuius terminus generalis est p^xz, summam exhiberi posse; propterea quod differentialia ipsius z sumendo, tandem ad euanescentia perueniatur. Ita si proponatur haec series:

$$p + 3p^2 + 6p^3 + 10p^4 + \ldots + \frac{(xx+x)}{2}p^x,$$

ob

ob $z = \frac{xx+x}{2}$, & $\frac{dz}{dx} = x + \frac{1}{2}$; atque $\frac{ddz}{dx^2} = 1$;

erit terminus summatorius:

$$s = \frac{p^{x+1}}{p-1}\left(\tfrac{1}{2}xx + \tfrac{1}{2}x - \frac{(2x+1)}{2(p-1)} + \frac{(p+1)}{2(p-1)^2}\right) - \frac{p}{p-1}\left(\frac{p+1}{2(p-1)^2} - \frac{1}{2(p-1)}\right)$$

seu $s = p^{x+1}\left(\frac{xx}{2(p-1)} + \frac{(p-3)x}{2(p-1)^2} + \frac{1}{(p-1)^3}\right) - \frac{p}{(p-1)^3}$.

Sin autem z fuerit functio non rationalis integra, tum ista termini summatorii expressio in infinitum excurret. Ita si sit $z = \frac{1}{x}$, vt summanda sit haec series:

$$s = p + \frac{1}{2}p^2 + \frac{1}{3}p^3 + \frac{1}{4}p^4 + \dots + \frac{1}{x}p^x,$$

ob

$$\frac{dz}{dx} = -\frac{1}{xx};\quad \frac{ddz}{dx^2} = \frac{2}{x^3};\quad \frac{d^3z}{dx^3} = -\frac{2.3}{x^4};\quad \frac{d^4z}{dx^4} = \frac{2.3.4}{x^5};\ \&c.$$

prodibit terminus summatorius:

$$s = \frac{p^{x+1}}{p-1}\left(\frac{1}{x} + \frac{1}{(p-1)x^2} + \frac{p+1}{(p-1)^2x^3} + \frac{pp+4p+1}{(p-1)^3x^4} + \frac{p^3+11p^2+11p+1}{(p-1)^4x^5} + \&c.\right)$$
$$+ C.$$

Hoc ergo casu constans C non ex casu $x = 0$ definiri potest: ad eam igitur definiendam ponatur $x = 1$, & quia fit $s = p$, erit:

$$C = p - \frac{pp}{p-1}\left(1 + \frac{1}{p-1} + \frac{p+1}{(p-1)^2} + \frac{pp+4p+1}{(p-1)^3} + \&c.\right)$$

178. Ex his perſpicuum eſt, niſi p determinatum numerum ſignificet, parum vtilitatis hinc ad ſummas ſerierum proxime exhibendas redundare. Primum autem patet pro p non poſſe ſcribi 1, propterea, quod omnes coefficientes α, β, γ, δ, &c. fierent infinite magni. Quare cum ſeries, quam nunc tractamus, abeat in eam quam ante iam ſumus contemplati, ſi ponatur $p = 1$, mirum eſt, quod ille caſus tanquam facillimus ex hoc erui nequeat. Tum vero quoque notabile eſt, quod caſu $p = 1$ ſummatio requirat integrale $\int z\,dx$, cum tamen generaliter ſumma ſine vllo integrali exhiberi queat. Sic igitur fit, vt dum omnes coefficientes α, β, γ, δ, &c. in infinitum excreſcunt, ſimul formula illa integralis invehatur. Hicque adeo caſus, quo $p = 1$, eſt ſolus, ad quem generalis expreſſio hic inuenta applicari nequeat. Neque vero hoc caſu generalis forma a vero recedere cenſenda eſt; nam etſi ſinguli termini fiunt infiniti, tamen reuera omnia infinita ſe deſtruunt, reſtatque quantitas finita ſummae aequalis, & congruens cum ea, quae per priorem methodum inuenitur, quod infra fuſius ſumus declaraturi.

179. Sit igitur $p = -1$, atque ſigna in ſerie ſummanda alternatim ſe excipient:

$$\begin{array}{ccccccc} 1 & 2 & 3 & 4 & & & x \\ -a & +b & -c & +d & . \;.\;.\;.\;.\;. & & \pm z \end{array}$$

vbi z erit affirmatiuum ſi x fuerit numerus par, negatiuum autem, ſi x ſit numerus impar. Poſito ergo

$$-a+b-c+d \ldots \pm z = s, \text{ erit}$$

$$s = \frac{\pm 1}{2}\left(z - \frac{\alpha dz}{dx} + \frac{\beta ddz}{dx^2} - \frac{\gamma d^3 z}{dx^3} + \frac{\delta d^4 z}{dx^4} - \&c.\right)$$
$$+ C.$$

vbi signorum ambiguorum superius valet, si x sit numerus par, contra vero si x sit numerus impar. Mutandis ergo signis erit:

$$a - b + c - d + e - f + \ldots \mp z =$$
$$\mp \frac{1}{2}\left(z - \frac{\alpha dz}{dx} + \frac{\beta ddz}{dx^2} - \frac{\gamma d^3 z}{dx^3} + \frac{\delta d^4 z}{dx^4} - \&c.\right)$$
$$+ C.$$

vbi signorum ambiguitas eandem sequitur legem.

180. Hoc casu coefficientes α, β, γ, δ, ϵ, ζ, &c. inueniri possunt ex valoribus ante traditis ponendo vbique $p = -1$. Facilius autem eruentur ex formulis generalibus §. 175. datis, ex quibus simul perspicietur alternos istos coefficientes euanescere. Facto enim $p = -1$ istae formulae abibunt in

$$-\alpha = 1$$
$$-4\beta = 0$$
$$-6\gamma = 0 - \alpha^2$$
$$-8\delta = 0 - 2\alpha\beta$$
$$-10\epsilon = 0 - 2\alpha\gamma - \beta\beta$$
$$-12\zeta = 0 - 2\alpha\delta - 2\beta\gamma$$
&c.

 vnde

vnde cum sit $\beta = 0$, erit quoque $\delta = 0$, porroque $\zeta = 0$, $\theta = 0$, &c. & reliquae litterae ita determinabuntur, vt sit:

$$\alpha = -\frac{1}{2}$$

$$\gamma = \frac{\alpha^2}{6}$$

$$\varepsilon = \frac{2\alpha\gamma}{10}$$

$$\eta = \frac{2\alpha\varepsilon + \gamma\gamma}{14}$$

$$\iota = \frac{2\alpha\eta + 2\gamma\varepsilon}{18} \quad \&c.$$

181. Quo iste calculus commodius absolui possit introducamus nouas litteras sitque:

$$\alpha = -\frac{A}{1.2}$$

$$\gamma = \frac{B}{1.2.3.4}$$

$$\varepsilon = -\frac{C}{1.2.3.4.5.6}$$

$$\eta = \frac{D}{1.2.3 \ldots 8}$$

$$\iota = -\frac{E}{1.2.3 \ldots 10} \quad \&c.$$

Eritque summa ante exhibita:

$$\mp\frac{1}{2}\left(z + \frac{A dz}{1.2\,dx} - \frac{B d^3z}{1.2.3.4\,dx^3} + \frac{C d^5z}{1.2 \ldots 6\,dx^5} - \frac{D d^7z}{1.2 \ldots 8\,dx^7} + \&c.\right)$$
$$+ C.$$

Co-

Coefficientes vero ex sequentibus formulis definientur:

$$A = 1$$
$$3B = \frac{4.3}{1.2}\,\frac{AA}{2}$$
$$5C = \frac{6.5}{1.2}\,AB$$
$$7D = \frac{8.7}{1.2}\,AC + \frac{8.7.6.5}{1.2.3.4}\,\frac{BB}{2}$$
$$9E = \frac{10.9}{1.2}\,AD + \frac{10.9.8.7}{1.2.3.4}.\,BC$$
$$11F = \frac{12.11}{1.2}\,AE + \frac{12.11.10.9}{1.2.3.4}.\,BD + \frac{12.11.10.9.8.7}{1.2.3.4.5.6}\,\frac{CC}{2}$$
&c.

quae hoc modo facilius atque ad calculum accommodatius repraesentari possunt:

$$A = 1$$
$$B = 2.\frac{AA}{2}$$
$$C = 3.AB$$
$$D = 4.AC + 4.\frac{6.5}{3.4}.\frac{BB}{2}$$
$$E = 5.AD + 5.\frac{8.7}{3.4}.\,BC$$
$$F = 6.AE + 6.\frac{10.9}{3.4}.\,BD + 6.\frac{10.9.8.7}{3.4.5.6}.\frac{CC}{2}$$
$$G = 7.AF + 7.\frac{12.11}{3.4}.\,BE + 7.\frac{12.11.10.9}{3.4.5.6}.\,CD$$
&c.

Hinc

Hinc igitur calculo inſtituto reperietur:

$$A = 1$$
$$B = 1$$
$$C = 3$$
$$D = 17$$
$$E = 155 = 5.31$$
$$F = 2073 = 691.3$$
$$G = 38227 = 7.5461 = 7.\frac{127.129}{3}$$
$$H = 929569 = 3617.257$$
$$I = 28820619 = 43867.9.73 \quad \&c.$$

182. Si hos numeros attentius perpendamus, ex factoribus 691, 3617, 43867, facile concludere licet, hos numeros cum ſupra exhibitis Bernoullianis nexum habere, indeque determinari poſſe. Hanc igitur relationem inueſtiganti mox patebit hos numeros ex Bernoullianis $\mathfrak{A}$, $\mathfrak{B}$, $\mathfrak{C}$, $\mathfrak{D}$, $\mathfrak{E}$, &c. ſequenti modo formari poſſe:

$$A = 2.\ 1.\ 3\ \mathfrak{A} = 2(2^2-1)\ \mathfrak{A}$$
$$B = 2.\ 3.\ 5\ \mathfrak{B} = 2(2^4-1)\ \mathfrak{B}$$
$$C = 2.\ 7.\ 9\ \mathfrak{C} = 2(2^6-1)\ \mathfrak{C}$$
$$D = 2.\ 15.\ 17\ \mathfrak{D} = 2(2^8-1)\ \mathfrak{D}$$
$$E = 2.\ 31.\ 33\ \mathfrak{E} = 2(2^{10}-1)\ \mathfrak{E}$$
$$F = 2.\ 63.\ 65\ \mathfrak{F} = 2(2^{12}-1)\ \mathfrak{F}$$
$$G = 2.127.129\ \mathfrak{G} = 2(2^{14}-1)\ \mathfrak{G}$$
$$H = 2.255.257\ \mathfrak{H} = 2(2^{16}-1)\ \mathfrak{H}$$
&c.

Cum

Cum igitur numeri Bernoulliani ſint fracti, coefficientes vero noſtri integri, patet hos factores ſemper tollere fractiones; eruntque ergo:

$A = 1$
$B = 1$
$C = 3$
$D = 17$
$E = 5.31 = 155$
$F = 3.691 = 2073$
$G = 7.43.127 = 38227$
$H = 257.3617 = 929569$
$I = 9.73.43867 = 28820619$
$K = 5.31.41.174611 = 1109652905$
$L = 89.683.854513 = 51943281731$
$M = 3.4097.236364091 = 2905151042481$
$N = 2731.8191.8553103 = 191329672483963$
&c.

Ex his ergo numeris integris viciſſim numeri Bernoulliani inueniri poterunt.

183. Adhibendo igitur numeros Bernoullianos ſeriei propoſitae:

$$\begin{matrix} 1 & 2 & 3 & 4 & 5 & & x \\ a & -b & +c & -d & +e & - \ldots & \mp z, \end{matrix}$$

ſumma erit:

$$\mp\left(\frac{1}{2}z + \frac{(2^2-1)\mathfrak{A}dz}{1.2dx} - \frac{(2^4-1)\mathfrak{B}d^3z}{1.2.3.4dx^3} + \frac{(2^6-1)\mathfrak{C}d^5z}{1.2\ldots6dx^5} - \frac{(2^8-1)\mathfrak{D}d^7z}{1.2\ldots8dx^7} + \&c.\right)$$
$$+ \text{Conſt.}$$

Hinc autem perſpicitur iſtos numeros non caſu in hanc expreſſionem ingredi; quemadmodum enim ſeries propoſita oritur, ſi ab iſta:

$$a + b + c + d + \ldots\ldots + z,$$

vbi omnes termini ſignum habent $+$ ſubtrahatur ſumma alternorum $b + d + f +$ &c. bis ſumta; ita quoque expreſſio inuenta in duas reſolui poteſt partes, quarum altera eſt ſumma omnium terminorum ſigno $+$ affectorum, quae erit:

$$\int z\,dx + \frac{1}{2}z + \frac{\mathfrak{A}\,dz}{1.2\,dx} - \frac{\mathfrak{B}\,d^3z}{1.2.3.4\,dx^3} + \frac{\mathfrak{C}\,d^5z}{1.2\ldots6\,dx^5} - \text{\&c.}$$

Summa vero alternorum pari modo inuenietur, quo ſupra vſi ſumus. Cum enim vltimus terminus ſit z indici x reſpondens, antecedens indici $x-2$ reſpondens erit:

$$z - \frac{2\,dz}{dx} + \frac{2^2\,ddz}{1.2\,dx^2} - \frac{2^3\,d^3z}{1.2.3\,dx^3} + \frac{2^4\,d^4z}{1.2.3.4\,dx^4} - \text{\&c.}$$

quae forma ex illa, qua ante terminus antecedens exprimebatur; oritur, ſi loco x ſcribatur $\frac{x}{2}$. Habebitur ergo ſumma alternorum, ſi in ſumma omnium vbique loco x ſcribatur $\frac{x}{2}$, quae propterea erit:

$$\frac{1}{2}\int z\,dx + \frac{1}{2}z + \frac{2\,\mathfrak{A}\,dz}{1.2\,dx} - \frac{2^3\,\mathfrak{B}\,d^3z}{1.2.3.4\,dx^3} + \frac{2^5\,\mathfrak{C}\,d^5z}{1.2\ldots6\,dx^5} - \text{\&c.}$$

cuius duplum ſi a ſumma praecedente ſubtrahatur, exiſtente x numero pari, vel ſi praecedens ſumma a duplo huius ſi x eſt numerus impar ſubtrahatur, reſiduum oſtendet ſummam ſeriei:

$$\overset{1}{a} - \overset{2}{b} + \overset{3}{c} - \overset{4}{d} + \overset{5}{e} \ldots \ldots \mp \overset{x}{z}$$

quae ergo erit:

$$\mp\left(\frac{1}{2}z + \frac{(2^2-1)\mathfrak{A}\,dz}{1.2\,dx} - \frac{(2^4-1)\mathfrak{B}\,d^3z}{1.2.3.4\,dx^3} + \&c.\right) + C.$$

quae est eadem expressio, quam modo inueneramus.

184. Sumatur pro z potestas ipsius x, nempe x^n, vt reperiatur summa seriei:

$$1 - 2^n + 3^n - 4^n + \ldots \mp x^n.$$

Ob $\frac{dz}{1dx} = \frac{n}{1}x^{n-1}$; $\frac{d^3z}{1.2.3\,dx^3} = \frac{n(n-1)(n-2)}{1.\ 2.\ 3}x^{n-3}$; &c.

erit adhibendis coefficientibus A, B, C, D, &c. summa quaesita:

$$\mp\frac{1}{2}\left(x^n + \frac{A}{2}nx^{n-1} - \frac{B}{4}\frac{n(n-1)(n-2)}{1.\ 2.\ 3}x^{n-3} + \frac{C}{6}\frac{n(n-1)(n-2)(n-3)(n-4)}{1.\ 2.\ 3.\ 4.\ 5}x^{n-5}\right.$$
$$\left. - \frac{D}{8}\frac{n(n-1)\ldots(n-6)}{1.\ 2\ldots\ldots 7}x^{n-7} + \&c.\right) + Const.$$

vbi signum superius valet si sit x numerus par, inferius vero si impar. Constans autem ita definiri debet, vt summa euanescat, si $x = 0$, quo casu signum superius valet. Pro n ergo successiue numeros 0, 1, 2, 3, &c. substituendo sequentes prodibunt summationes:

I. $1 - 1 + 1 - 1 + \ldots \mp 1 = \mp\frac{1}{2}(1) + \frac{1}{2}$

scilicet si numerus terminorum fuerit par, summa erit $= 0$, sin impar erit $= +1$.

II. $1 - 2 + 3 - 4 + \ldots\ldots \mp x = \mp \frac{1}{2}(x + \frac{1}{2}) + \frac{1}{4}$
ſcilicet ſi numerus terminorum ſit par, ſumma erit $= -\frac{1}{2}x$
& pro numero terminorum impari $= +\frac{1}{2}x + \frac{1}{2}$.

III. $1 - 2^2 + 3^2 - 4^2 + \ldots \mp x^2 = \mp \frac{1}{2}(x^2 + x)$
ſcilicet pro pari numero $= -\frac{1}{2}xx - \frac{1}{2}x$
& pro impari numero $= +\frac{1}{2}xx + \frac{1}{2}x$

IV. $1 - 2^3 + 3^3 - 4^3 + \ldots \mp x^3 = \mp \frac{1}{2}(x^3 + \frac{3}{2}xx - \frac{1}{4}) - \frac{1}{8}$
ſcilicet pro pari $= -\frac{1}{2}x^3 - \frac{3}{4}x^2$
& pro impari $= \frac{1}{2}x^3 + \frac{3}{4}x^2 - \frac{1}{4}$.

V. $1 - 2^4 + 3^4 - 4^4 + \ldots \mp x^4 = \mp \frac{1}{2}(x^4 + 2x^3 - x)$
ſcilicet pro numero pari $= -\frac{1}{2}x^4 - x^3 + \frac{1}{2}x$
& pro numero impari $= \frac{1}{2}x^4 + x^3 - \frac{1}{2}x$
&c.

185. Apparet ergo in poteſtatibus paribus praeter $n = 0$, conſtantem adiiciendam euaneſcere; hisque caſibus ſummam terminorum numero ſiue parium ſiue imparium tantum ratione ſigni diſcrepare. Quodſi ergo x fuerit numerus infinitus, quoniam is eſt neque par neque impar, haec conſideratio ceſſare debet, ac propterea in ſumma termini ambigui ſunt reiiciendi: vnde ſequitur huiusmodi ſerierum in infinitum continuatarum ſummam exprimi per ſolam quantitatem conſtantem adiiciendam.

Hanc-

Hancobrem erit:

$$1 - 1 + 1 - 1 + \&c. \text{ in infinitum} = \frac{1}{2}$$

$$1 - 2 + 3 - 4 + \&c. \quad . \quad . \quad . \quad = \frac{A}{4} = + \frac{(2^2-1)\mathfrak{A}}{2}$$

$$1 - 2^2 + 3^2 - 4^2 + \&c. \quad . \quad . \quad . \quad = 0$$

$$1 - 2^3 + 3^3 - 4^3 + \&c. \quad . \quad . \quad . \quad = - \frac{B}{8} = - \frac{(2^4-1)\mathfrak{B}}{4}$$

$$1 - 2^4 + 3^4 - 4^4 + \&c. \quad . \quad . \quad . \quad = 0$$

$$1 - 2^5 + 3^5 - 4^5 + \&c. \quad . \quad . \quad . \quad = \frac{C}{12} = + \frac{(2^6-1)\mathfrak{C}}{6}$$

$$1 - 2^6 + 3^6 - 4^6 + \&c. \quad . \quad . \quad . \quad = 0$$

$$1 - 2^7 + 3^7 - 4^7 + \&c. \quad . \quad . \quad . \quad = - \frac{D}{16} = - \frac{(2^8-1)\mathfrak{D}}{8}$$

&c.

Quae eaedem fummae per methodum fupra traditam feries, in quibus figna + & — alternantur, fummandi inueniuntur.

186. Si pro n ftatuantur numeri negatiui, expresfio fummae in infinitum excurret. Sit $n = -1$, erit fumma feriei:

$$1 - \frac{1}{2} + \frac{1}{3} - \frac{1}{4} + \frac{1}{5} - \frac{1}{6} + \quad . \quad . \quad . \quad . \quad \mp \frac{1}{x} =$$

$$= \mp \frac{1}{2}\left(\frac{1}{x} - \frac{A}{2x^2} + \frac{B}{4x^4} - \frac{C}{6x^6} + \frac{D}{8x^8} - \&c.\right) + \text{Conft.}$$

Hic autem quia conftans non ex cafu $x = 0$ definiri poteft, ex alio cafu erit definienda. Ponatur $x = 1$, atque ob summam $= 1$ & signum inferius erit:

$$\text{Const.} = 1 - \frac{1}{2}\left(\frac{1}{1} - \frac{A}{2} + \frac{B}{4} - \frac{C}{6} + \&c.\right) \quad \text{seu}$$

$$\text{Const.} = \frac{1}{2} + \frac{A}{4} - \frac{B}{8} + \frac{C}{12} - \frac{D}{16} + \&c.$$

Vel ponatur $x = 2$, ob summam $= \frac{1}{2}$, & signum superius reperietur:

$$\text{Const.} = \frac{1}{2} + \frac{1}{2}\left(\frac{1}{2} - \frac{A}{2.2^2} + \frac{B}{4.2^4} - \frac{C}{6.2^6} + \&c.\right)$$

$$\text{seu Const.} = \frac{3}{4} - \frac{A}{4.2^2} + \frac{B}{8.2^4} - \frac{C}{12.2^6} + \frac{D}{16.2^8} - \&c.$$

sin autem ponatur $x = 4$, erit:

$$\text{Const.} = \frac{17}{24} - \frac{A}{4.4^2} + \frac{B}{8.4^4} - \frac{C}{12.4^6} + \frac{D}{16.4^8} - \&c.$$

Vtcunque autem constans definiatur, idem prodibit valor, qui simul summam seriei in infinitum continuatae, quae est $= l2$, indicabit.

187. Ceterum ex his nouis numeris A, B, C, D, E, &c. summae serierum potestatum reciprocarum parium, in quibus tantum numeri impares occurrunt, commode summari poterunt. Si enim ponatur:

$$1 + \frac{1}{2^{2n}} + \frac{1}{3^{2n}} + \frac{1}{4^{2n}} + \frac{1}{5^{2n}} + \&c. = s \quad \text{erit}$$

$$\frac{1}{2^{2n}} + \frac{1}{4^{2n}} + \frac{1}{6^{2n}} + \&c. = \frac{s}{2^{2n}},$$

quae ab illa subtracta relinquet:

$$1 + \frac{1}{3^{2n}} + \frac{1}{5^{2n}} + \frac{1}{7^{2n}} + \&c. = \frac{(2^{2n}-1)s}{2^{2n}}.$$

Cum

Cum igitur valores ipsius s pro singulis numeris n iam supra exhibuerimus: (125), erit:

$$1+\frac{1}{3^2}+\frac{1}{5^2}+\frac{1}{7^2}+\&c.=\frac{A}{1.2}.\frac{\pi^2}{4}$$

$$1+\frac{1}{3^4}+\frac{1}{3^4}+\frac{1}{7^4}+\&c.=\frac{B}{1.2.3.4}.\frac{\pi^4}{4}$$

$$1+\frac{1}{3^6}+\frac{1}{5^6}+\frac{1}{7^6}+\&c.=\frac{C}{1.2.3\ldots6}.\frac{\pi^6}{4}$$

$$1+\frac{1}{3^8}+\frac{1}{5^8}+\frac{1}{7^8}+\&c.=\frac{D}{1.2.3\ldots8}.\frac{\pi^8}{4}$$

$$1+\frac{1}{3^{10}}+\frac{1}{5^{10}}+\frac{1}{7^{10}}+\&c.=\frac{E}{1.2.3\ldots10}.\frac{\pi^{10}}{4}$$

&c.

Sin autem omnes numeri ingrediantur, signaque alternentur quia erit:

$$1-\frac{1}{2^{2n}}+\frac{1}{3^{2n}}-\frac{1}{4^{2n}}+\&c.=\frac{(2^{2n}-1)s-s}{2^{2n}}$$

habebitur:

$$1+\frac{1}{2^2}+\frac{1}{3^2}-\frac{1}{4^2}+\frac{1}{5^2}-\&c.=\frac{(A-2\mathfrak{A})}{1.2}.\frac{\pi^2}{4}=\frac{(2-1)\mathfrak{A}}{1.2}.\pi^2$$

$$1-\frac{1}{2^4}+\frac{1}{3^4}-\frac{1}{4^4}+\frac{1}{5^4}-\&c.=\frac{(B-2\mathfrak{B})}{1.2.3.4}.\frac{\pi^4}{4}=\frac{(2^3-1)\mathfrak{B}}{1.2.3.4}.\pi^4$$

$$1+\frac{1}{2^6}+\frac{1}{3^6}-\frac{1}{4^6}+\frac{1}{5^6}-\&c.=\frac{(C-2\mathfrak{C})}{1.2\ldots6}.\frac{\pi^6}{4}=\frac{(2^5-1)\mathfrak{C}}{1.2\ldots6}.\pi^6$$

$$1+\frac{1}{2^8}+\frac{1}{3^8}-\frac{1}{4^8}+\frac{1}{5^8}-\&c.=\frac{(D-2\mathfrak{D})}{1.2\ldots8}.\frac{\pi^8}{4}=\frac{(2^7-1)\mathfrak{D}}{1.2\ldots8}.\pi^8$$

$$1-\frac{1}{2^{10}}+\frac{1}{3^{10}}-\frac{1}{4^{10}}+\frac{1}{5^{10}}-\&c.=\frac{(E-2\mathfrak{E})}{1.2\ldots10}.\frac{\pi^{10}}{4}=\frac{(2^9-1)\mathfrak{E}}{1.2\ldots10}.\pi^{10}$$

&c.

188.

188. Quemadmodum hactenus seriem sumus contemplati, cuius termini erant producta ex terminis progressionis geometricae p, p^2, p^3, &c. & ex terminis seriei cuiuscunque a, b, c, &c. ita poterimus simili ratione prosequi seriem, cuius termini sint producta ex terminis duarum quarumcunque serierum, quarum altera tanquam cognita assumatur. Sit series cognita:

$$\overset{1}{A} + \overset{2}{B} + \overset{3}{C} + \ldots + \overset{x}{Z} \text{ altera vero incognita}$$

$$a + b + c + \ldots + z$$

atque quaeratur summa huius seriei:

$$Aa + Bb + Cc + \ldots + Zz$$

quae ponatur $= Zs$. Sit in serie cognita terminus penultimus $= Y$, atque posito $x - 1$ loco x, expressio summae $S.Zs$ abibit in

$$Y\left(s - \frac{ds}{dx} + \frac{dds}{2dx^2} - \frac{d^3s}{6dx^3} + \frac{d^4s}{24dx^4} - \&c.\right)$$

Quae cum exprimat summam seriei Zs termino vltimo Zz multatae, erit:

$$Zs - Zz = Ys - \frac{Yds}{dx} + \frac{Ydds}{2dx^2} - \frac{Y^3d^3s}{6dx^3} + \&c.$$

quae aequatio continet relationem, qua summa Zs pendet ab Y, Z & z.

189. Ad hanc aequationem resoluendam negligantur primum termini differentiales, eritque $s = \frac{Zz}{Z-Y}$, ponatur iste valor $\frac{Zz}{Z-Y} = P^{I}$, fit que reuera $s = P^{I} + p$, quo

quo valore in aequatione ſubſtituto fiet:

$$(Z-Y)p = -\frac{YdP^{I}}{dx} + \frac{YddP^{I}}{2dx^{2}} - \&c.$$
$$- \frac{Ydp}{dx} + \frac{Yddp}{2dx^{2}} - \&c.$$

addatur vtrinque YP^{I}, & cum $P^{I} - \frac{dP^{I}}{dx} + \frac{ddP^{I}}{2dP^{I}} - \&c.$ ſit valor ipſius P^{I}, qui prodit ſi loco x ponatur $x-1$, ſit iſte valor $= P$, eritque

$$(Z-Y)p + YP^{I} = YP - \frac{Ydp}{dx} + \frac{Yddp}{2dx^{2}} - \&c.$$

vnde neglectis differentialibus erit: $p = \frac{Y(P-P^{I})}{Z-Y}$.

Ponatur $\frac{Y(P-P^{I})}{Z-Y} = Q^{I}$, ſitque $p = Q^{I} + q$; fiet

$$(Z-Y)q = -\frac{Y(dQ^{I}+dq)}{dx} + \frac{Y(ddQ^{I}+ddq)}{2dx^{2}} - \&c.$$

poſitoque Q pro valore ipſius Q^{I}, quem induit ſi loco x ſcribatur $x-1$, erit:

$$(Z-Y)q + YQ^{I} = YQ - \frac{Ydq}{dx} + \frac{Yddq}{2dx^{2}} - \&c.$$

vnde neglectis differentialibus fit $q = \frac{Y(Q-Q^{I})}{Z-Y}$.

Ponatur $\frac{Y(Q-Q^{I})}{Z-Y} = R^{I}$, ſitque reuera $q = R^{I} + r$; ac ſimili modo reperitur $r = \frac{Y(R-R^{I})}{Z-Y}$; ſicque procedendo erit ſumma quaeſita:

$$Zs = Z(P^{I} + Q^{I} + R^{I} + \&c.).$$

190. Propoſita ergo ſerie quacunque:

$$Aa + Bb + Cc + \ldots \ldots + Yy + Zz$$

eius ſumma ſequenti modo definietur:

Ponatur poſito $x - 1$ loco x

$$\frac{Zz}{Z-Y} = P^{I}; \text{ abeatque } P^{I} \text{ in } P$$

$$\frac{Y(P-P^{I})}{Z-Y} = Q^{I}; \text{ abeatque } Q^{I} \text{ in } Q$$

$$\frac{Y(Q-Q^{I})}{Z-Y} = R^{I}; \text{ abeatque } R^{I} \text{ in } R$$

$$\frac{Y(R-R^{I})}{Z-Y} = S^{I}; \text{ abeatque } S^{I} \text{ in } S$$

&c.

His valoribus inuentis erit ſumma ſeriei =

$$ZP^{I} + ZQ^{I} + ZR^{I} + ZS^{I} + \&c.$$

+ Conſtante, quae reddat ſummam $= 0$, ſi ponatur $x = 0$, ſeu quod eodem redit, quae efficiat, vt cuipiam caſui ſatisfiat.

191. Formula haec, quia nullis differentialibus eſt implicata, in plurimis caſibus facillime adhibetur, atque etiam veram ſummam ſaepenumero exhibet. Sic ſi proponatur haec ſeries:

$$p + 4p^2 + 9p^3 + 16p^4 + \ldots \ldots + x^2p^x$$

fiat $Z = p^x$ & $z = x^2$, erit $Y = p^{x-1}$, atque $\frac{Z}{Z-Y} = \frac{p}{p-1}$, & $\frac{Y}{Z-Y} = \frac{1}{p-1}$. Hinc fiet

$P^{I} =$

$$\mathrm{P}^{\mathrm{I}} = \frac{px^2}{p-1}; \quad \mathrm{P} = \frac{pxx - 2px + p}{p-1}$$

$$\mathrm{Q}^{\mathrm{I}} = -\frac{2px+p}{(p-1)^2}; \quad \mathrm{Q} = -\frac{2px+3p}{(p-1)^2}$$

$$\mathrm{R}^{\mathrm{I}} = \frac{2p}{(p-1)^3}; \quad \mathrm{R} = \frac{2p}{(p-1)^3}$$

$\mathrm{S}^{\mathrm{I}} = 0$, & reliqui euanefcunt omnes: vnde erit fumma =

$$p^x\left(\frac{px^2}{p-1} - \frac{2px+p}{(p-1)^2} + \frac{2p}{(p-1)^3}\right) - \frac{p}{(p-1)^2} - \frac{2p}{(p-1)^3}$$

$$= p^{x+1}\left(\frac{x^2}{p-1} - \frac{2x}{(p-1)^2} + \frac{p+1}{(p-1)^3}\right) - \frac{p-1}{(p-1)^3},$$

quemadmodum iam fupra inuenimus.

192. Simili modo, quo ad hanc fummae expresfionem peruenimus, aliam inuenire poterimus expreffionem, fi feries propofita non ex duabus aliis fit compofita: quae illis potiffimum cafibus in vfum vocari poterit, cum in praecedente expreffione ad denominatores euanefcentes peruenitur. Sit igitur propofita haec feries:

$$s = \overset{1}{a} + \overset{2}{b} + \overset{3}{c} + \overset{4}{d} + \ldots\ldots + \overset{x}{z}$$

quoniam pofito $x-1$ loco x, fumma vltimo termino truncatur, erit:

$$s - z = s - \frac{ds}{dx} + \frac{dds}{2dx^2} - \frac{d^3s}{6dx^3} + \frac{d^4s}{24dx^4} - \text{\&c.}$$

feu $$z = \frac{ds}{dx} - \frac{dds}{2dx^2} + \frac{d^3s}{6dx^3} - \frac{d^4s}{24dx^4} + \text{\&c.}$$

Quia hic ipsa summa s non occurrit, negligantur differentialia altiora, fietque $s = \int z\,dx$, ponatur $\int z\,dx = P^{I}$, cuius valor abeat in P si pro x scribatur $x - 1$: sitque reuera $s = P^{I} + p$, erit:

$$z = \frac{dP^{I}}{dx} - \frac{ddP^{I}}{2\,dx^{2}} + \&c. + \frac{dp}{dx} - \frac{ddp}{2\,dx^{2}} + \&c.$$

quia est $P = P^{I} - \frac{dP^{I}}{dx} + \frac{ddP^{I}}{2\,dx^{2}} - \&c.$

erit $z - P^{I} + P = \frac{dp}{dx} - \frac{ddp}{2\,dx^{2}} + \&c.$ vnde fit $p = \int (z - P^{I} + P)dx$. Si porro ponatur $\int (z - P^{I} + P)dx = Q^{I}$, hicque valor abeat in Q posito $x - 1$ loco x, fit $\int (z - P^{I} + P - Q^{I} + Q)\,dx = R^{I} = Q^{I} - \int (Q^{I} - Q)\,dx$ porro $R^{I} - \int (R^{I} - R)\,dx = S^{I}$; &c. erit summa quaesita:

$$s = P^{I} + Q^{I} + R^{I} + S^{I} + \&c. + Const.$$

qua vni casui satisfiat.

193. Mutatis aliquantum litteris ista summatio huc redit. Proposita serie summanda:

$$s = \overset{1}{a} + \overset{2}{b} + \overset{3}{c} + \overset{4}{d} + \ldots\ldots + \overset{x}{z}$$

ponatur	*posito* $x-1$	*loco*	x
$\int z\,dx = P$	abeatque P	in	p
$P - \int (P - p)\,dx = Q$	abeatque Q	in	q
$Q - \int (Q - q)\,dx = R$	abeatque R	in	r &c.

quibus valoribus inuentis erit summa quaesita:

$$s = P + Q + R + S + \&c.$$

hachaecque expreſſio expedite oſtendit ſummam, ſi formulae iſtae integrales exhiberi queant. Sit, vt vſum eius exemplo illuſtremus, $z = xx + x$, eritque

$P = \frac{1}{3}x^3 + \frac{1}{2}xx$; $p = \frac{1}{3}x^3 - \frac{1}{2}xx + \frac{1}{6}$

$P - p = xx - \frac{1}{6}$ & $\int(P - p)\,dx = \frac{1}{3}x^3 - \frac{1}{6}x$

$Q = \frac{1}{2}xx + \frac{1}{6}x$; $q = \frac{1}{2}xx - \frac{5}{6}x + \frac{1}{3}$

$Q - q = x - \frac{1}{3}$ & $\int(Q - q)\,dx = \frac{1}{2}xx - \frac{1}{3}x$

$R = \frac{1}{2}x$; $r = \frac{1}{2}x - \frac{1}{2}$

$R - r = \frac{1}{2}$; $\int(R - r)\,dx = \frac{1}{2}x$

$S = 0$, reliquique valores euaneſcunt. Quare ſumma quaeſita erit:

$$\frac{1}{3}x^3 + \frac{1}{2}xx$$
$$+ \frac{1}{2}xx + \frac{1}{6}x = \frac{1}{3}x^3 + xx + \frac{2}{3}x = \frac{1}{3}x(x+1)(x+2)$$
$$+ \frac{1}{2}x.$$

Hocque ergo modo omnium ſerierum, quarum termini generales ſunt functiones rationales integrae ipſius x, ſummae ope integrationum continuarum inueniri poſſunt. Ex quibus facile perſpicitur, quam amplum occupet campum doctrina de ſummatione ſerierum, neque omnibus methodis, quae tum habentur tum adhuc excogitari poſſunt, capiendis plura volumina ſufficere.

194. Hactenus ſummas ſerierum inueſtigauimus a termino primo vsque ad eum cuius index eſt x, quibus cognitis ponendo $x = \infty$ ipſius ſeriei in infinitum continuatae ſumma innoteſcet. Saepenumero autem hoc expeditius praeſtatur, ſi non ſumma terminorum a primo

vsque ad eum cuius index est x, sed summa omnium terminorum ab isto, cuius index est x, in infinitum vsque quaeratur, hocque casu imprimis expressiones vltimae fiunt tractabiliores. Sit igitur proposita series cuius terminus generalis seu indici x respondens sit $= z$, sequens indici $x+1$ respondens sit $= z^{I}$, huncque vltra sequentes sint z^{II}, z^{III}, &c. quaeraturque summa huius seriei infinitae:

$$x, \quad x+1, \quad x+2, \quad x+3, \quad \&c.$$

$$s = z + z^{I} + z^{II} + z^{III} + \&c. \text{ in infinitum.}$$

Haec igitur summa s erit functio ipsius x, in qua si ponatur $x+1$ loco x, orietur summa prior termino z truncata. Cum ergo hac mutatione s abeat in

$$s + \frac{ds}{dx} + \frac{dds}{2dx^2} + \&c. \quad \text{erit:}$$

$$s - z = s + \frac{ds}{dx} + \frac{dds}{2dx^2} + \frac{d^3s}{6dx^3} + \frac{d^4s}{24dx^4} + \frac{d^5s}{120dx^5} + \&c.$$

$$\text{seu } 0 = z + \frac{ds}{dx} + \frac{dds}{2dx^2} + \frac{d^3s}{6dx^3} + \frac{d^4s}{24dx^4} + \frac{d^5s}{120dx^5} + \&c.$$

195. Si nunc vt ante ratiocinium instituamus, fiet neglectis differentialibus superioribus, $s = C - \int z dx$. Ponatur ergo $\int z dx = P$, sitque reuera $s = C - P + p$,

$$\text{erit } 0 = z - \frac{dP}{dx} - \frac{ddP}{2dx^2} - \frac{d^3P}{6dx^3} - \&c.$$

$$+ \frac{dp}{dx} + \frac{ddp}{2dx^2} + \frac{d^3p}{6dx^3} + \&c.$$

Abe-

Abeat P in P^I, si loco x ponatur $x+1$, eritque:

$$0 = z + P - P^I + \frac{dp}{dx} + \frac{ddp}{2dx^2} + \frac{d^3p}{6dx^3} + \&c.$$

Hinc neglectis differentialibus altioribus fiet: $p = \int (P^I - P)dx - P$. Statuatur $\int (P^I - P)\,dx - P = -Q$, sitque $p = -Q + q$, erit:

$$0 = z + P - P^I - \frac{dQ}{dx} - \frac{ddQ}{2dx^2} - \&c. + \frac{dq}{dx} + \frac{ddq}{2dx^2} + \&c.$$

Abeat Q in Q^I si loco x ponatur $x+1$ eritque

$$0 = z + P - P^I + Q - Q^I + \frac{dq}{dx} + \frac{ddq}{2dx^2} + \&c.$$

vnde sequitur $q = \int (Q^I - Q)\,dx - Q$. Quamobrem si comma cuique quantitati infixum denotet eius valorem, quem induit posito $x+1$ loco x, ponaturque

$$\int z\,dx = P$$
$$P - \int (P^I - P)\,dx = Q$$
$$Q - \int (Q^I - Q)\,dx = R$$
$$R - \int (R^I - R)\,dx = S \quad \&c.$$

erit seriei propositae $z + z^I + z^{II} + z^{III} + z^{IV} + \&c.$ summa $= C - P - Q - R - S - \&c.$ vbi constans C ita debet definiri, vt posito $x = \infty$ tota summa euanescat. Quia autem applicatio huius expressionis integrationes requirit, hoc loco eius vsum declarare non licet.

196. Vt autem formulas integrales euitemus, statuamus summam seriei $= ys$, existente y functione ipsius

fius x quacunque cognita, cuius valores y^{I}, y^{II}, &c. qui prodeunt ponendo $x+1$, $x+2$, &c. loco x, erunt noti. Si iam ponatur $x+1$ loco x prodibit superior series termino primo mulctata, cuius summa propterea

erit $y'\left(s+\frac{ds}{dx}+\frac{dds}{2dx^2}+\frac{d^3s}{6dx^3}+\&c.\right)=ys-z$

seu $z+\frac{y'ds}{dx}+\frac{y'dds}{2dx^2}+\frac{y'd^3s}{6dx^3}+\&c.=(y-y')s$

vnde neglectis differentialibus oritur $s=\frac{z}{y-y'}$. Statuatur $\frac{z}{y'-y}=P$, sitque reuera $s=-P+p$, erit:

$$\left.\begin{array}{l}-\frac{y'dP}{dx}-\frac{y'ddP}{2dx^2}-\frac{y'd^3P}{6dx^3}-\&c.\\+\frac{y'dp}{dx}+\frac{y'ddp}{2dx^2}+\frac{y'd^3p}{6dx^3}+\&c.\end{array}\right\}=(y-y')p$$

ideoque $\frac{y'dp}{dx}+\frac{y'ddp}{2dx^2}+\frac{y'd^3p}{6dx^3}+\&c.=y'(P'-P)-(y'-y)p.$

Statuatur $Q=\frac{y'(P'-P)}{y'-y}$, sitque $p=Q+q$; erit:

$y'(Q'-Q)+y'\left(\frac{dq}{dx}+\frac{ddq}{2dx^2}+\&c.\right)=-(y'-y)q.$

Statuatur $R=\frac{y'(Q'-Q)}{y'-y}$, sitque $q=-R+r$.

Hocque modo si vlterius progrediamur. Seriei propositae: $z+z^{I}+z^{II}+z^{III}+z^{IV}+\&c.$ summa sequenti modo inuenietur.

Sum-

Sumta pro lubitu functione ipsius x, quae sit $= y$, statuatur:

$$P = \frac{z}{y' - y} = \frac{z}{\Delta y}$$

$$Q = \frac{y'(P' - P)}{y' - y} = \frac{y \Delta P}{\Delta y} + \Delta P$$

$$R = \frac{y'(Q' - Q)}{y' - y} = \frac{y \Delta Q}{\Delta y} + \Delta Q$$

$$S = \frac{y'(R' - R)}{y' - y} = \frac{y \Delta R}{\Delta y} + \Delta R$$

&c.

Hincque erit summa quaesita:

$$= C - Py + Qy - Ry + Sy - \&c.$$

Sumta pro C eiusmodi constante, vt posito $x = \infty$ summa euanescat.

192. Sumatur $y = a^x$; ob $y' = a^{x+1}$, erit: $y' - y = a^x (a - 1)$, vnde fiet:

$$P = \frac{z}{a^x (a-1)} \quad ; \quad P' = \frac{z'}{a^{x+1}(a-1)}$$

$$Q = \frac{a(P' - P)}{a - 1} = \frac{(z' - az)}{a^x (a-1)^2} \quad ; \quad Q' = \frac{(z'' - az')}{a^{x+1}(a-1)^2}$$

$$R = \frac{a(Q' - Q)}{a - 1} = \frac{z'' - 2az' + aaz}{a^x (a-1)^3}$$

$$S = \frac{a(R' - R)}{a - 1} = \frac{z''' - 3az'' + 3a^2 z' - a^3 z}{a^x (a-1)^4}$$

&c.

Quocirca summa seriei propositae erit:

$$C - \frac{z}{a-1} + \frac{z' - az}{(a-1)^2} - \frac{z'' + 2az' - a^2z}{(a-1)^3}$$

$$+ \frac{z''' - 3az'' + 3a^2z' - a^3z}{(a-1)^4}$$

&c.

Haec vero eadem summae expressio iam supra est inventa Capite primo. Hinc autem aliis pro y valoribus accipiendis infinitae aliae expressiones erui poterunt; vnde ea, quae cuique casui maxime sit accommodata, eligi potest.

CAPUT VIII.

DE VSU CALCULI DIFFERENTIALIS IN FORMANDIS SERIEBUS.

198.

Vnum adhuc calculi differentialis vsum in doctrina serierum commemorabimus, qui in ipsa formatione serierum consistit, & ad quem iam supra prouocauimus, cum quaestio esset de fractione, cuius denominator sit potestas quaecunque functionis cuiuspiam, in seriem euoluenda. Ista methodus autem similis est ei, qua iam aliquoties sumus vsi, dum functio in seriem conuertenda aequalis fingitur cuipiam seriei, in singulis terminis coefficientes indeterminatos habenti, qui deinceps aequalitate constituta determinentur. Haec autem determinatio saepenumero mirifice adiuuatur, si antequam ea suscipiatur ad differentialia cum prima, tum nonnunquam quoque ad secunda aequatio perducatur. Quae methodus cum in calculo integrali amplissimi sit vsus, eam hic diligentius exponemus.

199. Primum igitur breuiter repetamus, quae supra de euolutione fractionum in series sine calculi differentialis subsidio attulimus. Sit fractio quaecunque proposita:

$$\frac{A + Bx + Cx^2 + Dx^3 + \&c.}{\alpha + \beta x + \gamma x^2 + \delta x^3 + \epsilon x^4 + \&c.} = s$$

quam in seriem secundum potestates ipsius x procedentem conuerti oporteat. Fingatur pro s series indeterminata:

$$s = \mathfrak{A} + \mathfrak{B}x + \mathfrak{C}x^2 + \mathfrak{D}x^3 + \mathfrak{E}x^4 + \mathfrak{F}x^5 + \mathfrak{G}x^6 + \&c.$$

Cum igitur fractione per multiplicationem sublata sit:

$$A + Bx + Cx^2 + Dx^3 + Ex^4 + Fx^5 + Gx^6 + \&c.$$
$$= s(\alpha + \beta x + \gamma x^2 + \delta x^3 + \epsilon x^4 + \zeta x^5 + \eta x^6 + \&c.)$$

si pro s series ficta substituatur prodibit sequens aequatio:

$$A + Bx + Cx^2 + Dx^3 + Ex^4 + Fx^5 + \&c. =$$

$$\begin{array}{llllll}
\mathfrak{A}\alpha + \mathfrak{B}\alpha x + \mathfrak{C}\alpha x^2 & + \mathfrak{D}\alpha x^3 & + \mathfrak{E}\alpha x^4 & + \mathfrak{F}\alpha x^5 & + \&c. \\
\quad + \mathfrak{A}\beta \quad + \mathfrak{B}\beta & + \mathfrak{C}\beta & + \mathfrak{D}\beta & + \mathfrak{E}\beta & + \&c. \\
\quad\quad\quad + \mathfrak{A}\gamma & + \mathfrak{B}\gamma & + \mathfrak{C}\gamma & + \mathfrak{D}\gamma & + \&c. \\
 & + \mathfrak{A}\delta & + \mathfrak{B}\delta & + \mathfrak{C}\delta & + \&c. \\
 & & + \mathfrak{A}\epsilon & + \mathfrak{B}\epsilon & + \&c. \\
 & & & + \mathfrak{A}\zeta & + \&c.
\end{array}$$

Aequalitate ergo inter singulos terminos, qui easdem ipsius x potestates continent, constituta fiet:

$$\mathfrak{A}\alpha - A = 0$$
$$\mathfrak{B}\alpha + \mathfrak{A}\beta - B = 0$$
$$\mathfrak{C}\alpha + \mathfrak{B}\beta + \mathfrak{A}\gamma - C = 0$$
$$\mathfrak{D}\alpha + \mathfrak{C}\beta + \mathfrak{B}\gamma + \mathfrak{A}\delta - D = 0$$
$$\mathfrak{E}\alpha + \mathfrak{D}\beta + \mathfrak{C}\gamma + \mathfrak{B}\delta + \mathfrak{A}\epsilon - E = 0 \quad \&c.$$

ex

ex quibus aequationibus coefficientes ficti $\mathfrak{A}$, $\mathfrak{B}$, $\mathfrak{C}$, $\mathfrak{D}$, &c. determinantur, sicque series infinita inuenitur:

$$\mathfrak{A} + \mathfrak{B}x + \mathfrak{C}x^2 + \mathfrak{D}x^3 + \mathfrak{E}x^4 + \&c.$$

fractioni propositae s aequalis. Atque in hac forma si tam numerator quam denominator fractionis s finito terminorum numero constent, omnes series recurrentes comprehenduntur, de quibus iam supra fusius est tractatum.

200. Quodsi autem vel numerator vel denominator vel vterque ad dignitatem quamcunque fuerit eleuatus, tum hoc modo series difficulter obtinetur; propterea quod negotium, nisi functio eleuata sit binomium, perquam fit laboriosum. Calculo autem differentiali iste labor euitari potest. Adsit primum solus numerator, sitque:

$$s = (A + Bx + Cxx)^n,$$

vnde quaeratur series secundum potestates ipsius x procedens huic trinomii dignitati aequalis; quam quidem finitam fore constat, si exponens n fuerit numerus integer affirmatiuus. Fingatur iterum pro s series indefinita:

$$s = \mathfrak{A} + \mathfrak{B}x + \mathfrak{C}x^2 + \mathfrak{D}x^3 + \mathfrak{E}x^4 + \mathfrak{F}x^5 + \mathfrak{G}x^6 + \&c.$$

cuius terminum primum $\mathfrak{A}$ constat esse $= A^n$: si enim ponatur $x = 0$, ex priori forma proposita fit $s = A^n$, ex serie autem ficta $s = \mathfrak{A}$. Haec autem primi termini determinatio ex ipsa rei natura est petenda, si ad differentialia descendere velimus, quia hinc primus terminus non determinatur, vti mox patebit.

201. Cum sit $s = (A + Bx + Cx^2)^n$, erit logarithmis sumendis $ls = nl(A + Bx + Cx^2)$; hincque sumtis differentialibus habebitur:

$$\frac{ds}{s} = \frac{nB\,dx + 2nCx\,dx}{A + Bx + Cx^2}, \quad \text{seu}$$

$$(A + Bx + Cx^2)\frac{ds}{dx} = ns(B + 2Cx).$$

Ex serie autem ficta est:

$$\frac{ds}{dx} = \mathfrak{B} + 2\mathfrak{C}x + 3\mathfrak{D}x^2 + 4\mathfrak{E}x^3 + 5\mathfrak{F}x^4 + \&c.$$

Si igitur haec series loco $\frac{ds}{dx}$, & pro s ipsa series ficta substituatur, prodibit sequens aequatio:

$$\begin{array}{llllll}
A\mathfrak{B} + 2A\mathfrak{C}x & + 3A\mathfrak{D}x^2 & + 4A\mathfrak{E}x^3 & + 5A\mathfrak{F}x^4 & + \&c. \\
\quad + B\mathfrak{B} & + 2B\mathfrak{C} & + 3B\mathfrak{D} & + 4B\mathfrak{E} & + \&c. \\
 & + C\mathfrak{B} & + 2C\mathfrak{C} & + 3C\mathfrak{D} & + \&c. \\
\hline
nB\mathfrak{A} + nB\mathfrak{B} & + nB\mathfrak{C} & + nB\mathfrak{D} & + nB\mathfrak{E} & + \&c. \\
\quad + 2nC\mathfrak{A} & + 2nC\mathfrak{B} & + 2nC\mathfrak{C} & + 2nC\mathfrak{D} & + \&c.
\end{array} \; =$$

Aequalitate ergo hic inter terminos eiusdem ipsius x potestatis constituta erit:

$$\mathfrak{B} = \frac{nB\mathfrak{A}}{A}$$

$$\mathfrak{C} = \frac{(n-1)B\mathfrak{B} + 2nC\mathfrak{A}}{2A}$$

$$\mathfrak{D} = \frac{(n-2)B\mathfrak{C} + (2n-1)C\mathfrak{B}}{3A}$$

$\mathfrak{E} =$

$$\mathfrak{E} = \frac{(n-3)B\mathfrak{D} + (2n-2)C\mathfrak{C}}{4A}$$

$$\mathfrak{F} = \frac{(n-4)B\mathfrak{E} + (2n-3)C\mathfrak{D}}{5A}$$

&c.

Cum igitur vt ante vidimus sit $\mathfrak{A} = A^n$, erit $\mathfrak{B} = nA^{n-1}B$, hincque reliqui coefficientes omnes successiue determinabuntur. Lex autem, quam ipsi sequuntur facillime ex his formulis patet, quae vehementer obscura mansisset, si trinomium actu eleuare voluissemus.

202. Haec eadem methodus succedit, si polynomium quodcunque ad quampiam dignitatem eleuari debeat. Sit

$$s = (A + Bx + Cx^2 + Dx^3 + Ex^4 + \&c.)^n$$

fingaturque:

$$s = \mathfrak{A} + \mathfrak{B}x + \mathfrak{C}x^2 + \mathfrak{D}x^3 + \mathfrak{E}x^4 + \&c.$$

erit $\mathfrak{A} = A^n$, qui valor colligitur, si ponatur $x = 0$. Sumtis iam vt ante logarithmis, eorumque differentialibus reperietur:

$$\frac{ds}{s} = \frac{nBdx + 2nCxdx + 3nDx^2dx + 4nEx^3dx + \&c.}{A + Bx + Cx^2 + Dx^3 + Ex^4 + \&c.}$$

seu $(A + Bx + Cx^2 + Dx^3 + Ex^4 + \&c.)\frac{ds}{dx} =$

$$s(nB + 2nCx + 3nDx^2 + 4nEx^3 + \&c.)$$

Cum

Cum igitur sit:

$$\frac{ds}{dx} = \mathfrak{B} + 2\mathfrak{C}x + 3\mathfrak{D}x^2 + 4\mathfrak{E}x^3 + 5\mathfrak{F}x^4 + \&c.$$

Erit his seriebus pro s & $\frac{ds}{dx}$ substitutis:

$$\begin{array}{llllll}
A\mathfrak{B} & + 2A\mathfrak{C}x & + 3A\mathfrak{D}x^2 & + 4A\mathfrak{E}x^3 & + 5A\mathfrak{F}x^4 & + \&c. \\
 & + B\mathfrak{B} & + 2B\mathfrak{C} & + 3B\mathfrak{D} & + 4B\mathfrak{E} & + \&c. \\
 & & + C\mathfrak{B} & + 2C\mathfrak{C} & + 3C\mathfrak{D} & + \&c. \\
 & & & + D\mathfrak{B} & + 2D\mathfrak{C} & + \&c. \\
 & & & & + E\mathfrak{B} & + \&c. = \\
\hline
nB\mathfrak{A} & + nB\mathfrak{B} & + nB\mathfrak{C} & + nB\mathfrak{D} & + nB\mathfrak{E} & + \&c. \\
 & + 2nC\mathfrak{A} & + 2nC\mathfrak{B} & + 2nC\mathfrak{C} & + 2nC\mathfrak{D} & + \&c. \\
 & & + 3nD\mathfrak{A} & + 3nD\mathfrak{B} & + 3nD\mathfrak{C} & + \&c. \\
 & & & + 4nE\mathfrak{A} & + 4nE\mathfrak{B} & + \&c. \\
 & & & & + 5nF\mathfrak{A} & + \&c.
\end{array}$$

Vnde deriuantur sequentes determinationes:

$$\begin{aligned}
A\mathfrak{B} &= n\,B\mathfrak{A} \\
2A\mathfrak{C} &= (n-1)B\mathfrak{B} + 2nC\mathfrak{A} \\
3A\mathfrak{D} &= (n-2)B\mathfrak{C} + (2n-1)C\mathfrak{B} + 3nD\mathfrak{A} \\
4A\mathfrak{E} &= (n-3)B\mathfrak{D} + (2n-2)C\mathfrak{C} + (3n-1)D\mathfrak{B} + 4nE\mathfrak{A} \\
5A\mathfrak{F} &= (n-4)B\mathfrak{E} + (2n-3)C\mathfrak{D} + (3n-2)C\mathfrak{C} + (4n-1)E\mathfrak{B} + 5nF\mathfrak{A} \\
&\&c.
\end{aligned}$$

vnde quemadmodum coefficientes ficti $\mathfrak{A}$, $\mathfrak{B}$, $\mathfrak{C}$, $\mathfrak{D}$, &c. a se inuicem pendeant, hincque determinentur, cum sit $\mathfrak{A} = A^n$, luculentissime appareret.

203. Quoniam, si quantitas $A+Bx+Cx^2+Dx^3+\&c.$ ex finito terminorum numero constat, numerusque n fuerit integer affirmatiuus, quaecunque potestas finito etiam terminorum numero constare debet: manifestum est hoc casu, formulas modo inuentas tandem euanescere debere, atque cum omnes termini adesse debeant, vt primum vnus euanuerit, simul omnes sequentes euanescere debere. Ponamus formulam propositam $A+Bx+Cx^2$ esse trinomium, eiusque cubum quaeri, vt sit $n=3$, erit

$$\begin{array}{lll}
\mathfrak{A} = A^3 & \text{ideoque}; & \mathfrak{A} = A^3 \\
A\mathfrak{B} = 3B\mathfrak{A} & ; & \mathfrak{B} = 3A^2B \\
2A\mathfrak{C} = 2B\mathfrak{B} + 6C\mathfrak{A} & ; & \mathfrak{C} = 3AB^2 + 3A^2C \\
3A\mathfrak{D} = 1B\mathfrak{C} + 5C\mathfrak{B} & ; & \mathfrak{D} = B^3 + 6ABC \\
4A\mathfrak{E} = 0 + 4C\mathfrak{C} & ; & \mathfrak{E} = 3B^2C + 3AC^2 \\
5A\mathfrak{F} = -B\mathfrak{E} + 3C\mathfrak{D} & ; & \mathfrak{F} = 3BC^2 \\
6A\mathfrak{G} = -2B\mathfrak{F} + 2C\mathfrak{E} & ; & \mathfrak{G} = C^3 \\
7A\mathfrak{H} = -3B\mathfrak{G} + 1C\mathfrak{F} & ; & \mathfrak{H} = 0 \\
8A\mathfrak{I} = -4B\mathfrak{H} + 0 & ; & \mathfrak{I} = 0.
\end{array}$$

Quoniam igitur iam bini sunt $=0$, sequentiumque quilibet a duobus praecedentibus pendet, patet, omnes sequentes pariter euanescere debere. Hancque ob causam lex, qua hi coefficientes a se inuicem pendere sunt inventi, eo magis est notatu digna.

204. Si n fuerit numerus negatiuus, ita vt s aequale fiat fractioni, series in infinitum excurret. Sit igitur

$$s = \frac{1}{(\alpha + \beta x + \gamma x^2 + \delta x^3 + \epsilon x^4 + \&c.)^n}$$

fingatur pro eius valore haec feries:

$$s = \mathfrak{A} + \mathfrak{B}x + \mathfrak{C}x^2 + \mathfrak{D}x^3 + \mathfrak{E}x^4 + \mathfrak{F}x^5 + \&c.$$

Atque fi in fuperioribus formulis pro litteris A, B, C, D, &c. ponantur α, β, γ, δ, &c. fimulque fiat n negatiuum, fequentes determinationes coefficientium $\mathfrak{A}$, $\mathfrak{B}$, $\mathfrak{C}$, $\mathfrak{D}$, &c. prodibunt:

$$\mathfrak{A} = \alpha^{-n} = \frac{1}{\alpha^n};$$

$$\alpha\mathfrak{B} + n\beta\mathfrak{A} = 0$$

$$2\alpha\mathfrak{C} + (n+1)\beta\mathfrak{B} + 2n\gamma\mathfrak{A} = 0$$

$$3\alpha\mathfrak{D} + (n+2)\beta\mathfrak{C} + (2n+1)\gamma\mathfrak{B} + 3n\delta\mathfrak{A} = 0$$

$$4\alpha\mathfrak{E} + (n+3)\beta\mathfrak{D} + (2n+2)\gamma\mathfrak{C} + (3n+1)\delta\mathfrak{B} + 4n\epsilon\mathfrak{A} = 0$$

$$5\alpha\mathfrak{F} + (n+4)\beta\mathfrak{E} + (2n+3)\gamma\mathfrak{D} + (3n+2)\delta\mathfrak{C} + (4n+1)\epsilon\mathfrak{B} + 5n\zeta\mathfrak{A} = 0$$

&c.

Quae formulae eandem continent legem horum coefficientium numerorum, quam iam fupra obferuauimus in introductione; cuiusque adeo veritatem nunc demum rigide demonftrare licuit.

205. Haec ita fe habent, fi numerator fractionis fuerit vnitas, vel etiam quaepiam ipfius x poteftas, puta x^m; pofteriori enim cafu tantum oportebit feriem priori inuentam $\mathfrak{A} + \mathfrak{B}x + \mathfrak{C}x^2 + \mathfrak{D}x^3 + \&c.$ multiplicare per x^m. At fi numerator conftet ex duobus pluribusue terminis, tum fupra quidem legem progreffio-

nis non obseruauimus, quamobrem eam hic per differentiationem inuestigemus. Sit igitur:

$$s = \frac{A + Bx + Cx^2 + Dx^3 + \&c.}{(\alpha + \beta x + \gamma x^2 + \delta x^3 + \varepsilon x^4 + \&c.)^n}$$

fingaturque pro valore huius fractionis sequens series:

$$s = \mathfrak{A} + \mathfrak{B}x + \mathfrak{C}x^2 + \mathfrak{D}x^3 + \mathfrak{E}x^4 + \mathfrak{F}x^5 + \&c.$$

cuius primus terminus $\mathfrak{A}$ vt definiatur, ponatur $x = 0$, eritque ex priori expressione $s = \frac{A}{\alpha^n}$, ex ficta vero $s = \mathfrak{A}$, vnde necesse est, vt sit $\mathfrak{A} = \frac{A}{\alpha^n}$. Quo termino determinato reliqui per differentiationem innotescent.

206. Sumtis logarithmis erit:

$$ls = l(A + Bx + Cx^2 + Dx^3 + \&c.)$$
$$- nl(\alpha + \beta x + \gamma x^2 + \delta x^3 + \varepsilon x^4 + \&c.)$$

hincque differentiando orietur:

$$\frac{ds}{s} = \frac{Bdx + 2Cdx + 3Dx^2dx + \&c.}{A + Bx + Cx^2 + Dx^3 + \&c.}$$
$$- \frac{n\beta dx - 2n\gamma xdx - 3n\delta x^2dx - \&c.}{\alpha + \beta x + \gamma x^2 + \delta x^3 + \&c.}$$

Sublatisque per multiplicationem fractionibus erit:

$$\left.\left(\begin{array}{lllll} A\alpha + & A\beta x + & A\gamma x^2 + & A\delta x^3 + & \&c. \\ & + B\alpha & + B\beta & + B\gamma & + \&c. \\ & & + C\alpha & + C\beta & + \&c. \\ & & & + D\alpha & + \&c. \end{array}\right.\right\} \frac{ds}{dx} =$$

$$\left.\left(\begin{array}{llllll} B\alpha + & B\beta x + & B\gamma x^2 + & B\delta x^3 + & B\varepsilon x^4 + & \&c. \\ & + 2C\alpha & + 2C\beta & + 2C\gamma & + 2C\delta & + \&c. \\ & & + 3D\alpha & + 3D\beta & + 3D\gamma & + \&c. \\ & & & + 4E\alpha & + 4E\beta & + \&c. \\ & & & & + 5F\alpha & + \&c. \end{array}\right.\right\} s$$

$$-\left.\left(\begin{array}{llllll} A\beta + & 2A\gamma x + & 3A\delta x^2 + & 4A\varepsilon x^3 + & 5A\zeta x^4 + & \&c. \\ & + B\beta & + 2B\gamma & + 3B\delta & + 4B\varepsilon & + \&c. \\ & & + C\beta & + 2C\gamma & + 3C\delta & + \&c. \\ & & & + D\beta & + 2D\gamma & + \&c. \\ & & & & + E\beta & + \&c. \end{array}\right.\right\} ns.$$

Cum nunc sit $\frac{ds}{dx} = \mathfrak{B} + 2\mathfrak{C}x + 3\mathfrak{D}x^2 + 4\mathfrak{E}x^3 + \&c.$

erit factis substitutionibus:

$$A\alpha\mathfrak{B} + nA\beta\mathfrak{A} - B\alpha\mathfrak{A} = 0$$

$$2A\alpha\mathfrak{C} + (n+1)A\beta\mathfrak{B} + 2nA\gamma\mathfrak{A} + (n-1)B\beta\mathfrak{A} - 2C\alpha\mathfrak{A} = 0$$

$$\left.\begin{array}{llll} 3A\alpha\mathfrak{D} + (n+2)A\beta\mathfrak{C} + & (2n+1)A\gamma\mathfrak{B} + & 3n\,A\delta\mathfrak{A} & \\ + & B\alpha\mathfrak{C} + & n\,B\beta\mathfrak{B} + & (2n-1)B\gamma\mathfrak{A} \\ & - & C\alpha\mathfrak{B} + & (n-2)C\beta\mathfrak{A} \\ & & & -3D\alpha\mathfrak{A} \end{array}\right\} = 0$$

$$\left.\begin{array}{lllll} 4A\alpha\mathfrak{E} + (n+3)A\beta\mathfrak{D} + & (2n+2)A\gamma\mathfrak{C} + & (3n+1)A\delta\mathfrak{B} + & 4n\,A\varepsilon\mathfrak{A} & \\ + & 2B\alpha\mathfrak{D} + & (n+1)B\beta\mathfrak{C} + & 2n\,B\gamma\mathfrak{B} + & (3n-1)B\delta\mathfrak{A} \\ & + & 0\,C\alpha\mathfrak{C} + & (n-1)C\beta\mathfrak{B} + & (2n-2)C\gamma\mathfrak{A} \\ & & - & 2D\alpha\mathfrak{B} + & (n-3)D\beta\mathfrak{A} \\ & & & - & 4E\alpha\mathfrak{A} \end{array}\right\} = 0$$

Hinc

Hinc lex, qua istae formulae progrediuntur, facile perspicitur: prima enim cuiusque aequationis linea eandem sequitur legem, quam §. 284. habuimus. Tum vero coefficientes secundarum linearum oriuntur, si a coefficientibus superioribus subtrahatur $n+1$, similique modo ex linea secunda formatur linea tertia & sequentes, a coefficientibus superioribus continuo subtrahendo $n+1$; ipsae autem litterae quemvis terminum componentes per solam inspectionem facillime formantur.

207. Sin autem quoque numerator fractionis fuerit quaepiam potestas: scilicet

$$s = \frac{(A + Bx + Cx^2 + Dx^3 + \&c.)^m}{(\alpha + \beta x + \gamma x^2 + \delta x^3 + \varepsilon x^4 + \&c.)^n}$$

fingaturque $s = \mathfrak{A} + \mathfrak{B}x + \mathfrak{C}x^2 + \mathfrak{D}x^3 + \mathfrak{E}x^4 + \&c.$ erit $\mathfrak{A} = \frac{A^m}{\alpha^n}$; reliqui vero coefficientes ex sequentibus formulis determinabuntur:

$$\left.\begin{aligned} &A\alpha\mathfrak{B} + nA\beta\mathfrak{A} \\ &\qquad - mB\alpha\mathfrak{A} \end{aligned}\right\} = 0$$

$$\left.\begin{aligned} &2A\alpha\mathfrak{C} + (n+1)A\beta\mathfrak{B} + 2nA\gamma\mathfrak{A} \\ &\qquad - (m-1)B\alpha\mathfrak{B} + (n-m)B\beta\mathfrak{A} \\ &\qquad\qquad - 2mC\alpha\mathfrak{A} \end{aligned}\right\} = 0$$

$$\left.\begin{aligned} &3A\alpha\mathfrak{D} + (n+2)A\beta\mathfrak{C} + (2n+1)A\gamma\mathfrak{B} + 3nA\delta\mathfrak{A} \\ &\qquad - (m-2)B\alpha\mathfrak{C} + (n-m+1)B\beta\mathfrak{B} + (2n-m)B\gamma\mathfrak{A} \\ &\qquad\qquad - (2m-1)C\alpha\mathfrak{B} + (n-2m)C\beta\mathfrak{A} \\ &\qquad\qquad\qquad - 3mD\alpha\mathfrak{A} \end{aligned}\right\} = 0$$

$$\left.\begin{aligned} &4A\alpha\mathfrak{E} + (n+3)A\beta\mathfrak{D} + (2n+2)A\gamma\mathfrak{C} + (3n+1)A\delta\mathfrak{B} + 4nA\varepsilon\mathfrak{A} \\ &\qquad - (m-3)B\alpha\mathfrak{D} + (n-m+2)B\beta\mathfrak{C} + (2n-m+1)B\gamma\mathfrak{B} + (3n-m)B\delta\mathfrak{A} \\ &\qquad\qquad - (2m-2)C\alpha\mathfrak{C} + (n-2m+1)C\beta\mathfrak{B} + (2n-2m)C\gamma\mathfrak{A} \\ &\qquad\qquad\qquad - (3m-1)D\alpha\mathfrak{B} + (n-3m)D\beta\mathfrak{A} \\ &\&c. \qquad\qquad\qquad\qquad - 4mE\alpha\mathfrak{A} \end{aligned}\right\} = 0$$

Lex

Lex, qua istae formulae vlterius continuantur, ex inspectione facilius apparet, quam verbis describi queat. Descendendo autem coefficientes diminuuntur differentia $n+m$; horizontaliter autem progrediendo augentur continuo differentia $n-1$.

208. Hoc igitur modo doctrina de seriebus recurrentibus amplificatur, dum istum defectum suppleuimus, atque legem coefficientium definiuimus, si non solum denominator fractionis fuerit potestas quaecunque, sed etiam numerator ex quotlibet terminis constet, ad quam legem detegendam sola inductio non sufficiebat. Praeter plurimos autem vsus serierum recurrentium, quos iam exposuimus, maximam quoque afferunt vtilitatem ad summas quarumuis serierum proxime inueniendas: cuius specimen iam in Capite primo huius sectionis exhibuimus, dum seriem substitutione $x = \frac{y}{1+ny}$ in aliam transmutauimus, quae saepenumero terminorum numero finito constet. Eaque methodus vlterius extendi potuisset, si pro x aliae functiones substitutae fuissent. Quoniam vero tum lex progressionis serierum, quae loco potestatum ipsius x poni deberent, non satis luculenter constabat, in hunc locum istam amplificationem reseruare visum est; cum memorata lex iam penitus esset detecta. Interim tamen re diligentius perpensa comperimus idem negotium sine hac progressionis lege expediri posse, in subsidium tantum vocando methodum, qua hic ad hanc ipsam legem inuestigandam sumus vsi.

209.

209. Sit igitur propoſita ſeries quaecunque

$$s = A + Bx + Cx^2 + Dx^3 + Ex^4 + Fx^5 + \&c.$$

quam in aliam transformari oporteat, cuius termini ſinguli ſint fractiones, quarum denominatores ſecundum poteſtates formulae huiusmodi $\alpha + \beta x + \gamma x^2 + \delta x^3 + \&c.$ procedant. Quo igitur a ſimplicioribus incipiamus, ponamus eſſe:

$$s = \frac{\mathfrak{A}}{\alpha + \beta x} + \frac{\mathfrak{B}x}{(\alpha + \beta x)^2} + \frac{\mathfrak{C}x^2}{(\alpha + \beta x)^3} + \frac{\mathfrak{D}x^3}{(\alpha + \beta x)^4} + \&c.$$

aequalitate illius ſerei cum hac expreſſione conſtituta, multiplicetur vbique per $\alpha + \beta x$, fietque:

$$\begin{matrix} A\alpha + B\alpha x + C\alpha x^2 + D\alpha x^3 + \&c. \\ + A\beta + B\beta \;\; + C\beta \;\; + \&c. \end{matrix} = \mathfrak{A} + \frac{\mathfrak{B}x}{\alpha + \beta x} + \frac{\mathfrak{C}x^2}{(\alpha + \beta x)^2} + \&c.$$

ſtatuatur $\mathfrak{A} = A\alpha$; fiatque:

$$A\beta + B\alpha = A^I$$
$$B\beta + C\alpha = B^I$$
$$C\beta + D\alpha = C^I$$
$$D\beta + E\alpha = D^I \qquad \&c.$$

erit diuiſione per x inſtituta:

$$A^I + B^I x + C^I x^2 + D^I x^3 + \&c. = \frac{\mathfrak{B}}{\alpha + \beta x} + \frac{\mathfrak{C}x}{(\alpha + \beta x)^2} + \frac{\mathfrak{D}x^2}{(\alpha + \beta x)^3} + \&c.$$

Multiplicetur denuo per $\alpha + \beta x$, poſitoque

$$A^I\beta + B^I\alpha = A^{II}$$
$$B^I\beta + C^I\alpha = B^{II}$$
$$C^I\beta + D^I\alpha = C^{II} \qquad \&c. \qquad \text{fiet}$$

$$A^I\alpha + A^{II}x + B^{II}x^2 + C^{II}x^3 + \&c. = \mathfrak{B} + \frac{\mathfrak{C}x}{\alpha + \beta x} + \frac{\mathfrak{D}x^2}{(\alpha + \beta x)^2} + \&c.$$

Sit

Sit igitur $\mathfrak{B} = A^{I}\alpha$; atque operationem vt ante instituendo, si fiat:

$$\begin{array}{l|l} A^{II}\beta + B^{II}\alpha = A^{III} & A^{III}\beta + B^{III}\alpha = A^{IV} \\ B^{II}\beta + C^{II}\alpha = B^{III} & B^{III}\beta + C^{III}\alpha = B^{IV} \\ C^{II}\beta + D^{II}\alpha = C^{III} & C^{III}\beta + D^{III}\alpha = C^{IV} \\ \&c. & \&c. \end{array}$$

erit $\mathfrak{C} = A^{II}\alpha$; $\mathfrak{D} = A^{III}\alpha$; $\mathfrak{E} = A^{IV}\alpha$; &c.
vnde summa seriei propositae hoc modo exprimetur, vt sit:

$$s = \frac{A\alpha}{\alpha+\beta x} + \frac{A^{I}\alpha x}{(\alpha+\beta x)^2} + \frac{A^{II}\alpha x^2}{(\alpha+\beta x)^3} + \frac{A^{III}\alpha x^3}{(\alpha+\beta x)^4} + \&c.$$

Quae eadem series orta fuisset ex substitutione $\frac{x}{\alpha+\beta x} = y$ seu $x = \frac{\alpha y}{1-\beta y}$.

210. Haec transformatio optimo cum successu adhibetur, si series proposita $A + Bx + Cx^2 + \&c.$ ita fuerit comparata, vt tandem confundatur cum serie recurrente seu potius geometrica ex fractione $\frac{P}{\alpha+\beta x}$ orta. Tum enim valores A^{I}, B^{I}, C^{I}, D^{I}, &c. tandem euanescent; hincque multo magis litterae A^{II}, A^{III}, A^{IV}, &c. constituent seriem maxime conuergentem. Poterimus autem simili modo denominatores trinomiales & polynomiales quoscunque adhibere, qui vsum habebunt eximium, si series proposita tandem cum recurrente confundatur. Proposita ergo serie:

$$s = A + Bx + Cx^2 + Dx^3 + Ex^4 + Fx^5 + \&c.$$

sta-

ſtatuatur $s = \frac{\mathfrak{A} + \mathfrak{B}x}{\alpha + \beta x + \gamma x^2} + \frac{\mathfrak{A}^{I}x^2 + \mathfrak{B}^{I}x^3}{(\alpha + \beta x + \gamma x^2)^2} + \frac{\mathfrak{A}^{II}x^4 + \mathfrak{B}^{II}x^5}{(\alpha + \beta x + \gamma x^2)^3} + \frac{\mathfrak{A}^{III}x^6 + \mathfrak{B}^{III}x^7}{(\alpha + \beta x + \gamma x^2)^4} + \&c.$

Multiplicetur vbique per $\alpha + \beta x + \gamma x^2$, poſitoque

$$\begin{aligned} A\gamma + B\beta + C\alpha &= A^{I} \\ B\gamma + C\beta + D\alpha &= B^{I} \\ C\gamma + D\beta + E\alpha &= C^{I} \\ \&c. \end{aligned} \quad \& \quad \begin{aligned} \mathfrak{A} &= A\alpha \\ \mathfrak{B} &= A\beta + B\alpha \end{aligned}$$

orietur aequatio priori ſimilis, diuiſione per xx inſtituta:

$$A^{I} + B^{I}x + C^{I}x^2 + D^{I}x^3 + E^{I}x^4 + \&c. = \frac{\mathfrak{A}^{I} + \mathfrak{B}^{I}x}{\alpha+\beta x+\gamma xx} + \frac{\mathfrak{A}^{II}x^2 + \mathfrak{B}^{II}x^3}{(\alpha+\beta x+\gamma xx)^2} + \frac{\mathfrak{A}^{III}x^4 + \mathfrak{B}^{III}x^5}{(\alpha+\beta x+\gamma xx)^3} + \&c.$$

Si igitur vt ante operatio inſtituatur faciendo

$$\begin{aligned} A^{I}\gamma + B^{I}\beta + C^{I}\alpha &= A^{II} \\ B^{I}\gamma + C^{I}\beta + D^{I}\alpha &= B^{II} \\ C^{I}\gamma + D^{I}\beta + E^{I}\alpha &= C^{II} \\ \&c. \end{aligned} \qquad \begin{aligned} \mathfrak{A}^{I} &= A^{I}\alpha \\ \mathfrak{B}^{I} &= A^{I}\beta + B^{I}\alpha \end{aligned}$$

porroque:

$$\begin{aligned} A^{II}\gamma + B^{II}\beta + C^{II}\alpha &= A^{III} \\ B^{II}\gamma + C^{II}\beta + D^{II}\alpha &= B^{III} \\ C^{II}\gamma + D^{II}\beta + E^{II}\alpha &= C^{III} \\ \&c. \end{aligned} \qquad \begin{aligned} \mathfrak{A}^{II} &= A^{II}\alpha \\ \mathfrak{B}^{II} &= A^{II}\beta + B^{II}\alpha \end{aligned}$$

ſicque vlterius valores ſimiles inueſtigando erit:

$$s = \frac{A\alpha+(A\beta+B\alpha)x}{\alpha+\beta x+\gamma xx} + \frac{(A^{I}\alpha+(A^{I}\beta+B^{I}\alpha)x)x^2}{(\alpha+\beta x+\gamma xx)^2} + \frac{(A^{II}+(A^{II}\beta+B^{II}\alpha)x)x^4}{(\alpha+\beta x+\gamma xx)^3} + \&c.$$

211. Si ponatur $x = 1$, qua positione amplitudini nihil decedit, cum α, β, γ pro lubitu accipi possint, fueritque

$$s = A + B + C + D + E + F + G + \&c.$$

Cum putentur successiue sequentes valores:

$$\begin{array}{l|l} A\gamma + B\beta + C\alpha = A' & A'\gamma + B'\beta + C'\alpha = A'' \\ B\gamma + C\beta + D\alpha = B' & B'\gamma + C'\beta + D'\alpha = B'' \\ C\gamma + D\beta + E\alpha = C' & C'\gamma + D'\beta + E'\alpha = C'' \\ \&c. & \&c. \end{array}$$

sicque porro insuper vero breuitatis ergo ponatur:

$$\alpha + \beta + \gamma = m$$

obtinebitur summa seriei propositae hoc modo expressa

$$s = \begin{cases} (\alpha+\beta)\left(\frac{A}{m} + \frac{A'}{m^2} + \frac{A''}{m^3} + \frac{A'''}{m^4} + \&c.\right) \\ + \alpha\left(\frac{B}{m} + \frac{B'}{m} + \frac{B''}{m^3} + \frac{B'''}{m^4} + \&c.\right) \end{cases}$$

212. Eodem modo denominatores ex pluribus terminis constantes accipi possunt; & quoniam operatio ex praecedentibus facile perspicitur, hic tantum casum pro quadrinomio euoluamus: Sit ergo

$$s = A + B + C + D + E + F + G + \&c.$$

Quaerantur valores sequentes:

$$A\delta + B\gamma + C\beta + D\alpha = A'$$
$$B\delta + C\gamma + D\beta + E\alpha = B'$$
$$C\delta + D\gamma + E\beta + F\alpha = C'$$
$$\&c.$$

A'δ

$$A'\delta + B'\gamma + C'\beta + D'\alpha = A''$$
$$B'\delta + C'\gamma + D'\beta + E'\alpha = B''$$
$$C'\delta + D'\gamma + E'\beta + F'\alpha = C''$$
&c.
$$A''\delta + B''\gamma + C''\beta + D''\alpha = A'''$$
$$B''\delta + C''\gamma + D''\beta + E''\alpha = B'''$$
$$C''\delta + D''\gamma + E''\beta + F''\alpha = C'''$$
&c.

Tum vero sit $\alpha + \beta + \gamma + \delta = m$; eritque

$$(\alpha+\beta+\gamma)\left(\frac{A}{m} + \frac{A'}{m^2} + \frac{A''}{m^3} + \frac{A'''}{m^4} + \&c.\right)$$
$$s = (\alpha+\beta)\left(\frac{B}{m} + \frac{B'}{m^2} + \frac{B''}{m^3} + \frac{B'''}{m^4} + \&c.\right)$$
$$+ \alpha\left(\frac{C}{m} + \frac{C'}{m^2} + \frac{C''}{m^3} + \frac{C'''}{m^4} + \&c.\right)$$

vnde simul progressio, si adhuc plures partes denominatori m tribuantur, clarissime perspicitur.

213. Neque vero absolute opus est, vt denominatores fractionum, ad quas summam seriei reducimus, sint potestates eiusdem formulae $\alpha + \beta x + \gamma x^2 + \&c.$ sed haec ipsa in singulis terminis variari potest. Quo hoc clarius pateat, sumamus primo tantum duos terminos, fingaturque series

$$s = A + Bx + Cx^2 + Dx^3 + Ex^4 + Fx^5 + \&c.$$

in hanc seriem fractionum conuerti:

$$s = \frac{\mathfrak{A}}{\alpha+\beta x} + \frac{\mathfrak{A}'x}{(\alpha+\beta x)(\alpha'+\beta' x)} + \frac{\mathfrak{A}''x^2}{(\alpha+\beta x)(\alpha'+\beta' x)(\alpha''+\beta'' x)} + \&c.$$

Multiplicetur primum vtrinque per $\alpha+\beta x$, ponaturque

$$\begin{array}{l} A\beta + B\alpha = A' \\ B\beta + C\alpha = B' \quad \& \quad \mathfrak{A} = A\alpha \\ C\beta + D\alpha = C' \\ \&c. \end{array}$$

fietque per x diuiso

$$A' + B'x + C'x^2 + D'x^3 + \&c. = \frac{\mathfrak{A}'}{\alpha'+\beta' x} + \frac{\mathfrak{A}''x}{(\alpha'+\beta' x)(\alpha''+\beta'' x)} + \&c.$$

Deinde ſimili modo multiplicando per $\alpha'+\beta' x$; tumque per $\alpha''+\beta'' x$, & ita porro, ſi ſtatuatur:

$$\begin{array}{l|l|l} A'\beta' + B'\alpha' = A'' & A''\beta'' + B''\alpha'' = A''' & A'''\beta''' + B'''\alpha''' = A'''' \\ B'\beta' + C'\alpha' = B'' & B''\beta'' + C''\alpha'' = B''' & B'''\beta''' + C'''\alpha''' = B'''' \\ C'\beta' + D'\alpha' = C'' & C''\beta'' + D''\alpha'' = C''' & C'''\beta''' + D'''\alpha''' = C'''' \\ \&c. & \&c. & \&c. \end{array}$$

fiet $\mathfrak{A}' = A'\alpha'$; $\mathfrak{A}'' = A''\alpha''$; $\mathfrak{A}''' = A'''\alpha'''$; &c. atque hinc ſeries propoſita conuertetur in hanc:

$$s = \frac{A\alpha}{\alpha+\beta x} + \frac{A'\alpha' x}{(\alpha+\beta x)(\alpha'+\beta x)} + \frac{A''\alpha'' x}{(\alpha+\beta x)(\alpha'+\beta' x)(\alpha''+\beta'' x)} + \&c.$$

vbi valores α, β, α', β', α'', β'', α''', β''', &c. ſunt arbitrarii; quouis autem caſu ita accipi poſſunt, vt iſta noua ſeries maxime conuergat.

214. Applicemus hoc quoque ad factores trinomiales, ſitque propoſita ſerie quacunque:

$s =$

$$s = A + B + C + D + E + F + G + \&c.$$

$$A\gamma + B\beta + C\alpha = A' \quad | \quad A'\gamma' + B'\beta' + C'\alpha' = A''$$
$$B\gamma + C\beta + D\alpha = B' \quad | \quad B'\gamma' + C'\beta' + D'\alpha' = B''$$
$$C\gamma + D\beta + E\alpha = C' \quad | \quad C'\gamma' + D'\beta' + E'\alpha' = C''$$
$$\&c. \quad | \quad \&c.$$

$$A''\gamma'' + B''\beta'' + C''\alpha'' = A''' \quad | \quad A'''\gamma''' + B'''\beta''' + C'''\alpha''' = A''''$$
$$B''\gamma'' + C''\beta'' + D''\alpha'' = B''' \quad | \quad B'''\gamma''' + C'''\beta''' + D'''\alpha''' = B''''$$
$$C''\gamma'' + D''\beta'' + E''\alpha'' = C''' \quad | \quad C'''\gamma''' + D'''\beta''' + E'''\alpha''' = C''''$$
$$\&c. \quad | \quad \&c.$$

Deinde ſtatuatur breuitatis gratia:

$$\alpha + \beta + \gamma = m$$
$$\alpha' + \beta' + \gamma' = m'$$
$$\alpha'' + \beta'' + \gamma'' = m''$$
$$\alpha''' + \beta''' + \gamma''' = m'''$$
$$\&c.$$

eritque ſeriei propoſitae ſumma:

$$s = \frac{\alpha(A+B)}{m} + \frac{\alpha'(A'+B')}{mm'} + \frac{\alpha''(A''+B'')}{mm'm''} + \frac{\alpha'''(A'''+B''')}{mm'm''m'''} + \&c.$$
$$+ \frac{\beta A}{m} + \frac{\beta' A'}{mm'} + \frac{\beta'' A''}{mm'm''} + \frac{\beta''' A'''}{mm'm''m'''} + \&c.$$

215. Quoniam haec tam late patent, vt vſus minus clare percipi poſſit, reſtringamus transformationem §. 213. traditam, ſitque $x = -1$, vt habeatur haec ſeries:

$$s = A - B + C - D + E - F + G - \&c.$$

ſtatuaturque:

$B-A=A'$	$B'-2A'=A''$	$B''-3A''=A'''$	$B'''-4A'''=A''''$
$C-B=B'$	$C'-2B'=B''$	$C''-3B''=B'''$	$C'''-4B'''=B''''$
$D-C=C'$	$D'-2C'=C''$	$D''-3C''=C'''$	$D'''-4C'''=C''''$
$E-D=D'$	$E'-2D'=D''$	$E''-3D''=D'''$	$E'''-4D'''=D''''$
&c.	&c.	&c.	&c.

Quibus valoribus inuentis, erit ſumma ſeriei propoſitae aequalis ſequenti ſeriei:

$$s=\frac{A}{2}-\frac{A'}{2.3}+\frac{A''}{2.3.4}-\frac{A'''}{2.3.4.5}+\frac{A''''}{2.3.4.5.6}-\&c.$$

Simili igitur modo ſeries quaecunque propoſita in innumerabiles alias ſibi aequales transmutari poteſt, inter quas ſine dubio ſeries maxime conuergentes reperientur, quarum ope ſumma propoſita vero proxime indagari queat.

216. Reuertamur autem ad inuentionem ſerierum, quarum progreſſionis legem calculus differentialis declarat. Cum igitur hoc in quantitatibus algebraicis iam ſit praeſtitum, progrediamur ad transcendentes, quaeraturque ſeries huic logarithmo aequalis:

$$s=l(1+\alpha x+\beta x^2+\gamma x^3+\delta x^4+\epsilon x^5+\&c.)$$

fingatur quaeſito ſatisfacere haec ſeries:

$$s=\mathfrak{A}x+\mathfrak{B}x^2+\mathfrak{C}x^3+\mathfrak{D}x^4+\mathfrak{E}x^5+\mathfrak{F}x^6+\&c.$$

Cum igitur ex illius aequationis differentiatione ſequatur

$$\frac{ds}{dx}=\frac{\alpha+2\beta x+3\gamma x^2+4\delta x^3+5\epsilon x^4+\&c.}{1+\alpha x+\beta x^2+\gamma x^3+\delta x^4+\epsilon x^5+\&c.}$$

erit:

$$(1+\alpha x+\beta x^2+\gamma x^3+\delta x^4+\&c.)\frac{ds}{dx}=\alpha+2\beta x+3\gamma x^2+4\delta x^3+\&c.$$

Quia

Quia vero ex ficta aequatione est:

$$\frac{ds}{dx} = \mathfrak{A} + 2\mathfrak{B}x + 3\mathfrak{C}x^2 + 4\mathfrak{D}x^3 + 5\mathfrak{E}x^4 + \&c.$$

facta hac substitutione oritur haec aequatio:

$$\begin{array}{llllll}
\mathfrak{A} & + 2\mathfrak{B}x & + 3\mathfrak{C}x^2 & + 4\mathfrak{D}x^3 & + 5\mathfrak{E}x^4 & + \&c. \\
& + \mathfrak{A}\alpha & + 2\mathfrak{B}\alpha & + 3\mathfrak{C}\alpha & + 4\mathfrak{D}\alpha & + \&c. \\
& & + \mathfrak{A}\beta & + 2\mathfrak{B}\beta & + 3\mathfrak{C}\beta & + \&c. \\
& & & + \mathfrak{A}\gamma & + 2\mathfrak{B}\gamma & + \&c. \\
& & & & + \mathfrak{A}\delta & + \&c. = \\
\hline
\alpha & + 2\beta x & + 3\gamma x^2 & + 4\delta x^3 & + 5\varepsilon x^4 & + \&c.
\end{array}$$

Ex qua sequentes determinationes obtinentur:

$$\begin{aligned}
\mathfrak{A} &= \alpha \\
\mathfrak{B} &= -\tfrac{1}{2}\mathfrak{A}\alpha + \beta \\
\mathfrak{C} &= -\tfrac{2}{3}\mathfrak{B}\alpha - \tfrac{1}{3}\mathfrak{B}\beta - \tfrac{1}{3}\mathfrak{A}\beta + \gamma \\
\mathfrak{D} &= -\tfrac{3}{4}\mathfrak{C}\alpha - \tfrac{2}{4}\mathfrak{B}\beta - \tfrac{1}{4}\mathfrak{A}\gamma + \delta \\
\mathfrak{E} &= -\tfrac{4}{5}\mathfrak{D}\alpha - \tfrac{3}{5}\mathfrak{C}\beta - \tfrac{2}{5}\mathfrak{B}\gamma - \tfrac{1}{5}\mathfrak{A}\delta + \varepsilon \\
&\&c.
\end{aligned}$$

217. Proposita nunc sit quantitas exponentialis:

$$s = e^{\alpha x + \beta x^2 + \gamma x^3 + \delta x^4 + \varepsilon x^5 + \&c.}$$

in qua e denotet numerum, cuius logarithmus hyperbolicus est $= 1$, atque fingatur series quaesita:

$$s = 1 + \mathfrak{A}x + \mathfrak{B}x^2 + \mathfrak{C}x^3 + \mathfrak{D}x^4 + \mathfrak{E}x^5 + \&c.$$

iam enim ex casu $x = 0$ patet, primum terminum esse debere vnitatem. Cum igitur sumendis logarithmis sit

$ls =$

$$ls = \alpha x + \beta x^2 + \gamma x^3 + \delta x^4 + \varepsilon x^5 + \zeta x^6 + \&c.$$

erit differentialibus sumtis:

$$\frac{ds}{dx} = s(\alpha + 2\beta x + 3\gamma x^2 + 4\delta x^3 + 5\varepsilon x^4 + \&c.)$$

At vero ex aequatione ficta erit:

$$\frac{ds}{dx} = \mathfrak{A} + 2\mathfrak{B}x + 3\mathfrak{C}x^2 + 4\mathfrak{D}x^3 + 5\mathfrak{E}x^4 + \&c. =$$

$$\begin{array}{llllll}
\alpha & + \mathfrak{A}\alpha x & + \mathfrak{B}\alpha x^2 & + \mathfrak{C}\alpha x^3 & + \mathfrak{D}\alpha x^4 & + \&c. \\
 & + 2\beta & + 2\mathfrak{A}\beta & + 2\mathfrak{B}\beta & + 2\mathfrak{C}\beta & + \&c. \\
 & & + 3\gamma & + 3\mathfrak{A}\gamma & + 3\mathfrak{B}\gamma & + \&c. \\
 & & & + 4\delta & + 4\mathfrak{A}\delta & + \&c. \\
 & & & & + 5\varepsilon & + \&c.
\end{array}$$

ex quibus sequentes prodeunt litterarum $\mathfrak{A}$, $\mathfrak{B}$, $\mathfrak{C}$, $\mathfrak{D}$, &c. determinationes:

$$\mathfrak{A} = \alpha$$

$$\mathfrak{B} = \beta + \tfrac{1}{2}\mathfrak{A}\alpha$$

$$\mathfrak{C} = \gamma + \tfrac{2}{3}\mathfrak{A}\beta + \tfrac{1}{3}\mathfrak{B}\alpha$$

$$\mathfrak{D} = \delta + \tfrac{3}{4}\mathfrak{A}\gamma + \tfrac{2}{4}\mathfrak{B}\beta + \tfrac{1}{4}\mathfrak{C}\alpha$$

$$\mathfrak{E} = \varepsilon + \tfrac{4}{5}\mathfrak{A}\delta + \tfrac{3}{5}\mathfrak{B}\gamma + \tfrac{2}{5}\mathfrak{C}\beta + \tfrac{1}{5}\mathfrak{D}\alpha \quad \&c.$$

218. Si quoque arcus, cuius sinus vel cosinus quaeritur, exprimatur binomio vel polynomio, vel etiam serie infinita, hoc modo quoque eius sinus & cosinus per seriem infinitam exprimi possunt. At vero quo hoc commodissime fiat, non sufficit ad differentialia prima processisse, sed opus est, vt differentialia secundi gradus in subsidium vocemus. Sit igitur

$s =$

$$s = \sin(\alpha x + \beta x^2 + \gamma x^3 + \delta x^4 + \epsilon x^5 + \&c.)$$

fingaturque feries quae quaeritur:

$$s = \mathfrak{A}x + \mathfrak{B}x^2 + \mathfrak{C}x^3 + \mathfrak{D}x^4 + \mathfrak{E}x^5 + \&c.$$

primum enim terminum conſtat euaneſcere: quia vero ad differentialia ſecunda deſcendendum eſt, coefficientem $\mathfrak{A}$ quoque aliunde definiri oportet, quod fiet ſi x ponamus infinite paruum. Tum enim ob arcum $= \alpha x$ ſinus ipſi fiet aequalis, eritque ergo $\mathfrak{A} = \alpha$. Ponamus nunc breuitatis gratia $z = \alpha x + \beta x^2 + \gamma x^3 + \&c.$ vt ſit $s = \sin z$, erit differentiando $ds = dz \cos z$, denuoque differentiando $dds = ddz \cos z - dz^2 \sin z$. Quia igitur eſt $\sin z = s$ & $\cos z = \frac{ds}{dz}$; erit

$$dds = \frac{ds\, ddz}{dz} - s\, dz^2, \text{ ſeu } dz\, dds + s\, dz^3 = ds\, ddz.$$

219. Ponamus arcum z tantum binomio exprimi eſſeque $z = \alpha x + \beta x^2$; erit $dz = (\alpha + 2\beta x)\, dx$, & poſito dx conſtante, $ddz = 2\beta\, dx^2$; atque $dz^3 = (\alpha^3 + 6\alpha^2\beta x + 12\alpha\beta^2 x^2 + 8\beta^3 x^3)\, dx^3$. Deinde ob $s = \mathfrak{A} + \mathfrak{B}x^2 + \mathfrak{C}x^3 + \mathfrak{D}x^4 + \&c.$

$$\text{erit } \frac{ds}{dx} = \mathfrak{A} + 2\mathfrak{B}x + 3\mathfrak{C}x^2 + 4\mathfrak{D}x^3 + \&c.$$

$$\& \ \frac{dds}{dx^2} = 2\mathfrak{B} + 6\mathfrak{C}x + 12\mathfrak{D}x^2 + \&c.$$

Quibus valoribus in aequatione differentio-differentiali ſubſtitutis fiet:

$$\frac{dz\,dds}{dx^3} = 1.2\mathfrak{B}\alpha + 2.3\mathfrak{C}\alpha x + 3.4\mathfrak{D}\alpha x^2 + 4.5\mathfrak{E}\alpha x^3 + \&c.$$
$$+ 2.1.2\mathfrak{B}\beta + 2.2.3\mathfrak{C}\beta + 2.3.4\mathfrak{D}\beta + \&c.$$
$$+\frac{s\,dz^3}{dx^3} = \quad + \mathfrak{A}\alpha^3 + \mathfrak{B}\alpha^3 + \mathfrak{C}\alpha^3 + \&c.$$
$$+ 6\mathfrak{A}\alpha^2\beta + 6\mathfrak{B}\alpha^2\beta + \&c.$$
$$+ 12\mathfrak{A}\alpha\beta^2 + \&c.$$

$$\frac{ds\,ddz}{dx^3} = 2\mathfrak{A}\beta + 4\mathfrak{B}\beta + 6\mathfrak{C}\beta + 8\mathfrak{D}\beta + \&c.$$

Vnde coefficientes sequenti modo definientur:

$$\mathfrak{B} = \frac{2\mathfrak{A}\beta}{2\alpha}$$
$$\mathfrak{C} = 0 - \frac{\mathfrak{A}\alpha^2}{2.3}$$
$$\mathfrak{D} = -\frac{2\mathfrak{C}\beta}{4\alpha} - \frac{6\mathfrak{A}\alpha\beta}{3.4} - \frac{\mathfrak{B}\alpha^2}{3.4}$$
$$\mathfrak{E} = -\frac{4\mathfrak{D}\beta}{5\alpha} - \frac{12\mathfrak{A}\beta^2}{4.5} - \frac{6\mathfrak{B}\alpha\beta}{4.5} - \frac{\mathfrak{C}\alpha^2}{4.5}$$
$$\mathfrak{F} = -\frac{6\mathfrak{E}\beta}{6\alpha} - \frac{8\mathfrak{A}\beta^3}{5.6\alpha} - \frac{12\mathfrak{B}\beta\beta}{5.6} - \frac{6\mathfrak{C}\alpha\beta}{5.6} - \frac{\mathfrak{D}\alpha^2}{5.6}$$
$$\mathfrak{G} = -\frac{8\mathfrak{F}\beta}{7\alpha} - \frac{8\mathfrak{B}\beta^3}{6.7\alpha} - \frac{12\mathfrak{C}\beta\beta}{6.7} - \frac{6\mathfrak{D}\alpha\beta}{6.7} - \frac{\mathfrak{E}\alpha^2}{6.7}$$
&c.

Quibus valoribus inuentis erit:

$$\sin(\alpha x + \beta x^2) = \mathfrak{A}x + \mathfrak{B}x^2 + \mathfrak{C}x^3 + \mathfrak{D}x^4 + \&c.,$$
existente $\mathfrak{A} = \alpha$.

220. Pari modo cosinus cuiusque anguli in seriem conuertitur, quia autem arcus rarissime per polynomium ex-

exprimitur, oſtendamus vſum differentio-differentialium in invenienda ſerie pro coſinu arcus x. Sit ergo $s = \cos x$, & fingatur:

$$s = 1 - \mathfrak{A}x^2 + \mathfrak{B}x^4 - \mathfrak{C}x^6 + \mathfrak{D}x^8 - \&c.$$

Quia eſt $ds = -dx \sin x$ & $dds = -dx^2 \cos x = -s\,dx^2$, erit $dds + s\,dx^2 = 0$; ſubſtitutione ergo facta fiet:

$$\frac{dds}{dx^2} = -1.2\mathfrak{A} + 3.4\mathfrak{B}x^2 - 5.6\mathfrak{C}x^4 + 7.8\mathfrak{D}x^6 - \&c.$$

$$s = 1 - \mathfrak{A}x^2 + \mathfrak{B}x^4 - \mathfrak{C}x^6 + \&c.$$

& ex coaequatione terminorum ſequitur:

$$\mathfrak{A} = \frac{1}{1.2}$$

$$\mathfrak{B} = \frac{\mathfrak{A}}{3.4} = \frac{1}{1.2.3.4}$$

$$\mathfrak{C} = \frac{\mathfrak{B}}{5.6} = \frac{1}{1.2.3\ldots6}$$

$$\mathfrak{D} = \frac{\mathfrak{C}}{7.8} = \frac{1}{1.2.3\ldots8} \quad \&c.$$

Patet ergo quod iam ſupra fuſius demonſtrauimus eſſe:

$$\cos x = 1 - \frac{x^2}{1.2} + \frac{x^4}{1.2.3.4} - \frac{x^6}{1.2.3\ldots6} + \frac{x^8}{1.2.3\ldots8} - \&c.$$

prior vero ſeries pro ſinu poſito $\mathfrak{b} = 0$ & $a = 1$ dabit:

$$\sin x = \frac{x}{1} - \frac{x^3}{1.2.3} + \frac{x^5}{1.2.3.4.5} - \frac{x^7}{1.2.3\ldots7} + \frac{x^9}{1.2.3\ldots9} - \&c.$$

221. Ex his ſeriebus pro ſinu & coſinu notiſſimis deducuntur ſeries pro tangente, cotangente, ſecante &

& cosecante cuiusuis anguli. Tangens enim prodit si sinus per cosinum, cotangens si cosinus per sinum, secans si radius 1 per cosinum, & cosecans si radius per sinum diuidatur. Series autem ex his diuisionibus ortae maxime videntur irregulares; verum excepta serie secantem exhibente reliquae per numeros Bernoullianos supra definitos 𝔄, 𝔅, ℭ, 𝔇, &c. ad facilem progressionis legem reduci possunt. Quoniam enim supra §.127 inuenimus esse:

$$\frac{\mathfrak{A}u^2}{1.2}+\frac{\mathfrak{B}u^4}{1.2.3.4}+\frac{\mathfrak{C}u^6}{1.2.3...6}+\frac{\mathfrak{D}u^8}{1.2.3...8}+\&c.=1-\frac{u}{2}\cot\tfrac{1}{2}u$$

erit posito $\frac{1}{2}u=x$;

$$\cot x=\frac{1}{x}-\frac{2^2\mathfrak{A}x}{1.2}-\frac{2^4\mathfrak{B}x^3}{1.2.3.4}-\frac{2^6\mathfrak{C}x^5}{1.2.3...6}-\frac{2^8\mathfrak{D}x^7}{1.2....8}-\&c.$$

atque si ponatur $\frac{1}{2}x$ pro x, erit:

$$\cot\tfrac{1}{2}x=\frac{2}{x}-\frac{2\mathfrak{A}x}{1.2}-\frac{2\mathfrak{B}x^3}{1.2.3.4}-\frac{2\mathfrak{C}x^5}{1.2.3...6}-\frac{2\mathfrak{D}x^7}{1.2.3...8}-\&c.$$

222. Hinc autem tangens cuiusuis arcus sequenti modo per seriem exprimetur.

Cum sit $\text{tang}\,2x=\frac{2\,\text{tang}\,x}{1-\text{tang}\,x^2}$, erit:

$$\text{cotang.}\,2x=\frac{1}{2\,\text{tang}\,x}-\frac{\text{tang}\,x}{2}=\tfrac{1}{2}\cot x-\tfrac{1}{2}\,\text{tang}\,x;$$

ideoque $\text{tang}\,x=\cot x-2\cot 2x$. Cum igitur sit

$$\cot x=\frac{1}{x}-\frac{2^2\mathfrak{A}x}{1.2}-\frac{2^4\mathfrak{B}x^3}{1.2.3.4}-\frac{2^2\mathfrak{C}x^5}{1.2...6}-\frac{2^8\mathfrak{D}x^7}{1.2...8}-\&c.$$

2 cot

$$2\cot 2x = \frac{1}{x} - \frac{2^4\mathfrak{A}x}{1.2} - \frac{2^8\mathfrak{B}x^3}{1.2.3.4} - \frac{2^{12}\mathfrak{C}x^5}{1.2\ldots 6} - \frac{2^{16}\mathfrak{D}x^7}{1.2\ldots 8} - \&c.$$

erit hanc seriem ab illa subtrahendo:

$$\mathrm{tg}\,x = \frac{2^2(2^2-1)\mathfrak{A}x}{1.2} + \frac{2^4(2^4-1)\mathfrak{B}x^3}{1.2.3.4} + \frac{2^6(2^6-1)\mathfrak{C}x^5}{1.2\ldots\ldots 6} + \frac{2^8(2^8-1)\mathfrak{D}x^7}{1.2\ldots\ldots 8} + \&c.$$

Si ergo hic introducantur numeri A, B, C, D, &c. §. 182. inuenti, erit:

$$\mathrm{tang}\,x = \frac{2Ax}{1.2} + \frac{2^3Bx^3}{1.2.3.4} + \frac{2^5Cx^5}{1.2\ldots 6} + \frac{2^7Dx^7}{1.2\ldots 8} + \&c.$$

223. Cosecans autem sequenti modo inuenietur. Quia est $\cot x = \mathrm{tang}\,x + 2\cot 2x = \frac{1}{\cot x} + 2\cot 2x$; erit $\cot x^2 = 2\cot x.\cot 2x + 1$, & radice extracta:

$$\cot x = \cot 2x + \mathrm{cosec}.\,2x,$$ unde fit

$\mathrm{cosec}.\,2x = \cot x - \cot 2x$, & x pro $2x$, posito $\mathrm{cosec}.\,x = \cot\frac{1}{2}x - \cot x$. Quare cum cotangentes habeamus scilicet:

$$\cot\tfrac{1}{2}x = \frac{2}{x} - \frac{2\mathfrak{A}x}{1.2} - \frac{2\mathfrak{B}x^3}{1.2.3.4} - \frac{2\mathfrak{C}x^5}{1.2\ldots 6} - \&c.$$

$$\cot x = \frac{1}{x} - \frac{2^2\mathfrak{A}x}{1.2} - \frac{2^4\mathfrak{B}x^3}{1.2.3.4} - \frac{2^6\mathfrak{C}x^5}{1.2\ldots 6} - \&c.$$

erit hac serie ab illa subtracta:

$$\mathrm{cosec}.\,x = \frac{1}{x} + \frac{2(2-1)\mathfrak{A}x}{1.2} + \frac{2(2^3-1)\mathfrak{B}x^3}{1.2.3.4} + \frac{2(2^5-1)\mathfrak{C}x^5}{1.2\ldots\ldots 6} + \&c.$$

224. Per hos autem numeros Bernoullianos secans exprimi non potest, sed requirit alios numeros, qui in summas potestatum reciprocarum imparium ingrediuntur. Si enim ponatur:

$$1 - \frac{1}{3} + \frac{1}{5} - \frac{1}{7} + \frac{1}{9} - \&c. = \alpha . \frac{\pi}{2^2}$$

$$1 - \frac{1}{3^3} + \frac{1}{5^3} - \frac{1}{7^3} + \frac{1}{9^3} - \&c. = \frac{\beta}{1.2} . \frac{\pi^3}{2^4}$$

$$1 - \frac{1}{3^5} + \frac{1}{5^5} - \frac{1}{7^5} + \frac{1}{9^5} - \&c. = \frac{\gamma}{1.2.3.4} . \frac{\pi^5}{2^6}$$

$$1 - \frac{1}{3^7} + \frac{1}{5^7} - \frac{1}{7^7} + \frac{1}{9^7} - \&c. = \frac{\delta}{1.2 \ldots 6} . \frac{\pi^7}{2^8}$$

$$1 - \frac{1}{3^9} + \frac{1}{5^9} - \frac{1}{7^9} + \frac{1}{9^9} - \&c. = \frac{\varepsilon}{1.2 \ldots 8} . \frac{\pi^9}{2^{10}}$$

$$1 - \frac{1}{3^{11}} + \frac{1}{5^{11}} - \frac{1}{7^{11}} + \frac{1}{9^{11}} - \&c. = \frac{\zeta}{1.2 \ldots 10} . \frac{\pi^{11}}{2^{12}}$$

&c.

erit:

$\alpha = 1$

$\beta = 1$

$\gamma = 5$

$\delta = 61$

$\varepsilon = 1385$

$\zeta = 50521$

$\eta = 2702765$

$\theta = 199360981$

$\iota = 19391512145$

$\varkappa = 2404879661671$ &c.

ex

ex hisque valoribus obtinebitur:

$$\text{sec.}\, x = \alpha + \frac{\beta}{1.2}xx + \frac{\gamma}{1.2.3.4}x^4 + \frac{\delta}{1.2\ldots6}x^6 + \frac{\varepsilon}{1.2\ldots8}x^8 + \&c.$$

225. Vt autem nexum huius seriei cum numeris α, β, γ, δ, &c. ostendamus, consideremus seriem supra tractatam:

$$\frac{\pi}{n \sin \frac{m}{n}\pi} =$$

$$\frac{1}{m} + \frac{1}{n-m} - \frac{1}{n+m} - \frac{1}{2n-m} + \frac{1}{2n+m} + \frac{1}{3n-m} - \&c.$$

Ponatur $m = \frac{1}{2}n - k$, eritque

$$\frac{\pi}{2n \cos \frac{k}{n}\pi} =$$

$$\frac{1}{n-2k} + \frac{1}{n+2k} - \frac{1}{3n-2k} - \frac{1}{3n+2k} + \frac{1}{5n-2k} + \&c.$$

Sit $\frac{k\pi}{n} = x$, seu $k\pi = nx$, erit

$$\frac{\pi}{2n}\,\text{sec.}\, x = \frac{\pi}{n\pi-2nx} + \frac{\pi}{n\pi+2nx} - \frac{\pi}{3n\pi-2nx} - \&c.$$

seu

$$\text{sec.}\, x = \frac{2}{\pi-2x} + \frac{2}{\pi+2x} - \frac{2}{3\pi-2x} - \frac{2}{3\pi+2x} + \frac{2}{5\pi-2x} + \&c.$$

$$\text{sec.}\, x = \frac{4\pi}{\pi^2-4x^2} - \frac{4.3\pi}{9\pi^2-4xx} + \frac{4.5\pi}{25\pi^2-4xx} - \frac{4.7\pi}{49\pi^2-4xx} + \&c.$$

si

ſi nunc ſinguli termini in ſeries conuertantur, fiet:

$$\text{ſec.}\, x = \frac{4}{\pi}\left(1 - \frac{1}{3} + \frac{1}{5} - \frac{1}{7} + \frac{1}{9} - \&c.\right)$$

$$+ \frac{2^4 x^2}{\pi^3}\left(1 - \frac{1}{3^3} + \frac{1}{5^3} - \frac{1}{7^3} + \frac{1}{9^3} - \&c.\right)$$

$$+ \frac{2^6 x^4}{\pi^5}\left(1 - \frac{1}{3^5} + \frac{1}{5^5} - \frac{1}{7^5} + \frac{1}{9^5} - \&c.\right)$$

&c.

quarum ſerierum loco ſi valores ſupra aſſignati ſubſtituantur, prodibit eadem ſeries pro ſecante, quam dedimus.

226. Hinc ſimul patet lex, qua numeri α, β, γ, δ, &c. quibus ſummae poteſtatum imparium conſtituuntur, procedunt. Cum enim ſit

$$\text{ſec.}\, x = \frac{1}{\text{coſ}\, x} = \alpha + \frac{\beta}{1.2}x^2 + \frac{\gamma}{1.2.3.4}x^4 + \frac{\delta}{1.2\ldots6} + \&c.$$

neceſſe eſt vt haec ſeries aequalis ſit fractioni

$$\frac{1}{1 - \frac{xx}{1.2} + \frac{x^4}{1.2.3.4} - \frac{x^6}{1.2\ldots6} + \frac{x^8}{1.2\ldots8} - \&c.}$$

aequalitate ergo conſtituta fiet $1 =$

$$\alpha + \frac{\beta}{1.2}x^2 + \frac{\gamma}{1.2.3.4}x^4 + \frac{\delta}{1.2\ldots6}x^6 + \frac{\varepsilon}{1.2\ldots8}x^8 + \&c.$$

$$- \frac{\alpha}{1.2} - \frac{\beta}{1.2.1.2} - \frac{\gamma}{1.2.1\ldots4} - \frac{\delta}{1.2.1\ldots6}\ \&c.$$

+

$$+\frac{\alpha}{1.2.3.4}+\frac{\beta}{1\ldots4.1.2}+\frac{\gamma}{1\ldots4.1\ldots4}\ \&c.$$

$$-\frac{\alpha}{1\ldots6}-\frac{\beta}{1\ldots6.1.2}\ \&c.$$

$$+\frac{\alpha}{1\ldots8}\ \&c.$$

vnde sequuntur hae aequationes:

$$\alpha = 1$$

$$\beta = \frac{2.1}{1.2}\alpha$$

$$\gamma = \frac{4.3}{1.2}\beta - \frac{4.3.2.1}{1.2.3.4}\alpha$$

$$\delta = \frac{6.5}{1.2}\gamma - \frac{6.5.4.3}{1.2.3.4}\beta + \frac{6\ldots1}{1\ldots6}\alpha$$

$$\varepsilon = \frac{8.7}{1.2}\delta - \frac{8.7.6.5}{1.2.3.4}\gamma + \frac{8\ldots3}{3\ldots8}\beta - \frac{8\ldots1}{1\ldots8}\alpha$$

&c.

Ex hisque formulis inuenti sunt istarum litterarum valores, quos in §. 224. exhibuimus; & quorum ope summae serierum in hac forma contentarum,

$$1-\frac{1}{3^n}+\frac{1}{5^n}-\frac{1}{7^n}+\frac{1}{9^n}-\&c.$$

si n fuerit numerus impar, exprimi possunt.

CAPUT IX.

DE VSU CALCULI DIFFERENTIALIS IN AEQUATIONIBUS RESOLUENDIS.

227.

Constitutionem aequationum ad functionum rationem reduci posse supra iam satis ostensum est. Denotet enim y functionem quamcunque ipsius x, si ponatur $y = 0$, in hac forma omnes omnino aequationes finitae siue sint algabraicae siue transcendentes comprehenduntur. Aequatio autem $y = 0$ resolui dicitur, si is ipsius x valor definiatur, qui in functione y substitutus, eam actu nihilo aequalem reddat. Plerumque autem plures eiusmodi valores pro x dantur, qui aequationis $y = 0$ radices vocantur. Si igitur ponamus numeros f, g, h, i, &c. esse radices aequationis $y = 0$, functio y ita erit comparata, vt si in ea loco x vel f, vel g, vel h, &c. substituatur, fiat reuera $y = 0$.

228. Quoniam igitur functio y euanescit, si in ea loco x ponatur f, seu $x + (f - x)$, existente f radice aequationis $y = 0$, erit per ea, quae supra de functionibus demonstrauimus:

$$0 = y + \frac{(f-x)dy}{dx} + \frac{(f-x)^2 ddy}{2dx^2} + \frac{(f-x)^3 d^3y}{6dx^3} + \&c.$$

ex

ex qua aequatione valor radicis f ita definitur, vt quicquid pro x fuerit positum, indeque valores quantitatum y, $\frac{dy}{dx}$, $\frac{ddy}{2dx^2}$, &c substituti, semper resultet aequatio verum valorem ipsius f exhibens. Quo hoc clarius percipiatur, ponamus esse $y = x^3 - 2x^2 + 3x - 4$; erit $\frac{dy}{dx} = 3xx - 4x + 3$; $\frac{ddy}{2dx^2} = 3x - 2$; & $\frac{d^3y}{6dx^3} = 1$.

Quibus valoribus substitutis oritur:

$$0 = x^3 - 2x^2 + 3x - 4 + (f-x)(3xx - 4x + 3) + (f-x)^2(3x-2) + (f-x)^3$$

seu multiplicationibus actu institutis:

$$f^3 - 2ff + 3f - 4 = 0$$

oritur scilicet aequatio similis ipsi propositae, quae propterea easdem continet radices.

229. Quanquam autem hoc modo ad nouam aequationem non peruenitur, ex qua valor radicis f facilius definiri queat; tamen hinc ingentia subsidia ad inventionem radicum deduci possunt. Si enim pro x assumtus fuerit valor iam proxime ad quampiam radicem aequationis accedens, ita vt $f-x$ sit quantitas valde parva, tum termini aequationis:

$$0 = y + \frac{(f-x)\,dy}{dx} + \frac{(f-x)^2\,ddy}{2dx^2} + \frac{(f-x)^3\,d^3y}{6dx^3} + \&c.$$

vehementer conuergent, hancque ob causam non multum a veritate aberrabitur, si praeter binos terminos initiales reliqui reiiciantur. Erit ergo si pro x iam valor cuipiam aequationis $y = 0$ radici prope aequalis fuerit assumtus, proxime $0 = y + \frac{(f-x)dy}{dx}$ seu $f = x - \frac{ydx}{dy}$, ex qua formula etsi non verus, tamen admodum propinquus radicis f valor reperietur, qui deinceps denuo loco x substitutus, multo adhuc propiorem valorem pro f suppeditabit; sicque continuo propius ad verum radicis f valorem accedetur.

230. Hinc igitur primum radices omnium dignitatum ex quibuscunque numeris extrahi possunt. Sit enim propositus numerus $a^n + b$ ex quo radicem potestatis n extrahi oporteat. Ponatur $x^n = a^n + b$ seu $x^n - a^n - b = 0$, vt sit $y = x^n - a^n - b$; erit

$$\frac{dy}{dx} = nx^{n-1}; \quad \frac{ddy}{2dx^2} = \frac{n(n-1)}{1.2}x^{n-2}; \quad \frac{d^3y}{6dx^3} = \frac{n(n-1)(n-2)}{1.\ 2.\ 3}x^{n-3};$$

&c.

Hinc si radix quaesita ponatur $= f$, vt sit $f = \sqrt[n]{(a^n + b)}$ erit:

$$0 = x^n - a^n - b + n(f-x)x^{n-1} + \frac{n(n-1)}{1.2}(f-x)^2 x^{n-2} + \&c.$$

Si igitur pro x iam statuatur numerus ad valorem radicis quaesitae f prope accedens, quod fiet ponendo $x = a$, si quidem b sit numerus tam paruus, vt $a^n + b < (a+1)^n$; erit $b = na^{n-1}(f-a)$ proxime, ideoque $f = a + \frac{b}{na^{n-1}}$, vnde valor radicis multo propius

pius cognoscetur. Sin autem adhuc tertium terminum assumere velimus, vt sit

$$b = n a^{n-1}(f-a) + \frac{n(n-1)}{1.2} a^{n-2}(f-a)^2, \text{ fiet}$$

$$(f-a)^2 = -\frac{2a}{n-1}(f-a) + \frac{2b}{n(n-1)a^{n-2}}, \text{ ideoque}$$

$$f = a - \frac{a}{n-1} \pm V\left(\frac{aa}{(n-1)^2} + \frac{2b}{n(n-1)a^{n-2}}\right) \text{ seu}$$

$$f = \frac{(n-2)a + V(aa + 2(n-1)b : na^{n-2})}{n-1}.$$

Quare ope extractionis radicis quadratae valor radicis f adhuc propius reperietur.

EXEMPLUM.

Quaeramus radicem quadratam ex numero quocunque c, *seu sit* $xx - c = y$.

Ponatur ergo numerus radici proximus $= a$, & $b = c - aa$, ob $aa + b = c$, & quia est $n = 2$, fiet prior formula $f = a + \frac{c-aa}{2a} = \frac{c+aa}{2a}$, altera vero dat $f = Vc$, quae est ipsa radix quaesita. Cum igitur sit proxime radix $= \frac{c+aa}{2a}$, hic ipse valor pro a scribatur, eritque propius radix $f = \frac{cc+6aac+a^4}{4a(c+aa)}$. Sit verbi gratia $c = 5$; erit ex priori formula $f = \frac{5}{2a} + \frac{a}{2}$. Ponatur ergo $a = 2$;

 erit

erit $f = 2,25$; nunc ponatur $a = 2,25$; fiet $f = 2,236111$, statuatur porro $a = 2,236111$, erit $f = 2,2360679$, qui valor iam minime a vero discrepat.

231. Simili autem modo radix cuiuscunque aequationis inueniri potest proxime ope aequationis $f = x - \frac{ydx}{dy}$, postquam scilicet pro x assumtus fuerit valor parum a quapiam aequationis radice discrepans. Ad huiusmodi vero valorem pro x inueniendum, substituantur successiue pro x varii valores, inter eosque is eligatur, qui functionis y minimum hoc est cyphrae proximum valorem indicat. Sic si sit $y = x^3 - 2xx + 3x - 4$,

posito $x = 0$ fit $y = -4$

$x = 1 \ldots y = -2$

$x = 2 \ldots y = +2$

vnde videmus radicem contineri inter valores 1 & 2, ipsius x. Cum ergo sit $\frac{dy}{dx} = 3xx - 4x + 3$, habebitur pro radice f aequationis $x^3 - 2xx + 3x - 4 = 0$ inuenienda haec aequatio:

$$f = x - \frac{ydx}{dy} = x - \frac{(x^3 - 2xx + 3x - 4)}{3xx - 4x + 3}.$$

Sit ergo $x = 1$; fiet $f = 1 + \frac{2}{2} = 2$. Nunc ponatur $x = 2$, fiet $f = 2 - \frac{2}{7} = \frac{12}{7}$. Sit ergo $x = \frac{12}{7}$; erit

erit $f = \frac{12}{7} - \frac{104}{1701} = \frac{2812}{1701} = 1,653$. Si vlterius progredi velimus, logarithmis commodius vtemur.

Ponatur ergo $x = 1,653$, eritque

$lx = 0,2182729$	$x = 1,653000$
$lx^2 = 0,4365458$	$x^2 = 2,732409$
$lx^3 = 0,6548187$	$x^3 = 4,516673$

x^3	$= 4,516673$		
$3x$	$= 4,959000$		
	$9,475673$	$3xx+3$	$= 11,197227$
$2xx+4$	$= 9,464818$	$4x$	$= 6,612000$
num.	$0,010855$	den.	$= 4,585227$
l num.	$= 8,0356298$		
l den.	$= 0,6613608$	x	$= 1,653000$
l fract.	$= 7,3742690$;	fractio	$= 0,002367$
		f	$= 2,650633$

qui valor iam proxime ad verum accedit.

232. Citiores autem approximationes ex generali expressione deducere poterimus. Cum enim posita functione quacunque $y = 0$, si radix huius aequationis fuerit $x = f$, inuenerimus esse:

$$0 = y + \frac{(f-x)\,dy}{dx} + \frac{(f-x)^2\,ddy}{2\,dx^2} + \frac{(f-x)^3\,d^3y}{6\,dx^3} + \&c.$$

sit $f - x = z$, ita vt sit radix $f = x + z$, atque ponatur

$$\frac{dy}{dx} = p;\quad \frac{dp}{dx} = q;\quad \frac{dq}{dx} = r;\quad \frac{dr}{dx} = s;\quad \text{erit:}$$

$$0 = y + zp + \frac{z^2 q}{2} + \frac{z^3 r}{6} + \frac{z^4 s}{24} + \frac{z^5 t}{120} + \&c.$$

in

in qua aequatione ſumto pro x valore quocunque, ex quo ſimul y, p, q, r, s, &c. determinantur, inueniri debet quantitas z, qua inuenta habebitur aequationis propoſitae $y = 0$, radix $f = x + z$. In id ergo eſt incumbendum, vt quam commodiſſime ex hac aequatione valor incognitae z eruatur.

233. Fingatur pro z ſeries conuergens haec:

$$z = A + B + C + D + E + \&c.$$

atque facta ſubſtitutione erit:

$$\begin{aligned}
y &= y \\
pz &= Ap + Bp + Cp + Dp + Ep + \&c. \\
\tfrac{1}{2}qz^2 &= \quad + \tfrac{1}{2}A^2q + ABq + ACq + ADq + \&c. \\
&\qquad\qquad + \tfrac{1}{2}BBq + BCq + \&c. \\
\tfrac{1}{6}rz^3 &= \qquad \tfrac{1}{6}A^3r + \tfrac{1}{2}A^2Br + \tfrac{1}{2}A^2Cr + \&c. \\
&\qquad\qquad + \tfrac{1}{2}AB^2r + \&c. \\
\tfrac{1}{24}sz^4 &= \qquad \tfrac{1}{24}A^4s + \tfrac{1}{6}A^3Bs + \&c. \\
\tfrac{1}{120}tz^5 &= \qquad \tfrac{1}{120}A^5t + \&c.
\end{aligned}$$

Vnde obtinentur ſequentes aequationes:

$$\begin{aligned}
A &= -\frac{y}{p} \\
B &= -\frac{yyq}{2p^3} \\
C &= -\frac{y^3qq}{2p^5} + \frac{y^3r}{6p^4} \\
D &= -\frac{5y^4q^3}{8p^7} + \frac{5y^4qr}{12p^6} - \frac{y^4s}{24p^5} \quad \&c.
\end{aligned}$$

ideo-

ideoque erit:

$$z = -\frac{y}{p} - \frac{y^2 q}{2p^3} - \frac{y^3 qq}{2p^5} + \frac{y^3 r}{6p^4} - \frac{5y^4 q^3}{8p^7} + \frac{5y^4 qr}{12p^6} - \frac{y^4 s}{24p^5} - \&c.$$

EXEMPLUM.

Sit proposita haec aequatio $x^5 + 2x - 2 = 0$.

Erit ergo $y = x^5 + 2x - 2$;

$$\frac{dy}{dx} = p = 5x^4 + 2$$

$$\frac{dp}{dx} = q = 20x^3$$

$$\frac{dq}{dx} = r = 60x^2$$

$$\frac{dr}{dx} = s = 120x \quad \&c.$$

Ponatur autem nunc $x = 1$, quia hic valor parum a radice discrepat, erit:

$y = 1$; $p = 7$; $q = 20$; $r = 60$; $s = 120$.

vnde fiet:

$$z = -\frac{1}{7} - \frac{10}{7^3} - \frac{200}{7^5} + \frac{10}{7^4} - \frac{5.1000}{7^7} + \frac{500}{7^6} - \frac{5}{7^5}$$

seu $z = -\frac{1}{7} - \frac{10}{7^3} - \frac{130}{7^5} - \frac{1745}{7^7}$ &c. eritque ergo $z = -0,18$, & radix $f = 0,82$, qui valor si denuo loco x substitueretur, prodiret radix maxime verae propinqua.

234. Inuenimus ergo feriem infinitam, quae cuiusvis aequationis radicem exprimit : ea autem hoc laborat
incommodo vt tum lex progreſſionis non pateat, tum
ipſa nimis ſit perplexa atque ad vſum non ſatis accommodata. Alio igitur modo idem negotium ſuſcipiamus,
ſeriemque magis regularem inueſtigemus, cuiuscunque
aequationis propoſitae radicem exprimentem.

Sit vt ante propoſita aequatio $y = 0$, exiſtente y functione quacunque ipſius x ; & quaeſtio huc redit, vt valor ipſius x definiatur, qui loco x ſubſtitutus functionem
y reddat nihilo aequalem. Cum autem y ſit functio ipſius x, viciſſim x tanquam functio ſpectari poterit ipſius
y, atque hac conſideratione adhibita quaerendus eſt valor ipſius functionis x, quem induit, cum quantitas y
euaneſcit. Si igitur f ponatur deſignare iſtum ipſius x
valorem, qui erit radix aequationis $y = 0$, quoniam x
abit in f, ſi ſtatuatur $y = 0$, erit per ea quae ſupra ſunt
demonſtrata :

$$f = x - \frac{y\,dx}{dy} + \frac{y^2\,dd\,x}{2\,dy^2} + \frac{y^3\,d^3\,x}{6\,dy^3} + \frac{y^4\,d^4\,x}{24\,dy^4} - \&c.$$

in qua aequatione ſtatuitur differentiale dy conſtans. Si
igitur ponatur :

$$\frac{dx}{dy} = p \; ; \quad \frac{dp}{dy} = q \; ; \quad \frac{dq}{dy} = r \; ; \quad \frac{dr}{dy} = s \; ; \quad \&c.$$

erit his valoribus introductis, vt conſideratio differentialis conſtantis exuatur :

$$f = x - py + \frac{1}{2}qy^2 - \frac{1}{6}ry^3 + \frac{1}{24}sy^4 - \frac{1}{120}ty^5 + \&c.$$

235. Tributo ergo ipsi x quocunque valore, simul valores ipsius y, atque quantitatum p, q, r, s, &c. determinabuntur; hisque inuentis habebitur series infinita valorem radicis f exprimens. Sin autem aequatio $y = 0$ plures admittat radices, tum eae prodibunt, si pro x diversi valores assumantur: quia enim y eundem valorem induere potest, etiamsi ipsi x diuersi valores tribuantur, mirum non est eandem seriem saepenumero plures valores suppeditare posse. Quo igitur his casibus ambiguitas tollatur, simulque series conuergens reddatur, pro x assumi debet valor iam prope ad valorem eius radicis, quae quaeritur, accedens. Hoc enim modo valor ipsius y fiet admodum paruus, serieique termini vehementer decrescent, ita vt paucis terminis sumendis iam satis iustus valor pro f inueniatur. Hic igitur valor si deinceps loco x substituatur, quantitas y multo minor euadet, seriesque multo magis conuerget; hocque modo statim radix f tam exacte innotescet, vt error futurus sit minimus. Hincque summa huius expressionis praerogatiua prae ea, quam ante elicueramus, manifesto perspicitur.

236. Ponamus extrahendam esse radicem potestatis n ex numero quocunque N. Sumta igitur proxima potestate exponentis n, numerus propositus facile resoluetur in hanc formam $N = a^n + b$. Erit ergo

$$x^n = a^n + b \quad \& \quad y = x^n - a^n - b; \text{ vnde fit:}$$

 $dy =$

$$dy = nx^{n-1}dx \quad ; \quad \& \quad \frac{dx}{dy} = p = \frac{1}{nx^{n-1}}$$

$$dp = -\frac{(n-1)dx}{nx^2} \quad ; \quad \& \quad \frac{dp}{dy} = q = -\frac{(n-1)}{nnx^{2n-1}}$$

$$dq = \frac{(n-1)(2n-1)dx}{nnx^{2n}} ; \quad \& \quad \frac{dq}{dy} = r = \frac{(n-1)(2n-1)}{n^3x^{3n-1}}$$

$$dr = -\frac{(n-1)(2n-1)(3n-1)dx}{n^3x^{3n}} ; \quad \& \quad s = -\frac{(n-1)(2n-1)(3n-1)}{n^4x^{4n}}$$

&c.

Ponatur nunc $x = a$, eritque $y = -b$, atque radix quaesita $f = \sqrt[n]{(a^n + b)}$ hoc modo exprimetur:

$$f = a + \frac{b}{na^{n-1}} - \frac{(n-1)bb}{n.2n.a^{2n-1}} + \frac{(n-1)(2n-1)b^3}{n.2n.3n.a^{3n-1}} - \frac{(n-1)(2n-1)(3n-1)b^4}{n.2n.3n.4n\;a^{4n-1}} + \&c.$$

sicque prodit eadem series, quae vulgo per euolutionem binomii $(a^n + b)^{\frac{1}{n}}$ erui solet.

237. Postquam ergo in actuali extractione radix proxime vera a fuerit inuenta, simulque residuum b fuerit repertum, tum ad radicem insuper addi oportet valorem fractionis $\frac{b}{na^{n-1}}$, quo propius vera radix obtineatur. Erit autem $a^{n-1} = \frac{N-b}{a}$, ob $N = a^n + b$. At vero hoc modo radix iusto maior inuenietur, quoniam tertius terminus subtrahi debet. Quo igitur per diui-

diuiſionem reſidui b radix multo propius ad verum accedens inueniatur idoneus diuiſor debet inueſtigari, qui fingatur eſſe $na^{n-1} + \alpha b + \beta bb + \gamma b^3 +$ &c.

Cum igitur debeat eſſe:

$$\frac{b}{na^{n-1} + \alpha b + \beta b^2 + \gamma b^3 + \&c.} =$$

$$\frac{b}{na^{n-1}} - \frac{(n-1)bb}{2n^2a^{2n-1}} + \frac{(n-1)(2n-1)b^3}{6n^3a^{3n-1}} - \frac{(n-1)(2n-1)(3n-1)b^4}{24n^4a^{4n-1}}$$
$$+ \&c.$$

fiet multiplicatione per $na^{n-1} + \alpha b + \beta b^2 + \gamma b^3 +$ &c. inſtituta:

$$b = b$$

$$-\frac{(n-1)bb}{2na^n} + \frac{(n-1)(2n-1)b^3}{6n^2a^{2n}} - \frac{(n-1)(2n-1)(3n-1)b^4}{24n^3a^{3n}} + \&c.$$
$$+\frac{\alpha b^2}{na^{n-1}} - \frac{(n-1)\alpha b^3}{2n^2a^{2n-1}} + \frac{(n-1)(2n-1)\alpha b^4}{6n^3a^{3n-1}}$$
$$+\frac{\beta b^3}{na^{n-1}} - \frac{(n-1)\beta b^4}{2n^2a^{2n-1}}$$
$$+\frac{\gamma b^4}{na^{n-1}}$$

Hinc deducuntur ſequentes determinationes:

$$\alpha = \frac{n-1}{2a}$$

$$\beta = \frac{(n-1)\alpha}{2na^n} - \frac{(n-1)(2n-1)}{6na^{n+1}} = -\frac{(n-1)(n+1)}{12na^{n+1}}$$

$$\gamma = \frac{(n-1)\beta}{2na^n} - \frac{(n-1)(2n-1)\alpha}{6nna^{2n}} + \frac{(n-1)(2n-1)(3n-1)}{24n^2a^{2n+1}}$$

ſeu $\gamma = \dfrac{(n-1)(n+1)}{24na^{2n+1}}$.

Frac-

Fractio ergo ad radicem iam inuentam a insuper addenda erit:

$$\frac{b}{na^{n-1}+\frac{(n-1)b}{2a}-\frac{(nn-1)bb}{12na^{n+1}}+\frac{(nn-1)b^3}{24na^{2n+1}}}.$$

238. Quod si ergo radix quadrata extrahi debeat ex numero N, atque inuenta iam sit radix proxima $= a$, cum residuo $= b$, ad radicem inuentam insuper addi debet quotus, qui oritur, si residuum b diuidatur per $2a+\frac{b}{2a}-\frac{bb}{8a^3}+\frac{b^3}{16a^5}-$ &c. Sin autem radix cubica extrahi debeat, tum residuum b diuidi debet per $3a^2+\frac{b}{a}-\frac{2bb}{9a^4}+\frac{b^2}{9a^7}-$ &c. quarum formularum vsum in his exemplis declarabimus.

EXEMPLUM I.

Extrahatur radix quadrata ex numero 200.

Ponatur $N = 200$, & cum proximum quadratum sit 196, erit $a = 14$, & residuum $b = 4$, quod propterea diuidi debebit per $28+\frac{1}{7}-\frac{1}{7}\cdot\frac{1}{196}+\frac{1}{7.196.98}$, eritque ergo diuisor $= 28,142135$, per quem si 4 diuidatur, obtinebitur fractio decimalis ad 14 addenda, quae iusta erit ad 10 figuras & vltra.

EXEMPLUM II.

Extrahatur radix cubica ex numero $N = 10$.

Proximus cubus est 8, & residuum $= 2$, vnde $a = 2$ &

& $b = 2$, atque diuisor $= 12 + 1 - \frac{1}{18} = 12,9444$. Quare radix cubica quaesita erit proxime $=$:

$$2\frac{2}{12,9444} = 2\frac{10000}{64722}.$$

239. Series pro radice inuenta etiam considerari potest tanquam recurrens orta ex quapiam fractione, hoc enim modo plures termini seriei ad multo pauciores, qui numeratorem & denominatorem fractionis constituant, reuocabuntur. Sic leui attentione adhibita perspicietur fore proxime:

$$(a+b)^n = a^n.\frac{a+\frac{(n+1)}{2}b}{a+\frac{(n-1)}{2}b}$$ atque adhuc propius

$$(a+b)^n = a^n.\frac{aa+\frac{(n+2)}{2}ab+\frac{(n+1)(n+2)}{12}bb}{aa-\frac{(n-2)}{2}ab+\frac{(n-1)(n-2)}{12}bb}.$$

Simili modo plures terminos introducendo fractiones adhuc accuratiores obtineri possunt:

$$(a+b)^n = a^n.$$

$$\frac{a^3+\frac{(n+3)}{2}a^2b+\frac{(n+3)(n+2)}{10}ab^2+\frac{(n+3)(n+2)(n+1)b^3}{120}}{a^3-\frac{(n-3)}{2}a^2b+\frac{(n-3)(n-2)}{10}ab^2-\frac{(n-3)(n-2)(n-1)b^3}{120}}.$$

Quin etiam huiusmodi forma generalis exhiberi potest, ad quam commode exprimendam sit:

A =

$A = \frac{m(n+m)}{1.\ 2m}$ | $\mathfrak{A} = \frac{m(n-m)}{1.\ 2m}$

$B = \frac{(m-1)}{2} \frac{(n+m-1)}{(2m-1)} A$ | $\mathfrak{B} = \frac{(m-1)}{2} \frac{(n-m+1)}{(2m-1)} \mathfrak{A}$

$C = \frac{(m-2)}{3} \frac{(n+m-2)}{(2m-2)} B$ | $\mathfrak{C} = \frac{(m-2)}{3} \frac{(n-m+2)}{(2m-2)} \mathfrak{B}$

$D = \frac{(m-3)}{4} \frac{(n+m-3)}{(2m-3)} C$ | $\mathfrak{D} = \frac{(m-3)}{4} \frac{(n-m+3)}{(2m-3)} \mathfrak{C}$

&c. | &c.

His autem valoribus determinatis erit:

$$(a+b)^n = a^n . \frac{a^m + A a^{m-1} b + B a^{m-2} b^2 + C a^{m-3} b^3 + \&c.}{a^m - \mathfrak{A} a^{m-1} b + \mathfrak{B} a^{m-2} b^2 - \mathfrak{C} a^{m-3} b^3 + \&c.}$$

240. Si igitur hic pro n substituatur numerus fractus, istae formulae ad extractionem radicum apprime erunt accommodatae. Sic si radix quaecunque potestatis n extrahi debeat ex forma $a^n + b$, sequentes formulae in vsum vocari possunt:

$$(a^n + b)^{\frac{1}{n}} = a . \frac{2 n a^n + (n+1) b}{2 n a^n + (n-1) b}$$

$$(a^n + b)^{\frac{1}{n}} = a . \frac{12 n^2 a^{2n} + 6n(2n+1) a^n b + (2n+1)(n+1) bb}{12 n^2 a^{2n} + 6n(2n-1) a^n b + (2n-1)(n-1) bb}.$$

Sin autem ponatur $a^n + b = N$, vt sit $a^n = N - b$; erit:

$$(a^n + b)^{\frac{1}{n}} = a . \frac{2 n N - (n-1) b}{2 n N - (n+1) b}$$

$$(a^n + b)^{\frac{1}{n}} = a . \frac{12 n^2 N^2 - 6n(2n-1) N b + (2n-1)(n-1) bb}{12 n^2 N^2 - 6n(2n+1) N b + (2n+1)(n+1) bb}.$$

241.

241. Formula igitur generalis pro radice cuiusque aequationis inuenienda in aequationibus, quae ex pluribus terminis constant, eundem praestat vsum, quem solita regula binomii ad resolutionem aequationum purarum $x^n = c$ afferre solet, atque adeo hoc casu in regulam illam ipsam abit. Sin autem aequatio fuerit affecta vel etiam transcendens, expressio nostra generalis semper aequali successu in vsum vocatur, seriemque praebet infinitam, quae valorem radicis exhibet. Quamobrem cum in hoc negotio summa vis istius formulae generalis consistat, eius vsum hic aliquanto fusius ostendamus. Sit igitur proposita haec aequatio affecta tribus terminis constans:

$$x^n + cx = N,$$

denotantibus c & N quantitates quascunque datas. Ponatur $x^n + cx - N = y$, erit $dy = (nx^{n-1} + c)dx$, hincque fiet $p = \frac{1}{nx^{n-1} + c}$, tum est

$$dp = -\frac{n(n-1)x^{n-2}dx}{(nx^{n-1}+c)^2}; \quad \& \quad q = -\frac{n(n-1)x^{n-2}}{(nx^{n-1}+c)^3}.$$

Simili modo ob $r = \frac{dq}{dy}$; $s = \frac{dr}{dy}$ &c. reperietur:

$$r = \frac{n^2(n-1)(2n-1)x^{2n-4} - n(n-1)(n-2)cx^{n-3}}{(nx^{n-1}+c)^5}$$

$$s = -\frac{n^3(n-1)(2n-1)(3n-1)x^{3n-6} - 4n^2(n-1)(n-2)(2n-1)cx^{2n-5} + n(n-1)(n-2)(n-3)c^2x^{n-4}}{(nx^{n-1}+c)^7}$$

$$t = +\frac{\begin{matrix} n^4(n-1)(2n-1)(3n-1)(4n-1)x^{4n-8} - n^3(n-1)(n-2)(2n-1)(29n-11)cx^{3n-7} \\ + n^2(n-1)(n-2)(2n-1)(nn-29)c^2x^{2n-6} - n(n-1)(n-2)(n-3)(n-4)c^3x^{n-5} \end{matrix}}{(nx^{n-1}+c)^9}$$

&c.

 Qui-

Quibus valoribus inuentis, erit aequationis propositae radix

$$f = x - py + \frac{1}{2}qyy - \frac{1}{6}ry^3 + \frac{1}{24}sy^4 - \frac{1}{120}ty^5 + \&c.$$

quicquid enim pro x substituatur, vnde simul litterae y, p, q, r, &c. valores determinatos induunt, summa seriei aequabitur valori vnius radicis.

EXEMPLUM I.

Sit proposita haec aequatio $x^3 + 2x = 2$.

Erit $c = 2$, $N = 2$, & $n = 3$, atque $y = x^3 + 2x - 2$. Ponatur $x = 1$, erit $y = 1$, & $p = \frac{1}{5}$; $q = -\frac{6}{5^3}$; $r = \frac{84}{5^5}$; $s = -\frac{1690}{5^7}$ &c. atque aequationis radix erit:

$$f = 1 - \frac{1}{5} - \frac{3}{5^3} - \frac{14}{5^6} - \frac{60}{5^7} - \&c. = 0,770975$$

Ponatur nunc $x = 0,77$, & quia est $y = x^3 + 2x - 2$; $p = \frac{1}{3xx+2}$; $q = -6p^3x$; $r = 9xxp^5 - 12p^3$; atque $s = -2160p^7x^3 + 720p^6x$; habebitur logarithmis adhibendis:

$lx = 9,8864907$	$x = 0,77$
$lx^2 = 9,7729814$	$x^2 = 0,5929$
$lx^3 = 9,6594721$	$x^3 = 0,456533$
	$2x = 1,54$
	$x^3 + 2x = 1,996533$
Ergo	$y = -0,003467$

$l - y = 7,5309338$ $3xx+2 = 3,7787$

$lp = 9,4026379$ $l(3xx+2) = 0,5773424$

$l - py = 6,9626113$ $-py^2 = 0,0009175$

$lp^2 = 8,2679725$

$lx = 9,8864907$

$l3 = 0,4771213$

$ly^2 = 5,0799076$

$l - \frac{1}{2}qyy = 3,7114922$ $-\frac{1}{2}qyy = 0,000000514$.

Ergo radix $f = 0,770916997$, quae vix in vltima figura a vero aberrabit.

EXEMPLUM II.

Sit proposita aequatio $x^4 - 2xx + 4x = 8$.

Ponatur $y = x^4 - 2xx + 4x - 8$, erit $dy = 4dx(x^3 - x + 1)$

$$p = \frac{1}{4(x^3-x+1)};\quad \frac{dp}{dx} = \frac{-3xx+1}{4(x^3-x+1)^2}\quad \text{Ergo}$$

$$q = \frac{-3xx+1}{16(x^3-x+1)^3};\quad \frac{dq}{dx} = \frac{21x^4-12xx-3}{16(x^3-x+1)^4}\quad \&$$

$$r = \frac{21x^4-12xx-3}{64(x^3-x+1)^5}\quad \&c.$$

ex quibus erit radix aequationis propositae:

$$f = x - \frac{y}{4(x^3-x+1)} - \frac{(3xx-1)yy}{32(x^3-x+1)^3} - \frac{(7x^4-4xx+1)y^3}{128(x^3-x+1)^5} - \&c.$$

Oportet ergo ipsi x idoneum valorem tribui, quo series ista fiat conuergens. Primum autem perspicuum est, si

 ipsi

ipsi x tribueretur talis valor, quo fieret $x^3-x+1=0$, tum omnes seriei terminos praeter primum euadere infinitos, neque adeo exinde quicquam concludi posse. Conuenit ergo ipsi x eiusmodi valorem assignare, quo & y fiat exiguum & x^3-x+1 non admodum paruum. Sit $x=1$, erit $y=-5$, &

$$f=1+\frac{5}{4}-\frac{25}{16}+\frac{125}{64}-\&c.$$

vbi cum tres termini $\frac{5}{4}-\frac{25}{16}+\frac{125}{64}$ congruant cum progressione geometrica, cuius summa est $\frac{5}{9}$ erit circiter $f=\frac{14}{9}$. Statuamus ergo $x=\frac{3}{2}$, erit $y=-\frac{23}{16}$; & $x^3-x+1=\frac{23}{8}$, vnde fit:

$$f=\frac{3}{2}+\frac{1}{8}-\frac{1}{64}+\frac{407}{256.529}-\&c.=1,61.$$

Ponatur nunc $x=1,61$; erit:

$lx=0,2068259$	$x=1,61$	fit $x^3-x+1=z$
$lx^2=0,4136518$	$x^2=2,5921$	
$lx^3=0,6204777$	$x^3=4,173281$	
$lx^4=0,8273036$	$x^4=6,718983$	
	hinc	
$l-y=8,4016934$	$y=-0,025217$	
$lz=0,5518502$	$z=3,563281$	
$l\frac{-y}{z}=7,8498432$		

$l4=$

$l4 = 0{,}6020600$	
$l\frac{-y}{4z} = 7{,}2477832$	$\frac{-y}{4z} = 0{,}0017692$
$l(3xx-1) = 0{,}8309926$	$3xx-1 = 6{,}7763$
$ly^2 = 6{,}8033868$	
$7{,}6343794$	
$lz^3 = 1{,}6555506$	
$5{,}9788288$	
$l32 = 1{,}2041200$	$\frac{(3xx-1)y^2}{32z^3} = 0{,}000005952$
$4{,}7747088$	

Ergo $f = 1{,}6117632$.

242. Methodus haec inueniendi radices aequationum proxime aeque patet ad quantitates transcendentes. Quaeramus numerum x, cuius logatithmus ex quocunque canone desumtus ad ipsum numerum datam habeat rationem vt 1 ad n, atque habebitur ista aequatio $x - nlx = 0$: sit autem k modulus horum logarithmorum, ita vt isti logarithmi obtineantur, si logarithmi hyperbolici multiplicentur per k, erit $d.lx = \frac{kdx}{x}$. Ponatur ergo $x - nlx = y$, sitque f valor ipsius x quaesitus, qui reddat $x = nlx$. Cum igitur sit $y = x - nlx$, erit $dy = dx - \frac{kndx}{x} = \frac{dx(x-kn)}{x}$

& $\frac{dx}{dy} = p = \frac{x}{x-kn}$; vnde $dp = -\frac{kndx}{(x-kn)^2}$ ergo

$$\frac{dp}{dy} = q = \frac{-knx}{(x-kn)^3}; \quad dq = \frac{2knxdx + k^2n^2dx}{(x-kn)^4}$$

$$\frac{dq}{dy} = r = \frac{knx(2x+kn)}{(x-kn)^5} \quad \&c.$$

Qua-

Quare fiet:

$$f = x - \frac{xy}{x-kn} - \frac{knxyy}{2(x-kn)^3} - \frac{knxy^3(2x+kn)}{6(x-kn)^5} - \&c.$$

Infra autem oſtendemus hoc problema ſolutionem non admittere, niſi ſit $kn > e$, exiſtente e numero cuius logarithmus hyperbolicus eſt $= 1$, ſeu debet eſſe $kn > 2,7182818$.

EXEMPLUM.

Quaeratur numerus praeter 10, *cuius logarithmus tabularis aequetur decimae parti ipſius numeri.*

Quia de logarithmis tabularibus quaeſtio inſtituitur, erit $k = 0,434294481903 25$, atque ob $n = 10$ habebitur $kn = 4,342944819032 5$. Facto iam $x = 1$, erit $y = 1$, fietque $f = 1 + \frac{1}{3,3429} + \frac{2,1714724}{(3,3429)^3} - \&c.$ ſicque proxime erit $f = 1,37$. Statuatur ergo $x = 1,37$, erit $lx = 0,136720567156406$, & ob $y = x - 10lx$, erit $y = 0,002794328435 03$, & $-x + kn = 2,972944819032 5$. Fiat ergo

$$\begin{aligned} lx &= 0,1367205 \\ ly &= 7,4462773 \\ \hline & 7,5829978 \\ l(kn-x) &= 0,4731866 \\ \hline & 1,1098112 \qquad \frac{-xy}{x-kn} = 0,00128769. \end{aligned}$$

De-

Deinde cum sit tertius terminus $\frac{knxyy}{2(x-kn)^3} = \frac{kny}{2(x-kn)^2} \cdot \frac{xy}{x-kn}$ erit:

$$l\frac{xy}{x-kn} = 7,1098112$$
$$ly = 7,4462773$$
$$lkn = 0,6377842$$
$$\overline{\quad 5,1938527}$$
$$l(kn-x)^2 = 0,9463732$$
$$\overline{\quad 4,2474995}$$
$$l2 = 0,3010300$$
$$\overline{\quad\quad}$$
$$l \text{ tert. term.} = 3,9464695$$
$$\text{I. term. } x = 1,37$$
$$\text{II. term.} = 0,00128769$$
$$\text{III. term.} = 0,00000088$$
$$\overline{\quad\quad}$$
$$f = 1,37128857$$
$$lf = 0,137128857.$$

243. Si aequatio fuerit exponentialis, ea ad logarithmicam reduci poterit; ita si quaeratur valor ipsius x, vt sit $x^x = a$, erit $x\,lx = la$. Quare posito $y = x\,lx - la$, fiet $dy = dx\,lx + dx$, & $\frac{dx}{dy} = p = \frac{1}{1 + lx}$. Tumque

$dp =$

$dp = \frac{-dx}{x(1+lx)^2}$; & $\frac{dp}{dy} = q = \frac{-1}{x(1+lx)^3}$

$dq = \frac{dx}{xx(1+lx)^3} + \frac{3dx}{xx(1+lx)^4}$, ideoque

$\frac{dq}{dy} = r = \frac{1}{xx(1+lx)^4} + \frac{3}{xx(1+lx)^5}$; porro erit

$dr = \frac{-2dx}{x^3(1+lx)^4} - \frac{10dx}{x^3(1+lx)^5} - \frac{15dx}{x^3(1+lx)^6}$; ergo

$s = \frac{-2}{x^3(1+lx)^5} - \frac{10}{x^3(1+lx)^6} - \frac{15}{x^3(1+lx)^7}$, &

$t = \frac{6}{x^4(1+lx)^6} + \frac{40}{x^4(1+lx)^7} + \frac{105}{x^4(1+lx)^8} + \frac{105}{x^4(1+lx)^9}$

$u = \frac{-24}{x^5(1+lx)^7} - \frac{196}{x^5(1+lx)^8} - \frac{700}{x^5(1+lx)^9} - \frac{1260}{x^5(1+lx)^{10}} - \frac{945}{x^5(1+lx)^{11}}$.

Hinc ergo si verus valor ipsius x sit $= f$, ita vt sit $ff = a$; erit:

$$f = x - \frac{y}{(1+lx)} - \frac{yy}{2x(1+lx)^3} - \frac{y^3}{2xx(1+lx)^5} - \frac{5y^4}{8x^3(1+lx)^7} - \frac{7y^5}{8x^4(1+lx)^9}$$

$$- \frac{y^3}{6x^2(1+lx)^4} - \frac{5y^4}{12x^3(1+lx)^6} - \frac{7y^5}{8x^4(1+lx)^8}$$

$$- \frac{y^4}{12x^3(1+lx)^5} - \frac{y^5}{3x^4(1+lx)^7}$$

$$- \frac{y^5}{20x^4(1+lx)^6}$$

&c.

Haec

Haec ergo expressio in infinitum continuata, quicunque valor pro x statuatur, sumto $y = xlx - la$ verum ipsius f dabit valorem. Sic si ponatur $x = 1$, erit $y = -la$, &

$$f = 1 + la - \frac{(la)^2}{2} + \frac{2(la)^3}{3} - \frac{9(la)^4}{8} + \frac{32(la)^5}{15} - \frac{625(la)^6}{144} \&c.$$

vbi notandum est esse la logarithmum hyperbolicum ipsius a.

EXEMPLUM.

Quaeratur numerus f, *vt sit* $f^f = 100$.

Cum sit $a = 100$, & $y = xlx - la = xlx - l100$, quia patet esse $f > 3$ & < 4, statuatur

$x = \frac{7}{2}$; eritque $lx = 1,25276296849$

$xlx = 4,38467034972$

$l100 = 4,60517018599$

$y = -0,22049983627$

$1 + lx = 2,25276296849$

Hinc erit logarithmis vulgaribus adhibendis:

$l-y = 9,3434083$

$l(1+lx) = 0,3527156$

$8,9906927$; $\frac{-y}{1+lx} = 0,0978797$

$ly^2 = 8,6868166$

$3l(1+lx) = 1,0581468$

$= 7,6286698$

$l2x = l7 = 0,8450980$

$6,7835718$ $\frac{y^2}{2x(1+lx)^3} = 0,0006075$

Ergo proxime erit $f = 3,5972722$

sequentibus vero insuper terminis

sumtis erit $f = 3,5972852$

244. Praeterea autem calculus differentialis insignem habet vſum in reſolutione aequationum, ſi quaepiam relatio, quae inter radices intercedit, fuerit cognita. Sit propoſita aequatio $y = 0$, in qua ſit y functio quaecunque ipſius x. Si iam verbi gratia conſtet, duas huius aequationis radices inter ſe differre quantitate data a, hae duae radices facile inuenientur ſequenti modo. Denotet x harum duarum radicum minorem, erit maior $= x + a$, quare cum functio y euaneſcat, ſi x ſignificet vnam ex radicibus aequationis $y = 0$, euaneſcet quoque y, ſi loco x ponatur $x + a$. Quocirca erit:

$$0 = y + \frac{a\,dy}{dx} + \frac{a^2\,ddy}{2dx^2} + \frac{a^3\,d^3y}{6dx^3} + \&c.$$

Vnde cum ſit $y = 0$ erit quoque

$$0 = \frac{dy}{dx} + \frac{a\,ddy}{2dx^2} + \frac{a^2\,d^3y}{6dx^3} + \frac{a^3\,d^4y}{24dx^4} + \&c.$$

quae duae aequationes ſimul ſumtae per methodum eliminationis dabunt valorem illius radicis x, quam alia radix ſuperat quantitate a.

EXEMPLUM.

Sit propoſita haec aequatio

$$x^5 - 24x^3 + 49xx - 36 = 0,$$

quam vndecunque conſtet, habere duas radices vnitate differentes.

Poſito

Posito $y = x^5 - 24x^3 + 49xx - 36$ erit:

$$\frac{dy}{dx} = 5x^4 - 72x^2 + 98x$$

$$\frac{ddy}{2dx^2} = 10x^3 - 72x + 49$$

$$\frac{d^3y}{6dx^3} = 10x^2 - 24$$

$$\frac{d^4y}{24dx^4} = 5x$$

$$\frac{d^5y}{120dx^5} = 1$$

Jam ob $a = 1$ erit:

A . . . $5x^4 + 10x^3 - 62x^2 + 31x + 26 = 0$. At est

B . . . $x^5 - 24x^3 + 49xx - 36 = 0$.

Multiplicetur superior per x & inferior per 5, alteraque ab altera subtracta relinquet:

$10x^4 + 58x^3 - 214x^2 + 26x + 180 = 0$ seu

C . . . $5x^4 + 29x^3 - 107x^2 + 13x + 90 = 0$

a qua prima A subtracta relinquet:

D . . . $19x^3 - 45x^2 - 18x + 64 = 0$

D.$5x$ . . . $95x^4 - 225x^3 - 90x^2 + 320x = 0$

A.19 . . . $95x^4 + 190x^3 - 1178x^2 + 589x + 494 = 0$

E . . . . $415x^3 - 1088x^2 + 269x + 494 = 0$

D.415 . . . . $7885x^3 - 18675x^2 - 7470x + 26560 = 0$

E. 19 . . . . $7885x^3 - 20672x^2 + 5111x + 9386 = 0$

F . . . . $1997x^2 - 12581x + 17174 = 0$

$$\begin{array}{lr}
D.247 \ldots & 4693x^3 - 11115x^2 - 4446x + 15808 = 0 \\
E.\ 32 \ldots & 13280x^3 - 34816x^2 + 8608x + 15808 = 0 \\
\hline
& 8587x^3 - 23701x^2 + 13054x = 0 \\
\hline
G \ldots\ldots\ldots & 8587x^3 - 23701x + 13054 = 0 \\
F.8587 \ldots & 171482394x^2 - 1080330047x + 147473138 = 0 \\
G.1997 \ldots & 17148239x^2 - 47330897x + 26068838 = 0 \\
\hline
& 607021150x - 121404300 = 0
\end{array}$$

Ex qua aequatione sequitur $x = 2$, ac propterea quoque radix aequationis erit $x = 3$, quorum vterque valor aequationis satisfacit.

245. Potest autem haec operatio absolui sine subsidio calculi differentialis, propterea quod eadem aequatio, quam calculus differentialis suppeditauit, prodit si in ipsa aequatione proposita ponatur $x + a$ loco x. Ceterum vero haec methodus eliminandi nimium est operosa, &, si aequationes essent altioris gradus, labor penitus foret insuperabilis; ex quo multo minus in aequationibus transcendentibus locum habere potest. Quod si autem ponamus duas aequationis propositae $y = 0$ radices inter se esse aequales, tum ob $a = 0$, aequatio differentialis abit in hanc $\frac{dy}{dx} = 0$. Quoties ergo quaepiam aequatio $y = 0$ habuerit duas radices aequales, toties erit $\frac{dy}{dx} = 0$; atque hae duae aequationes coniunctae praebebunt eum ipsius x valorem, cui binae radices sunt aequa-

aequales. Vnde viciſſim ſi ambae aequationes $y=0$ & $\frac{dy}{dx}=0$ communem habeant radicem, ea erit radix duplex aequationis $y=0$. Euenit autem hoc, ſi poſtquam quantitas x ope duarum iſtarum aequationum $y=0$ & $\frac{dy}{dx}=0$ penitus fuerit eliminata, perueniatur ad aequationem identicam. Sic ſi proponatur aequatio:

$$x^3-2xx-4x+8=0$$

erit quoque $3xx-4x-4=0$, cuius duplum ad eam additum dat $x^3+4xx-12x=0$ ſeu $xx+4x-12=0$

cuius triplum eſt $3xx+12x-36=0$

ſubtrahatur $3xx-4x-4=0$

$$16x-32=0$$

$$x-2=0$$

Cum ergo prodierit $x=2$, ſubſtituatur hic valor in vna praecedentium $3xx-4x-4=0$, & prodibit aequatio identica $12-8-4=0$, vnde colligitur aequationem propoſitam $x^3-2xx-4x+8=0$ duas habere radices aequales, nempe 2.

246. Si igitur habeatur aequatio algebraica quotcunque dimenſionum:

$$x^n+Ax^{n-1}+Bx^{n-2}+Cx^{n-3}+Dx^{n-4}-\&c.=0$$

quae duas habeat radices inter ſe aequales, erit quoque

$$nx^{n-1}+(n-1)Ax^{n-2}+(n-2)Bx^{n-3}+(n-3)Cx^{n-4}+(n-4)Dx^{n-5}$$
$$+\&c.=0.$$

 Scili-

Scilicet illius aequationis radix duplex simul erit radix istius aequationis. Multiplicetur illa per n, ab eaque haec per x multiplicata subtrahatur, prodibitque haec noua aequatio:

$$Ax^{n-1} + 2Bx^{n-2} + 3Cx^{n-3} + 4Dx^{n-4} + \&c. = 0.$$

Nunc addantur prima per a & haec per b multiplicata erit:

$$ax^n + (a+b)Ax^{n-1} + (a+2b)Bx^{n-2} + (a+3b)Cx^{n-3} + \&c. = 0$$

quae aequatio cum ipsa proposita coniuncta monstrabit radices aequales, si quas habet proposita. Cum igitur quantitates a & b pro lubitu assumi queant, coefficientes a, $a+b$, $a+2b$, &c. progressionem quamcunque arithmeticam repraesentant. Quamobrem si aequatio quaecunque habeat duas radices aequales, eae inuenientur, si singuli aequationis propositae termini multiplicentur per terminos cuiusuis progressionis arithmeticae respectiue; noua enim aequatio hoc modo resultans eam radicem, quae in proposita bis inest, quoque continebit. Sic aequatio:

$$x^n + Ax^{n-1} + Bx^{n-2} + Cx^{n-3} + Dx^{n-4} + \&c. = 0$$

si eius termini multiplicentur per progressionem arithmeticam hanc:

$$a; \quad a+b; \quad a+2b; \quad a+3b; \quad a+4b; \quad \&c.$$

prodibit noua aequatio haec:

$$ax^n + (a+b)Ax^{n-1} + (a+2b)Bx^{n-2} + (a+3b)Cx^{n-3} + \&c. = 0$$

quae cum illa coniuncta radices aequales ostendet. Haecque est regula satis cognita inueniendi radices aequales cuiuscunque aequationis.

247. Si aequatio $y = 0$ tres habeat radices aequales non solum erit $\frac{dy}{dx} = 0$, sed etiam erit $\frac{ddy}{dx^2} = 0$; si quidem pro x statuatur eius radicis valor, quae in aequatione $y = 0$ ter inest. Ad hoc ostendendum ponamus aequationem $y = 0$ tres habere radices huiusmodi x, $x + a$, & $x + b$, quae primum interuallis finitis a & b a se inuicem discrepent; & quia y euanescit, si loco x tam $x + a$, quam $x + b$ scribatur, erit:

$$y = 0$$

$$y + \frac{a\,dy}{dx} + \frac{a^2\,ddy}{2\,dx^2} + \frac{a^3\,d^3y}{6\,dx^3} + \frac{a^4\,d^4y}{24\,dx^4} + \&c. = 0$$

$$y + \frac{b\,dy}{dx} + \frac{b^2\,ddy}{2\,dx^2} + \frac{b^3\,d^3y}{6\,dx^3} + \frac{b^4\,d^4y}{24\,dx^4} + \&c. = 0$$

a quibus binis posterioribus si prima subtrahatur erit:

$$\frac{dy}{dx} + \frac{a\,ddy}{2\,dx^2} + \frac{a^2\,d^3y}{6\,dx^3} + \frac{a^3\,d^4y}{24\,dx^4} + \&c. = 0$$

$$\frac{dy}{dx} + \frac{b\,ddy}{2\,dx^2} + \frac{b^2\,d^3y}{6\,dx^3} + \frac{b^3\,d^4y}{24\,dx^4} + \&c. = 0$$

Subtrahantur quoque hae a se inuicem, diuisioneque per $a - b$ facta erit:

$$\frac{ddy}{2\,dx^2} + \frac{(a+b)\,d^3y}{6\,dx^3} + \frac{(aa+ab+bb)\,d^4y}{24\,dx^4} + \&c. = 0.$$

Ponatur iam $a = 0$ & $b = 0$, ita vt tres illae radices inter se sint aequales, eritque ob terminos euanescentes:

$$y = 0; \quad \frac{dy}{dx} = 0; \quad \& \quad \frac{ddy}{dx^2} = 0.$$

248. Quoties ergo aequatio $y = 0$, tres habeant radices aequales puta f, f, f, tum ista quantitas f erit quoque radix non solum huius aequationis $\frac{dy}{dx} = 0$, sed etiam huius $\frac{ddy}{dx^2} = 0$. Hinc manifestum est, cum f sit radix communis aequationis $\frac{dy}{dx} = 0$, & eius differentialis $\frac{ddy}{dx^2} = 0$, eam in aequatione $\frac{dy}{dx} = 0$, bis inesse debere, per ea quae ante de binis radicibus aequalibus ostendimus. Quare si aequatio:

$$x^n + Ax^{n-1} + Bx^{n-2} + Cx^{n-3} + Dx^{n-4} + \&c. = 0$$

tres contineat radices aequales f, f, f, si eius termini per terminos progressionis arithmeticae cuiusuis multiplicentur, tum aequatio resultans binas habebit radices aequales f & f: quamobrem ea denuo per progressionem arithmeticam quamcunque multiplicari poterit, vt prodeat aequatio eandem radicem f semel complectens. Obtinebuntur ergo tres aequationes communem radicem f habentes, ex quarum combinatione haec ipsa radix facile elicietur. Si enim eiusmodi progressiones arithmemeticae eligantur, quarum vel primus vel vltimus terminus sit $= 0$, tum aequatio prodibit vno gradu inferior, sicque eliminatio eo facilior euadet.

249. Simili modo ostendetur, si aequatio $y = 0$ quatuor habeat radices aequales f, f, f, f, tum posito $x = f$

non

non ſolum fieri $y=0$, $\frac{dy}{dx}=0$, & $\frac{ddy}{dx^2}=0$, ſed etiam fore $\frac{d^3y}{dx^3}=0$. Scilicet vti aequatio $y=0$ quater continet radicem $x=f$; ita aequatio $\frac{dy}{dx}$ eandem radicem ter; aequatio vero $\frac{ddy}{dx^2}=0$ bis, & aequatio $\frac{d^3y}{dx^3}=0$ ſemel complectetur. Hoc quoque facilius perſpicietur, ſi perpendamus functionem y hoc caſu huiusmodi formam $(x-f)^4X$ habere debere, denotante x functionem quamcunque ipſius x. Hac forma aſſumta erit: $\frac{dy}{dx}=(x-f)^3\left(4X+\frac{(x-f)dX}{dx}\right)$, ideoque per $(x-f)^3$ diuiſibilis. Similiter porro habebit $\frac{ddy}{dx^2}$ factorem $(x-f)^2$, & $\frac{d^3y}{dx^3}$ factorem $x-f$; ex quo perſpicuum eſt, ſi radix $x=f$ in aequatione $y=0$ quater inſit, eam in aequatione $\frac{dy}{dx}=0$ ter, in aequatione $\frac{ddy}{dx^2}=0$ bis, atque in $\frac{d^3y}{dx^3}=0$ ſemel adhuc ineſſe debere.

CAPUT X.

DE MAXIMIS ET MINIMIS.

250.

Si functio ipsius x ita fuerit comparata, vt crescentibus valoribus x ipsa continuo crescat vel decrescat, tum ista functio nullum habebit valorem maximum minimumve. Quicunque enim huius functionis valor consideretur, sequentes erunt maiores, praecedentes vero minores. Huiusmodi functio est $x^3 + x$, cuius valor crescentibus x continuo crescit, decrescentibus vero x, continuo decrescit; maximum ergo haec functio valorem alium induere nequit, nisi ipsi x valor maximus, hoc est infinitus tribuatur; similique modo minimum obtinebit valorem, si ponatur $x = -\infty$. Nisi autem functio ita fuerit comparata, vt crescente x continuo crescat decrescatue, maximum vel minimum alicubi habebit valorem; hoc est eiusmodi valorem, qui sit vel maior vel minor, quam antecedentes & sequentes. Sic ista functio $xx - 2x + 3$ minimum valorem induit, si ponatur $x = 1$, quicunque enim alius valor ipsi x tribuatur, perpetuo functio maiorem adipiscetur valorem.

251. Quo autem natura maximorum ac minimorum clarius perspiciatur, ponamus y eiusmodi esse functionem ipsius x, quae maximum obtineat valorem, si ponatur $x = f$; atque intelligitur, si x ponatur siue maius

ius siue minus quam f, tum valorem ipsius y inde oriundum minorem fore illo, quem induit si ponatur $x = f$. Simili modo, si posito $x = f$, functio y minimum obtineat valorem, necesse est vt, siue x ponatur maius quam f siue minus, semper maior ipsius y valor resultet: haecque est definitio maximorum & minimorum absolutorum. Praeterea autem quoque functio y maximum valorem recipere dicitur posito verbi gratia $x = f$, dummodo iste valor maior fuerit quam proximi siue sequentes siue antecedentes, qui oriuntur, si x aliquantillum siue maius siue minus quam f statuatur; etiamsi aliis valoribus loco x substituendis functio y maiores forte valores recipiat. Similiter functio y minimum valorem recipere dicitur posito $x = f$, dummodo ille valor minor fuerit iis, quos induit, si loco x valores proxime siue maiores siue minores quam f substituantur. Atque in hac posteriori significatione istis maximorum & minimorum vocabulis vtemur.

252. Antequam autem modum ostendamus haec maxima & minima inueniendi, notari conuenit hanc inuestigationem proprie in iis tantum ipsius x functionibus locum habere, quas supra vniformes vocauimus, & quae sunt ita comparatae, vt pro singulis ipsius x valoribus singulos pariter valores recipiat. Biformes autem & multiformes functiones vocauimus, quae pro singulis valoribus ipsius x binos pluresue valores inducunt, cuiusmodi functiones sunt radices aequationum quadraticarum & plurium dimensionum. Si igitur y huiusmodi fuerit functio ipsius x vel biformis vel multiformis, tum proprie

 dici

dici nequit, eam poſito $x = f$ valorem ſiue maximum ſiue minimum induere: quoniam enim poſito $x = f$ vel duos pluresue valores ſimul obtinet, atque praecedentes aeque ac ſequentes ſint numero plures, diiudicatio maximi minimiue non tam facile inſtituitur: niſi forte omnes functionis y valores, qui ſingulis ipſius x valoribus reſpondent, ſint imaginarii praeter vnum; quo caſu huiusmodi functiones ſpeciem functionum vniformium mentiuntur. Primum ergo functiones vniformes harumque ſpeciem mentientes contemplabimur, tum vero quomodo iudicium ad multiformes accommodari debeat, indicabimus.

253. Sit igitur y functio ipſius x vniformis, quae propterea, quicunque valor pro x ſubſtituatur, ſemper vnum recipiat valorem realem, denotetque x eum valorem, qui functioni y maximum minimumue valorem inducat. Priori ergo caſu, ſiue loco x ſubſtituatur $x + \alpha$ ſiue $x - \alpha$, valor ipſius y minor erit, quam ſi $\alpha = 0$, poſteriori vero caſu maior. Cum igitur poſito $x + \alpha$ loco x functio y abeat in

$$y + \frac{\alpha dy}{dx} + \frac{\alpha^2 ddy}{2dx^2} + \frac{\alpha^3 d^3y}{6dx^3} + \&c.$$

at poſito $x - \alpha$ loco x in

$$y - \frac{\alpha dy}{dx} + \frac{\alpha^2 ddy}{2dx^2} - \frac{\alpha^3 d^3y}{6dx^3} + \&c.$$

ne-

necesse est vt casu maximi sit

$$y > y + \frac{\alpha dy}{dx} + \frac{\alpha^2 ddy}{2dx^2} + \frac{\alpha^3 d^3y}{6dx^3} + \&c. \quad \&$$

$$y > y - \frac{\alpha dy}{dx} + \frac{\alpha^2 ddy}{2dx^2} - \frac{\alpha^3 d^3y}{6dx^3} + \&c.$$

In casu autem, quo valor ipsius y fit minimus erit:

$$y < y + \frac{\alpha dy}{dx} + \frac{\alpha^2 ddy}{2dx^2} + \frac{\alpha^3 d^3y}{6dx^3} + \&c.$$

$$y < y - \frac{\alpha dy}{dx} + \frac{\alpha^2 ddy}{2dx^2} - \frac{\alpha^3 d^3y}{6dx^3} + \&c.$$

254. Quoniam haec euenire debent, si α denotet quantitatem minimam, statuamus α tam paruum, vt eius potestates altiores reiici queant; debebitque tam pro casu maximi quam minimi esse $\frac{\alpha dy}{dx} = 0$. Nisi enim $\frac{\alpha dy}{dx}$ esset $= 0$, neque valor ipsius y maximus neque minimus esse posset. Hinc tam pro maximis quam pro minimis inuestigandis haec habetur regula communis, vt differentiale propositae y nihilo aequale ponatur, eritque ille ipsius x valor, qui functionem reddit vel maximam vel minimam, radix istius aequationis. Vtrum vero valor hoc modo inuentus ipsius y futurus sit maximus an minimus, incertum relinquitur; quin etiam fieri potest, vt y neque maximum neque minimum sit futurum: tantum enim inuenimus vtroque casu fore $\frac{dy}{dx} = 0$, ne-

 que

que viciſſim affirmauimus, quoties ſit $\frac{dy}{dx} = o$, toties quoque valorem pro y prodire vel maximum vel minimum.

255. Interim tamen ad caſus, quibus valor ipſius y vel maximus vel minimus euadat, inueſtigandos haec prima operatio inſtituenda eſt, vt differentiale functionis propoſitae nihilo aequetur, atque ex aequatione $\frac{dy}{dx} = o$ omnes ipſius x valores eliciantur. Quibus inuentis deinceps diſpiciendum erit, vtrum iis functio y maximum induat valorem, an minimum, an neutrum? oſtendemus enim fieri poſſe, vt neque maximum neque minimum locum habeat, etiamſi ſit $\frac{dy}{dx} = o$. Sit f valor ſeu vnus ex valoribus ipſius x, quem obtinet ex aequatione $\frac{dy}{dx} = o$, hicque valor ſubſtituatur in expreſſionibus $\frac{ddy}{dx^2}$; $\frac{d^3y}{dx^3}$; &c. fiatque hac ſubſtitutione $\frac{ddy}{dx^2} = p$; $\frac{d^3y}{dx^3} = q$; $\frac{d^4y}{dx^4} = r$ &c. Abeat autem functio ipſa y poſito f loco x in F, atque ſi loco x ponatur $f + \alpha$, iſta functio abibit in

$$F + \frac{1}{2}\alpha^2 p + \frac{1}{6}\alpha^3 q + \frac{1}{24}\alpha^4 r + \&c.$$

ſin autem loco x ponatur $f - \alpha$ prodibit

$$F + \frac{1}{2}\alpha^2 p - \frac{1}{6}\alpha^3 q + \frac{1}{24}\alpha^4 r - \&c.$$

vnde

vnde patet, si p fuerit quantitas affirmatiua, vtrumque valorem maiorem fore quam F, saltem si α quantitatem valde paruam denotet, ac propterea valorem F, quem functio y induit posito $x = f$, fore minimum. Sin autem p sit quantitas negatiua, tum valor $x = f$ functioni y inducet valorem maximum.

256. Quodsi autem fuerit $p = 0$, tum spectari debet valor ipsius q, qui si non fuerit $= 0$, valor ipsius y neque maximus erit neque minimus; nam posito $x = f + \alpha$ erit $F + \frac{1}{6}\alpha^3 q > F$ & posito $x = f - \alpha$ erit $F - \frac{1}{6}\alpha^3 q < F$. Sin autem quoque fuerit $q = 0$, ad quantitatem r erit respiciendum, quae si habuerit valorem affirmatiuum valor functionis F, quem recipit posito $x = f$, erit minimum; sin autem r habeat valorem negatiuum, erit F maximum. At si quoque r euanescat iudicium ex sequentis litterae s valore erit petendum, quod simile erit illi, quod ex littera q formauimus. Scilicet si s non fuerit $= 0$, functio F neque maximum erit neque minimum; sin autem sit quoque $s = 0$, tum sequens littera t, si habeat valorem affirmatiuum indicabit minimum, sin autem habeat valorem negatiuum, indicabit maximum. Verum si & haec littera t euanescat, tum in iudicando vlterius est procedendum eodem prorsus modo, quo in casibus praecedentibus sumus vsi. Sicque de qualibet radice aequationis $\frac{dy}{dx} = 0$ indagabitur, vtrum functioni y inducat valorem maximum an mini-

minimum, an neutrum; atque hoc modo omnia maxima & minima, quae quidem functio y recipere potest, inuenientur.

257. Si ergo aequatio $\frac{dy}{dx} = 0$ duas radices habeat aequales, ita vt factorem habeat quadratum $(x - f)^2$, tum posito $x = f$ simul $\frac{ddy}{dx^2}$ euanescet, eritque $p = 0$, non autem q. Hoc ergo casu functio y neque maximum neque minimum valorem induet. Sin autem aequatio $\frac{dy}{dx} = 0$ tres radices habeat aequales, seu $\frac{dy}{dx}$ factorem cubicum $(x - f)^3$, tum posito $x = f$, fiet $\frac{ddy}{dx^2} = 0$ & $\frac{d^3y}{dx^3} = 0$; non autem $\frac{d^4y}{dx^4}$. Huius ergo termini valor si fuerit affirmatiuus indicabit minimum, sin negatiuus, maximum. Judicium ergo ante explicatum huc redit, vt si expressio $\frac{dy}{dx}$ factorem habuerit $(x-f)^n$, existente n numero impari, functio y, si in ea ponatur $x = f$, valorem sit acceptura vel maximum vel minimum; sin autem exponens n fuerit numerus par, tum substitutio $x = f$ neque maximum neque minimum valorem producat.

258. Deinde inuentio maximi ac minimi saepenumero non mediocriter adiuuabitur sequentibus considerationibus. Quibus scilicet casibus functio y fit maximum vel minimum, iisdem casibus fiet quoduis eius multiplum ay, si qui-

quidem a fuerit quantitas affirmatiua, itemque y^3, y^5, y^7, &c. atque generaliter ay^n, ſi quidem n fuerit numerus affirmatiuus impar, pariter maximum vel minimum; quoniam huiusmodi formulae ita ſunt comparatae, vt creſcente y creſcant, & decreſcente y decreſcant. Quibus autem caſibus ſit y maximum vel minimum, iisdem caſibus $-y$, $-ay$, $b-ay$, & generaliter $b-ay^n$ exiſtente n numero affirmatiuo impari, fiet ordine inverſo vel minimum vel maximum. Similiter quibus caſibus y ſit maximum vel minimum, iisdem caſibus formulae hae $\frac{a}{y}$, $\frac{a}{y^3}$, $\frac{a}{y^5}$, & generaliter $\frac{a}{y^n} \pm b$, denotante a quantitatem affirmatiuam & n numerum affirmatiuum imparem, fient inuerſo ordine vel minimum vel maximum; ſin autem a fuerit quantitas negatiua, tum iſtae formulae maximum impetrabunt valorem, ſi y fuerit maximum, & minimum, ſi y ſit minimum.

259. Ad poteſtates autem pares haec non item traduci poſſunt: quoniam enim, ſi y valores recipit negatiuos, eius poteſtates pares y^2, y^4, &c. valores affirmatiuos inducunt, fieri poteſt, vt dum y minimum valorem negatiuum ſcilicet recipit, eius poteſtates pares fiant maxima. Huius igitur conditionis ratione habita affirmare poterimus, ſi y fuerit maximum vel minimum, exiſtente eius valore affirmatiuo, tum eius poteſtates pares y^2, y^4, &c. quoque fore maxima vel minima. Sin autem valor ipſius y negatiuus fuerit maximum, tum eius quadratum yy accepturum eſſe valorem minimum, & contra ſi valor

 ipſius

ipſius y negatiuus ſit minimum, tum y^2, y^4, &c. fore maximum. Quodſi vero exponentes ipſius y pares fuerint negatiui, tum contrarium eueniet. Ceterum quae hic de exponentibus paribus & imparibus annotauimus, ea non ſolum pro numeris integris valent, ſed etiam pro fractis, quorum denominatores ſunt numeri impares; in hoc enim negotio fractiones $\frac{1}{3}$, $\frac{5}{3}$, $\frac{7}{3}$, $\frac{1}{5}$, $\frac{3}{5}$, &c. numeris imparibus, at $\frac{2}{3}$, $\frac{4}{3}$, $\frac{2}{5}$, $\frac{4}{5}$, $\frac{6}{7}$, &c. numeris paribus aequiualent.

260. Sin autem denominatores fuerint numeri pares, tum, quoniam ſi y negatiuum habet valorem, eius poteſtates $y^{\frac{1}{2}}$; $y^{\frac{3}{4}}$; &c. fiunt imaginariae; hoc tantum de iis affirmari poterit, ſi valor ipſius y affirmatiuus fuerit maximum vel minimum, tum quoque $y^{\frac{1}{2}}$; $y^{\frac{3}{2}}$; $y^{\frac{1}{4}}$; &c. fore pariter vel maxima vel minima; contra autem $y^{-\frac{1}{2}}$, $y^{-\frac{3}{2}}$, $y^{-\frac{1}{4}}$, &c. minima vel maxima. Quia autem haec irrationalia ſimul geminos valores habent, alterum affirmatiuum, alterum negatiuum, de negatiuis contrarium erit tenendum, quod hic de affirmatiuis diximus. Sin autem valor ipſius y negatiuus euadat maximum vel minimum, tum quia huiusmodi poteſtates omnes fiunt imaginariae, neque maximis neque minimis annumerari poterunt. His igitur ſubſidiis inueſtigatio maximi & minimi ſaepe admodum reddetur facilis, quae alias futura eſſet vehementer difficilis.

261. Quoniam haec proprie ad functiones rationales, quippe quae sunt solae uniformes, pertinent, primum functiones integras euoluamus, atque maxima minimaque quae in ipsis occurrunt indagemus. Cum igitur huiusmodi functiones ad hanc formam referantur:

$$x^n + Ax^{n-1} + Bx^{n-2} + Cx^{n-3} + \&c.$$

primum patet earum valorem maiorem fieri non posse, quam si ponatur $x = \infty$; tum vero si $x = -\infty$ valor huius formulae prodit $= \infty^n$, si n sit numerus par, at $-\infty^n$ si n sit numerus impar, qui propterea valor erit omnium minimus. Dantur autem praeterea saepe alia maxima & minima eo sensu, quem his vocibus attribuimus, quae sequentibus exemplis illustrabimus.

EXEMPLUM I.

Inuenire valores ipsius x, *quibus haec functio* $(x-a)^n$ *sit maximum vel minimum.*

Posito $(x-a)^n = y$, erit $\frac{dy}{dx} = n(x-a)^{n-1}$, quo posito $= 0$, fiet $x = a$. Cum igitur $\frac{dy}{dx}$ factorem habeat $(x-a)^{n-1}$, ex §. 257. intelligitur y maximum minimumue esse non posse, nisi sit $n-1$ numerus impar, seu n numerus par. Quia autem dum fit

$$\frac{d^n y}{dx^n} = n(n-1)(n-2) \ldots 1$$

hoc est numerus affirmatiuus, sequitur, valorem ipsius y posito $x = a$ proditurum esse minimum. Quod quidem

 faci-

facile patet; nam posito $x = a$ fit $y = 0$; & si x ponatur vel maius vel minus quam a, ob n numerum parem, accipiet y valorem positiuum hoc est nihilo maiorem; sin autem n fuerit numerus impar, tum functio $y = (x-a)^n$ neque maximum neque minimum admittit. Perspicuum autem porro est hoc idem valere, si n fuerit numerus fractus siue impar siue par. Scilicet $(x-a)^{\frac{\mu}{\nu}}$ fiet posito $x = a$ minimum, si μ fuerit numerus par & ν impar; sin autem vterque fuerit impar, neque maximum dabitur neque minimum.

EXEMPLUM II.

Inuenire casus quibus valor huius formulae $xx + 3x + 2$ *fit maximum vel minimum.*

Ponatur $xx + 3x + 2 = y$, erit $\frac{dy}{dx} = 2x + 3$, $\frac{ddy}{2dx^2} = 1$. Statuatur ergo $2x + 3 = 0$, fiet $x = -\frac{3}{2}$; qui casus vtrum maximum an minimum producat, cognoscetur ex valore $\frac{ddy}{2dx^2} = 1$, qui cum sit affirmatiuus, quicquid sit x, indicat minimum. Posito autem $x = -\frac{3}{2}$ fit $y = -\frac{1}{4}$, & si alii quicunque valores ipsi x tribuantur, valor ipsius y inde oriundus perpetuo maior erit quam $-\frac{1}{4}$. Ex natura quoque ipsius formulae $xx + 3x + 2$ perspicitur, eam minimum valorem habere debere; nam cum in infinitum excrescat siue ponatur $x = +\infty$ siue $x = -\infty$, necesse est, vt quispiam valor ipsius x ipsi y omnium minimam quantitatem inducat.

EXEM-

EXEMPLUM III.

Inuenire casus, quibus expressio haec $x^3 - axx + bx - c$ *maximum minimumue valorem accipit.*

Posito $y = x^3 - axx + bx - c$; erit $\frac{dy}{dx} = 3xx - 2ax + b$ & $\frac{ddy}{2dx^2} = 3x - a$; $\frac{d^3y}{6dx^3} = 1$. Statuatur ergo $\frac{dy}{dx} = 3xx - 2ax + b = 0$; erit $x = \frac{a \pm \sqrt{(aa - 3b)}}{3}$, ex quo intelligitur, nisi sit $aa > 3b$, formulam propositam neque maximum neque minimum esse habituram. Sin autem sit $aa > 3b$, duobus casibus fit maximum vel minimum. Hinc vero oritur $\frac{ddy}{2dx^2} = \pm\sqrt{(aa - 3b)}$, vnde intelligitur nisi sit $aa = 3b$, valorem $x = \frac{a + \sqrt{(aa - 3b)}}{3}$ reddere formulam $y = x^3 - axx + bx - c$ minimam, alterum vero $x = \frac{a - \sqrt{(aa - 3b)}}{3}$ maximam. Quanti autem futuri isti sint ipsius y valores, cum sit $3xx - 2ax + b = 0$ seu $x^3 - \frac{2}{3}axx + \frac{1}{3}bx = 0$; erit $y = -\frac{1}{3}axx + \frac{2}{3}bx - c$ & ob $\frac{1}{3}axx - \frac{2aa}{9}x + \frac{ab}{9} = 0$, fit $y = \frac{2}{9}(3b - aa)x + \frac{ab}{9} - c = -\frac{2a(aa - 3b)}{27} \mp \frac{2(aa - 3b)\sqrt{(aa - 3b)}}{27} + \frac{ab}{9} - c$, siue $y = -\frac{2a^3}{27} + \frac{ab}{3} - c \mp \frac{2}{27}(aa - 3b)^{\frac{3}{2}}$, vbi signum superius valet pro minimo, inferius autem pro

pro maximo. Reſtat ergo caſus quo $aa = 3b$, in quo cum fiat $\frac{ddy}{dx^3} = 0$, ſequens vero terminus $\frac{d^3y}{6dx^3} = 1$; non ſit $= 0$, ſequitur hoc caſu formulam propoſitam neque maximum neque minimum eſſe recepturam.

EXEMPLUM. IV.

Inuenire caſus quibus haec functio ipſius x ;
$$x^4 - 8x^3 + 22x^2 - 24x + 12$$
ſit maximum vel minimum.

Poſito $y = x^4 - 8x^3 + 22x^2 - 24x + 12$; erit
$$\frac{dy}{dx} = 4x^3 - 24x^2 + 44x - 24$$
$$\frac{ddy}{2dx^2} = 6x^2 - 24x + 22$$
Statuatur nunc $\frac{dy}{dx} = 4x^3 - 24x^2 + 44x - 24 = 0$ ſeu $x^3 - 6x^2 + 11x - 6 = 0$, orientur tres valores reales pro x; I. $x = 1$; II. $x = 2$; III. $x = 3$. Ex primo valore fit $\frac{ddy}{2dx^2} = 4$, ideoque poſito $x = 1$ functio propoſita fit minimum. Ex ſecundo valore $x = 2$ fit $\frac{ddy}{2dx^2} = -2$, ideoque functio propoſita maximum. Ex tertio valore $x = 3$ fit $\frac{ddy}{2dx^2} = +4$, ideoque functio propoſita iterum minimum.

EXEM-

EXEMPLUM V.

Proposita sit haec functio $y = x^5 - 5x^4 + 5x^3 + 1$, quae, quibus casibus fiat maximum minimumue quaeritur.

Cum sit $\frac{dy}{dx} = 5x^4 - 20x^3 + 15xx$, formetur aequatio $x^4 - 4x^3 + 3xx = 0$, cuius radices sunt I. & II. $x = 0$; III. $x = 1$; IV. $x = 3$. Quoniam prima & secunda radices sunt aequales, ex iis neque maximum neque minimum sequitur, fit enim $\frac{ddy}{dx^2} = 0$, at $\frac{d^3y}{2dx^3}$ non euanescit. Tertia radix autem $x = 1$, ob $\frac{ddy}{2dx^2} = 10x^3 - 30x^2 + 15x$ praebet $\frac{ddy}{2dx^2} = -5$, hocque ergo casu functio fit maximum. Ex quarta radice $x = 3$ fit $\frac{ddy}{2dx^3} = 45$, ideoque functio proposita minimum.

EXEMPLUM VI.

Inuenire casus quibus haec formula

$$y = 10x^6 - 12x^5 + 15x^4 - 20x^3 + 20$$

fit maximum vel minimum.

Erit ergo $\frac{dy}{dx} = 60x^5 - 60x^4 + 60x^3 - 60x^2$, & $\frac{ddy}{60dx^2} = 5x^4 - 4x^3 + 3x^2 - 2x$. Formetur aequatio $x^5 - x^4 + x^3 - xx = 0$, quae cum in factores res resoluta sit $x^2(x-1)(xx+1) = 0$, duas habet radices

dices aequales $x = 0$, & praeterea radicem $x = 1$, duasque insuper ex $xx + 1 = 0$ imaginarias. Cum igitur binae radices aequales $x = 0$ neque maximum neque minimum exhibeant, tantum consideranda superest radix $x = 1$, ex qua fit $\frac{ddy}{60 dx^2} = 2$, cuius valor affirmatiuus indicat minimum.

262. Determinatio ergo maximorum & minimorum pendet a radicibus aequationis differentialis $\frac{dy}{dx} = 0$, cuius potestas summa, cum sit vno gradu inferior quam in ipsa functione proposita y, si quidem haec fuerit functio rationalis integra: manifestum est si in genere proponatur haec functio:

$$x^n + Ax^{n-1} + Bx^{n-2} + Cx^{n-3} + Dx^{n-4} + \&c. = y$$

eius maxima & minima determinari per radices huius aequationis:

$$nx^{n-1} + (n-1)Ax^{n-2} + (n-2)Bx^{n-3} + (n-3)Cx^{n-4} + \&c. = 0.$$

Ponamus huius aequationis radices reales secundum ordinem quantitatis dispositas esse α, β, γ, δ, &c. ita vt α sit maxima $\beta < \alpha$, $\gamma < \beta$, &c. Ac primo quidem si hae radices omnes fuerint inaequales, vnaquaeque formulae propositae y inducet valorem maximum vel minimum; totque idcirco functio y habebit maxima vel minima, quo aequatio $\frac{dy}{dx} = 0$ habuerit radices reales inaequales. Sin autem duae pluresue radices inter se fuerint aequales, res ita se habebit, vt duae radices aequales

les neque maximum neque minimum exhibeant; ternae vero radices aequales vni aequiualeant: atque in genere si numerus radicum aequalium fuerit par, nullum inde resultat maximum minimumue; sin autem sit impar, vnum inde oritur siue maximum siue minimum.

263. Quaenam autem radices maxima, & quae minima producant, sine subsidio regulae ante traditae ita definiri poterit. Cum functio y posito $x = \omega$ fiat pariter infinita, neque valores ipsius x intra limites ω & α, vllum producant siue maximum siue minimum; perspicuum est valores functionis y, dum loco x successiue valores ab ω vsque ad α substituantur, continuo decrescere oportere; ideoque valor $x = \alpha + \omega$ functioni y maiorem valorem inducet, quam valor $x = \alpha$: vnde cum $x = \alpha$ maximum minimumue producat, necesse est, vt hoc casu functio y fiat minimum. Vlterius ergo x diminuendo seu ponendo $x = \alpha - \omega$, valor ipsius y iterum crescet, donec fiat $x = \beta$, quae est secunda aequationis $\frac{dy}{dx} = 0$ radix maximum minimumue producens: quare haec secunda radix $x = \beta$ maximum praebebit, & valor $x = \beta - \omega$, minorem efficiet functionem y, quam $x = \beta$, donec perueniatur ad $x = \gamma$, quae consequenter iterum minimum generabit. Ex quo ratiocinio perspicitur, radices aequationis $\frac{dy}{dx} = 0$ primam, tertiam, quintam, &c. minima, secundam autem, quartam, sextam &c. maxima exhibere. Simul autem hinc intelligitur in casu

duarum radicum aequalium maximum & minimum coalescere, sicque neutrum locum habere.

264. Si ergo in functione proposita

$$y = x^n + Ax^{n-1} + Bx^{n-2} + Cx^{n-3} + \&c.$$

maximus exponens n fuerit numerus par, aequatio

$$\frac{dy}{dx} = x^{n-1} + (n-1)Ax^{n-2} + \&c. = 0;$$

erit gradus imparis, ideoque vel vnam habebit radicem realem, vel tres, vel quinque, vel numero impares. Si vnica radix fuerit realis, ea dabit minimum; sin tres fuerint reales, maxima praebebit minimum, media maximum, & minima iterum minimum; & si quinque radices fuerint reales, functio y tria habebit minima & duo maxima; sicque porro. At si exponens n fuerit numerus impar, aequatio $\frac{dy}{dx} = 0$ ad gradum parem pertinebit, ideoque vel nullam habebit radicem realem, vel duas, vel quatuor, vel sex, &c. Primo casu functio y neque maximum habebit neque minimum; altero casu, quo duae dantur radices, earum maior minimum, minor autem maximum indicabit: quatuor autem radicum prima (quae est maxima) & tertia minimum, secunda vero & quarta maximum producunt. Perpetuo autem quotcunque radices fuerint reales, maxima & minima se mutuo alternatim insequuntur.

265. Progrediamur ad functiones rationales fractas, quibus altera species functionum vniformium constituitur.

Sit

Sit igitur $y = \frac{P}{Q}$, existentibus P & Q functionibus quibuscunque ipsius x; ac primo quidem apparet, si ipsi x eiusmodi valor tribuatur, vt fiat $Q = o$, nisi simul P euanescat, functionem y euadere infinitam, quod vtique maximum videatur. Nihilo vero minus iste casus pro maximo haberi nequit; cum enim fractio inuersa $\frac{Q}{P}$ iisdem casibus fiat minimum, quibus proposita $\frac{P}{Q}$ fit maximum, deberet fractio $\frac{Q}{P}$ fieri minimum, si Q euanescit; hoc autem non semper euenit, propterea quod adhuc minores valores, negatiuos scilicet, induere posset. Hoc igitur dubio exemto, simul regula ante data confirmatur, quod maxima & minima ex aequatione $\frac{dy}{dx} = o$ elici debeant. Fiet ergo casu proposito $\frac{dy}{dx} = \frac{QdP - PdQ}{QQdx}$; ideoque $QdP - PdQ = o$; huiusque aequationis radices efficient functionem y vel maximum vel minimum. Atque si dubium sit, vtrum maximum an minimum locum habeat, confugiendum est ad valorem $\frac{ddy}{dx^2}$, qui si fuerit affirmatiuus minimum indicabit, sin autem sit negatiuus maximum. Quod si vero & hic valor $\frac{ddy}{dx^2}$ euanescat, quod euenit, si aequatio $\frac{dy}{dx} = o$ habeat duas pluresue ra-

 dices

dices aequales; perpetuo tenendum est radices aequales numero pares neque maximum neque minimum producere.

EXEMPLUM I.

Inuenire casus, quibus functio $\frac{x}{1+xx}$ *fit maximum vel minimum.*

Primum quidem apparet, hanc functionem in nihilum abire casibus tribus $x=\infty$, $x=0$ & $x=-\infty$, vnde ad minimum duo recipiet siue maxima siue minima. Ad quae inuenienda ponatur $y=\frac{x}{1+xx}$; eritque $\frac{dy}{dx}=\frac{1-xx}{(1+xx)^2}$ & $\frac{ddy}{dx^2}=-\frac{6x+2x^3}{(1+xx)^3}$. Jam statuatur $\frac{dy}{dx}=0$, erit $1-xx=0$, & vel $x=+1$ vel $x=-1$. Priori casu $x=+1$ fit $\frac{ddy}{dx^2}=-\frac{4}{2^3}$; ideoque y maxim. $=\frac{1}{2}$, posteriori $x=-1$ fit $\frac{ddy}{dx^2}=+\frac{4}{2^3}$; ideoque y minim. $=-\frac{1}{2}$. Haec quoque facilius inueniuntur, si fractio proposita $\frac{x}{1+xx}$ inuertatur, ponendo $y=\frac{1+xx}{x}=x+\frac{1}{x}$, dummodo recordemur tum quae maxima inueniuntur in minima & vicissim transmutari debere. Erit autem $\frac{dy}{dx}=1-\frac{1}{xx}$, & $\frac{ddy}{dx^2}=\frac{2}{x^3}$. Statuto ergo $\frac{dy}{dx}=0$, fit $xx-1=0$, indeque vel $x=+1$ vel $x=-1$ vt ante.

Atque

Atque casu $x = +1$ fit $\frac{ddy}{dx^2} = 2$, ideoque y minimum, & formula proposita $\frac{1}{y}$ maximum. Casu autem $x = -1$, fit $\frac{ddy}{dx^2} = -2$, vnde y maximum & $\frac{1}{y}$ minimum.

EXEMPLUM II.

Inuenire casus quibus formula $\frac{2-3x+xx}{2+3x+xx}$ *fit maximum vel minimum.*

Posito $y = \frac{xx-3x+2}{xx+3x+2}$, erit $\frac{dy}{dx} = \frac{6x^2-12}{(xx+3x+2)^2}$ & $\frac{ddy}{dx^2} = \frac{-12x^3+72x+72}{(xx+3x+2)^3}$. Statuatur $\frac{dy}{dx} = 0$, fiet vel $x = +\sqrt{2}$ vel $x = -\sqrt{2}$. Priori casu $x = +\sqrt{2}$, erit $\frac{ddy}{dx^2} = \frac{48\sqrt{2}+72}{(4+3\sqrt{2})^3}$, ideoque affirmatiuum, ob denominatorem affirmatiuum: hinc erit y minimum $= \frac{4-3\sqrt{2}}{4+3\sqrt{2}} = 12\sqrt{2}-17 = -0,02943725$. Posteriori casu $x = -\sqrt{2}$ fit $\frac{ddy}{dx^2} = \frac{-48\sqrt{2}+72}{(4-3\sqrt{2})^3} = \frac{24(3-2\sqrt{2})}{(4-3\sqrt{2})^3}$, cuius valor ob numeratorem affirmatiuum & denominatorem negatiuum erit negatiuus, ideoque y fiet maximum $= \frac{4+3\sqrt{2}}{4-3\sqrt{2}} = -12\sqrt{2}-17 = -33,97056274$. Qui valor etsi minor est quam prior minimus, tamen ideo est maximus, quod maior sit contiguis proximis, qui ori-

 un-

untur, si loco x vel aliquantillum maiores vel minores valores quam $-\sqrt{2}$ substituantur. Cum igitur $\sqrt{2}$ inter limites $\frac{4}{3}$ & $\frac{3}{2}$ contineatur, probatio facile instituetur hoc modo:

si $x = \frac{4}{3}$ fit $y = -\frac{2}{70} = -0,0285$

si $x = \sqrt{2}$ fit $y = 12\sqrt{2} - 17 = -0,0294$ minimum

si $x = \frac{3}{2}$ fit $y = -\frac{1}{35} = -0,0285$

---

si $x = -\frac{4}{3}$ fit $y = -35$

si $x = -\sqrt{2}$ fit $y = -33,970$ maximum

si $x = -\frac{3}{2}$ fit $y = -35$.

EXEMPLUM III.

Inuenire casus, quibus formula $\frac{xx - x + 1}{xx + x - 1}$ *fit maximum vel minimum.*

Ponatur $y = \frac{xx - x + 1}{xx + x - 1}$, eritque $\frac{dy}{dx} = \frac{2xx - 4x}{(xx + x - 1)^2}$ & $\frac{ddy}{dx^2} = \frac{-4x^3 + 12xx + 4}{(xx + x - 1)^3}$. Statuatur $\frac{dy}{dx} = 0$, erit vel $x = 0$ vel $x = 2$: priori casu fit $\frac{ddy}{dx^2} = \frac{4}{-1}$, ideoque erit y maximum $= -1$. Posteriori casu $x = 2$ fit $\frac{ddy}{dx^2} = \frac{20}{5^3}$, ideoque y minimum $= \frac{3}{5}$, etiamsi illud maximum

ximum minus sit quam hoc minimum. Probatio patebit ex his positionibus:

si $x = -\frac{1}{3}$; erit $y = -\frac{13}{11}$

si $x = 0$; . . $y = -1$ maximum

si $x = +\frac{1}{3}$; . . $y = -\frac{7}{5}$

---

si $x = 2 - \frac{1}{3}$; erit $y = \frac{19}{31}$

si $x = 2$; . . $y = \frac{3}{5}$ minimum.

si $x = 2 + \frac{1}{3}$; . . $y = \frac{37}{61}$

Quod autem, si ponatur $x = 1$, fiat $y = \infty$, ideoque > -1, caussa est, quod inter valores ipsius x, 0 & 1 contineatur unus, quo fit $y = \infty$.

EXEMPLUM VI.

Quaerantur casus, quibus haec fractio $\frac{x^3+x}{x^4-xx+1}$ *fiat maxima vel minima.*

Posito $y = \frac{x^3+x}{x^4-xx+1}$, erit $\frac{dy}{dx} = \frac{-x^6-4x^4+4xx+1}{(x^4-xx+1)^2}$ & $\frac{ddy}{dx^2} = \frac{2x^9+18x^7-24x^5-16x^3+12x}{(x^4-xx+1)^3}$. Habebimus ergo hanc aequationem: $x^6+4x^4-4xx-1=0$, quae resolvitur in has duas: $xx-1=0$ & $x^4+5x^2+1=0$, quarum illius radices sunt $x=+1$ & $x=-1$; haec vero

vero resoluta dat $xx = -\frac{5 \pm \sqrt{21}}{2}$, ex qua nulla radix realis emergit. Duarum igitur radicum inuentarum prior $x = +1$ facit $\frac{ddy}{dx^2} = -8$, ac propterea y maximum $= 2$; altera radix $x = -1$ facit $\frac{ddy}{dx^2} = +8$ ac propterea y minimum $= -2$.

EXEMPLUM V.

Inuenire casus, quibus haec fractio $\frac{x^3 - x}{x^4 - xx + 1}$ fit maximum vel minimum.

Posito $y = \frac{x^3 - x}{x^4 - xx + 1}$, erit $\frac{dy}{dx} = \frac{-x^6 + 2x^4 + 2x^2 - 1}{(x^4 - x^2 + 1)^2}$ & $\frac{ddy}{dx^2} = \frac{2x^9 - 6x^7 - 18x^5 + 20x^3}{(x^4 - x^2 + 1)^3}$. Facto autem $\frac{dy}{dx} = 0$, erit $x^6 - 2x^4 - 2x^2 + 1 = 0$, quae diuisa per $xx + 1$ dat $x^4 - 3x^2 + 1 = 0$, haecque vlterius resoluitur in $xx - x - 1 = 0$ & $xx + x - 1 = 0$, vnde sequentes quatuor oriuntur radices reales:

I. $x = \frac{1 + \sqrt{5}}{2}$; II. $x = \frac{1 - \sqrt{5}}{2}$;

III. $x = -\frac{1 + \sqrt{5}}{2}$; IV. $x = -\frac{1 - \sqrt{5}}{2}$.

Quae cum omnes in aequatione $x^4 - 3xx + 1 = 0$ contineantur, posito $x^4 = 3xx - 1$, fiet pro omnibus

$$\frac{ddy}{dx^2} = \frac{2x(10-20xx)}{8x^6} = \frac{5(1-2xx)}{2x^5} = \frac{5(1-2xx)}{2x(3xx-1)}$$

$$\& \quad y = \frac{x^3-x}{2xx} = \frac{xx-1}{2x}.$$

Pro duabus autem prioribus ex aequatione $xx = x+1$ ortis erit $\frac{ddy}{dx^2} = -\frac{5(2x+1)}{2x(3x+2)} = -\frac{5(2x+1)}{2(5x+3)}$, & $y = \frac{1}{2}$. Prima igitur radix $x = \frac{1+\sqrt{5}}{2}$ dat $\frac{ddy}{dx^2} = -\frac{5(2+\sqrt{5})}{11+5\sqrt{5}}$, ideoque est y maximum. Secunda radix $x = \frac{1-\sqrt{5}}{2}$; dat $\frac{ddy}{dx^2} = -\frac{5(2-\sqrt{5})}{11-5\sqrt{5}} = -\frac{5(\sqrt{5}-2)}{5\sqrt{5}-11}$; ideoque $y = \frac{1}{2}$ erit quoque maximum. Duae reliquae radices dant $y = -\frac{1}{2}$ minimum.

266. In his igitur exemplis exploratio, vtrum valor quispiam inuentus maximum an minimum producat, facilius institui poterit: cum enim sit $\frac{dy}{dx} = 0$, valor termini $\frac{ddy}{dx^2}$, eius aequationis ratione habita, simplicius exprimi poterit. Sit enim proposita fractio $y = \frac{P}{Q}$; cum sit $dy = \frac{QdP - PdQ}{QQ}$, & $QdP - PdQ = 0$; erit $ddy = \frac{d(QdP - PdQ)}{Q^2} - \frac{2dQ(QdP - PdQ)}{Q^3}$. At vero ob $QdP - PdQ = 0$ hic posterior terminus euanes-

 cit

cit, eritque $ddy = \frac{d.(QdP - PdQ)}{QQ} = \frac{QddP - PddQ}{Q^2}$; Quoniam vero iudicium ex huius termini valore siue affirmatiuo siue negatiuo petitur, denominator autem Q^2 perpetuo sit affirmatiuus; ex solo numeratore negotium ita confici poterit, vt quoties $QddP - PddQ$ seu $\frac{d(QdP - PdQ)}{dx^2}$ fuerit affirmatiuum, minimum pronuncietur, sin sit negatiuum maximum. Siue postquam inuentum fuerit $\frac{dy}{dx}$, cuius forma erit huiusmodi $\frac{R}{QQ}$, tantum quaeratur $\frac{dR}{dx}$; & quae radix huic expressioni valorem affirmatiuum inducit, ex ea proueniet minimum, & contra maximum.

267. Si denominator fractionis propositae fuerit quadratum seu altior potestas quaecunque, ita vt sit $y = \frac{P}{Q^n}$, fiet $dy = \frac{QdP - nPdQ}{Q^{n+1}}$, & posito $\frac{QdP - nPdQ}{dx} = R$, erit $\frac{dy}{dx} = \frac{R}{Q^{n+1}}$; & maxima minimaque determinabuntur ex radicibus aequationis $R = 0$. Cum deinde sit $\frac{ddy}{dx} = \frac{QdR - (n+1)RdQ}{Q^{n+2}}$, ob $R = 0$, fiet $\frac{ddy}{dx} = \frac{dR}{Q^{n+1}}$; cuius valor affirmatiuus indicabit minimum, negatiuus autem maximum. Perspicuum autem est, si n fuerit numerus impar, ob Q^{n+1} semper affirmati-

matiuum, iudicium ex ſolo $\frac{dR}{dx}$ perfici poſſe; ſin autem n ſit numerus par, adhibeatur formula $\frac{QdR}{dx}$. Ponamus autem porro proponi huiusmodi fractionem $\frac{P^m}{Q^n} = y$, erit $dy = \frac{(mQdP - nPdQ)P^{m-1}}{Q^{n+1}}$; ſi itaque ponatur $\frac{mQdP - nPdQ}{dx} = R$, aequationis $R = 0$ radices indicabunt caſus, quibus functio y fit vel maximum vel minimum. Cum igitur ſit $\frac{dy}{dx} = \frac{P^{m-1}R}{Q^{n+1}}$, erit: $\frac{ddy}{dx} = \frac{P^{m-2}R[(m-1)QdP - (n+1)PdQ]}{Q^{n+2}} + \frac{P^{m-1}dR}{Q^{n+1}}$, & ob $R = 0$, fiet $\frac{ddy}{dx^2} = \frac{P^{m-1}dR}{Q^{n+1}dx}$; quae inſuper per quodcunque quadratum $\frac{P^{2\mu}}{Q^{2\nu}}$ diuidi poteſt, ad iudicium abſoluendum. Praeterea vero quoque aequatio $P = 0$ dabit maximum vel minimum, ſi m fuerit numerus par; atque ſimili modo formulam inuerſam $\frac{Q^n}{P^m}$ ſpectando, prodibit maximum vel minimum ponendo $Q = 0$, ſi n fuerit numerus par, vti ſupra §. 257. oſtendimus: hic autem ad maxima vel minima hinc oriunda non reſpicimus, ſed tantum ad vſum methodi explicandum ea indagamus, quae oriuntur ex aequatione $R = 0$.

EXEMPLUM I.

Proponatur fractio $\frac{(\alpha+\beta x)^m}{(\gamma+\delta x)^n}$, *quae, quo casu fiat maximum vel minimum, quaeritur.*

Posito $y=\frac{(\alpha+\beta x)^m}{(\gamma+\delta x)^n}$, primo quidem patet fore $y=0$ si $x=-\frac{\alpha}{\beta}$, & $y=\infty$ si $x=-\frac{\gamma}{\delta}$: quorum casuum ille dabit minimum, hic vero maximum, si m & n fuerint numeri pares. Praeterea vero erit: $\frac{dy}{dx}=\frac{(\alpha+\beta x)^{m-1}}{(\gamma+\delta x)^{n+1}}[(m-n)\beta\delta x+m\beta\gamma-n\alpha\delta]$, ideoque $R=(m-n)\beta\delta x+m\beta\gamma-n\alpha\delta$. Quare posito $R=0$, erit $x=\frac{n\alpha\delta-m\beta\gamma}{(m-n)\beta\delta}$. Deinde ob $\frac{dR}{dx}=(m-n)\beta\delta$, dispiciendum est, vtrum

$$\frac{P^{m-1}dR}{Q^{n+1}dx}=\frac{m^{m-1}\beta^{n+1}}{n^{n+1}\delta^{m-1}}\left(\frac{\alpha\delta-\beta\gamma}{m-n}\right)^{m-n-2}\frac{dR}{dx}$$

sit quantitas affirmatiua an negatiua? priori casu formula proposita erit minimum, posteriori maximum. Sic si fuerit $y=\frac{(x+3)^3}{(x+2)^2}$, fiet $\frac{P^{m-1}dR}{Q^{n+1}dx}=\frac{9}{8}$, ideoque formula $\frac{(x+3)^3}{(x+2)^2}$ fiet minimum, si ponatur $x=0$. Sin autem sit $y=\frac{(x-1)^m}{(x+1)^n}$, erit $\frac{P^{m-1}dR}{Q^{n+1}dx}=\frac{m^{m-1}}{n^{n+1}}\left(\frac{n-m}{2}\right)^{n-m+2}(m-n)$,

&

& $x = \frac{n+m}{n-m}$. Cum autem m & n ponantur numeri affirmatiui, iudicium petendum erit ex formula $(n-m)^{n-m+2}(m-n)$ seu $(n-m)^{n-m}(m-n)$. Si igitur fuerit $n > m$, valor erutus $x = \frac{n+m}{n-m}$ semper dabit maximum; sin autem sit $n < m$, numerus $m-n$ par dabit minimum, at impar, maximum: sic $\frac{(x-1)^3}{(x+1)^2}$ fiet maximum posito $x = -5$; fit enim $y = -\frac{6^3}{4^2} = -\frac{27}{2}$.

EXEMPLUM II.

Proponatur formula $y = \frac{(1+x)^3}{(1+xx)^2}$.

Erit $\frac{dy}{dx} = \frac{(1+x)^2}{(1+xx)^3}(3-4x-xx)$,

& $\frac{P^{m-1}}{Q^{n+1}} \cdot \frac{dR}{dx} = -\frac{(1+x)^2}{(1+xx)^3}(2x+4)$,

vbi cum $(1+x)^2$ & $(1+xx)^3$ semper habeant valorem affirmatiuum, iudicium relinquetur formulae $-x-2$, quae si fuerit affirmatiua minimum, sin negatiua maximum indicat. At vero ex aequatione $3-4x-xx=0$ sequitur vel $x=-2+\sqrt{7}$ vel $x=-2-\sqrt{7}$. Priori casu fit $-x-2=-\sqrt{7}$, ideoque fractio proposita erit maximum, posteriori vero casu minimum ob $-x-2=+\sqrt{7}$. Posito autem $x=-2+\sqrt{7}$, erit $1+x=-1+\sqrt{7}$, & $1+xx=12-4\sqrt{7}$, vnde

$$y = \left(\frac{-1+\sqrt{7}}{12-4\sqrt{7}}\right)^2 (\sqrt{7}-1) = \frac{(2+\sqrt{7})^2(\sqrt{7}-1)}{16} = \frac{17+7\sqrt{7}}{16}$$
$$= 2,220.$$

Posito autem $x = -2-\sqrt{7}$ fiet $y = \frac{17-7\sqrt{7}}{16} = -0,0950.$

268. Dantur etiam functiones irrationales & transcendentes, quae proprietatem functionum vniformium habent, & hancobrem maxima & minima eodem modo inueniri possunt. Radices enim cubicae & omnium imparium potestatum reuera sunt vniformes, cum nonnisi vnicum valorem realem exhibeant: radices autem quadratae atque omnium potestatum parium, etsi reuera, quoties sunt reales, geminum valorem indicant, alterum affirmatiuum alterum negatiuum, tamen vnusquisque seorsim spectari potest, hocque sensu etiam maxima & minima inuestigari possunt. Sic si y fuerit functio quaecunque ipsius x, etsi $\sqrt{y}$ geminum habet valorem tamen vterque seorsim tractari poterit. Scilicet $+\sqrt{y}$ maximum vel minimum habebit valorem, si y talem habuerit, dummodo fuerit affirmatiuus; quia alioquin $\sqrt{y}$ euaderet imaginarium. Vice versa autem $-\sqrt{y}$ fiet minimum vel maximum, iisdem casibus, quibus $+\sqrt{y}$ fit maximum vel minimum. Potestas autem quaecunque $y^{\frac{m}{n}}$, iisdem casibus fiet maximum vel minimum, siquidem n fuerit numerus impar; at si n fuerit numerus par, ii tantum casus valent, quibus y induit valorem affirmatiuum: hisque casibus ob ancipitem valorem gemina prodibunt maxima vel minima.

269. Quoniam aequatio differentialis, quae ex poteſtate functionis y^m naſcitur, eſt $\frac{y^{m-1}dy}{dx} = 0$, cuius radices ſimul caſus, quibus poteſtas ſurda $y^{\frac{m}{n}}$ fit maximum vel minimum, indicant, ad hoc indagandum duplex habetur aequatio, altera $y^{m-1} = 0$, altera $\frac{dy}{dx} = 0$, quarum illa abit in $y = 0$, atque tum ſolum maxima & minima exhibet, ſi $m - 1$ fuerit numerus impar, ſeu ſi m fuerit numerus par, ob rationes §. 257. allegatas. Quare cum n ſit numerus impar, ſi m fuerit numerus par, ſi numeros pares per 2μ & impares per $2\nu - 1$ indicemus, functio $y^{2\mu:(2\nu-1)}$ euadet maxima vel minima tribuendis ipſi x valoribus, quos tam ex hac aequatione $y = 0$ quam ex hac $\frac{dy}{dx} = 0$ adipiſcitur. Sin autem m ſit numerus impar, functio $y^{(2\mu-1):(2\nu-1)}$ vel $y^{(2\mu-1):2\nu}$ tum ſolum fit maxima vel minima, cum loco x ſubſtituitur valor ex hac aequatione $\frac{dy}{dx} = 0$. Ac poſteriori quidem caſu $y^{(2\mu-1):2\nu}$ maxima & minima tantum proueniunt, ſi y ab inuentis ex aequatione $\frac{dy}{dx} = 0$ valoribus, affirmatiuos recipiat valores.

270. Sic iſta formula $x^{\frac{2}{3}}$ fit minimum, ponendo $x = 0$, propterea quod hoc caſu x^2 fit minimum. Niſi au-

autem formulam $x^{\frac{2}{3}}$ ad formam x^2 reducamus, methodus ante tradita hoc minimum indicaret; propterea quod casu $x=0$, termini seriei $y+\frac{\omega dy}{dx}+\frac{\omega^2 ddy}{2dx^2}+\frac{\omega^3 d^3y}{6dx^3}+$ &c. vnde iudicium peti debet, praeter primum omnes fiunt infiniti. Facto enim $y=x^{\frac{2}{3}}$ erit:

$$\frac{dy}{dx}=\frac{2}{3x^{\frac{1}{3}}};\quad \frac{ddy}{dx^2}=\frac{-2}{9x^{\frac{4}{3}}};\quad \frac{d^3y}{dx^3}=\frac{2.4}{27x^{\frac{7}{3}}};\ \text{\&c.}$$

Hinc neque aequatio $\frac{dy}{dx}=\frac{2}{3x^{\frac{1}{3}}}=0$ ostendit valorem $x=0$, neque termini sequentes rationem maximi minimiue indicant. Cum igitur assumsimus seriem $y+\frac{\omega dy}{dx}+\frac{\omega^2 ddy}{2dx^2}+\frac{\omega^3 d^3y}{6dx^3}+$ &c. fieri conuergentem, si ω statuatur quantitas valde parua; ii casus vtique methodum generalem effugiunt, quibus haec series fit divergens, quod euenit exemplo hic allato $y=x^{\frac{2}{3}}$, si ponatur $x=0$. Quamobrem his casibus ea reductione, qua ante vsi sumus, erit opus, quo expressio proposita ad aliam formam reuocetur, quae huic incommodo non sit subiecta. Hoc autem tantum paucissimis casibus vsu venit, qui in formula $y^{\frac{2\mu}{2\nu-1}}$ continentur, vel ad eam facile reducuntur. Sic si requirantur maxima minimaue formulae $y^{\frac{2\mu}{2\nu-1}}z$, existente z functione quacuncunque ipſius x, inueſtigetur forma haec $y^{2\mu} z^{2\nu-1}$, quippe quae iisdem caſibus fit maxima vel minima, quibus ipſa propoſita.

271. Hoc caſu excepto, qui iam facile expeditur, functiones, quae continent quantitates irrationales, eodem modo quo rationales tractari, earumque maxima & minima determinari poſſunt, id quod ſequentibus exemplis illuſtrabimus.

EXEMPLUM I.

Propoſita ſit formula $\surd(aa+xx)-x$, *quae quibus caſibus fiat maxima vel minima, quaeritur.*

Poſito $y=\surd(aa+xx)-x$, erit $\frac{dy}{dx}=\frac{x}{\surd(aa+xx)}-1$, & $\frac{ddy}{dx^2}=\frac{aa}{(aa+xx)^{3:2}}$. Facto ergo $\frac{dy}{dx}=0$, erit: $x=\surd(aa+xx)$, ideoque $x=\infty$, ac fit $\frac{ddy}{dx^2}=0$. Simili vero modo fiunt ſequentes termini $\frac{d^3y}{dx^3}$; $\frac{d^4y}{dx^4}$; &c. omnes $=0$; ex quo iudicium incertum relinquitur, vtrum ſit maximum an minimum? ratio eſt quod reuera tam fiat $x=-\infty$, quam $x=+\infty$. Interim ponendo $x=+\infty$, ob $\surd(aa+xx)=x+\frac{aa}{2x}$, fit $y=0$, qui valor omnium eſt minimus.

EXEMPLUM II.

Quaerantur casus, quibus haec forma $\surd(aa+2bx+mxx)-nx$ *sit maximum vel minimum.*

Posito $y=\surd(aa+2bx+mxx)-nx$, erit: $\frac{dy}{dx}=\frac{b+mx}{\surd(aa+2bx+mxx)}-n$, quo facto $=0$, erit: $bb+2mbx+mmxx=nnaa+2nnbx+mnnxx$, seu $xx=\frac{2bx(nn-m)+nnaa-bb}{mm-mnn}$, ideoque $x=\frac{(nn-m)b\pm\surd[mnn(m-nn)aa-nn(m-nn)bb]}{m(m-nn)}$, siue $x=-\frac{b}{m}\pm\frac{n}{m}\surd\frac{maa-bb}{m-nn}$: vnde fit $\surd(aa+2bx+mxx)=\frac{b+mx}{n}=\pm\surd\frac{maa-bb}{m-nn}$. Cum igitur sit $\frac{ddy}{dx^2}=\frac{maa-bb}{(aa+2bx+mxx)^{\frac{3}{2}}}$, erit: $\frac{ddy}{dx^2}=\frac{maa-bb}{\pm\left(\frac{maa-bb}{m-nn}\right)^{\frac{3}{2}}}=\frac{\pm(m-nn)\surd(m-nn)}{\surd(maa-bb)}$.

Nisi ergo fuerit $\frac{m-nn}{maa-bb}$ quantitas affirmatiua, maximum minimumue plane non datur. Sin autem sit quantitas affirmatiua, signum superius dabit minimum si $m>nn$, maximum vero si $m<nn$: contrarium euenit, si signum inferius valeat. Si ergo sit $m=2$, $n=1$, & $b=0$, formula $\surd(aa$

$\sqrt{(aa+2xx)}-x$ fit minimum ponendo $x=+\frac{1}{2}\sqrt{2aa}=\frac{a}{\sqrt{2}}$, at maximum ponendo $x=-\frac{a}{\sqrt{2}}$. Erit ergo minimum $=a\sqrt{2}-\frac{a}{\sqrt{2}}=\frac{a}{\sqrt{2}}$, & maximum $=a\sqrt{2}+\frac{a}{\sqrt{2}}=\frac{3a}{\sqrt{2}}$.

EXEMPLUM III.

Quaerantur casus, quibus haec expressio

$$\sqrt[4]{(1+mx^4)}+\sqrt[4]{(1-nx^4)}$$

fiat maximum vel minimum.

Cum sit $\frac{dy}{dx}=\frac{mx^3}{(1+mx^4)^{\frac{3}{4}}}-\frac{nx^3}{(1-nx^4)^{\frac{3}{4}}}$, fiet $mx^3(1-nx^4)^{\frac{3}{4}}=nx^3(1+mx^4)^{\frac{3}{4}}$, ideoque $m^4(1-nx^4)^3=n^4(1+mx^4)^3$, seu $n^4-m^4+3mn(n^3+m^3)x^4+3m^2n^2(n^2-m^2)x^8+m^3n^3(n+m)x^{12}=0$. Nisi ergo haec aequatio radicem positiuam habeat pro x^4, maximum minimumue prorsus non datur. Quia haec aequatio generaliter commode resolui nequit, fiet enim $x^4=\frac{m^{\frac{4}{3}}-n^{\frac{4}{3}}}{mn(\sqrt[3]{m}+\sqrt[3]{n})}$ seu $x^4=\frac{m-\sqrt[3]{m^2n}+\sqrt[3]{mn^2}-n}{mn}$ ponamus pro casu speciali $m=8n$, eritque

$$-4095+24.513nx^4-3.63.64n^2x^8+9.512n^3x^{12}=0$$

seu $512n^3x^{12}-1344n^2x^8+1368nx^4-455=0$ ponatur $8nx^4=z$, erit $z^3-21z^2+171z-455=0$ quae diuisorem habet $z-5$, alterque factor erit:

$zz - 16z + 91 = 0$ radices continens imaginarias. Erit ergo tantum $z = 8nx^4 = 5$, ideoque $x = \sqrt[4]{\frac{5}{8n}}$ qui valor reddet expreſſionem $\sqrt[4]{(1+8nx^4)} + \sqrt[4]{(1-nx^4)}$ maximum vel minimum. Quorum vtrum eueniat? quaeratur $\frac{ddy}{dx^2} = \frac{3mxx}{(1+mx^4)^{\frac{7}{4}}} - \frac{3nxx}{(1-nx^4)^{\frac{7}{4}}}$. At ob $m = 8n$, poſito $x^4 = \frac{5}{8n}$, erit $\frac{ddy}{dx^2} = \left(\frac{24n}{6^{\frac{7}{4}}} - \frac{3n}{(3:8)^{\frac{7}{4}}}\right) xx = - \frac{360nxx}{6^{\frac{7}{4}}}$ ideoque negatiuum, ergo fiet $\sqrt[4]{(1+8nx^4)} + \sqrt[4]{(1-nx^4)}$ maximum poſito $x = \sqrt[4]{\frac{5}{8n}}$. Erit vero hoc maximum $= \sqrt[4]{6} + \sqrt[4]{\frac{3}{8}} = \frac{3\sqrt[4]{6}}{2}$. Si loco nx^4 ponamus u, patet hanc expreſſionem $\sqrt[4]{(1+8u)} + \sqrt[4]{(1-u)}$ fieri maximam, poſito $u = \frac{5}{8}$, huncque valorem maximum fore $= \frac{3\sqrt[4]{6}}{2} = 2,347627$. Quicunque ergo valor praeter $\frac{5}{8}$ pro u ſcribatur, expreſſio minorem accipiet valorem.

272. Simili modo maxima ac minima determinabuntur, ſi quantitates quoque tranſcendentes in expresſione propoſita inſint. Niſi enim functio propoſita fuerit

rit multiformis, atque aliquot eius significatus simul considerari debeant, radices aequationis differentialis ostendent maxima vel minima, nisi affuerint radices aequales, quarum numerus sit par. Hanc ergo inuestigationem in aliquot exemplis declarabimus.

EXEMPLUM I.

Inuenire numerum, qui ad suum logarithmum minimam teneat rationem.

Dari huiusmodi rationem minimam $\frac{x}{lx}$ inde patet, quod haec ratio tam posito $x = 1$, quam $x = \infty$ fiat infinita. Viciffim ergo habebit fractio $\frac{lx}{x}$ alicubi maximum valorem, eodem scilicet casu, quo $\frac{x}{lx}$ fit minimum. Ad hunc casum indagandum ponatur $y = \frac{lx}{x}$, fietque $\frac{dy}{dx} = \frac{1}{xx} - \frac{lx}{xx}$. Quo nihilo aequali posito erit $lx = 1$, & quia hic logarithmum hyperbolicum assumsimus, si e ponatur numerus cuius logarithmus hyperbolicus sit $= 1$, erit $x = e$. Cum igitur omnes logarithmi ad hyperbolicos in data sint ratione, erit in quocunque logarithmorum canone $\frac{e}{le}$ minimum, seu $\frac{le}{e}$ maximum. Quoniam in logarithmis tabularibus est $le = 0,4342944819$, fractio $\frac{lx}{x}$ perpetuo erit minor

 quam

quam $\frac{4342944819}{27182818284}$, seu proxime quam $\frac{47}{305}$: neque vllus datur numerus, qui ad suum logarithmum minorem teneat rationem quam 305 ad 47. Esse autem hoc casu $\frac{lx}{x}$ maximum inde patet, quod ob $\frac{dy}{dx} = \frac{1 - lx}{xx}$, fiat $\frac{ddy}{dx^2} = -\frac{1}{x^3} - \frac{2(1-lx)}{x^3} = -\frac{1}{x^3}$, propter $1-lx = 0$, ideoque negatiuum.

EXEMPLUM II.

Inuenire numerum x, *vt haec potestas* $x^{1:x}$ *fiat maximum.*

Dari huius formulae valorem maximum inde patet, quod numeris loco x substituendis sit

$$1^{1:1} = 1,000000$$
$$2^{1:2} = 1,414213$$
$$3^{1:3} = 1,442250$$
$$4^{1:4} = 1,414213$$

Ponatur ergo $x^{1:x} = y$, eritque $\frac{dy}{dx} = x^{1:x}\left(\frac{1}{xx} - \frac{lx}{xx}\right)$. Quo valore nihilo aequali posito, erit $lx = 1$ & $x = e$, existente $e = 2,718281828$. Et cum sit $\frac{dy}{dx} = (1-lx)\frac{x^{1:x}}{xx}$, erit $\frac{ddy}{dx^2} = -\frac{x^{1:x}}{x^3} + (1-lx)\,d.\frac{x^{1:x}}{xx} = -\frac{x^{1:x}}{x^3}$ ob $1-lx=0$. Quare cum sit $\frac{ddy}{dx^2}$ quantitas negatiua, fiet $x^{1:x}$ maximum

casu

casu $x=e$. Cum autem sit $e=2,718281828$, reperitur fore $e^{\frac{1}{e}}=1,444667861009764$, qui valor obtinetur facile ex serie $e^{\frac{1}{e}}=1+\frac{1}{e}+\frac{1}{2e^2}+\frac{1}{6e^3}+\frac{1}{24e^4}+$ &c.

Hoc exemplum quoque ex praecedenti resoluitur: si enim sit $x^{1:x}$ maximum, quoque eius logarithmus, qui est $\frac{lx}{x}$, debebit esse maximum; quod quo fiat, debet esse $x=e$, vti inuenimus.

EXEMPLUM III.

Inuenire arcum x, *vt sit eius sinus maximus vel minimus.*

Posito sin $x=y$ erit $\frac{dy}{dx}=\cos x$, ideoque $\cos x=0$, vnde prodeunt sequentes valores pro x: $\pm\frac{\pi}{2}$; $\pm\frac{3\pi}{2}$; $\pm\frac{5\pi}{2}$ &c. Fit autem $\frac{ddy}{dx^2}=-\sin x$. Cum igitur hi valores pro x substituti dent pro sin x vel $+1$ vel -1, illi erunt maximi, hi vero minimi, vti constat.

EXEMPLUM. IV.

Inuenire arcum x, *vt rectangulum* x. *sin* x *fiat maximum.*

Dari maximum inde patet, quod posito vel $x=0$ vel $x=180°$ vtroque casu rectangulum propositum euanescat. Sit igitur $y=x\sin x$; erit $\frac{dy}{dx}=\sin x+x\cos x$, ideo-

ideoque tg $x = -x$. Sit $x = 90° + u$, erit tg $x = -\cot u$, ergo $\cot u = 90 + u$. Ad quam aequationem modo supra tradito resoluendam ponatur $z = 90 + u - \cot u$, sitque f valor arcus u quaesitus. Cum sit $dz = du + \frac{du}{\sin u^2}$, erit $p = \frac{du}{dz} = \frac{\sin u^2}{1+\sin u^2}$; $dp = \frac{2\,du \sin u \cos u}{(1+\sin u)^2}$; ideoque $\frac{dp}{dz} = q = \frac{2 \sin u^3 \cos u}{(1+\sin u^2)^3}$; $dq = \frac{6\,du \sin u^2 \cos u^2 - 2\,du \sin u^4}{(1+\sin u^2)^3}$ $- \frac{12\,du \sin u^4 \cos u^2}{(1+\sin u^2)^4}$. Ergo $\frac{dq}{dz} = r = \frac{6 \sin u^4 \cos u^2 - 2 \sin u^6}{(1+\sin u^2)^4}$ $- \frac{12 \sin u^6 \cos u^2}{(1+\sin u^2)^5} = \frac{6 \sin u^4 - 14 \sin u^6 + 4 \sin u^8}{(1+\sin u^2)^5}$. Ex quibus erit $f = u - pz + \frac{1}{2} qzz - \frac{1}{6} rz^3 + \&c.$ Ponatur, postquam aliquot tentaminibus proximus ipsius f valor est detectus, $u = 26°, 15'$, erit $90 + u = 116°, 15'$, & arcus cotangenti u aequalis ita definiatur:

A	$l \cot u =$	10,3070250
subtrahatur		4,6855749
		5,6214501
Ergo	$\cot u =$	418263, 7''
seu	$\cot u =$	116°, 11', $3\frac{7}{10}$''
vnde	$z =$	3', $56\frac{3}{10}$'' = 236, 3''.

Iam

Iam ad valorem termini pz inueniendum, iſte inſtituatur calculus:

$l \sin u =$	9,6457058
$l \sin u^2 =$	9,2914116
$1 + \sin u^2 =$	1,19561
$l(1 + \sin u^2) =$	0,0775895
$lp =$	9,2138221
$lz =$	2,3734637
$lpz =$	1,5872858
Ergo $pz =$	38,6621 ſecundis
ſeu $pz =$	$38''$, $39'''$, $43''''$
ab $u =$	$26°$, $15'$
fiet $f =$	$26°$, $14'$, $21''$, $20'''$, $17''''$

& arcus quaeſitus $x = 116$, 14, 21, 20, 17

Tertius vero terminus $\frac{1}{2}qzz = \frac{\sin u^3 \cos u}{(1 + \sin u^2)^3} zz$ inſuper addi debet.

Cuius valor vt inueniatur, vnum z in partibus radii exprimi debet, hoc modo:

$$
\begin{array}{lrl}
 & lz'' = & 2,3734637 \\
\text{add.} & & 4,6855749 \\
\hline
 & & 7,0590386 \\
\text{add.} & l\dfrac{\sin u^2}{1+\sin u^2}z = & 1,5872858 \\
\hline
 & = & 8,6463244 \\
\text{add.} & l\sin u = & 9,6457058 \\
 & l\cos u = & 9,9527308 \\
\hline
 & & 8,2447600 \\
\text{subtr.} & l(1+\sin u^2)^2 = & 0,1551790 \\
\hline
 & l\tfrac{1}{2}qzz = & 8,0895810 \\
\text{Ergo} & \tfrac{1}{2}qzz = & 0,012291 \\
\text{seu} & \tfrac{1}{2}qzz = & 44'''', 15'''''.
\end{array}
$$

Vnde & hoc termino adhibito fiet arcus quaesitus

$$x = 116^\circ, 14', 21'', 21''', 0''''$$

maioribus autem logarithmis adhibitis reperitur

$$x = 116^\circ, 14', 21'', 20''', 35'''', 47'''''.$$

CAPUT

CAPUT XI.

DE MAXIMIS ET MINIMIS FUNCTIONUM MULTIFORMIUM PLURESQUE VARIABILES COMPLECTENTIUM.

273.

Si y fuerit functio multiformis ipsius x, ita vt pro vnoquoque valore ipsius x ea plures obtineat valores reales; tum variato x plures illi ipsius y valores ita inter se connectentur, vt plures series valorum successiuorum repraesentent. Si enim y tanquam applicatam lineae curuae consideremus, x existente abscissa, quot y habuerit valores reales diuersos, totidem diuersi eiusdem curuae rami eidem abscissae x respondebunt: atque hinc illi ipsius y valores successiui, qui eundem ramum constituunt, cohaerere censendi sunt; valores autem ad diuersos ramos relati erunt inter se disiuncti. Tot igitur series valorum cohaerentium ipsius y habebimus, quot diuersos valores reales pro quouis ipsius x valore receperit; atque in qualibet serie valores ipsius y, dum x crescens assumitur, vel crescent vel decrescent, vel postquam creuerint iterum decrescent, vel vice versa. Ex quo perspicuum est, in unaquaque valorum cohaerentium serie aeque dari maxima minimaue, atque in functionibus uniformibus.

274. Ad haec maxima minimaue determinanda eadem quoque methodus valebit, quam capite praecedente pro functionibus uniformibus tradidimus. Cum enim, si variabilis x incremento ω augeatur, functio y perpetuo recipiat hanc formam $y + \frac{\omega dy}{dx} + \frac{\omega^2 ddy}{2dx^2} + \frac{\omega^3 d^3 y}{6dx^3} + \&c.$ necesse est vt casu maximi minimiue terminus $\frac{\omega dy}{dx}$ euanescat, fiatque $\frac{dy}{dx} = 0$. Radices ergo huius aequationis $\frac{dy}{dx} = 0$ eos ipsius x valores indicabunt, quibus in singulis valorum ipsius y cohaerentium seriebus, maxima minimaue respondeant. Neque vero ambiguum erit, in quanam valorum cohaerentium serie detur maximum minimumue. Cum enim in aequatione $\frac{dy}{dx} = 0$ ambae insint variabiles x & y, valores ipsius x definiri nequeunt, nisi ope aequationis, qua relatio functionis y ab x continetur, variabilis y eliminetur; antequam autem hoc fit, peruenitur ad aequationem, qua valor ipsius y per functionem rationalem seu vniformem ipsius x exprimitur. Hinc inuentis valoribus ipsius x, cuique respondens valor ipsius y reperietur, qui erit maximus vel minimus in serie valorum successiuorum cohaerentium, ad quam pertinet.

275. Iudicium autem, vtrum isti valores ipsius y sint maximi an minimi? instituetur eodem modo, quem ante

ante indicauimus. Scilicet quaeratur valor ipsius $\frac{ddy}{dx^2}$ finitis terminis expressus, in eoque loco x substituatur vnusquisque ipsius x valor inuentus successive, simul autem pro y ponatur valor, qui ipsi pro quolibet ipsius x valore conuenit; quo facto dispiciatur, vtrum expressio $\frac{ddy}{dx^2}$ adeptura sit valorem affirmatiuum an negatiuum? priorique casu minimum, posteriori vero maximum indicabitur. Quodsi vero & $\frac{ddy}{dx^2}$ euanescat, tum procedendum erit ad formulam $\frac{d^3y}{dx^3}$, quae si eodem casu non euanescat, neque maximum habebitur neque minimum: sin autem quoque $\frac{d^3y}{dx^3}$ euanescat, iudicium formari oportebit ex formula $\frac{d^4y}{dx^4}$ eodem modo, quo ratione formulae $\frac{ddy}{dx^2}$ praecipimus. Atque si quoque $\frac{d^4y}{dx^4}$ quopiam casu euanescat, ad differentiale quintum ipsius y erit progrediendum: perpetuo autem quousque progredi necesse fuerit, iudicia ex differentialibus ordinum imparium similia sunt illi, quod de formula $\frac{d^3y}{dx^3}$ dedimus. His scilicet casibus in formulis $\frac{ddy}{dx^2}$, $\frac{d^3y}{dx^3}$, $\frac{d^4y}{dx^4}$ &c. eousque erit pergendum, quoad perueniatur ad talem, quae proposito casu non euanescat; quae si fuerit differentialis ordinis imparis, neque maximum neque minimum indicabitur, sin autem fuerit ordinis paris, eius valor affirmatiuus minimum, negatiuus vero maximum innuet.

276. Ponamus functionem y determinari ex x per aequationem quamcunque: quae aequatio si differentietur, induet huiusmodi formam $P\,dx + Q\,dy = 0$. Facto ergo $\frac{dy}{dx} = 0$, erit $\frac{P}{Q} = 0$ ideoque vel $P = 0$ vel $Q = \infty$. Posterior quidem aequatio, si relatio inter x & y exprimatur per aequationem rationalem integram, locum habere nequit; quia vel x vel y vel vtramque fieri oporteret infinitam. Quare iudicium relinquetur aequationi $P = 0$, cuius radices, seu valores ipsius x, quos adipiscitur, postquam ope aequationis propositae variabilis y penitus fuerit eliminata, indicabunt casus, quibus valores ipsius y fiunt maximi vel minimi. Ad iudicium vero, vtrum prodeat maximum an minimum? absoluendum, examinetur formula $\frac{ddy}{dx^2}$. Aequatio vero differentialis $P\,dx + Q\,dy = 0$ denuo differentiata, si ponamus $dP = R\,dx + S\,dy$ & $dQ = T\,dx + V\,dy$, dabit (posito dx constante):

$$R\,dx^2 + S\,dx\,dy + T\,dx\,dy + V\,dy^2 + Q\,ddy = 0.$$

Cum autem iam sit $\frac{dy}{dx} = 0$, aequatione per dx^2 diuisa fiet $R + \frac{Q\,ddy}{dx^2} = 0$, ideoque $\frac{ddy}{dx^2} = -\frac{R}{Q}$. Hinc in in aequatione differentiali $Pdx + Qdy = 0$, differentietur tantum quantitas P, ponendo y constans, prodibitque Rdx, tum indagetur valor fractionis $\frac{R}{Q}$, qui si fuerit affirmatiuus, maximum, sin negatiuus minimum indicabit.

277. Sit y functio biformis ipsius x, quae determinetur per hanc aequationem $yy + py + q = 0$, denotantibus p & q functiones quascunque ipsius x vniformes. Erit ergo differentiando $2ydy + pdy + ydp + dq = 0$, ideoque $Pdx = ydp + dq$. Posito igitur $P = 0$ erit $ydp + dq = 0$ prodibitque $y = -\frac{dq}{dp}$, sicque y per functionem ipsius x vniformem exprimitur, ita vt, quicunque valor pro x fuerit inuentus, ex eo & y valorem determinatum vnicum acquirat. Eliminatio vero nunc ipsius y erit facilis; nam si in aequatione proposita $yy + py + q = 0$ loco y valor $-\frac{dq}{dp}$ substituatur, habebitur $dq^2 - pdpdq + qdp^2 = 0$, quae aequatio diuisa per dx^2 & resoluta praebebit valores ipsius x omnes, quibus maxima vel minima respondent: quod clarius fiet sequentibus exemplis.

EXEMPLUM I.

Proposita aequatione $yy + mxy + aa + bx + nxx = 0$ *definire maxima vel minima functionis* y.

Differentiata aequatione habebimus:

$$2ydy + mxdy + mydx + bdx + 2nxdx = 0$$

vnde

vnde fit $P = my + b + 2nx$ & $Q = 2y + mx$.
Posito ergo $P = 0$ fiet $y = -\frac{b + 2nx}{m}$; qui valor in ipsa aequatione substitutus dat:

$$\begin{aligned} &\frac{4nn}{mm}xx + \frac{4nb}{mm}x + \frac{bb}{mm} \\ &-2nxx - bx + aa = 0 \\ &+nxx + bx \end{aligned}$$

seu $xx = \frac{4nbx + bb + mmaa}{mmn - 4nn}$; vnde fit

$$x = \frac{2nb \pm \sqrt{[mmnbb + mmn(mm-4n)aa]}}{mmn - 4nn}$$

seu $$x = \frac{2nb \pm m\sqrt{[nbb + n(mm-4n)aa]}}{n(mm-4n)}$$

& $$y = \frac{-mb \mp 2\sqrt{[nbb + n(mm-4n)aa]}}{mm - 4n}.$$

Tum posito solo x variabili fit $dP = 2ndx$, ideoque $R = 2n$. At est $Q = 2y + mx = \pm\frac{\sqrt{[nbb + n(mm-4n)aa]}}{n}$, vnde $\frac{R}{Q} = \frac{\pm 2nn}{\sqrt{[nbb + n(mm-4n)aa]}}$, cuius numerator $2nn$ cum sit perpetuo affirmatiuus, si signum superius valeat, prodibit pro y valor maximus, sin inferius prodibit minimus: Vbi sequentia annotari debent.

I. Si fuerit $m = 0$, ex aequatione $P = 0$ statim sequitur $x = -\frac{b}{2n}$, vt nulla eliminatione opus sit. Huicque valori

lori geminus ipſius y reſpondet ob $y = \pm \frac{1}{2n} V(nbb - 4nnaa)$ quorum alter affirmatiuus eſt maximus, alter negatiuus minimus.

II. Si ſit $n = 0$, fit $y = -\frac{b}{m}$, & x in infinitum excreſcit, atque y per ſpatium infinitum eundem valorem retinet, ita vt neque maximus ſit neque minimus.

III. Si ſit $mm = 4n$, erit $4nbx + bb + mmaa = 0$ ſeu $x = \frac{bb + mmaa}{-mmb}$; fietque $y = -\frac{b - 2nx}{m} = -\frac{2b - mmx}{m} = -\frac{2b}{m} + \frac{bb + mmaa}{mb} = \frac{mmaa - bb}{mb}$.
Huic ergo valori ipſius $x = -\frac{mmaa - bb}{mmb}$ alter ipſius y valor, qui reſpondet $\frac{mmaa - bb}{mb}$, erit maximus vel minimus. Quia autem, vt iſte ipſius y valor prodeat, in expreſſione $y = -\frac{mb \mp 2V[nbb + n(mm - 4n)aa]}{mm - 4n}$ ſignum inferius valere debet, erit valor ipſius y minimus.

EXEMPLUM II.

Propoſita aequatione $yy - xxy + x - x^3 = 0$ *definire valores ipſius* y *maximos vel minimos.*

Differentiata aequatione prodit:

$$2ydy - xxdy - 2xydx + dx - 3xxdx = 0.$$

 Fit-

Fitque $P = 1 - 3xx - 2xy$ & $Q = 2y - xx$.
Quare posito $P = 0$, erit $y = \frac{1-3xx}{2x}$; ideoque hoc valore substituto:

$$\frac{1}{4xx} - \frac{3}{2} + \frac{9xx}{4} - \frac{x}{2} + \frac{3}{2}x^3 + x - x^3 = 0$$

seu $1 - 6xx + 2x^3 + 9x^4 + 2x^5 = 0$. Cuius vna radix est $x = -1$, cui respondet $y = 1$. At posito y constante fit $R = -6x - 2y$, ergo $\frac{ddy}{dx^2} = \frac{2y+6x}{2y-xx}$; quod casu $x = -1$ & $y = 1$ abit in -4, ita vt valor ipsius $y = 1$ sit maximus. Ipsi $x = -1$ autem geminus valor ipsius y respondet ex aequatione $yy - y = 0$: alter ergo est $y = 0$, qui neque maximus est neque minimus. Quodsi aequatio illa quinti gradus per $x + 1$ diuidatur, prodit aequatio, cuius radices simpliciter exhiberi nequeunt.

EXEMPLUM III.

Sit proposita haec aequatio: $yy + 2xxy + 4x - 3 = 0$ *ex qua maximi minimiue valores ipsius* y *requiruntur.*

Per differentiationem ergo prodibit haec aequatio:

$$2ydy + 2xxdy + 4xydx + 4dx = 0$$

Factoque $\frac{dy}{dx} = 0$ erit $xy + 1 = 0$, ideoque $y = -\frac{1}{x}$, qui valor substitutus in ipsa aequatione proposita oritur,

$$\frac{1}{xx} - 2x + 4x - 3 = 0 = 2x^3 - 3xx + 1$$

cuius

cuius radices ſunt $x = 1$; $x = 1$; & $x = -\frac{1}{2}$. Quia nunc eſt $\frac{dy}{dx} = -\frac{4xy - 4}{2y + 2xx} = -\frac{2xy - 2}{y + xx}$, erit differentiando $\frac{ddy}{dx^2} = -\frac{2y}{y + xx}$, poſito y conſtanti ob $dy = 0$ & facto $xy + 1 = 0$. Quare iſti valores ita ſe habebunt

x	y	$\frac{ddy}{dx^2}$	
1	-1	∞	
1	-1	∞	
$-\frac{1}{2}$	2	$-\frac{16}{9}$	pro maximo.

Quoniam pro radicibus aequalibus fit $\frac{ddy}{dx^2} = \infty$, vtrum hoc caſu maximum an minimum prodeat? non determinatur. Quia autem ſimul fit $y + xx = 0$; nequidem hoc caſu erit $\frac{dy}{dx} = 0$; ob $P = 0$ & $Q = 0$ in fractione $\frac{dy}{dx} = -\frac{P}{Q}$; quare cum primaria proprietas deſit, neque maximum nec minimum habet locum. Indicatur autem hoc caſu $x = 1$, ambos ipſius y valores inter ſe fieri aequales. Quam indolem infra fuſius ſumus expoſituri, cum ad vſum calculi differentialis in doctrina de lineis curuis perueniemus. Etiamſi enim haec materia & huc pertineat; tamen ne eam bis attingere opus ſit, eam totam ſequenti tractationi reſeruamus.

278. Datur vero insuper in functionibus multiformibus alia species maximorum ac minimorum, quae methodo hactenus tradita non inuenitur, cuius natura ex functionibus biformibus facillime explicari potest. Sit enim y functio quaecunque biformis ipsius x, ita vt, quicunque valor ipsi x tribuatur, pro y oriantur bini valores vel ambo reales vel ambo imaginarii. Ponamus hos ipsius y valores fieri imaginarios, si ponatur $x > f$, reales autem esse, si statuatur $x < f$; atque posito $x = f$ ambo ipsius y valores in vnum coalescent, qui sit $y = g$. Cum igitur si sumatur $x > f$; functio y nullum habeat valorem realem: si eveniat, vt posito $x < f$ ambo ipsius y valores fiant vel maiores quam g, vel minores quam g: priori casu valor $y = g$ erit minimus, posteriori maximus; quoniam illo casu minor est, quam ambo praecedentes, hoc vero maior. Neque hoc maximum minimumue methodo hactenus tradita reperietur, propterea quod hic non fit $\frac{dy}{dx} = 0$. Sunt autem quoque haec maxima vel minima generis diuersi, cum talia non sint ratione valorum antecedentium & consequentium in serie cohaerentium; sed ratione binorum valorum disiunctorum vel antecedentium vel sequentium tantum.

279. Euenit hoc si aequatio proposita fuerit huiusmodi $y = p \pm (f - x) V(f - x) q$, existentibus p & q functionibus ipsius x per $f - x$ non diuisibilibus; obtineatque q valorem affirmatiuum, si ponatur vel $x = f$ vel ali-

aliquanto maius minusue. Fiat $p = g$ posito $x = f$: & manifestum est, casu $x = f$ ambos ipsius y valores in vnum $y = g$ coalescere; posito autem $x > f$ ambo valores ipsius y fient imaginarii. Si igitur ponamus x aliquanto minus quam f, puta $x = f - \omega$, functio p abibit in $g - \frac{\omega dp}{dx} + \frac{\omega^2 ddp}{2dx^2} - \&c.$ & q in $q - \frac{\omega dq}{dx} + \frac{\omega^2 ddq}{2dx^2} - \&c.$ vnde hoc casu erit $y = g - \frac{\omega dp}{dx} + \frac{\omega^2 ddp}{2dx^2} + \&c.$ $\pm \omega \sqrt{\omega} \left(q - \frac{\omega dq}{dx} + \frac{\omega^2 ddq}{2dx^2} - \&c.\right)$. Ponamus ω minimum, vt prae ω altiores eius potestates euanescant, eritque $y = g - \frac{\omega dp}{dx} \pm \omega \sqrt{\omega q}$; qui valores ambo ipsius y minores erunt quam g, si $\frac{dp}{dx}$ fuerit affirmatiuum, maiores autem, si negatiuum. Vnde valor duplex ipsius $y = g$ illo casu erit maximus, hoc vero minimus.

280. Haec igitur maxima atque minima inde ortum suum habent, quod primo posito $x = f$ ambo ipsius y valores fiant aequales: posito autem $x > f$ imaginarii, at posito $x < f$ reales. Deinde quod posito $x = f - \omega$ alterum membrum irrationale praebeat altiores potestates ipsius ω, quam membrum rationale. Hoc ergo euenit quoque si fuerit $y = p \pm (f-x)^n \sqrt{(f-x)q}$, dummodo sit n numerus integer > 0. Cum autem non solum radix quadrata sed etiam quaecunque alia radix potestatis paris eandem ambiguitatem signorum introducat; idem eueniet, si fuerit

 $y =$

$y = p \pm (f-x)^{\frac{2n+1}{2m}} q$, dummodo sit $2n+1 > 2m$, erit ergo $(y-p)^{2m} = (f-x)^{2n+1} q^{2m}$　seu　$(y-p)^{2m} = (f-x)^{2n+1} Q$. Quoties ergo functio y per huiusmodi aequationem exprimitur, ita vt sit $2n+1 > 2m$, toties posito $x = f$, valor ipsius y fiet maximus vel minimus: prius quidem si fuerit $\frac{dp}{dx}$ quantitas affirmatiua, posterius vero si sit $\frac{dp}{dx}$ quantitas negatiua posito $x = f$. Sin autem fiat hoc casu $\frac{dp}{dx} = 0$, tum erit $y = g + \frac{\omega^2 ddp}{2 dx^2} \pm \omega^{\frac{2n+1}{2m}} q$. Nisi ergo sit $\frac{2n+1}{2m} > 2$, neque maximum neque minimum locum habebit; at si $\frac{2n+1}{2m} > 2$, tum $y = g$ erit maximum, si $\frac{ddp}{dx^2}$ habuerit valorem negatiuum, minimum vero, si affirmatiuum: sicque vlterius si quoque $\frac{ddp}{dx^2}$ euanescat, iudicium erit instituendum.

281. Si igitur y fuerit huiusmodi functio ipsius x, fieri potest, vt praeter maxima & minima, quae prior methodus exhibet, etiam maxima minimaue huius alterius speciei adsint, quae modo hic exposito explorari poterunt. Id quod sequentibus exemplis declarabimus.

EXEMPLUM I.

Determinare maxima ac minima functionis y, *quae definitur hac aequatione:*

$$yy - 2xy - 2xx - 1 + 3x + x^3 = 0.$$

Ad maxima minimaue primae speciei inuestiganda differentietur aequatio, eritque

$2ydy - 2xdy - 2ydx - 4xdx + 3dx + 3xxdx = 0$,

positoque $\frac{dy}{dx} = 0$, erit $y = \frac{3}{2} - 2x + \frac{3}{2}xx$,

qui valor in prima aequatione substitutus dat:

$9x^4 - 32x^3 + 42xx - 24x + 5 = 0$, quae resoluitur in $9xx - 14x + 5 = 0$ & $xx - 2x + 1 = 0$.

Posterior bis dat $x = 1$, fitque $y = 1$, vnde hoc casu in fractione $\frac{dy}{dx} = \frac{2y + 3 - 4x + 3xx}{2y - 2x}$ denominator quoque euanescit, sicque maximum minimumue primi generis non datur: prior vero aequatio $9xx - 14x + 5 = 0$ dabit $x = 1$ & $x = \frac{5}{9}$, quorum valorum ille eodem incommodo laborat, quo praecedentes. Posito autem $x = \frac{5}{9}$, fit $y = \frac{3}{2} - \frac{10}{9} + \frac{25}{54} = \frac{23}{27}$. Et cum sit $\frac{dy}{dx} = \frac{2y - 3 + 4x - 3xx}{2y - 2x}$, fiet $\frac{ddy}{dx^2} = \frac{+4 - 6x}{2y - 2x} = \frac{-3x + 2}{y - x}$ ob $dy = 0$ & numeratorem $= 0$. Erit ergo $\frac{ddy}{dx^2} = \frac{9}{8}$, vnde hic valor

$x =$

$x = \frac{5}{9}$ dat minimum primi generis. Deinde cum sit $(y-x)^2 = (1-x)^3$, erit $y = x \pm (1-x)\sqrt{(1-x)}$; ideoque posito $x = 1$ prodit maximum secundae speciei: facto enim $x = 1-\omega$, erit $y = 1 - \omega \pm \omega\sqrt{\omega}$. quorum vterque minor est quam vnitas, siquidem ω sumatur minimum.

EXEMPLUM II.

Inuenire maxima ac minima functionis:

$$y = 2x - xx \pm (1-x)^2\sqrt{(1-x)}.$$

Pro primi generis maximis & minimis differentietur aequatio; eritque

$$\frac{dy}{dx} = 2 - 2x \mp \frac{5}{2}(1-x)\sqrt{(1-x)}$$

qui valor positus $= 0$ prodit primo $x = 1$, & cum sit $\frac{ddy}{dx^2} = -2 \pm \frac{15}{4}\sqrt{(1-x)}$, erit y hoc casu maximum primi generis, fitque $y = 1$. Aequatione vero $\frac{dy}{dx} = 0$ per $1-x$ diuisa erit $4 \mp 5\sqrt{(1-x)} = 0$ seu $16 = 25 - 25x$, vnde fit $x = \frac{9}{25}$, & $\frac{ddy}{dx^2} = -2 \pm 3$. Quare si signum superius valet, erit $y = \frac{2869}{3125}$ minimum; sin autem signum inferius valeat, erit $y = \frac{821}{3125}$, quod maximum videatur: at vero tantum signum superius locum habere potest, quoniam $4 \mp 5\sqrt{(1-x)}$ nequit esse $= 0$, nisi sit

$\sqrt{(1}$

$\sqrt{(1-x)} = +\frac{4}{5}$. Primi ergo generis inuenimus maximum casu $x = 1$ & $y = 1$, atque minimum casu $x = \frac{9}{25}$ & $y = \frac{2869}{3125}$. Ex genere vero altero maximum quoque prodit, si $x = 1$, quo casu fit $y = 1$. Nam posito $x = 1 - \omega$, erit $y = 1 - \omega\omega \pm \omega^2 \sqrt{\omega}$ vtroque casu < 1. Hic itaque, si $x = 1$, maxima duo primae & alterius speciei coalescunt, maximumque quasi mixtum constituunt.

282. Ex his exemplis non solum natura huius alterius speciei maximorum & minimorum elucet; sed etiam pro lubitu istiusmodi functiones formari possunt, quae maxima vel minima secundae speciei admittant. Quemadmodum autem, si proposita fuerit functio quaecunque, explorari possit, vtrum eiusmodi maximis minimisue sit praedita nec ne? id in sequenti sectione ostendemus: propterea quod natura linearum curuarum hac inuestigatione maxime illustratur. Ceterum vero facile intelligitur, si fuerit y eiusmodi functio ipsius x, quae maximum minimumue secundae speciei recipiat, tum quoque vicissim x eiusmodi fore functionem ipsius y. Nam quia ex hac aequatione $(y - x)^2 = (1 - x)^3$, facto $x = 1$, obtinet y valorem maximum secundae speciei; si variabiles y & x permutentur, haec aequatio $(x - y)^2 = (1 - y)^3$ exhibet pro y quoque eiusmodi functionem ipsius x, quae habeat maximum secundae speciei. Facto enim $x = 1$, fiet $(1 - y)^2 = (1 - y)^3$,

 hinc-

hincque erit bis $y = 1$ & ſemel $y = 0$. Sin autem ponatur $x = 1 + \omega$, erit $(1 + \omega - y)^2 = (1 - y)^3$; vnde ſi ſtatuamus $y = 1 + \phi$ erit $(\omega - \phi)^2 = (-\phi)^3 = -\phi^3$ ideoque ϕ debet eſſe negatiuum. Sit ergo $y = 1 - \phi$ erit $(\omega + \phi)^2 = \phi^3$, atque cum ſumto ϕ minimo, ϕ^3 prae ϕ^2 euaneſcat, debebit neceſſario ω eſſe negatiuum: hinc valori $x = 1 + \omega$ nulli valores reales ipſius y reſpondent. At poſito $x = 1 - \omega$, & $y = 1 - \phi$ ob $(\phi - \omega)^2 = \phi^3$, erit $\phi = \omega \pm \omega\sqrt{\omega}$, ideoque $y = 1 - \omega \mp \omega\sqrt{\omega}$, vnde vterque valor ipſius y reſpondens ipſi $x = 1 - \omega$ minor eſt valore $y = 1$, qui reſpondet valori $x = 1$; eritque conſequenter iſte ipſius y valor maximus.

283. Hactenus tantum functiones biformes ſumus contemplati, quarum maxima vel minima, quia ambo valores facile per reſolutionem aequationis quadraticae exprimi poſſunt, ad examen reuocari poſſunt. Sin autem functio y per aequationem altiorem exprimatur, methodus ante tradita, qua maxima minimaque primae ſpeciei indagauimus, eodem ſucceſſu adhiberi poterit. Inuentionem vero maximorum ac minimorum ſecundae ſpeciei ſequenti ſectioni reſeruamus. Functiones ergo triformes ac multiformes, quemadmodum tractari oporteat, aliquot exemplis oſtendamus.

EXEMPLUM I.

Definiatur functio y, *cuius maxima vel minima quaeruntur, per hanc aequationem:*

$$y^3 + x^3 = 3axy.$$

Differentiata hac aequatione fit $3y^2dy + 3xxdx = 3axdy + 3aydx$, ideoque $\frac{dy}{dx} = \frac{ay - xx}{yy - ax}$. Maximum ergo vel minimum dabitur, si fuerit $ay = xx$, seu $y = \frac{xx}{a}$, qui valor in aequatione proposita substitutus dat:

$$\frac{x^6}{a^3} + x^3 = 3x^3 \text{ seu } x^6 = 2a^3x^3;$$

Erit ergo ter $x = 0$, quo casu quoque fit denominator $yy - ax = 0$, ob $y = \frac{xx}{a} = 0$. Vtrum ergo hoc casu maximum minimumue prodeat? patebit si ipsi x valorem tribuamus minime ab 0 discrepantem. Sit ergo $x = \omega$, & $y = \phi$, ob $\phi^3 + \omega^3 = 3a\omega\phi$, fiet vel $\phi = \alpha\sqrt{\omega}$ vel $\phi = \beta\omega^2$. Priori casu erit $\alpha^3\omega\sqrt{\omega} = 3\alpha a\omega\sqrt{\omega}$, ideoque $\alpha = \sqrt{3a}$. Hinc posito $x = \omega$ erit $y = \pm\sqrt{3a\omega}$. Vnde etiamsi ω negatiue accipi nequeat, tamen binorum ipsius y valorum alter maior erit quam 0, alter minor; hincque $y = 0$ neque maximum erit neque minimum. Sin autem statuatur $\phi = \beta\omega^2$ erit $\omega^3 = 3a\beta\omega^3$, ideoque $\beta = \frac{1}{3a}$ & $\phi = \frac{\omega^2}{3a}$. Ergo hoc casu siue x capiatur $= +\omega$ siue $= -\omega$, valor ipsius

ipsius $y = \phi$ nihilo erit maior, ideoque hoc casu $y = 0$ erit minimum. Restat ergo tertius casus ex aequatione $x^3 = 2a^3$ examinandus, qui dat $x = a\sqrt[3]{2}$, & $y = a\sqrt[3]{4}$. Qui vtrum sit maximus an minimus? ex aequatione $\frac{dy}{dx} = \frac{ay - xx}{yy - ax}$ quaeratur differentiale secundum, quod ob $dy = 0$ & $ay - xx = 0$ erit $\frac{ddy}{dx^2} = \frac{-2x}{yy - ax}$, cuius valor praesenti casu est $-\frac{2a\sqrt[3]{2}}{2a^2\sqrt[3]{2} - aa\sqrt[3]{2}} = -\frac{2}{a}$, qui indicat valorem ipsius y esse maximum.

EXEMPLUM II.

Si functio y definiatur per hanc aequationem:

$$y^4 + x^4 + ay^3 + ax^3 = b^3x + b^3y,$$

inuenire eius maximos minimosue valores.

Cum per differentiationem oriatur

$$4y^3dy + 3ayydy - b^3dy = b^3dx - 3axxdx - 4x^3dx;$$

erit $\frac{dy}{dx} = \frac{b^3 - 3axx - 4x^3}{4y^3 + 3ayy - b^3}$, ponique oportet: $b^3 = 3axx + 4x^3$. Quaestio ergo huc reducitur, vt functionis vniformis $b^3 - ax^3 - x^4$ maxima ac minima indagentur, quae simul erunt maxima seu minima functionis y. Sit $a = 2$ & $b = 3$ seu proponatur haec aequatio $y^4 + x^4 + 2y^3 + 2x^3 = 27x + 27y$; erit $\frac{dy}{dx} = \frac{27 - 6xx - 4x^3}{4y^3 + 6yy - 27}$ & $4x^3 + 6xx - 27 = 0$,

quae

quae diuisa per $2x - 3 = 0$ dat $2xx + 6x + 9 = 0$, cuius posterioris radices cum sint imaginariae, erit $x = \frac{3}{2}$ & $y^4 + 2y^3 - 27y = \frac{459}{16}$, cuius singulae radices erunt vel maximae vel minimae. Cum autem sit $\frac{dy}{dx} = \frac{27 - 6xx - 4x^3}{4y^3 + 6yy - 27}$, erit $\frac{ddy}{dx^2} = \frac{-12x - 12xx}{4y^3 + 6yy - 27}$, qui posito $x = \frac{3}{2}$, si fuerit affirmatiuus, indicabit minimum, contra vero maximum.

EXEMPLUM III.

Si fuerit $y^m + ax^n = by^px^q$; *definire maxima & minima ipsius* y.

Per differentiationem fit $\frac{dy}{dx} = \frac{qby^px^{q-1} - nax^{n-1}}{my^{m-1} - pby^{p-1}x^q}$, quo posito $= 0$, erit primo $x = 0$, si quidem n & q fuerint vnitate maiores; atque simul $y = 0$. Quo casu an detur maximum vel minimum, valores proximi sunt inuestigandi, quoniam quoque denominator fit $= 0$; quae inuestigatio ab exponentibus potissimum pendebit. Praeterea vero aequatio $\frac{dy}{dx} = 0$ dabit $y^p = \frac{na}{qb}x^{n-q}$, qui valor in proposita substitutus ponendo $\frac{na}{qb} = g$ dabit $g^{\frac{m}{p}}x^{\frac{mn-mq}{p}} + ax^n = \frac{na}{q}x^n$ seu $g^{\frac{m}{p}}x^{\frac{mn-mq-np}{p}} = \frac{(n-q)a}{q}$,

 vnde

vnde fit $x = \left(\frac{(n-q)a}{q}\right)^{p:(mn-mq-np)} : g^{m:(mn-mq-np)}$, ſimulque valor ipſius y innoteſcit. Deinde diſpiciendum eſt, vtrum differentio-differentiale $\frac{ddy}{dx^2} = \frac{q(q-1)byp\,x^{q-2} - n(n-1)ax^{n-2}}{my^{m-1} - pby^{p-1}x^q}$ obtineat valorem affirmatiuum an negatiuum? vt ex priori minimum, ex poſteriori vero maximum pronuncietur.

EXEMPLUM. IV.

Si fuerit $y^4 + x^4 = 4xy - 2$, *maxima & minima functionis* y *aſſignare.*

Differentiatione inſtituta fit $\frac{dy}{dx} = \frac{y - x^3}{y^3 - x}$, hincque oritur $y = x^3$, erit ergo $x^{12} = 3x^4 - 2$ ſeu $x^{12} - 3x^4 + 2 = 0$, quae aequatio reſoluitur in has $x^4 - 1 = 0$ & $x^8 + x^4 - 2 = 0$, poſteriorque in $x^4 - 1 = 0$ & $x^4 + 2 = 0$. Hinc erit bis vel $x = +1$ vel $x = -1$; vtroque vero caſu & denominator fractionis $\frac{dy}{dx}$ euaneſcit. Ad inueſtigandum ergo, vtrum his caſibus maximum minimumue locum habeat? ponamus $x = 1 - \omega$ & $y = 1 - \phi$; erit:

$$\begin{array}{l} 1 - 4\phi + 1 - 4\omega = 4 - 4\omega - 4\phi - 2 \\ + 6\phi^2 + 6\omega^2 \qquad\qquad + 4\omega\phi \\ - 4\phi^3 - 4\omega^3 \\ + \phi^4 + \omega^4 \end{array}$$

ideo-

ideoque $4\omega\phi = 6\phi^2 + 6\omega^2 - 4\phi^3 - 4\omega^3 + \phi^4 + \omega^4$, & ob ω & ϕ minima $4\omega\phi = 6\phi^2 + 6\omega^2$. Valor ergo ipſius ϕ erit imaginarius, ſiue ω capiatur affirmatiue ſiue negatiue. Seu ſi y & x deſignent coordinatas curuae, ea caſu $x = 1$ & $y = 1$ habebit punctum coniugatum. Neque ergo hic valor pro maximo neque pro minimo haberi poteſt, propterea quod antecedentes & conſequentes, cum quibus comparari deberet, fiunt imaginarii.

284. Si aequatio, qua relatio inter x & y exprimitur, ita fuerit comparata, vt functio ipſius y aequetur functioni ipſius x, puta $Y = X$; ad maxima minimaue inuenienda poni debebit $dX = 0$: fiet ergo y maximum vel minimum iisdem caſibus, quibus X fit maximum vel minimum. Simili modo ſi x tanquam functio ipſius y conſideretur, fiet x maximum vel minimum ſi $dY = 0$ hoc eſt ſi Y fuerit maximum vel minimum. Neque tamen hinc ſequitur y & x ſimul fieri maxima vel minima. Nam ſi fuerit $2ay - yy = 2bx - xx$, erit y maximum vel minimum, ſi fuerit $x = b$; eritque $y = a \pm \sqrt{(aa - bb)}$. Contra vero x fit maximum vel minimum, ſi fuerit $y = a$, fitque $x = b \pm \sqrt{(bb - aa)}$, neque ergo fiet y maximum vel minimum, ſi $x = b \pm \sqrt{(bb - aa)}$, quo tamen caſu x eſt maximum minimumue. Ceterum hoc caſu, ſi y habeat valores maximos vel minimos, x hac indole prorſus carebit: namque y maximum minimumue fieri nequit, niſi ſit $a > b$, quo caſu maximum minimumue ipſius x fit imaginarium.

285. Tum vero etiam euenire poteſt, vt non omnes radices aequationis $dX = 0$ praebeant maximos mimimosue valores pro y; ſi enim illa aequatio duas habuerit radices aequales, exinde neque maximum neque minimum conſequitur; hocque idem euenit, ſi quotcunque radices numero pares fuerint inter ſe aequales. Sic ſi proponatur aequatio $b(y-a)^2 = (x-b)^3 + c^3$; quia ſumtis differentialibus fit $2bdy(y-a) = 3dx(x-b)^2$, functio y neque maxima fiet neque minima poſito $x = b$, propterea quod hic occurrunt duae radices aequales. Sin autem x tanquam functio ipſius y ſpectetur, ea fiet maxima vel minima, ſi ſtatuatur $y = a$; eritque $x = b - c$ minimum. Quia denique in huiusmodi aequationibus $Y = X$ variabiles x & y inter ſe non permiſcentur, ſi ipſi x tribuitur valor, qui ſit radix aequationis $dX = 0$, omnes valores ipſius y, quotcunque fuerint reales, erunt maximi vel minimi; quod non euenit, ſi in aequatione ambae variabiles fuerint permixtae.

286. Quae praeterea ſuperſunt de natura maximorum ac minimorum exponenda, ea in ſequentem ſectionem reſeruamus, quoniam commodius ope figurarum menti repraeſentari atque explicari poſſunt. Pergamus ergo ad functiones, quae ex pluribus variabilibus ſunt compoſitae, atque inueſtigemus valores, quos ſingulis variabilibus tribui oportet, vt ipſa functio vel maximum vel minimum valorem obtineat. Ac primo quidem patet, ſi variabiles non fuerint inter ſe permixtae, ita vt functio propoſita ſit huiusmodi $X + Y$, exiſtente

X functione ipsius x; & Y ipsius y tantum, tum functionem propositam X + Y fore maximum, si simul X & Y maximum euadat: minimumque, si simul X & Y fiat minimum. Ad maximum ergo inueniendum inquirantur valores ipsius x, quibus X fiat maximum, similique modo valores ipsius y, quibus Y fit maximum: hique valores pro x & y inuenti efficient functionem X + Y maximam, quod similiter de minimo erit tenendum. Cauendum ergo est, ne duo valores ipsarum x & y diuersae naturae combinentur, quorum ille reddat X maximum, hic vero Y minimum, aut contra. Hoc enim si fieret, functio X + Y neque maximum foret neque minimum. At huiusmodi functio X — Y fiet maxima, si X fuerit maximum simulque Y minimum; contra vero X — Y fiet minimum, si X fuerit minimum & Y maximum. Sin autem vtraque functio X & Y statueretur vel maxima vel minima, earum differentia X — Y neque foret maxima, neque minima; quae omnia sunt ex natura maximorum ac minimorum ante exposita clara & perspicua.

287. Si ergo quaerantur maximi minimiue valores functionis duarum variabilium; quaestio multo magis cautioni obnoxia est, quam si vnica fuerit variabilis. Non solum enim pro vtraque variabili casus, quibus maximum minimumue producitur, diligenter sunt distinguendi; sed etiam ex his bini eiusmodi sunt coniungendi, vt functio proposita fiat maximum vel minimum; id quod ex exemplis clarius patebit.

EXEMPLUM I.

Sit proposita haec duarum variabilium x *&* y *functio:* $y^4 - 8y^3 + 18y^2 - 8y + x^3 - 3xx - 3x$ *& quaerantur valores pro* y *&* x *substituendi, vt haec functio maximum vel minimum obtineat valorem.*

Quoniam haec expressio in duas huiusmodi partes $Y + X$ resoluitur, quarum illa est functio ipsius y, haec vero ipsius x tantum; casus quibus vtraque fit maxima vel minima, inuestigentur. Cum igitur sit $Y = y^4 - 8y^3 + 18y^2 - 8y$, erit $\frac{dY}{dy} = 4y^3 - 24y^2 + 36y - 8$ qua expressione nihilo aequali posita, fiet per 4 diuiso $y^3 - 6y^2 + 9y - 2 = 0$, cuius radices sunt $y = 2$, & $y = 2 \pm \sqrt{3}$. Cum ergo sit $\frac{ddY}{4dy^2} = 3yy - 12y + 9$; casu $y = 2$, prodibit maximum. Pro reliquis binis radicibus $y = 2 \pm \sqrt{3}$, quae oriuntur ex aequatione $yy - 4y + 1 = 0$ fiet $\frac{ddY}{12dy^2} = yy - 4y + 3 = 2$, vnde vtraque dat minimum. Erit autem his casibus vt sequitur.

$y = 2$	$Y =$	8	maximum
$y = 2 - \sqrt{3}$	$Y =$	-1	minimum
$y = 2 + \sqrt{3}$	$Y =$	-1	minimum

Simili modo cum sit $X = x^3 - 3xx - 3x$, erit $\frac{dX}{dx} = 3xx - 6x - 3$, vnde oritur haec aequatio $xx = 2x + 1$

&

& $x = 1 \pm \sqrt{2}$. Est vero $\frac{ddX}{6dx^2} = x - 1 = \pm \sqrt{2}$. Ergo radix $x = 1 + \sqrt{2}$ dat minimum, nempe $X = -5 - 4\sqrt{2}$ & $x = 1 - \sqrt{2}$ dat maximum, nempe $X = -5 + 4\sqrt{2}$. Quocirca formula proposita $X + Y = y^4 - 8y^3 - 18yy - 8y + x^3 - 3xx - 3x$ fiet maxima, si ponatur $y = 2$ & $x = 1 - \sqrt{2}$, prodibitque $X + Y = 3 + 4\sqrt{2}$. Eadem autem formula $X + Y$ fiet minima, si sumatur vel $y = 2 - \sqrt{3}$ vel $y = 2 + \sqrt{3}$ & $x = 1 + \sqrt{2}$, vtroque casu erit $X + Y = -6 - 4\sqrt{2}$.

EXEMPLUM II.

Si proponatur haec functio duarum variabilium:

$$y^4 - 8y^3 + 18y^2 - 8y - x^3 + 3xx + 3x$$

quae quibus casibus fiat maxima vel minima inuestigetur.

Posito vt in praecedente exemplo habuimus, $Y = y^4 - 8y^3 + 18y^2 - 8y$ & $X = x^3 - 3xx - 3x$; formula proposita erit $Y - X$; ideoque fiet maxima, si Y fuerit maximum & X minimum Cum igitur hos casus iam ante eruerimus, patet $Y - X$ obtinere valorem maximum, si ponatur $y = 2$ & $x = 1 + \sqrt{2}$; fietque $Y - X = 13 + 4\sqrt{2}$. Minimus vero valor ipsius $Y - X$ euadet, si Y sit minimum, & X maximum, quod euenit ponendo $y = 2 \pm \sqrt{3}$ & $x = 1 - \sqrt{2}$, fiet autem $Y - X = 4 - 4\sqrt{2}$. Ceterum in vtroque exemplo patet hos valores, quos inuenimus, neque omnium esse maximos neque minimos: nam si vtrinque poneretur verbi gratia $y = 100$ & $x = 0$, sine dubio maior prodiret valor eo, quem

quem inuenimus: similique modo ponendo $y = 0$ & vel $x = -100$ vel $x = +100$ minor prodiret valor, quam sunt illi, quos pro casu minimi inuenimus. Probe ergo tenenda est idea supra exposita, quam de natura maximorum ac minimorum dedimus. Scilicet eum valorem vocari maximum, qui maior sit valoribus tam antecedentibus quam consequentibus contiguis proximis; minimum autem esse eum, qui his valoribus tam antecedentibus quam consequentibus fuerit minor. Sic in hoc exemplo est valor ipsius $Y - X$, qui prodit ponendo $y = 2$ & $x = 1 + \sqrt{2}$ maior est iis, qui resultat si ponatur $y = 2 \pm \omega$ & $x = 1 + \sqrt{2} \pm \phi$ sumtis pro ω & ϕ quantitatibus satis exiguis.

288. His exemplis expeditis facilior erit via ad solutionem generalem indagandam. Denotet V functionem quamcunque duarum variabilium x & y, sintque pro x & y valores inueniendi, qui functioni V inducant maximum vel minimum valorem. Cum igitur ad hoc efficiendum vtrique variabili x & y determinatus valor tribui debeat; ponamus alteram y iam habere eum valorem, qui requiritur ad functionem V vel maximam vel minimam reddendam: hocque posito tantum opus erit, vt pro altera x idoneus quoque valor inuestigetur, quod fiet, dum functio V differentiatur ponenda sola x variabili, differentialeque nihilo aequale statuitur. Simili modo si fingamus variabilem x iam eum habere valorem, qui aptus sit ad functionem V vel maximam vel minimam efficiendam, valor ipsius y reperietur differentian-

tiando V posita sola y variabili, hocque differentiale nihilo aequali ponendo. Hinc si differentiale functionis V fuerit $= P dx + Q dy$, oportebit esse & $P = 0$ & $Q = 0$, ex quibus duabus aequationibus valores vtriusque variabilis x & y erui poterunt.

289. Quoniam vero hoc pacto sine discrimine reperiuntur valores pro x & y, quibus functio V vel maxima vel minima redditur; casus, quibus vel maximum vel minimum oritur, probe a se inuicem sunt distinguendi. Vt enim functio V fiat maxima, necesse est vt ambae variabiles ad hoc conspirent; namque si altera maximum exhiberet, altera minimum, ipsa functio neque maxima neque minima euaderet. Quocirca inuentis ex aequationibus $P = 0$ & $Q = 0$ valoribus ipsarum x & y inquirendum est, vtrum ambo simul functioni V vel maximum vel minimum valorem inducant; atque tum demum, cum compertum fuerit vtriusque variabilis valorem hinc erutum pro maximo valere, affirmare poterimus functionem hoc casu maximum valorem induere. Quod idem de minimo erit tenendum, ita vt functio V minimum valorem adipisci nequeat, nisi simul ambae variabiles x & y minimum producant. Hinc ergo omnes illi casus reiici debebunt, quibus altera variabilis maximum, altera vero minimum indicare deprehendetur. Interdum vero etiam euenit, vt alterius vel etiam vtriusque variabilis valores ex aequationibus $P = 0$ & $Q = 0$ oriundi neque maximum neque minimum exhibeant, qui casus proinde pariter tanquam prorsus inepti erunt reiiciendi.

290. Vtrum autem valores pro x & y reperti valeant pro maximo an minimo? de vtroque seorsim simili modo inuestigabitur, quo supra, cum vnica adesset variabilis, sumus vsi. Ad iudicium scilicet de variabili x instituendum consideretur altera y tanquam constans, & cum sit $dV = P dx$ seu $\frac{dV}{dx} = P$, differentietur P denuo posito y constante, vt prodeat $\frac{ddV}{dx^2} = \frac{dP}{dx}$, ac dispiciatur, vtrum valor ipsius $\frac{dP}{dx}$, postquam loco x & y valores ante inuenti fuerint substituti, fiat affirmatiuus an negatiuus; priori enim casu indicabitur minimum, posteriori vero maximum. Simili modo cum posito x constante sit $dV = Q dy$ seu $\frac{dV}{dy} = Q$, differentietur Q denuo posita sola y variabili, & examinetur valor $\frac{dQ}{dy}$, substitutis loco x & y valoribus, qui ex aequationibus $P = 0$ & $Q = 0$ sunt inuenti; qui si fuerit affirmatiuus, declarabit minimum, contra vero maximum. Hinc ergo colligitur, si ex valoribus pro x & y inuentis formulae $\frac{dP}{dx}$ & $\frac{dQ}{dy}$ induant valores diuersis signis affectos altera scilicet affirmatiuum, altera negatiuum, tum functionem V neque maximam neque minimam effici; sin autem vtraque formula $\frac{dP}{dx}$ & $\frac{dQ}{dy}$ fiat affirmatiua, minimum resultabit: contraque, si vtraque fiat negatiua, maximum.

291. Quodsi vero altera formula $\frac{dP}{dx}$ & $\frac{dQ}{dy}$, vel etiam vtraque, si pro x & y valores inuenti substituantur, euanescat, tum progrediendum erit ad differentialia sequentia $\frac{ddP}{dx^2}$ & $\frac{ddQ}{dy^2}$, quae nisi pariter euanescant, neque maximum neque minimum habebit locum; sin autem euanescant, iudicium ex formulis differentialibus sequentibus $\frac{d^3P}{dx^3}$ & $\frac{d^3Q}{dy^3}$ erit petendum, similique modo instituendum, quo pro formulis $\frac{dP}{dx}$ & $\frac{dQ}{dy}$ est factum. Quo autem, quibus casibus hoc vsu veniat, clarius exponamus, prodierit valor $x = \alpha$, qui si formulam $\frac{dP}{dx}$ reddat euanescentem, necesse est vt $\frac{dP}{dx}$ factorem habeat $x - \alpha$; qui factor si fuerit solitarius, neque simul alium sibi habeat aequalem socium, neque maximum neque minimum indicabitur, quod idem euenit si $\frac{dP}{dx}$ factorem habuerit $(x-\alpha)^3$, vel $(x-\alpha)^5$, &c. Sin autem factor fuerit $(x-\alpha)^2$, vel $(x-\alpha)^4$, &c. tum quidem maximum vel minimum indicabitur; at insuper videndum erit, vtrum cum casu, per y indicato consentiat.

292. Labor autem his casibus ad differentialia vlteriora progrediendi mirifice subleuari poterit: si enim ponamus, vt rem generalius complectamur, inuentum esse

esse $\alpha x + \beta = 0$, atque formulam $\frac{dP}{dx}$ factorem habere $(\alpha x + \beta)^2$, ita vt sit $\frac{dP}{dx} = (\alpha x + \beta)^2 T$; quia est $\alpha x + \beta = 0$, fiet $\frac{d^3 P}{dx^3} = 2\alpha^2 T$, hincque ob $2\alpha^2$ affirmatiuum, ex ipsa quantitate T iudicium absolui poterit; quae si induet valorem affirmatiuum, pro minimo, contra vero pro maximo pronunciabit. Hocque idem subsidium in maximorum minimorumque inuestigatione, si vnica insit variabilis adhiberi poterit, ita vt nunquam opus sit ad altiora differentialia ascendere. Quin etiam nequidem ad differentialia secunda procedere opus erit: si enim ex aequatione $P = 0$, fiat $\alpha x + \beta = 0$, necesse est vt P factorem habeat $\alpha x + \beta$; sit $P = (\alpha x + \beta)T$, & cum sit $\frac{dP}{dx} = \alpha T + (\alpha x + \beta)\frac{dT}{dx}$, ob $\alpha x + \beta = 0$, erit $\frac{dP}{dx} = \alpha T$, hincque iam ipse alter factor T, prout valor ipsius αT fuerit vel affirmatiuus vel negatiuus, statim vel minimum vel maximum indicabit.

293. His igitur traditis praeceptis haud difficile erit, si functio quaecunque duas variabiles inuoluens fuerit proposita, casus inuestigare, quibus haec functio fiat vel maxima vel minima. Si quae insuper notanda fuerint, ea ipsa exemplorum euolutio suggeret, quamobrem aliquot exemplis regulas datas illustrari expediet.

EXEM-

EXEMPLUM I.

Sit propofita ifta functio duarum variabilium $V = xx + xy + yy - ax - by$, *quae quibus cafibus fiat vel maxima vel minima inquiratur.*

Cum fit $dV = 2xdx + ydx + xdy + 2ydy - adx - bdy$, fi comparetur cum forma generali $dV = Pdx + Qdy$ erit $P = 2x + y - a$ & $Q = 2y + x - b$: vnde formabuntur iftae aequationes $2x + y - a = 0$ & $2y + x - b = 0$, quibus coniunctis eliminando y fiet $x - b = 4x - 2a$, ideoque $x = \frac{2a - b}{3}$, & $y = a - 2x = \frac{2b - a}{3}$. Cum igitur fit $\frac{dP}{dx} = 2$ & $\frac{dQ}{dy} = 2$, vtraque oftendit minimum; ex quo concludimus formulam $xx + xy + yy - ax - by$ fieri minimam, fi ponatur $x = \frac{2a - b}{3}$ & $y = \frac{2b - a}{3}$, prodibitque hoc modo $V = -\frac{3aa + 3ab - 3bb}{9} = -\frac{aa + ab - bb}{3}$, qui cum fit vnicus, omnium erit minimus. Vnico ergo modo fieri poteft $xx + xy + yy - ax - by = -\frac{aa + ab - bb}{3}$, & quia minor fieri nequit, erit haec aequatio $xx + xy + yy - ax - by = -\frac{aa + ab - bb}{3} - cc$ impoffibilis.

EXEMPLUM II.

Si proponatur formula $V = x^3 + y^3 - 3axy$, *quaerantur casus, quibus* V *adipiscatur valorem maximum vel minimum.*

Ob $dV = 3xxdx + 3yydy - 3aydx - 3axdy$ erit $P = 3xx - 3ay$ & $Q = 3yy - 3ax$, vnde fit $ay = xx$ & $ax = yy$. Cum ergo sit $yy = x^4 : aa = ax$ erit $x^4 - a^3x = 0$; ideoque vel $x = 0$ vel $x = a$. Priori casu fit $y = 0$, posteriori vero $y = a$. Quoniam ergo est $\frac{dP}{dx} = 6x$, $\frac{ddP}{dx^2} = 6$ & $\frac{dQ}{dy} = 6y$ atque $\frac{ddQ}{dy^2} = 6$; priori ergo casu, quo $x = 0$ & $y = 0$, neque maximum neque minimum resultat. Posteriori vero casu quo & $x = a$ & $y = a$ minimum prodit, si quidem a fuerit quantitas affirmatiua, fietque $V = -a^3$, qui autem valor tantum minor est proximis antecedentibus & consequentibus: nam sine dubio V multo minorem induere potest valorem, si vtrique variabili x & y valores negatiui tribuantur.

EXEMPLUM III.

Proposita sit haec functio $V = x^3 + ayy - bxy + cx$, *cuius valores maximi seu minimi inquirantur.*

Quia est $dV = 3xxdx + 2aydy - bydx - bxdy + cdx$ erit $P = 3xx - by + c$ & $Q = 2ay - bx$, quibus valoribus nihilo aequalibus positis erit $y = \frac{bx}{2a}$, ideoque

$3xx - \frac{bbx}{2a} + c = 0$ seu $xx = \frac{2bbx - 4ac}{12a}$ vnde fit $x = \frac{bb \pm \surd(b^4 - 48aac)}{12a}$. Nisi ergo sit $b^4 - 18aac > 0$, neque maximum neque minimum habet locum. Ponamus ergo esse $b^4 - 48aac = bbff$, vt sit $c = \frac{bb(bb - ff)}{48aa}$; erit $x = \frac{bb \pm bf}{12a}$ & $y = \frac{bb(b \pm f)}{24aa}$. Quoniam porro est $\frac{dP}{dx} = 6x$ & $\frac{dQ}{dy} = 2a$, fiet $\frac{dP}{dx} = \frac{b(b \pm f)}{2}$. Nisi ergo $2a$ & $\frac{b(b \pm f)}{2a}$ sint quantitates eiusdem signi, neque maximum neque minimum habet locum. At si sint ambae vel affirmatiuae vel ambae negatiuae, quod euenit, si earum productum $b(b \pm f)$ fuerit affirmatiuum; tum functio V euadet minimum, si a sit quantitas affirmatiua; contra vero maximum, si a sit quantitas negatiua. Hinc si fuerit $f = 0$ seu $c = \frac{b^4}{48aa}$, ob bb quantitatem affirmatiuam, functio V euadet minima, si a sit quantitas positiua, ponaturque $x = \frac{bb}{12a}$ & $y = \frac{b^3}{24aa}$; contra vero si a sit negatiuum, istae substitutiones producent maximum. Si sit $f < b$, duobus casibus oritur vel maximum vel minimum: at si $f > b$, tum casus tantum $x = \frac{b(b+f)}{12a}$ & $y = \frac{bb(b+f)}{24aa}$ praebebit maximum minimumue, prout a fuerit vel negatiuum vel affirmatiuum. Sit $a = 1$, $b = 3$ & $f = 1$, vt habeatur haec formula $V = x^3 + yy - 3xy + \frac{3}{4}x$, haec fiet minima ob a affirmatiuum, si ponatur vel $x = 1$ & $y = \frac{3}{2}$ vel $x = \frac{1}{2}$ & $y = \frac{3}{4}$. Priori casu oritur $V = \frac{1}{4}$, posteriori vero $V = \frac{5}{16}$. Interim tamen patet loco x numeris negatiuis ponendis multo minores valores pro V oriri posse. Ita ergo intelligi debet valor ipsius $V = \frac{1}{4}$ minor esse, quam si ponatur $x = 2 + \omega$ & $y = 3 + \phi$; dummodo sint ω & ϕ numeri parui, siue affirmatiui siue negatiui; limes autem quem ω transgredi non debet est $-\frac{15}{4}$; nam si $\omega < -\frac{15}{4}$ fieri poterit vt V fiat minor quam $\frac{1}{4}$.

EXEMPLUM IV.

Inuenire maxima vel minima huius functionis:

$$V = x^4 + y^4 - axxy - axyy + ccxx + ccyy.$$

Sumto differentiali erit $P = 4x^3 - 2axy - ayy + 2ccx$ & $Q = 4y^3 - axx - 2axy + 2ccy$, quibus valoribus nihilo aequalibus positis, si a se inuicem subtrahantur erit: $4x^3 - 4y^3 + axx - ayy + 2ccx - 2ccy = 0$, quae cum sit diuisibilis per $x - y$, erit primo $y = x$, atque $4x^3 - 3axx + 2ccx = 0$, quae dat $x = 0$ & $4xx = 3ax - 2cc$ seu $x = \frac{3a \pm \sqrt{(9aa - 32cc)}}{8}$. Si sumamus $x = 0$, erit quoque $y = 0$; & ob $\frac{dP}{dx} = 12xx - 2ay + 2cc$, atque $\frac{dQ}{dy} = 12yy - 2ax + 2cc$, fiet functio V minima $= 0$.

Sin

Sin ſtatuamus $x = y = \frac{3a \pm \sqrt{(9aa - 32cc)}}{8}$, ſi quidem fuerit $9aa > 32cc$, ob $4xx = 3ax - 2cc$, erit $\frac{dP}{dx} = \frac{dQ}{dy} = 12xx - 2ax + 2cc = 7ax - 4cc = \frac{21aa - 32cc \pm 7a\sqrt{(9aa - 32cc)}}{8}$, qui valor cum ſit ſemper affirmatiuus ob $32cc < 9aa$, valor V hoc quoque caſu fit minimus, eritque $V = \frac{-27}{256}a^4 + \frac{9}{16}aacc - \frac{1}{2}c^4 \mp \frac{a}{256}(9aa - 32cc)^{\frac{3}{2}}$. Diuidamus autem aequationem $4x^3 - 4y^3 + axx - ayy + 2ccx - 2ccy = 0$ per $x - y$ fietque $4xx + 4xy + 4yy + ax + ay + 2cc = 0$. At ex aequatione $P = 0$, erit $yy = -2xy + \frac{4}{a}x^3 + \frac{2ccx}{a}$, quo valore in illa ſubſtituto fit

$$y = \frac{16x^3 + 4axx + aax + 8ccx + 2acc}{4ax - aa}.$$

Verum illa dat $y = -x \pm \sqrt{\frac{4x^3 + axx + 2ccx}{a}}$, vnde efficitur:

$$16x^3 + 8axx + 4ccx + 2acc = (4x - a)\sqrt{(4ax^3 + aaxx + 2accx)};$$

quae ad rationalitatem perducta, dat

$$256x^6 + 192ax^5 + \left.\begin{matrix}80aa\\+128cc\end{matrix}\right\} x^4 + \left.\begin{matrix}4a^3\\+96acc\end{matrix}\right\} x^3 \left.\begin{matrix}-a^4\\+48aacc\\+16c^4\end{matrix}\right\} x^2 \left.\begin{matrix}-2a^3cc\\+16ac^4\end{matrix}\right\} x + 4a^2c^4 = 0$$

cuius radices, ſi quas habet, reales indicabunt maxima vel minima functionis V, ſi quidem $\frac{dP}{dx}$ & $\frac{dQ}{dy}$ fiant quantitates eodem ſigno affectae.

EXEMPLUM. V.

Inuenire maxima & minima huius expressionis:
$$x^4 + mxxyy + y^4 + aaxx + naaxy + aayy = V.$$

Facta differentiatione erit:
$$P = 4x^3 + 2mxyy + 2aax + naay = 0$$
$$Q = 4y^3 + 2mxxy + 2aay + naax = 0$$
quae aequationes inuicem vel subtractae vel additae dant:
$$(4xx + 4xy + 4yy - 2mxy + 2aa - naa)(x - y) = 0$$
$$(4xx - 4xy + 4yy + 2mxy + 2aa + naa)(x + y) = 0$$
quae diuisae per $x - y$ & $x + y$, & denuo vel additae vel subtractae dant:
$$4xx + 4yy + 2aa = 0 \quad \& \quad 4xy - 2mxy - naa = 0.$$
Ex quarum posteriori fit $y = \frac{naa}{2(2-m)x}$, prior autem reales valores non admittit. Tres igitur habemus casus:

I. Si $y = x$, eritque $4x^3 + 2mx^3 + 2aax + naax = 0$, vnde fit vel $x = 0$ vel $2(2+m)xx + (2+n)aa = 0$. Sit $x = 0$, erit quoque $y = 0$, atque ob $\frac{dP}{dx} = 12xx + 2myy + 2aa$ & $\frac{dQ}{dy} = 12yy + 2mxx + 2aa$, hoc casu fiet $V = 0$ minimum, si quidem coefficiens aa fuerit affirmatiuus. Alter casus dat $xx = -\frac{(n+2)aa}{2(m+2)}$, quae realis esse nequit nisi sit $\frac{n+2}{m+2}$ numerus negatiuus. Sit $\frac{n+2}{m+2} = -2kk$

seu

seu $n = 2kkm - 4kk - 2$, erit $x = \pm ka$ & $y = \pm ka$. At $\frac{dP}{dx} = 12kkaa + 2mkkaa + 2aa$ & $\frac{dQ}{dy} = 12kkaa + 2mkkaa + 2aa$, quae cum sint aequales, erit V vel minimum vel maximum, prout istae quantitates fuerint vel affirmatiuae vel negatiuae.

II. Sit $y = -x$, eritque $2(m+2)x^3 = (n-2)aax$ ergo vel $x = 0$ vel $xx = \frac{(n-2)aa}{2(m+2)}$. Prior radix $x = 0$ recidit in praecedentem. Posterior vero erit realis si $\frac{(n-2)aa}{2(m+2)}$ fuerit quantitas affirmatiua: & cum fiat $\frac{dP}{dx} = \frac{dQ}{dy}$ prodibit vel maximum vel minimum.

III. Sit $y = \frac{naa}{2(2-m)x}$, erit $4x^3 + \frac{mn^2a^4}{2(2-m)^2x}$ $+ 2aax + \frac{nna^4}{2(2-m)x} = 0$ seu $4x^4 + 2aaxx + \frac{nna^4}{(2-m)^2} = 0$, cuius aequationis nulla radix est realis, nisi sit aa quantitas negatiua.

EXEMPLUM VI.

Proposita sit haec functio determinata:

$$V = x^4 + y^4 - xx + xy - yy,$$

cuius valores maximi vel minimi inuestigentur.

Cum hinc fiat $P = 4x^3 - 2x + y = 0$ & $Q = 4y^3 - 2y + x = 0$ erit ex priori $y = 2x - 4x^3$, qui in altera substitutus dat $256x^9 - 384x^7 + 192x^5 - 40x^3 + 3x = 0$.

Cuius

Cuius vna radix eſt $x = 0$, vnde fit quoque $y = 0$. Ergo hoc caſu ob $\frac{dP}{dx} = 12 xx - 2$ & $\frac{dQ}{dy} = 12 yy - 2$ prodit maximum $V = 0$.

Diuiſa autem aequatione inuenta per x erit:
$$256 x^8 - 384 x^6 + 192 x^4 - 40 xx + 3 = 0,$$
quae factorem habet $4 xx - 1$, vnde fit $4 xx = 1$ & $x = \pm \frac{1}{2}$; atque $y = \pm \frac{1}{2}$, tum vero erit $\frac{dP}{dx} = \frac{dQ}{dy} = 1$,

vtroque ergo caſu oritur minimum $V = - \frac{1}{8}$.

Diuidatur illa aequatio per $4 xx - 1$, atque obtinebitur:
$$64 x^6 - 80 x^4 + 28 xx - 3 = 0,$$
quae denuo bis continet $4 xx - 1 = 0$; ita vt praecedens caſus oriatur. Praeterea vero inde fit $4 xx - 3 = 0$, & $x = \frac{\pm \sqrt{3}}{2}$; cui reſpondet $y = \frac{\mp \sqrt{3}}{2}$. Erit igitur quoque $\frac{dP}{dx} = \frac{dQ}{dy} = 7$, ideoque fiet V minimum $= - \frac{9}{8}$; qui eſt valor omnium minimus, quos quidem functio V recipere poteſt: & hanc ob rem iſta aequatio $V = - \frac{9}{8} - cc$ ſemper eſt impoſſibilis. Hinc autem patet via determinandi maxima & minima functionum, quae tres pluresue variabiles inuoluunt.

CAPUT XII.

DE VSU DIFFERENTIALIUM IN INUESTIGANDIS RADICIBUS REALIBUS AEQUATIONUM.

294.

Natura maximorum ac minimorum viam nobis patefacit ad indolem radicum aequationum, vtrum ſint reales an imaginariae, cognoſcendam. Sit enim propoſita aequatio cuiuscunque ordinis:

$x^n - Ax^{n-1} + Bx^{n-2} - Cx^{n-3} + Dx^{n-4} - \&c. = 0$

cuius radices ponamus eſſe p, q, r, s, t, &c. ita vt p ſit minima, q ea quae ratione magnitudinis ſequitur, ſicque & reliquae radices ſecundum ordinem quantitatis ſint diſpoſitae: ſcilicet ſit $q > p$; $r > q$; $s > r$; $t > s$ &c. Aſſumamus autem omnes radices aequationis eſſe reales, eritque exponens maximus n ſimul numerus radicum p, q, r, &c. Conſideremus quoque has radices omnes tanquam inter ſe inaequales; hinc tamen aequales radices non excluduntur, propterea quod radices inaequales, ſi earum differentia abeat in infinite paruam, fiant aequales.

295. Quoniam propoſita expreſſio $x^n - Ax^{n-1} + \&c.$ tum ſolum fit nihilo aequalis, cum loco x aliquis valor ex p, q, r, &c. ſubſtituitur, reliquis vero caſibus omnibus non euaneſcit, ponamus generatim:

 $x^n -$

$$x^n - Ax^{n-1} + Bx^{n-2} - Cx^{n-3} + \&c. = z$$

ita vt z ſpectari poſſit tanquam functio ipſius x. Fingamus nunc pro x ſucceſſiue ſubſtitui valores determinatos, incipiendo a minimo $x = -\infty$, atque continuo maiores in locum ipſius x collocari; perſpicuumque eſt z nacturum hinc eſſe valores vel nihilo maiores vel nihilo minores, neque prius eſſe euaniturum, quam ponatur $x = p$; quo caſu fiet $z = 0$. Augeantur valores ipſius x vltra p, atque valores ipſius z vel affirmatiui vel negatiui fient, donec perueniatur ad valorem $x = q$; quo caſu iterum erit $z = 0$. Neceſſe ergo eſt, vt cum valores ipſius z ab 0 iterum ad 0 acceſſerint, interea z habuerit valorem vel maximum vel minimum; maximum ſcilicet ſi valores ipſius z, dum x intra limites p & q verſabatur, fuerint affirmatiui, minimum, ſi fuerint negatiui. Simili modo dum x vltra q ad r vsque augetur, functio z maximum vel minimum attinget; maximum nimirum ſi ante fuerit minimum, & contra. Supra enim vidimus maxima & minima ſe mutuo alternatim excipere.

296. Quare cum inter binas quasuis radices ipſius x exiſtat caſus, quo functio z fit maximum vel minimum; erit numerus maximorum & minimorum, quae in functione z implicantur, vnitate minor, quam numerus radicum realium; atque ita quidem alternatim ſe excipient, vt maximi ipſius z valores ſint affirmatiui, minimi negatiui. Quod ſi viciſſim functio z habeat maximum vel ſaltem valorem affirmatiuum caſu $x = f$, atque minimum, ſeu ſaltem negatiuum

caſu

casu $x=g$; quoniam dum valores ipsius x ab f ad g transeunt, functio z ab affirmatiuo abit in negatiuum necesse, est vt interea per o transierit, & hancobrem dabitur radix ipsius x intra limites f & g contenta. Nisi autem haec conditio adsit, vt valores maximi minimique ipsius z fiant alternatim affirmatiui & negatiui, illa conclusio non sequitur. Si enim dentur functionis z minima, quae quoque sint affirmatiua, fieri potest vt valor ipsius z a maximo ad sequens minimum transeat, cum tamen interea non euanescat. Ceterum ex dictis intelligitur, etiamsi aequationis propositae non omnes radices fuerint reales, tamen semper inter binas quasque dari maximum vel minimum; etiamsi propositio conuersa generatim non valeat, vt inter bina quaeuis maxima seu minima radix realis contineatur: valet autem adiecta conditione, si alter valor ipsius z fuerit affirmatiuus, alter negatiuus.

297. Quoniam ergo supra vidimus, valores ipsius x, quibus functio:

$$z = x^n - Ax^{n-1} + Bx^{n-2} - Cx^{n-3} + Dx^{n-4} - \&c.$$

fit maximum vel minimum, esse radices aequationis differentialis huius:

$$\frac{dz}{dx} = nx^{n-1} - (n-1)Ax^{n-2} + (n-2)Bx^{n-3} - (n-3)Cx^{n-4} + \&c. = 0$$

manifestum est, si aequationis $z=0$ omnes radices, quarum numerus est $=n$ fuerint reales, tum quoque omnes radices aequationis $\frac{dz}{dx} = 0$ fore reales. Cum

 enim

enim functio z tot habeat maxima vel minima, quot numerus $n-1$ continet vnitates, necesse est vt aequatio $\frac{dz}{dx}=0$ totidem habeat radices reales; ideoque omnes eius radices erunt reales. Ex quo simul perspicitur, functionem z plura maxima minimaue habere non posse, quam $n-1$. Habemus ergo hanc regulam latissime potentem; si aequationis $z=0$ omnes radices fuerint reales, tum quoque aequatio $\frac{dz}{dx}=0$ omnes radices habebit reales. Vnde vicissim sequitur, si aequationis $\frac{dz}{dx}=0$ non omnes radices fuerint reales, tum quoque non omnes aequationis $z=0$ radices reales fore.

298. Quia inter binas quasuis aequationis $z=0$ radices reales datur vnus casus, quo functio z fit maximum vel minimum; sequitur si aequatio $z=0$ duas habeat radices reales, tum aequationem $\frac{dz}{dx}=0$ necessario vnam radicem habituram esse realem. Pariter si aequatio $z=0$ tres habeat radices reales, tum aequatio $\frac{dz}{dx}=0$ certo duas habebit radices reales. Atque generatim si aequatio $z=0$ habeat m radices reales, necesse est vt aequationis $\frac{dz}{dx}=0$ ad minimum sint $m-1$ radices reales. Quare si aequatio $\frac{dz}{dx}=0$ pauciores habeat radices reales quam $m-1$, tum vicissim aequatio $z=0$ certo pauciores quam m habebit radices reales. Cauendum autem

tem eſt, ne propoſitio conuerſa pro vera habeatur; etiamſi enim aequatio differentialis $\frac{dz}{dx} = 0$ aliquot vel adeo omnes radices ſuas habeat reales, tamen non ſequitur, aequationem $z = 0$ vllam habituram eſſe radicem realem. Fieri enim poteſt, vt aequationis $\frac{dz}{dx} = 0$ omnes radices ſint reales, cum tamen aequationis $z = 0$ omnes radices ſint imaginariae.

299. Interim tamen, ſi conditio ſupra memorata adiiciatur, propoſitio conuerſa ita proponi poterit, vt ex radicibus realibus aequationis $\frac{dz}{dx} = 0$, numerus radicum realium aequationis $z = 0$ certo cognoſci poſſit. Ponamus enim α, β, γ, δ, &c. eſſe radices reales aequationis $\frac{dz}{dx} = 0$, inter quas α ſit maxima, reliquae vero ordine magnitudinis ſe inuicem ſequantur. His igitur valoribus loco x ſubſtitutis functio z obtinebit vel maximos vel minimos valores alternatim. Cum autem functio z fiat $= \infty$, ſi ponatur $x = \infty$, patet eius valores continuo decreſcere debere, dum valores ipſius x ab ∞ vsque ad α diminuuntur; ex quo, caſu $x = \alpha$, fiet z minimum. Quodſi ergo hoc caſu $x = \alpha$ functio z valorem induat negatiuum, neceſſe eſt vt ante alicubi fuerit $= 0$, ſicque aequationis $z = 0$ radix dabitur realis $x > \alpha$; ſin autem poſito $x = \alpha$ functio z adhuc retineat valorem affirmatiuum, ante nusquam potuit eſſe

 mi-

minor, alias enim quoque daretur minimum antequam x ad α vsque diminueretur, quod esset contra hypothesin; hinc aequatio $z = 0$ nullam habere poterit radicem realem maiorem quam α. Si ergo ponamus posito $= \alpha$ fieri $z = \mathfrak{A}$, hoc modo iudicari poterit: si fuerit $\mathfrak{A}$ quantitas affirmatiua, tum aequatio $z = 0$ nullam habebit radicem realem α maiorem; sin autem $\mathfrak{A}$ fuerit quantitas negatiua, tum aequatio $z = 0$ vnam perpetuo habebit radicem realem α maiorem, neque plures.

300. Ad hoc iudicium vlterius persequendum

si ponatur	fiat
$x = \alpha$	$z = \mathfrak{A}$
$x = \beta$	$z = \mathfrak{B}$
$x = \gamma$	$z = \mathfrak{C}$
$x = \delta$	$z = \mathfrak{D}$
$x = \varepsilon$	$z = \mathfrak{E}$
&c.	&c.

Quia ergo $\mathfrak{A}$ fuit minimum, erit $\mathfrak{B}$ maximum, & quidem si $\mathfrak{A}$ fuerit affirmatiuum, erit quoque $\mathfrak{B}$ affirmatiuum, neque ergo inter limites α & β dabitur radix realis aequationis $z = 0$. Quare si haec aequatio nullam habeat radicem realem α maiorem, neque vllam habebit, quae esset maior quam β. Sin autem $\mathfrak{A}$ fuerit quantitas negatiua, quo casu vna datur aequationis radix $x > \alpha$; dispiciatur vtrum valor ipsius $\mathfrak{B}$ sit affirmatiuus an negatiuus? priori casu dabitur radix $x > \beta$, posteriori vero nulla dabitur radix intra limites α & β contenta. Simili modo cum $\mathfrak{B}$ fuerit maximum, erit $\mathfrak{C}$ minimum; quare si $\mathfrak{B}$ habuerit valorem negatiuum, multo tò magis $\mathfrak{C}$ erit negatiuum, nullaque hoc casu dabitur radix intra limites β & γ contenta. Ad si $\mathfrak{B}$ fuerit affirmatiuum, radix dabitur realis inter limites β & γ, si $\mathfrak{C}$ fiat negatiuum: sin autem $\mathfrak{C}$ quoque fit affirmatiuum, tum nulla dabitur radix inter limites β & γ contenta, similique modo iudicium vlterius erit instituendum.

301. Quo haec iudicia facilius intelligantur, ea in sequenti tabella complexus sum:

Aequatio $z = 0$ vnam habebit radicem realem, quae continetur intra limites	Si fuerit
$x = \infty$ & $x = \alpha$	$\mathfrak{A} = -$
$x = \alpha$ & $x = \beta$	$\mathfrak{A} = -$ & $\mathfrak{B} = +$
$x = \beta$ & $x = \gamma$	$\mathfrak{B} = +$ & $\mathfrak{C} = -$
$x = \gamma$ & $x = \delta$	$\mathfrak{C} = -$ & $\mathfrak{D} = +$
$x = \delta$ & $x = \varepsilon$	$\mathfrak{D} = +$ & $\mathfrak{E} = -$
&c.	&c.

Harumque propositionum conuersae & in negantes transmutatae pariter in omni rigore locum obtinent. Scilicet

Aequatio $z = 0$ nullam habebit radicem realem, quae contineatur inter limites:	si non fuerit
$x = \infty$ & $x = \alpha$	$\mathfrak{A} = -$
$x = \alpha$ & $x = \beta$	$\mathfrak{A} = -$ & $\mathfrak{B} = +$
$x = \beta$ & $x = \gamma$	$\mathfrak{B} = +$ & $\mathfrak{C} = -$
$x = \gamma$ & $x = \delta$	$\mathfrak{C} = -$ & $\mathfrak{D} = +$
$x = \delta$ & $x = \varepsilon$	$\mathfrak{D} = +$ & $\mathfrak{E} = -$
&c.	&c.

Ope

Ope harum ergo regularum ex radicibus aequationis $\frac{dz}{dx} = 0$, si eae fuerint cognitae, non solum numerus radicum realium aequationis $z = 0$ colligitur, sed etiam limites innotescunt, intra quos singulae istae radices contineantur.

EXEMPLUM.

Sit proposita ista aequatio: $x^4 - 14xx + 24x - 12 = 0$ *quae an habeat radices reales & quot quaeritur.*

Aequatio differentialis erit $4x^3 - 28x + 24 = 0$ seu $x^3 - 7x + 6 = 0$, cuius radices sunt 1, 2, & -3, quae secundum ordinem magnitudinis dispositae dabunt vnde erit

$\alpha = 2$	$\mathfrak{A} = -4$
$\beta = 1$	$\mathfrak{B} = -1$
$\gamma = -3$	$\mathfrak{C} = -129$

Ob $\mathfrak{A}$ negatiuum ergo aequatio proposita habebit radicem realem > 2, at ob $\mathfrak{B}$ negatiuum, neque inter limites 2 & 1, neque inter limites 1 & -3 radicem habebit realem. Cum autem posito $x = -3$ fiat $z = \mathfrak{C} = -129$, ac si statuatur $x = -\infty$, fiat $z = +\infty$ necesse est, vt radix detur realis inter limites -3 & $-\infty$ contenta. Habebit ergo aequatio proposita duas radices reales, alteram $x > 2$, alteram $x < -3$; ex quo duae radices erunt imaginariae. Simili modo ergo ex vltimo aequationis propositae maximo vel minimo iudicari debet,

bet, quo ex primo solo. Scilicet si aequatio proposita fuerit ordinis paris, vltimum siue maximum siue minimum (erit autem hoc casu minimum), si fuerit negatiuum radicem realem, sin affirmatiuum radicem imaginariam indicat. At pro aequationibus imparium graduum, quia posito $x = -\infty$ fit $z = -\infty$, si vltimum maximum fuerit affirmatiuum, radix realis, sin negatiuum, imaginaria indicatur.

302. Regula ergo pro cognoscendis radicibus realibus & imaginariis hoc modo commode exprimi poterit. Proposita aequatione quacunque $z = 0$, consideretur eius differentialis $\frac{dz}{dx} = 0$, cuius radices reales secundum ordinem quantitatis dispositae sint $\alpha, \beta, \gamma, \delta$, &c. tum posito $x = \alpha, \beta, \gamma, \delta, \epsilon, \zeta$, &c.

fiat $z = \mathfrak{A}, \mathfrak{B}, \mathfrak{C}, \mathfrak{D}, \mathfrak{E}, \mathfrak{F}$, &c.

Iam si signa sint: $-$ $+$ $-$ $+$ $-$ $+$ &c.

tot aequatio $z = 0$ habebit radices reales, quot habentur litterae α, β, γ, &c. & insuper vnam. Sin autem vna ex his literis maiusculis non habeat signum infra scriptum, tum binae radices imaginariae indicabuntur. Ita si $\mathfrak{A}$ haberet signum $+$, tum nulla daretur radix intra limites ∞ & β contenta. Si $\mathfrak{B}$ habeat signum $-$, nulla dabitur radix inter limites α & γ; &, si $\mathfrak{C}$ habeat signum $+$, nulla erit radix inter limites β & δ, & ita porro. Generatim autem praeter radices imaginarias hoc modo indicatas, aequatio $z = 0$ insuper tot habebit imaginarias, quot aequatio $\frac{dz}{dx} = 0$.

303. Si eueniat, vt valorum $\mathfrak{A}$, $\mathfrak{B}$, $\mathfrak{C}$, $\mathfrak{D}$, &c. aliquis euanescat, tum eo loco aequatio $z = 0$ duas habebit radices aequales. Scilicet si fuerit $\mathfrak{A} = 0$, tum habebit duas radices ipsi a aequales; sin sit $\mathfrak{B} = 0$, duae erunt radices $= \mathfrak{b}$. Hoc enim casu aequatio $z = 0$ vnam habebit radicem communem cum aequatione differentiali $\frac{dz}{dx} = 0$; supra autem demonstrauimus, hoc esse indicium duarum radicum aequalium. Sin autem aequatio $\frac{dz}{dx} = 0$ duas pluresue radices habeat aequales, tum si earum numerus fuerit par, neque maximum neque minimum indicabitur: vnde pro praesenti instituto radices aequales numero pares negligi poterunt. Sin autem numerus radicum aequalium aequationis $\frac{dz}{dx} = 0$ fuerit impar, tum omnes praeter vnam in formatione iudicii reiiciendae sunt; nisi forte hoc casu ipsa quoque functio z euanescat. Si enim hoc eueniat aequatio $z = 0$ quoque habebit radices aequales & quidem vna plures, quam aequatio $\frac{dz}{dx} = 0$. Sic si fuerit $\frac{dz}{dx} = (x - \zeta)^n R$, ita vt haec aequatio habeat n radices aequales ipsi ζ, si posito $x = \zeta$ quoque euanescat z, tum aequatio $z = 0$ habebit $n + 1$ radices aequales ipsi ζ.

304. Applicemus haec praecepta ad aequationes ſimpliciores, ac primo quidem a quadratica incipiamus. Sit igitur propoſita haec aequatio: $z = x^2 - Ax + B = 0$: erit eius differentialis $\frac{dz}{dx} = 2x - A$, qua facta $= 0$, erit $x = \frac{1}{2}A$, ſeu $\alpha = \frac{1}{2}A$. Subſtituatur hic valor loco x, fietque $z = -\frac{1}{4}AA + B = \mathfrak{A}$; vnde colligimus, ſi iſte valor ipſius $\mathfrak{A}$ fuerit negatiuus, hoc eſt ſi ſit $AA > 4B$, aequationem $xx - Ax + B = 0$ habituram eſſe duas radices reales, alteram maiorem quam $\frac{1}{2}A$ alteram minorem. Sin autem valor ipſius $\mathfrak{A}$ fuerit affirmatiuus ſeu $AA < 4B$, tum ambae aequationis propoſitae radices erunt imaginariae. At ſi fuerit $\mathfrak{A} = 0$ ſeu $AA = 4B$, tum aequatio propoſita habebit duas radices aequales, vtramque ſcilicet $= \frac{1}{2}A$. Quae cum ex natura aequationum quadraticarum ſint notiſſima, veritas horum principiorum non mediocriter illuſtratur, ſimulque eorum vtilitas in hoc negotio perſpicitur.

305. Progrediamur ergo ad aequationes cubicas ſimili modo inquirendas. Sit ergo propoſita aequatio $x^3 - Ax^2 + Bx - C = z = 0$: cuius differentialis cum ſit $3xx - 2Ax + B = \frac{dz}{dx}$, ſi haec ponatur $= 0$, fiet $xx = \frac{2Ax - B}{3}$, cuius aequationis vel ambae radices ſunt imaginariae, vel aequales, vel reales inaequales. Cum igitur hinc ſit $x = \frac{A \pm \sqrt{(A^2 - 3B)}}{3}$, ambae radi-

ces erunt imaginariae, ſi fuerit $AA < 3B$: hoc ergo caſu aequatio cubica propoſita vnicam habebit radicem realem, cuius alii limites non patent praeter $+\infty$ & $-\infty$. Sint iam ambae radices inter ſe aequales, ſeu $AA = 3B$, erit $x = \frac{A}{3}$. Niſi ergo ſimul fiat $z = 0$, hae duae radices pro nulla reputari debebunt, habebitque aequatio vt ante vnicam radicem realem; ſin autem caſu $x = \frac{A}{3}$ ſimul fiat $z = 0$, quod euenit, ſi fuerit $-\frac{2}{27}A^3 + \frac{1}{3}AB - C = 0$, ſeu $C = \frac{1}{3}AB - \frac{2}{27}A^3$; hoc eſt ſi fuerit $B = \frac{1}{3}A^2$ & $C = \frac{1}{27}A^3$, aequatio habebit tres radices aequales, ſingulas ſcilicet $= \frac{1}{3}A$. Euoluamus nunc tertium caſum, quo ambae radices aequationis differentialis ſunt reales & inter ſe inaequales, quod euenit ſi $AA > 3B$. Sit ergo $AA = 3B + ff$, ſeu $B = \frac{1}{3}AA - \frac{1}{3}ff$, erunt ambae illae radices $x = \frac{A \pm f}{3}$. Fiet ergo $\alpha = \frac{1}{3}A + \frac{1}{3}f$ & $\beta = \frac{1}{3}A - \frac{1}{3}f$. Quaerantur ergo valores ipſius z his reſpondentes $\mathfrak{A}$ & $\mathfrak{B}$; & cum ambae radices contineantur in haec aequatione $xx = \frac{2}{3}Ax - \frac{1}{3}B$, fiet $z = -\frac{1}{3}Axx + \frac{2}{3}Bx - C = -\frac{2}{9}AAx + \frac{1}{9}AB + \frac{2}{3}Bx - C$. Hinc itaque oritur:

$$\mathfrak{A} = -\tfrac{2}{27}A^3 + \tfrac{1}{3}AB - \tfrac{2}{27}A^2f + \tfrac{2}{9}Bf - C = \tfrac{1}{27}A^3 - \tfrac{1}{9}Aff - \tfrac{2}{27}f^3 - C$$
$$\mathfrak{B} = -\tfrac{2}{27}A^3 + \tfrac{1}{3}AB + \tfrac{2}{27}A^2f - \tfrac{2}{9}Bf - C = \tfrac{4}{27}A^3 - \tfrac{1}{9}Aff + \tfrac{2}{27}f^3 - C$$

ob $B = \frac{1}{3}AA - \frac{1}{3}ff$. Si igitur fuerit $\mathfrak{A}$ quantitas negatiua, quod euenit, ſi fuerit $C > \frac{1}{27}A^3 - \frac{1}{9}Aff - \frac{2}{27}f^3$, aequatio $z = 0$ vnam habebit radicem realem $> \alpha$, hoc eſt

est maiorem quam $\frac{1}{3}A + \frac{1}{3}f$. Ponamus ergo esse $C > \frac{1}{27}A^3 - \frac{1}{9}Aff - \frac{2}{27}f^3$ seu esse $C = \frac{1}{27}A^3 - \frac{1}{9}Aff - \frac{2}{27}f^3 + gg$; atque, vt vidimus, aequatio proposita cubica habebit radicem realem $> \frac{1}{3}A + \frac{1}{3}f$. Quales autem futurae sint reliquae radices, ex valore $\mathfrak{B}$ intelligetur: erit autem $\mathfrak{B} = \frac{4}{27}f^3 - gg$; qui si fuerit affirmatiuus, aequatio insuper duas habebit radices reales, priorem intra limites α & β, hoc est intra $\frac{1}{3}A + \frac{1}{3}f$ & $\frac{1}{3}A - \frac{1}{3}f$ contentam, alteram vero minorem quam $\frac{1}{3}A - \frac{1}{3}f$. Sin autem fuerit $gg > \frac{4}{27}f^3$, seu $\mathfrak{B}$ negatiuum, tum aequatio habebit duas radices imaginarias. At si fuerit $\mathfrak{B} = 0$ seu $\frac{4}{27}f^3 = gg$ tum duae radices euadent aequales, vtraque $= \beta = \frac{1}{3}A - \frac{1}{3}f$. Denique si sit valor ipsius $\mathfrak{A}$ affirmatiuus seu $C < \frac{1}{27}A^3 - \frac{1}{9}Aff - \frac{2}{27}f^3$, tum aequatio duas habebit radices imaginarias, tertiaque erit realis & $< \frac{1}{3}A - \frac{1}{3}f$. Atque si sit valor ipsius $\mathfrak{A} = 0$, duae erunt radices aequales $= \alpha$, manente tertia $< \frac{1}{3}A - \frac{1}{3}f$.

306. Quo igitur aequationis cubicae $x^3 - Ax^2 + Bx - C = 0$ omnes tres radices sint reales, requiruntur tres conditiones. Primo vt sit $B < \frac{1}{3}AA$: sit ergo $B = \frac{1}{3}AA - \frac{1}{3}ff$. Secundo vt sit $C > \frac{1}{27}A^3 - \frac{1}{9}Aff - \frac{2}{27}f^3$. Tertio vt sit $C < \frac{1}{27}A^3 - \frac{1}{9}Aff + \frac{2}{27}f^3$. Quae duae posteriores conditiones eo redeunt, vt C contineatur intra hos limites $\frac{1}{27}A^3 - \frac{1}{9}Aff - \frac{2}{27}f^3$ & $\frac{1}{27}A^3 - \frac{1}{9}Aff + \frac{2}{27}f^3$ seu intra hos limites $\frac{1}{27}(A+f)^2(A-2f)$ & $\frac{1}{27}(A-f)^2(A+2f)$. Quod si ergo harum conditionum vnica desit, aequatio duas habebit radices imaginarias. Sic si fuerit $A = 3$,

 $B = 2$,

$B = 2$, erit $\frac{1}{3}ff = \frac{1}{3}AA - B = 1$ & $ff = 3$; vnde ista aequatio: $x^3 - 3xx + 2x - C = 0$ omnes radices reales habere nequit, nisi C contineatur intra limites $-\frac{2\sqrt{3}}{9}$ & $+\frac{2\sqrt{3}}{9}$. Quare si fuerit vel $C < -\frac{2\sqrt{3}}{9}$ seu $C < -0,3849$, vel $C > +\frac{2\sqrt{3}}{9}$ seu $C > 0,3849$ aut coniunctim $CC > \frac{4}{27}$, aequatio vnicam habebit radicem realem.

307. Quoniam in omni aequatione secundus terminus tolli potest, ponamus esse $A = 0$, ita vt habeamus hanc aequationem cubicam $x^3 + Bx - C = 0$. Vt igitur huius aequationis omnes tres radices sint reales, necesse est vt primo sit $B < 0$, seu B debet esse quantitas negatiua. Sit ergo $B = -kk$, erit $ff = 3kk$, atque insuper requiritur, vt quantitas C contineatur intra hos limites $-\frac{2}{27}f^3$ & $+\frac{2}{27}f^3$; hoc est inter hos $-\frac{2}{9}kk\sqrt{3kk}$ & $+\frac{2}{9}kk\sqrt{3kk}$. Erit ergo $CC < \frac{4}{27}k^6$ seu $CC < -\frac{4}{27}B^3$. Vnica ergo conditione natura aequationum cubicarum, quae omnes tres radices habeant reales comprehendi poterit, dum dicemus esse oportere $4B^3 + 27CC$ quantitatem negatiuam. Sic enim iam postulatur, vt sit B quantitas negatiua, quia alioquin $4B^3 + 27CC$ negatiuum fieri non posset. Quocirca generatim affirmamus, aequationem $x^3 + Bx \pm C = 0$ omnes tres radices habituram esse reales, si fuerit $4B^3 + 27CC$ quantitas negatiua. Sin autem haec quantitas fuerit affirmatiua, tum vnicam fore realem, reliquas binas imaginarias; at si fiat

$4B^3 + 27CC = 0$, tum omnes quidem radices futuras esse reales, at binas inter se aequales.

308. Progrediamur ad aequationes biquadratas, in quibus etiam secundum terminum deesse ponamus. Sit ergo $x^4 + Bx^2 - Cx + D = 0$. Statuamus $x = \frac{1}{u}$, eritque $1 + Bu^2 - Cu^3 + Du^4 = 0$, cuius aequatio differentialis est $2Bu - 3Cu^2 + 4Du^3 = 0$, quae vnam habet radicem $u = 0$, tum vero erit $uu = \frac{6Cu - 4B}{8D}$ & $u = \frac{3C \pm \sqrt{(9CC - 32BD)}}{8D}$. Vt igitur omnes quatuor radices sint reales, primo requiritur, vt sit $9CC > 32BD$. Ponamus ergo esse $9CC = 32BD + 9ff$, erit $u = \frac{3C \pm 3f}{8D}$. Hic C semper pro quantitate affirmatiua sumere poterimus, nisi enim talis fuerit, ponendo $u = -v$ talis euadet. Mox autem demonstrabimus omnes radices reales esse non posse, nisi sit B quantitas negatiua. Sit ergo $B = -gg$, eritque $9CC = 9ff - 32ggD$, & $u = \frac{3C \pm 3f}{8D}$. Atque duo casus erunt perpendendi, prout D sit quantitas affirmatiua vel negatiua.

I. Sit D quantitas affirmatiua, eritque $f > C$, ac tres ipsius u radices secundum quantitatis ordinem dispositae erunt 1°; $u = \frac{3C + 3f}{8D}$, 2°; $u = 0$, 3°; $u = \frac{3C - 3f}{8D}$.

Aequa-

Aequatio autem $u^4 - \frac{Cu^3}{D} + \frac{Bu^2}{D} + \frac{1}{D} = 0$, his valoribus loco u ſubſtitutis dabit ſequentes tres valores.

$$\mathfrak{A} = \frac{27(C+f)^3\,(C-3f)}{4096\,D^4} + \frac{1}{D}$$

$$\mathfrak{B} = \frac{1}{D}$$

$$\mathfrak{C} = \frac{27(C-f)^3\,(C+3f)}{4096\,D^4} + \frac{1}{D}$$

quorum primus ac tertius debet eſſe negatiuus: vterque quidem ob C affirmatiuum & $C < f$ ſit minor quam $\frac{1}{D}$. Oportet itaque eſſe $\frac{1}{D} < \frac{27(C+f)^3\,(3f-C)}{4096\,D^4}$ & $\frac{1}{D} < \frac{27(f-C)^3(C+3f)}{4096\,D^4}$, ſeu $4096\,D^3 < 27(f+C)^3\,(3f-C)$ & $4096\,D^3 < 27(f-C)^3\,(C+3f)$. At prior quantitas ſemper longe maior eſt poſteriori; vnde ſufficit, ſi fuerit $D^3 < \frac{27}{4096}(f-C)^3\,(C+3f)$, exiſtente $B = \frac{9CC-9ff}{32\,D}$ & $f > C$, atque $D > 0$. Si igitur fuerit D quantitas affirmatiua, C affirmatiua, B negatiua, vt ſit $f > C$, atque $D^3 < \frac{27}{4096}(f-C)^3\,(C+3f)$, hoc eſt $D < \frac{3}{16}(f-C)\sqrt[3]{(3f+C)}$, tum aequatio

omnes

omnes radices habebit reales. Sin autem fuerit $D > \frac{3}{16}(f-C)\sqrt[3]{(3f+C)}$, attamen $D < \frac{3}{16}(f+C)\sqrt[3]{(3f-C)}$; tum duae radices erunt reales & duae imaginariae. At si adeo fuerit $D > \frac{3}{16}(f+C)\sqrt[3]{(3f-C)}$, tum omnes quatuor radices erunt imaginariae.

II. Sit D quantitas negatiua puta $= -F$, manente C affirmatiua ac B negatiua, ob $B = \frac{9CC - 9ff}{32D} = \frac{9ff - 9CC}{32F}$, erit $C > f$. Cum igitur sit $u = \frac{3C \pm 3f}{8D} = -\frac{3C \mp 3f}{8F}$, tres valores ipsius u secundum ordinem magnitudinis dispositi erunt 1°, $u = 0$; 2°, $u = -\frac{3C+3f}{8F}$; 3°, $u = -\frac{3C-3f}{8F}$, qui dabunt sequentes valores

$$\mathfrak{A} = -\frac{1}{F}$$

$$\mathfrak{B} = \frac{27(C-f)^3(C+3f)}{4096F^4} - \frac{1}{F}$$

$$\mathfrak{C} = \frac{27(C+f)^3(C-3f)}{4096F^4} - \frac{1}{F}$$

Cum igitur $\mathfrak{A}$ sit quantitas negatiua, aequatio iam certo vnam, ac propterea quoque duas habebit radices reales. Vt autem omnes radices sint reales, oportet vt $\mathfrak{B}$ sit,

 quan-

quantitas affirmatiua, ideoque $27(C-f)^3(C+3f) > 4096 F^3$; tum vero necesse est, vt sit $\mathfrak{C}$ quantitas negatiua seu $27(C+f)^3(C-3f) < 4096 F^3$. Quocirca vt omnes radices fiant reales, requiritur vt F^3 contineatur intra hos limites $\frac{27}{4096}(C+f)^3(C-3f)$ & $\frac{27}{4096}(C-f)^3(C+3f)$ seu vt F contineatur intra limites $\frac{3}{16}(C+f)\sqrt[3]{(C-3f)}$ & $\frac{3}{16}(C-f)\sqrt[3]{(C+3f)}$; & nisi F contineatur intra hos limites, duae radices erunt imaginariae.

III. Ponamus iam B esse quantitatem affirmatiuam, & D pariter affirmatiuam, ob $B = \frac{9CC-9ff}{32D}$, erit $C > f$, & cum sit $u = \frac{3C \pm 3f}{8D}$, radices ordine magnitudinis dispositae erunt 1°, $u = \frac{3(C+f)}{8D}$; 2°, $u = \frac{3(C-f)}{8D}$ & 3°; $u = 0$, vnde sequentes oriuntur valores:

$$\mathfrak{A} = \frac{27(C+f)^3(C-3f)}{4096 D^4} + \frac{1}{D}$$

$$\mathfrak{B} = \frac{27(C-f)^3(C+3f)}{4096 D^4} + \frac{1}{D}$$

$$\mathfrak{C} = \frac{1}{D}$$

vbi cum $\mathfrak{C}$ sit quantitas affirmatiua, certo duae radices erunt imaginariae. Sin autem fuerit $\mathfrak{A}$ negatiuum, quod

quod euenit, si $4096 D^3 < 27 (C+f)^3 (3f-C)$, duae radices erunt reales: sin fuerit $4096 D^3 > 27 (C+f)^3 (3f-C)$, tum omnes quatuor radices erunt imaginariae.

IV. Maneat B affirmatiuum, sit autem D negatiuum $= -F$, ob $B = \frac{9ff-9CC}{32 F}$, erit $f > C$ & ob $u = -\frac{3C+3f}{8F}$, tres ipsius u radices secundum ordinem magnitudinis dispositae erunt 1°, $u = \frac{3(f-C)}{8F}$; 2°, $u = 0$; & 3°, $u = -\frac{3(C+f)}{8F}$, vnde isti valores nascuntur.

$$\mathfrak{A} = -\frac{27 (f-C)^3 (C+3f)}{4096 F^4} - \frac{1}{F}$$

$$\mathfrak{B} = -\frac{1}{F}$$

$$\mathfrak{C} = -\frac{27 (C+f)^3 (3f-C)}{4096 F^4} - \frac{1}{F}$$

vbi ob $\mathfrak{A}$ & $\mathfrak{C}$ negatiua aequatio certo duas habet radices reales, at ob $\mathfrak{B}$ negatiuum, duae radices erunt imaginariae.

309. Si igitur ponamus litteras B, C, D quantitates affirmatiuas denotare, sequentes oriuntur casus diuersi diiudicandi, qui ob $f = \sqrt{(CC - \frac{32}{9} BD)}$ huc redeunt.

I. Si aequatio sit $x^4 - Bx^2 \pm Cx + D = 0$. Omnes radices erunt reales, si fuerit

$$D < \tfrac{3}{16} [\sqrt{(CC + \tfrac{32}{9} BD)} - C] \sqrt[3]{[3\sqrt{(CC + \tfrac{32}{9} BD)} + C]}$$

 Duae

Duae radices erunt reales, duaeque imaginariae, ſi fuerit

$$D > \tfrac{3}{16}[\sqrt{(CC+\tfrac{32}{9}BD)}-C]\sqrt[3]{[3\sqrt{(CC+\tfrac{32}{9}BD)}+C]}$$

at $D < \tfrac{3}{16}[\sqrt{(CC+\tfrac{32}{9}BD)}+C]\sqrt[3]{[3\sqrt{(CC+\tfrac{32}{9}CD)}-C]}$

Omnes autem radices erunt imaginariae, ſi fuerit

$$D > \tfrac{3}{16}[\sqrt{(CC+\tfrac{32}{9}BD)}+C]\sqrt[3]{[3\sqrt{(CC+\tfrac{32}{9}BD)}-C]}.$$

II. Si aequatio ſit $x^4 - Bx^2 \pm Cx - D = 0$. Duae radices ſemper ſunt reales, reliquae binae quoque erunt reales, ſi quantitas D contineatur intra hos limites.

$$D > \tfrac{3}{16}[\sqrt{(CC+\tfrac{32}{9}BD)}+C]\sqrt[3]{[C-3\sqrt{(CC-\tfrac{32}{9}BD)}]}$$

$$D < \tfrac{3}{16}[C-\sqrt{(CC-\tfrac{32}{9}BD)}]\sqrt[3]{[C+3\sqrt{(CC+\tfrac{32}{9}BD)}]}$$

niſi autem D contineatur intra hos limites, duae reliqua radices erunt imaginariae.

III. Si aequatio ſit $x^4 + Bx^2 \pm Cx + D = 0$. Duae radices ſemper erunt imaginariae. Reliquae vero duae erunt reales, ſi fuerit

$$D < \tfrac{3}{16}[\sqrt{(CC-\tfrac{32}{9}BD)}+C]\sqrt[3]{[3\sqrt{(CC-\tfrac{32}{9}BD)}-C]}$$

Reliquae vero duae quoque erunt imaginariae, ſi fuerit

$$D > \tfrac{3}{16}[\sqrt{(CC-\tfrac{32}{9}BD)}+C]\sqrt[3]{[3\sqrt{(CC-\tfrac{32}{9}BD)}-C]}$$

IV. Si aequatio ſit $x^4 + Bx^2 \pm Cx - D = 0$. Huius aequationis duae radices ſemper erunt reales, duae reliquae vero ſemper imaginariae.

EXEMPLUM I.

Si proponatur haec aequatio $x^4 - 2xx + 3x + 4 = 0$ *quaeratur natura radicum, vtrum sint reales an imaginariae.*

Quia hoc exemplum ad casum primum pertinet, est $B = +2$; $C = 3$ & $D = 4$; vnde $CC + \frac{32}{9}BD = 9 + \frac{32.8}{9} = \frac{337}{9}$ & $\sqrt{(CC + \frac{32}{9}BD)} = \frac{\sqrt{337}}{3}$ vnde conditiones vt omnes radices sint reales, sunt

$$4 < \frac{3}{16}\left(3 + \frac{\sqrt{337}}{3}\right)\sqrt[3]{(\sqrt{337} - 3)} = \frac{1}{16}(9 + \sqrt{337})\sqrt[3]{(\sqrt{337} - 3)}$$

$$4 < \frac{3}{16}\left(\frac{\sqrt{337}}{3} - 3\right)\sqrt[3]{(\sqrt{337} + 3)} = \frac{1}{16}(\sqrt{337} - 9)\sqrt[3]{(\sqrt{337} + 3)}$$

Adhibitis, approximationibus examinari debet ergo, vtrum sit $4 < \frac{69}{16}$ & $4 < \frac{24}{16}$; quare cum prior tantum conditio locum habeat, aequatio habebit duas radices reales, & duas imaginarias.

EXEMPLUM II.

Proposita sit haec aequatio:

$$x^4 - 9xx + 12x - 4 = 0.$$

Quae cum pertineat ad casum secundum, duas habebit radices reales. Ad reliquarum naturam inuestigandam, ob $B=9$, $C=12$ & $D=4$, erit $\sqrt{(CC-\frac{32}{9}BD)}$ $=\sqrt{(144-32.4)}=4$. Ideoque videndum est, vtrum sit

$$4 > \frac{3}{16}.\,16\sqrt[3]{0}, \quad \text{hoc est } 4 > 0$$

$$\&\ 4 < \frac{3}{16}.\,8\sqrt[3]{24} \quad \text{hoc est } 4 < 3\sqrt[3]{3}$$

quorum vtrumque cum eueniat, aequatio proposita quatuor habebit radices reales.

EXEMPLUM III.

Proposita sit haec aequatio:

$$x^4 + xx - 2x + 6 = 0.$$

Quae cum pertineat ad casum tertium, duae radices certo erunt imaginariae. Tum verò est $B=1$; $C=2$ & $D=6$, ideoque $\sqrt{(CC-\frac{32}{9}BD)}=\sqrt{\left(4-\frac{64}{3}\right)}$, quae quantitas cum sit imaginaria, & duae reliquae radices certo erunt imaginariae.

EXEMPLUM IV.

Sit proposita aequatio haec:

$$x^4 - 4x^3 + 8x^2 - 16x + 20 = 0.$$

Eliminetur primo secundus terminus, substituendo $x = y + 1$ fiet;

$$\begin{array}{rcrrrrr}
x^4 & = & y^4 & + 4y^3 & + 6yy & + 4y & + 1 \\
-4x^3 & = & & - 4y^3 & - 12y^2 & - 12y & - 4 \\
+8x^2 & = & & & + 8y^2 & + 16y & + 8 \\
-16x & = & & & & - 16y & - 16 \\
+20 & = & & & & & + 20 \\
\hline
\text{Ergo} & & y^4 & & + 2yy & - 8y & + 9 = 0
\end{array}$$

quae

quae cum pertineat ad casum tertium, duas radices habebit imaginarias. Tum vero ob $B=2$, $C=8$, $D=9$, erit $\sqrt{(CC - \frac{32}{9}.BD)} = \sqrt{(64-64)} = 0$. Comparetur ergo $D=9$ cum $\frac{3}{16}.8\sqrt[3]{-8} = -3$. Cum ergo sit $D=9 > -3$, etiam duae reliquae radices erunt imaginariae.

EXEMPLUM V.

Sit proposita haec aequatio: $x^4 - 4x^3 - 7x^2 + 34x - 24 = 0$ *cuius radices constat esse;* 1, 2, 4. & -3.

Quod si autem regulas applicemus, sublato secundo termino ponendo $x = y + 1$ fiet: $y^3 - 13yy + 12y + 0 = 0$ quae cum casu secundo comparata dat $B = 13$, $C = 12$, $D=0$. Debet ergo esse $D > \frac{3}{16}.24.\sqrt[3]{-24}$; seu $0 > -9\sqrt[3]{3}$ & $D < 0$; cum igitur D non sit maius quam 0, aequatio quatuor radices reales habere indicatur. Si enim sit $D=0$, altera aequatio abit in $D < \frac{3}{16}\left(\frac{16BD}{9C}\right)\sqrt[3]{4C}$ ideoque $1 < \frac{B}{3C}\sqrt[3]{4C}$, seu $27CC < 4B^3$: est vero $27.144 < 4.13^3$ seu $36.27 < 13^3$.

310. Opus foret maxime difficile, si simile iudicium ad aequationes altiorum graduum transferre vellemus, propterea quod aequationum differentialium radices plerumque exhiberi non possunt; quoties autem has radices assignare licet, ex traditis principiis facile colli-

colligitur, quot aequatio propofita habeat radices reales & imaginarias. Hinc omnis aequationis, quae tantum ex tribus terminis conftat, radices, vtrum fint reales an imaginariae? definiri poterunt. Sit enim propofita haec aequatio generalis:

$$x^{m+n} + Ax^n + B = o = z$$

Sumatur eius differentialis $\frac{dz}{dx} = (m+n)x^{m+n-1} + nAx^{n-1}$, qua nihilo aequali pofita, erit primo $x^{n-1} = o$; vnde fi n fuerit impar numerus, nulla radix maximum minimumue exhibens oritur: fin autem fit n numerus par, vna radix in computum ducenda erit $x = o$. Tum vero erit $(m+n)x^m + nA = o$; quae aequatio, fi m fit numerus par, & A affirmatiua quantitas, nullam habet radicem realem. Hinc fequentes cafus erunt expendendi.

I. *Sit* m *numerus par &* n *numerus impar*, & radix $x = o$ non valebit. Si igitur fuerit A quantitas affirmatiua, nulla prorfus habebitur radix maximum minimumue exhibens; vnde ob $m+n$ numerum imparem, aequatio propofita vnicam habebit radicem realem. Sin autem fuerit A quantitas negatiua; puta $A = -E$, erit $x = \pm \sqrt[m]{\frac{nE}{m+n}}$; vnde $\alpha = +\sqrt[m]{\frac{nE}{m+n}}$ & $\beta = -\sqrt[m]{\frac{nE}{m+n}}$.

Ex quibus valoribus fit:

$$\mathfrak{A} = (x^m - E)x^n + B = -\frac{mE}{m+n}\left(\frac{nE}{m+n}\right)^{n:m} + B$$

atque $\mathfrak{B} = +\frac{mE}{m+n}\left(\frac{nE}{m+n}\right)^{n:m} + B$. Si igitur fuerit

fuerit igitur $\mathfrak{A}$ quantitas negatiua, seu $\frac{mE}{m+n}\left(\frac{nE}{m+n}\right)^{n:m} > B$, aequatio vnam habebit radicem realem $> a$. Si insuper fuerit $B > -\frac{mE}{m+n}\left(\frac{nE}{m+n}\right)^{n:m}$, hoc est ambas conditiones in vnam complectendo, si fuerit $(m+n)^{m+n} B^m < m^m n^n E^{m+n}$, tum aequatio tres habebit radices reales: &, nisi haec conditio locum habeat, aequationis vnica radix erit realis. Valent haec de aequatione $x^{m+n} - Ex^n + B = 0$, si fuerit m numerus impar: vbi si E fuerit numerus negatiuus, aequatio semper vnicam radicem habebit realem.

II. Sint ambo numeri m & n impares, vt sit $m+n$ numerus par, nullaque radix $x = 0$ in computum veniat. Quia est $(m+n)x^m + nA = 0$, erit $x = -\sqrt[m]{\frac{nA}{m+n}}$, quae vnica radix si sit $= a$, fiet $\mathfrak{A} = \frac{mA}{m+n}x^n + B = -\frac{mA}{m+n}\left(\frac{nA}{m+n}\right)^{n:m} + B$. Qui valor si fuerit negatiuus, aequatio proposita duas habebit radices reales, contra nullam. Aequatio ergo proposita $x^{m+n} + Ax^n + B = 0$ duas habebit radices reales, si fuerit $m^m n^n A^{m+n} > (m+n)^{m+n} B^m$; sin fuerit $m^m n^n A^{m+n} < (m+n)^{m+n} B^m$, nulla prorsus radix erit realis.

III. Sint ambo numeri m & n pares, erit $m+n$ pariter numerus par: vnaque radix $x = 0$ maximum minimumue praebebit: quae erit vnica, si A fuerit quantitas affirmatiua, vnde facto $\alpha = 0$, erit $\mathfrak{A} = B$. Quare si fuerit B quoque quantitas affirmatiua, aequatio nullam habebit radicem realem; sin autem B sit quantitas negatiua, duae habebuntur radices reales, neque plures, si quidem A fuerit quantitas affirmatiua. At ponamus esse A quantitatem negatiuam seu $A = -E$, erit $x = \pm \sqrt[m]{\frac{nE}{m+n}}$; habebimusque tria maxima vel minima: nempe $\alpha = +\sqrt[m]{\frac{nE}{m+n}}$; $\beta = 0$; $\gamma = -\sqrt[m]{\frac{nE}{m+n}}$. Quibus ipsius $z = x^{m+n} - Ex^n + B = 0$ respondent valores $\mathfrak{A} = -\frac{mE}{m+n}\left(\frac{nE}{m+n}\right)^{n:m} + B$; $\mathfrak{B} = B$; $\mathfrak{C} = -\frac{mE}{m+n}\left(\frac{nE}{m+n}\right)^{n:m} + B$. Si igitur B sit quantitas negatiua, ob $\mathfrak{A}$ & $\mathfrak{C}$ negatiuas, aequatio duas tantum habebit radices reales, propterea quod quoque $\mathfrak{B} = B$ sit negatiuum. At si B fuerit quantitas affirmatiua, aequatio quatuor habebit radices reales, si sit $(m+n)^{m+n} B^m < m^m \cdot n^n E^{m+n}$. Nullam autem habebit radicem realem, si fuerit $(m+n)^{m+n} B^m > m^m n^n E^{m+n}$.

IV. Sit m numerus impar & n numerus par: atque radix $x = 0$ dabit maximum vel minimum. Praeterea vero erit $x = -\sqrt[m]{\frac{nA}{m+n}}$. Si ergo A sit numerus affir-

affirmatiuus, fiet $\alpha = 0$ & $\beta = -\sqrt[m]{\frac{nA}{m+n}}$; hincque $\mathfrak{A} = B$, & $\mathfrak{B} = \frac{mA}{m+n}\left(\frac{nA}{m+n}\right)^{n:m} + B$. Quare si sit B quantitas negatiua, puta $B = -F$, atque insuper fuerit $m^m n^n A^{m+n} > (m+n)^{m+n} F^m$, aequatio tres habebit radices reales; contra vnica tantum erit realis. Sin autem sit A quantitas negatiua puta $A = -E$, fiet $x = +\sqrt[m]{\frac{nE}{m+n}}$ & $\alpha = \sqrt[m]{\frac{nE}{m+n}}$ & $\beta = 0$, quibus respondent $\mathfrak{A} = -\frac{mE}{m+n}\left(\frac{nE}{m+n}\right)^{n:m} + B$ & $\mathfrak{B} = B$. Quare aequatio tres habebit radices reales, si fuerit B quantitas affirmatiua, & $m^m n^n E^{m+n} > (m+n)^{m+n} B^m$, quae proprietas nisi locum inueniat, aequatio vnicam habebit radicem realem.

311. Sint omnes coefficientes $= 1$, atque denotantibus μ & ν numeros integros, aequationes sequentes ita diiudicabuntur:

$x^{2\mu+2\nu-1} + x^{2\nu-1} \pm 1 = 0$ vnicam habebit radicem realem:

$x^{2\mu+2\nu-1} - x^{2\nu-1} \pm 1 = 0$, tres habebit radices reales, si fuerit

$(2\mu+2\nu-1)^{2\mu+2\nu-1} < (2\mu)^{2\mu}(2\nu-1)^{2\nu-1}$,

 quod

quod cum nunquam fieri possit, aequatio semper vnicam radicem realem habebit:

$x^{2\mu+2\nu} \pm x^{2\nu-1} - 1 = 0$ duas habet radices reales.

$x^{2\mu+2\nu} \pm x^{2\nu-1} + 1 = 0$ nullam habet radicem realem.

$x^{2\mu+2\nu} \pm x^{2\nu} + 1 = 0$ nullam habet radicem realem.

$x^{2\mu+2\nu} \pm x^{2\nu} - 1 = 0$ duas habet radices reales.

$x^{2\mu+2\nu+1} + x^{2\nu} \pm 1 = 0$ vnicam habet radicem realem.

$x^{2\mu+2\nu+1} - x^{2\nu} \pm 1 = 0$ vnicam habet radicem realem.

Ceterum quia in casu tertio ambo exponentes sunt pares, is ponendo $xx = y$ ad formam simpliciorem reduci potest, ideoque hic casus praetermitti posset. Quo facto affirmari poterit, nullam aequationem tribus terminis constantem plures tribus habere posse radices reales.

EXEMPLUM.

Quaerantur casus, quibus aequatio haec $x^5 \pm Ax^2 \pm B = 0$ *tres habeat radices reales.*

Quia haec aequatio pertinet ad casum quartum, patet quantitates A & B, esse debere signis contrariis affectas. Quare nisi huiusmodi habeat formam, vnicam habebit radicem realem: sin autem aequatio proposita fuerit huiusmodi

modi $x^5 \pm Ax^2 \mp B = 0$, quo ea habeat tres radices reales, necesse est vt sit $3^3 2^2 A^5 > 5^5 B^3$ seu $A^5 > \frac{3125}{108} B^3$. Quodsi ergo fuerit $B = 1$, oportet esse, $A^5 > \frac{3125}{108}$, seu $A > 1,960132$. Si ergo sit $A = 2$ ista aequatio $x^5 - 2x^2 + 1 = 0$ tres habet radices reales, quarum cum vna sit $x = 1$; sequitur hanc aequationem biquadratam $x^4 + x^3 + x^2 - x - 1 = 0$, duas habere radices reales. Quod quidem tum ex his datis praeceptis intelligi potest, tum ex iis, quae in libro superiori sunt demonstrata, manifestum est, vbi ostendimus, quamuis aequationem paris gradus, cuius terminus absolutus sit numerus negatiuus, habere semper duas radices reales.

312. Ex his principiis quoque aequationes, quae constant quatuor terminis, diiudicari poterunt, dummodo aequationis differentialis radices commode exhiberi queant, quod euenit, si exponentes ipsius x vel in tribus anterioribus, vel in tribus posterioribus terminis sint in arithmetica progressione. Cum autem haec diiudicatio in genere suscepta ad plures perducatur casus, eam in nonnullis exemplis absoluamus.

EXEMPLUM I.

Sit proposita haec aequatio $x^7 - 2x^5 + x^3 - a = 0$.

Facto $z = x^7 - 2x^5 + x^3 - a$, erit $\frac{dz}{dx} = 7x^6 - 10x^4 + 3xx$, quo valore nihilo aequali posito fiet primo $xx = 0$,

 qui

qui duplex valor pro nullo reputandus. Tum vero erit $7x^4 = 10x^2 - 3$, vnde fit $x^2 = \frac{5 \pm 2}{7}$; & quatuor valores pro x emergent, qui fecundum magnitudinem ordinati, fequentes pro z praebebunt valores:

$\alpha = 1$	$\mathfrak{A} = -a$
$\beta = +\sqrt{\tfrac{3}{7}}$	$\mathfrak{B} = \frac{48}{343}\sqrt{\tfrac{3}{7}} - a$
$\gamma = -\sqrt{\tfrac{3}{7}}$	$\mathfrak{C} = \frac{-48}{343}\sqrt{\tfrac{3}{7}} - a$
$\delta = -1$	$\mathfrak{D} = -a.$

Si ergo fit a numerus affirmatiuus, erit vel $a > \frac{48}{343}\sqrt{\tfrac{3}{7}}$, vel $a < \frac{48}{343}\sqrt{\tfrac{3}{7}}$, priori cafu ob $\mathfrak{A}$, $\mathfrak{B}$, $\mathfrak{C}$, $\mathfrak{D}$, omnes negatiuas, aequatio propofita vnicam habebit radicem realem $x > 1$. Pofteriori cafu fi $a < \frac{48}{343}\sqrt{\tfrac{3}{7}}$ aequatio tres habebit radices reales, primam > 1, fecundam contentam inter limites 1 & $\sqrt{\tfrac{3}{7}}$, & tertiam intra limites $+\sqrt{\tfrac{3}{7}}$ & $-\sqrt{\tfrac{3}{7}}$.

Sin a fit quantitas negatiua ponendo $x = -y$, aequatio perducetur ad formam priorem. Quo ergo aequatio propofita tres habeat radices reales, neceffe eft vt fit $a < 0{,}0916134$ vel $a < \frac{1}{11}$.

EXEM-

EXEMPLUM II.

Sit proposita haec aequatio:

$$ax^8 - 3x^6 + 10x^3 - 12 = 0.$$

Quia hic exponentes trium posteriorum terminorum sunt in arithmetica progressione, ponatur $x = \frac{1}{y}$ atque aequatio transmutabitur in hanc:

$a - 3y^2 + 10y^5 - 12y^8 = 0$, ponatur ergo $z = 12y^8 - 10y^5 + 3y^2 - a = 0$, eritque differentiando $\frac{dz}{dy} = 96y^7 - 50y^4 + 6y = 0$, ex qua aequatione primo fit $y = 0$; tum vero erit $y^6 = \frac{50y^3 - 6}{96}$ & $y^3 = \frac{25 \pm 7}{96}$, ideoque vel $y = \sqrt[3]{\frac{1}{3}}$ vel $y = \sqrt[3]{\frac{3}{16}}$. His ergo tribus radicibus secundum magnitudinem dispositis, respondentes ipsius z valores ita se habebunt:

$\alpha = \sqrt[3]{\frac{1}{3}}$	$\mathfrak{A} = \sqrt[3]{\frac{1}{9}} - a$.
$\beta = \sqrt[3]{\frac{3}{16}}$	$\mathfrak{B} = \frac{99}{64}\sqrt[3]{\frac{9}{256}} - a = \frac{99}{256}\sqrt[3]{\frac{9}{4}} - a$
$\gamma = 0$	$\mathfrak{C} = -a$.

Quodsi ergo fuerit $a > \sqrt[3]{\frac{1}{9}}$, aequatio proposita duas habebit radices reales, alteram $> \sqrt[3]{\frac{1}{9}}$, alteram < 0:

at

at praeter has insuper habebit duas radices reales, si simul fuerit 𝔅 quantitas affirmatiua, hoc est, si fuerit $a < \frac{99}{256}\sqrt[3]{\frac{9}{4}}$. Quamobrem aequatio proposita quatuor habebit radices reales, si quantitas a contineatur intra limites $\sqrt[3]{\frac{1}{9}}$ & $\frac{99}{256}\sqrt[3]{\frac{9}{4}}$; qui limites proxime sunt: 0,48075 & 0,50674. Posito ergo $a = \frac{1}{2}$, haec aequatio $x^8 - 6x^6 + 20x^3 - 24 = 0$ quatuor habet radices reales intra limites ∞; $\sqrt[3]{\frac{16}{3}}$; $\sqrt[3]{3}$; 0; $-\infty$; ergo tres erunt affirmatiuae & vna negatiua.

CAPUT

CAPUT XIII.

DE CRITERIIS RADICUM IMAGINARIARUM.

313.

In capite praecedenti modum exhibuimus naturam radicum cuiusque aequationis explorandi, ita vt eius beneficio, ſi proponatur aequatio quaecunque, inueniri poſſit, quot ea radices habeat reales, & quot imaginarias. Plerumque quidem haec inueſtigatio difficillime inſtituitur, cum aequatio differentialis ita eſt comparata, vt eius radices exhiberi nequeant. Quanquam autem his caſibus eadem operatio ad aequationem differentialem ipſam accommodari, eiusque radicum natura ex ipſius differentiali indagari, hincque illius radices proxime aſſignari poſſent; tamen labor nimium ſaepiſſime fieret moleſtus. Quamobrem in hoc negotio ſaepenumero ſufficit eiusmodi criteria noſſe, ex quorum praeſentia tuto concludi poſſit, ineſſe in aequatione propoſita radices imaginarias; etiamſi ex eorum abſentia viciſſim inferri nequeat, omnes prorſus radices eſſe reales. Quae cognitio etſi eſt imperfecta, tamen frequenter vſu non deſtituitur: quocirca his criteriis explicandis praeſens caput deſtinauimus.

314. In capite igitur praecedenti vidimus, ſi aequatio quaecunque:

$z = x^n - Ax^{n-1} + Bx^{n-2} - Cx^{n-3} + Dx^{n-4} - \&c. = 0$
omnes radices habeat reales, tum etiam eius differentialem
$\frac{dz}{dx} = nx^{n-1} - (n-1)Ax^{n-2} + (n-2)Bx^{n-3} - (n-3)Cx^{n-4} + \&c. = 0$
omnes ſuas radices habituram eſſe reales. Simul vero oſtendimus, etiamſi aequatio differentialis omnes habeat radices reales; tamen inde non ſequi, ipſius aequationis propoſitae omnes radices futuras eſſe reales. Interim tamen, ſi aequatio differentialis habeat radices imaginarias, tum ſemper recte concludimus, aequationem ipſam propoſitam ad minimum totidem habere debere radices imaginarias. Ad minimum dico: fieri enim poteſt, vt ipſa aequatio plures habeat radices imaginarias. Hoc ergo modo ex aequatione differentiali plus concludi non poteſt, quam, ſi ea habeat radices imaginarias, ipſam propoſitam aequationem eiusmodi radices quoque habere debere, & quidem ad minimum totidem.

315. Si aequatio propoſita multiplicetur per poteſtatem quamcunque x^m, denotante m numerum integrum affirmatiuum; tum quia haec noua aequatio omnes radices habebit reales, ſi quidem propoſitae radices omnes fuerint reales: tum quoque eius differentialis, poſtquam per x^{m-1} fuerit diuiſa, radices erunt reales omnes. Hinc ſi haec aequatio:

$x^n - Ax^{n-1} + Bx^{n-2} - Cx^{n-3} + Dx^{n-4} - \&c. = 0$

omnes radices habeat reales, tum quoque iſta aequatio
$(m+n)x^n - (m+n-1)Ax^{n-1} + (m+n-2)Bx^{n-2} - \&c. = 0$

 om-

omnes radices habebit reales. Ob eandem rationem, si haec multiplicetur per x^k & denuo differentietur, aequatio resultans:

$$(m+n)(k+n)x^n-(m+n-1)(k+n-1)Ax^{n-1}+(m+n-2)(k+n-2)Bx^{n-2}-\&c.=0$$

omnes adhuc radices habebit reales: sicque quousque libuerit, vlterius progredi licet. Sin autem huiusmodi aequatio radices imaginarias habere deprehendatur, tum simul certum erit, ipsam aequationem propositam saltem totidem radices imaginarias esse habituram.

316. Si aequatio proposita, antequam differentiatur, per nullam potestatem ipsius x multiplicetur, tum iudicium ad aequationem vno gradu inferiorem deducitur. Ita si aequatio proposita

$$x^n - Ax^{n-1} + Bx^{n-2} - Cx^{n-3} + \&c. = 0$$

omnes radices habeat reales, tum quoque eius differentiales omnium ordinum omnes radices habebunt reales. Quare & sequentium aequationum omnium radices erunt reales:

$$nx^{n-1}-(n-1)Ax^{n-2}+(n-2)Bx^{n-3}-(n-3)Cx^{n-4}+\&c.=0$$

$$n(n-1)x^{n-2}-(n-1)(n-2)Ax^{n-3}+(n-2)(n-3)Bx^{n-4}-\&c.=0$$

$$n(n-1)(n-2)x^{n-3}-(n-1)(n-2)(n-3)Ax^{n-4}+\&c.=0$$

$$n(n-1)(n-2)(n-3)x^{n-4}-(n-1)(n-2)(n-3)(n-4)Ax^{n-5}+\&c.=0$$

&c.

quae aequationes ad sequentes formas reuocantur:

$$x^{n-1}-\frac{(n-1)}{n}Ax^{n-2}+\frac{(n-1)(n-2)}{n(n-1)}Bx^{n-3}-\frac{(n-1)(n-2)(n-3)}{n(n-1)(n-2)}Cx^{n-4}+\&c.=0$$

$$x^{n-2}-\frac{(n-2)}{n}Ax^{n-3}+\frac{(n-2)(n-3)}{n(n-1)}Bx^{n-4}-\frac{(n-2)(n-3)(n-4)}{n(n-1)(n-2)}Cx^{n-5}+\&c.=0$$

$$x^{n-3}-\frac{(n-3)}{n}Ax^{n-4}+\frac{(n-3)(n-4)}{n(n-1)}Bx^{n-5}-\frac{(n-3)(n-4)(n-5)}{n(n-1)(n-2)}Cx^{n-6}+\&c.=0$$

$$x^{n-4}-\frac{(n-4)}{n}Ax^{n-5}+\frac{(n-4)(n-5)}{n(n-1)}Bx^{n-6}-\frac{(n-4)(n-5)(n-6)}{n(n-1)(n-2)}Cx^{n-7}+\&c.=0$$

&c.

317. Hoc igitur modo iudicium ad aequationem dati gradus inferioris, quam est ipsa proposita, reduci potest. Sic si m fuerit numerus quicunque minor quam n, tum si aequatio proposita omnes radices habeat reales, tum quoque huius aequationis gradus m omnes radices erunt reales:

$$x^{m}-\frac{m}{n}Ax^{m-1}+\frac{m(m-1)}{n(n-1)}Bx^{m-2}-\frac{m(m-1)(m-2)}{n(n-1)(n-2)}Cx^{m-3}+\&c.=0.$$

Quare si ponatur $m=2$, prodibit ista aequatio:

$$x^{2}-\frac{2}{n}Ax+\frac{2.1}{n(n-1)}B=0,$$

cuius radices debebunt esse reales, si quidem aequatio proposita $x^{n}-Ax^{n-1}+Bx^{n-2}-Cx^{n-3}+\&c.=0$, omnes habeat radices reales. Cum autem ista aequatio quadratica radices reales habere nequeat, nisi sit $\frac{AA}{nn}>\frac{2.1}{n(n-1)}B$, sequitur, aequationis propositae radices

ces omnes reales esse non posse, nisi sit $AA > \frac{2n}{n-1}B$. Quamobrem si fuerit $AA < \frac{2n}{n-1}B$, hoc certum erit signum, aequationis propositae ad minimum duas radices fore imaginarias.

318. Hinc ergo assecuti sumus affectionem necessariam, qua coefficientes trium primorum terminorum affecti esse debent, si quidem aequationis propositae omnes radices fuerint reales. Hocque est eiusmodi criterium, vti initio meminimus: scilicet etiamsi casu $AA > \frac{2n}{n-1}B$, nihil pro realitate radicum sequatur, at si sit $AA < \frac{2n}{n-1}B$, hoc tamen certum sit signum duarum saltem radicum imaginariarum. Sic vt omnes radices sint reales, successiue pro n numero 2, 3, 4, 5, &c. substituendo requiritur, vt sequitur:

$x^2 - Ax + B = 0$ . . . . $A^2 > 4B$

$x^3 - Ax^2 + Bx - C = 0$ . . . . . . $A^2 > \frac{6}{2}B$

$x^4 - Ax^3 + Bx^2 - Cx + D = 0$ . . . . $A^2 > \frac{8}{3}B$

$x^5 - Ax^4 + Bx^3 - Cx^2 + Dx - E = 0$ . . $A^2 > \frac{10}{4}B$

Hinc si terminus secundus desit, tertiique coefficiens B sit affirmatiuus, vt aequatio sit huiusmodi:

$$x^n + Bx^{n-2} - Cx^{n-3} + Dx^{n-4} - \&c. = 0,$$

haec omnes radices reales habere nequit, sed ad minimum duae erunt imaginariae.

319. Huiusmodi vero criteria pro coefficientibus sequentium terminorum erui possunt, si perpendamus aequationem hanc:

$$1 - Ay + By^2 - Cy^3 + Dy^4 - \&c. = 0$$

totidem habere radices tam reales quam imaginarias, quot ipsa aequatio proposita contineat. Haec enim aequatio ex illa oritur, si ponatur $x = \frac{1}{y}$, ita vt ex radicibus huius aequationis simul radices illius habeantur. Quare si aequatio proposita omnes radices habeat reales, tum quoque reciprocae istius differentialis, scilicet huius $\quad -A + 2By - 3Cy^2 + 4Dy^3 - \&c. = 0$ radices omnes erunt reales. Substituatur in hac iterum x pro $\frac{1}{y}$, atque emerget ista aequatio:

$$Ax^{n-1} - 2Bx^{n-2} + 3Cx^{n-3} - 4Dx^{n-4} + \&c. = 0,$$

cuius radices propterea omnes erunt reales, si radices aequationis propositae fuerint tales. Hinc iam patet, si fuerit $n = 3$, necesse esse vt sit $BB > 3AC$.

320. Differentietur autem ista aequatio vlterius, atque prodibunt:

$$Ax^{n-2} - \frac{2(n-2)}{n-1}Bx^{n-3} + \frac{3(n-2)(n-3)}{(n-1)(n-2)}Cx^{n-4} - \&c. = 0$$

$$Ax^{n-3} - \frac{2(n-3)}{n-1}Bx^{n-4} + \frac{3(n-3)(n-4)}{(n-1)(n-2)}Cx^{n-5} - \&c. = 0$$

$$Ax^{n-4} - \frac{2(n-4)}{n-1}Bx^{n-5} + \frac{3(n-4)(n-5)}{(n-1)(n-2)}Cx^{n-6} - \&c. = 0$$

&c.

Gene-

Generaliter ergo, si m sit numerus minor quam n, erit:

$$Ax^m - \frac{2m}{n-1}Bx^{m-1} + \frac{3m(m-1)}{(n-1)(n-2)}Cx^{m-2} - \&c. = 0.$$

Si iam ponatur $m = 2$, habebitur ista aequatio:

$$Ax^2 - \frac{4}{n-1}Bx + \frac{6}{(n-1)(n-2)}C = 0,$$

cuius radices vt sint reales, oportet esse $\frac{4BB}{(n-1)^2} > \frac{6AC}{(n-1)(n-2)}$. Quare si aequatio proposita omnes habeat radices reales erit $BB > \frac{3(n-1)}{2(n-2)}AC$. Atque si fuerit $BB < \frac{3(n-1)}{2(n-2)}AC$, hoc certum est signum, aequationem propositam ad minimum duas habere radices imaginarias. Si igitur sit $n = 3$, criterium erit $BB > 3AC$; si sit $n = 4$; erit $BB > \frac{3 \cdot 3}{2 \cdot 2}AC$; si $n = 5$, erit $BB > \frac{3 \cdot 4}{2 \cdot 3}AC$, & ita porro.

321. Vt haec criteria ad sequentes coefficientes transferamus, resumamus aequationem differentialem in y inuentam:

$$-A + 2By - 3Cy^2 + 4Dy^3 - 5Ey^4 + \&c. = 0$$

hancque denuo differentiemus, vt habeamus:

$$2B - 6Cy + 12Dy^2 - 20Ey^3 + \&c. = 0$$

quae restituto $\frac{1}{x}$ loco y dabit:

$$Bx^{n-2} - 3Cx^{n-3} + 6Dx^{n-4} - 10Ex^{n-5} + \&c. = 0$$

ex cuius vlterioris differentiatione sequuntur hae aequationes:

Bx^{n-3}

$$Bx^{n-3} - \frac{3(n-3)}{n-2}Cx^{n-4} + \frac{6(n-3)(n-4)}{(n-2)(n-3)}Dx^{n-5} - \&c. = 0$$

& generaliter

$$Bx^{m} - \frac{3m}{n-2}Cx^{m-1} + \frac{6m(m-1)}{(n-2)(n-3)}Dx^{m-2} - \&c. = 0$$

Quodſi igitur ponamus $m = 2$ prodibit aequatio quadrata:

$$Bx^{2} - \frac{2.3}{n-2}Cx + \frac{6.2}{(n-2)(n-3)}D = 0$$

cuius radices erunt reales, ſi fuerit $\frac{9CC}{(n-2)^2} > \frac{6.2BD}{(n-2)(n-3)}$ ſeu $CC > \frac{4(n-2)}{3(n-3)}BD$. Quare ſi aequatio propoſita omnes radices habeat reales, erit $CC > \frac{4(n-2)}{3(n-3)}BD$, atque ſi haec conditio deficiat, aequatio certo duas ad minimum habebit radices imaginarias.

322. Si aequationem ſuperiorem $2B - 6Cy + 12Dy^2 - \&c. = 0$ denuo differentiemus, prodibit:

$$-6C + 24Dy - 60Ey^2 + \&c. = 0, \text{ ſiue}$$

$$C - 4Dy + 10Ey^2 - 20Fy^3 + \&c. = 0,$$

quae reſtituto x loco $\frac{1}{y}$ abibit in hanc:

$$Cx^{n-3} - 4Dx^{n-4} + 10Ex^{n-5} - 20Fx^{n-6} + \&c. = 0$$

ex cuius vlteriori differentiatione ſequuntur:

$$Cx^{n-4} - \frac{4(n-4)}{(n-3)}Dx^{n-5} + \frac{10(n-4)(n-5)}{(n-3)(n-4)}Ex^{n-6} - \&c. = 0$$

Cx^{n-5}

$$Cx^{n-5} - \frac{4(n-5)Dx^{n-6}}{n-3} + \frac{10(n-5)(n-6)}{(n-3)(n-4)}Ex^{n-7} - \&c.$$

& generaliter

$$Cx^{m} - \frac{4mD}{n-3}x^{m-1} + \frac{10m(m-1)}{(n-3)(n-4)}Ex^{m-2} - \&c. = 0.$$

Ponamus $m = 2$, eritque $Cx^2 - \frac{2.4}{n-3}Dx + \frac{2.10}{(n-3)(n-4)}E = 0$ ex qua si eius radices sint reales sequitur fore:

$$\frac{4.4}{(n-3)^2}DD > \frac{2.10}{(n-3)(n-4)}CE \quad \text{seu} \quad DD > \frac{5(n-3)}{4(n-4)}CE.$$

323. Ex his iam satis perspicitur relatio omnium coefficientium. Generatim ergo si aequatio haec:

$$x^n - Ax^{n-1} + Bx^{n-2} - Cx^{n-3} + Dx^{n-4} - Ex^{n-5} + \&c. = 0$$

omnes radices habeat reales; erit

$$AA > \frac{2n}{1(n-1)}B$$

$$BB > \frac{3(n-1)}{2(n-2)}AC$$

$$CC > \frac{4(n-2)}{3(n-3)}BD$$

$$DD > \frac{5(n-3)}{4(n-4)}CE$$

$$EE > \frac{6(n-4)}{5(n-5)}DF$$

&c.

Quarum conditionum si vna desit, aequatio ad minimum duas habebit radices imaginarias. Atque si ista criteria a se inuicem non pendeant, facile perspicitur, quotquot eorum non conueniant, totidem dari paria radicum imaginariarum. Quamuis autem hae conditiones omnes in quapiam aequatione locum habeant, tamen inde non sequitur, nullas dari radices imaginarias; quin potius euenire potest, vt hoc non obstante omnes radices sint imaginariae. Cauendum ergo est, ne his criteriis plus tribuatur, quam ipsis vi principiorum, vnde sunt deducta, tribui potest.

324. Facile autem apparet non singula criteria, quae deficiunt, binas radices imaginarias indicare posse; in aequatione enim n dimensionum, quia habentur $n+1$ termini, atque ex singulis praeter primum & vltimum criterium desumi potest, omnino criteria habebuntur $n-1$; neque tamen si singula deficiant, aequatio $2n-2$ radices imaginarias habere poterit, propterea quod omnino tantum n habeat radices. Vnum autem criterium semper duas radices imaginarias patefacit, & quia fieri potest, vt duo criteria huiusmodi radicum non plures ostendant, videndum est vtrum haec duo criteria sint contigua nec ne? priori casu numerus radicum imaginariarum non augebitur, posteriori vero, quia criteria litteras prorsus diuersas inuoluunt, vnum quodque binas radices imaginarias monstrabit. Ita etiamsi fuerit

$AA < \frac{2n}{1(n-1)} B$ & $BB < \frac{3(n-1)}{2(n-2)} AB$, tamen

men hinc non necessario quatuor radices imaginariae indicantur, sed vtrumque fortasse easdem binas indicat. Quodsi vero fuerit $AA < \frac{2n}{1(n-1)}B$ & $CC < \frac{4(n-2)}{3(n-3)}BD$ existente $BB > \frac{3(n-1)}{2(n-2)}AC$, quatuor radices imaginariae indicabuntur.

325. Ex criteriis ergo radicum imaginariarum se immediate insequentibus plus non sequitur, quam ex vno; sin autem ea ordine interrupto procedant, vt inter bina quaeque criterium vnum vel plura contraria interiaceant, tum ex vnoquoque binae radices imaginariae concludi poterunt. Quae consideratio sequentem regulam suppeditat. Aequationis propositae singulis terminis, praeter primum & vltimum, inscribantur coefficientes criteriorum ante inuenti, hoc modo:

$$\frac{2n}{1(n-1)} \quad \frac{3(n-1)}{2(n-2)} \quad \frac{4(n-2)}{3(n-3)} \quad \frac{5(n-3)}{4(n-4)} \quad \&c.$$

$$x^n - Ax^{n-1} + Bx^{n-2} - Cx^{n-3} + Dx^{n-4} - \&c. = 0$$

$$+ \quad .. \quad .. \quad .. \quad .. \quad \&c.$$

Tum examinetur quadratum cuiusque coefficientis, vtrum sit maius an minus, quam fractio inscripta per productum adiacentium coefficientium multiplicata, priori casu termino subscribatur signum +, posteriori signum −; primo vero termino & vltimo perpetuo signum + subscribatur. Quo facto, quot signorum

 horum

horum subscriptorum variationes occurrunt, totidem radices imaginarias aequatio ad minimum habere censenda erit.

326. Haec est regula a *Neutono* inuenta ad radices imaginarias cuiusque aequationis explorandas; de qua autem probe tenendum est, quod iam annotauimus, saepenumero fieri posse, vt aequatio plures habeat radices imaginarias, quam hac methodo deteguntur. Hinc alii operam dederunt, vt similes regulas alias inuenirent, quae numerum radicum imaginariarum exactius praeberent, ita vt verus istiusmodi radicum numerus minus saepe eum, quem regula ostendat, excederet. In hoc genere imprimis prostat regula *Campbelli* Arithmeticae *Neutoni* vniuersali subiuncta, quam propterea hic explicari conueniet, etiamsi non sit perfecta. Nititur autem hoc lemmate: Si fuerint α, β, γ, δ, ε, &c. quantitates, earumque numerus sit m, ponatur summa harum quantitatum $\alpha + \beta + \gamma + \delta + \&c. = S$, summa quadratorum $\alpha^2 + \beta^2 + \gamma^2 + \delta^2 + \&c. = V$, erit vtique $V > 0$. Sed cum sit productum ex binis $\alpha\beta + \alpha\gamma + \alpha\delta + \beta\gamma + \beta\delta + \&c. = \frac{SS - V}{2}$; erit $(m-1)V > SS - V$ seu $mV > SS$. Nam si differentiarum inter binas quantitates quadrata sumantur, erit eorum summa

$$= (\alpha-\beta)^2 + (\alpha-\gamma)^2 + (\alpha-\delta)^2 + (\beta-\gamma)^2 + (\beta-\delta)^2 + \&c.$$

$$= (m-1)(\alpha^2+\beta^2+\gamma^2+\delta^2+\&c.) - 2(\alpha\beta+\alpha\gamma+\alpha\delta+\beta\gamma+\&c.)$$

$$= (m-1)V - 2\,\frac{(SS-V)}{2} = mV - SS.$$ Cum

igitur

igitur summa quadratorum realium fit semper affirmatiua, erit $mV - SS > 0$ ideoque $mV > SS$.

327. Hoc lemmate praemisso si habeatur haec aequatio:

$$x^n - Ax^{n-1} + Bx^{n-2} - Cx^{n-3} + Dx^{n-4} - Ex^{n-5} + Fx^{n-6} - \&c. = 0,$$

eiusque omnes radices fuerint reales numero n, quae sint a, b, c, d, e, &c. erit vti constat ex natura aequationum:

aequationum:	numerus termin.
$A = a + b + c + d + \&c.$	n
$B = ab + ac + ad + bc + bd + \&c.$	$\frac{n(n-1)}{1 \cdot 2}$
$C = abc + abd + abe + acd + bcd + \&c.$	$\frac{n(n-1)(n-2)}{1 \cdot 2 \cdot 3}$
$D = abcd + abce + abde + \&c.$	$\frac{n(n-1)(n-2)(n-3)}{1 \cdot 2 \cdot 3 \cdot 4}$
&c.	

Sumantur iam singulorum harum serierum terminorum quadrata, ac ponatur:

$$P = a^2 + b^2 + c^2 + d^2 + \&c.$$

$$Q = a^2b^2 + a^2c^2 + a^2d^2 + b^2c^2 + \&c.$$

$$R = a^2b^2c^2 + a^2b^2d^2 + a^2b^2e^2 + a^2c^2d^2 + \&c.$$

$$S = a^2b^2c^2d^2 + a^2b^2c^2e^2 + a^2b^2d^2e^2 + \&c.$$

&c.

 erit

erit ex natura combinationum:

$$P = A^2 - 2B$$
$$Q = B^2 - 2AC + 2D$$
$$R = C^2 - 2BD + 2AE - 2F$$
$$S = D^2 - 2CE + 2BF - 2AG + 2H \quad \&c.$$

328. Vi igitur lemmatis praemissi habebimus:

$$n \quad P > AA$$
$$\frac{n(n-1)}{1.\ 2} Q > BB$$
$$\frac{n(n-1)(n-2)}{1.\ 2.\ 3} R > CC$$
$$\frac{n(n-1)(n-2)(n-3)}{1.\ 2.\ 3.\ 4} S > DD \quad \&c.$$

Quodsi ergo loco P, Q, R, &c. valores ante inuenti substituantur, obtinebimus sequentes radicum realium proprietates:

$$nAA - 2nB > AA \quad \text{seu} \quad AA > \frac{2n}{n-1} B$$

$$\frac{n(n-1)}{1.\ 2} BB - \frac{2n(n-1)}{1.\ 2} AC + \frac{2n(n-1)}{1.\ 2} D > BB,$$

siue

$$BB > \frac{\frac{2n(n-1)}{1.\ 2.}}{\frac{n(n-1)}{1.\ 2.} - 1} (AC - D)$$

simi-

ſimilique modo aequationes ſequentes praebent:

$$CC > \frac{\frac{2n(n-1)(n-2)}{1.\ 2.\ 3.}}{\frac{n(n-1)(n-2)}{1.\ 2.\ 3.}-1}(BD - AE + F)$$

$$DD > \frac{\frac{2n(n-1)(n-2)(n-3)}{1.\ 2.\ 3.\ 4.}}{\frac{n(n-1)(n-2)(n-3)}{1.\ 2.\ 3.\ 4.}-1}(CE - BF + AG - H)$$

Hinc ergo cuiusque coefficientis quadratum non ſolum cum producto proxime adiacentium comparatur, ſed etiam cum rectangulis binorum quorumque vtrinque aeque diſtantium; ita tamen vt horum rectangulorum ſigna alternatim mutentur.

329. Singulis igitur aequationis terminis praeter primum & vltimum inſcribi debent fractiones, quarum numeratores ſint vnciae binomii ad ſimilem dignitatem eleuati duplicatae, denominatores vero eaedem vnciae vnitate minutae. Ita conſiderando aequationes quadratas, cubicas, biquadratas &c. ſi earum radices omnes fuerint reales, erit:

$$x^2 - \overset{\frac{4}{1}}{A}x + B = 0\ ;\quad A^2 > 4B$$

Pro aequatione cubica:

$$x^3 - \overset{\frac{6}{2}}{A}x^2 + \overset{\frac{6}{2}}{B}x - C = 0$$

erit $A^2 > 3B$ & $B^2 > 3AC$.

Pro

Pro aequatione biquadrata:

$$x^4 - \overset{\frac{8}{3}}{A}x^3 + \overset{\frac{12}{5}}{B}x^2 - \overset{\frac{8}{3}}{C}x + D = 0$$

erit $A^2 > \frac{8}{3}B$; $B^2 > \frac{12}{5}(AC - D)$; $C^2 > \frac{8}{3}BD$

Pro aequatione poteſtatis quintae:

$$x^5 - \overset{\frac{10}{4}}{A}x^4 + \overset{\frac{20}{9}}{B}x^3 - \overset{\frac{20}{9}}{C}x^2 + \overset{\frac{10}{4}}{D}x - E = 0$$

erit $AA > \frac{10}{4}B$; $B^2 > \frac{20}{9}(AC - D)$; $C^2 > \frac{20}{9}(BD - AE)$
& $D^2 > \frac{10}{9}CE$.

Pro aequatione poteſtatis ſextae:

$$x^6 - \overset{\frac{12}{5}}{A}x^5 + \overset{\frac{30}{14}}{B}x^4 - \overset{\frac{40}{19}}{C}x^3 + \overset{\frac{30}{14}}{D}x^2 - \overset{\frac{12}{5}}{E}x + F = 0$$

erit $A^2 > \frac{12}{5}B$; $B^2 > \frac{30}{14}(AC - D)$; $C^2 > \frac{40}{19}(BD - AE + F)$;
$D^2 > \frac{30}{14}(CE - BF)$; $E^2 > \frac{12}{5}DF$. &c.

330. Si igitur quodpiam criterium fallat, id erit indicium duas ad minimum ineſſe radices imaginarias in aequatione propoſita. Cum autem ſi ſingula fallant; aequatio ideo non duplo plures habere queat radices imaginarias, ſimili modo iudicium his caſibus erit abſolvendum, quem ante pro Neutoniana regula indicauimus. Scilicet ſi cuiusque termini quadratum maius fuerit quam fractio inſcripta per producta terminorum adiacentium & vtrinque aequidiſtantium multiplicata, tum iſti termino ſubſcribatur ſignum +, contra vero ſignum —; primo vero & vltimo termino conſtanter ſubſcribatur ſignum +. Quo facto inſpiciatur ordo ſignorum

rum horum subscriptorum, & quoties occurrit variatio, toties radix imaginaria indicabitur. Quoties ergo haec regula plures radices imaginarias indicat, quam Neutoniana, toties quoque ad veritatem magis accedit. Interim tamen fieri potest, vt aequatio plures habeat radices imaginarias, quam per vtramque regulam indicantur.

331. Falleremur ergo, si his criteriis tanquam perfectis signis radicum realium & imaginarium vti vellemus; propterea quod fieri potest, vt aequatio plures habeat radices imaginarias, quam haec criteria indicant: error autem eo maior esse posset, quo altioris gradus fuerit aequatio proposita. Nam in aequatione quadrata haec criteria ita veritati sunt consentanea, vt si nullas radices imaginarias indicent, etiam aequatio nullas sit habitura. Aequatio autem cubica duas radices imaginarias habere potest, etiamsi neutra regula, (ambae autem hoc casu adhuc conueniunt) eas exhibeat. Hos igitur casus inuestigaturi, sit proposita haec aequatio cubica generalis:

$$x^3 - \overset{3}{A}x^2 + \overset{3}{B}x - C = 0$$

in qua si fuerit $AA > 3B$ & $BB > 3AC$ neutra regula radices imaginarias indicat. Supra autem (306) vidimus ad id, vt nullae radices imaginariae adsint requiri primo vt sit $B < \frac{1}{3}AA$, quam conditionem quoque ambae regulae requirunt. Sit igitur $B = \frac{1}{3}AA - \frac{1}{3}ff$, atque necesse est vt C contineatur intra hos limites: $\frac{1}{27}A^3 - \frac{1}{9}Aff - \frac{2}{27}f^3$ & $\frac{1}{27}A^3 - \frac{1}{9}Aff + \frac{2}{27}f^3$.

Vtraque autem regula tantum postulat, vt sit $C < \frac{BB}{3A}$, hoc est $C < \frac{1}{27}A^3 - \frac{2}{27}Aff + \frac{f^4}{27A}$. Quae conditio locum habere potest, etiamsi C non intra dictos limites contineatur.

332. Sit enim $C = \frac{1}{27}A^3 - \frac{2}{27}Aff + \frac{f^4}{27A} - gg$: atque regulae nullas radices imaginarias indicabunt. Interim tamen in erunt duae radices imaginariae, si fuerit vel

$$\frac{1}{27}A^3 - \frac{2}{27}Aff + \frac{f^4}{27A} - gg < \frac{1}{27}A^3 - \frac{1}{9}Aff - \frac{2}{27}f^3$$

vel

$$\frac{1}{27}A^3 - \frac{2}{27}Aff + \frac{f^4}{27A} - gg > \frac{1}{27}A^3 - \frac{1}{9}Aff + \frac{2}{27}f^3.$$

Si igitur fuerit vel $gg > \frac{(ff + Af)^2}{27A}$ vel $gg < \frac{(Af - ff)^2}{27A}$, aequatio cubica duas habebit radices imaginarias, etiamsi neutra regula eas indicet. Sumimus autem hic esse A quantitatem affirmatiuam, si enim esset negatiua, ponendo $x = -y$ aequatio in eiusmodi formam transmutaretur, in qua A esset affirmatiua. Hinc infinitae aequationes cubicae formari possunt, quae habeant duas radices imaginarias, etiamsi per regulam non indicentur. Sit enim $gg = \frac{(ff + Af)^2}{27A} + hh$, erit $C = \frac{(ff - AA)^2}{27A} - gg$ $= \frac{1}{27}A^3 - \frac{1}{9}Aff - \frac{2}{27}f^3 - hh$, & $B = \frac{1}{3}AA - \frac{1}{3}ff$. Vel sit $gg = \frac{(Af - ff)^2}{27A} - hh$ existente $hh < \frac{(Af - ff)^2}{27A}$; erit

C =

$C = \frac{1}{27}A^3 - \frac{1}{9}Aff + \frac{2}{27}f^3 + hh$ & $B = \frac{1}{3}AA - \frac{1}{3}ff$. Vtroque casu prodibit aequatio duas habens radices imaginarias, neutra regula indicandas. Ponamus verbi gratia $A = 4$, $f = 1$, erit $B = 5$; & ob $gg = \frac{25}{108} + hh$; erit $C = \frac{225}{108} - \frac{25}{108} - hh = \frac{50}{27} - hh$. Quare si sit $C < \frac{50}{27}$, aequatio $x^3 - 4x^2 + 5x - C = 0$ semper habebit duas radices imaginarias. At sumto $gg = \frac{1}{12} - hh$ debebit esse $hh < \frac{1}{12}$, fietque $C = \frac{25}{12} - \frac{1}{12} + hh = 2 + hh$. Sit $hh = \frac{1}{16}$; atque aequatio $x^3 - 4xx + 5x - \frac{33}{16} = 0$ duas habebit radices imaginarias, etiamsi nulla regulis prodatur.

333. Quin etiam eiusmodi aequationes generales formari possunt, in quibus neutra regula radices imaginarias exhibeat, etiamsi tamen saepissime duae pluresue insint. Euenit hoc si perpetuo duo signa similia se mutuo excipiant, vti:

$$x^n - Ax^{n-1} - Bx^{n-2} + Cx^{n-3} + Dx^{n-4} - Ex^{n-5} - Fx^{n-6} + \&c. = 0$$

vel $x^n + Ax^{n-1} - Bx^{n-2} - Cx^{n-3} + Dx^{n-4} + Ex^{n-5} - \&c. = 0$, hic vtraque regula nullam vnquam radicem imaginariam prodit. Quod autem saepissime huiusmodi radices continere queant, vel ex aequatione cubica elucet $x^3 - Ax^2 - Bx + C = 0$, quae posito $ff = AA + 3B$ semper habet duas radices imaginarias, si fuerit vel $-C < \frac{1}{27}A^3 - \frac{1}{9}Aff - \frac{2}{27}f^3$ vel $-C > \frac{1}{27}A^3 - \frac{1}{9}Aff + \frac{2}{27}f^3$. Interim tamen & hos casus ex regulis elicere licet, si aequatio ope substitutionis in aliam formam transformetur. Ponatur $x = y + k$, fietque:

$$\begin{array}{llll} y^3 + 3ky^2 & + 3kky & + k^3 & \\ \quad - Ayy & - 2Aky & - Akk & \\ & - By & - Bk & = 0 \\ & & + C & \end{array}$$

quae secundum regulas examinata dabit primo quidem sponte $(3k - A)^2 > 3(3kk - 2Ak - B)$; at quo sit $(3kk - 2Ak - B)^2 > 3(3k - A)(k^3 - Akk - Bk + C)$, quod est alterum criterium, necesse est vt sit: $BB + 3AC + (AB - 9C)k + (AA + 3B)\,kk > 0$, quicunque valor ipsi k tribuatur. Sumatur ergo k ita, vt haec expressio minimum valorem adipiscatur, quod fiet ponendo $k = \frac{9C - AB}{2(AA + 3B)}$, & si ista expressio adhuc fuerit > 0, probabile erit aequationem propositam nullas habere radices imaginarias. Fiet autem

$$BB + 3AC - \frac{(AB - 9C)^2}{2(AA + 3B)} + \frac{(AB - 9C)^2}{4(AA + 3B)} > 0 \text{ seu}$$

$$BB + 3AC > \frac{(AB - 9C)^2}{4(AA + 3B)}.$$ Cum ergo sit $B = \frac{1}{3}ff - \frac{1}{3}AA$,

erit $4ff(\frac{1}{9}f^4 - \frac{2}{9}AAff + \frac{1}{9}A^4 + 3AC) > (\frac{1}{3}Aff - \frac{1}{3}A^3 - 9C)^2$ seu

$$4f^6 - A8^2f^4 + 4A^4ff + 108ACff > A^2f^4 - 2A^4f^2 - 54ACff + A^6 + 54A^3C + 729CC$$

vel $4f^6 > 9A^2f^4 - 6A^4ff - 162ACff + A^6 + 54A^3C + 729CC$

vnde factoribus sumtis esse debebit:

$$(2f^3 + A^3 - 3Af + 27C)(2f^3 - A^3 + 3Af - 27C) > 0.$$

Hincque regulae radices imaginarias ostendent, si fuerit vel

$C > -\frac{1}{27}A^3 + \frac{1}{9}Af - \frac{2}{27}f^3$ & $C > -\frac{1}{27}A^3 + \frac{1}{9}Af + \frac{2}{27}f^3$ vel

$C < -\frac{1}{27}A^3 + \frac{1}{9}Af - \frac{2}{27}f^3$ & $C < -\frac{1}{27}A^2 + \frac{1}{9}Af + \frac{2}{27}f^3$.

Quae

Quae sunt eaedem conditiones, quas supra inuenimus. Patet ergo idonea aequationis propositae transmutatione regulas hoc capite traditas ita perfici posse, vt a veritate non diffideant, etiamsi conuertantur.

334. Ex his principiis quoque regula Harriotti, qua quaelibet aequatio tot radices affirmatiuas habere praedicatur, quot dentur signorum variationes, tot vero negatiuas, quot dentur eiusdem signi successiones, demonstrari potest, quae quidem regula pro radicibus tantum realibus valet. Ponamus ergo aequationem $x^n - Ax^{n-1} + Bx^{n-2} - Cx^{n-3} + Dx^{n-4} - \&c. = 0$ omnes radices habere reales atque affirmatiuas, atque eius differentialis $nx^{n-1} - (n-1)Ax^{n-2} + (n-2)Bx^{n-3} - \&c. = 0$ non solum omnes suas radices quoque habebit reales & affirmatiuas, sed etiam huius radices constituent limites radicum illius aequationis. Praeterea vero posito $x = \frac{1}{y}$ haec aequatio $1 - Ay + By^2 - Cy^3 + Dy^4 - \&c. = 0$ omnes quoque radices habebit reales affirmatiuas, sed reciprocas illius, ita vt quae radices in illa aequatione sint maximae, hae in ista fiant minimae. His positis si illa aequatio proposita continuo differentietur, donec ad aequationem primi ordinis perueniatur, quae erit $x - \frac{1}{n}A = 0$, (317) huius radix adhuc erit affirmatiua, ideoque coefficiens secundi termini habebit signum $-$ vti assumsimus. Sin autem iste coefficiens haberet signum $+$, tum certo sequeretur, aequationem

propositam non omnes radices habere affirmatiuas, sed vnam ad minimum fore negatiuam, & quidem eam, quae limitibus hucusque perductis respondeat.

335. Si aequatio proposita in sui reciprocam conuertatur & differentietur, tum vero iterum x restituatur, atque differentiationes continuentur, donec perueniatur ad aequationem simplicem, quae ex §. 320. erit huiusmodi $Ax - \frac{2}{n-1}B = 0$, cuius propterea radix quoque debet esse affirmatiua, si quidem proposita omnes suas radices habeat reales affirmatiuas, hincque secundus & tertius terminus diuersa signa habebunt. Quodsi ergo hi duo termini similia habeant signa, ad minimum vna radix negatiua indicabitur, respondens limiti hac aequatione signato, qui diuersus erit a limite praecedente aequatione indicato, propterea quod hic radices semel sunt in suas reciprocas conuersae: vnde concluditur, si tres termini aequationis initiales paria habuerint signa, tum duas radices negatiuas indicari.

336. Simili modo si conuersiones & differentiationes secundum §. 321. instituantur, atque eousque continuentur, donec ad aequationem simplicem $Bx - \frac{3}{n-2}C = 0$ perueniatur, & huius aequationis radix esse debet affirmatiua, si quidem propositae aequationis omnes radices fuerint tales; vnde si termini tertius & quartus paria habeant signa, indicabitur vna radix negatiua. Sicque perpetuo, si duo quicunque termini contigui aequalibus signis

ſignis fuerint affecti, vna radix negatiua proditur; ideoque quotcunque fuerint eiusdem ſigni ſucceſſiones, totidem ad minimum aequatio propoſita habebit radices negatiuas, quoniam haec ſingula criteria ad diuerſos limites referuntur. Quod ſi autem aequatio propoſita omnes radices negatiuas habere ponatur, tum quia radices omnium aequationum differentialium ex ea deductarum debent eſſe pariter negatiuae, omnes termini aequalibus ſignis affecti eſſe debebunt. Quare ſi duo termini contigui diuerſa habeant ſigna, ex iis vna ad minimum radix affirmatiua concludetur. Atque ſimili modo, quotcunque in aequatione occurrant binorum terminorum variationes ſignorum, totidem ad minimum radices affirmatiuae ineſſe dicendae ſunt. Cum igitur aequatio omnis tot habeat radices, quot dantur duorum ſignorum contiguorum combinationes, neque plures, ſequitur quamuis aequationem, cuius omnes radices ſint reales, tot habere radices affirmatiuas, quot fuerint ſignorum contiguorum variationes, tot vero negatiuas, quot fuerint eiusdem ſigni ſucceſſiones.

CAPUT XIV.

DE DIFFERENTIALIBUS FUNCTIONUM IN CERTIS TANTUM CASIBUS.

337.

Si y fuerit functio quaecunque ipſius x, atque haec quantitas variabilis x augeatur incremento ω, vt x abeat in $x + \omega$, tum functio y induet hunc valorem:

$$y + \frac{\omega dy}{dx} + \frac{\omega^2 ddy}{2dx^2} + \frac{\omega^3 d^3y}{6dx^3} + \frac{\omega^4 d^4y}{24dx^4} + \&c.$$

ideoque capiet hoc incrementum:

$$\frac{\omega dy}{dx} + \frac{\omega^2 ddy}{2dx^2} + \frac{\omega^3 d^3y}{6dx^3} + \frac{\omega^4 d^4y}{24dx^4} + \&c.$$

vti ſupra demonſtrauimus. Quare ſi fiat $\omega = dx$, ita vt x ſuo differentiali dx creſcat, tum functio y incrementum accipiet $= dy + \frac{1}{2} ddy + \frac{1}{6} d^3y + \frac{1}{24} d^4y + \&c.$ quod erit verum differentiale ipſius y. Quoniam vero huius ſeriei quilibet terminus ad ſequentes habet rationem infinitam, prae primo omnes euaneſcunt, ita vt dy more conſueto ſumtum praebeat verum differentiale ipſius y. Simili modo vera differentialia ſecunda, tertia, quarta, &c. ipſius y ita ſe habebunt:

dd.y

$$dd.y = ddy + \frac{3}{3}d^3y + \frac{7}{3.4}d^4y + \frac{15}{3.4.5}d^5y + \frac{31}{3.4.5.6}d^6y + \&c.$$

$$d^3.y = d^3y + \frac{6}{4}d^4y + \frac{25}{4.5}d^5y + \frac{90}{4.5.6}d^6y + \frac{301}{4.5.6.7}d^7y + \&c.$$

$$d^4.y = d^4y + \frac{10}{5}d^5y + \frac{65}{5.6}d^6y + \frac{350}{5.6.7}d^7y + \&c.$$

$$d^5.y = d^5y + \frac{15}{6}d^6y + \frac{140}{6.7}d^7y + \&c.$$

$$d^6.y = d^6y + \frac{21}{7}d^7y + \&c.$$

quae ſequuntur ex §. 56. ſi loco ω ponatur dx. Erunt ergo haec differentialia ipſius y completa, quippe in quibus ne ii quidem termini, qui reſpectu primi euaneſcunt, negliguntur. Inueniuntur autem ſinguli iſti termini, ſi functio y continuo differentietur, ponendo dx conſtans. Sic poſito $y = ax - xx$ ob $dy = adx - 2xdx$ & $ddy = -2dx^2$; erunt ipſius y differentialia completa: $dy = adx - 2xdx - dx^2$; $ddy = -2dx^2$; ſequentia autem ſunt nulla.

338. Quanquam autem generatim in his expreſſionibus differentialium ſequentes termini prae primis pro nihilo reputantur; tamen in caſibus ſpecialibus, quibus ipſe terminus primus euaneſcit, haec ratio ceſſat, neque terminus ſecundus amplius negligi poterit. Sic in exemplo praecedente etiamſi formulae $y = ax - xx$ differentiale in genere eſt $= (a - 2x)dx$ reiecto termino $-dx^2$, quippe qui eſt infinities minor quam pri-

mus $(a-2x)dx$: hic tamen iſta conditio manifeſto ſubintelligitur, niſi primus terminus per ſe euaneſcat. Quocirca ſi ipſius $y = ax - xx$ quaeratur differentiale, caſu quo $x = \frac{1}{2}a$, tum id dicendum erit eſſe $= -dx^2$; ſcilicet ſi variabilis x differentiali dx creſcat, tum functionis y caſu $x = \frac{1}{2}a$ decrementum erit dx^2. Hoc autem ſolo caſu excepto perpetuo functionis y differentiale erit $= (a-2x)dx$; niſi enim ſit $x = \frac{1}{2}a$, terminus ſecundus $-dx^2$ prae primo ſemper recte negligitur. Neque vero neglectio termini dx^2 etiam in caſu $x = \frac{1}{2}a$ in errorem inducere poteſt: comparari enim differentialia prima inter ſe ſolent; vnde quia $dy = -dx^2$ caſu $x = \frac{1}{2}a$, prae differentialibus primis dx euaneſcit, perinde eſt ſiue hoc caſu habeamus $dy = 0$ ſiue $dy = -dx^2$.

339. Denotante y functionem quamcunque ipſius x, ſit differentialibus continuis ſumtis:

$$dy = pdx;\ dp = qdx;\ dq = rdx;\ dr = sdx;\ \&c.$$

Hinc ergo differentialia completa, in quibus nihil negligatur, ipſius y erunt:

$$d.y = pdx + \tfrac{1}{2}qdx^2 + \tfrac{1}{6}rdx^3 + \tfrac{1}{24}sdx^4 + \&c.$$
$$d^2.y = qdx^2 + rdx^3 + \tfrac{7}{12}sdx^4 + \tfrac{1}{4}tdx^5 + \&c.$$
$$d^3.y = rdx^3 + \tfrac{3}{2}sdx^4 + \tfrac{5}{4}tdx^5 + \&c.$$
$$d^4.y = sdx^4 + 2tdx^5 + \&c.$$
$$d^5.y = tdx^5 + \&c.$$

Niſi ergo primi termini harum expreſſionum euaneſcant, ii ſoli differentialia ipſius y exhibebunt; ſin autem quopiam

piam casu primus terminus fiat $= 0$, tum sequens differentiale quaesitum exprimet. Atque si etiam secundus terminus euanescat, tum tertius terminus valorem differentialis quaesiti praebebit, sin autem & hic euanescat, quartus & ita deinceps. Vnde intelligitur nullius functionis ipsius x differentiale primum vnquam penitus euanescere; etiamsi enim fiat $p = 0$, quo casu vulgo dy euanescere censetur, tum hoc differentiale per altiorem ipsius dx potestatem exprimetur. Vti vel per $\frac{1}{2} q dx^2$, vel si etiam sit $q = 0$, per $\frac{1}{6} r dx^3$, & ita porro.

340. Quanquam autem his casibus differentiale ipsius y respectu aliorum differentialium primorum, quibuscum comparatur, recte negligitur, atque pro nihilo reputatur; tamen saepenumero eius veram expressionem nosse iuuat. Ex completa enim differentialis forma statim perspici potest, quibus casibus data functio fiat maximum vel minimum. Si enim fuerit:

$$dy = p dx + \frac{1}{2} q dx^2 + \frac{1}{6} r dx^3 + \&c.$$

quo y nanciscatur maximum minimumue valorem, necesse est vt sit $p = 0$; erit ergo hoc casu $dy = \frac{1}{2} q dx^2$, & functio y, si loco x ponatur $x \pm dx$, abit in $y + \frac{1}{2} q dx^2$, eritque propterea minima, si q habeat valorem affirmatiuum, at maxima si q habeat valorem negatiuum. At si simul fiat $q = 0$, erit $dy = \frac{1}{6} r dx^3$, & functio y ponendo $x \pm dx$ loco x abibit in $y \pm \frac{1}{6} r dx^3$, neque hoc casu maximum neque minimum prodit; sin autem fiat & $r = 0$, tum posito $x \pm dx$ loco x functio y euadet $= y + \frac{1}{24} s dx^4$, quae maximum exhibet, si s fuerit quantitas negatiua, minimum vero, si s sit quantitas affirmatiua. Aliae occasiones, quibus differentialium completa expressio vsum habet, infra occurrent.

341. Ponamus p euanescere casu $x = a$, quod euenit si fuerit $p = (x-a)P$. Talis autem valor prodit, si fuerit $y = (x-a)^2 P + C$, denotante C quantitatem constantem quamcunque. Cum enim sit $pdx = (x-a)^2 dP + 2(x-a)Pdx$, erit vtique $p = 0$, posito $x = a$. Tum ergo ob $dpdx = qdx^2 = (x-a)^2 ddP + 4(x-a)dPdx + 2Pdx^2$, posito $x = a$, fiet $qdx^2 = 2Pdx^2$, atque differentiale completum hoc casu $x = a$, erit $d.y = Pdx^2$, nisi forte & P euanescat posito $x = a$, quos casus postea contemplabor. Praesens autem casus generalius hoc modo exhiberi potest. Sit $z = (x-a)^2 P + C$, atque y sit functio quaecunque ipsius z, ita vt fiat $dy = Zdz$, denotante Z functionem quamcunque ipsius $z = (x-a)^2 P + C$. Erit ergo $dz = (x-a)^2 dP + 2(x-a)Pdx$, & $pdx = Z(x-a)^2 dP + 2Z(x-a)Pdx$, quod membrum fit $= 0$ si $x = a$; eodemque casu neglectis terminis, qui continent factorem $x-a$, erit $qdx^2 = 2PZdx^2$, ideoque casu $x = a$, fiet $dy = PZdx^2$; postquam in PZ vbique loco x positum fuerit a. Quare si fuerit y functio quaecunque ipsius $z = (x-a)^2 P + C$, ita vt sit $dy = Zdz$, erit casu $x = a$, differentiale $dy = PZdx^2$. Fiet ergo haec functio y maxima casu $x = a$, si eodem casu fiat PZ quantitas negatiua, minima vero, si PZ fiat quantitas affirmatiua.

342.

342. Si fuerit $p = (x-a)^2 P$, casu $x = a$ quoque q euanescit, talis autem expressio pro p oritur, si fuerit $y = (x-a)^3 P + C$. Erit ergo $p dx = (x-a)^3 dP + 3(x-a)^2 P dx$; $q dx^2 = (x-a)^3 ddP + 6(x-a)^2 dP dx + 6(x-a) P dx^2$, quorum vtrumque membrum casu $x = a$ euanescit; at vero sequens erit $r dx^3 = (x-a)^3 d^3 P + 9(x-a)^2 ddP dx + 18(x-a) dP dx^2 + 6 P dx^3 = 6 P dx^3$, posito $x = a$. Quare cum & p & q casu $x = a$ euanescat, fiet $dy = \frac{1}{6} r dx^3 = P dx^3$. Simili modo si ponatur $z = (x-a)^3 P + C$, fueritque y functio quaecunque ipsius z, ita vt sit $dy = Z dz$, ob $dz = (x-a)^3 dP + 3(x-a)^2 P dx$, fiet quoque $p = 0$ & $q = 0$, eritque $r dx^3 = 6 PZ dx^3$; vnde casu $x = a$, erit $dy = PZ dx^3$. Quare ista functio y, etiamsi casu $x = a$, fiat $p = 0$, tamen neque maximum neque minimum valorem recipit.

343. Haec differentialia facilius inueniri possunt ex ipsa differentialium natura. Cum enim differentiale ipsius y oriatur, si y a statu sequenti proximo subtrahatur, qui prodit, si loco x ponatur $x + dx$; ponamus casu primo quo erat, $y = (x-a)^2 P + C$, $x + dx$ loco x, eritque $y^{I} = (x-a+dx)^2 P^{I} + C$, vnde fiet $dy = (x-a+dx)^2 P^{I} - (x-a)^2 P$. Casu igitur quo $x = a$, erit $dy = P^{I} dx^2$, & cum P^{I} ad P rationem aequalitatis habeat, erit $dy = P dx$. Simili modo si fuerit $z = (x-a)^2 P + C$, erit $dz = P dx^2$; quare si sit y functio quaecunque ipsius z, ita vt sit $dy = Z dz$, erit $dy = PZ dx^2$ casu, quo ponitur $x = a$. Deinde si sit $z = (x-a)^3 P + C$, erit $z^{I} = (x-a+dx)^3 P^{I} + C$, & propterea casu $x = a$, fiet $z^{I} - z = dz = P dx^3$. Hinc

ſi fuerit y functio quaecunque ipſius z, atque $dy = Zdz$, erit quoque caſu $x = a$, differentiale $dy = PZdx^3$, ſiquidem in functionibus P & Z loco x vbique ſubſtituatur a. Quoniam vero hoc caſu fit $z = C$, atque Z eſt functio ipſius z, euadet Z quantitas conſtans, talis ſcilicet functio ipſius C, qualis ante erat ipſius z.

344. Si igitur generaliter fuerit $y = (x-a)^n P + C$, quia eſt $y^I = (x-a+dx)^n P^I + C$, caſu $x = a$, fiet $dy = Pdx^n$; vnde ſi fuerit $n > 1$, hoc differentiale reſpectu aliorum differentialium primorum, quae ipſi dx ſunt homogenea, euaneſcet. Ex praecedentibus ergo manifeſtum eſt, functionem y fieri caſu $x = a$, vel maximam vel minimam, ſi fuerit n numerus par: tum enim ſi poſito $x = a$ fiat P quantitas affirmatiua, fiet y minimum, ſin autem P fit quantitas negatiua, fiet y maximum. Hocque ergo modo ratio maximorum & minimorum multo facilius inuenitur, quam methodo ſupra expoſita, quia non opus eſt ad differentialia altiora progredi. Quod ſi vero ſit $z = (x-a)^n P + C$, atque y fuerit functio quaecunque ipſius z, vt ſit $dy = Zdz$, erit caſu $x = a$ differentiale $dy = PZdx^n$. Notandum autem eſt, hic n ſumi pro numero affirmatiuo ſeu o maiore, ſi enim n eſſet numerus negatiuus, tum poſito $x = o$, non euaneſceret $(x-a)^n$, vti aſſumſimus, ſed adeo fieret infinite magnum.

345. Iam vidimus hoc pacto differentiale multo expeditius inueniri, quam ope ſeriei, qua ante differentiale

tiale completum expressimus; si enim sit n numerus integer, tot seriei illius termini perlustrari deberent, quot n contineat vnitates. Verum si n sit numerus fractus, tum series ista nequidem verum differentiale vnquam exhibebit. Ponamus enim esse $y = (x-a)^{\frac{3}{2}} + a\sqrt{a}$, si seriem $dy = p\,dx + \frac{1}{2}q\,dx^2 + \frac{1}{6}r\,dx^3 + \frac{1}{24}s\,dx^4 +$ &c. spectemus, fiet $p = \frac{3}{2}\sqrt{(x-a)}$, $q = \frac{3}{4\sqrt{(x-a)}}$,

$r = \frac{-3}{8(x-a)\sqrt{(x-a)}}$, $s = \frac{9}{16(x-a)^2\sqrt{(x-a)}}$, &c.

Quare si ponatur $x = a$ fiet quidem $p = 0$, at sequentes termini omnes q, r, s, &c. euadent infiniti; vnde valor differentialis dy hoc casu omnino definiri non potest. At vero methodus ex ipsa differentialium natura deducta nullum dubium relinquit. Cum enim sit $y = (x-a)^{\frac{3}{2}} + a\sqrt{a}$, posito $x+dx$ loco x fiet $y^{I} = (x-a+dx)^{\frac{3}{2}} + a\sqrt{a}$, eritque, si $x = a$ ponatur, $dy = dx\sqrt{dx}$. Euanescit ergo hoc differentiale prae dx, at vero differentialia secunda cum dx^2 homogenea prae eo euanescent.

346. Euoluamus hos casus, quibus exponens n est numerus fractus aliquanto accuratius., sitque $y = P\sqrt{(x-a)} + C$, ob $y^{I} = P^{I}\sqrt{(x-a+dx)} + C$, fiet $dy = P\sqrt{dx}$ casu $x = a$; vnde hoc differentiale ad dx, & ad differentialia cum dx homogenea rationem tenebit infinitam. Hinc etiam patet, quid hoc casu de ratione maximi ac minimi sit tenendum. Cum enim posito $x+dx$ loco x, abeat y in $P\sqrt{(x-a)} + C + P\sqrt{dx}$, ob $\sqrt{dx}$ am-

ambiguum, functio y geminum induet valorem, alterum maiorem quam C, quem recipit posito $x = a$, alterum minorem; vnde casu $x = a$ neque maximum neque minimum fiet. Praeterea si dx capiatur negatiue tum valor ipsius y adeo fiet imaginarius. Idem tenendum est si sit $z = P\sqrt{(x-a)} + C$, & y functio quaecunque ipsius z, vt sit $dy = Z dz$, tum enim erit $dy = PZ\sqrt{dx}$ casu $x = a$.

347. Si proposita fuerit ista functio $y = (x-a)^{\frac{m}{n}}P + C$, cuius differentiale quaeritur casu $x = a$, erit vti ex antecedentibus colligitur $dy = P dx^{\frac{m}{n}}$. Quocirca si fuerit $m > n$ hoc differentiale prae dx euanescat, sin autem sit $m < n$, ratio $\frac{dy}{dx}$ erit infinite magna. Praeterea vero si n sit numerus par, differentiale dy geminum habebit valorem, alterum affirmatiuum, alterum negatiuum; sicque functio y, quae casu $x = a$ fit $= C$, si ponatur $x = a + dx$ binos habebit valores alterum maiorem quam C alterum vero minorem; sin autem poneretur $x = a - dx$, tum y adeo fieret imaginarium; vnde hoc casu y neque maximum fit neque minimum. Ponamus nunc denominatorem n esse numerum imparem, erit numerator m vel par vel impar. Sit primo m numerus par; quia dy eundem valorem retinet, siue dx sumatur affirmatiue siue negatiue, perspicuum est, functionem y casu $x = a$ fieri siue maximam siue minimam, prout hoc casu fuerit P vel quantitas negatiua vel affir-

mati-

matiua. Sin autem vterque numerus m & n fuerit impar, differentiale dy in sui negatiuum abibit, posito dx negatiuo; hocque ergo casu functio y neque maximum erit neque minimum, si ponatur $x = a$.

348. Si functio y ex pluribus huiusmodi terminis, quorum singuli sint diuisibiles per $x - a$, constet, ita vt sit $y = (x - a)^m P + (x - a)^n Q + C$, tum eius differentiale casu $x = a$ erit $dy = P dx^m + Q dx^n$; in qua expressione, si fuerit $n > m$, terminus secundus prae primo euanescit, ita vt tantum prodeat $dy = P dx^m$. Sin autem n sit fractio denominatorem habens parem, tum etiamsi $Q dx^n$ prae $P dx^m$ euanescat, tamen omnino negligi non potest. Ex eo enim apparet, si capiatur dx negatiue, valorem ipsius dy fieri imaginarium, quod ex solo termino primo $P dx^m$ non patet. Cum ergo si n sit fractio denominatorem habens parem, dx negatiue accipi nequeat, sin autem affirmatiue capiatur, terminus $Q dx^n$ geminum praebeat valorem: functio $y = (x - a)^m P + (x - a)^n Q + C$ quae casu $x = a$ fit $= C$, si ponatur $x = a + dx$, erit $y = C + P dx^m \pm Q dx^n$, quorum valorum vterque cum vel maior sit vel minor quam C, prout P fuerit quantitas vel affirmatiua vel negatiua, erit functio y casu $x = a$ vel minimum vel maximum secundae speciei.

349. His igitur casibus differentialia functionum vera non per regulas differentiationis consuetas inueniri possunt; quippe quae tantum valent, quamdiu differen-

tiale functionis est homogeneum cum dx. Sin autem casu quopiam singulari differentiale functionis exprimatur per eius potestatem dx^n, tum regula praebet pro hoc differentiali o, si n fuerit numerus vnitate maior; at vero differentiale exhibet infinite magnum, si n sit exponens vnitate minor. Sic si ipsius $y = V(a-x)$ differentiale quaeratur casu $x = a$, quia est $dy = -\frac{dx}{V(a-x)}$, facto $x = a$ prodit $dy = -\frac{dx}{o}$. Atque si differentialia sequentia in subsidium vocare velimus, omnia pariter ob denominatores $= o$ in infinitum excrescunt, ita vt inde nihil concludi possit. At vero hoc casu vidimus esse $dy = V - dx$, atque adeo imaginarium. Sin autem loco x ponatur $x - dx$, erit $dy = V dx$, atque adeo erit infinities maius quam dx, ita vt dx prae dy euanescat. Quare regula consueta etiam hoc casu in errorem non inducit, cum valorem ipsius dy infinitum exhibeat.

350. A regula ergo consueta differentiationis recedendum est, quoties in serie $pdx + \frac{1}{2}qdx^2 + \frac{1}{6}rdx^3 +$ &c. qua differentiale completum functionis y exprimitur, primus terminus p vel fit $= o$ vel in infinitum excrescit, eoque casu differentiale ex primis principiis deriuari debet. Quoties ergo functionis y differentiale quaeritur dato ipsius x valori respondens, quo littera p vel infinite parua euadit vel infinite magna, toties recurrendum est ad ipsa prima differentiationis principia. Omnibus vero

vero reliquis casibus, quibus fit neque $p = 0$ neque $p = \infty$, consueta regula veros differentialis valores praebebit. Interim tamen casus ante (348) memoratus non est negligendus, si functio y contineat huiusmodi membrum $(x - a)^n Q$ existente n fractione denominatorem parem habente; etiamsi enim adsint differentialia inferiora quam $Q dx^n$, prae quibus hoc euanescat; tamen quoniam $Q dx^n$ si sit dx negatiuum, fit imaginarium, hoc membrum $Q dx^n$ reliqua omnia, prae quibus euanescit, quoque transmutat in imaginaria: cuius circumstantiae ratio potissimum in lineis erit habenda. Huiusmodi ergo casus particulares, quibus verum differentiale communi regula non indicatur, in adiunctis exemplis explicabo.

EXEMPLUM I.

Quaeratur differentiale functionis

$$y = a + x - \sqrt{[xx + ax - x\sqrt{(2ax - xx)}]}$$

casu quo ponitur $x = a$.

Differentiali istius functionis casu $x = a$ per regulam receptam non reperiri, ex differentiatione patet, fit enim:

$$dy = dx - \frac{xdx - \frac{1}{2}adx + \frac{1}{2}dx\sqrt{(2ax - xx)} + (axdx - xxdx) : \sqrt{(2ax - xx)}}{\sqrt{(xx + ax - x\sqrt{(2ax - xx)})}}$$

posito enim $x = a$ erit $dy = dx - \frac{adx}{a} = 0$. Ordiamur ergo a principiis differentiationis, ac primo quidem posito $x + dx$ loco x fiet:

$$y^{I} = a + x + dx - \sqrt{[xx + 2xdx + dx^2 + ax + adx - (x + dx)\sqrt{(2ax - xx + 2adx - 2xdx - dx^2)}]}$$

 Posito

Poſito autem $x = a$ erit:

$$y^1 = 2a + dx - V[2aa + 3adx + dx^2 - (a+dx)V(aa-dx^2)]$$

Jam cum ſit $V(aa - dx^2) = a - \frac{dx^2}{2a}$, ſequentes enim termini tuto negligi poterunt, quia non omnes, qui ſunt infinities maiores, deſtruentur, vt mox patebit: erit $y^1 = 2a + dx - V(aa + 2adx + \frac{3}{2}dx^2)$, porroque radicem extrahendo fiet $y^1 = 2a + dx - \left(a + dx + \frac{dx^2}{4a}\right) = a - \frac{dx^2}{4a}$. At caſu $x = a$, erit $y = a$; vnde cum ſit $y' = y + dy$ obtinebitur $dy = -\frac{dx^2}{4a}$: ex quo ſimul perſpicitur functionem propoſitam y fieri maximum, ſi ponatur $x = a$.

EXEMPLUM II.

Inuenire differentiale huius functionis:

$$y = 2ax - xx + aV(aa - xx)$$

caſu, quo ponitur $x = a$.

Facta differentiatione more conſueto fit $dy = 2adx - 2xdx - \frac{axdx}{V(aa - xx)}$, quod poſito $x = a$ in infinitum abit, neque ergo hoc modo indicatur. Differentialia vero ſequentium ordinum pariter omnia fient infinita, ita vt ex iis nequidem ex ſerie $pdx + \frac{1}{2}qdx^2 + \frac{1}{6}rdx^3 + \&c.$ verus valor differentialis inueniri queat. Ponamus ergo $x + dx$ loco x, atque habebimus

$$y' = 2ax - xx + 2adx - 2xdx - dx^2 + aV(aa - xx - 2xdx - dx^2)$$

&

& posito $x = a$ erit:

$$y' = aa - dx^2 + a\sqrt{(-2adx - dx^2)}$$

At eodem casu fit $y = aa$; vnde erit $dy = - dx^2 + a\sqrt{-2adx}$, & cum dx^2 prae $\sqrt{-2adx}$ euanescat, erit $dy = a\sqrt{-2adx}$. Quare si differentiale dx affirmatiue capiatur, erit dy imaginarium; sin autem pro x scribatur $x - dx$, erit $dy = a\sqrt{2adx}$, cuius cum duplex sit valor alter affirmatiuus, alter negatiuus, functio y casu $x = a$ neque maxima fiet neque minima.

EXEMPLUM III.

Inuenire differentiale functionis:

$$y = 3aax - 3axx + x^3 + (a - x)^2 \sqrt[3]{(a^3 - x^3)}$$

casu quo ponitur $x = a$.

Quoniam haec functio in istam formam transformatur $y = a^3 - (a - x)^3 + (a - x)^{\frac{7}{3}} \sqrt[3]{(aa + ax + xx)}$, posito $x = a + dx$ fit $y' = a^3 + dx^3 - dx^{\frac{7}{3}} \sqrt[3]{3aa}$, eodemque casu est $y = a^3$. Erit ergo $dy = dx^3 - dx^{\frac{7}{3}} \sqrt[3]{3aa}$, & cum dx^3 euanescat prae $dx^{\frac{7}{3}}$, erit $dy = - dx^{\frac{7}{3}} \sqrt[3]{3aa}$. casu ergo $x = a$ functio y neque maximum fit neque minimum.

EXEMPLUM. IV.

Inuenire differentiale functionis:

$$y = \sqrt{x} + \sqrt[4]{x^3} = (1 + \sqrt[4]{x})\sqrt{x}$$

casu $x = 0$.

Quoniam casus $x = 0$ proponitur, eoque fit $y = 0$, loco x

 tantum

tantum dx ſcribatur, & habebitur $dy = dx^{\frac{1}{2}} + dx^{\frac{3}{4}}$, ſeu $dy = (1 + \sqrt[4]{dx})\sqrt{dx}$; vnde primum patet dx negatiue accipi non poſſe. Tum vero etiamſi alias $\sqrt{dx}$ geminum valorem prae ſe ferat, alterum affirmatiuum alterum negatiuum, tamen hoc caſu, quia eius radix $\sqrt[4]{dx}$ occurrit, non niſi affirmatiue accipi poteſt. At vero $\sqrt[4]{dx}$ vtrumque ſignificatum recipit, eritque $dy = \sqrt{dx} \pm \sqrt[4]{dx^3}$ & $y' = 0 + \sqrt{dx} \pm \sqrt[4]{dx^3}$, ob $y = 0$. Cum igitur vterqne ipſius y' valor maior ſit, quam ipſius y, ſequitur caſu $x = 0$ fieri y minimum. Quod autem functio $y = \sqrt{x} + \sqrt[4]{x^3}$ non complectatur hanc $y = -\sqrt{x} + \sqrt[4]{x^3}$, vtramque ad rationalitatem perducendo patebit. Prior enim fuſa in hanc formam $y - \sqrt{x} = \sqrt[4]{x^3}$, & quadrata dat, $y^2 - 2y\sqrt{x} + x = x\sqrt{x}$ ſeu $y^2 + x = (x + 2y)\sqrt{x}$, quae denuo quadrata praebet $y^4 - 2y^2x - 4xxy + xx - x^3 = 0$. Altera vero $y + \sqrt{x} = \sqrt[4]{x^3}$ dabit $y^2 + x = (x - 2y)\sqrt{x}$ & porro $y^4 - 2yyx + 4xxy + xx - x^3 = 0$ quae ab illa eſt diverſa. At vero alterum membrum $\sqrt[4]{x^3}$ ambiguitatem ſigni retinet. Quamobrem iſta circumſtantia probe eſt notanda, quod etiamſi communiter radices poteſtatum parium vtrumque ſignum $+$ & $-$ includant, tamen haec ambiguitas ceſſet, ſi in eadem expreſſione earumdem radicum vlteriores radices poteſtatum

tum parium occurrant; quippe quae fierent imaginariae, si radices priores negatiue acciperentur. Atque ex hoc fonte maxima & minima secundae speciei sequuntur, quando talia non locum habere videantur.

EXEMPLUM V.

Inuenire differentiale functionis:

$$y = a + \sqrt{(x-f)} + (x-f)\sqrt[4]{(x-f)} + (x-f)^2 \sqrt[8]{(x-f)}$$

casu quo ponitur $x = f$.

Ponamus $x - f = t$, & cum sit $y = a + \sqrt{t} + t\sqrt[4]{t} + tt\sqrt[8]{t}$ huius differentiale quaeritur casu $t = o$, quo fit $y = a$. Posito ergo $t + dt$ seu $o + dt$ loco t fiet $y' = y + dy = a + \sqrt{dt} + dt\sqrt[4]{dt} + dt^2 \sqrt[8]{dt}$, ideoque habebitur $dy = \sqrt{dt} + dt\sqrt[4]{dt} + dt^2 \sqrt[8]{dt}$. Vbi primo patet differentiale dt negatiue accipi non posse, quin dy fiat imaginarium. Tum verum non solum $\sqrt{dt}$, sed nequidem $\sqrt[4]{dt}$ negatiue accipi potest; fieret enim $\sqrt[8]{dt}$ imaginarium: vnde differentiale dy geminum tantum habet valorem, $dy = \sqrt{dt} + dt\sqrt[4]{dt} \pm dt^2 \sqrt[8]{dt}$, quorum cum vterque maior sit nihilo, sequitur functionem y fieri minimum secundae speciei posito $t = o$ seu $x = f$. Quanquam ergo his casibus termini $dt\sqrt[4]{dt}$ & $dt^2 \sqrt[8]{dt}$ prae primo $\sqrt{dt}$ euanescant; tamen eorum ratio est habenda, si multiplicitas valorum spectetur, vt imaginaria euitentur.

EXEM-

EXEMPLUM VI.

Inuenire differentiale functionis:

$$y = ax + bxx + (x - f)^n + (x - f)^{m+\frac{1}{2}n}$$

casu $x = f$.

Si ponatur $x = f$ fiet $y = af + bff$, & ſi loco x ponatur $x + dx$ ſeu $f + dx$, prodibit valor proximus $y' = af + bff + adx + 2bfdx + bdx^2 + dx^n + dx^{m+\frac{1}{2}n}$, ita vt ſit $dy = adx + 2bfdx + bdx^2 + dx^n + dx^m \sqrt{dx^n}$. Niſi ergo ſit n numerus par, differentiale dx negatiue ſumi nequit. Vltimus autem terminus $dx^m \sqrt{dx^n}$ ſignum habet ambiguum; vnde valor ipſius y' erit duplex vterque maior quam ipſius y, ſi quidem $a + 2bf$ fuerit quantitas affirmatiua, atque exponentes n & $m + \frac{1}{2}n$ vnitate fuerint maiores. Fiet ergo valor functionis y caſu $x = f$ minimus: hocque euenit ſiue n ſit numerus integer ſiue fractus, dummodo numerator hoc caſu, & ipſe numerus illo caſu non fuerit par.

351. Imprimis autem haec methodus differentialia ex ipſis principiis deducendi vſum habet in functionibus transcendentibus, cum quibusdam caſibus differentiale more conſueto inuentum vel euaneſcit, vel in infinitum excreſcere videtur. Occurrunt autem hic eiusmodi infinitorum & infinite paruorum ſpecies, quae in algebraicis nunquam inueniuntur. Cum enim ſi i denotet numerum infinitum, li ſit quoque infinitus quidem, ſed tamen ad ipſum numerum i, eiusque adeo poteſtatem quamcunque i^n, quamtumuis exiguus ſtatuatur exponens n,

ratio-

rationem tenens infinite paruam, erit fractio $\frac{li}{i^n}$ infinite parua, neque ante finita esse poterit, quam exponens n fiat infinite paruus. Erit ergo li homogeneum cum i^n, si exponens n fuerit infinite paruus. Ponamus nunc $i = \frac{1}{\omega}$, existente ω quantitate infinite parua, erit $-l\omega$ homogeneum cum $\frac{1}{\omega^n}$, si exponens n sit infinite paruus, ideoque $-\frac{1}{l\omega}$ homogeneum erit cum ω^n; hincque $-\frac{1}{ldx}$, erit infinite paruum comparandum cum dx^n, existente n fractione infinite parua. Ita si fuerit $y = -\frac{1}{lx}$ differentiale ipsius y casu $x = 0$, erit $= -\frac{1}{ldx} = dx^n$ ideoque dy ad dx atque ad quamcunque ipsius dx potestatem tenebit rationem infinitam: atque prae $-\frac{1}{ldx}$ euanescunt omnes omnino potestates ipsius dx, quantumuis exigui fuerint earum exponentes.

352. Deinde quoque vidimus, si a fuerit numerus vnitate maior, & i infinitus, tum a^i fore infinitum tam excelsi gradus, vt prae eo non solum i, sed etiam quaeuis ipsius i potestas euanescat; neque i^n ante homogeneum cum a^i euadet, quam exponens n in infinitum fuerit auctus. Sit nunc $i = \frac{1}{\omega}$, ita vt ω infinite par-

vum denotet, erit $a^{\frac{1}{\omega}}$ homogeneum cum $\frac{1}{\omega^n}$, existente n numero infinite magno: ideoque $a^{\frac{-1}{\omega}}$ seu $\frac{1}{a^{1:\omega}}$, erit infinite paruum comparandum cum ω^n. Hinc $\frac{1}{a^{1:dx}}$, erit infinite paruum, quod autem prae omnibus ipsius dx potestatibus euanescit; cum homogeneum sit cum potestate dx^n existente n numero infinite magno. Quare si quaeratur differentiale ipsius $y = \frac{1}{a^{1:x}}$ casu $x = 0$; quoniam fit $y = 0$, erit $dy = \frac{1}{a^{1:dx}}$, ideoque infinities minus est quam potestas quantumuis alta ipsius dx.

353. Sin autem a sit numerus vnitate minor, tum quia $\frac{1}{a}$ fit vnitate maior, quaestio ad casum praecedentem reducitur. Scilicet si habeatur expressio $a^{\frac{1}{\omega}}$, ea ponendo $a = 1:b$ transmutabitur in $b^{-\frac{1}{\omega}}$, seu $\frac{1}{b^{1:\omega}}$, quae homogenea erit ob $b > 1$ cum ω^n, existente n numero infinite magno. His igitur praemissis sequentia exempla resoluere poterimus.

EXEM-

EXEMPLUM I.

Inuenire differentiale functionis: $y = xx - \frac{1}{lx}$, *casu* $x = 0$.

Quoniam posito $x = 0$ fit $y = 0$, si ponamus $x + dx$, seu $0 + dx$ loco x, fiet $y' = dy = dx^2 - \frac{1}{ldx}$. Cum autem $-\frac{1}{ldx}$ homogeneum sit cum dx^n, denotante n numerum infinite paruum, prae eo dx^2 euanescet, eritque $dy = -\frac{1}{ldx} = dx^n$. At vero quia logarithmi numerorum negatiuorum sunt imaginarii, dx negatiue accipi non poterit; eritque adeo casu $x = 0$ functio y minimum, sed neque ad primam neque ad secundam speciem pertinens. Ad primam scilicet speciem non pertinet, quia y nullos habet valores antecedentes proximos, sed tantum minus est valoribus sequentibus, si x nihilo maius statuatur. Ad secundam autem speciem ideo non pertinet, quia valores sequentes, quibuscum comparatur, non sunt gemini: sic itaque prodit tertia species maximorum minimorumue, quae in functionibus logarithmicis & transcendentibus tantum locum habet, in algebraicis autem nunquam occurrit; de qua in sequente parte de lineis curuis fusius agetur.

EXEMPLUM II.

Inuenire differentiale functionis: $y = (a-x)^n - x^n(la - lx)^n$ *casu quo* $x = a$.

Differentiale hoc si n sit numerus integer, ex formula generali $dy = pdx + \frac{1}{2}qdx^2 + \frac{1}{6}rdx^3 + \&c.$ inueniri potest, erit enim:

$$pdx = -n(a-x)^{n-1}dx - nx^{n-1}dx(la-lx)^n + nx^{n-1}(la-lx)^{n-1}dx$$

qui valor posito $x = a$ vtique euanescit: nam etiamsi sit $n = 1$, erit $pdx = -dx + dx = 0$. Si igitur vlterius progrediamur, erit: $\frac{1}{2}qdx^2 =$

$$\frac{n(n-1)}{1.2}(a-x)^{n-2}dx^2 - \frac{n(n-1)}{1.2}x^{n-2}dx^2(la-lx)^n + \frac{n^2}{2}x^{n-2}dx^2(la-lx)^{n-1}$$

$$+ \frac{n(n-1)}{1.2}x^{n-2}dx^2(la-lx)^{n-1} - \frac{n(n-1)}{1.2}x^{n-2}dx^2(la-lx)^{n-2}$$

Hinc ergo si fuerit $n = 1$, erit $\frac{1}{2}qdx^2 = \frac{dx^2}{2a}$ posito $x = a$. Simili modo si sit $n = 2$, ad terminum tertium $\frac{1}{6}rdx^3$ esset pergendum, & ita porro. Facilius ergo vtemur ipsis differentiationis principiis, & cum posito $x = a$ fiat $y = 0$, si ponamus $x + dx$ seu $a + dx$ loco x, erit $y' = (-dx)^n - (a+dx)^n[la - l(a+dx)]^n = y + dy = dy$ ob $y = 0$. Est vero $l(a+dx) = la + \frac{dx}{a} - \frac{dx^2}{2a^2} + \frac{dx^3}{3a^3} - \&c.$ vnde fit $dy = (-dx)^n -$

$$-\left(a^n + na^{n-1}dx + \frac{n(n-1)}{1.2}a^{n-2}dx^2\right)\left(-\frac{dx}{a} + \frac{dx^2}{2a^2} - \frac{dx^3}{3a^3}\right)^n = \frac{n}{2a}(-dx)^{n+1}$$

Casu

Casu igitur $x = a$ erit formulae propositae differentiale quaesitum dy, vt sequitur:

si $n = 1$	$dy = \frac{dx^2}{2a}$ vt ante inuenimus
si $n = 2$	$dy = -\frac{2dx^3}{2a}$
si $n = 3$	$dy = \frac{3dx^4}{2a}$
si $n = 4$	$dy = -\frac{4dx^5}{2a}$
&c.	&c.

Si ergo n fuerit numerus impar, functio y casu $x = a$ fit minimum, sin autem n sit numerus par, neque maximum neque minimum: quod idem valet, si n fuerit fractio denominatorem habens imparem. Sin autem n fuerit fractio denominatorem habens parem, tum dx negatiue accipi debet, ne in imaginaria incidamus; & ob ambiguitatem significationis functio quoque neque maxima neque minima euadet.

EXEMPLUM III.

Inuenire differentiale functionis: $y = x^x$ *casu* $x = \frac{1}{e}$ *denotante* e *numerum, cuius logarithmus hyperbolicus est* $= 1$.

Quia sit in genere $dy = x^x dx(lx + 1)$, hoc differentiale casu $x = \frac{1}{e}$ seu $lx = -1$ euanescit. Compa-

 retur

retur ergo hoc differentiale cum forma generali $p\,dx + \frac{1}{2}q\,dx^2 +$ &c. erit $p = x^x(lx+1)$ & $q = x^x(lx+1)^2 + x^{x-1}$, & posito $lx = -1$ seu $x = \frac{1}{e}$, erit $q = \left(\frac{1}{e}\right)^{\frac{1-e}{e}} = e^{\frac{e-1}{e}}$. Quare differentiale quaesitum erit $dy = \frac{1}{2}e^{(e-1):e}dx^2$, euaditque ergo functio $y = x^x$ minimum casu $x = \frac{1}{e}$.

EXEMPLUM IV.

Inuenire differentiale functionis huius: $y = x^n + e^{-1:x}$ *casu quo* $x = 0$.

Quia facto $x = 0$ fit $y = 0$, si ponatur $x = 0 + dx$, erit $y' = dy = dx^n + \frac{1}{e^{1:dx}}$. Vidimus autem $\frac{1}{e^{1:dx}}$ homogeneum esse cum potestate ipsius dx infinita, seu cum dx^{∞}, ideoque prae dx^n euanescet; ita vt sit $dy = dx^n$.

354. Quod in differentialibus primis certis casibus vsu venit, vt consueta differentiationis regula non prodeant, idem quoque in differentialibus secundi ac tertii superiorumque ordinum euenit, iis casibus, quibus in forma differentiali completa:

$$d.y = p\,dx + \frac{1}{2}q\,dx^2 + \frac{1}{6}r\,dx^3 + \frac{1}{24}s\,dx^4 + \text{\&c.}$$

quantitatum q, r, s, &c. nonnullae vel euanescunt, vel in infinitum abeunt. Scilicet cum sit:

$$dd.y = q\,dx^2 + r\,dx^3 + \frac{7}{12}s\,dx^4 + \text{\&c.}$$

si

si quo casu fiat $q = 0$, tum erit $ddy = rdx^3$; sin autem eodem casu & r euanescat, tum erit $ddy = \frac{7}{12} sdx^4$, & ita porro. Sin autem vel q vel r vel s &c. fiat infinitum, tum ex ista serie differentiale secundum prorsus inueniri nequit, sed confugiendum erit ad principia differentialium: scilicet ponendo $x + dx$ loco x quaeratur valor y', & ponendo $x + 2dx$ loco x valor ipsius y'', quo facto erit verus valor differentialis secundi $ddy = dy' - dy = y'' - 2y' + y$. Simili modo si de differentiali tertio quaestio proponatur, tum praeterea in y loco x scribatur $x + 3dx$, inuentoque valore y''' erit $d^3y = y''' - 3y'' + 3y' - y$, sicque deinceps. Quos casus sequentibus exemplis illustrabimus.

EXEMPLUM I.

Inuenire differentiale secundum functionis $y = \frac{aa - xx}{aa + xx}$ *casu quo ponitur* $x = \frac{a}{\sqrt{3}}$.

Quaerendo differentiale completum ipsius y, ex forma $dy = pdx + \frac{1}{2}qdx^2 + \frac{1}{6}rdx^3 + \frac{1}{24}sdx^4 + \&c.$ prodibunt pro p, q, r, s, &c. sequentes valores:

$$p = -\frac{4aax}{(aa+xx)^2}; \quad q = -\frac{4a^4 + 12aaxx}{(aa+xx)^3}; \text{ atque}$$

$$r = \frac{48a^4x - 48aax^3}{(aa+xx)^4}.$$

Cum nunc sit $ddy = qdx^2 + rdx^3 + \frac{7}{12}sdx^4 + \&c.$ ob ob $q = 0$ casu $x = \frac{a}{\sqrt{3}}$, eodemque casu sit $r = \frac{27\sqrt{3}}{8a^3}$, fiet differentiale secundum quaesitum $ddy = \frac{27dx^3\sqrt{3}}{8a^3}$.

EXEMPLUM II.

Inuenire differentiale tertium functionis $y = \frac{aa - xx}{aa + xx}$ *casu* $x = a$.

Quaerendo vt ante differentiale completum
$dy = \frac{1}{2}q\,dx^2 + \frac{1}{6}r\,dx^3 + \frac{1}{24}s\,dx^4 + \&c.$
quia est differentiale tertium $d^3y = r\,dx^3 + \frac{1}{4}s\,dx^4$, ob $r = \frac{48a^4x - 48aax^3}{(aa+xx)^4}$, fiet $r = 0$ casu $x = a$; quare ad valorem s est progrediendum, qui erit:

$$s = \frac{48a^4 - 144aaxx}{(aa+xx)^4} - \frac{8x(48a^4x - 48aax^3)}{(aa+xx)^5}$$

facto ergo $x = a$, erit $s = -\frac{96a^4}{2^4a^8} = -\frac{6}{a^4}$; vnde hoc casu erit $d^3y = -\frac{9dx^4}{a^4}$.

EXEMPLUM III.

Inuenire differentialia cuiusque gradus functionis $y = ax^m + bx^n$ *casu* $x = 0$.

Ponendo successiue $x + dx$; $x + 2dx$; $x + 3dx$; &c. loco x valores sequentes functionis y erunt:

$$y' = a(x+dx)^m + b(x+dx)^n$$
$$y'' = a(x+2dx)^m + b(x+2dx)^n$$
$$y''' = a(x+3dx)^m + b(x+3dx)^n \quad \&c.$$

Posito

Posito ergo $x = 0$, erit $y = 0$, eiusque differentialia erunt:

$$dy = a\,dx^m + b\,dx^n$$

$$ddy = (2^m - 2)\,a\,dx^m + (2^n - 2)\,b\,dx^n$$

$$d^3y = (3^m - 3.2^m + 3)\,adx^m + (3^n - 3.2^n - 3.2^n + 3)\,bdx^n$$

$$d^4y = (4^m - 4.3^m + 6.2^m - 4)\,adx^m + (4^n - 4.3^n + 6.2^n - 4)\,bdx^n$$

&c.

Si igitur exponens n fuerit maior quam m, termini secundi in his expressionibus euanescunt prae primis. Interim tamen eorum ratio erit habenda, si n fuerit numerus fractus, vt casus, quibus haec differentialia vel fiunt imaginaria, vel ambigua, diiudicari queant. Vlteriorem vero horum casuum euolutionem in doctrinam de lineis curuis reseruari conuenit.

CAPUT XV.

DE VALORIBUS FUNCTIONUM, QUI CERTIS CASIBUS VIDENTUR INDETERMINATI.

355.

Si functio ipsius x quaecunque y fuerit fractio $\frac{P}{Q}$, cuius numerator ac denominator posito loco x certo quodam valore simul euanescant; tum isto casu fractio $\frac{P}{Q}$ valorem functionis y exprimens euadet $= \frac{0}{0}$, quae expressio cum cuique quantitati siue finitae siue infinitae siue infinite paruae possit esse aequalis, ex ea prorsus valor ipsius y hoc casu colligi nequit, atque ideo videtur indeterminatus. Interim tamen facile perspicitur, quia praeter hunc casum functio y perpetuo valorem determinatum recipit, quicquid pro x substituatur, etiam hoc casu valorem ipsius y indeterminatum esse non posse. Manifestum hoc fiet vel ex hoc exemplo, si fuerit $y = \frac{aa - xx}{a - x}$, quo facto $x = a$ fit vtique $y = \frac{0}{0}$. Cum autem numeratore per denominatorem diuiso fiat $y = a + x$, euidens est si ponatur $x = a$ fore $y = 2a$, ita vt hoc casu fractio illa $\frac{0}{0}$ aequiualeat quantitati $2a$.

356. Quoniam ergo supra ostendimus, inter cyphras rationem quamcunque intercedere posse, in huiusmodi exem-

exemplis ratio determinata, quam numerator ad denominatorem teneat, inueſtigari debet. Cum autem in cyphris abſolutis iſta diuerſitas perſpici nequeat, earum loco quantitas infinite paruae introduci debent, quae etſi ratione ſignificationis a cyphra non differunt, tamen ex diuerſis earum functionibus, quae numeratorem & denominatorem conſtituunt, valor fractionis ſponte elucet. Sic ſi habeatur iſta fractio $\frac{a\,dx}{b\,dx}$, etiamſi reuera numerator & denominator ſit $= 0$, tamen patet valorem huius fractionis eſſe determinatum nempe $= \frac{a}{b}$. Sin autem habeatur haec fractio $\frac{a\,dx^2}{b\,dx}$, huius valor erit nullus, quemadmodum huius valor $\frac{a\,dx}{b\,dx^2}$ eſt infinite magnus. Si igitur loco nihilorum, quae ſaepenumero in calculum ingrediuntur, infinite parua introducamus, hunc inde fructum percipiemus, vt rationem, quam illa nihila inter ſe tenent, mox cognoſcamus, nullumque amplius dubium circa ſignificationem huiusmodi expreſſionum ſuperſit.

357. Quo haec planiora reddantur, ponamus fractionis $y = \frac{P}{Q}$ tam numeratorem, quam denominatorem euaneſcere, ſi ſtatuatur $x = a$. Ad haec autem nihila, quae inter ſe comparari non poſſunt, euitanda, ponamus $x = a + dx$, quae poſitio reuera in priorem $x = a$ recidit ob $dx = 0$. Cum vero, ſi loco x ponatur $x + dx$, functiones P & Q abeant in $P + dP$ & $Q + dQ$; poſitio-

ſitioni $x = a + dx$ ſatisfiet, ſi in his valoribus vbique ſtatuatur $x = a$, quo quidem caſu P & Q euaneſcere aſſumuntur. Hinc ſi loco x ponatur $a + dx$, fractio $\frac{P}{Q}$ transmutabitur in hanc $\frac{dP}{dQ}$, quae propterea valorem functionis $y = \frac{P}{Q}$ exprimit caſu $x = a$. Haecque expreſſio indeterminata amplius eſſe non poterit, ſiquidem functionum P & Q differentialia vera ſumantur, vti in capite praecedente docuimus. Hoc enim pacto differentialia dP & dQ nunquam in nihilum abſolutum abeunt, ſed niſi per differentiale dx ipſum exprimantur, ſaltem per eius poteſtates exhibebuntur. Quodſi igitur reperiatur $dP = R\,dx^m$ & $dQ = S\,dx^n$, erit functionis $y = \frac{P}{Q}$ caſu $x = a$ valor $= \frac{R\,dx^m}{S\,dx^n}$, qui propterea erit finitus & $= \frac{R}{S}$, ſi fuerit $m = n$; ſin autem ſit $m > n$, tum valor fractionis propoſitae reuera erit $= 0$: at ſi ſit $m < n$, iſte valor in infinitum excreſcit.

358. Quoties ergo huiusmodi fractio occurrit $\frac{P}{Q}$, cuius numerator & denominator certo caſu puta $x = a$ ſimul euaneſcant, valor iſtius fractionis hoc caſu $x = a$ per ſequentem regulam inuenietur:

Quaerantur quantitatum P *&* Q *differentialia caſu* $x = a$, *eaque loco ipſarum* P *&* Q *ſubſtituantur, quo facto frac-*

fractio $\frac{dP}{dQ}$ *exhibebit valorem fractionis* $\frac{P}{Q}$ *quaesitum.* Si differentialia dP & dQ methodo consueta inuenta neque infinita fiant neque euanescant casu $x = a$, tum ea retineri poterunt; sin autem ambo vel $= 0$ fiant vel $= \infty$, tum modo in praecedente Capite exposito haec differentialia completa casu $x = a$ inuestigari debent. Plerumque etiam calculus mirifice contrahitur, si antea ponatur $x - a = t$ seu $x = a - t$, quo prodeat fractio $\frac{P}{Q}$, cuius numerator ac denominator euanescunt casu $t = 0$; tum enim differentialia dP & dQ habebuntur, si vbique dt loco t substituatur.

EXEMPLUM I.

Quaeratur valor fractionis huius $\frac{b - \sqrt{(bb - tt)}}{tt}$ *casu* $t = 0$.

Quoniam hoc casu $t = 0$ & numerator & denominator euanescit, loco t tantum scribatur dt, atque valor quaesitus exprimetur hac fractione $\frac{b - \sqrt{(bb - dt^2)}}{dt^2}$. Cum vero sit $\sqrt{(bb - dt^2)} = b - \frac{dt^2}{2b}$, ista fractio abit in hanc $\frac{dt^2}{2bdt^2} = \frac{1}{2b}$. Hinc fractio proposita $\frac{b - \sqrt{(bb - tt)}}{tt}$ casu $t = 0$ recipit hunc valorem $\frac{1}{2b}$.

EXEMPLUM II.

Quaeratur valor huius fractionis:

$$\frac{\sqrt{(aa+ax+xx)}-\sqrt{(aa-ax+xx)}}{\sqrt{(a+x)}-\sqrt{(a-x)}}$$

casu $x=0$.

Hic iterum statim dx loco x substitui potest; quo facto cum sit:

$$\sqrt{(aa+adx+dx^2)}=a+\tfrac{1}{2}dx+\frac{3dx^2}{8a}$$

$$\sqrt{(aa-adx+dx^2)}=a-\tfrac{1}{2}dx+\frac{3dx^2}{8a}$$

atque $$\sqrt{(a+dx)}=\sqrt{a}+\frac{dx}{2\sqrt{a}}$$

$$\sqrt{(a-dx)}=\sqrt{a}-\frac{dx}{2\sqrt{a}}$$

fiet numerator $=dx$ & denominator $=\frac{dx}{\sqrt{a}}$, ex quo fractionis propositae valor quaesitus erit $=\sqrt{a}$.

EXEMPLUM III.

Quaeratur valor huius fractionis:

$$\frac{x^3-4ax^2+7a^2x-2a^3-2a^2\sqrt{(2ax-aa)}}{xx-2ax-aa+2a\sqrt{(2ax-xx)}}$$

casu $x=a$.

Si more consueto differentialia sumantur & in loca numeratoris ac denominatoris substituantur, habebitur: $\frac{3xx-8ax+7a^2-2a^3:\sqrt{(2ax-aa)}}{2x-2a+2a(a-x):\sqrt{(2ax-xx)}}$, cuius fractionis

nis numerator ac denominator denuo euanescunt, si ponatur $x = a$. Quare ob eandem rationem eorum loco denuo ipsorum differentialia substituantur, prodibitque:

$$\frac{6x - 8a + 2a^4 : (2ax - aa)^{\frac{3}{2}}}{2 - 2a^3 : (2ax - xx)^{\frac{3}{2}}};$$ cuius numerator ac denominator iterum casu $x = a$ euanescunt. Pergamus ergo eorum loco ipsorum differentialia substituere:

$$\frac{6 - 6a^5 : (2ax - xx)^{\frac{5}{2}}}{6a^3(a-x) : (2ax - xx)^{\frac{5}{2}}} = \frac{1 - a^5 : (2ax - xx)^{\frac{5}{2}}}{a^3(a-x) : (2ax - xx)^{\frac{5}{2}}}.$$

Verum & hic posito $x = a$ denuo tam numerator quam denominator euanescunt. Porro igitur differentialibus ipsorum loco substitutis, orietur:

$$\frac{5a^6 : (2ax - aa)^{\frac{7}{2}}}{-(5a^5 - 8a^4x + 4a^3xx) : (2ax - xx)^{\frac{7}{2}}}.$$

Nunc denique loco x ponatur, a prodibitque haec fractio determinata $\frac{5 : a}{-1 : a^2} = -5a$, qui est valor quaesitus fractionis propositae:

Quodsi autem antequam haec inuestigatio suscipiatur, ponatur $x = a + t$, fractio proposita transmutabitur in hanc;

$$\frac{2a^3 + 2a^2t - att + t^3 - 2a^2\sqrt{(aa + 2at)}}{-2aa + tt + 2a\sqrt{(aa - tt)}}$$

quae cum recipiat formam $\frac{0}{0}$, si ponatur $t = 0$, ponatur dt loco t, & erit:

$$\frac{2a^3 + 2a^2dt - adt^2 + dt^3 - 2a^2 V(aa + 2adt)}{-2aa + dt^2 + 2aV(aa - dt^2)}$$

Conuertantur iam formulae irrationales in feries, quae eousque continuentur, quoad termini a membro rationali non amplius deftruantur:

$$V(aa + 2adt) = a + dt - \frac{dt^2}{2a} + \frac{dt^3}{2aa} - \frac{5dt^4}{8a^3}$$

$$V(aa - dt^2) = a - \frac{dt^2}{2a} - \frac{dt^4}{8a^3}.$$

quibus valoribus fubftitutis prodibit fractio haec:

$$\frac{5dt^4 : 4a}{-dt^4 : 4aa} = -5a,$$

qui eft valor fractionis propofitae iam ante inuentus.

EXEMPLUM IV.

Inuenire valorem huius fractionis:

$$\frac{a + V(2aa - 2ax) - V(2ax - xx)}{a - x + V(aa - xx)}$$

cafu $x = a$.

Subftitutis in loca numeratoris & denominatoris eorum differentialibus prodibit haec fractio, quae cafu $x = a$ ipfi propofitae erit aequalis:

$$-\frac{a : V(aa - 2ax) - (a - x) : V(2ax - xx)}{-1 - x : V(aa - xx)}$$

cuius numerator ac denominator cafu $x = a$ fiunt infiniti. Verum fi vterque per $-V(a - x)$ multiplicetur, habebitur

a :

$$\frac{a : \sqrt{2a} + (a - x)^{\frac{3}{2}} : \sqrt{(2ax - xx)}}{\sqrt{(a - x)} + x : \sqrt{(a + x)}}$$

quae posito $x = a$ dabit hunc valorem determinatum, $\frac{a : \sqrt{2a}}{a : \sqrt{2a}} = 1$, qui propterea aequalis est fractioni propositae casu $x = a$.

359. Si igitur habeatur fractio $\frac{P}{Q}$, cuius numerator & denominator casu $x = a$ euanescat, eius valor per consuetas differentiandi regulas assignari poterit, neque opus erit ad differentialia, quae capite praecedente tractauimus, recurrere. Sumtis enim differentialibus fractio proposita $\frac{P}{Q}$ casu $x = a$ aequalis erit fractioni $\frac{dP}{dQ}$; cuius si numerator & denominator posito $x = a$ induant valores finitos, cognoscetur valor fractionis propositae; sin autem alter fiat $= 0$, manente altero finito, tum fractio erit vel $= 0$ vel $= \infty$, prout vel numerator euanescat vel denominator. At si alteruter vel vterque fiat $= \infty$, quod euenit, si diuidantur per quantitates casu $x = a$ euanescentes, tum multiplicando vtrumque per hos diuisores, istud incommodum tolletur, vti in exemplo postremo euenit. Quodsi vero tam numerator quam denominator casu $x = a$ denuo euanescat, tum iterum, vti initio factum est, differentialia erunt capienda, ita vt haec fractio $\frac{ddP}{ddQ}$ prodeat, quae casu $x = a$ propositae adhuc erit aequalis; &, si idem rursus in hac fractione

vſu veniat, vt fiat $= \frac{0}{0}$, tum in eius locum ſurrogetur haec $\frac{d^3 P}{d^3 Q}$, atque ita porro, donec ad fractionem perveniatur, quae valorem determinatum exhibeat, ſiue finitum ſiue infinite magnum ſiue infinite paruum. Sic in exemplo tertio, oportebat ad fractionem $\frac{d^4 P}{d^4 Q}$ progredi, antequam valorem fractionis propoſitae $\frac{P}{Q}$ aſſignari licuerit.

360. Vſus huius inueſtigationis elucet in definiendis ſummis ſerierum, quas ſupra capite II. §. 22. eruimus, ſi ponatur $x = 1$. Ex iis enim, quae ibi tradita ſunt, ſequitur fore:

$$x + x^2 + x^3 + \ldots + x^n = \frac{x - x^{n+1}}{1 - x}$$

$$x + x^3 + x^5 + \ldots + x^{2n-1} = \frac{x - x^{2n+1}}{1 - xx}$$

$$x + 2x^2 + 3x^3 + \ldots + nx^n = \frac{x - (n+1)x^{n+1} + nx^{n+2}}{(1-x)^2}$$

$$x + 3x^3 + 5x^5 + \ldots + (2n-1)x^{2n-1} = \frac{x + x^3 - (2n+1)x^{2n+1} + (2n-1)x^{2n+3}}{(1 - xx)^2}$$

$$x + 4x^2 + 9x^3 + \ldots + n^2 x^n = \frac{x + x^2 - (n+1)^2 x^{n+1} + (2nn + 2n - 1)x^{n+2} - nnx^{n+3}}{(1-x)^3}$$

&c.

Quod ſi nunc harum ſerierum ſummae deſiderentur caſu

ſu quo $x = 1$, in expreſſionibus iſtis tam numerator quam denominator euaneſcunt. Valores ergo harum ſummarum caſu $x = 1$ methodo hic expoſita definiri poterunt. Quoniam vero eaedem ſummae aliunde conſtant, ex conſenſu veritas huius methodi magis elucebit.

EXEMPLUM I.

Definire valorem huius fractionis $\frac{x - x^{n+1}}{1 - x}$ *caſu* $x = 1$, *qui exhibebit ſummam ſeriei* $1 + 1 + 1 + \ldots + 1$ *ex* n *terminis conſtantis, quae propterea erit* $= n$.

Quoniam caſu $x = 1$ numerator ac denominator euaneſcit, ſubſtituantur differentialia in eorum locum, habebiturque $\frac{1 - (n+1)x^n}{-1}$, quae poſito $x = 1$ dat n pro ſumma ſeriei quaeſita.

EXEMPLUM II.

Definire valorem fractionis $\frac{x - x^{2n+1}}{1 - xx}$ *caſu* $x = 1$, *qui exhibebit ſummam ſeriei* $1 + 1 + 1 + \ldots + 1$ *ex* n *terminis conſtantis, quae propterea erit* $= n$.

Sumtis differentialibus, fractio propoſita transmutatur in hanc: $\frac{1 - (2n+1)x^{2n}}{-2x}$, cuius valor poſito $x = 1$, erit $= n$.

EXEMPLUM III.

Inuenire valorem huius fractionis: $\frac{x-(n+1)x^{n+1}+nx^{n+2}}{(1-x)^2}$
casu $x=1$, *qui exprimet summam seriei* $1+2+3+\ldots+n$,
quam constat esse $=\frac{nn+n}{2}$.

Sumtis differentialibus peruenietur ad hanc fractionem $\frac{1-(n+1)^2x^n+n(n+2)x^{n+1}}{-2(1-x)}$, cuius adhuc tam numerator quam denominator casu $x=1$ euanescit. Hinc denuo differentialia sumantur, vt prodeat haec fractio: $\frac{-n(n+1)^2x^{n-1}+n(n+1)(n+2)x^n}{2}$, quae posito $x=1$ abit in $\frac{n(n+1)}{2}=\frac{nn+n}{2}$ summam seriei propositae.

EXEXPLUM IV.

Inuenire valorem huius fractionis:
$$\frac{x+x^3-(2n+1)x^{2n+1}+(2n-1)x^{2n+3}}{(1-xx)^2}$$
casu $x=1$, *qui exprimet summam seriei*
$1+3+5+\ldots+(2n-1)$
quam constat esse $=nn$.

Substitutis differentialibus in loca numeratoris & denominatoris prouenit haec fractio:
$$\frac{1+3xx-(2n+1)^2x^{2n}+(2n-1)(2n+3)x^{2n+2}}{-4x(1-xx)}$$
quae

quae cum adhuc idem incommodum habeat, vt posito $x = 1$ abeat in $\frac{0}{0}$, denuo differentialia sumantur,

$$\frac{6x - 2n(2n+1)^2 x^{2n-1} + (2n-1)(2n+2)(2n+3)x^{2n+1}}{-4 + 12xx}$$

quae posito $x = 1$ abit in:

$$\frac{6 - 2n(2n+1)^2 + (2n-1)(2n+2)(2n+2)}{8} = nn.$$

EXEMPLUM. V.

Inuenire valorem huius fractionis:

$$\frac{x + x^2 - (n+1)^2 x^{n+1} + (2nn+2n-1)x^{n+2} - nnx^{n+3}}{(1-x)^3}$$

casu $x = 1$, *qui dabit summam seriei* $1 + 4 + 9 + \ldots + n^2$, *quam constat esse* $= \frac{1}{3}n^3 + \frac{1}{2}n^2 + \frac{1}{6}n$.

Sumtis numeratoris ac denominatoris differentialibus, fiet

$$\frac{1 + 2x - (n+1)^3 x^n + (n+2)(2nn+2n-1)x^{n+1} - nn(n+3)x^{n+2}}{-3(1-x)^2}$$

in qua cum numerator ac denominator posito $x = 1$ denuo euanescat, differentialia secunda sumantur:

$$\frac{2 - n(n+1)x^{n-1} + (n+1)(n+2)(2nn+3n-1)x^n - n^2(n+2)(n+3)x^{n+1}}{6(1-x)}$$

Eodem vero adhuc subsistente incommodo, ad differentialia tertia procedatur, vt prodeat haec fractio:

$$\frac{-n(n-1)(n+1)^3 x^{n-2} + n(n+1)(n+2)(2nn+2n-1)x^{n-1} - n^2(n+1)(n+2)(n+3)x^n}{-6}$$

 quae

quae tandem posito $x = 1$ abit in hanc formam determinatam:

$$\frac{-n(n-1)(n+1)^3 + n(n+1)(n+2)(nn-n-1)}{-6} = \frac{n(n+1)(2n+1)}{6} =$$

$= \frac{1}{3}n^3 + \frac{1}{2}n^2 + \frac{1}{6}n$; qui est ille ipse valor, quo seriem memoratam exprimi inuenimus.

EXEMPLM VI.

Sit proposita ista fractio $\frac{x^m - x^{m+n}}{1 - x^{2p}}$, *cuius valorem casu* $x = 1$ *assignari oporteat.*

Quoniam haec fractio est productum ex his duabus: $\frac{x^m}{1+x^p} \cdot \frac{1-x^n}{1-x^p}$, prioris autem factoris casu $x = 1$ valor est $= \frac{1}{2}$, tantum opus est vt alterius factoris $\frac{1-x^n}{1-x^p}$ valor eodem casu quaeratur, qui sumtis differentialibus erit $= \frac{nx^{n-1}}{px^{p-1}} = \frac{n}{p}$: vnde fractionis propositae valor casu $x = 1$, erit $= \frac{n}{2p}$. Idem valor prodit, si immediate differentialia in fractione proposita capiantur: fiet enim $\frac{mx^{m-1} - (m+n)x^{m+n-1}}{-2px^{2p-1}}$, cuius valor posito $x = 1$, erit $= \frac{-n}{-2p} = \frac{n}{2p}$, vt ante.

361. Eadem methodo erit vtendum, si in fractione proposita $\frac{P}{Q}$ vel numerator vel denominator vel

vterque

vterque fuerit quantitas transcendens. Quae operationes, quo clarius explicentur, sequentia exempla adiicere visum est.

EXEMPLUM I.

Sit proposita ista fractio $\frac{a^n - x^n}{la - lx}$, *cuius valor quaeratur casu* $x = a$.

Sumtis differentialibus statim peruenitur ad hanc fractionem $\frac{-nx^{n-1}}{-1:x} = nx^n$, cuius valor posito $x = a$, erit na^n.

EXEMPLUM II.

Sit proposita ista fractio $\frac{lx}{\sqrt{(1-x)}}$, *cuius valor quaeritur casu* $x = 1$.

Sumtis differentialibus numeratoris & denominatoris prodit $\frac{1:x}{-1:2\sqrt{(1-x)}} = \frac{-2\sqrt{(1-x)}}{x}$, cuius valor posito $x = 1$, cum sit $= 0$, sequitur fractionem $\frac{lx}{\sqrt{(1-x)}}$ casu $x = 1$ euanescere.

EXEMPLUM III.

Sit proposita ista fractio $\frac{a - x - ala + alx}{a - \sqrt{(2ax - xx)}}$, *cuius valor quaeratur posito* $x = a$, *quo casu numerator & denominator euanescunt.*

Differentiatis secundum regulam numeratore ac denominatore

minatore erit $\frac{-1+a:x}{-(a-x):\sqrt{(2ax-xx)}} = \frac{(a-x)\sqrt{(2ax-xx)}}{-x(a-x)}$: vbi etsi numerator ac denominator casu $x=a$ adhuc euanescit, tamen quia vterque diuisibilis est per $a-x$, habebitur ita fractio $-\sqrt{\frac{2a-x}{x}}$, cuius valor casu $x=a$ est determinatus atque $=-1$; abitque igitur fractio proposita in -1, si ponatur $x=a$.

EXEMPLUM IV.

Sit proposita ista fractio $\frac{e^x-e^{-x}}{l(1+x)}$, *cuius valor quaeritur posito* $x=0$.

Sumtis differentialibus habebitur ista functio $\frac{e^x+e^{-x}}{1:(1+x)}$, quae posito $x=0$ dat 2 pro valore quaesito.

EXEMPLUM V.

Inuenire valorem huius fractionis $\frac{e^x-1-l(1+x)}{xx}$, *casu quo ponitur* $x=0$.

Si loco numeratoris ac denominatoris eorum differentialia substituantur, orietur haec fractio $\frac{e^x-1:(1+x)}{2x}$, quae cum adhuc abeat in $\frac{0}{0}$, si ponatur $x=0$, denuo differentialia sumantur, vt habeatur $\frac{e^x+1:(1+x)^2}{2}$, quae posito $x=0$ praebet $\frac{1+1}{2}=1$. Quod idem patet si loco

loco x statim $0 + dx$ substituatur: cum enim sit $e^{dx} = 1 + dx + \frac{1}{2}dx^2 + \&c.$ & $l(1+dx) = dx - \frac{1}{2}dx^2 + \&c.$

$$\frac{e^{dx} - 1 - l(1+dx)}{dx^2} = \frac{dx^2}{dx^2} = 1.$$

EXEMPLUM VI.

Quaeratur valor fractionis $\frac{x^n}{lx}$, *casu quo ponitur* $x = \infty$.

Quo ista fractio ad formam, quae hoc casu transeat in $\frac{0}{0}$ reducatur, ita repraesentetur $\frac{1:lx}{1:x^n}$: sic enim casu $x = \infty$, tam numerator quam denominator euanescet. Ponatur vero porro $x = \frac{1}{y}$, ita vt casu $x = \infty$, fiat $y = 0$, atque proponetur ista fractio $-\frac{1:ly}{y^n}$, cuius valor casu $y = 0$ inuestigari debet. Sumtis autem differentialibus erit $\frac{1:y(ly)^2}{ny^{n-1}} = \frac{1:(ly)^2}{ny^n}$, quae posito $y = 0$, cum abeat in $\frac{0}{0}$, sumantur denuo differentialia, eritque $\frac{-2:(ly)^3}{n^2y^n}$; vbi quia idem incommodum adest, si porro differentialia sumantur prodibit $\frac{6:(ly)^4}{n^3y^n}$, sicque quousque procedamus, perpetuo idem incommodum occurret. Quamobrem vt hoc non obstante valorem quaesitum eruamus; sit s valor fractionis $= \frac{1:ly}{y^n}$ casu, quo

 poni-

ponitur $y = 0$, & cum eodem casu sit quoque $s = \frac{1:(ly)^2}{n y^n}$; erit ex illa aequatione $ss = \frac{1:(ly)^2}{y^{2n}}$, quae per istam diuisa dabit $s = \frac{n y^n}{y^{2n}} = \frac{n}{y^n}$, ex qua perspicitur casu $y = 0$ fieri s infinitum. Fit ergo fractionis $-\frac{1:ly}{y^n}$ valor casu $y = 0$ infinitus, ideoque posito $y = dx$, habebit $\frac{1}{ldx}$ ad dx^n rationem infinitam, vti iam supra innuimus.

EXEMPLUM VII.

Quaeratur valor fractionis $\frac{x^n}{e^{-1:x}}$ *casu* $x = 0$, *quo tam numerator quam denominator euanescit.*

Sit hoc casu $\frac{x^n}{e^{-1:x}} = s$, erit sumtis differentialibus quoque $s = \frac{n x^{n-1}}{e^{-1:x} : xx} = \frac{n x^{n+1}}{e^{-1:x}}$, & quia hic idem incommodum occurrit, perpetuoque recurrit, quousque differentiationes continuentur, remedio ante adhibito vtamur. Prior aequatio dat $x^n = e^{-1:x} s$, & $x^{n(n+1)} = e^{-(n+1):x} s^{n+1}$ altera aequatio dat $x^{n+1} = e^{-1:x} s : n$, vnde fit $x^{n(n+1)} = e^{-n:x} s^n : n^n$, qui valor illi aequatus dabit $e^{-1:x} s n^n = 1$ ideoque $s = \frac{1}{n^n e^{-1:x}} = \infty$, si $x = 0$. Quare posito x infinite paruo habebit dx^n ad $e^{-1:dx}$ rationem infinite

finite magnam, quicunque numerus finitus pro n statuatur: vnde sequitur $e^{-1:dx}$ esse infinite paruum homogeneum cum dx^m, si m fuerit numerus infinite magnus.

EXEMPLUM VIII.

Quaeratur valor fractionis $\frac{1 - \sin x + \cos x}{\sin x + \cos x - 1}$ *casu, quo ponitur* $x = \frac{\pi}{2}$ *seu arcui 90 graduum.*

Sumtis differentialibus obtinebitur haec fractio $-\frac{\cos x - \sin x}{\cos x - \sin x}$, quae posito $x = \frac{\pi}{2}$ ob $\sin x = 1$ & $\cos x = 0$ abit in 1: ita vt vnitas sit valor quaesitus fractionis propositae. Quod idem patet sine differentiatione; cum enim sit $\cos x = V(1 + \sin x)(1 - \sin x)$ fractio proposita abit in hanc $\frac{V(1 - \sin x) + V(1 + \sin x)}{V(1 + \sin x) - V(1 - \sin x)}$, quae fit euidenter $= 1$, si fiat $\sin x = 1$.

EXEMPLUM IX.

Inuenire valorem huius expressionis $\frac{x^x - x}{1 - x + lx}$ *casu quo ponitur* $x = 1$.

Loco numeratoris & denominatoris eorum differentialibus substitutis prodibit ista fractio: $\frac{x^x(1 + lx) - 1}{-1 + 1 : x}$; quae cum etiam nunc fiat $= \frac{0}{0}$ posito $x = 1$, suman-

 tur

tur denuo differentialia, vt prodeat $\frac{x^x(1+lx)^2+x^x:x}{-1:xx}$, quae posito $x=1$ abit in -2, qui est valor fractionis propositae casu $x=1$.

362. Quoniam hic omnes expressiones, quae quibusdam casibus indeterminatos valores recipere videntur, pertractare constituimus, huc non solum pertinent eae fractiones $\frac{P}{Q}$, quarum numerator ac denominator certo casu euanescunt; sed etiam eiusmodi fractiones, quarum numerator ac denominator certo casu fiunt infiniti, huc sunt referendae: propterea quod earum valores aeque indeterminati videntur. Si scilicet P & Q eiusmodi fuerint functiones ipsius x, vt casu quopiam $x=a$, ambae fiant infinitae, fractioque $\frac{P}{Q}$ induat hanc formam $\frac{\infty}{\infty}$; quoniam infinita aeque ac cyphrae inter se rationem quamcunque tenere possunt, hinc valor verus minime cognosci potest. Hic quidem casus ad praecedentem reuocari potest, fractionem $\frac{P}{Q}$ in hanc formam $\frac{1:Q}{1:P}$ transmutando, cuius fractionis nunc numerator ac denominator casu $x=a$ euanescunt; ideoque eius valor modo ante tradito inueniri potest. At vero quoque sine hac transformatione valor inuenietur, si loco x non a, sed $a+dx$ substituatur, quo facto non eiusmodi infinita absoluta ∞ prouenient; sed ita erunt expressa

$\frac{1}{dx}$ vel $\frac{A}{dx^n}$; quae expressiones etsi sunt aeque infinitae ac ∞, tamen comparatione inter dx eiusue potestates instituta, valor quaesitus facile colligetur.

363. Ad eandem classem quoque pertinent producta ex duobus factoribus constantia, quorum alter certo casu $x = a$ euanescit, alter vero in infinitum abit: cum enim quaeuis quantitas per huiusmodi productum $0 . \infty$ repraesentari possit, eius valor indefinitus videtur. Sit PQ huiusmodi productum, in quo, si ponatur $x = a$, fiat $P = 0$ & $Q = \infty$, eius valor per praecepta ante tradita inuenietur, si ponatur $Q = \frac{1}{R}$, tum enim productum PQ transmutabitur in fractionem $\frac{P}{R}$: cuius numerator ac denominator ante casu $x = a$ euanescunt, ideoque eius valor methodo ambo exposita inuestigari poterit. Sic si quaeratur valor huius producti $(1-x) \tang \frac{\pi x}{2}$ casu $x = 1$, quo fit $1 - x = 0$ & $\tang \frac{\pi x}{2} = \infty$, conuertatur id in hanc fractionem $\frac{1-x}{\cot \frac{1}{2}\pi x}$, cuius numerator ac denominator casu $x = 1$ euanescunt. Cum igitur sit differentiale numeratoris $(1-x) = -dx$, & differentiale denominatoris $\cot \frac{\pi x}{2} = -\frac{\pi dx : 2}{(\sin \frac{1}{2}\pi x)^2}$, casu $x = 1$

valor fractionis propositae erit $= \frac{2}{\pi} \sin \frac{\pi x}{2} \cdot \sin \frac{\pi x}{2} = \frac{2}{\pi}$, ob $\sin \frac{\pi}{2} = 1$.

364. Imprimis autem huc sunt referendae eiusmodi expressiones, quae dum ipsi x certus quidam valor tribuitur, abeunt in huiusmodi formam $\infty - \infty$: quoniam enim duo infinita quauis quantitate finita inter se discrepare possunt, manifestum est hoc casu valorem expressionis non determinari, nisi differentia inter illa duo infinita assignari possit. Iste ergo casus occurrit, si proponatur huiusmodi functio $P - Q$, in qua posito $x = a$ fiat tam $P = \infty$ quam $Q = \infty$; quo casu ope regulae ante traditae valor quaesitus non tam facile assignari potest. Etsi enim posito hoc casu fieri $P - Q = f$, statuatur $e^{P-Q} = e^f$, ita vt sit $e^f = \frac{e^{-Q}}{e^{-P}}$, vbi casu $x = a$ tam numerator e^{-Q} quam denominator e^{-P} euanescit; tamen si regula ante tradita huc transferatur, fiet $e^f = \frac{e^{-Q} dQ}{e^{-P} dP}$, vnde ob $e^f = \frac{e^{-Q}}{e^{-P}}$, fieret $1 = \frac{dQ}{dP}$, ideoque valor quaesitus ipsius f hinc non innotescit. Quoties quidem P & Q sunt quantitates algebraicae, quoniam hae infinitae fieri nequeunt, nisi sint fractiones, quarum denominatores euanescunt; tum $P - Q$ in vnicam fractionem colligi poterit, cuius denominator pari-

pariter euanescet. Quo facto si etiam numerator euanescat, valor modo supra explicato definietur: sin autem numerator non euanescat, tum eius valor reuera erit infinitus. Sic si huius expressionis $\frac{1}{1-x}-\frac{2}{1-xx}$ valor desideretur casu $x=1$, quia ea abit in $\frac{1-x}{1-xx}=\frac{-1}{1+x}$, patet valorem quaesitum esse $=-\frac{1}{2}$.

365. Verum si functiones P & Q fuerint transcendentes, tum plerumque haec transformatio ad calculum molestissimum perduceret. Expediet ergo his casibus methodo directa vti, atque loco $x=a$, quo ambae quantitates P & Q in infinitum abeunt, poni $x=a+\omega$, existente ω quantitate infinite parua, pro qua dx accipi poterit. Quo facto si fiat $P=\frac{A}{\omega}+B$ & $Q=\frac{A}{\omega}+C$, manifestum est functionem $P-Q$ abituram esse in $B-C$, qui erit valor finitus. Rationem igitur huiusmodi functionum valores inuestigandi sequentibus exemplis illustrabimus.

EXEMPLUM I.

Quaeratur valor huius expressionis $\frac{x}{x-1}-\frac{1}{lx}$ *casu, quo ponitur* $x=1$.

Quoniam tam $\frac{x}{x-1}$ quam $\frac{1}{lx}$ fit infinitum posito $x=1$, statuatur $x=1+\omega$, atque expressio proposita transformabitur in $\frac{1+\omega}{\omega}-\frac{1}{l(1+\omega)}$. Cum igitur sit

$l(1+\omega)$

$l(1+\omega) = \omega - \frac{1}{2}\omega^2 + \frac{1}{3}\omega^3 - \&c. = \omega(1 - \frac{1}{2}\omega + \frac{1}{3}\omega^2 - \&c.)$

habebitur

$$\frac{(1+\omega)(1-\frac{1}{2}\omega+\frac{1}{3}\omega^2-\&c.)-1}{\omega(1-\frac{1}{2}\omega+\frac{1}{3}\omega^2-\&c.)} = \frac{\frac{1}{2}\omega - \frac{1}{6}\omega^2 + \&c.}{\omega(1-\frac{1}{2}\omega+\frac{1}{3}\omega^2-\&c.)}$$

$$= \frac{\frac{1}{2} - \frac{1}{6}\omega + \&c.}{1 - \frac{1}{2}\omega + \frac{1}{3}\omega^2 - \&c.}$$

Posito nunc ω infinite paruo seu $\omega = 0$, manifestum est valorem quaesitum esse $= \frac{1}{2}$.

EXEMPLUM II.

Denotantibus e *numerum, cuius logarithmus hyperbolicus est* $= 1$, *&* π *semicircumferentiam circuli, cuius radius est* $= 1$, *inuestigare valorem huius expressionis:*

$$\frac{\pi x - 1}{2xx} + \frac{\pi}{x(e^{2\pi x}-1)}, \text{ casu } x = 0.$$

Expressio ista proposita exhibet summam huius seriei:

$$\frac{1}{1+xx} + \frac{1}{4+xx} + \frac{1}{9+xx} + \frac{1}{16+xx} + \frac{1}{25+xx} + \&c.$$

vnde si ponatur $x = 0$, prodire debet summa seriei huius $\frac{1}{1} + \frac{1}{4} + \frac{1}{9} + \frac{1}{16} + \&c.$ quam constat esse $= \frac{\pi\pi}{6}$. Facto autem $x = 0$ expressionis propositae $\frac{\pi x - 1}{2xx} + \frac{\pi}{x(e^{2\pi x}-1)}$ valor maxime videtur indeterminatus, ob omnes terminos infinitos. Ponatur ergo $x = \omega$, existente ω quantitate infinite parua, atque membrum prius $\frac{\pi x - 1}{2xx}$ abit in $-\frac{1}{2\omega^2} + \frac{\pi}{2\omega}$. Cum deinde

sit

fit $e^{2\pi\omega} - 1 = 2\pi\omega + 2\pi^2\omega^2 + \frac{4}{3}\pi^3\omega^3 + \&c.$ alterum membrum $\frac{\pi}{x(e^{2\pi x}-1)}$ abit in

$$\frac{\pi}{\omega(2\pi\omega+2\pi^2\omega^2+\frac{4}{3}\pi^3\omega^3+\&c.)} = \frac{1}{2\omega^2(1+\pi\omega+\frac{2}{3}\pi^2\omega^2+\&c.)}$$

At est $\frac{1}{1+\pi\omega+\frac{2}{3}\pi^2\omega^2+\&c.} = 1-\pi\omega+\frac{1}{3}\pi^2\omega^2-\&c.$

vnde posterius membrum fit $=\frac{1}{2\omega^2}-\frac{\pi}{2\omega}+\frac{1}{6}\pi^2-\&c.$ ad quod si prius addatur prodit $\frac{1}{6}\pi^2$, qui est valor quaesitus expressionis propositae casu $x=0$.

Idem quoque per methodum fractionum, quarum numerator ac denominator certo casu euanescunt, praestari potest: expressio enim proposita in hanc fractionem transmutatur: $\frac{\pi x e^{2\pi x} - e^{2\pi x} + \pi x + 1}{2xxe^{2\pi x} - 2xx}$, cuius numerator ac denominator casu $x=0$ euanescunt. Sumtis ergo differentialibus oritur:

$$\frac{\pi e^{2\pi x} + 2\pi\pi x e^{2\pi x} - 2\pi e^{2\pi x} + \pi}{4xe^{2\pi x} + 4\pi xxe^{2\pi x} - 4x}$$

siue haec $\frac{\pi - \pi e^{2\pi x} + 2\pi\pi x e^{2\pi x}}{4xe^{2\pi x} + 4\pi xxe^{2\pi x} - 4x}$

cuius, si ponatur $x=0$, adhuc numerator ac denominator euanescunt. Quare sumtis denuo differentialibus habebitur:

$$\frac{-2\pi\pi e^{2\pi x} + 2\pi\pi e^{2\pi x} + 4\pi^3 x e^{2\pi x}}{4e^{2\pi x} + 8\pi x e^{2\pi x} + 8\pi x e^{2\pi x} + 8\pi^2 xxe^{2\pi x} - 4}$$

seu $$\frac{\pi^3 x e^{2\pi x}}{e^{2\pi x} + 4\pi x e^{2\pi x} + 2\pi^2 x^2 e^{2\pi x} - 1}$$

seu $$\frac{\pi^3 x}{1 + 4\pi x + 2\pi^2 x^2 - e^{-2\pi x}}$$

cuius numerator ac denominator adhuc euanescunt casu $x = 0$. Quocirca iterum differentialia sumantur

$$\frac{\pi^3}{4\pi + 4\pi^2 x + 2\pi e^{-2\pi x}}$$

quae fractio posito $x = 0$ abit in $\frac{\pi^2}{6}$, vt ante.

EXEMPLUM III.

Retinentibus e *&* π *eosdem valores, quaeratur valor expressionis huius casu* $x = 0$

$$\frac{\pi}{4x} - \frac{\pi}{2x(e^{\pi x} + 1)}.$$

Expressio haec transmutatur in hanc: $\frac{\pi e^{\pi x} - \pi}{4xe^{\pi x} + 4x}$ cuius numerator ac denominator casu $x = 0$ euanescunt. Ponatur ergo $x = \omega$, & cum sit

$$e^{\pi\omega} = 1 + \pi\omega + \tfrac{1}{2}\pi^2\omega^2 + \tfrac{1}{6}\pi^3\omega^3 + \&c.$$

formula proposita transmutatur in hanc:

$$\frac{\pi^2\omega + \frac{1}{2}\pi^3\omega^2 + \frac{1}{6}\pi^4\omega^3 + \&c.}{8\omega + 4\pi\omega^2 + 2\pi^2\omega^3 + \&c.}$$

quae posito ω infinite paruo statim dat $\frac{1}{8}\pi^2$, qui est valor quaesitus expressionis propositae casu $x = 0$. At vero expressio proposita $\frac{\pi}{4x} - \frac{\pi}{2x(e^{\pi x} + 1)}$, exhibet summam

mam huius seriei $\frac{1}{1+xx}+\frac{1}{9+xx}+\frac{1}{25+xx}+\frac{1}{49+xx}+$ &c. cuius summa posito $x=0$ vtique fit $=\frac{1}{8}\pi^2$.

EXEMPLUM IV.

Quaeratur valor huius expressionis $\frac{1}{2xx}-\frac{\pi}{2x\,tang\,\pi x}$ *casu* $x=0$.

Formula haec proposita $\frac{1}{2xx}-\frac{\pi}{2x\,\mathrm{tang}\,\pi x}$ exprimit summam huius seriei infinitae

$$\frac{1}{1-xx}+\frac{1}{4-xx}+\frac{1}{9-xx}+\frac{1}{16-xx}+\text{\&c.}$$

Si igitur ponatur $x=0$, prodire debet summa seriei $1+\frac{1}{4}+\frac{1}{9}+\frac{1}{16}+$ &c. quae est $=\frac{1}{6}\pi\pi$. Quoniam est tang $\pi x=\frac{\sin\pi x}{\cos\pi x}$, expressio proposita induet hanc formam: $\frac{1}{2xx}-\frac{\pi\cos\pi x}{2x\sin\pi x}=\frac{\sin\pi x-\pi x\cos\pi x}{2xx\sin\pi x}$ cuius numerator ac denominator euanescit posito $x=0$, Ponatur ergo $x=\omega$ & cum sit

$$\sin\pi x=\pi\omega-\tfrac{1}{6}\pi^3\omega^3+\text{\&c.}$$

$$\cos\pi x=1-\tfrac{1}{2}\pi^2\omega^2+\text{\&c.}$$

expressio proposita fiet:

$$\frac{\pi\omega-\frac{1}{6}\pi^3\omega^3+\text{\&c.}-\pi\omega+\frac{1}{2}\pi^3\omega^3-\text{\&c.}}{2\pi\omega^3-\frac{1}{3}\pi^3\omega^5+\text{\&c.}}=\frac{\frac{1}{3}\pi^3\omega^3-\text{\&c.}}{2\pi\omega^3-\text{\&c.}}$$

quae ob ω infinite paruum dat $\frac{1}{6}\pi^2$.

EXEMPLUM V.

Cum sit summa huius seriei infinitae

$$\frac{1}{1-xx}+\frac{1}{9-xx}+\frac{1}{25-xx}+\frac{1}{49-xx}+\&c.=\frac{\pi \sin \frac{1}{2}\pi x}{4x \cos \frac{1}{2}\pi x}$$

inuenire eius summam, si fuerit $x=0$.

Quia est $\sin \frac{1}{2}\pi x = \frac{1}{2}\pi x - \frac{1}{48}\pi^3 x^3 + \&c.$ & $\cos \frac{1}{2}\pi x = 1 - \frac{1}{8}\pi^2 x^2 + \&c.$ erit expressio proposita

$$=\frac{\frac{1}{2}\pi^2 x - \frac{1}{48}\pi^4 x^3 + \&c.}{4x - \frac{1}{2}\pi^2 x^3 + \&c.}=\frac{\frac{1}{2}\pi^2 - \frac{1}{48}\pi^4 x^2 + \&c.}{4 - \frac{1}{2}\pi^2 x^2 + \&c.}$$

in qua si fiat $x=0$, valor erit manifesto $=\frac{1}{8}\pi^2$, quam esse summam seriei $1+\frac{1}{9}+\frac{1}{25}+\frac{1}{49}+\&c.$ supra pluribus modis est demonstratum. Sin autem pro x sumatur numerus par quicunque, summa seriei propositae semper est $=0$.

366. In his seriebus, quas binis vltimis exemplis tractauimus, aliisque litteram variabilem x continentibus, ipsi x eiusmodi valores tribui possunt, vt quidam termini in infinitum excrescant, quibus quidem casibus summa totius seriei fiet infinita. Sic series:

$$\frac{1}{1-xx}+\frac{1}{4-xx}+\frac{1}{9-xx}+\frac{1}{16-xx}+\&c.$$

si pro x ponatur numerus quicunque integer, vnus perpetuo terminus ob denominatorem euanescentem fit infinitus; hancque ob caussam ipsa seriei summa infinita euadet. Quodsi autem iste terminus infinitus ex serie tolla-

tollatur, tum summa reliqua sine dubio erit finita, exprimeturque summa priori infinita termino isto infinito mulctata, hoc modo $\infty - \infty$: quemnam ergo habitura sit valorem determinatum modo hic exposito inueniri poterit; id quod clarius ex subiunctis exemplis perspicietur.

EXEMPLUM I.

Inuenire summam seriei

$$\frac{1}{1-xx}+\frac{1}{4-xx}+\frac{1}{9-xx}+\frac{1}{16-xx}+ \&c.$$

casu $x=1$, *& demto termino primo, qui hoc casu in infinitum augetur.*

Quia in genere summa est $=\frac{1}{2xx}-\frac{\pi}{2x\,\mathrm{tang}.\pi x}$, erit summa quaesita $=\frac{1}{2xx}-\frac{\pi}{2x\,\mathrm{tang}\,\pi x}-\frac{1}{1-xx}$ posito $x=1$. Sit $x=1+\omega$, & habebitur pro summa quaesita $\frac{1}{2(1+2\omega+\omega\omega)}-\frac{\pi}{2(1+\omega)\,\mathrm{tang}(\pi+\omega\pi)}+\frac{1}{2\omega+\omega\omega}$. At est $\mathrm{tang}(\pi+\omega\pi)=\mathrm{tang}\,\omega\pi=\pi\omega+\frac{1}{3}\pi^3\omega^3+ \&c.$ Vnde cum primus terminus $\frac{1}{2xx}$ posito $x=1$ determinatum habeat valorem $\frac{1}{2}$, duo reliqui tantum termini sunt spectandi, qui erunt

$$\frac{1}{\omega(2+\omega)}-\frac{\pi}{2\omega(1+\omega)(\pi+\frac{1}{3}\pi^3\omega^2)}=\frac{1}{\omega(2+\omega)}-\frac{1}{\omega(2+2\omega)(1+\frac{1}{3}\pi^2\omega^2)}$$

si quidem ω sit infinite paruum, quo casu etiam ter-

 mi-

minus $\frac{1}{3}\pi^2\omega^2$ negligi poterit. Proueniet autem $\frac{\omega}{\omega(2+\omega)(2+2\omega)} = \frac{1}{4}$ posito $\omega = 0$, estque ergo $\frac{1}{2} + \frac{1}{4} = \frac{3}{4}$ summa seriei: $\frac{1}{3} + \frac{1}{8} + \frac{1}{15} + \frac{1}{24} +$ &c. vti aliunde constat.

EXEMPLUM II.

Inuenire summam seriei

$$\frac{1}{1-xx} + \frac{1}{4-xx} + \frac{1}{9-xx} + \frac{1}{16-xx} + \&c.$$

casu quo pro x *ponitur numerus quicunque integer* n *& demto ex serie termino illo* $\frac{1}{nn-xx}$, *qui fit infinitus.*

Summa ergo haec, quae quaeritur, ita erit expressa $\frac{1}{2xx} - \frac{\pi}{2x \operatorname{tang} \pi x} - \frac{1}{nn-xx}$, si quidem statuatur $x = n$, quo quidem casu primus terminus $\frac{1}{2xx}$ abit in $\frac{1}{2nn}$, bini vero reliqui ambo fiunt infiniti. Ponatur ergo $x = n + \omega$, & cum sit $\operatorname{tang}(\pi n + \pi\omega) = \operatorname{tang}\pi\omega = \pi\omega$, posito ω infinite paruo, habebimus pro summa quaesita:

$$\frac{1}{2nn} - \frac{\pi}{2(n+\omega)\pi\omega} + \frac{1}{2n\omega + \omega\omega} \text{ seu}$$

$$\frac{1}{2nn} - \frac{1}{\omega(2n+2\omega)} + \frac{1}{\omega(2n+\omega)} = \frac{1}{2nn} + \frac{1}{(2n+2\omega)(2n+\omega)}$$

vnde si fiat $\omega = 0$, prodibit summa quaesita $= \frac{1}{2nn} + \frac{1}{4nn} = \frac{3}{4nn}$. Quocirca erit $\frac{3}{4nn} =$

$$\frac{1}{1-nn}+\frac{1}{4-nn}+\frac{1}{9-nn}+\ldots\ldots+\frac{1}{(n-1)^2-nn}$$
$$+\frac{1}{(n+1)^2-nn}+\frac{1}{(n+2)^2-nn}+\&c.$$
in infinitum, siue erit istius seriei infinitae summa:
$$\frac{1}{(n+1)^2-nn}+\frac{1}{(n+2)^2-nn}+\frac{1}{(n+3)^2-nn}+\&c.$$
$$=\frac{3}{4nn}+\frac{1}{nn-1}+\frac{1}{nn-4}+\frac{1}{nn-9}+\ldots+\frac{1}{nn-(n-1)^2}.$$

EXEMPLUM III.

Inuenire summam huius seriei

$$\frac{1}{1-xx}+\frac{1}{9-xx}+\frac{1}{25-xx}+\frac{1}{49-xx}+\&c.$$

si ponatur $x=1$, *atque terminus primus* $\frac{1}{1-xx}$, *qui hoc casu fit infinitus, auferatur.*

Cum huius seriei summa sit in genere $=\frac{\pi\sin\frac{1}{2}\pi x}{4x\cos\frac{1}{2}\pi x}$ erit summa quaesita $=\frac{\pi\sin.\frac{1}{2}\pi x}{4\pi x\cos.\frac{1}{2}\pi x}-\frac{1}{1-xx}$, si ponatur $x=1$. Quia vero vterque terminus fit infinitus, ponatur $x=1-\omega$, & cum sit $\sin(\frac{1}{2}\pi-\frac{1}{2}\pi\omega)=\cos\frac{1}{2}\pi\omega=1-\frac{1}{8}\pi^2\omega^2$, & $\cos(\frac{1}{2}\pi-\frac{1}{2}\pi\omega)=\sin\frac{1}{2}\pi\omega=\frac{1}{2}\pi\omega$, ob ω infinite paruum, habebitur ista expressio:
$$\frac{\pi(1-\frac{1}{8}\pi^2\omega^2)}{4(1-\omega)\frac{1}{2}\pi\omega}-\frac{1}{2\omega-\omega\omega}=\frac{1}{\omega(2-2\omega)}-\frac{1}{\omega(2-\omega)}$$
quae fit $=\frac{1}{4}$ posito $\omega=0$, estque propterea
$$\frac{1}{4}=\frac{1}{8}+\frac{1}{24}+\frac{1}{48}+\frac{1}{80}+\frac{1}{120}+\&c.$$

EXEM-

EXEMPLUM IV.

Inuenire summam seriei huius:

$$\frac{1}{1-xx}+\frac{1}{9-xx}+\frac{1}{25-xx}+\frac{1}{49-xx}+\&c.$$

si pro x *ponatur numerus quicunque integer impar* 2n−1 *isque terminus* $\frac{1}{(2n-1)^2-xx}$, *qui hoc casu fit infinitus, e medio tollatur.*

Erit ergo summa, quae quaeritur, $=\frac{\pi \sin\frac{1}{2}\pi x}{4x\cos\frac{1}{2}\pi x}-\frac{1}{(2n-1)^2-xx}$ posito $x=2n-1$. Statuamus ergo $x=2n-1-\omega$, existente ω infinite paruo, fietque $\sin\frac{1}{2}\pi x=\sin\left(\frac{2n-1}{2}\pi-\frac{1}{2}\pi\omega\right)=\pm\cos\frac{1}{2}\pi\omega$, vbi signum superius valet, si sit n numerus impar, inferius vero si sit par. Simili modo erit $\cos\frac{1}{2}\pi x=\cos\left(\frac{2n-1}{2}\pi-\frac{1}{2}\pi\omega\right)=\pm\sin\frac{1}{2}\pi\omega$; ideoque siue n sit par siue impar, erit $\frac{\sin\frac{1}{2}\pi x}{\cos\frac{1}{2}\pi x}=\frac{1}{\text{tang.}\frac{1}{2}\pi\omega}=\frac{1}{\frac{1}{2}\pi\omega}$. Hinc summa quaesita ita exprimetur:

$$\frac{1}{2\omega(2n-1-\omega)}-\frac{1}{\omega[2(2(2n-1)-\omega]},$$ eritque propterea $=\frac{1}{4(2n-1)^2}$. Sic si sit $n=2$, erit

$$\frac{1}{36}=-\frac{1}{8}+\frac{1}{16}+\frac{1}{40}+\frac{1}{72}+\frac{1}{112}+\&c.$$

cuius summationis veritas aliunde constat.

CAPUT

CAPUT XVI.

DE DIFFERENTIATIONE FUNCTIONUM INEXPLICABILIUM.

367.

Functiones inexplicabiles hic voco, quae neque expressionibus determinatis, neque per aequationum radices explicari possunt; ita vt non solum non sint algebraicae, sed etiam plerumque incertum sit, ad quod genus transcendentium pertineant. Huiusmodi functio inexplicabilis est $1 + \frac{1}{2} + \frac{1}{3} \ldots\ldots + \frac{1}{x}$, quae vtique ab x pendet, at nisi x sit numerus integer nullo modo explicari potest. Simili modo haec expressio $1.\ 2.\ 3.\ 4.\ \ldots\ldots\ x$, erit functio inexplicabilis ipsius x, quoniam si x sit numerus quicunque, eius valor non solum non algebraice, sed ne quidem per vllum certum quantitatum transcendentium genus exprimi potest. Generatim ergo talium functionum inexplicabilium notio ex seriebus deriuari potest. Sit enim proposita series quaecunque

$$\overset{1}{A} + \overset{2}{B} + \overset{3}{C} + \overset{4}{D} + \ldots + \overset{x}{X}$$

cuius summa si formula finita exprimi nequeat, praebebit functionem inexplicabilem ipsius x, nempe

$$S = A + B + C + D + \ldots + X.$$

 Simili-

Similiter continua producta ex terminis ferierum vti

$$P = A\,B\,C\,D\;.\;.\;.\;.\;X$$

exhibebunt functiones inexplicabiles ipsius x, quae autem ope logarithmorum ad formam priorem reuocari possunt, erit enim:

$$lP = lA + lB + lC + lD + \ldots + lX$$

368. Hoc igitur capite methodum explicare constitui, huiusmodi functionum inexplicabilium differentialia inuestigandi. Quod argumentum, quamuis ad primam huius operis partem, vbi praecepta calculi differentialis sunt tradita, pertinere videatur; tamen quoniam vberiorem doctrinae serierum cognitionem postulat, ad quam in hac altera parte peruenire licuit, ordinem naturalem relinquere coacti hoc loco attingamus. Cum autem haec inuestigatio prorsus sit noua, neque a quoquam adhuc tractata, tantum abest vt hanc calculi differentialis partem absoluere queamus, vt potius prima tantum eius elementa adumbrare conemur. Praeterea vero nonnullas quaestiones proponam, quarum enodatio differentiationem huiusmodi functionum inexplicabilium requirat, quo simul vsus huius tractationis, qui autem in posterum sine dubio multo amplior erit, clarius perspiciatur.

369. Ad huiusmodi functiones inexplicabiles differentiandas ante omnia necesse est, vt earum valores inuestigemus; quos induunt, si pro x ponatur $x + \omega$.

Sit

Sit igitur

$$S = \overset{1}{A} + \overset{2}{B} + \overset{3}{C} + \overset{4}{D} + \ldots + \overset{x}{X}$$

atque ponatur Σ valor ipſius S, quem recipit, ſi pro x ponatur $x + \omega$, ſitque Z terminus ſeriei reſpondens indici $x + \omega$. Iam igitur termini, qui reſpondent indicibus $x + 1$, $x + 2$, $x + 3$, &c. indicentur per X', X'', X''', X^{IV}, &c. atque is, qui conuenit indici infinito $x + \infty$ per $X^{|\infty|}$. Similique modo termini competentes indicibus $x + \omega + 1$, $x + \omega + 2$, $x + \omega + 3$ &c. indicentur per Z', Z'', Z''', &c. & ſit $Z^{|\infty|}$ terminus reſpondens indici $x + \omega + \infty$. Quibus poſitis erit

$$S' = S + X'$$
$$S'' = S + X' + X''$$
$$S''' = S + X' + X'' + X'''$$
&c.
$$S^{|\infty|} = S + X' + X'' + X''' + \ldots + X^{|\infty|}$$

Simili modo cum etiam Σ ſucceſſiue terminis Z', Z'' &c. augeatur, erit

$$\Sigma' = \Sigma + Z'$$
$$\Sigma'' = \Sigma + Z' + Z''$$
$$\Sigma''' = \Sigma + Z' + Z'' + Z'''$$
&c.
$$\Sigma^{|\infty|} = \Sigma + Z' + Z'' + Z''' + \ldots + Z^{|\infty|}$$

370. Nunc natura ſeriei S, S', S'', S''', &c. eſt perpendenda, qualis futura ſit, ſi in infinitum continue-

 tur

tur: quae ſi in infinito cum progreſſione arithmetica confundatur; quod fit ſi termini ſeriei X, X', X'', X''', &c. in infinito ad aequalitatem conuergant, ita vt differentiae ſeriei S, S', S'', &c. tandem fiant aequales: hoc caſu quantitates $S^{|\infty|}$, $S^{|\infty+2|}$, $S^{|\infty+1|}$ &c. erunt in arithmetica progreſſione, & cum ſit $\Sigma^{|\infty|} = S^{|\infty+\omega|}$ ob $S^{|\infty+\omega|} = S^{|\infty|} + \omega(S^{|\infty+1|} - S^{|\infty|}) = \omega S^{|\infty+1|} + (1-\omega)S^{|\infty|}$ erit $\Sigma^{|\infty|} = \omega S^{|\infty+1|} + (1-\omega) S^{|\infty|}$. At eſt $S^{|\infty+1|} = S^{|\infty|} + X^{|\infty+1|}$, vnde fit $\Sigma^{|\infty|} = S^{|\infty|} + \omega X^{|\infty+1|}$, ex quo obtinebitur haec aequatio

$$\Sigma + Z' + Z'' + Z''' + \ldots + Z^{|\infty|} =$$
$$S + X' + X'' + X''' + \ldots + X^{|\infty|} + \omega X^{|\infty+1|}$$

ex qua definitur valor quaeſitus Σ, quem induit functio S, dum in ea $x + \omega$ loco x ſubſtituitur; eritque

$$\Sigma = S + \omega X^{|\infty+1|} + X' + X'' + X''' + \&c. \text{ in infinitum}$$
$$- Z' - Z'' - Z''' - \&c. \text{ in infinitum}$$

Quare ſi ſeriei A, B, C, D, &c. termini infiniteſimi euaneſcant, terminus $\omega X^{|\infty+1|}$ euaneſcit, & omitti poteſt.

371. Exprimitur ergo valor ipſius Σ per nouam ſeriem infinitam, quae exhiberi poteſt, ſi ſeriei $A + B + C +$ &c. habeatur terminus generalis, ex quo valores terminorum Z', Z'', Z''', &c. definiri queant. Poſito ergo ω infinite paruo, cum ſit $\Sigma - S$ differentiale functionis S, hoc differentiale dS per ſeriem infinitam exprimetur. Atque ſi nequidem altiores poteſtates ipſius

ω negligantur, habebitur differentiale completum functionis huius inexplicabilis S, cuius natura, quo clarius ob oculos ponatur, sequentibus exemplis hoc negotium illustrabimus.

EXEMPLUM I.

Inuenire differentiale huius functionis inexplicabilis

$$S = 1 + \tfrac{1}{2} + \tfrac{1}{3} + \tfrac{1}{4} + \dots\dots + \frac{1}{x}.$$

Quoniam huius seriei terminus generalis X est $= \frac{1}{x}$ ac propterea

$X' = \frac{1}{x+1}$	$Z' = \frac{1}{x+1+\omega}$
$X'' = \frac{1}{x+2}$	$Z'' = \frac{1}{x+2+\omega}$
$X''' = \frac{1}{x+3}$	$Z''' = \frac{1}{x+3+\omega}.$
&c.	&c.

ob $X^{(\infty+1)} = \frac{1}{x+\infty+1} = 0$, si loco x ponatur $x+\omega$ functio S abibit in Σ, vt sit

$$\Sigma = S + \frac{1}{x+1} + \frac{1}{x+2} + \frac{1}{x+3} + \&c.$$
$$- \frac{1}{x+1+\omega} - \frac{1}{x+2+\omega} - \frac{1}{x+3+\omega} - \&c.$$

siue binis his terminis in singulos colligendis, erit

$$\Sigma = S + \frac{\omega}{(x+1)(x+1+\omega)} + \frac{\omega}{(x+2)(x+2+\omega)} + \frac{\omega}{(x+3)(x+3+\omega)} + \&c.$$

 seu

seu cum sit

$$\frac{1}{x+1+\omega}=\frac{1}{x+1}-\frac{\omega}{(x+1)^2}+\frac{\omega^2}{(x+1)^3}-\frac{\omega^3}{(x+1)^4}+\&c.$$

$$\frac{1}{x+2+\omega}=\frac{1}{x+2}-\frac{\omega}{(x+2)^2}+\frac{\omega^2}{(x+2)^3}-\frac{\omega^3}{(x+2)^4}+\&c.$$

&c.

erit seriebus secundum potestates ipsius ω dispositis

$$\Sigma=S+\omega\left(\frac{1}{(x+1)^2}+\frac{1}{(x+2)^2}+\frac{1}{(x+3)^2}+\frac{1}{(x+4)^2}+\&c.\right)$$
$$-\omega^2\left(\frac{1}{(x+1)^3}+\frac{1}{(x+2)^3}+\frac{1}{(x+3)^3}+\frac{1}{(x+4)^3}+\&c.\right)$$
$$+\omega^3\left(\frac{1}{(x+1)^4}+\frac{1}{(x+2)^4}+\frac{1}{(x+3)^4}+\frac{1}{(x+4)^4}+\&c.\right)$$
$$-\omega^4\left(\frac{1}{(x+1)^5}+\frac{1}{(x+2)^5}+\frac{1}{(x+3)^5}+\frac{1}{(x+4)^5}+\&c.\right)$$

&c.

Posito ergo dx pro ω obtinebimus functionis propositae S differentiale completum

$$dS=dx\left(\frac{1}{(x+1)^2}+\frac{1}{(x+2)^2}+\frac{1}{(x+3)^2}+\frac{1}{(x+4)^2}+\&c.\right)$$
$$-dx^2\left(\frac{1}{(x+1)^3}+\frac{1}{(x+2)^3}+\frac{1}{(x+3)^3}+\frac{1}{(x+4)^3}+\&c.\right)$$
$$+dx^3\left(\frac{1}{(x+1)^4}+\frac{1}{(x+2)^4}+\frac{1}{(x+3)^4}+\frac{1}{(x+4)^4}+\&c.\right)$$
$$-dx^4\left(\frac{1}{(x+1)^5}+\frac{1}{(x+2)^5}+\frac{1}{(x+3)^5}+\frac{1}{(x+4)^5}+\&c.\right)$$

&c.

EXEM-

EXEMPLUM II.

Inuenire differentiale huius functionis inexplicabilis ipsius S:

$$S = 1 + \frac{1}{3} + \frac{1}{5} + \frac{1}{7} + \ldots + \frac{1}{2x-1}.$$

Quia huius seriei terminus generalis est $X = \frac{1}{2x-1}$; erit:

$X' = \frac{1}{2x+1}$	$Z' = \frac{1}{2x+1+2\omega}$
$X'' = \frac{1}{2x+3}$	$Z'' = \frac{1}{2x+3+2\omega}$
$X''' = \frac{1}{2x+5}$	$Z''' = \frac{1}{2x+5+2\omega}$
&c.	&c.

ob terminos huius seriei infinitesimos euanescentes & aequales, prodibit valor ipsius S, si loco x ponatur $x + \omega$

$$\Sigma = S + \frac{1}{2x+1} + \frac{1}{2x+3} + \frac{1}{2x+5} + \&c.$$

$$- \frac{1}{2x+1+2\omega} - \frac{1}{2x+3+2\omega} - \frac{1}{2x+5+2\omega} - \&c.$$

seu

$$\Sigma = S + \frac{2\omega}{(2x+1)(2x+1+2\omega)} + \frac{2\omega}{(2x+3)(2x+3+2\omega)} + \&c.$$

Verum si singuli termini in series secundum dimensiones ipsius ω resoluantur, erit:

$\Sigma =$

$$\Sigma = S + 2\omega\left(\frac{1}{(2x+1)^2} + \frac{1}{(2x+3)^2} + \frac{1}{(2x+5)^2} + \&c.\right)$$
$$- 4\omega^2\left(\frac{1}{(2x+1)^3} + \frac{1}{(2x+3)^3} + \frac{1}{(2x+5)^3} + \&c.\right)$$
$$+ 8\omega^3\left(\frac{1}{(2x+1)^4} + \frac{1}{(2x+3)^4} + \frac{1}{(2x+5)^4} + \&c.\right)$$
$$- 16\omega^4\left(\frac{1}{(2x+1)^5} + \frac{1}{(2x+3)^5} + \frac{1}{(2x+5)^5} + \&c.\right)$$
$$\&c.$$

Ponatur nunc dx pro ω, atque prodibit differentiale completum functionis inexplicabilis S propositae:

$$dS = 2dx\left(\frac{1}{(2x+1)^2} + \frac{1}{(2x+3)^2} + \frac{1}{(2x+5)^2} + \&c.\right)$$
$$- 4dx^2\left(\frac{1}{(2x+1)^3} + \frac{1}{(2x+3)^3} + \frac{1}{(2x+5)^3} + \&c.\right)$$
$$+ 8dx^3\left(\frac{1}{(2x+1)^4} + \frac{1}{(2x+3)^4} + \frac{1}{(2x+5)^4} + \&c.\right)$$
$$- 16dx^4\left(\frac{1}{(2x+1)^5} + \frac{1}{(2x+3)^5} + \frac{1}{(2x+5)^5} + \&c.\right)$$
$$\&c.$$

EXEM-

EXEMPLUM III.

Inuenire differentiale completum functionis huius inexplicabilis ipsius S:

$$S = 1 + \frac{1}{2^n} + \frac{1}{3^n} + \frac{1}{4^n} + \ldots\ldots + \frac{1}{x^n}.$$

Cum huius seriei terminus generalis sit $= \frac{1}{x^n}$, erunt termini infinitesimi euanescentes & inter se aequales. Hincque ob

$X' = \frac{1}{(x+1)^n}$	$Z' = \frac{1}{(x+1+\omega)^n}$
$X'' = \frac{1}{(x+2)^n}$	$Z'' = \frac{1}{(x+2+\omega)^n}$
$X''' = \frac{1}{(x+3)^n}$	$Z''' = \frac{1}{(x+3+\omega)^n}$
&c.	&c.

erit:

$$X' - Z' = \frac{n\omega}{(x+1)^{n+1}} - \frac{n(n+1)\omega^2}{2(x+1)^{n+2}} + \frac{n(n+1)(n+2)\omega^3}{6(x+1)^{n+3}} - \&c.$$

$$X'' - Z'' = \frac{n\omega}{(x+2)^{n+1}} - \frac{n(n+1)\omega^2}{2(x+2)^{n+2}} + \frac{n(n+1)(n+2)\omega^3}{6(x+2)^{n+3}} - \&c.$$

&c.

ex quibus inuenitur:

$$\Sigma - S = n\omega\left(\frac{1}{(x+1)^{n+1}} + \frac{1}{(x+2)^{n+1}} + \frac{1}{(x+3)^{n+1}} + \&c.\right)$$

$$- \frac{n(n+1)}{1.\ 2}\omega^2\left(\frac{1}{(x+1)^{n+2}} + \frac{1}{(x+2)^{n+2}} + \frac{3}{(x+3)^{n+2}} + \&c.\right)$$

$$+ \frac{n(n+1)(n+2)}{1.\ 2.\ 3}\omega^3\left(\frac{1}{(x+1)^{n+3}} + \frac{1}{(x+2)^{n+3}} + \frac{1}{(x+3)^{n+3}} + \&c.\right)$$

&c.

 Qua-

Quare posito $\omega = dx$ prodibit differentiale completum functionis S quaesitum:

$$dS = + n\,dx\left(\frac{1}{(x+1)^{n+1}} + \frac{1}{(x+2)^{n+1}} + \frac{1}{(x+3)^{n+1}} + \&c.\right)$$

$$- \frac{n(n+1)}{1.\,2}dx^2\left(\frac{1}{(x+1)^{n+2}} + \frac{1}{(x+2)^{n+2}} + \frac{1}{(x+3)^{n+2}} + \&c.\right)$$

$$+ \frac{n(n+1)(n+2)}{1.\,2.\,3}dx^3\left(\frac{1}{(x+1)^{n+3}} + \frac{1}{(x+2)^{n+3}} + \frac{1}{(x+3)^{n+3}} + \&c.\right)$$

&c.

382. Ex his quoque summae istarum serierum interpolari, seu valores terminorum summatoriorum exhiberi possunt, quando numerus terminorum non est numerus integer. Si enim ponatur $x = 0$, erit quoque $S = 0$, atque Σ exprimet summam tot terminorum, quot numerus ω continet vnitates, etiamsi iste numerus ω non sit integer. Ita in exemplo primo si ponatur

$$\Sigma = 1 + \frac{1}{2} + \frac{1}{3} + \dots\dots + \frac{1}{\omega}$$

erit:

$$\Sigma = \frac{\omega}{1(1+\omega)} + \frac{\omega}{2(2+\omega)} + \frac{\omega}{3(3+\omega)} + \frac{\omega}{4(4+\omega)} + \&c.$$

siue

$$\Sigma = \omega\left(1 + \frac{1}{4} + \frac{1}{9} + \frac{1}{16} + \frac{1}{25} + \&c.\right)$$

$$- \omega^2\left(1 + \frac{1}{2^3} + \frac{1}{3^3} + \frac{1}{4^3} + \frac{1}{5^3} + \&c.\right)$$

$$+ \omega^3\left(1 + \frac{1}{2^4} + \frac{1}{3^4} + \frac{1}{4^4} + \frac{1}{5^4} + \&c.\right)$$

&c.

In

In exemplo vero tertio erit:

$$\Sigma = 1 + \frac{1}{2^n} + \frac{1}{3^n} + \frac{1}{4^n} + \ldots\ldots + \frac{1}{\omega^n}.$$

Valorque ipſius Σ, ſiue ω ſit numerus integer ſiue fractus, per ſeries ſequenti modo exprimetur:

$$\Sigma = \quad n\omega\left(1 + \frac{1}{2^{n+1}} + \frac{2}{3^{n+1}} + \frac{1}{4^{n+1}} + \&c.\right)$$

$$- \frac{n(n+1)}{1.\ 2}\omega^2\left(1 + \frac{1}{2^{n+2}} + \frac{1}{3^{n+2}} + \frac{1}{4^{n+2}} + \&c.\right)$$

$$+ \frac{n(n+1)(n+2)}{1.\ 2.\ 3}\omega^3\left(1 + \frac{1}{2^{n+3}} + \frac{1}{3^{n+3}} + \frac{1}{4^{n+3}} + \&c.\right)$$

&c.

373. Haec eadem quoque ad ſeriem generalem accommodari poſſunt, cum enim ſit

$$S = \overset{1}{A} + \overset{2}{B} + \overset{3}{C} + \overset{4}{D} + \ldots\ldots + \overset{x}{X}$$

atque poſito $x + \omega$ loco x, abeat X in Z, & S in Σ, erit:

$$Z = X + \frac{\omega dX}{dx} + \frac{\omega^2 ddX}{1.2\, dx^2} + \frac{\omega^3 d^3X}{1.2.3\, dx^3} + \&c.$$

& quia ſimili modo Z', Z'', Z''', &c. per X', X'', X''', &c. exprimuntur, erit:

$$\Sigma = S + \omega X^{|\omega+1|} - \frac{\omega}{dx}\, d.\, [X' + X'' + X''' + X'''' + \&c.]$$

$$- \frac{\omega^2}{1.2\, dx^2}\, dd.\, [X' + X'' + X''' + X'''' + \&c.]$$

$$- \frac{\omega^3}{1.2.3\, dx^3}\, d^3.\, [X' + X'' + X''' + X'''' + \&c.]$$

&c.

&

& nisi $X^{|\omega+1|}$ sit $=0$, hoc modo exprimi poterit, vt consideratio infiniti tollatur:

$$X^{|\omega+1|} = X' + (X''-X') + (X'''-X'') + (X''''-X''') + \&c.$$

eritque ergo:

$$\Sigma = S + \omega X' + \omega[(X''-X') + (X'''-X'') + (X''''-X''') + \&c.]$$
$$- \frac{\omega}{dx}\, d.\,[X' + X'' + X''' + X'''' + X''''' + \&c.]$$
$$- \frac{\omega^2}{2\,dx^2}\, dd.\,[X' + X'' + X''' + X'''' + \&c.]$$
$$- \frac{\omega^3}{6\,dx^3}\, d^3.\,[X' + X'' + X''' + X'''' + \&c.]$$

&c.

Si ergo ponatur $\omega = dx$, orietur differentiale completam ipsius $S = A + B + C + \ldots + X$, ita expressum:

$$dS = X'dx + dx[(X''-X') + (X'''-X'') + (X''''-X''') + \&c.]$$
$$- d.\,[X' + X'' + X''' + X'''' + \&c.]$$
$$- \tfrac{1}{2}\,dd.\,[X' + X'' + X''' + X'''' + \&c.]$$
$$- \tfrac{1}{6}\,d^3.\,[X' + X'' + X''' + X'''' + \&c.]$$

&c.

374. Ponamus esse $x=0$, fiet $X'=A$, $X''=B$, &c. ideoque $X' + X'' + X''' + \&c.$ erit series infinita cuius terminus generalis est $=X$. Formentur deinde series ex his terminis generalibus:

$$\frac{dX}{dx};\quad \frac{ddX}{2\,dx^2};\quad \frac{d^3X}{6\,dx^3};\quad \frac{d^4X}{24\,dx^4};\quad \&c.$$

qua-

quarum seriarum in infinitum continuatarum summae sint:

$$\int .X = \mathfrak{A}$$

$$\int .\frac{dX}{dx} = \mathfrak{B}$$

$$\int .\frac{ddX}{2\,dx^2} = \mathfrak{C}$$

$$\int .\frac{d^3X}{6\,dx^3} = \mathfrak{D} \quad \&c.$$

& quia posito $x = 0$, fit quoque $S = 0$, & Σ erit summa seriei $A + B + C + D + \ldots + Z$ continentis ω terminos; est enim Z terminus indicis ω, siue ω sit numerus integer siue fractus. Quare habebitur

$$\Sigma = \omega A + \omega[(B-A) + (C-B) + (D-C) + \&c.]$$
$$- \omega\mathfrak{B} - \omega^2\mathfrak{C} - \omega^3\mathfrak{D} - \omega^4\mathfrak{E} - \&c.$$

vbi prima series praetermitti potest, si seriei propositae termini tandem euanescant.

373. Scribamus nunc x loco ω, abibitque Σ in S ita vt sit

$$\begin{matrix} & 1 & & 2 & & 3 & & 4 & & & & x \\ S = & A & + & B & + & C & + & D & + & \ldots & + & X \end{matrix}$$

atque idem ipsius S valor iam per seriem infinitam exprimetur hoc modo:

$$S = Ax + x[(B-A) + (C-B) + (D-C) + \&c.]$$
$$- \mathfrak{B}x - \mathfrak{C}x^2 - \mathfrak{D}x^3 - \mathfrak{E}x^4 - \mathfrak{F}x^5 - \&c.$$

cuius valor cum aeque distincte exprimatur, siue x sit numerus integer siue fractus, differentialia ipsius S cuiusque ordinis hinc facile exhiberi possunt:

$$\frac{dS}{dx} = A + (B - A) + (C - B) + (D - C) + \&c.$$
$$- \mathfrak{B} - 2\mathfrak{C}x - 3\mathfrak{D}x^2 - 4\mathfrak{E}x^3 - \&c.$$
$$\frac{ddS}{2dx^2} = - \mathfrak{C} - 3\mathfrak{D}x - 6\mathfrak{E}x^2 - 10\mathfrak{F}x^3 - \&c.$$
$$\frac{d^3S}{6dx^3} = - \mathfrak{D} - 4\mathfrak{E}x - 10\mathfrak{F}x^2 - 20\mathfrak{G}x^3 - \&c.$$
$$\frac{d^4S}{24dx^4} = - \mathfrak{E} - 5\mathfrak{F}x - 15\mathfrak{G}x^2 - \&c.$$

Quare cum differentiale completum sit

$$= dS + \tfrac{1}{2}ddS + \tfrac{1}{6}d^3S + \tfrac{1}{24}d^4S + \&c.$$

erit functionis propositae S differentiale completum:

$$dS = Adx + (B - A)dx + (C - B)dx + (D - C)dx + \&c.$$
$$- \mathfrak{B}dx - \mathfrak{C}(2xdx + dx^2) - \mathfrak{D}(3x^2dx + 3xdx^2 + dx^3)$$
$$- \mathfrak{E}(4x^3dx + 6x^2dx^2 + 4xdx^3 + dx^4) - \&c.$$

376. Hoc ergo modo functionis cuiusque inexplicabilis S differentiale assignari potest, si seriei $A + B + C + D + \&c.$ termini infinitesimi vel euanescant vel inter se sint aequales. Quodsi enim huius termini infinitesimi non fuerint $= 0$, tum summa seriei $\mathfrak{B}$, quae ex termino generali $\frac{dX}{dx}$ formatur, fiet infinita; at vero cum serie $A + (B - A) + (C - B) + (D - C) + \&c.$ coniuncta summam finitam constituet. At fieri potest, vt termini seriei $A + B + C + D + \&c.$ ita in infinitum augeantur, vt non solum seriei $\mathfrak{B}$, sed etiam seriei $\mathfrak{C}$ summa fiat infinite magna, quo casu non sufficit seri-

feriem A+(B−A)+(C−B)+&c. adiecisse: sed quoniam hoc casu valores infinitesimi §. 370. considerati, nempe $S^{|\omega|}$, $S^{|\omega+1|}$, $S^{|\omega+2|}$, non amplius in arithmetica sunt progressione, vti assumseramus, huius progressionis ratio erit habenda. Quemadmodum ergo assumsimus, horum terminorum differentias primas esse aequales; ita methodum amplius extendemus, si horum valorum differentias demum secundas, vel tertias, vel vlteriores constantes statuamus.

377. Retento ergo eodem ratiocinio, quo §. 369. sumus usi, ponamus memoratorum valorum differentias demum secundas esse constantes:

$$S^{|\omega|}, \quad S^{|\omega+1|}, \quad S^{|\omega+2|};$$

DIFF. I. $\quad X^{|\omega+1|}, \quad X^{|\omega+2|}$

DIFF. II. $\quad X^{|\omega+2|} - X^{|\omega+1|}$

Hinc erit $\Sigma^{|\omega|} = S^{|\omega+\omega|} = S^{|\omega|} + \omega X^{|\omega+1|} + \frac{\omega(\omega-1)}{1.\,2}$ $(X^{|\omega+2|} - X^{|\omega+1|}) = S^{|\omega|} - \frac{\omega(\omega-3)}{1.\,2} X^{|\omega+1|} + \frac{\omega(\omega-1)}{1.\,2} X^{|\omega+2|}$.

Quamobrem habebimus hanc aequationem:

$$\Sigma + Z' + Z'' + Z''' + \ldots + Z^{|\omega|} =$$
$$S + X' + X'' + X''' + \ldots + X^{|\omega|} -$$
$$\frac{\omega(\omega-3)}{1.\,2} X^{|\omega+1|} + \frac{\omega(\omega-1)}{1.\,2} X^{|\omega+2|},$$

ex

ex qua elicitur:

$$\Sigma = S + X' + X'' + X''' + X'''' + \&c. \text{ in infinitum}$$
$$- Z' - Z'' - Z''' - Z'''' - \&c. \text{ in infinitum}$$
$$+ \omega X^{|\omega+1|} + \frac{\omega(\omega-1)}{1.\,2}\left(X^{|\omega+2|} - X^{|\omega+1|}\right).$$

Termini autem isti infinitesimi ita repraesentari poterunt, vt sit

$$\Sigma = S + X' + X'' + X''' + X'''' + \&c.$$
$$- Z' - Z'' - Z''' - Z'''' - \&c.$$
$$+ \omega X' + \omega \begin{cases} + X'' + X''' + X'''' + X''''' + \&c. \\ - X' - X'' - X''' - X'''' - \&c. \end{cases}$$
$$\begin{matrix} + \frac{\omega(\omega-1)}{1.\,2} X'' \\ - \frac{\omega(\omega-1)}{1.\,2} X' \end{matrix} + \frac{\omega(\omega-1)}{1.\,2} \begin{cases} + X''' + X^{IV} + X^{V} + \&c. \\ - 2X'' - 2X''' - 2X^{IV} - \&c. \\ + X' + X'' + X''' + \&c. \end{cases}$$

vnde simul lex patet, qua haec expressio erit comparata, si differentiae demum tertiae vel quartae vel vlteriores fuerint constantes.

378. Cum igitur sit, vt supra demonstrauimus:

$$Z = X + \frac{\omega dX}{1\, dx} + \frac{\omega^2 ddX}{1.\,2\, dx^2} + \frac{\omega^3 d^3X}{1.\,2.\,3\, dx^3} + \&c.$$

si loco Z', Z'', Z''', &c. valores hinc oriundos substituamus, erit valor ipsius S, si loco x scribatur $x + \omega$, sequens:

$\Sigma = S$

$$\Sigma = S + \omega X' + \omega \left\{ \begin{array}{l} + X'' + X''' + X^{\text{IV}} + X^{\text{V}} + \&c. \\ - X' - X'' - X''' - X^{\text{IV}} - \&c. \end{array} \right\}$$

$$\begin{array}{l} + \frac{\omega(\omega-1)}{1.\ 2} X'' \\ - \frac{\omega(\omega-1)}{1.\ 2} X' \end{array} + \frac{\omega(\omega-1)}{1.\ 2} \left\{ \begin{array}{l} + X''' + X^{\text{IV}} + X^{\text{V}} + X^{\text{VI}} + \&c. \\ -2X'' - 2X''' - 2X^{\text{IV}} - 2X^{\text{V}} - \&c. \\ + X' + X'' + X''' + X^{\text{IV}} + \&c. \end{array} \right\}$$

$$- \frac{\omega}{dx} d. [X' + X'' + X''' + X'''' + \&c.]$$

$$- \frac{\omega^2}{2\,dx^2} d^2. [X' + X'' + X''' + X'''' + \&c.]$$

$$- \frac{\omega^3}{6\,dx^3} d^3. [X' + X'' + X''' + X'''' + \&c.]$$

&c.

Si ergo loco ω ponatur dx, prodibit differentiale completum functionis inexplicabilis propositae S; scilicet

$$dS = X'dx + dx \left\{ \begin{array}{l} + X'' + X''' + X^{\text{IV}} + X^{\text{V}} + \&c. \\ - X' - X'' - X''' - X^{\text{IV}} - \&c. \end{array} \right\}$$

$$\begin{array}{l} - X'' \frac{dx(1-dx)}{1.\ 2} \\ + X' \frac{dx(1-dx)}{1.\ 2} \end{array} - \frac{dx(1-dx)}{1.\ 2} \left\{ \begin{array}{l} + X''' + X^{\text{IV}} + X^{\text{V}} + X^{\text{VI}} + \&c. \\ -2X'' - 2X''' - 2X^{\text{IV}} - 2X^{\text{V}} - \&c. \\ + X' + X'' + X''' + X^{\text{IV}} + \&c. \end{array} \right\}$$

$$\begin{array}{l} + X''' \frac{dx(1-dx)(2-dx)}{1.\ 2.\ 3} \\ - 2X'' \frac{dx(1-dx)(2-dx)}{1.\ 2.\ 3} \\ + X' \frac{dx(1-dx)(2-dx)}{1.\ 2.\ 3} \end{array} + \frac{dx(1-dx)(2-dx)}{1.\ 2.\ 3} \left\{ \begin{array}{l} + X^{\text{IV}} + X^{\text{V}} + \&c. \\ -3X''' - 3X^{\text{IV}} - \&c. \\ + 3X'' + 3X''' + \&c. \\ - X' - X'' - \&c. \end{array} \right\}$$

&c.

$$
\begin{aligned}
&-\ d.\ [X' + X'' + X''' + X^{iv} + X^{v} + \&c.]\\
&-\ \tfrac{1}{2}\, dd.\ [X' + X'' + X''' + X^{iv} + X^{v} + \&c.]\\
&-\ \tfrac{1}{6}\, d^3.\ [X' + X'' + X''' + X^{iv} + X^{v} + \&c.]\\
&-\ \tfrac{1}{24}\, d^4.\ [X' + X'' + X''' + X^{iv} + X^{v} + \&c.]\\
&\qquad\qquad \&c.
\end{aligned}
$$

quae expressio latissime patet, & quotaecunque demum differentiae fuerint constantes, differentiale quaesitum exhibet. Accommodata enim est haec formula ad differentias constantes, & simul lex patet, si forte vlterius progredi necesse sit.

379. Quod si series $A + B + C + D + \&c.$ ex qua formatur functio inexplicabilis

$$S = \overset{1}{A} + \overset{2}{B} + \overset{3}{C} + \overset{4}{D} + \ldots + \overset{x}{X}$$

ita fuerit comparata, vt eius termini infinitesimi euanescant, tum vti iam notauimus erit:

$$
\begin{aligned}
dS = &-\ d.\ [X' + X'' + X''' + X^{iv} + \&c.]\\
&-\ \tfrac{1}{2}\, dd.\ [X' + X'' + X''' + X^{iv} + \&c.]\\
&-\ \tfrac{1}{6}\, d^3.\ [X' + X'' + X''' + X^{iv} + \&c.]\\
&-\ \tfrac{1}{24}\, d^4.\ [X' + X'' + X''' + X^{iv} + \&c.]\\
&\qquad\qquad \&c.
\end{aligned}
$$

Sin autem illius seriei termini infinitesimi non sint $= 0$, sed tamen differentias habeant euanescentes, tum ad istam expressionem insuper addi debet

$$dx \left\{ X' \begin{array}{l} + X'' + X''' + X^{iv} + X^{v} + \&c. \\ - X' - X'' - X''' - X^{iv} - \&c. \end{array} \right]$$

Ve-

Verum si terminorum infinitesimorum huius seriei $A + B + C + D +$ &c. differentiae demum secundae euanescant, tum praeterea adiici oportet:

$$\frac{dx(dx-1)}{1 \cdot 2}\left\{\begin{array}{lllll} +X'' & +X''' & +X^{IV} & +X^{V} & +\&c. \\ & -2X'' & -2X''' & -2X^{IV} & -\&c. \\ -X' & +X' & +X'' & +X''' & +\&c. \end{array}\right\}$$

Atque si memoratorum terminorum infinitesimorum differentiae demum tertiae fuerint euanescentes, tum praeter has iam exhibitas expressiones insuper addi debet.

$$\frac{dx(dx-1)(dx-2)}{1 \cdot 2 \cdot 3}\left\{\begin{array}{lllll} X''' & +X^{IV} & +X^{V} & +X^{VI} & +\&c. \\ -2X'' & -3X''' & -3X^{IV} & -3X^{V} & -\&c. \\ +X' & +3X'' & +3X''' & +3X^{IV} & +\&c. \\ & -X' & -X'' & -X''' & -\&c. \end{array}\right\}$$

Sicque porro expressiones insuper addendae erunt comparatae, si vlteriores demum differentiae terminorum infinitesimorum seriei $A + B + C + D +$ &c. euanescant. Hincque adeo quaecunque series assumatur, dummodo eius termini infinitesimi tandem ad differentias euanescentes perducantur, functionis inexplicabilis ex ea formatae differentiale definiri poterit.

380. Si ponatur $x = 0$, fiet $X' = A$, $X'' = B$, $X''' = C$ &c. Quare vti $A + B + C + D +$ &c. est series, cuius terminus generalis est X, si ex terminis generalibus $\frac{dX}{dx}$; $\frac{ddX}{2dx^2}$; $\frac{d^3X}{6dx^3}$; $\frac{d^4X}{24dx^4}$; &c. simili modo formentur series infinitae, earumque summae denotentur per litteras: $\mathfrak{B}$; $\mathfrak{C}$; $\mathfrak{D}$; $\mathfrak{E}$; &c. respectiue. Summa

ω terminorum feriei A + B + C + D + &c. ita exprimetur, vt perinde fit, fiue ω fit numerus integer fiue fecus. Scribamus ergo x pro ω, vt fit,

$$S = \overset{1}{A} + \overset{2}{B} + \overset{3}{C} + \overset{4}{D} + \ldots + \overset{x}{X}$$

atque fi huius feriei termini infinitefimi euanefcant, erit

$$S = -\mathfrak{B}x - \mathfrak{C}x^2 - \mathfrak{D}x^3 - \mathfrak{E}x^4 - \&c.$$

At fi termini infinitefimi differentias faltem primas habeant conftantes, tum ad hunc valorem infuper addi debet hic:

$$x\left\{\begin{array}{llllll} A & +\,B & +\,C & +\,D & +\,E & +\,\&c. \\ & -\,A & -\,B & -\,C & -\,D & -\,\&c. \end{array}\right]$$

fin autem illorum terminorum infinitefimorum differentiae demum fecundae euanefcant, tum praeterea addi debet:

$$\frac{x(x-1)}{1.\ 2}\left\{\begin{array}{llllll} +\,B & +\,C & +\,D & +\,E & +\,F & +\,\&c. \\ -\,A & -\,2B & -\,2C & -\,2D & -\,2E & -\,\&c. \\ & +\,A & +\,B & +\,C & +\,D & +\,\&c. \end{array}\right]$$

Si differentiae demum tertiae fuerint euanefcentes, tum infuper adiici debet haec feries infinita:

$$\frac{x(x-1)(x-2)}{1.\ 2.\ 3.}\left\{\begin{array}{llllll} +\,C & +\,D & +\,E & +\,F & +\,G & +\,\&c. \\ -\,2B & -\,3C & -\,3D & -\,3E & -\,3F & -\,\&c. \\ +\,A & +\,3B & +\,3C & +\,3D & +\,3E & +\,\&c. \\ & -\,A & -\,B & -\,C & -\,D & -\,\&c. \end{array}\right]$$

&c.

381. Accommodemus haec quoque ad alterum functionum inexplicabilium genus, quae constant continuo producto terminorum aliquot seriei propositae A + B + C + D + &c. sitque

$$S = \overset{1}{A}\ \overset{2}{B}\ \overset{3}{C}\ \overset{4}{D}\ \ldots\ldots \overset{x}{X}$$

& quaeratur primo valor Σ, in quem S transmutatur, si loco x scribatur $x + \omega$; ponamus autem vt ante esse Z terminum seriei A + B + C + D + &c. cuius index sit $= x + \omega$, vti X respondet indici x. Quo ergo hunc casum ad praecedentem reducamus sumamus logarithmos, eritque

$$lS = lA + lB + lC + lD + \ldots + lX$$

Quod si iam huius seriei termini infinitesimi euanescant, erit eandem methodum, qua ante vsi sumus, adhibendo

$$l\Sigma = lS + lX' + lX'' + lX''' + \&c.$$
$$- lZ' - lZ'' - lZ''' - \&c.$$

hincque ad numeros regrediendo erit

$$\Sigma = S.\frac{X'}{Z'}\cdot\frac{X''}{Z''}\cdot\frac{X'''}{Z'''}\cdot\frac{X''''}{Z''''}, \&c.$$

quae ergo expressio valet, si seriei A, B, C, D, &c. termini infinitesimi vnitati aequentur. Sin autem logarithmi terminorum infinitesimorum huius seriei non euanescant, at tamen differentias habeant euanescentes; tum ad illam seriem, quam pro $l\Sigma$ inuenimus, insuper addi debet haec series

$$\omega\, lX' + \omega\left(l\frac{X''}{X'} + l\frac{X'''}{X''} + l\frac{X''''}{X'''} + \&c.\right)$$

 sicque

sicque numeris sumendis habebitur

$$\Sigma = SX^{I\omega} . \frac{X^{II\omega} . X_{I}^{I(1-\omega)}}{Z'} . \frac{X^{III\omega} . X^{II(1-\omega)}}{Z''} . \frac{X^{IV\omega} . X^{III(1-\omega)}}{Z'''} . \ \&c.$$

382. Quodsi ergo ponamus $x = o$, quo casu fit $S = 1$ & $X' = A$, $X'' = B$; $X''' = C$; &c. Σ denotabit productum ω terminorum huius seriei A, B, C, D &c. Si igitur pro ω scribamus x, vt Σ obtineat valorem, quem ante ipsi S tribueramus, ita vt sit

$$S = \overset{1}{A} . \overset{2}{B} . \overset{3}{C} . \overset{4}{D} . \ldots \overset{x}{X}$$

quia nunc Z', Z'', Z''', &c. abeunt in X', X'', X''' &c. si logarithmi terminorum infinitesimorum istius seriei A, B, C, D, E, &c. euanescant, exprimetur S hoc modo

$$S = \frac{A}{X'} . \frac{B}{X''} . \frac{C}{X'''} . \frac{D}{X^{IV}} . \frac{E}{X^{V}} , \ \&c.$$

Sin autem differentiae demum logarithmorum terminorum infinitesimorum seriei A, B, C, D, &c. euanescant, tum ista functio S sequenti modo exprimetur, vt sit:

$$S = A^{x} . \frac{B^{x} A^{1-x}}{X'} . \frac{C^{x} B^{1-x}}{X''} . \frac{D^{x} C^{1-x}}{X'''} . \frac{E^{x} D^{1-x}}{X^{IV}} . \ \&c.$$

si illorum logarithmorum differentiae secundae demum sint euanescentes, ex praecedentibus facile colligitur, cuiusmodi factores insuper addi debeant; quem casum, cum vix occurrere soleat, hic praetermittamus. Ceterum

rum vsum harum expressionum in interpolationis negotio capite sequente ostendam.

383. Hic igitur cum differentiatio huiusmodi functionum inexplicabilium potissimum sit proposita: inuestigemus differentiale huius functionis

$$S = A . B . C . D . \ldots X$$

Ad hoc resumamus aequationem ante inuentam

$$l\Sigma = lS + lX' + lX'' + lX''' + \&c.$$
$$- lZ' - lZ'' - lZ''' - \&c.$$

& cum lZ oriatur ex lX, si loco x ponatur $x+\omega$, erit

$$lZ = lX + \frac{\omega}{dx} d. lX + \frac{\omega^2}{2dx^2} dd. lX + \frac{\omega^3}{6dx^3} d^3. lX + \&c.$$

quibus valoribus pro lZ', lZ'', lZ''', &c. substitutis habebitur

$$l\Sigma = lS - \frac{\omega}{dx} d \;[lX' + lX'' + lX''' + lX^{IV} + \&c.]$$
$$- \frac{\omega^2}{2dx^2} dd \;[lX' + lX'' + lX''' + lX^{IV} + \&c.]$$
$$- \frac{\omega^3}{6dx^3} d^3. [lX' + lX'' + lX''' + lX^{IV} + \&c.]$$
$$\&c.$$

Ponatur nunc $\omega = dx$, fietque $l\Sigma = lS + d. lS$, ideoque erit

$$\frac{dS}{S} = - d. \;[lX' + lX'' + lX''' + lX^{IV} + \&c.]$$
$$- \tfrac{1}{2} dd. [lX' + lX'' + lX''' + lX^{IV} + \&c.]$$
$$- \tfrac{1}{6} d^3. [lX' + lX'' + lX''' + lX^{IV} + \&c.]$$
$$\&c.$$

quae

quae formula valet, si logarithmi terminorum infinitesimorum seriei A, B, C, D, &c. euanescant; sin autem ipsi non euanescant, attamen differentias habeant euanescentes, tum ad praecedentem differentialis completi expressionem insuper addi debet haec series:

$$dx\,lX' + dx\left(l\frac{X''}{X'} + l\frac{X'''}{X''} + l\frac{X''''}{X'''} + \&c.\right)$$

vt obtineatur differentiale completum.

384. Idem adhuc alio modo praestari potest. Ponatur $x = 0$, quo casu abit lS in 0. Tum formentur series, quarum termini generales sint:

$$lX;\quad \frac{d.lX}{dx};\quad \frac{dd.lX}{2dx^2};\quad \frac{d^3.lX}{6dx^3};\quad \&c.$$

harumque serierum infinitarum summae sint respectiue: $\mathfrak{A}$, $\mathfrak{B}$, $\mathfrak{C}$, $\mathfrak{D}$, &c. Scribatur x pro ω, vt sit $\Sigma = S$, eritque

$$lS = -\mathfrak{B}x - \mathfrak{C}x^2 - \mathfrak{D}x^3 - \mathfrak{E}x^4 - \&c.$$

si quidem logarithmi terminorum infinitesimorum seriei A, B, C, D, &c. cuius terminus generalis est X, euanescant: at si horum logarithmorum differentiae demum euanescant, erit:

$$lS = x\,lA + x\left(l\frac{B}{A} + l\frac{C}{B} + l\frac{D}{C} + l\frac{E}{D} + \&c.\right)$$
$$- \mathfrak{B}x - \mathfrak{C}x^2 - \mathfrak{D}x^3 - \mathfrak{E}x^4 - \&c.$$

Hincque adeo differentiale ipsius lS erit:

$$\frac{dS}{S} = dx\,lA + dx\left(l\frac{B}{A} + l\frac{C}{B} + l\frac{D}{C} + l\frac{E}{D} + \&c.\right)$$
$$- \mathfrak{B}dx - 2\mathfrak{C}x\,dx - 3\mathfrak{D}x^2dx - 4\mathfrak{E}x^3dx - \&c.$$

At

At si differentiale completum desideretur, erit id:

$$\frac{dS}{S} = dx\,l\,A + dx\left(l\frac{B}{A} + l\frac{C}{B} + l\frac{D}{C} + l\frac{E}{D} + \&c.\right)$$

$$-\mathfrak{B}dx - \mathfrak{C}(2xdx + dx^2) - \mathfrak{D}(3xxdx + 3xdx^2 + dx^3)$$
$$- \&c.$$

Ad quarum formularum vsum ostendendum sequentia exempla adiicimus, quae vtroque modo resoluemus.

EXEMPLUM I.

Inuenire differentiale huius functionis inexplicabilis:

$$S = \frac{1}{2}\cdot\frac{3}{4}\cdot\frac{5}{6}\cdot\frac{7}{8}\cdot\;\ldots\;\frac{2x-1}{2x}.$$

Hic ante omnia notandum est, terminos infinitesimos horum factorum abire in vnitates, ideoque eorum logarithmos euanescere. Cum igitur sit $X = \frac{2x-1}{2x}$, erit

$X' = \frac{2x+1}{2x+2}$; $X'' = \frac{2x+3}{2x+4}$; $X''' = \frac{2x+5}{2x+6}$; &c.

& generaliter $X^{(n)} = \frac{2x+2n-1}{2x+2n}$;

 vnde

vnde erit:

$$lX^{[n]} = l(2x+2n-1) - l(2x+2n)$$

$$d.\,lX^{[n]} = \frac{2dx}{2x+2n-1} - \frac{2dx}{2x+2n}$$

$$dd.\,lX^{[n]} = -\frac{4dx^2}{(2x+2n-1)^2} + \frac{4dx^2}{(2x+2n)^2}$$

$$d^3.\,lX^{[n]} = +\frac{2.2.4dx^3}{(2x+2n-1)^3} - \frac{2.2.4dx^3}{(2x+2n)^3}$$

$$d^4.\,lX^{[n]} = -\frac{2.2.4.6dx^4}{(2+2n-1)^4} + \frac{2.2.4.6dx^4}{(2x+2n)^4}$$

&c.

Vnde erit differentiale completum:

$$\frac{dS}{S} = -2dx\left\{\begin{array}{l} \frac{1}{2x+1} + \frac{1}{2x+3} + \frac{1}{2x+5} + \&c. \\ -\frac{1}{2x+2} - \frac{1}{2x+4} - \frac{1}{2x+6} - \&c. \end{array}\right.$$

$$+\tfrac{1}{2}dx^2\left\{\begin{array}{l} \frac{1}{(2x+1)^2} + \frac{1}{(2x+3)^2} + \frac{1}{(2x+5)^2} + \&c. \\ -\frac{1}{(2x+2)^2} - \frac{1}{(2x+4)^2} - \frac{1}{(2x+6)^2} - \&c. \end{array}\right.$$

$$-\tfrac{1}{3}dx^3\left\{\begin{array}{l} \frac{1}{(2x+1)^3} + \frac{1}{(2x+3)^3} + \frac{1}{(2x+5)^3} + \&c. \\ -\frac{1}{(2x+2)^3} - \frac{1}{(2x+4)^3} - \frac{1}{(2x+6)^3} - \&c. \end{array}\right.$$

&c.

Quod

Quod si autem tantum differentiale primum quaeratur, erit id:

$$\frac{dS}{S} = -2dx \text{ in}$$

$$\left(\frac{1}{(2x+1)(2x+2)} + \frac{1}{(2x+3)(2x+4)} + \frac{1}{(2x+5)(2x+6)} + \&c.\right)$$

quod idem altera methodo §. 394. tradita ita inuestigatur. Cum sit $lX = l\frac{2x-1}{2x}$, erit $\frac{d.lX}{dx} = \frac{2}{2x-1} - \frac{1}{x}$;

$$\frac{dd.lX}{2dx^2} = -\frac{2}{(2x-1)^2} + \frac{1}{2xx};\ \frac{d^3.lX}{6dx^3} = +\frac{8}{3(2x-1)^3} - \frac{1}{3x^3}\&c.$$

ideoque fiet

$$\mathfrak{A} = l\frac{1}{2} + l\frac{3}{4} + l\frac{5}{6} + l\frac{7}{8} + \&c.$$

$$\mathfrak{B} = \left\{\begin{matrix} +\frac{2}{1} + \frac{2}{3} + \frac{2}{5} + \frac{2}{7} + \frac{2}{9} + \&c. \\ -\frac{2}{2} - \frac{2}{4} - \frac{2}{6} - \frac{2}{8} - \frac{2}{10} - \&c. \end{matrix}\right\} = 2\,l2$$

$$\mathfrak{C} = -\frac{4}{2}\left\{\begin{matrix} \frac{1}{1} + \frac{1}{3^2} + \frac{1}{5^2} + \frac{1}{7^2} + \&c. \\ -\frac{1}{2^2} - \frac{1}{4^2} - \frac{1}{6^2} - \frac{1}{8^2} - \&c. \end{matrix}\right\}$$

$$\mathfrak{D} = \frac{8}{3}\left\{\begin{matrix} \frac{1}{1} + \frac{1}{3^3} + \frac{1}{5^3} + \frac{1}{7^3} + \&c. \\ -\frac{1}{2^3} - \frac{1}{4^3} - \frac{1}{6^3} - \frac{1}{8^3} - \&c. \end{matrix}\right\}$$

&c.

siue erit:

$$\mathfrak{B} = +\frac{2}{1}\left(1 - \frac{1}{2} + \frac{1}{3} - \frac{1}{4} + \frac{1}{5} - \&c.\right)$$

$$\mathfrak{C} = -\frac{4}{2}\left(1 - \frac{1}{2^2} + \frac{1}{3^2} - \frac{1}{4^2} + \frac{1}{5^2} - \&c.\right),$$

$$\mathfrak{D} = +\frac{8}{3}\left(1 - \frac{1}{2^3} + \frac{1}{3^3} - \frac{1}{4^3} + \frac{1}{5^3} - \&c.\right)$$

$$\mathfrak{E} = -\frac{16}{4}\left(1 - \frac{1}{2^4} + \frac{1}{3^4} - \frac{1}{4^4} + \frac{1}{5^4} - \&c.\right)$$

&c.

Quibus valoribus inuentis substitutis erit:

$$\frac{dS}{S} = -2\,dx\left(1 - \frac{1}{2} + \frac{1}{3} - \frac{1}{4} + \frac{1}{5} - \&c.\right)$$
$$+ 4x\,dx\left(1 - \frac{1}{2^2} + \frac{1}{3^2} - \frac{1}{4^2} + \frac{1}{5^2} - \&c.\right)$$
$$- 8x^2dx\left(1 - \frac{1}{2^3} + \frac{1}{3^3} - \frac{1}{4^3} + \frac{1}{5^3} - \&c.\right)$$
$$+ 16x^3dx\left(1 - \frac{1}{2^4} + \frac{1}{3^4} - \frac{1}{4^4} + \frac{1}{5^4} - \&c.\right)$$

&c.

Si igitur sit $x = 0$, quo casu sit $lS = 0$ & $S = 1$, erit $dS = -2\,dx\,l2$.

EXEMPLUM II.

Inuenire differentiale huius functionis inexplicabilis:

$$S = 1.\ 2.\ 3.\ 4.\ \ldots\ldots\ x$$

Huius feriei 1, 2, 3, 4, &c. termini in infinitum ita crefcunt, vt logarithmorum differentiae euanefcant: eft enim $l(\infty+1) - l\infty = l\left(1+\frac{1}{\infty}\right) = \frac{1}{\infty} = 0$. Cum igitur fit $X = x$ erit $X' = x+1$; $X'' = x+2$; $X''' = x+3$; &c. porro autem ob $lX = lx$ fiet $d.lX = \frac{dx}{x}$; $dd.lX = -\frac{dx^2}{x^2}$; $d^3.lX = \frac{2dx^3}{x^3}$; $d^4.lX = -\frac{2.3dx^4}{x^4}$; &c. vnde fi logarithmi vltimi euanefcerent, foret

$$\frac{dS}{S} = -dx\left(\frac{1}{x+1} + \frac{1}{x+2} + \frac{1}{x+3} + \frac{1}{x+4} + \&c.\right)$$

$$+\frac{dx^2}{2}\left(\frac{1}{(x+1)^2} + \frac{1}{(x+2)^2} + \frac{1}{(x+3)^2} + \frac{1}{(x+4)^2} + \&c.\right)$$

$$-\frac{dx^3}{3}\left(\frac{1}{(x+1)^3} + \frac{1}{(x+2)^3} + \frac{1}{(x+3)^3} + \frac{1}{(x+4)^3} + \&c.\right)$$

&c.

At cum differentiae demum logarithmorum euanefcant, infuper addi debet haec expreffio:

$$dx\,l(x+1) + dx\left(l\frac{x+2}{x+1} + l\frac{x+3}{x+2} + l\frac{x+4}{x+3} + l\frac{x+5}{x+4} + \&c.\right)$$

 Quia

Quia vero est:

$$l\frac{x+2}{x+1} = \frac{1}{x+1} - \frac{1}{2(x+1)^2} + \frac{1}{3(x+1)^3} - \frac{1}{4(x+1)^4} + \&c.$$

$$l\frac{x+3}{x+2} = \frac{1}{x+2} - \frac{1}{2(x+2)^2} + \frac{1}{3(x+2)^3} - \frac{1}{4(x+2)^4} + \&c.$$

&c.

erit verum differentiale completum:

$$\frac{dS}{S} = dx\, l(x+1)$$

$$-\tfrac{1}{2}(dx-dx^2)\left(\frac{1}{(x+1)^2}+\frac{1}{(x+2)^2}+\frac{1}{(x+3)^2}+\&c.\right)$$

$$+\tfrac{1}{3}(dx-dx^3)\left(\frac{1}{(x+1)^3}+\frac{1}{(x+2)^3}+\frac{1}{(x+3)^3}+\&c.\right)$$

$$-\tfrac{1}{4}(dx-dx^4)\left(\frac{1}{(x+1)^4}+\frac{1}{(x+2)^4}+\frac{1}{(x+3)^4}+\&c.\right)$$

$$+\tfrac{1}{5}(dx-dx^5)\left(\frac{1}{(x+1)^5}+\frac{1}{(x+2)^5}+\frac{1}{(x+3)^5}+\&c.\right)$$

&c.

Sin autem altero modo differentiale hoc exprimere velimus, quia est

$$lX = lx;\quad \frac{d.lX}{dx} = \frac{1}{x};\quad \frac{dd.lX}{2\,dx^2} = -\frac{1}{2x^2};$$

$$\frac{d^3.lX}{6\,dx^3} = \frac{1}{3x^3};\quad \frac{d^4.lX}{24\,dx^4} = -\frac{1}{4x^4};\ \&c.$$

habe-

habebuntur sequentes series:

$$\mathfrak{A} = l1 + l2 + l3 + l4 + l5 + \&c.$$

$$\mathfrak{B} = 1\left(1 + \frac{1}{2} + \frac{1}{3} + \frac{1}{4} + \frac{1}{5} + \&c.\right)$$

$$\mathfrak{C} = -\tfrac{1}{2}\left(1 + \frac{1}{2^2} + \frac{1}{3^2} + \frac{1}{4^2} + \frac{1}{5^2} + \&c.\right)$$

$$\mathfrak{D} = \tfrac{1}{3}\left(1 + \frac{1}{2^3} + \frac{1}{3^3} + \frac{1}{4^3} + \frac{1}{5^3} + \&c.\right)$$

$$\mathfrak{E} = -\tfrac{1}{4}\left(1 + \frac{1}{2^4} + \frac{1}{3^4} + \frac{1}{4^4} + \frac{1}{5^4} + \&c.\right)$$

&c.

Hinc ob $lA = l1 = 0$; fiet ex §. 384:

$$\begin{aligned} lS = {} & x\left(l\frac{2}{1} + l\frac{3}{2} + l\frac{4}{3} + l\frac{5}{4} + \&c.\right) \\ & - x\left(1 + \frac{1}{2} + \frac{1}{3} + \frac{1}{4} + \&c.\right) \\ & + \tfrac{1}{2}x^2\left(1 + \frac{1}{2^2} + \frac{1}{3^2} + \frac{1}{4^2} + \&c.\right) \\ & - \tfrac{1}{3}x^3\left(1 + \frac{1}{2^3} + \frac{1}{3^3} + \frac{1}{4^3} + \&c.\right) \\ & + \tfrac{1}{4}x^4\left(1 + \frac{1}{2^4} + \frac{1}{3^4} + \frac{1}{4^4} + \&c.\right) \end{aligned}$$

&c.

Binae

Binae autem primae series, per quas x est multiplicatum, etiamsi vtraque habeat summam infinitam, tamen ambae simul summam habent finitam. Si enim vtriusque n termini capiantur, prodibit:

$$l(n+1) - 1 - \frac{1}{2} - \frac{1}{3} - \frac{1}{4} - \ldots - \frac{1}{n}.$$

At supra §. 142. inuenimus esse

$$1 + \frac{1}{2} + \frac{1}{3} + \frac{1}{4} + \ldots + \frac{1}{n} = \text{Const.} + ln$$
$$+ \frac{1}{2n} - \frac{\mathfrak{A}}{2n^2} + \frac{\mathfrak{B}}{4n^4} - \text{\&c.}$$

haecque constans prodit $= 0,5772156649015325$. Quodsi ergo ponatur $n = \infty$, erit:

$$1 + \frac{1}{2} + \frac{1}{3} + \frac{1}{4} + \ldots + \frac{1}{\infty} = \text{Const.} + l\infty,$$

vnde binarum illarum serierum in infinitum continuatarum valor erit $= l(\infty+1) - \text{Const.} - l\infty = - \text{Const.}$

Ex quo erit:

$$lS = - x.\ 0,5772156649015325$$
$$+ \tfrac{1}{2}xx\left(1 + \frac{1}{2^2} + \frac{1}{3^2} + \frac{1}{4^2} + \frac{1}{5^2} + \text{\&c.}\right)$$
$$- \tfrac{1}{3}x^3\left(1 + \frac{1}{2^3} + \frac{1}{3^3} + \frac{1}{4^3} + \frac{1}{5^3} + \text{\&c.}\right)$$
$$+ \tfrac{1}{4}x^4\left(1 + \frac{1}{2^4} + \frac{1}{3^4} + \frac{1}{4^4} + \frac{1}{5^4} + \text{\&c.}\right)$$
&c.

vnde differentialia cuiusque ordinis facile reperiuntur.

Erit

Erit enim:

$$\frac{dS}{S} = -dx \,.\, 0{,}5772156649015325$$

$$+ x\,dx\left(1 + \frac{1}{2^2} + \frac{1}{3^2} + \frac{1}{4^2} + \frac{1}{5^2} + \&c.\right)$$

$$- x^2 dx\left(1 + \frac{1}{2^3} + \frac{1}{3^3} + \frac{1}{4^3} + \frac{1}{5^3} + \&c.\right)$$

$$+ x^3 dx\left(1 + \frac{1}{2^4} + \frac{1}{3^4} + \frac{1}{4^4} + \frac{1}{5^4} + \&c.\right)$$

&c.

At ſi hae ſeries in vnam colligantur erit:

$$\frac{dS}{S} = -dx \,.\, 0{,}5772156649015325$$

$$+ \frac{x\,dx}{1(1+x)} + \frac{x\,dx}{2(2+x)} + \frac{x\,dx}{3(3+x)} + \frac{x\,dx}{4(4+x)} + \&c.$$

Quare ſi ſit $x = 0$, fiet:

$$\frac{dS}{S} = -dx \,.\, 0{,}5772156649015325$$

Ex priori vero expreſſione hoc caſu erit:

$$\frac{dS}{S} = -\tfrac{1}{2}dx\left(1 + \frac{1}{2^2} + \frac{1}{3^2} + \frac{1}{4^2} + \&c.\right)$$

$$+ \tfrac{1}{3}dx\left(1 + \frac{1}{2^3} + \frac{1}{3^3} + \frac{1}{4^3} + \&c.\right)$$

$$- \tfrac{1}{4}dx\left(1 + \frac{1}{2^4} + \frac{1}{3^4} + \frac{1}{4^4} + \&c.\right)$$

$$+ \tfrac{1}{5}dx\left(1 + \frac{1}{2^5} + \frac{1}{3^5} + \frac{1}{4^5} + \&c.\right)$$

&c.

385. Hinc ergo etiam huiusmodi functionum inexplicabilium differentialia quouis casu speciali exhiberi possunt, propterea quod hic differentialia completa eruimus. Quamobrem si tales functiones ingrediantur in expressiones, quae indeterminatae videntur, cuiusmodi capite praecedente tractauimus; valores eadem methodo definiri poterunt, vti ex adiunctis exemplis intelligetur.

EXEMPLUM I.

Determinare valorem huius expressionis:

$$\frac{1+\frac{1}{2}+\frac{1}{3}+\ldots+\frac{1}{x}}{x(x-1)}-\frac{1}{(x-1)(2x-1)}.$$

eo casu, quando ponitur $x=1$.

Ponamus $1+\frac{1}{2}+\frac{1}{3}+\ldots+\frac{1}{x}=S$, erit ex §. 372:

$$S = x\left(1+\frac{1}{2^2}+\frac{1}{3^2}+\frac{1}{4^2}+\&c.\right)$$
$$-x^2\left(1+\frac{1}{2^3}+\frac{1}{3^3}+\frac{1}{4^3}+\&c.\right)$$
$$+x^3\left(1+\frac{1}{2^4}+\frac{1}{3^4}+\frac{1}{4^4}+\&c.\right)$$
$$\&c.$$

seu cum sit quoque

$$S=+1+\frac{1}{2}+\frac{1}{3}+\frac{1}{4}+\frac{1}{5}+\&c.$$
$$-\frac{1}{1+x}-\frac{1}{2+x}-\frac{1}{3+x}-\frac{1}{4+x}-\frac{1}{5+x}-\&c.$$

si

si quiuis terminus superioris seriei cum praecedente inferioris combinetur, prodibit:

$$S = 1 + \frac{x-1}{2(1+x)} + \frac{x-1}{3(2+x)} + \frac{x-1}{4(3+x)} + \&c.$$

quae expressio, quoniam poni debet $x = 1$ est commodior. Sit ergo $x = 1 + \omega$, fietque

$$S = 1 + \frac{\omega}{2(2+\omega)} + \frac{\omega}{3(3+\omega)} + \frac{\omega}{4(4+\omega)} + \&c.$$

siue

$$S = 1 + \omega\left(\frac{1}{2^2} + \frac{1}{3^2} + \frac{1}{4^2} + \frac{1}{5^2} + \&c.\right) = 1 + \mathfrak{B}\omega$$

$$- \omega^2\left(\frac{1}{2^3} + \frac{1}{3^3} + \frac{1}{4^3} + \frac{1}{5^3} + \&c.\right) \quad - \mathfrak{C}\omega^2$$

$$+ \omega^3\left(\frac{1}{2^4} + \frac{1}{3^4} + \frac{1}{4^4} + \frac{1}{5^4} + \&c.\right) \quad + \mathfrak{D}\omega^3$$

&c. &c.

Tota ergo expressio posito $x = 1 + \omega$ abibit in hanc:

$$\frac{1 + \mathfrak{B}\omega - \mathfrak{C}\omega^2 + \mathfrak{D}\omega^3 - \&c.}{\omega(1+\omega)} - \frac{1}{\omega(1+2\omega)} \quad \text{seu}$$

$$\frac{\omega + \mathfrak{B}\omega + 2\mathfrak{B}\omega^2 - \mathfrak{C}\omega^2}{\omega(1+\omega)(1+2\omega)} = \frac{1 + \mathfrak{B} + 2\mathfrak{B}\omega - \mathfrak{C}\omega - \&c.}{(1+\omega)(1+2\omega)}$$

Ponatur nunc $\omega = 0$, atque expressionis propositae valor casu $x = 1$, erit:

$$= 1 + \mathfrak{B} = 1 + \frac{1}{2^2} + \frac{1}{3^2} + \frac{1}{4^2} + \&c.$$

quae series cum sit $= \frac{1}{6}\pi^2$, sequitur valorem quaesitum esse $= \frac{1}{6}\pi^2$.

EXEMPLUM II.

Inuenire valorem huius expressionis:

$$\frac{2x-xx}{(x-1)^2}+\frac{\pi\pi x}{6(x-1)}-\frac{(2x-1)(1+\frac{1}{2}+\frac{1}{3}+\ .\ .\ .\ +\frac{1}{x})}{x(x-1)^2}$$

casu quo ponitur $x=1$.

Ponatur $1+\frac{1}{2}+\frac{1}{3}+\ .\ .\ .\ .\ +\frac{1}{x}=S$, statuaturque $x=1+\omega$, fiet vt in exemplo praecedente inuenimus:

$$S=1+\mathfrak{B}\omega-\mathfrak{C}\omega^2+\mathfrak{D}\omega^3-\&c. \quad \text{existente}$$

$$\mathfrak{B}=\frac{1}{2^2}+\frac{1}{3^2}+\frac{1}{4^2}+\frac{1}{5^2}+\&c.=\frac{1}{6}\pi\pi-1$$

$$\mathfrak{C}=\frac{1}{2^3}+\frac{1}{3^3}+\frac{1}{4^3}+\frac{1}{5^3}+\&c.$$

$$\mathfrak{D}=\frac{1}{2^4}+\frac{1}{3^4}+\frac{1}{4^4}+\frac{1}{5^4}+\&c.$$

&c.

Posito ergo $x=1+\omega$ expressio proposita induet hanc formam:

$$\frac{1-\omega\omega}{\omega\omega}+\frac{(1+\mathfrak{B})(1+\omega)}{\omega}-\frac{(1+2\omega)(1+\mathfrak{B}\omega-\mathfrak{C}\omega^2+\mathfrak{D}\omega^3-\&c.)}{(1+\omega)\omega^2}$$

quae ad eandem denominationem $\omega^2(1+\omega)$ perducta fit:

$$\frac{\begin{array}{c}1+\omega-\omega^2-\omega^3+\omega+2\omega^2+\omega^3+\mathfrak{B}\omega(1+2\omega+\omega\omega)\\ -1-\mathfrak{B}\omega+\mathfrak{C}\omega^2-\mathfrak{D}\omega^3-2\omega-2\mathfrak{B}\omega^2+2\mathfrak{C}\omega^3\ \&c.\end{array}}{\omega^2(1+\omega)}$$

quae reducitur ad hanc formam:

$$\frac{\omega^2+\mathfrak{C}\omega^2+\mathfrak{B}\omega^3+2\mathfrak{C}\omega^3-\mathfrak{D}\omega^3\ \&c.}{\omega^2(1+\omega)}$$

Fiat

Fiat nunc $\omega = 0$, atque prodibit $1 + \mathfrak{C}$. Quocirca expressionis propositae valor casu $x = 1$, erit $= 1 + \mathfrak{C}$, ideoque per hanc seriem exprimetur:

$$1 + \frac{1}{2^3} + \frac{1}{3^3} + \frac{1}{4^3} + \frac{1}{5^3} + \&c.$$

cuius summa cum neque per logarithmos, neque per peripheriam circuli π exhiberi possit, valor quaesitus etiamnum alio modo finite assignari non potest. Ex his ergo duobus exemplis vsus, quem differentiatio functionum inexplicabilium in doctrina serierum habere potest, satis luculenter perspicitur.

386. In methodo hic tradita functiones inexplicabiles differentiandi assumsimus seriei A, B, C, D, E, &c. terminos infinitesimos vel esse $= 0$, vel differentias tandem euanescentes habere; quorum si neutrum contingat, ista methodo vti non licebit. Hancobrem aliam exponam methodum huic conditioni non adstrictam, quam summatio generalis serierum ex termino generali petita & supra fusius explicata suppeditat. Denotent igitur litterae $\mathfrak{A}$, $\mathfrak{B}$, $\mathfrak{C}$, $\mathfrak{D}$, $\mathfrak{E}$, &c. numeros Bernullianos §. 122. exhibitos, sitque functio inexplicabilis proposita haec:

$$S = \overset{1}{A} + \overset{2}{B} + \overset{3}{C} + \overset{4}{D} + \ldots + \overset{x}{X}$$

& quia supra (130.) ostendimus fore:

$$S = \int X dx + \tfrac{1}{2}X + \frac{\mathfrak{A}\, dX}{1.2\, dx} - \frac{\mathfrak{B}\, d^3X}{1.2.3.4\, dx^3} + \frac{\mathfrak{C}\, d^5X}{1.2.3.4.5.6\, dx^5} - \&c.$$

 hinc

hinc facile erit istius functionis S differentiale exhibere erit enim:

$$dS = Xdx + \tfrac{1}{2}dX + \frac{\mathfrak{A}ddX}{1.2\,dx} - \frac{\mathfrak{B}d^4X}{1.2.3.4\,dx^3} + \frac{\mathfrak{C}d^6X}{1.2.3.4.5.6\,dx^5} - \&c.$$

387. Sin autem progressio proposita coniuncta sit cum geometrica, quo casu termini eius infinitesimi nunquam ad differentias constantes reducuntur, ac propterea methodus prior locum inuenit nullum; tum methodus §. 174. tradita medelam afferet. Si enim proposita sit haec functio:

$$S = Ap + Bp^2 + Cp^3 + Dp^4 + \ldots + Xp^x,$$

quaerantur valores litterarum α, β, γ, δ, &c. vt sit

$$\frac{p-1}{p-e^u} = 1 + \alpha u + \beta u^2 + \gamma u^3 + \delta u^4 + \varepsilon u^5 + \&c.$$

quibus inuentis, vti eos §. 170. exhibuimus, erit:

$$S = \frac{p}{p-1}\cdot p^x\left(X - \frac{\alpha dX}{dx} + \frac{\beta ddX}{dx^2} - \frac{\gamma d^3X}{dx^3} + \frac{\delta d^4X}{dx^4} - \&c.\right)$$

$\pm$ Constante, quae summam reddat $= 0$, si ponatur $x = 0$, seu quae cuiquam alii casui satisfaciat. Sumto ergo differentiali haec constans ex computo abibit, eritque:

$$dS = \frac{p}{p-1}\cdot p^x dx\, lp\left(X - \frac{\alpha dX}{dx} + \frac{\beta ddX}{dx^2} - \frac{\gamma d^3X}{dx^3} + \&c.\right)$$

$$+ \frac{p}{p-1}\cdot p^x\left(dX - \frac{\alpha ddX}{dx} + \frac{\beta d^3X}{dx^2} - \frac{\gamma d^4X}{dx^3} + \&c.\right)$$

siue

$$dS = \frac{p^{x+1}}{p-1}\left(Xdx\,lp - (\alpha lp - 1)dX + (\beta lp - \alpha)\frac{ddX}{dx} - (\gamma lp - \beta)\frac{d^3X}{dx^2} + \&c.\right)$$

quod est differentiale quaesitum functionis propositae S.

388.

388. Sin autem functio inexplicabilis proposita ex factoribus constet, eorumque logarithmi infinitesimi differentias habeant constantes siue minus; tum hac quoque methodo differentiale functionis perpetuo exhiberi poterit. Sit enim

$$S = \overset{1}{A}.\ \overset{2}{B}.\ \overset{3}{C}.\ \overset{4}{D}.\ .\ .\ .\ .\ .\ \overset{x}{X}.$$

Quia hinc fit

$$lS = lA + lB + lC + lD + \ .\ .\ .\ + lX$$

methodo superiori, numeros Bernoullianos in subsidium vocando erit:

$$lS = \int dx\, lX + \tfrac{1}{2} lX + \frac{\mathfrak{A} d.lX}{1.2\, dx} - \frac{\mathfrak{B} d^3.lX}{1.2.3.4\, dx^3} + \&c.$$

qua expressione differentiata fit:

$$\frac{dS}{S} = dx\, lX + \tfrac{1}{2} d.lX + \frac{\mathfrak{A} dd.lX}{1.2\, dx} - \frac{\mathfrak{B} d^4.lX}{1.2.3.4\, dx^3} + \frac{\mathfrak{C} d^6.lX}{1.2.3.4.5.6.\, dx^5} - \frac{\mathfrak{D} d^8.lX}{1.2.3\ldots\ldots 8\, dx^7} + \&c.$$

Hinc si fuerit $X = x$, vt sit:

$$S = 1.\ 2.\ 3.\ 4.\ .\ .\ .\ .\ .\ x$$

fiet applicatione facta

$$\frac{dS}{S} = dx\, lx + \frac{dx}{2x} - \frac{\mathfrak{A} dx}{2xx} + \frac{\mathfrak{B} dx}{4x^4} - \frac{\mathfrak{C} dx}{6x^6} + \&c.$$

quae forma, si x sit numerus valde magnus, commodius vsurpatur, quam eae, quas ante inuenimus.

CAPUT

CAPUT XVII.

DE INTERPOLATIONE SERIERUM.

389.

Series interpolari dicitur, dum eius termini aſſignantur, qui reſpondent indicibus fractis vel etiam ſurdis. Si igitur ſeriei terminus generalis fuerit cognitus, interpolatio nullam habet difficultatem, cum quicunque numerus loco indicis x ſubſtituatur, iſta expreſſio praebeat terminum reſpondentem. Verum ſi ſeries ita fuerit comparata, vt eius terminus generalis nullo modo exhiberi queat; tum interpolatio huiusmodi ſerierum plerumque eſt maxime difficilis, neque maximam partem termini indicibus non integris reſpondentes aliter niſi per ſeries infinitas definiri poſſunt. Quoniam ergo in Capite praecedente huiusmodi expreſſionum, quae more conſueto finite exprimi non poſſunt, valores quibuscunque indicibus reſpondentes determinauimus; ea tractatio maximam afferet vtilitatem ad interpolationes perficiendas. Quam ob cauſam vſum, qui ex ſuperiori Capite in hoc negotium redundat, hic diligentius proſequemur.

390. Sit ergo propoſita ſeries quaecunque

$$\overset{1}{A} + \overset{2}{B} + \overset{3}{C} + \overset{4}{D} + \ldots . \overset{x}{X}$$

cuius terminus generalis X ſit cognitus, ſummatorius autem S lateat. Hinc formetur alia ſeries, cuius terminus gene-

generalis aequetur illius ſeriei termino ſummatorio, eritque iſta noua ſeries:

$$\overset{1}{A};\ (\overset{2}{A+B});\ (\overset{3}{A+B+C});\ (\overset{4}{A+B+C+D});\ (\overset{5}{A+B+C+D+E});\ \&c.$$

eiusque terminus generalis ſeu indici indefinito x reſpondens erit $= A + B + C + D + \ldots + X = S$, qui cum explicite non ſit cognitus, interpolatio huius nouae ſeriei iisdem difficultatibus erit obnoxia, quas ante meminimus. Ad hanc ergo ſeriem interpolandam inueſtigari oportet valores ipſius S, quos recipit, ſi loco x numeri quicunque non integri ſubſtituantur. Si enim x eſſet numerus integer, tum conueniens ipſius S valor ſine difficultate reperiretur, additione ſcilicet tot terminorum ſeriei $A + B + C + D +$ &c. quot x contineat vnitates.

391. Quo igitur ea, quae in Capite praecedente ſunt tradita, in vſum vocari poſſint, ponamus x eſſe numerum integrum, ita vt valor ei reſpondens $S = A + B + C + \ldots + X$ ſit cognitus, & quaeramus valorem Σ, in quem S transmutetur, ſi loco x ſcribatur $x + \omega$, exiſtente ω fractione quacunque; eritque Σ terminus ſeriei propoſitae interpolandae, qui reſpondet indici $x + \omega$; quo ergo inuento, interpolatio huius ſeriei erit in promtu. Sit Z terminus ſeriei A, B, C, D, E, &c. qui reſpondet indici $x + \omega$, ſintque Z', Z'', Z''', &c. termini eius conſecutiui indices habentes $x + \omega + 1$; $x + \omega + 2$; $x + \omega + 3$; &c.

 Ac

Ac primo quidem ponamus feriei A, B, C, D, &c. terminos infinitefimos euanefcere. His ergo pofitis feries

$$\overset{1}{A}\ ;\ (A+\overset{2}{B})\ ;\ (A+B+\overset{3}{C})\ ;\ (A+B+C+\overset{4}{D})\ ;\ \&c.$$

cuius terminus indici x refpondens eft

$$S = A + B + C + \ .\ .\ .\ .\ + X$$

interpolabitur quaerendo eius terminum Σ, qui indici fracto $x+\omega$ refpondeat, erit autem vti inuenimus:

$$\Sigma = S \begin{array}{l} +X' + X'' + X''' + X'''' + \&c. \\ -Z' - Z'' - Z''' - Z'''' - \&c. \end{array}$$

ficque habebitur feries infinita ifti termino quaefito Σ aequalis, quae ob

$$Z = X + \frac{\omega dX}{dx} + \frac{\omega^2 ddX}{1.2\, dx^2} + \frac{\omega^3 d^3X}{1.2.3\, dx^3} + \&c.$$

in hanc formam transmutatur, vt fit:

$$\begin{aligned} \Sigma = S &- \frac{\omega}{dx} d.\, [X' + X'' + X''' + X'''' + \&c.] \\ &- \frac{\omega^2}{2\,dx^2} dd.\, [X' + X'' + X''' + X'''' + \&c.] \\ &- \frac{\omega^3}{6\,dx^3} d^3.\, [X' + X'' + X''' + X'''' + \&c.] \\ &\quad \&c. \end{aligned}$$

quarum formularum ea, quae quouis cafu commodior videatur, adhiberi poterit.

392. Sumamus pro A, B, C, D, &c. feriem harmonicam quamcunque $\frac{1}{a} + \frac{1}{a+b} + \frac{1}{a+2b} + \frac{1}{a+3b} + \&c.$ cuius

cuius terminus generalis seu indici x respondens est $= \frac{1}{a+(x-1)b} = X$. Hinc formata sit ista series:

$$\begin{matrix} 1 & 2 & 3 & 4 \\ \frac{1}{a}; & \left(\frac{1}{a}+\frac{1}{a+b}\right); & \left(\frac{1}{a}+\frac{1}{a+b}+\frac{1}{a+2b}\right); & \left(\frac{1}{a}+\frac{1}{a+b}+\frac{1}{a+2b}+\frac{1}{a+3b}\right) \text{ \&c.} \end{matrix}$$

cuius propterea terminus indici x respondens erit:

$$S = \frac{1}{a} + \frac{1}{a+b} + \frac{1}{a+2b} + \frac{1}{a+3b} + \ldots + \frac{1}{a+(x-1)b}.$$

Si iam Σ denotet terminum istius seriei indici $x+\omega$ respondentem, ob $Z = \frac{1}{a+(x+\omega-1)b}$, erit

$$X' = \frac{1}{a+bx}; \quad Z' = \frac{1}{a+bx+b\omega}$$

$$X'' = \frac{1}{a+b+bx}; \quad Z'' = \frac{1}{a+b+bx+b\omega}$$

$$X''' = \frac{1}{a+2b+bx}; \quad Z''' = \frac{1}{a+2b+bx+b\omega}$$

&c. &c.

hincque orietur;

$$\Sigma = S + \frac{1}{a+bx} + \frac{1}{a+b+bx} + \frac{1}{a+2b+bx} + \text{\&c.}$$

$$- \frac{1}{a+bx+b\omega} - \frac{1}{a+b+bx+b\omega} - \frac{1}{a+2b+bx+b\omega} - \text{\&c.}$$

 alte-

altera expressio autem erit huiusmodi:

$$\Sigma = S + b\omega\left(\frac{1}{(a+bx)^2} + \frac{1}{(a+b+bx)^2} + \frac{1}{(a+2b+bx)^2} + \&c.\right)$$
$$-b^2\omega^2\left(\frac{1}{(a+bx)^3} + \frac{1}{(a+b+bx)^3} + \frac{1}{(a+2b+bx)^3} + \&c.\right)$$
$$+b^3\omega^3\left(\frac{1}{(a+bx)^4} + \frac{1}{(a+b+bx)^4} + \frac{1}{(a+2b+bx)^4} + \&c.\right)$$
&c.

EXEMPLUM I.

Proposita sit ista series:

$$\overset{1}{1}\,;\ \overset{2}{(1+\tfrac{1}{2})}\,;\ \overset{3}{(1+\tfrac{1}{2}+\tfrac{1}{3})}\,;\ \overset{4}{(1+\tfrac{1}{2}+\tfrac{1}{3}+\tfrac{1}{4})}\,;\ \&c.$$

cuius terminos, qui indicibus fractis respondent, inueniri oporteat.

Erit ergo $a = 1$ & $b = 1$; vnde si terminus indici integro x respondens ponatur

$$S = 1 + \frac{1}{2} + \frac{1}{3} + \ldots + \frac{1}{x},$$

terminusque indici fracto $x+\omega$ respondens vocetur $= \Sigma$, erit:

$$\Sigma = S + \frac{1}{1+x} + \frac{1}{2+x} + \frac{1}{3+x} + \frac{1}{4+x} + \frac{1}{5+x} + \&c.$$
$$-\frac{1}{1+x+\omega} - \frac{1}{2+x+\omega} - \frac{1}{3+x+\omega} - \frac{1}{4+x+\omega} - \frac{1}{5+x+\omega} - \&c.$$

Notandum autem est, si inuentus fuerit terminus respondens indici fracto ω, quem ponamus $= T$, ex eo termiminum indicis $x+\omega$ facile inueniri posse; erit enim, si T', T'', T''', &c. denotent terminos indicibus $1+\omega$, $2+\omega$, $3+\omega$, &c. respondentes:

$$T' = T + \frac{1}{1+\omega}$$

$$T'' = T + \frac{1}{1+\omega} + \frac{1}{2+\omega}$$

$$T''' = T + \frac{1}{1+\omega} + \frac{1}{2+\omega} + \frac{1}{3+\omega} \text{ \&c.}$$

vnde sufficit eos tantum terminos, qui respondent indicibus ω vnitate minoribus, inuestigasse. Quem in finem ponamus $x=0$, erit quoque $S=0$, atque terminus seriei T indici fracto ω respondens ita exprimetur:

$$T = \frac{1}{1} + \frac{1}{2} + \frac{1}{3} + \frac{1}{4} + \text{\&c.}$$
$$- \frac{1}{1+\omega} - \frac{1}{2+\omega} - \frac{1}{3+\omega} - \frac{1}{4+\omega} - \text{\&c.}$$

vel his fractionibus in series infinitas conuersis prodibit altera expressio:

$$T = +\omega\left(1+\frac{1}{2^2}+\frac{1}{3^2}+\frac{1}{4^2}+\frac{1}{5^2}+\text{\&c.}\right)$$
$$-\omega^2\left(1+\frac{1}{2^3}+\frac{1}{3^3}+\frac{1}{4^3}+\frac{1}{5^3}+\text{\&c.}\right)$$
$$+\omega^3\left(1+\frac{1}{2^4}+\frac{1}{3^4}+\frac{1}{4^4}+\frac{1}{5^4}+\text{\&c.}\right)$$
$$-\omega^4\left(1+\frac{1}{2^5}+\frac{1}{3^5}+\frac{1}{4^5}+\frac{1}{5^5}+\text{\&c.}\right)$$
$$\text{\&c.}$$

 quae

quae ad valorem ipsius T proxime inueniendum perquam est apta.

Quaeratur ergo propositae seriei terminus respondens indici, $\frac{1}{2}$ qui si ponatur $= T$, erit:

$$T = 1 - \tfrac{2}{3} + \tfrac{1}{2} - \tfrac{2}{5} + \tfrac{1}{3} - \tfrac{2}{7} + \tfrac{1}{4} - \tfrac{2}{9} + \&c.$$

seu $T = 2\left(\tfrac{1}{2} - \tfrac{1}{3} + \tfrac{1}{4} - \tfrac{1}{5} + \tfrac{1}{6} - \&c.\right)$

cuius series valor est $= 2 - 2l2$, sicque terminus indicis $= \frac{1}{2}$ finite exprimi potest. Erunt ergo termini sequentes, quorum indices sunt $\frac{1}{2}$, $\frac{3}{2}$, $\frac{5}{2}$, $\frac{7}{2}$, &c. ita expressi:

Ind.	$\frac{1}{2}$	$\frac{3}{2}$	$\frac{5}{2}$	$\frac{7}{2}$	
Term.	$2 - 2l2$;	$2 + \frac{2}{3} - 2l2$;	$2 + \frac{2}{3} + \frac{2}{5} - 2l2$;	$2 + \frac{2}{3} + \frac{2}{5} + \frac{2}{7} - 2l2$;	&c.

EXEMPLUM II.

Proposita sit ista series:

$$\overset{1}{1}\,;\ \overset{2}{\left(1 + \tfrac{1}{3}\right)}\,;\ \overset{3}{\left(1 + \tfrac{1}{3} + \tfrac{1}{5}\right)}\,;\ \overset{4}{\left(1 + \tfrac{1}{3} + \tfrac{1}{5} + \tfrac{1}{7}\right)}\,;\ \&c.$$

cuius terminos indicibus fractis respondentes exprimere oporteat.

Erit ergo $a = 1$, $b = 2$, vnde si terminus indici integro x respondens ponatur

$$S = 1 + \frac{1}{3} + \frac{1}{5} + \ldots\ldots + \frac{1}{2x-1}$$

terminusque indici fracto $x + \omega$ vocetur $= \Sigma$, erit

$$\Sigma = S + \frac{1}{1+2x} + \frac{1}{3+2x} + \frac{1}{5+2x} + \frac{1}{7+2x} + \&c.$$
$$- \frac{1}{1+2(x+\omega)} - \frac{1}{3+2(x+\omega)} - \frac{1}{5+2(x+\omega)} - \frac{1}{7+2(x+\omega)} - \&c.$$

Cum

Cum igitur sufficiat terminos indicibus vnitate minoribus assignasse, fit $x = 0$, & $S = a$: quocirca si terminus indici ω conueniens ponatur $= T$, erit:

$$T = 1 + \frac{1}{3} + \frac{1}{5} + \frac{1}{7} + \frac{1}{9} + \&c.$$
$$- \frac{1}{1+2\omega} - \frac{1}{3+2\omega} - \frac{1}{5+2\omega} - \frac{1}{7+2\omega} - \frac{1}{9+2\omega} - \&c.$$

& si ω numerum quemcunque denotare ponatur, quoniam T est terminus indici ω respondens, erit T terminus generalis seriei propositae, qui etiam hoc modo exprimetur:

$$T = \frac{2\omega}{1(1+2\omega)} + \frac{2\omega}{3(3+2\omega)} + \frac{2\omega}{5(5+2\omega)} + \frac{2\omega}{7(7+2\omega)} + \&c.$$

vel ita:

$$T = 2\omega\left(1 + \frac{1}{3^2} + \frac{1}{5^2} + \frac{1}{7^2} + \frac{1}{9^2} + \&c.\right)$$
$$- 4\omega^2\left(1 + \frac{1}{3^3} + \frac{1}{5^3} + \frac{1}{7^3} + \frac{1}{9^3} + \&c.\right)$$
$$+ 8\omega^3\left(1 + \frac{1}{3^4} + \frac{1}{5^4} + \frac{1}{7^4} + \frac{1}{9^4} + \&c.\right)$$
$$- 16\omega^4\left(1 + \frac{1}{3^5} + \frac{1}{5^5} + \frac{1}{7^5} + \frac{1}{9^5} + \&c.\right)$$
&c.

Pona-

Ponamus esse $\omega = \frac{1}{2}$, erit terminus huic indici respondens $T = 1 - \frac{1}{2} + \frac{1}{3} - \frac{1}{4} + \frac{1}{5} - \&c. = l2$,

eruntque

$$\begin{array}{lllll} \text{Ind.} & \frac{1}{2} & \frac{3}{2} & \frac{5}{2} & \frac{7}{2} \\ \text{Term.} & l2; & \frac{1}{2} + l2; & \frac{1}{2} + \frac{1}{4} + l2; & \frac{1}{2} + \frac{1}{4} + \frac{1}{6} + l2; \end{array}$$

&c.

Si sit $\omega = \frac{1}{4}$; erit

$$T = + 1 + \frac{1}{3} + \frac{1}{5} + \frac{1}{7} + \&c. \quad \text{siue}$$

$$- \frac{2}{3} - \frac{2}{7} - \frac{2}{11} - \frac{2}{15} - \&c.$$

$$T = 1 - \frac{1}{3} + \frac{1}{5} - \frac{1}{7} + \&c. - \frac{1}{2} l2 = \frac{\pi}{4} - \frac{1}{2} l2.$$

393. Quod si ergo huius seriei generalis:

$$\frac{1}{a}; \left(\frac{1}{a} + \frac{1}{a+b}\right); \left(\frac{1}{a} + \frac{1}{a+b} + \frac{1}{a+2b}\right); \&c.$$

quaeratur terminus respondens indici $= \frac{1}{2}$, ponatur in expressionibus §. praeced. $x = 0$, & $\omega = \frac{1}{2}$; fietque $S = 0$, & terminus indici $\frac{1}{2}$ respondens quaesitus erit

$$\Sigma = \frac{1}{a} - \frac{2}{2a+b} + \frac{1}{a+b} - \frac{2}{2a+3b} + \frac{1}{a+2b} - \frac{2}{2a+5b} + \&c.$$

siue terminis ad maiorem vniformitatem perductis erit

$$\frac{1}{2}\Sigma = \frac{1}{2a} - \frac{1}{2a+b} + \frac{1}{2a+2b} - \frac{1}{2a+3b} + \frac{1}{2a+4b} - \&c.$$

in qua serie cum signa + & — alternentur, sumendis continuis differentiis per methodum supra expositam valor ipsius $\frac{1}{2}\Sigma$ per seriem magis conuergentem exprimetur.

Erunt

Erunt autem differentiarum ſeries:

$$\frac{b}{2a(2a+b)};\quad \frac{b}{(2a+b)(2a+2b)};\quad \frac{b}{(2a+2b)(2a+3b)};\quad \&c.$$

$$\frac{2bb}{2a(2a+b)(2a+2b)};\quad \frac{2bb}{(2a+b)(a+2b)(2a+3b)};\ \&c.$$

$$\frac{6b^3}{2a(2a+b)(2a+2b)(2a+3b)};\ \&c.$$

&c.

Ex quibus concluditur fore:

$$\tfrac{1}{2}\Sigma = \frac{1}{4a} + \frac{1b}{8a(2a+b)} + \frac{1.\,2bb}{16a(2a+b)(2a+2b)} + \frac{1.\,2.\,3\,b^3}{32a(2a+b)(2a+2b)(2a+3b)} + \&c.$$

Hincque ergo habebitur:

$$\Sigma = \frac{1}{2a} + \frac{\frac{1}{2}\cdot b}{2a(2a+b)} + \frac{\frac{1}{2}\cdot\frac{2}{2}\,bb}{2a(2a+b)(2a+2b)} + \frac{\frac{1}{2}\cdot\frac{2}{2}\cdot\frac{3}{2}\,b^3}{2a(2a+b)(2a+2b)(2a+3b)} + \&c.$$

quae ſeries maxime conuergit, atque valorem termini Σ facili labore proxime exhibet.

394. Quod ſi autem in genere ſeriei A, B, C, D, E, &c. termini infiniteſimi euaneſcant, terminusque indici ω reſpondens fuerit $= Z$, eiusque ſequentes, qui indicibus $\omega + 1$, $\omega + 2$, $\omega + 3$, &c. reſpondeant, ſint Z', Z'', Z''', Z^{IV}, &c. Si in ſuperioribus (391) ponatur

 $x = 0$,

$x = 0$, vt ſit $S = 0$ & $X' = A$, $X'' = B$, $X''' = C$, &c. ſequetur, ſi formetur huiusmodi ſeries:

$$\overset{1}{A}, \ \overset{2}{(A+B)}, \ \overset{3}{(A+B+C)}, \ \overset{4}{(A+B+C+D)}, \ \&c.$$

eiusque terminus indici ω reſpondens ponatur $=\Sigma$, fore

$$\Sigma = (A-Z') + (B-Z'') + (C-Z''') + (D-Z^{IV}) + \&c.$$

ex qua expreſſione termini quicunque intermedii definiri poterunt. Sufficiet autem ad interpolationem perficiendam eos terminos inueſtigaſſe, qui reſpondeant indicibus ω vnitate minoribus. Si enim terminus Σ indici huiusmodi cuicunque ω reſpondens fuerit repertus, iique qui conueniant indicibus $\omega+1$, $\omega+2$, $\omega+3$, &c. ponantur Σ', Σ'', Σ''', Σ^{IV}, &c. erit

$$\Sigma' = \Sigma + Z'$$
$$\Sigma'' = \Sigma + Z' + Z''$$
$$\Sigma''' = \Sigma + Z' + Z'' + Z'''$$
&c.

EXEMPLUM I.

Interpolare hanc ſeriem:

$$\overset{1}{1}; \ \overset{2}{(1+\tfrac{1}{4})}; \ \overset{3}{(1+\tfrac{1}{4}+\tfrac{1}{9})}; \ \overset{4}{(1+\tfrac{1}{4}+\tfrac{1}{9}+\tfrac{1}{16})};$$
&c.

Sit Σ huius ſeriei terminus reſpondens indici ω, & cum haec ſeries formata ſit ex ſummatione huius:

$$1 + \tfrac{1}{4} + \tfrac{1}{9} + \tfrac{1}{16} + \tfrac{1}{25} + \&c.$$

cuius terminus indici ω reſpondens eſt $= \frac{1}{\omega^2}$ erit

Z =

$$Z = +\,1 + \frac{1}{4} + \frac{1}{9} + \frac{1}{16} + \&c.$$
$$-\frac{1}{(1+\omega)^2} - \frac{1}{(2+\omega)^2} - \frac{1}{(3+\omega)^2} - \frac{1}{(4+\omega)^2} - \&c.$$

Quod ſi ergo feriei propoſitae quaeratur terminus indici $\frac{1}{2}$ reſpondens, poni debit $\omega = \frac{1}{2}$, fietque:

$\Sigma = 1 - \frac{4}{9} + \frac{1}{4} - \frac{4}{25} + \frac{1}{9} - \frac{4}{49} + \&c.$ ſiue

$\Sigma = 4(\frac{1}{4} - \frac{1}{9} + \frac{1}{16} - \frac{1}{25} + \frac{1}{36} - \frac{1}{49} + \&c.)$

Cum igitur ſit $1 - \frac{1}{4} + \frac{1}{9} - \frac{1}{25} + \&c. = \frac{\pi^2}{12}$, erit

$\Sigma = 4\left(1 - \frac{\pi\pi}{12}\right) = 4 - \frac{1}{3}\pi^2$, qui eſt terminus indici $\frac{1}{2}$ reſpondens. Hinc ergo reſpondebunt

Indicibus	$\frac{1}{2}$	$\frac{3}{2}$	$\frac{5}{2}$	&c.
Termini	$4-\frac{1}{3}\pi^2$;	$\frac{4}{1}+\frac{4}{9}-\frac{1}{3}\pi^2$;	$\frac{4}{1}+\frac{4}{9}+\frac{4}{25}-\frac{1}{3}\pi^2$;	&c.

EXEMPLUM II.

Interpolare hanc ſeriem:

$$\overset{1}{1}\,;\ \overset{2}{(1+\tfrac{1}{9})}\,;\ \overset{3}{(1+\tfrac{1}{9}+\tfrac{1}{25})}\,;\ \overset{4}{(1+\tfrac{1}{9}+\tfrac{1}{25}+\tfrac{1}{49})}$$

&c.

Sit Σ terminus reſpondens indici cuicunque ω, & cum haec ſeries formata ſit ex ſummatione huius:

$$1 + \frac{1}{9} + \frac{1}{25} + \frac{1}{49} + \frac{1}{81} + \&c.$$

ex qua fit terminus indici ω reſpondens $Z = \frac{1}{(2\omega-1)^2}$

erit $Z' = \frac{1}{(2\omega+1)^2}$; $Z'' = \frac{1}{(2\omega+3)^2}$; $Z''' = \frac{1}{(2\omega+5)^2}$

&c.

 Quam-

Quamobrem habebitur:

$$\Sigma = 1 + \frac{1}{9} + \frac{1}{25} + \frac{1}{49} + \&c.$$
$$- \frac{1}{(1+2\omega)^2} - \frac{1}{(3+2\omega)^2} - \frac{1}{(5+2\omega)^2} - \frac{1}{(7+2\omega)^2} - \&c.$$

Ponamus $\omega = \frac{1}{2}$, vt inueniamus terminum feriei propofitae refpondentem indici $= \frac{1}{2}$, qui erit:

$$\Sigma = 1 - \frac{1}{4} + \frac{1}{9} - \frac{1}{16} + \frac{1}{25} - \frac{1}{36} + \&c. = \frac{\pi\pi}{12},$$

ex quo termini, qui medium interiacent inter binos quosvis datos, fequenti modo exprimentur. Refpondebunt

Ind.	$\frac{1}{2}$;	$\frac{3}{2}$;	$\frac{5}{2}$;	$\frac{7}{2}$;	&c.
Term.	$\frac{\pi\pi}{12}$;	$\frac{1}{4} + \frac{\pi\pi}{12}$;	$\frac{1}{4} + \frac{1}{16} + \frac{\pi\pi}{12}$;	$\frac{1}{4} + \frac{1}{16} + \frac{1}{36} + \frac{\pi\pi}{12}$;	&c.

EXEMPLUM III.

Interpolare hanc feriem:

1	2	3	4	
1;	$\left(1 + \frac{1}{2^n}\right)$;	$\left(1 + \frac{1}{2^n} + \frac{1}{3^n}\right)$;	$\left(1 + \frac{1}{2^n} + \frac{1}{3^n} + \frac{1}{4^n}\right)$;	&c.

Sit vt ante Σ terminus indici ω refpondens, erit

$$Z = \frac{1}{\omega^n}; \ \& \ Z' = \frac{1}{(1+\omega)^n}; \ Z'' = \frac{1}{(2+\omega)^n}; \ Z''' = \frac{1}{(3+\omega)^n}$$

&c. hincque habebitur:

$$\Sigma = 1 + \frac{1}{2^n} + \frac{1}{3^n} + \frac{1}{4^n} + \&c.$$
$$- \frac{1}{(1+\omega)^n} - \frac{1}{(2+\omega)^n} - \frac{1}{(3+\omega)^n} - \frac{1}{(4+\omega)^n} - \&c.$$

Si

Si igitur desideretur terminus indici $\frac{1}{2}$ respondens, erit

$$\text{is} = 1 - \frac{2^n}{3^n} + \frac{1}{2^n} - \frac{2^n}{5^n} + \frac{1}{3^n} - \frac{2^n}{7^n} + \&c.$$

$$\text{seu} = 2^n\left(\frac{1}{2^n} - \frac{1}{3^n} + \frac{1}{4^n} - \frac{1}{5^n} + \frac{1}{6^n} - \frac{1}{7^n} + \&c.\right)$$

Quare si ponatur:

$$\mathfrak{N} = 1 - \frac{1}{2^n} + \frac{1}{3^n} - \frac{1}{4^n} + \frac{1}{5^n} - \frac{1}{6^n} + \&c.$$

erit seriei propositae terminus qui indici $\frac{1}{2}$ respondet $= 2^n(1 - \mathfrak{N})$; hincque respondebunt

Indic. $\frac{1}{2}$; $\frac{3}{2}$; $\frac{5}{2}$

Term. $2^n - 2^n\mathfrak{N}$; $2^n + \frac{2^n}{3^n} - 2^n\mathfrak{N}$; $2^n + \frac{2^n}{3^n} + \frac{2^n}{5^n} - 2^n\mathfrak{N}$; &c.

EXEMPLUM IV.

Interpolare hanc seriem:

$$\begin{matrix} 1 & 2 & 3 & 4 & \\ 1; & \left(1+\frac{1}{3^n}\right); & \left(1+\frac{1}{3^n}+\frac{1}{5^n}\right); & \left(1+\frac{1}{3^n}+\frac{1}{5^n}+\frac{1}{7^n}\right); & \&c. \end{matrix}$$

Sit Σ terminus qui indici cuicunque ω respondeat, & cum sit $Z = \frac{1}{(2\omega-1)^n}$, erit:

$$Z' = \frac{1}{(2\omega+1)^n}; \quad Z'' = \frac{1}{(2\omega+3)^n}; \quad Z''' = \frac{1}{(2\omega+5)^n}; \quad \&c.$$

atque

$$\Sigma = 1 + \frac{1}{3^n} + \frac{1}{5^n} + \frac{1}{7^n} + \&c.$$
$$- \frac{1}{(1+2\omega)^n} - \frac{1}{(3+2\omega)^n} - \frac{1}{(5+2\omega)^n} - \frac{1}{(7+2\omega)^n} - \&c.$$

Ponatur $\omega = \frac{1}{2}$, & prodibit terminus indici $\frac{1}{2}$ respondens

$$= 1 - \frac{1}{2^n} + \frac{1}{3^n} - \frac{1}{4^n} + \frac{1}{5^n} - \frac{1}{6^n} + \&c. = \mathfrak{N},$$

ex quo porro erunt reliqui termini inter binos datos medii

Indices:	$\frac{1}{2}$;	$\frac{3}{2}$;	$\frac{5}{2}$;	&c.
Termini:	$\mathfrak{N}$;	$\frac{1}{2^n} + \mathfrak{N}$;	$\frac{1}{2^n} + \frac{1}{4^n} + \mathfrak{N}$;	&c.

395. Ponamus nunc seriei A, B, C, D, E, &c. ex cuius summatione series interpolanda formatur, terminos infinitesimos non euanescere, sed ita esse comparatos, vt eorum differentiae euanescant; sitque X huius seriei terminus respondens indici x, & Z terminus respondens exponenti $x+\omega$, tum vero sint X', X'', X''', X'''', &c. termini ipsum X sequentes, & Z', Z'', Z''', &c. termini ipsum Z sequentes. Quibus positis proponatur haec series interpolanda:

$$\overset{1}{A};\ \overset{2}{(A+B)};\ \overset{3}{(A+B+C)};\ \overset{4}{(A+B+C+D)};\ \&c.$$

cuius terminus indici x respondens sit $= S$, at terminus indici $x+\omega$ respondens sit $= \Sigma$; eritque ex iis, quae Capite praecedente sunt tradita:

$$\begin{aligned} \Sigma = S &+ X' + X'' + X''' + \&c. \\ &- Z' - Z'' - Z''' - \&c. \\ &+ \omega X' + \omega \begin{Bmatrix} X'' + X''' + X'''' + \&c. \\ -X' - X'' - X''' - \&c. \end{Bmatrix} \end{aligned}$$

Quia

Quia autem vt ante sufficit terminos indicibus vnitate minoribus respondentes inuestigasse, ponamus $x = o$, vt sit $S = o$, $X' = A$, $X'' = B$, &c. eritque terminus indici ω respondens:

$$\Sigma = (A - Z') + (B - Z'') + (C - Z''') + (D - Z'''') \text{ \&c.}$$
$$+ \omega A + \omega [(B - A) + (C - B) + (D - C) + (E - D) + \text{\&c.}]$$

Vel si differentias has more supra recepto exprimere velimus quo est $\Delta A = B - A$; $\Delta B = C - B$; &c. habebitur:

$$\Sigma = (A - Z') + (B - Z'') + (C - Z''') + (D - Z'''') + \text{\&c.}$$
$$+ \omega (A + \Delta A + \Delta B + \Delta C + \Delta D + \text{\&c.})$$

395. Sin autem seriei A, B, C, D, E, &c. ex cuius summatione series interpolanda formatur, termini infinitesimi neque ipsi euanescant, neque differentias primas habeant euanescentes; tum plures series ad valorem ipsius Σ exprimendum adiici debebunt, quoad scilicet ad differentias terminorum infinitesimorum euanescentes perueniatur. Sit enim vt ante seriei A, B, C, D, E, &c. terminus indici x respondens $= X$, eumque sequentes X', X'', X''', &c. indici autem $x + \omega$ respondeat terminus Z, quem sequantur Z', Z'', &c. atque proponatur haec series:

$$\overset{1}{A};\ \overset{2}{(A + B)};\ \overset{3}{(A + B + C)};\ \overset{4}{(A + B + C + D)};\ \text{\&c.}$$

cuius terminus indici x respondens sit

$$S = A + B + C + D + \ldots\ldots + X$$

in-

indici vero $x+\omega$ respondeat terminus Σ; ita vt

indicibus	respondeant termini
$x+\omega+1$	$\Sigma' = \Sigma + Z'$
$x+\omega+2$	$\Sigma'' = \Sigma + Z' + Z''$
$x+\omega+3$	$\Sigma''' = \Sigma + Z' + Z'' + Z'''$
&c.	&c.

Si iam differentiae terminorum ita exprimantur, vt sit

$$\Delta X' = X'' - X';\ \Delta X'' = X''' - X'';\ \Delta X''' = X'''' - X''';\ \&c.$$
$$\Delta^2 X' = \Delta X'' - \Delta X';\ \Delta^2 X'' = \Delta X''' - \Delta X'';\ \Delta^2 X''' = \Delta X'''' - \Delta X''';\&c.$$
$$\Delta^3 X' = \Delta^2 X'' - \Delta^2 X';\ \Delta^3 X'' = \Delta^2 X''' - \Delta^2 X'';\ \&c.$$

ex §. 377. terminus Σ sequenti modo exprimetur:

$$\begin{aligned}\Sigma = S\ & + X' + X'' + X''' + X'''' + \&c. \\ & - Z' - Z'' - Z''' - Z'''' - \&c. \\ & + \omega[X' + \Delta X' + \Delta X'' + \Delta X''' + \Delta X'''' + \&c.] \\ & + \frac{\omega(\omega-1)}{1.\ 2}[\Delta X' + \Delta^2 X' + \Delta^2 X'' + \Delta^2 X''' + \Delta^2 X'''' + \&c.] \\ & + \frac{\omega(\omega-1)(\omega-2)}{1.\ 2.\ 3}[\Delta^2 X' + \Delta^3 X' + \Delta^3 X'' + \Delta^3 X''' + \Delta^3 X'''' + \&c.] \\ & \&c.\end{aligned}$$

397. Sufficit, vti iam notauimus, tot huiusmodi series adiecisse, donec ad terminorum infinitesimorum differentias euanescentes perueniatur: si enim has ipsas series quoque in infinitum continuare velimus, vel eo vsque saltem, donec terminorum finitorum differentiae euanescant; tum ob

$Z' =$

$$Z' = X' + \omega\Delta X' + \frac{\omega(\omega-1)}{1.\ 2}\Delta^2 X' + \frac{\omega(\omega-1)(\omega-2)}{1.\ 2.\ 3}\Delta^3 X' + \&c.$$

tota expreſſio inuenta contrahetur in hanc:

$$\Sigma = S + \omega X' + \frac{\omega(\omega-1)}{1.\ 2}\Delta X' + \frac{\omega(\omega-1)(\omega-2)}{1.\ 2.\ 3}\Delta^2 X' + \&c.$$

quae terminum ſummatorium ſeriei A+B+C+D+&c. inuoluit; qui autem ſi eſſet cognitus, interpolatio nullam haberet difficultatem. Interim tamen & hac formula vti licebit, quippe quae, quoties abrumpitur, quemvis terminum interpolandum finite & algebraicae expreſſum exhibet: ſin autem in infinitum progrediatur, plerumque praeſtat priorem formulam adhibere, in qua ratio terminorum infiniteſimorum habetur. Haec vero, ſi ponatur $x = 0$, vt Σ denotet terminum indici ω respondentem, ob $S = 0$ hanc formam induet:

$$\begin{aligned}
\Sigma = \quad & + A + B + C + D + \&c. \\
& - Z' - Z'' - Z''' - Z'''' - \&c. \\
& + \omega[A + \Delta A + \Delta B + \Delta C + \Delta D + \&c.] \\
& + \frac{\omega(\omega-1)}{1.\ 2}[\Delta A + \Delta^2 A + \Delta^2 B + \Delta^2 C + \Delta^2 D + \&c.] \\
& + \frac{\omega(\omega-1)(\omega-2)}{1.\ 2.\ 3}[\Delta^2 A + \Delta^3 A + \Delta^3 B + \Delta^3 C + \Delta^3 D + \&c.] \\
& \&c.
\end{aligned}$$

Vel ſi ponatur breuitatis gratia:

$$\omega = \alpha; \quad \frac{\omega(\omega-1)}{1.\ 2} = \beta; \quad \frac{\omega(\omega-1)(\omega-2)}{1.\ 2.\ 3} = \gamma; \quad \&c.$$

erit:

$$\begin{aligned}\Sigma = \quad & \alpha A + \beta \Delta A + \gamma \Delta^2 A + \delta \Delta^3 A + \&c. \\ & + A + \alpha \Delta A + \beta \Delta^2 A + \gamma \Delta^3 A + \&c. - Z' \\ & + B + \alpha \Delta B + \beta \Delta^2 B + \gamma \Delta^3 B + \&c. - Z'' \\ & + C + \alpha \Delta C + \beta \Delta^2 C + \gamma \Delta^3 C + \&c. - Z''' \\ & \&c.\end{aligned}$$

quarum ſerierum horizontalium numerus in infinitum quidem progreditur, at quaelibet finito terminorum numero conſtat.

EXEMPLUM.

Interpolare hanc ſeriem:

$$\overset{1}{\tfrac{1}{2}};\ \overset{2}{\tfrac{1}{2}+\tfrac{2}{3}};\ \overset{3}{\tfrac{1}{2}+\tfrac{2}{3}+\tfrac{3}{4}};\ \overset{4}{\tfrac{1}{2}+\tfrac{2}{3}+\tfrac{3}{4}+\tfrac{4}{5}};\ \&c.$$

Sit huius ſeriei terminus indici ω reſpondens $= \Sigma$, & cum ea oriatur ex ſummatione huius ſeriei:

$$\frac{1}{2},\ \frac{2}{3},\ \frac{3}{4},\ \frac{4}{5}\ \&c. \quad \text{erit} \quad Z = \frac{\omega}{\omega+1};$$

& quia termini infiniteſimi differentias ſuas primas iam habent euaneſcentes, differentiae tantum primae ſunt accipiendae, quae erunt:

$$\text{ob} \quad A = \frac{1}{2}; \quad B = \frac{2}{3}; \quad C = \frac{3}{4}; \quad D = \frac{4}{5}; \quad \&c.$$

$$\Delta A = \frac{1}{2.3}; \quad \Delta B = \frac{1}{3.4}; \quad \Delta C = \frac{1}{4.5}; \quad \&c.$$

Hinc

Hinc ergo habebitur:

$$\Sigma = \frac{\omega}{2} + \frac{1}{2} + \frac{2}{3} + \frac{3}{4} + \frac{4}{5} + \&c.$$

$$+ \frac{\omega}{2.3} + \frac{\omega}{3.4} + \frac{\omega}{4.5} + \frac{\omega}{5.6} + \&c.$$

$$- \frac{(\omega+1)}{\omega+2} - \frac{(\omega+2)}{\omega+3} - \frac{(\omega+3)}{\omega+4} - \frac{(\omega+4)}{\omega+5} - \&c.$$

ſeu ob $\frac{\omega}{2} + \frac{\omega}{2.3} + \frac{\omega}{3.4} + \frac{\omega}{4.5} + \&c. = \omega$; erit

$$\Sigma = \omega + \frac{1}{2} + \frac{2}{3} + \frac{3}{4} + \frac{4}{5} + \&c.$$

$$- \frac{(\omega+1)}{\omega+2} - \frac{(\omega+2)}{\omega+3} - \frac{(\omega+3)}{\omega+4} - \frac{(\omega+4)}{\omega+5} - \&c.$$

Si ergo quaeratur terminus indici $\frac{1}{2}$ reſpondens, erit is

$$\Sigma = \frac{1}{2} + \frac{1}{2} - \frac{3}{5} + \frac{2}{3} - \frac{5}{7} + \frac{3}{4} - \frac{7}{9} + \frac{4}{5} - \frac{9}{11} + \&c.$$

ſeu $\Sigma = \frac{1}{2} - \frac{1}{2.5} - \frac{1}{3.7} - \frac{1}{4.9} - \frac{1}{5.11} - \frac{1}{6.13} - \&c.$

ideoque $\frac{1}{2}\Sigma = \frac{1}{4} - \frac{1}{4.5} - \frac{1}{6.7} - \frac{1}{8.9} - \frac{1}{10.11} - \frac{1}{12.13} - \&c.$

ſeu $\frac{1}{2}\Sigma = \frac{1}{4} - \frac{1}{4} - \frac{1}{6} - \frac{1}{8} - \frac{1}{10} - \frac{1}{12} - \&c.$

$$+ \frac{1}{5} + \frac{1}{7} + \frac{1}{9} + \frac{1}{11} + \frac{1}{13} + \&c.$$

Quare cum sit $1 - \frac{1}{2} + \frac{1}{3} - \frac{1}{4} + \frac{1}{5} - \frac{1}{6} + \&c. = l2$

erit $\frac{1}{2}\Sigma = l2 - 1 + \frac{1}{2} - \frac{1}{3} + \frac{1}{4} - \&c. = l2 - \frac{7}{12}$,

ideoque $\Sigma = 2\,l\,2 - \frac{7}{6}$.

398. Pergamus nunc ad series interpolandas, quarum termini ex factoribus sunt conflati, sitque proposita haec series generalissima:

$$\overset{1}{A};\ \overset{2}{AB};\ \overset{3}{ABC};\ \overset{4}{ABCD};\ \overset{5}{ABCDE};\ \&c.$$

cuius terminus indici ω respondens sit $= \Sigma$. Erit ergo $l\Sigma$ terminus respondens indici ω in hac serie:

$$\overset{1}{lA};\ \overset{2}{(lA+lB)};\ \overset{3}{(lA+lB+lC)};\ \overset{4}{(lA+lB+lC+lD)}$$
&c.

Quodsi ergo ponamus huius seriei terminos infinitesimos euanescere; atque seriei A, B, C, D, E, &c. terminum indici ω respondentem esse Z, eiusque sequentes indicibus $\omega+1$, $\omega+2$, $\omega+3$, &c. respondentes esse Z', Z'', Z''', Z'''', &c. erit ex supra demonstratis:

$$l\Sigma = \begin{cases} +lA + lB + lC + lD + \&c. \\ -lZ' - lZ'' - lZ''' - lZ'''' - \&c. \end{cases}$$

Hinc igitur ad numeros progrediendo habebitur:

$$\Sigma = \frac{A}{Z'} \cdot \frac{B}{Z''} \cdot \frac{C}{Z'''} \cdot \frac{D}{Z''''} \cdot \&c.$$

399.

399. Quodsi autem terminorum infinitesimorum seriei A, B, C, D, &c. logarithmi non euanescant, sed habeant differentias euanescentes, erit vti vidimus:

$$l\Sigma = + lA + lB + lC + \&c. - lZ' - lZ'' - lZ''' - \&c. + \omega lA + \omega\left(l\frac{B}{A} + l\frac{C}{B} + l\frac{D}{C} + \&c.\right)$$

hincque ad numeros a logarithmis procedendo fiet

$$\Sigma = A^{\omega} . \frac{A^{1-\omega}B^{\omega}}{Z'} . \frac{B^{1-\omega}C^{\omega}}{Z''} . \frac{C^{1-\omega}D^{\omega}}{Z'''} . \frac{D^{1-\omega}E^{\omega}}{Z''''} . \&c.$$

At si illorum logarithmorum infinitesimorum differentiae demum secundae euanescant, erit:

$$l\Sigma = lA + lB + lC + lD + \&c. + lZ' - lZ'' - lZ''' - lZ'''' - \&c. + \omega\left(lA + l\frac{B}{A} + l\frac{C}{B} + l\frac{D}{C} + l\frac{E}{D} + \&c.\right) + \frac{\omega(\omega-1)}{1.2}\left(l\frac{B}{A} + l\frac{AC}{B^2} + l\frac{BD}{C^2} + l\frac{CE}{D^2} + l\frac{DE}{E^2} + \&c.\right)$$

Ex his itaque obtinebitur:

$$\Sigma = A^{\frac{\omega(3-\omega)}{2}} . B^{\frac{\omega(\omega-1)}{1.2}} .$$

$$\frac{A^{\frac{(\omega-1)(\omega-2)}{1.2}} B^{\omega(2-\omega)} C^{\frac{\omega(\omega-1)}{1.2}}}{Z'} . \frac{B^{\frac{(\omega-1)(\omega-2)}{1.2}} C^{\omega(2-\omega)} D^{\frac{\omega(\omega-1)}{1.2}}}{Z''} \&c.$$

 quae

quae si $\omega < 1$ commodius ita exprimetur:

$$\Sigma = \frac{A^{\frac{\omega(3-\omega)}{1.2}}}{B^{\frac{\omega(1-\omega)}{1.2}}} \cdot \frac{A^{\frac{(1-\omega)(2-\omega)}{1.2}} B^{\omega(2-\omega)}}{C^{\frac{\omega(1-\omega)}{1.2}} Z'} \cdot \frac{B^{\frac{(1-\omega)(2-\omega)}{1.2}} C^{\omega(2-\omega)}}{D^{\frac{\omega(1-\omega)}{1.2}} Z''} \cdot \&c.$$

400. Accommodemus hanc interpolationem ad istam seriem:

$$\overset{1}{\frac{a}{b}}\,;\ \overset{2}{\frac{a(a+c)}{b(b+c)}}\,;\ \overset{3}{\frac{a(a+c)(a+2c)}{b(b+c)(b+2c)}}\,;\ \overset{4}{\frac{a(a+c)(a+2c)(a+3c)}{b(b+c)(b+2c)(b+3c)}}\,;\ \&c.$$

cuius factores desumti sunt ex hac serie:

$$\overset{1}{\frac{a}{b}}\,;\ \overset{2}{\frac{a+c}{b+c}}\,;\ \overset{3}{\frac{a+2c}{b+2c}}\,;\ \overset{4}{\frac{a+3c}{b+3c}}\,;\ \&c.$$

cuius terminorum infinitesimorum logarithmi sunt $= 0$. Erit ergo $Z = \frac{a-c+c\omega}{b-c+c\omega}$; $Z' = \frac{a+c\omega}{b+c\omega}$; &c. Hinc si illius seriei terminus indici ω respondens ponatur $= \Sigma$, erit ex §. 398:

$$\Sigma = \frac{a(b+c\omega)}{b(a+c\omega)} \cdot \frac{(a+c)(b+c+c\omega)}{(b+c)(a+c+c\omega)} \cdot \frac{(a+2c)(b+2c+c\omega)}{(b+2c)(b+2c+c\omega)} \cdot \&c.$$

Quare si desideretur terminus indici $\frac{1}{2}$ respondens, facto $\omega = \frac{1}{2}$, erit:

$$\Sigma = \frac{a(2b+c)}{b(2a+c)} \cdot \frac{(a+c)(2b+3c)}{(b+c)(2a+3c)} \cdot \frac{(a+2c)(2b+5c)}{(b+2c)(2a+5c)} \cdot \&c.$$

EXEM-

EXEMPLUM.

Interpolare hanc seriem:

$$\overset{1}{\frac{1}{2}}\;;\;\overset{2}{\frac{1.3}{2.4}}\;;\;\overset{3}{\frac{1.3.5}{2.4.6}}\;;\;\overset{4}{\frac{1.3.5.7}{2.4.6.8}}\;;\;\overset{5}{\frac{1.3.5.7.9}{2.4.6.8.10}}\;;\;\&c.$$

Cum hic sit $a = 1$, $b = 2$, & $c = 2$; si terminus indici cuicunque ω respondens $= \Sigma$, erit

$$\Sigma = \frac{1(2+2\omega)}{2(1+2\omega)} \cdot \frac{3(4+2\omega)}{4(3+2\omega)} \cdot \frac{5(6+2\omega)}{6(5+2\omega)} \cdot \frac{7(8+2\omega)}{8(7+2\omega)} \cdot \&c.$$

Hinc si termini, qui indicibus $\omega+1$, $\omega+2$, $\omega+3$, &c. respondent, ponantur Σ', Σ'', Σ''', &c. erit:

$$\Sigma' = \frac{1+2\omega}{2+2\omega} \cdot \Sigma$$

$$\Sigma'' = \frac{1+2\omega}{2+2\omega} \cdot \frac{3+2\omega}{4+2\omega} \cdot \Sigma$$

$$\Sigma''' = \frac{1+2\omega}{2+2\omega} \cdot \frac{3+2\omega}{4+2\omega} \cdot \frac{5+2\omega}{6+2\omega} \cdot \Sigma$$

&c.

Si itaque desideretur terminus indici $\frac{1}{2}$ respondens, facto $\omega = \frac{1}{2}$, erit:

$$\Sigma = \frac{1.3}{2.2} \cdot \frac{3.5}{4.4} \cdot \frac{5.7}{6.6} \cdot \frac{7.9}{8.8} \cdot \frac{9.11}{10.10} \cdot \&c.$$

Verum posito $\pi =$ semicircumferentiae circuli, cuius radius est $= 1$, supra ostendimus esse:

$$\pi = 2 \cdot \frac{2.2}{1.3} \cdot \frac{4.4}{3.5} \cdot \frac{6.6}{5.7} \cdot \frac{8.8}{7.9} \cdot \&c.$$

Hanc-

Hancobrem termini intermedii indicibus $\frac{1}{2}$, $\frac{3}{2}$, $\frac{5}{2}$, &c. per peripheriam circuli exprimi poterunt, hoc modo:

Indices: $\frac{1}{2}$ $\frac{3}{2}$ $\frac{5}{2}$ $\frac{7}{2}$

Termini: $\frac{2}{\pi}$; $\frac{2}{3}\cdot\frac{2}{\pi}$; $\frac{2\cdot4}{3\cdot5}\cdot\frac{2}{\pi}$; $\frac{2\cdot4\cdot6}{3\cdot5\cdot7}\cdot\frac{2}{\pi}$ &c.

Quam eandem interpolationem *Wallisius* in arithmetica infinitorum inuenit.

401. Consideremus nunc istam seriem:

$$\overset{1}{a};\ \overset{2}{a(a+b)};\ \overset{3}{a(a+b)(a+2b)};\ \overset{4}{a(a+b)(a+2b)(a+3b)};\ \&c.$$

cuius factores hanc progressionem arithmeticam constituunt: a, $(a+b)$, $(a+2b)$, $(a+3b)$, $(a+4b)$, &c. huiusque termini infinitesimi ita sunt comparati, vt eorum logarithmorum differentiae euanescant. Cum igitur sit $Z = a - b + b\omega$, &

$Z' = a + b\omega$; $Z'' = a + b + b\omega$; $Z''' = a + 2b + b\omega$; &c.

si Σ denotet terminum seriei propositae, cuius index est $= \omega$, erit:

$$\Sigma = a^{\omega}\cdot\frac{a^{1-\omega}(a+b)^{\omega}}{a+b\omega}\cdot\frac{(a+b)^{1-\omega}(a+2b)^{\omega}}{a+b+b\omega}\cdot\frac{(a+2b)^{1-\omega}(a+3b)^{\omega}}{a+2b+b\omega}\cdot \&c.$$

Hocque valore inuento, si ω denotet numerum quemvis fractum vnitate minorem, termini sequentes indicibus $1+\omega$, $2+\omega$, $3+\omega$, &c. respondentes ita determinabuntur, vt sit

$\Sigma' =$

$$\Sigma' = (a+b\omega)\,\Sigma$$
$$\Sigma'' = (a+b\omega)(a+b+b\omega)\,\Sigma$$
$$\Sigma''' = (a+b\omega)(a+b+b\omega)(a+2b+b\omega)\,\Sigma$$
&c.

Quare ſi deſideretur terminus indici $\frac{1}{2}$ reſpondens, facto $\omega = \frac{1}{2}$, erit:

$$\Sigma = a^{\frac{1}{2}} \cdot \frac{a^{\frac{1}{2}}(a+b)^{\frac{1}{2}}}{a+\frac{1}{2}b} \cdot \frac{(a+b)^{\frac{1}{2}}(a+2b)^{\frac{1}{2}}}{a+\frac{3}{2}b} \cdot \frac{(a+2b)^{\frac{1}{2}}(a+3b)^{\frac{1}{2}}}{a+\frac{5}{2}b} \cdot \text{\&c.}$$

ideoque ſumtis quadratis:

$$\Sigma^2 = a \cdot \frac{a(a+b)}{(a+\frac{1}{2}b)(a+\frac{1}{2}b)} \cdot \frac{(a+b)(a+2b)}{(a+\frac{3}{2}b)(a+\frac{3}{2}b)} \cdot \frac{(a+2b)(a+3b)}{(a+\frac{5}{2}b)(a+\frac{5}{2}b)} \cdot \text{\&c.}$$

402. Ponatur in ſerie quam ſupra tractauimus:

$$\overset{1}{\frac{f}{g}};\ \overset{2}{\frac{f(f+h)}{g(g+h)}};\ \overset{3}{\frac{f(f+h)(f+2h)}{g(g+h)(g+2h)}};\ \overset{4}{\frac{f(f+h)(f+2h)(f+3h)}{g(g+h)(g+2h)(g+3h)}};\ \text{\&c.}$$

terminus indici $\frac{1}{2}$ reſpondens $= \Theta$, erit:

$$\Theta = \frac{f(g+\frac{1}{2}h)}{g(f+\frac{1}{2}h)} \cdot \frac{(f+h)(g+\frac{3}{2}h)}{(g+h)(f+\frac{3}{2}h)} \cdot \frac{(f+2h)(g+\frac{5}{2}h)}{(g+2h)(f+\frac{5}{2}h)} \cdot \text{\&c.}$$

ſtatuatur nunc: $f = a$; $g = a+\frac{1}{2}b$; & $h = b$; erit:

$$\Theta = \frac{a(a+b)}{(a+\frac{1}{2}b)(a+\frac{1}{2}b)} \cdot \frac{(a+b)(a+2b)}{(a+\frac{3}{2}b)(a+\frac{3}{2}b)} \cdot \text{\&c.}$$

ideoque fiet $\Sigma^2 = a\Theta$, & $\Sigma = \sqrt{a\Theta}$. Quocirca ſi huius ſeriei:

$$\overset{1}{a};\ \overset{2}{a(a+b)};\ \overset{3}{a(a+b)(a+2b)};\ \overset{4}{a(a+b)(a+2b)(a+3b)};\ \text{\&c.}$$

terminus indici $\frac{1}{2}$ respondens statuatur $= \Sigma$; atque huius seriei:

$$\overset{1}{\frac{a}{a+\frac{1}{2}b}};\ \overset{2}{\frac{a(a+b)}{(a+\frac{1}{2}b)(a+\frac{3}{2}b)}};\ \overset{3}{\frac{a(a+b)(a+2b)}{(a+\frac{1}{2}b)(a+\frac{3}{2}b)(a+\frac{5}{2}b)}};$$
&c.

terminus indici $\frac{1}{2}$ respondens ponatur $= \Theta$; erit $\Sigma = \sqrt{a\Theta}$.

Cum igitur hic seriei solorum numeratorum terminus indici $\frac{1}{2}$ respondens sit $= \Sigma$, si in serie denominatorum terminus indici $\frac{1}{2}$ respondens ponatur $= \Lambda$; erit $\Theta = \frac{\Sigma}{\Lambda}$; at est $\Theta = \frac{\Sigma^2}{a}$, vnde fiet $\Sigma = \frac{a}{\Lambda}$, seu $\Sigma\Lambda = a$, quibus theorematibus interpolatio huiusmodi serierum non mediocriter illustratur.

EXEMPLUM I.

Sit proposita haec series interpolanda:

$1,\ 1.2,\ 1.2.3,\ 1.2.3.4,$ &c.

Quia hic est $a = 1$, & $b = 1$, si terminus indici ω respondens ponatur $= \Sigma$, erit:

$$\Sigma = \frac{1^{1-\omega} . 2^{\omega}}{1+\omega} . \frac{2^{1-\omega} . 3^{\omega}}{2+\omega} . \frac{3^{1-\omega} . 4^{\omega}}{3+\omega} . \frac{4^{1-\omega} . 5^{\omega}}{4+\omega} \text{ \&c.}$$

Hic pro ω semper fractio vnitate minor accipi potest nihilominus enim interpolatio per totam seriem extendetur. Nam si termini indicibus $1+\omega$, $2+\omega$, $3+\omega$, &c. respondentes ponantur Σ', Σ'', Σ''', &c.

erit:

erit:

$$\Sigma' = (1+\omega)\,\Sigma$$
$$\Sigma'' = (1+\omega)(2+\omega)\,\Sigma$$
$$\Sigma''' = (1+\omega)(2+\omega)(3+\omega)\,\Sigma$$
&c.

Seriei ergo propofitae terminus indici $\frac{1}{2}$ refpondens erit:

$$\Sigma = \frac{1^{\frac{1}{2}}\cdot 2^{\frac{1}{2}}}{\frac{3}{2}};\ \frac{2^{\frac{1}{2}}\cdot 3^{\frac{1}{2}}}{2\frac{1}{2}};\ \frac{3^{\frac{1}{2}}\cdot 4^{\frac{1}{2}}}{3\frac{1}{2}};\ \&c. \quad \text{fiue}$$

$$\Sigma^2 = \frac{2\cdot 4}{3\cdot 3}\cdot\frac{4\cdot 6}{5\cdot 5}\cdot\frac{6\cdot 8}{7\cdot 7}\cdot\frac{8\cdot 10}{9\cdot 9}\cdot \&c.$$

Vnde cum fit $\pi = 2\cdot\frac{2\cdot 2}{1\cdot 3}\cdot\frac{4\cdot 4}{3\cdot 5}\cdot\frac{6\cdot 6}{5\cdot 7}\cdot \&c.$

erit $\Sigma^2 = \frac{\pi}{4}$ & $\Sigma = \frac{\sqrt{\pi}}{2}$: hincque refpondebunt

Indicibus: $\frac{1}{2}$ $\frac{3}{2}$ $\frac{5}{2}$ $\frac{7}{2}$

Termini: $\frac{\sqrt{\pi}}{2};\ \frac{3}{2}\cdot\frac{\sqrt{\pi}}{2};\ \frac{3\cdot 5}{2\cdot 2}\cdot\frac{\sqrt{\pi}}{2};\ \frac{3\cdot 5\cdot 7}{2\cdot 2\cdot 2}\cdot\frac{\sqrt{\pi}}{2};\ \&c.$

EXEMPLUM II.

Sit propofita haec feries interpolanda:

$$\overset{1}{1};\ \overset{2}{1\cdot 3};\ \overset{3}{1\cdot 3\cdot 5};\ \overset{4}{1\cdot 3\cdot 5\cdot 7};\ \&c.$$

Quia hic eft $a = 1$; $b = 2$; fi terminus indici ω refpondens ponatur $= \Sigma$, erit:

$$\Sigma = \frac{1^{1-\omega}\cdot 3^{\omega}}{1+2\omega}\cdot\frac{3^{1-\omega}\cdot 5^{\omega}}{3+2\omega}\cdot\frac{5^{1-\omega}\cdot 7^{\omega}}{5+2\omega}\cdot \&c.$$

 ter-

terminique ordine sequentes ita erunt comparati:

$$\Sigma' = (1+2\omega)\,\Sigma$$
$$\Sigma'' = (1+2\omega)(3+2\omega)\,\Sigma$$
$$\Sigma''' = (1+2\omega)(3+2\omega)\,5+2\omega)\,\Sigma$$

&c.

Si igitur seriei propositae desideretur terminus indici $\frac{1}{2}$ respondens, isque vocetur $=\Sigma$, erit:

$$\Sigma = \frac{\sqrt{1.3}}{2}\cdot\frac{\sqrt{3.5}}{4}\cdot\frac{\sqrt{5.7}}{6}\cdot\frac{\sqrt{7.9}}{8}.\ \&c. \qquad \text{ergo}$$

$$\Sigma^2 = \frac{1.3}{2.2}\cdot\frac{3.5}{4.4}\cdot\frac{5.7}{6.6}\cdot\frac{7.9}{8.8}.\ \&c. = \frac{2}{\pi},$$

ideoque habebitur $\Sigma = \sqrt{\frac{2}{\pi}}$. At respondebunt

Indicibus: $\frac{1}{2}$ $\frac{3}{2}$ $\frac{5}{2}$ $\frac{7}{2}$ &c.

Termini: $\sqrt{\frac{2}{\pi}}$; $2.\sqrt{\frac{2}{\pi}}$; $2.4\sqrt{\frac{2}{\pi}}$; $2.4.6\sqrt{\frac{2}{\pi}}$; &c.

Quodsi ergo prior series & haec inuicem multiplicentur vt habeatur haec series:

$$\overset{1}{1^2};\ \overset{2}{1^2.2.3};\ \overset{3}{1^2.2.3^2.5};\ \overset{4}{1^2.2.3^2.4.5.7};\ \overset{5}{1^2.2.3^2.4.5^2.7.9};$$

&c.

cuius terminus indici $\frac{1}{2}$ respondens erit $=\frac{\sqrt{\pi}}{2}.\sqrt{\frac{2}{\pi}} = \frac{1}{\sqrt{2}}$; quod facile perspicitur, si isti seriei haec forma tribuatur:

$$\overset{1}{\frac{1.2}{2}};\ \overset{2}{\frac{1.2.3.4}{2^2}};\ \overset{3}{\frac{1.2.3.4.5.6}{2^3}};\ \overset{4}{\frac{1.2.3.4.5.6.7.8}{2^4}};\ \&c.$$

cuius terminus indici $\frac{1}{2}$ respondens manifesto est $=\frac{1}{\sqrt{2}}$.

EXEM-

EXEMPLUM III.

Sit ista series proposita interpolanda:

$$\overset{1}{\frac{n}{1}}\;;\;\overset{2}{\frac{n(n-1)}{1.\,2}}\;;\;\overset{3}{\frac{n(n-1)(n-2)}{1.\,2.\,3}}\;;\;\overset{4}{\frac{n(n-1)(n-2)(n-3)}{1.\,2.\,3.\,4}}\;;\;\&c.$$

Considerentur huius seriei numeratores ac denominatores seorsim, & cum numeratores sint:

$$\overset{1}{n}\;;\;\overset{2}{n(n-1)}\;;\;\overset{3}{n(n-1)(n-2)}\;;\;\overset{4}{n(n-1)(n-2)(n-3)}\;;\;\&c.$$

fiet applicatione facta, $a = n$, & $b = -1$, vnde huius seriei terminus indici ω respondens erit $=$

$$n^{\omega}\cdot\frac{n^{1-\omega}(n-1)^{\omega}}{n-\omega}\cdot\frac{(n-1)^{1-\omega}(n-2)^{\omega}}{n-1-\omega}\cdot\frac{(n-2)^{1-\omega}(n-3)^{\omega}}{n-2-\omega}\cdot\&c.$$

quae autem expressio ob factores in negatiuos abeuntes nihil certi monstrat. Transformetur ergo series proposita, ponendo breuitatis gratia $1.\,2.\,3\;\ldots\;n = N$, in hanc:

$$N\left(\overset{1}{\frac{1}{1.1.2.3\ldots(n-1)}}\;;\;\overset{2}{\frac{1}{1.2.\,1.2.3\ldots(n-2)}}\;;\;\overset{3}{\frac{1}{1.2.3.1.2.3\ldots(n-3)}}\;;\;\&c.\right)$$

cuius denominatores cum constent duobus factoribus, alteri constituent hanc seriem:

$$\overset{1}{1.2.3\ldots.(n-1)}\;;\;\overset{2}{1.2.3\ldots.(n-2)}\;;\;\overset{3}{1.2.3\ldots.(n-3)}\;;\;\&c.$$

cuius terminus indici ω respondens, conuenit cum termino huius seriei:

$$\overset{1}{1}\;;\;\overset{2}{1.2}\;;\;\overset{3}{1.2.3}\;;\;\overset{4}{1.2.3.4}\;;\;\overset{5}{1.2.3.4.5}\;;\;\&c.$$

indici $n-\omega$ respondente: qui est

$$\frac{1^{1-n+\omega}\cdot 2^{n-\omega}}{1+n-\omega}\cdot\frac{2^{1-n+\omega}\cdot 3^{n-\omega}}{2+n-\omega}\cdot\frac{3^{1-n+\omega}\cdot 4^{n-\omega}}{3+n-\omega}\cdot\&c.$$

Sit autem huius seriei terminus indici $1-\omega$ respondens $=\Theta$; erit:

$$\Theta=\frac{1^{\omega}\cdot 2^{1-\omega}}{2-\omega}\cdot\frac{2^{\omega}\cdot 3^{1-\omega}}{3-\omega}\cdot\frac{3^{\omega}\cdot 4^{1-\omega}}{4-\omega}\cdot\&c.$$

atque cum respondeant:

Indicibus: $1-\omega$; $2-\omega$; $3-\omega$
Termini: Θ ; $(2-\omega)\Theta$; $(2-\omega)(3-\omega)\Theta$; &c.

indici $n-\omega$ respondebit hic terminus:

$$(2-\omega)(3-\omega)(4-\omega)\;\ldots\;(n-\omega)\Theta.$$

Deinde illorum denominatorum alteri factores constituent hanc seriem:

$$\overset{1}{1}\;;\;\overset{2}{1.2}\;;\;\overset{3}{1.2.3}\;;\;\overset{4}{1.2.3.4}\;;\;\overset{5}{1.2.3.4.5}\;;\;\&c.$$

si terminus indici ω respondens ponatur $=\Lambda$, erit:

$$\Lambda=\frac{1^{1-\omega}\cdot 2^{\omega}}{1+\omega}\cdot\frac{2^{1-\omega}\cdot 3^{\omega}}{2+\omega}\cdot\frac{3^{1-\omega}\cdot 4^{\omega}}{3+\omega}\cdot\&c.$$

Quibus inuentis si ipsius seriei propositae:

$$\overset{1}{\frac{n}{1}}\;;\;\overset{2}{\frac{n(n-1)}{1.\,2}}\;;\;\overset{3}{\frac{n(n-1)(n-2)}{1.\,2.\,3}}\;;\;\overset{4}{\frac{n(n-1)(n-2)(n-3)}{1.\,2.\,3.\,4}}\;;\;\&c.$$

ter-

terminus indici ω respondens ponatur Σ, erit:

$$\Sigma = \frac{N}{\Lambda.(2-\omega)(3-\omega)(4-\omega) \;.\;.\;.\;.\; (n-\omega)\Theta}.$$

At vero est:

$$\frac{N}{(2-\omega)(3-\omega)(4-\omega) \;.\;.\;.\;.\; (n-\omega)} =$$

$$\frac{2}{2-\omega}.\frac{3}{3-\omega}.\frac{4}{4-\omega}.\;.\;.\;.\;.\frac{n}{n-\omega},$$

atque

$$\Lambda\Theta = \frac{1.2}{(1+\omega)(2-\omega)}.\frac{2.3}{(2+\omega)(3-\omega)}.\frac{3.4}{(3+\omega)(4-\omega)}.\ \&c.$$

Ex quibus terminus indici ω respondens quaesitus erit:

$$\Sigma = \frac{2}{2-\omega}.\frac{3}{3-\omega}.\frac{4}{4-\omega}.\frac{5}{5-\omega}.\;.\;.\;.\;.\;.\frac{n}{n-\omega}.$$

$$\frac{(1+\omega)(2-\omega)}{1.\;\;2}.\frac{(2+\omega)(3-\omega)}{2.\;\;3}.\frac{(3+\omega)(4-\omega)}{3.\;\;4}.\ \&c.\ \text{in infinitum.}$$

Indici ergo $\frac{1}{2}$ respondebit iste terminus:

$$\frac{4}{3}.\frac{6}{5}.\frac{8}{7}.\frac{10}{9}.\frac{12}{11}.\;.\;.\;.\;.\;.\;.\;.\frac{2n}{2n-1}.$$

$$\frac{3.3}{2.4}.\frac{5.5}{4.6}.\frac{7.7}{6.8}.\frac{9.9}{8.10}.\ \&c.$$

qui reducitur ad $\frac{4.6.8.10 \;.\;.\;.\;.\; 2n}{3.5.7.9 \;.\;.\;.\; (2n-1)}.\frac{4}{\pi}$, seu

erit $= \frac{2}{\pi}.\frac{2.4.6.8.10 \;.\;.\;.\;.\; 2n}{1.3.5.7.9 \;.\;.\;.\; (2n-1)}.$

Si

Si fuerit $n = 2$, prodibit ista series interpolanda:

$$\begin{matrix} 0, & 1, & 2, & 3, & 4, & 5, & 6, & \&c. \\ 1, & 2, & 1, & 0, & 0, & 0, & 0, & \&c. \end{matrix}$$

cuius propterea terminus indici $\frac{1}{2}$ respondens est $= \frac{16}{3\pi}$.

EXEMPLUM IV.

Quaeratur terminus respondens indici $= \frac{1}{2}$ in hac serie:

$$\begin{matrix} 0 & & 1 & & 2 & & 3 & & 4 \\ 1 & + & \frac{1}{2} & - & \frac{1.1}{2.4} & + & \frac{1.1.3}{2.4.6} & - & \frac{1.1.3.5}{2.4.6.8} & + \&c. \end{matrix}$$

Oritur haec series ex praecedente si ponatur $n = \frac{1}{2}$, eritque propterea terminus quaesitus, qui sit $= \Sigma$:

$$\Sigma = \frac{2}{\pi} \cdot \frac{2.4.6.8 \quad . \quad . \quad . \quad . \quad 2n}{1.3.5.7 \quad . \quad . \quad . \quad (2n-1)} \text{ posito } n = \tfrac{1}{2}.$$

Ponatur $\frac{2.4.6.8 \quad . \quad . \quad . \quad . \quad 2n}{1.3.5.7 \quad . \quad . \quad . \quad (2n-1)} = \Theta$ si sit $n = \frac{1}{2}$,

eritque Θ terminus respondens indici $\frac{1}{2}$ in hac serie:

$$\frac{2}{1}; \quad \frac{2.4}{1.3}; \quad \frac{2.4.6}{1.3.5}; \quad \frac{2.4.6.8}{1.3.5.7}; \quad \&c.$$

qui ex superioribus prodit $= \frac{\pi}{2}$. Quocirca seriei propositae terminus indici $\frac{1}{2}$ respondens, qui quaeritur, erit $= 1$. Quoniam autem in ista serie, si terminus indici cuicunque ω respondens ponatur $= \Sigma$, sequens eum erit

$\Sigma' =$

$\Sigma' = \frac{1-2\omega}{2+2\omega}\Sigma$; series proposita ita mediis terminis interiiciendis interpolabitur:

Indices: 0 $\frac{1}{2}$ 1 $\frac{3}{2}$ 2 $\frac{5}{2}$ 3 $\frac{7}{2}$

Termini: $1;\ 1;\ \frac{1}{2};\ 0;\ \frac{-1.1}{2.4};\ 0;\ \frac{1.1.3}{2.4.6};\ 0;$ &c.

EXEMPLUM. V.

Si n *fuerit numerus quicunque fractus, inuenire terminum indici* ω *respondentem in serie:*

$$\overset{0}{1};\ \overset{1}{\frac{n}{1}};\ \overset{2}{\frac{n(n-1)}{1.\ 2}};\ \overset{3}{\frac{n(n-1)(n-2)}{1.\ 2.\ 3}};\ \overset{4}{\frac{n(n-1)(n-2).(n-3)}{1.\ 2.\ 3.\ 4}}$$

&c.

Si expressionem $\frac{2}{2-\omega}.\frac{3}{3-\omega}.\frac{4}{4-\omega}.\ .\ .\ .\ .\ .\ .\ \frac{n}{n-\omega}$ cum §. 400. comparemus, fiat $a=1$, $c=1$, $b=1-\omega$, ibique loco ω posito n, erit:

$$\frac{1}{1-\omega}.\frac{2}{2-\omega}.\frac{3}{3-\omega}.\ .\ .\ .\ .\ \frac{n}{n-\omega}=\frac{1(1-\omega+n)}{(1-\omega)(1+n)}.\frac{2(2-\omega+n)}{(2-\omega)(2+n)}.\ \&c.$$

vnde terminus quaesitus indici ω respondens si ponatur $=\Sigma$, erit:

$$\Sigma=\frac{(1-\omega+n).2}{(1+n)(2-\omega)}.\frac{(2-\omega+n)3}{(2+n)(3-\omega)}.\ \&c.\ \frac{(1+\omega)(2-\omega)}{1.\ \ 2}.\frac{(2+\omega)(3-\omega)}{2.\ \ 3}.\ \&c.$$

ideoque

$$\Sigma=\frac{(1+\omega)(1+n-\omega)}{1\ (1+n)}.\frac{(2+\omega)(2+n-\omega)}{2\ (2+n)}.\frac{(3+\omega)(3+n-\omega)}{3\ (3+n)}.\ \&c.$$

Hancobrem termini intermedii indicibus $\frac{1}{2}$, $\frac{3}{2}$, $\frac{5}{2}$, &c. per peripheriam circuli exprimi poterunt, hoc modo:

Indices: $\frac{1}{2}$ $\frac{3}{2}$ $\frac{5}{2}$ $\frac{7}{2}$

Termini: $\frac{2}{\pi}$; $\frac{2}{3}\cdot\frac{2}{\pi}$; $\frac{2\cdot 4}{3\cdot 5}\cdot\frac{2}{\pi}$; $\frac{2\cdot 4\cdot 6}{3\cdot 5\cdot 7}\cdot\frac{2}{\pi}$ &c.

Quam eandem interpolationem *Wallisius* in arithmetica infinitorum inuenit.

401. Consideremus nunc istam seriem:

1 2 3 4

a; $a(a+b)$; $a(a+b)(a+2b)$; $a(a+b)(a+2b)(a+3b)$; &c.

cuius factores hanc progressionem arithmeticam constituunt: a, $(a+b)$, $(a+2b)$, $(a+3b)$, $(a+4b)$, &c. huiusque termini infinitesimi ita sunt comparati, vt eorum logarithmorum differentiae euanescant. Cum igitur sit $Z = a - b + b\omega$, & $Z' = a + b\omega$; $Z'' = a + b + b\omega$; $Z''' = a + 2b + b\omega$; &c. si Σ denotet terminum seriei propositae, cuius index est $= \omega$, erit:

$$\Sigma = a^{\omega}\cdot\frac{a^{1-\omega}(a+b)^{\omega}}{a+b\omega}\cdot\frac{(a+b)^{1-\omega}(a+2b)^{\omega}}{a+b+b\omega}\cdot\frac{(a+2b)^{1-\omega}(a+3b)^{\omega}}{a+2b+b\omega}\cdot$$

&c.

Hocque valore inuento, si ω denotet numerum quemvis fractum vnitate minorem, termini sequentes indicibus $1+\omega$, $2+\omega$, $3+\omega$, &c. respondentes ita determinabuntur, vt sit

$\Sigma' =$

$$\Sigma' = (a+b\omega)\,\Sigma$$
$$\Sigma'' = (a+b\omega)(a+b+b\omega)\,\Sigma$$
$$\Sigma''' = (a+b\omega)(a+b+b\omega)(a+2b+b\omega)\,\Sigma$$
&c.

Quare ſi deſideretur terminus indici $\frac{1}{2}$ reſpondens, facto $\omega = \frac{1}{2}$, erit:

$$\Sigma = a^{\frac{1}{2}} . \frac{a^{\frac{1}{2}}(a+b)^{\frac{1}{2}}}{a+\frac{1}{2}b} . \frac{(a+b)^{\frac{1}{2}}(a+2b)^{\frac{1}{2}}}{a+\frac{3}{2}b} . \frac{(a+2b)^{\frac{1}{2}}(a+3b)^{\frac{1}{2}}}{a+\frac{5}{2}b} . \&c.$$

ideoque ſumtis quadratis:

$$\Sigma^2 = a . \frac{a(a+b)}{(a+\frac{1}{2}b)(a+\frac{1}{2}b)} . \frac{(a+b)(a+2b)}{(a+\frac{3}{2}b)(a+\frac{3}{2}b)} . \frac{(a+2b)(a+3b)}{(a+\frac{5}{2}b)(a+\frac{5}{2}b)} . \&c.$$

402. Ponatur in ſerie quam ſupra tractauimus:

$$\overset{1}{\frac{f}{g}};\ \overset{2}{\frac{f(f+h)}{g(g+h)}};\ \overset{3}{\frac{f(f+h)(f+2h)}{g(g+h)(g+2h)}};\ \overset{4}{\frac{f(f+h)(f+2h)(f+3h)}{g(g+h)(g+2h)(g+3h)}};\ \&c.$$

terminus indici $\frac{1}{2}$ reſpondens $= \Theta$, erit:

$$\Theta = \frac{f(g+\frac{1}{2}h)}{g(f+\frac{1}{2}h)} . \frac{(f+h)(g+\frac{3}{2}h)}{(g+h)(f+\frac{3}{2}h)} . \frac{(f+2h)(g+\frac{5}{2}h)}{(g+2h)(f+\frac{5}{2}h)} . \&c.$$

ſtatuatur nunc: $f = a$; $g = a+\frac{1}{2}b$; & $h = b$; erit:

$$\Theta = \frac{a(a+b)}{(a+\frac{1}{2}b)(a+\frac{1}{2}b)} . \frac{(a+b)(a+2b)}{(a+\frac{3}{2}b)(a+\frac{3}{2}b)} . \&c.$$

ideoque fiet $\Sigma^2 = a\Theta$, & $\Sigma = \sqrt{a\Theta}$. Quocirca ſi huius ſeriei:

$$\overset{1}{a};\ \overset{2}{a(a+b)};\ \overset{3}{a(a+b)(a+2b)};\ \overset{4}{a(a+b)(a+2b)(a+3b)};\ \&c.$$

 ter-

terminus indici $\frac{1}{2}$ reſpondens ſtatuatur $= \Sigma$; atque huius ſeriei:

$$\overset{1}{\frac{a}{a+\frac{1}{2}b}};\ \overset{2}{\frac{a(a+b)}{(a+\frac{1}{2}b)(a+\frac{3}{2}b)}};\ \overset{3}{\frac{a(a+b)(a+2b)}{(a+\frac{1}{2}b)(a+\frac{3}{2}b)(a+\frac{5}{2}b)}};$$

&c.

terminus indici $\frac{1}{2}$ reſpondens ponatur $= \Theta$; erit $\Sigma = \sqrt{a\Theta}$.

Cum igitur hic ſeriei ſolorum numeratorum terminus indici $\frac{1}{2}$ reſpondens ſit $= \Sigma$, ſi in ſerie denominatorum terminus indici $\frac{1}{2}$ reſpondens ponatur $= \Lambda$; erit $\Theta = \frac{\Sigma}{\Lambda}$; at eſt $\Theta = \frac{\Sigma^2}{a}$, vnde fiet $\Sigma = \frac{a}{\Lambda}$, ſeu $\Sigma\Lambda = a$, quibus theorematibus interpolatio huiusmodi ſerierum non mediocriter illuſtratur.

EXEMPLUM I.

Sit propoſita haec ſeries interpolanda:

$1,\ 1.2,\ 1.2.3,\ 1.2.3.4,$ &c.

Quia hic eſt $a = 1$, & $b = 1$, ſi terminus indici ω reſpondens ponatur $= \Sigma$, erit:

$$\Sigma = \frac{1^{1-\omega}.2^{\omega}}{1+\omega}\cdot\frac{2^{1-\omega}.3^{\omega}}{2+\omega}\cdot\frac{3^{1-\omega}.4^{\omega}}{3+\omega}\cdot\frac{4^{1-\omega}.5^{\omega}}{4+\omega}\ \&c.$$

Hic pro ω ſemper fractio vnitate minor accipi poteſt nihilominus enim interpolatio per totam ſeriem extendetur. Nam ſi termini indicibus $1+\omega$, $2+\omega$, $3+\omega$, &c. reſpondentes ponantur Σ', Σ'', Σ''', &c.

erit:

erit:

$$\Sigma' = (1+\omega)\,\Sigma$$
$$\Sigma'' = (1+\omega)(2+\omega)\,\Sigma$$
$$\Sigma''' = (1+\omega)(2+\omega)(3+\omega)\,\Sigma$$
&c.

Seriei ergo propofitae terminus indici $\frac{1}{2}$ refpondens erit:

$$\Sigma = \frac{1^{\frac{1}{2}} \cdot 2^{\frac{1}{2}}}{\frac{3}{2}};\ \frac{2^{\frac{1}{2}} \cdot 3^{\frac{1}{2}}}{2\frac{1}{2}};\ \frac{3^{\frac{1}{2}} \cdot 4^{\frac{1}{2}}}{3\frac{1}{2}};\ \&c. \quad \text{fiue}$$

$$\Sigma^2 = \frac{2.4}{3.3} \cdot \frac{4.6}{5.5} \cdot \frac{6.8}{7.7} \cdot \frac{8.10}{9.9} \cdot \&c.$$

Vnde cum fit $\pi = 2 \cdot \frac{2.2}{1.3} \cdot \frac{4.4}{3.5} \cdot \frac{6.6}{5.7} \cdot \&c.$

erit $\Sigma^2 = \frac{\pi}{4}$ & $\Sigma = \frac{\sqrt{\pi}}{2}$: hincque refpondebunt

Indicibus: $\frac{1}{2}$ $\frac{3}{2}$ $\frac{5}{2}$ $\frac{7}{2}$

Termini: $\frac{\sqrt{\pi}}{2}$; $\frac{3}{2} \cdot \frac{\sqrt{\pi}}{2}$; $\frac{3.5}{2.2} \cdot \frac{\sqrt{\pi}}{2}$; $\frac{3.5.7}{2.2.2} \cdot \frac{\sqrt{\pi}}{2}$; &c.

EXEMPLUM II.

Sit propofita haec feries interpolanda:

1 2 3 4

1; 1.3; 1.3.5; 1.3.5.7; &c.

Quia hic eft $a = 1$; $b = 2$; fi terminus indici ω refpondens ponatur $= \Sigma$, erit:

$$\Sigma = \frac{1^{1-\omega} \cdot 3^{\omega}}{1+2\omega} \cdot \frac{3^{1-\omega} \cdot 5^{\omega}}{3+2\omega} \cdot \frac{5^{1-\omega} \cdot 7^{\omega}}{5+2\omega} \cdot \&c.$$

Nnnnn 2 ter-

terminique ordine sequentes ita erunt comparati:

$$\Sigma' = (1 + 2\omega)\,\Sigma$$
$$\Sigma'' = (1 + 2\omega)(3 + 2\omega)\,\Sigma$$
$$\Sigma''' = (1 + 2\omega)(3 + 2\omega)\,5 + 2\omega)\,\Sigma$$

&c.

Si igitur seriei propositae desideretur terminus indici $\frac{1}{2}$ respondens, isque vocetur $= \Sigma$, erit:

$$\Sigma = \frac{\sqrt{1.3}}{2} . \frac{\sqrt{3.5}}{4} . \frac{\sqrt{5.7}}{6} . \frac{\sqrt{7.9}}{8} . \&c. \quad \text{ergo}$$

$$\Sigma^2 = \frac{1.3}{2.2} . \frac{3.5}{4.4} . \frac{5.7}{6.6} . \frac{7.9}{8.8} . \&c. = \frac{2}{\pi},$$

ideoque habebitur $\Sigma = \sqrt{\frac{2}{\pi}}$. At respondebunt

Indicibus:	$\frac{1}{2}$	$\frac{3}{2}$	$\frac{5}{2}$	$\frac{7}{2}$	&c.
Termini:	$\sqrt{\frac{2}{\pi}}$;	$2.\sqrt{\frac{2}{\pi}}$;	$2.4\sqrt{\frac{2}{\pi}}$;	$2.4.6\sqrt{\frac{2}{\pi}}$;	&c.

Quodsi ergo prior series & haec inuicem multiplicentur vt habeatur haec series:

$$\overset{1}{1^2};\ \overset{2}{1^2.2.3};\ \overset{3}{1^2.2.3^2.5};\ \overset{4}{1^2.2.3^2.4.5.7};\ \overset{5}{1^2.2.3^2.4.5^2.7.9};$$

&c.

cuius terminus indici $\frac{1}{2}$ respondens erit $= \frac{\sqrt{\pi}}{2} . \sqrt{\frac{2}{\pi}} = \frac{1}{\sqrt{2}}$; quod facile perspicitur, si isti seriei haec forma tribuatur:

$$\overset{1}{\frac{1.2}{2}};\ \overset{2}{\frac{1.2.3.4}{2^2}};\ \overset{3}{\frac{1.2.3.4.5.6}{2^3}};\ \overset{4}{\frac{1.2.3.4.5.6.7.8}{2^4}};\ \&c.$$

cuius terminus indici $\frac{1}{2}$ respondens manifesto est $= \frac{1}{\sqrt{2}}$.

EXEMPLUM III.

Sit ista series proposita interpolanda:

$$\overset{1}{\frac{n}{1}};\ \overset{2}{\frac{n(n-1)}{1.\ 2}};\ \overset{3}{\frac{n(n-1)(n-2)}{1.\ 2.\ 3}};\ \overset{4}{\frac{n(n-1)(n-2)(n-3)}{1.\ 2.\ 3.\ 4}};\ \&c.$$

Considerentur huius seriei numeratores ac denominatores seorsim, & cum numeratores sint:

$$\overset{1}{n};\ \overset{2}{n(n-1)};\ \overset{3}{n(n-1)(n-2)};\ \overset{4}{n(n-1)(n-2)(n-3)};\ \&c.$$

fiet applicatione facta, $a=n$, & $b=-1$, vnde huius seriei terminus indici ω respondens erit $=$

$$n^{\omega}.\frac{n^{1-\omega}(n-1)^{\omega}}{n-\omega}.\frac{(n-1)^{1-\omega}(n-2)^{\omega}}{n-1-\omega}.\frac{(n-2)^{1-\omega}(n-3)^{\omega}}{n-2-\omega}.\ \&c.$$

quae autem expressio ob factores in negatiuos abeuntes nihil certi monstrat. Transformetur ergo series proposita, ponendo breuitatis gratia $1.\ 2.\ 3\ .\ .\ .\ n=N$, in hanc:

$$N\left(\overset{1}{\frac{1}{1.1.2.3\ldots(n-1)}};\ \overset{2}{\frac{1}{1.2.\ 1.2.3\ldots(n-2)}};\ \overset{3}{\frac{1}{1.2.3.1.2.3\ldots(n-3)}};\ \&c.\right)$$

cuius denominatores cum constent duobus factoribus, alteri constituent hanc seriem:

$$\overset{1}{1.2.3\ldots.(n-1)};\ \overset{2}{1.2.3\ldots.(n-2)};\ \overset{3}{1.2.3\ldots.(n-3)};\ \&c.$$

cuius terminus indici ω respondens, conuenit cum termino huius seriei:

Nnn nn 3 1;

$$\overset{1}{1}\;;\;\overset{2}{1.2}\;;\;\overset{3}{1.2.3}\;;\;\overset{4}{1.2.3.4}\;;\;\overset{5}{1.2.3.4.5}\;;\;\&c.$$

indici $n-\omega$ respondente: qui est

$$\frac{1^{1-n+\omega}.2^{n-\omega}}{1+n-\omega}.\frac{2^{1-n+\omega}.3^{n-\omega}}{2+n-\omega}.\frac{3^{1-n+\omega}.4^{n-\omega}}{3+n-\omega}.\&c.$$

Sit autem huius seriei terminus indici $1-\omega$ respondens $=\Theta$; erit:

$$\Theta=\frac{1^{\omega}.2^{1-\omega}}{2-\omega}.\frac{2^{\omega}.3^{1-\omega}}{3-\omega}.\frac{3^{\omega}.4^{1-\omega}}{4-\omega}.\&c.$$

atque cum respondeant:

Indicibus: $1-\omega$; $2-\omega$; $3-\omega$

Termini: Θ ; $(2-\omega)\Theta$; $(2-\omega)(3-\omega)\Theta$; &c.

indici $n-\omega$ respondebit hic terminus:

$$(2-\omega)(3-\omega)(4-\omega)\;\ldots\;(n-\omega)\Theta.$$

Deinde illorum denominatorum alteri factores constituent hanc seriem:

$$\overset{1}{1}\;;\;\overset{2}{1.2}\;;\;\overset{3}{1.2.3}\;;\;\overset{4}{1.2.3.4}\;;\;\overset{5}{1.2.3.4.5}\;;\;\&c.$$

si terminus indici ω respondens ponatur $=\Lambda$, erit:

$$\Lambda=\frac{1^{1-\omega}.2^{\omega}}{1+\omega}.\frac{2^{1-\omega}.3^{\omega}}{2+\omega}.\frac{3^{1-\omega}.4^{\omega}}{3+\omega}.\&c.$$

Quibus inuentis si ipsius seriei propositae:

$$\overset{1}{\frac{n}{1}}\;;\;\overset{2}{\frac{n(n-1)}{1.\,2}}\;;\;\overset{3}{\frac{n(n-1)(n-2)}{1.\,2.\,3}}\;;\;\overset{4}{\frac{n(n-1)(n-2)(n-3)}{1.\,2.\,3.\,4}}\;;\;\&c.$$

ter-

terminus indici ω respondens ponatur Σ, erit:

$$\Sigma = \frac{N}{\Lambda.(2-\omega)(3-\omega)(4-\omega) \; . \; . \; . \; . \; . \; (n-\omega)\Theta}.$$

At vero est:

$$\frac{N}{(2-\omega)(3-\omega)(4-\omega) \; . \; . \; . \; . \; . \; (n-\omega)} =$$

$$\frac{2}{2-\omega}.\frac{3}{3-\omega}.\frac{4}{4-\omega}. \; . \; . \; . \; . \; .\frac{n}{n-\omega},$$

atque

$$\Lambda\Theta = \frac{1.2}{(1+\omega)(2-\omega)}.\frac{2.3}{(2+\omega)(3-\omega)}.\frac{3.4}{(3+\omega)(4-\omega)}. \&c.$$

Ex quibus terminus indici ω respondens quaesitus erit:

$$\Sigma = \frac{2}{2-\omega}.\frac{3}{3-\omega}.\frac{4}{4-\omega}.\frac{5}{5-\omega}. \; . \; . \; . \; . \; . \; .\frac{n}{n-\omega}.$$

$$\frac{(1+\omega)(2-\omega)}{1.\;2}.\frac{(2+\omega)(3-\omega)}{2.\;3}.\frac{(3+\omega)(4-\omega)}{3.\;4}. \&c. \text{ in infinitum.}$$

Indici ergo $\frac{1}{2}$ respondebit iste terminus:

$$\frac{4}{3}.\frac{6}{5}.\frac{8}{7}.\frac{10}{9}.\frac{12}{11}. \; . \; . \; . \; . \; . \; . \; .\frac{2n}{2n-1}.$$

$$\frac{3.3}{2.4}.\frac{5.5}{4.6}.\frac{7.7}{6.8}.\frac{9.9}{8.10}. \&c.$$

qui reducitur ad $\frac{4.6.8.10 \; . \; . \; . \; . \; . \; 2n}{3.5.7.9 \; . \; . \; . \; (2n-1)}.\frac{4}{\pi}$, seu

$$\text{erit} = \frac{2}{\pi}.\frac{2.4.6.8.10 \; . \; . \; . \; . \; . \; 2n}{1.3.5.7.9 \; . \; . \; . \; (2n-1)}.$$

Si

Si fuerit $n = 2$, prodibit iſta ſeries interpolanda:

$$\begin{array}{cccccccc} 0, & 1, & 2, & 3, & 4, & 5, & 6, & \&c. \\ 1, & 2, & 1, & 0, & 0, & 0, & 0, & \&c. \end{array}$$

cuius propterea terminus indici $\frac{1}{2}$ reſpondens eſt $= \frac{16}{3\pi}$.

EXEMPLUM IV.

Quaeratur terminus reſpondens indici $= \frac{1}{2}$ in hac ſerie:

$$\begin{array}{ccccc} 0 & 1 & 2 & 3 & 4 \end{array}$$

$$1 + \frac{1}{2} - \frac{1.1}{2.4} + \frac{1.1.3}{2.4.6} - \frac{1.1.3.5}{2.4.6.8} + \&c.$$

Oritur haec ſeries ex praecedente ſi ponatur $n = \frac{1}{2}$, eritque propterea terminus quaeſitus, qui ſit $= \Sigma$:

$$\Sigma = \frac{2}{\pi} . \frac{2.4.6.8 \;\ldots\ldots\; 2n}{1.3.5.7 \;\ldots\; (2n-1)} \text{ poſito } n = \frac{1}{2}.$$

Ponatur $\frac{2.4.6.8 \;\ldots\ldots\; 2n}{1.3.5.7 \;\ldots\; (2n-1)} = \Theta$ ſi ſit $n = \frac{1}{2}$,

eritque Θ terminus reſpondens indici $\frac{1}{2}$ in hac ſerie:

$$\frac{2}{1};\ \frac{2.4}{1.3};\ \frac{2.4.6}{1.3.5};\ \frac{2.4.6.8}{1.3.5.7};\ \&c.$$

qui ex ſuperioribus prodit $= \frac{\pi}{2}$. Quocirca ſeriei propoſitae terminus indici $\frac{1}{2}$ reſpondens, qui quaeritur, erit $= 1$. Quoniam autem in iſta ſerie, ſi terminus indici cuicunque ω reſpondens ponatur $= \Sigma$, ſequens eum erit

$\Sigma' =$

$\Sigma' = \frac{1-2\omega}{2+2\omega}\Sigma$; series proposita ita mediis terminis interiiciendis interpolabitur:

Indices: $0 \quad \frac{1}{2} \quad 1 \quad \frac{3}{2} \quad 2 \quad \frac{5}{2} \quad 3 \quad \frac{7}{2}$

Termini: $1;\ 1;\ \frac{1}{2};\ 0;\ \frac{-1.1}{2.4};\ 0;\ \frac{1.1.3}{2.4.6};\ 0;$ &c.

EXEMPLUM. V.

Si n *fuerit numerus quicunque fractus, inuenire terminum indici* ω *respondentem in serie:*

$$\overset{0}{1};\ \overset{1}{\frac{n}{1}};\ \overset{2}{\frac{n(n-1)}{1.\ 2}};\ \overset{3}{\frac{n(n-1)(n-2)}{1.\ 2.\ 3}};\ \overset{4}{\frac{n(n-1)(n-2).(n-3)}{1.\ 2.\ 3.\ 4}}$$

&c.

Si expressionem $\frac{2}{2-\omega}\cdot\frac{3}{3-\omega}\cdot\frac{4}{4-\omega}\cdot \ldots\ldots \frac{n}{n-\omega}$ cum §. 400. comparemus, fiat $a=1$, $c=1$, $b=1-\omega$, ibique loco ω posito n, erit:

$$\frac{1}{1-\omega}\cdot\frac{2}{2-\omega}\cdot\frac{3}{3-\omega}\cdot\ldots\ldots\frac{n}{n-\omega}=\frac{1(1-\omega+n)}{(1-\omega)(1+n)}\cdot\frac{2(2-\omega+n)}{(2-\omega)(2+n)}\cdot\text{\&c.}$$

vnde terminus quaesitus indici ω respondens si ponatur $=\Sigma$, erit:

$$\Sigma=\frac{(1-\omega+n).2}{(1+n)(2-\omega)}\cdot\frac{(2-\omega+n)3}{(2+n)(3-\omega)}\cdot\text{\&c.}\frac{(1+\omega)(2-\omega)}{1.\ 2}\cdot\frac{(2+\omega)(3-\omega)}{2.\ 3}\cdot\text{\&c.}$$

ideoque

$$\Sigma=\frac{(1+\omega)(1+n-\omega)}{1\ (1+n)}\cdot\frac{(2+\omega)(2+n-\omega)}{2\ (2+n)}\cdot\frac{(3+\omega)(3+n-\omega)}{3\ (3+n)}\cdot\text{\&c.}$$

 quo-

quoties ergo $n - \omega$ fuerit numerus integer valor ipſius Σ rationaliter exprimi poteſt.

Sic ſi ſit $n = \omega$ erit $\Sigma = 1$

ſi $n = 1 + \omega$ erit $\Sigma = n$

ſi $n = 2 + \omega$ erit $\Sigma = \frac{n(n-1)}{1.\ 2}$

ſi $n = 3 + \omega$ erit $\Sigma = \frac{n(n-1)(n-2)}{1.\ 2.\ 3}$

&c.

At ſi fuerit $\omega - n$ numerus integer affirmatiuus, erit ſemper $\Sigma = 0$.

CAPUT

CAPUT XVIII.

DE VSU CALCULI DIFFERENTIALIS IN RESOLUTIONE FRACTIONUM.

403.

Methodus fractionem quamuis propofitam in fractiones fimplices refoluendi, quam in Introductione expofuimus etfi, per fe fatis eft facilis; tamen ope calculi differentialis ita perfici poteft, vt faepenumero multo minori negotio in vfum vocari poffit. Praecipue vero fi denominator fractionis refoluendae fuerit indefiniti gradus, methodus ante expofita plerumque non mediocriter impeditur, dum loco quantitatis incognitae fubftitutio valoris, quem ex quopiam factore induit, fieri debet. Imprimis autem his cafibus diuifio denominatoris per factorem iam inuentum nimis fit molefta. Quae operatio, fi calculus differentialis in fubfidium vocetur, euitari poterit, ita vt non opus fit alterum denominatoris factorem, qui oritur fi denominator per factorem iam cognitum diuidatur, noffe. Hunc autem vfum praeftat methodus determinandi valorem fractionis, cuius numerator ac denominator certo cafu ambo euanefcunt, cuius beneficio, quemadmodum refolutio fractionum iam fupra tradita commodior & tractabilior reddi queat, hoc Capite doceamus, fimulque finem huic libro, in quo vfum calculi differentialis in Analyfi expofuimus, imponamus.

404. Si igitur proposita fuerit fractio quaecunque $\frac{P}{Q}$, cuius numerator ac denominator sint functiones variabilis quantitatis x, rationales & integrae; primum videndum est, vtrum x in numeratore P tot pluresue dimensiones habeat, quam in denominatore Q. Quodsi eueniat, complectetur fractio $\frac{P}{Q}$ in se partem integram huius formae $A + Bx + Cx^2 +$ &c. quae diuisionis ope inde erui poterit: pars reliqua erit fractio eundem denominatorem Q habens, sed cuius numerator erit functio puta R pauciores ipsius x dimensiones continens, quam denominator Q, ita vt vlterior resolutio instituenda sit in fractione $\frac{R}{Q}$. Interim tamen non opus est nosse hunc nouum numeratorem R, sed eaedem fractiones simplices, quas fractio $\frac{R}{Q}$ suppeditatura esset, elici possunt immediate ex fractione proposita $\frac{P}{Q}$; prouti iam supra notauimus.

405. Praeter partem integram igitur, si quam continet fractio $\frac{P}{Q}$, erui debent fractiones simplices, quarum denominatores sint vel binomiales huius formae $f + gx$, vel trinomiales huiusmodi $f + 2x \cos\phi . \sqrt{fg} + gxx$, vel eiusmodi formularum quadrata, cubiue seu altiores potestates. Hique denominatores omnes erunt factores denominatoris Q, ita vt quilibet denominatoris ipsius Q factor praebeat fractionem simplicem. Scilicet si denomi-

minator Q factorem habeat $f+gx$, ex eo nascetur fractio simplex huiusmodi $\frac{\mathfrak{A}}{f+gx}$; sin autem factor fuerit $(f+gx)^2$, binae fractiones $\frac{\mathfrak{A}}{(f+gx)^2}+\frac{\mathfrak{B}}{f+gx}$. Atque ex denominatoris Q factore cubico $(f+gx)^3$ orientur tres fractiones simplices huius formae: $\frac{\mathfrak{A}}{(f+gx)^3}+\frac{\mathfrak{B}}{(f+gx)^2}+\frac{\mathfrak{C}}{f+gx}$; & ita porro. Quodsi autem denominator Q factorem habuerit trinomialem huiusmodi $ff-2fgx\cos\phi+ggxx$, ex eo orietur fractio simplex talis formae $\frac{\mathfrak{A}+\mathfrak{a}x}{ff-2fgx\cos\phi+ggxx}$; &, si duo huiusmodi factores fuerint aequales vti $(ff-2fgx\cos\phi+ggxx)^2$, hinc prodibunt duae fractiones $\frac{\mathfrak{A}+\mathfrak{a}x}{(ff-2fgx\cos\phi+ggxx)^2}+\frac{\mathfrak{B}+\mathfrak{b}x}{ff-2fgx\cos\phi+ggxx}$. Huiusmodi autem factor cubicus $(ff-2fgx\cos\phi+ggxx)^3$ dabit tres fractiones simplices, biquadratus quatuor, & ita porro.

406. Resolutio ergo fractionis cuiuscunque $\frac{P}{Q}$ ita instituatur. Quaerantur primo omnes factores tam simplices seu binomiales, quam trinomiales denominatoris Q, &, si qui fuerint inter se aequales, ii probe notentur, & instar vnius habeantur. Tum ex singulis his denominatoris factoribus eliciantur fractiones simplices, vel modo iam supra ostenso, vel eo, quem hic sumus

traditurI, & qui pro lubitu in locum prioris substitui poterit. Quo facto aggregatum omnium istarum fractionum simplicium vna cum parte integra, si quam continet fractio proposita $\frac{P}{Q}$, huius valorem exhaurient. Inventionem quidem factorum denominatoris Q hic tanquam cognitam assumimus, cum pendeat a resolutione aequationis $Q = 0$; methodumque hic trademus per calculum differentialem pro dato quouis denominatoris factore fractionem simplicem inde ortam definiendi. Quod, cum istarum fractionum simplicium denominatores iam habeantur, praestabitur, si numeratorem cuiusque fractionis inuestigare doceamus.

407. Ponamus ergo fractionis $\frac{P}{Q}$ denominatorem Q factorem habere $f + gx$, ita vt sit $Q = (f + gx)S$ neque vero hic alter factor S insuper eundem factorem $f + gx$ contineat. Sit fractio simplex ex isto factore orta $= \frac{\mathfrak{A}}{f + gx}$; & complementum huiusmodi formam habebit $\frac{V}{S}$, ita vt sit $\frac{\mathfrak{A}}{f + gx} + \frac{V}{S} = \frac{P}{Q}$. Erit ergo $\frac{V}{S} = \frac{P}{Q} - \frac{\mathfrak{A}}{f + gx} = \frac{P - \mathfrak{A}S}{(f + gx)S}$; ideoque $V = \frac{P - \mathfrak{A}S}{f + gx}$. Cum igitur V sit functio integra ipsius x, necesse est vt $P - \mathfrak{A}S$ sit diuisibile per $f + gx$; ac propterea si ponatur $f + gx = 0$ seu $x = \frac{-f}{g}$, expressio

sio $P - \mathfrak{A}S$ euanescet. Fiat ergo $x = \frac{-f}{g}$, & cum sit $P - \mathfrak{A}S = 0$, erit $\mathfrak{A} = \frac{P}{S}$, vti iam supra inuenimus. Cum autem sit $S = \frac{Q}{f+gx}$, fiet $\mathfrak{A} = \frac{(f+gx)P}{Q}$, si vbique ponatur $f+gx = 0$, seu $x = \frac{-f}{g}$. Quoniam vero hoc casu tam numerator $(f+gx)P$, quam denominator Q euanescit; per ea, quae de valore huiusmodi fractionum inuestigando exposuimus, erit $\mathfrak{A} = \frac{(f+gx)\,dP + Pg\,dx}{dQ}$, si quidem ponatur $x = \frac{-f}{g}$. Hoc autem casu ob $(f+gx)dP = 0$, erit $\mathfrak{A} = \frac{gP\,dx}{dQ}$; sicque per differentiationem valor numeratoris $\mathfrak{A}$ expedite reperitur.

408. Si igitur fractionis propositae $\frac{P}{Q}$ denominator Q factorem habeat simplicem $f+gx$, ex eo orietur fractio simplex $\frac{\mathfrak{A}}{f+gx}$, existente $\mathfrak{A} = \frac{gP\,dx}{dQ}$, postquam hic vbique loco x valor $\frac{-f}{g}$ ex aequatione $f+gx = 0$ oriundus fuerit substitutus. Hoc ergo modo non necesse est, vt ante quaeratur alter denominatoris Q factor S, qui oritur, si Q per $f+gx$ diuidatur. Hinc si Q non in factoribus exprimatur, hanc diuisionem saepe non parum molestam, praecipue si x in deno-

nominatore Q habeat exponentes indefinitos, omittere poterimus, cum valor ipſius $\mathfrak{A}$ ex formula $\frac{gPdx}{dQ}$ obtineatur. Sin autem denominator Q iam in factoribus fuerit expreſſus, ita vt inde valor ipſius S ſponte pateat, tum praeferenda erit altera expreſſio, qua inuenimus $\mathfrak{A} = \frac{P}{S}$, ponendo pariter vbique $x = \frac{-f}{g}$. Sicque pro inueniendo valore ipſius $\mathfrak{A}$ quouis caſu ea formula adhiberi poterit, quae commodior & expeditior videatur. Vſum autem nouae formulae aliquot exemplis illuſtrabimus.

EXEMPLUM I.

Sit propoſita iſta fractio $\frac{x^9}{1+x^{17}}$, *cuius fractionem ſimplicem ex denominatoris factore* $1+x$ *oriundam definiri oporteat.*

Quoniam hic eſt $Q = 1 + x^{17}$, cuius etſi factor $1 + x$ conſtat, tamen ſi, vti prima methodus poſtulat per eum diuidere velimus, prodiret
$S = 1 - x + xx - x^3 + \ldots\ldots + x^{16}$.
Commodius igitur vtemur noua formula $\mathfrak{A} = \frac{gPdx}{dQ}$; quia itaque eſt $f = 1$, $g = 1$, & $P = x^9$, ob $dQ = 17x^{16}dx$, fiet $\mathfrak{A} = \frac{x^9}{17x^{16}} = \frac{1}{17x^7}$, poſito $x = -1$, vnde fit $\mathfrak{A} = -\frac{1}{17}$, & fractio ſimplex ex denominatoris factore $1 + x$ oriunda erit $\frac{-1}{17(1+x)}$.

EX-

EXEMPLUM II.

Proposita fractione $\frac{x^m}{1-x^{2n}}$, fractionem simplicem ex denominatoris factore $1-x$ oriundam inuestigare.

Ob factorem propositum $1-x$, erit $f=1$, & $g=-1$. Tum vero denominator $Q=1-x^{2n}$ dat $dQ=-2nx^{2n-1}dx$; vnde propter $P=x^m$ obtinebitur $\mathfrak{A}=\frac{-x^m}{-2nx^{2n-1}}$. Positoque ex aequatione $1-x=0$, $x=1$, fiet $\mathfrak{A}=\frac{1}{2n}$; ita vt fractio simplex futura sit haec $\frac{1}{2n(1-x)}$.

EXEMPLUM III.

Proposita fractione $\frac{x^m}{1-4x^k+3x^n}$, eius fractionem simplicem ex denominatoris factore $1-x$ oriundam determinare.

Hic ergo fit $f=1$; $g=-1$; $P=x^m$; $Q=1-4x^k+3x^n$ & $\frac{dQ}{dx}=-4kx^{k-1}+3nx^{n-1}$; vnde fit $\mathfrak{A}=\frac{-x^m}{-4kx^{k-1}+3nx^{n-1}}$ & posito $x=1$, erit $\mathfrak{A}=\frac{1}{4k-3n}$. Fractio ergo simplex ex isto denominatoris factore simplici $1-x$ oriunda erit $=\frac{1}{(4k-3n)(1-x)}$.

409. Ponamus nunc fractionis $\frac{P}{Q}$ denominatorem Q factorem habere quadratum $(f+gx)^2$, & fractiones simplices hinc oriundas esse $=\frac{\mathfrak{A}}{(f+gx)^2}+\frac{\mathfrak{B}}{f+gx}$. Sit $Q=(f+gx)^2S$ & complementum $=\frac{V}{S}$; ita vt sit $\frac{V}{S}=\frac{P}{Q}-\frac{\mathfrak{A}}{(f+gx)^2}-\frac{\mathfrak{B}}{f+gx}$; & $V=\frac{P-\mathfrak{A}S-\mathfrak{B}(f+gx)S}{(f+gx)^2}$. Quia nunc V est functio integra, necesse est vt sit $P-\mathfrak{A}S-\mathfrak{B}S(f+gx)$ diuisibile per $(f+gx)^2$; & cum S factorem $f+gx$ amplius non contineat, quoque haec expressio $\frac{P}{S}-\mathfrak{A}-\mathfrak{B}(f+gx)$ diuisibilis erit per $(f+gx)^2$; ideoque facto $f+gx=0$, seu $x=\frac{-f}{g}$ non solum ipsa, sed etiam eius differentiale $d.\frac{P}{S}-\mathfrak{B}g\,dx$ euanescet. Fiat ergo $x=\frac{-f}{g}$, eritque ex priori aequatione $\mathfrak{A}=\frac{P}{S}$; ex posteriori vero erit $\mathfrak{B}=\frac{1}{g\,dx}d.\frac{P}{S}$; quibus valoribus inuentis habebuntur fractiones quaesitae: $\frac{\mathfrak{A}}{(f+gx)^2}+\frac{\mathfrak{B}}{f+gx}$.

EXEM-

EXEMPLUM.

Propofita fractione $\frac{x^m}{1-4x^3+3x^4}$, *cuius denominator factorem habet* $(1-x)^2$, *inuenire fractiones fimplices hinc oriundas.*

Cum hic fit $f=1, g=-1, P=x^m$ & $Q=1-4x^3+3x^4$, erit $S=1+2x+3xx$; $\frac{P}{S}=\frac{x^m}{1+2x+3xx}$, & $d.\frac{P}{S}=\frac{mx^{m-1}dx+2(m-1)x^m dx+3(m-2)x^{m+1}dx}{(1+2x+3xx)^2}$.

Hinc pofito $x=1$, erit:

$$\mathfrak{A}=\frac{1}{6} \text{ \& } \mathfrak{B}=-1.\frac{6m-8}{36}=\frac{4-3m}{18};$$

vnde fractiones quaefitae erunt: $\frac{1}{6(1-x)^2}+\frac{4-3m}{18(1-x)}$.

410. Habeat fractionis $\frac{P}{Q}$ denominator Q tres factores fimplices aequales, feu fit $Q=(f+gx)^3$, fintque fractiones fimplices ex hoc factore cubico $(f+gx)^3$ oriundae hae: $\frac{\mathfrak{A}}{(f+gx)^3}+\frac{\mathfrak{B}}{(f+gx)^2}+\frac{\mathfrak{C}}{f+gx}$; complementum vero harum fractionum ad fractionem propofitam $\frac{P}{Q}$ conftituendam fit $\frac{V}{S}$, eritque $V=\frac{P-\mathfrak{A}S-\mathfrak{B}S(f+gx)-\mathfrak{C}S(f+gx)^2}{(f+gx)^3}$. Quare haec expreffio $\frac{P}{S}-\mathfrak{A}-\mathfrak{B}(f+gx)-\mathfrak{C}(f+gx)^2$ diui-

diuiſibilis erit per $(f+gx)^3$; vnde poſito $f+gx=0$ ſeu $x=\frac{-f}{g}$, non ſolum ipſa haec expreſſio, ſed etiam eius differentiale primum & ſecundum euadet $=0$. Erit ſcilicet ponendo $x=\frac{-f}{g}$:

$$\frac{P}{S}-\mathfrak{A}-\mathfrak{B}(f+gx)-\mathfrak{C}(f+gx)^2=0$$

$$d.\frac{P}{S}-\mathfrak{B}g\,dx-2\mathfrak{C}g\,dx(f+gx)=0$$

$$dd.\frac{P}{S}-\mathfrak{C}g^2dx^2=0.$$

Ex prima aequatione ergo erit $\mathfrak{A}=\frac{P}{S}$

Ex ſecunda vero erit $\mathfrak{B}=\frac{1}{gdx}\,d.\frac{P}{S}$

Ex tertia denique definitur $\mathfrak{C}=\frac{1}{2g^2dx^2}\,dd.\frac{P}{S}$.

411. Generaliter ergo ſi fractionis $\frac{P}{S}$ denominator Q factorem habeat $(f+gx)^n$, ita vt ſit $Q=(f+gx)^nS$; poſitis fractionibus ſimplicibus ex hoc factore $(f+gx)^n$ oriundis his:

$$\frac{\mathfrak{A}}{(f+gx)^n}+\frac{\mathfrak{B}}{(f+gx)^{n-1}}+\frac{\mathfrak{C}}{(f+gx)^{n-2}}+\frac{\mathfrak{D}}{(f+gx)^{n-3}}+\frac{\mathfrak{E}}{(f+gx)^{n-4}}+\&c.$$

quoad ad vltimam, cuius denominator eſt $f+gx$, perueniatur, ſi ratiocinium vt ante inſtituatur, reperietur haec expreſſio:

$$\frac{P}{S}-\mathfrak{A}-\mathfrak{B}(f+gx)-\mathfrak{C}(f+gx)^2-\mathfrak{D}(f+gx)^3-\mathfrak{E}(f+gx)^4-\&c.$$

diui-

diuiſibilis eſſe debere per $(f+gx)^n$, hinc tam ipſa, quam ſingula eius differentialia vsque ad gradum $n-1$, caſu $x=\frac{-f}{g}$ euaneſcere debebunt. Ex quibus aequationibus concludetur fore ponendo vbique $x=\frac{-f}{g}$:

$$\mathfrak{A}=\frac{P}{S}$$

$$\mathfrak{B}=\frac{1}{1gdx}d.\frac{P}{S}$$

$$\mathfrak{C}=\frac{1}{1.2g^2dx^2}dd.\frac{P}{S}$$

$$\mathfrak{D}=\frac{1}{1.2.3g^3dx^3}d^3.\frac{P}{S}$$

$$\mathfrak{E}=\frac{1}{1.2.3.4g^4dx^4}d^4.\frac{P}{S}\quad\&c.$$

Vbi quidem notandum eſt, differentialia iſta ipſius $\frac{P}{S}$ ante capi oportere, quam loco x ponatur $\frac{-f}{g}$, alias enim variabilitas ipſius x tolleretur.

412. Facilius ergo hoc modo iſti numeratores $\mathfrak{A}$, $\mathfrak{B}$, $\mathfrak{C}$, $\mathfrak{D}$, &c. exprimuntur, quam eo modo, qui in Introductione eſt traditus, & ſaepenumero quoque hac noua ratione eorum valores expeditius reperiuntur. Quae comparatio quo facilius inſtitui queat, valores litterarum $\mathfrak{A}$, $\mathfrak{B}$, $\mathfrak{C}$, $\mathfrak{D}$, &c. priori modo definiamus:

Posito $x = \frac{-f}{g}$

$$\mathfrak{A} = \frac{P}{S}$$

$$\mathfrak{B} = \frac{\mathfrak{P}}{S}$$

$$\mathfrak{C} = \frac{\mathfrak{Q}}{S}$$

$$\mathfrak{D} = \frac{\mathfrak{R}}{S}$$

$$\mathfrak{E} = \frac{\mathfrak{S}}{S}$$

Statuatur relicto x variabili.

$$\frac{P - \mathfrak{A}S}{f+gx} = \mathfrak{P} \text{ erit}$$

$$\frac{\mathfrak{P} - \mathfrak{B}S}{f+gx} = \mathfrak{Q} \text{ erit}$$

$$\frac{\mathfrak{Q} - \mathfrak{C}S}{f+gx} = \mathfrak{R} \text{ erit}$$

$$\frac{\mathfrak{R} - \mathfrak{D}S}{f+gx} = \mathfrak{S} \text{ erit}$$

& ita porro.

413. Quodsi autem fractionis $\frac{P}{Q}$ denominator Q non omnes factores simplices habeat reales, tum bini imaginariorum iunctim sumantur, quorum productum erit reale. Sit ergo denominatoris Q factor $ff - 2fgx\cos\varphi + ggxx$, qui positus $= 0$ dat hunc duplicem valorem imaginarium:

$$x = \frac{f}{g}\cos\varphi \pm \frac{f}{g\sqrt{-1}}\sin\varphi; \qquad \text{ex quo erit}$$

$$x^n = \frac{f^n}{g^n}\cos n\varphi \pm \frac{f^n}{g^n\sqrt{-1}}\sin . n\varphi .$$

Ponamus esse $Q = (ff - 2fgx\cos\varphi + ggxx)\,S$, atque S praeterea per $ff - 2fgx\cos\varphi + ggxx$ non esse diuisibile. Sit fractio ex isto factore denominatoris oriunda:

$$\frac{\mathfrak{A} + \mathfrak{a}x}{ff - 2fgx\cos\varphi + ggxx}$$

&

& complementum ad propositam $\frac{P}{Q}$ sit $= \frac{V}{S}$, erit $V = \frac{P - (\mathfrak{A} + \mathfrak{a}x)S}{ff - 2fgx\cos\phi + ggxx}$; vnde $P - (\mathfrak{A} + \mathfrak{a}x)S$ ac propterea quoque $\frac{P}{S} - \mathfrak{A} - \mathfrak{a}x$ diuisibile erit per $ff - 2fgx\cos\phi + ggxx$. Euanescet ergo $\frac{P}{S} - \mathfrak{A} - \mathfrak{a}x$ si ponatur $ff - 2fgx\cos\phi + ggxx = 0$, hoc est si ponatur

vel $x = \frac{f}{g}\cos\phi + \frac{f}{g\sqrt{-1}}\sin\phi$

vel $x = \frac{f}{g}\cos\phi - \frac{f}{g\sqrt{-1}}\sin\phi$.

414. Quoniam P & S sunt functiones integrae ipsius x, fiat in vtroque seorsim vtraque substitutio; & quia pro quauis potestate ipsius x, puta x^n binomium hoc $x^n = \frac{f^n}{g^n}\cos n\phi \pm \frac{f^n}{g^n\sqrt{-1}}\sin. n\phi$ substitui debet. Ponamus primo vbique $\frac{f^n}{g^n}\cos\phi$ pro x^n, hocque facto abeat P in $\mathfrak{P}$, & S in $\mathfrak{S}$. Deinde ponatur vbique $\frac{f^n}{g^n}\sin n\phi$ pro x^n, hocque facto abeat P in $\mathfrak{p}$ & S in $\mathfrak{s}$; vbi notandum est ante has substitutiones vtramque functionem P & S penitus debere euolui, ita vt, si forte factoribus sint implicatae, ii per actualem multiplicationem tollantur. His valoribus $\mathfrak{P}$, $\mathfrak{p}$, $\mathfrak{S}$, $\mathfrak{s}$, inuentis, manifestum erit, si ponatur:

$$x = \frac{f}{g}\cos\phi \pm \frac{f}{g\sqrt{-1}}\sin\phi$$

func-

functionem P abituram esse in $\mathfrak{P} \pm \frac{\mathfrak{p}}{\sqrt{-1}}$, & functionem S abituram esse in $\mathfrak{S} \pm \frac{\mathfrak{s}}{\sqrt{-1}}$. Hinc cum $\frac{P}{S} - \mathfrak{A} - \mathfrak{a}x$ seu $P - (\mathfrak{A} + \mathfrak{a}x)S$ vtroque casu euanescere debeat, erit:

$$\mathfrak{P} \pm \frac{\mathfrak{p}}{\sqrt{-1}} = \left(\mathfrak{A} + \frac{\mathfrak{a}f}{g}\cos\phi \pm \frac{\mathfrak{a}f}{g\sqrt{-1}}\sin\phi\right)\left(\mathfrak{S} \pm \frac{\mathfrak{s}}{\sqrt{-1}}\right)$$

vnde ob signa ambigua hae duae aequationes orientur:

$$\mathfrak{P} = \mathfrak{A}\mathfrak{S} + \frac{\mathfrak{a}f\mathfrak{S}}{g}\cos\phi - \frac{\mathfrak{a}f\mathfrak{s}}{g}\sin\phi$$

$$\mathfrak{p} = \mathfrak{A}\mathfrak{s} + \frac{\mathfrak{a}f\mathfrak{s}}{g}\cos\phi + \frac{\mathfrak{a}f\mathfrak{S}}{g}\sin\phi$$

ex quibus eliminando $\mathfrak{A}$ eruitur:

$$\mathfrak{S}\mathfrak{p} - \mathfrak{s}\mathfrak{P} = \frac{\mathfrak{a}f(\mathfrak{S}^2 + \mathfrak{s}^2)}{g}\sin\phi;$$ ideoque erit

$$\mathfrak{a} = \frac{g(\mathfrak{S}\mathfrak{p} - \mathfrak{s}\mathfrak{P})}{f(\mathfrak{S}^2 + \mathfrak{s}^2)\sin\phi}.$$

Deinde eliminando $\sin\phi$ erit:

$$\mathfrak{S}\mathfrak{P} + \mathfrak{s}\mathfrak{p} = (\mathfrak{S}^2 + \mathfrak{s}^2)\left(\mathfrak{A} + \frac{\mathfrak{a}f}{g}\cos\phi\right).$$ Ergo

$$\mathfrak{A} = \frac{\mathfrak{S}\mathfrak{P} + \mathfrak{s}\mathfrak{p}}{\mathfrak{S}^2 + \mathfrak{s}^2} - \frac{(\mathfrak{S}\mathfrak{p} - \mathfrak{s}\mathfrak{P})\cos\phi}{(\mathfrak{S}^2 + \mathfrak{s}^2)\sin\phi}.$$

415. Cum iam sit $S = \frac{Q}{ff - 2fgx\cos\phi + ggxx}$; quia posito $ff - 2fgx\cos\phi + ggxx = 0$ tam numerator quam denominator euanescent, erit hoc casu:

$$S = \frac{dQ : dx}{2ggx - 2fg\cos\phi}.$$

Po-

Ponamus nunc, si vbique substituatur $x^n = \frac{f^n}{g^n}\cos n\phi$, functionem $\frac{dQ}{dx}$ abire in $\mathfrak{Q}$; sin autem statuatur $x^n = \frac{f^n}{g^n}\sin n\phi$, eam abire in $\mathfrak{q}$; atque manifestum est si ponatur

$$x = \frac{f}{g}\cos\phi \pm \frac{f}{g\sqrt{-1}}\sin\phi$$

functionem $\frac{dQ}{dx}$ abire in $\mathfrak{Q} \pm \frac{\mathfrak{q}}{\sqrt{-1}}$. Ex quo functio S abibit in $\frac{\mathfrak{Q} \pm \mathfrak{q}:\sqrt{-1}}{\pm 2fg\sin\phi:\sqrt{-1}}$. Cum ergo sit $S = \mathfrak{S} \pm \frac{\mathfrak{s}}{\sqrt{-1}}$ eodem valore pro x posito, habebitur:

$$\mathfrak{Q} \pm \frac{\mathfrak{q}}{\sqrt{-1}} = \pm \frac{2fg\mathfrak{S}}{\sqrt{-1}}\sin\phi - 2fg\mathfrak{s}\sin\phi.$$

Erit ergo $\mathfrak{s} = \frac{-\mathfrak{Q}}{2fg\sin\phi}$ & $\mathfrak{S} = \frac{\mathfrak{q}}{2fg\sin\phi}$.

Hisque valoribus substitutis, fiet $\mathfrak{a} = \frac{2gg(\mathfrak{p}\mathfrak{q} + \mathfrak{P}\mathfrak{Q})}{\mathfrak{Q}^2 + \mathfrak{q}^2}$

& $\mathfrak{A} = \frac{2fg(\mathfrak{P}\mathfrak{q} - \mathfrak{p}\mathfrak{Q})\sin\phi}{\mathfrak{Q}^2 + \mathfrak{q}^2} - \frac{2fg(\mathfrak{p}\mathfrak{q} + \mathfrak{P}\mathfrak{Q})\cos\phi}{\mathfrak{Q}^2 + \mathfrak{q}^2}$.

416. Hinc ergo idonea obtinetur ratio ex quouis factore secundae potestatis fractionem simplicem formandi, hicque cum ipse fractionis propositae denominator in computo retineatur, diuisionem, qua valor litterae S definiri deberet, & quae saepe non parum est molesta,

eruitamus. Si igitur fractionis $\frac{P}{Q}$ denominator Q factorem habeat talem $ff - 2fgx\cos\phi + ggxx$, sequenti modo fractio simplex ex hoc factore oriunda, quam fingamus $= \frac{\mathfrak{A} + \mathfrak{a}x}{ff - 2fgx\cos\phi + ggxx}$, definietur. Ponatur $x = \frac{f}{g}\cos\phi$, & pro quauis ipsius x potestate x^n scribatur $\frac{f^n}{g^n}\cos n\phi$; quo facto abeat P in $\mathfrak{P}$, & functio $\frac{dQ}{dx}$ in $\mathfrak{Q}$. Deinde ibidem ponatur $x = \frac{f}{g}\sin\phi$, & potestas eius quaeuis $x^n = \frac{f^n}{g^n}\sin n\phi$; abeatque P in $\mathfrak{p}$, & $\frac{dQ}{dx}$ in $\mathfrak{q}$. Inuentisque hoc modo valoribus litterarum $\mathfrak{P}$, $\mathfrak{Q}$, $\mathfrak{p}$ & $\mathfrak{q}$ quantitates $\mathfrak{A}$ & $\mathfrak{a}$ ita definientur, vt sit

$$\mathfrak{A} = \frac{2fg(\mathfrak{P}\mathfrak{q} - \mathfrak{p}\mathfrak{Q})\sin\phi}{\mathfrak{Q}^2 + \mathfrak{q}^2} - \frac{2fg(\mathfrak{P}\mathfrak{Q} + \mathfrak{p}\mathfrak{q})\cos\phi}{\mathfrak{Q}^2 + \mathfrak{q}^2}$$

$$\mathfrak{a} = \frac{2gg(\mathfrak{P}\mathfrak{Q} + \mathfrak{p}\mathfrak{q})}{\mathfrak{Q}^2 + \mathfrak{q}^2}.$$

Fractio ergo ex denominatoris Q factore $ff - 2fgx\cos\phi + ggxx$ oriunda erit:

$$\frac{2fg(\mathfrak{P}\mathfrak{q} - \mathfrak{p}\mathfrak{Q})\sin\phi + 2g(\mathfrak{P}\mathfrak{Q} + \mathfrak{p}\mathfrak{q})(gx - f\cos\phi)}{(\mathfrak{Q}^2 + \mathfrak{q}^2)(ff - 2fgx\cos\phi + ggxx)}.$$

EXEM-

EXEMPLUM I.

Si proposita fuerit haec fractio $\frac{x^m}{a+bx^n}$, *cuius denominator* $a+bx^n$ *factorem habeat hunc:* $ff-2fgx\cos\phi+ggxx$ *inuenire fractionem simplicem huic factori conuenientem.*

Quoniam hic est $P = x^m$ & $Q = a + bx^n$, erit $\frac{dQ}{dx} = nbx^{n-1}$, vnde fiet:

$$\mathfrak{P} = \frac{f^m}{g^m}\cos m\phi \quad ; \quad \mathfrak{p} = \frac{f^m}{g^m}\sin m\phi$$

$$\mathfrak{Q} = \frac{nbf^{n-1}}{g^{n-1}}\cos(n-1)\phi \quad ; \quad \mathfrak{q} = \frac{nbf^{n-1}}{g^{n-1}}\sin(n-1)\phi.$$

Ex his erit: $\mathfrak{Q}^2 + \mathfrak{q}^2 = \frac{n^2b^2f^{2(n-1)}}{g^{2(n-1)}}$;

$$\mathfrak{P}\mathfrak{q} - \mathfrak{p}\mathfrak{Q} = \frac{nbf^{m+n-1}}{g^{m+n-1}}\sin(n-m-1)\phi;$$

atque $\mathfrak{P}\mathfrak{Q} + \mathfrak{p}\mathfrak{q} = \frac{nbf^{m+n-1}}{g^{m+n-1}}\cos(n-m-1)\phi.$

Quamobrem erit fractio simplex quaesita:

$$\frac{2g^{n-m}[f\sin\phi.\sin(n-m-1)\phi + gx\cos(n-m-1)\phi - f\cos\phi.\cos(n-m-1)\phi]}{nbf^{n-m-1}(ff - 2fgx\cos\phi + ggxx)}$$

seu

$$\frac{2g^{n-m}[gx\cos(n-m-1)\phi - f\cos(n-m)\phi]}{nbf^{n-m-1}(ff - 2fgx\cos\phi + ggxx)}.$$

EXEMPLUM II.

Sit proposita haec fractio $\frac{1}{x^m(a+bx^n)}$, *cuius denominator factorem habeat* $ff-2fgx\cos\phi+ggxx$, *inuenire fractionem simplicem inde oriundam.*

Cum sit $P=1$, & $Q=ax^m+bx^{m+n}$, erit $\frac{dQ}{dx}=max^{m-1}+(m+n)bx^{m+n-1}$, ideoque posito $x^n=\frac{f^n}{g^n}\cos n\phi$ ob $P=x^0$ & $\mathfrak{P}=1$.

$$\mathfrak{Q}=\frac{maf^{m-1}}{g^{m-1}}\cos(m-1)\phi+\frac{(m+n)bf^{m+n-1}}{g^{m+n-1}}\cos(m+n-1)\phi$$

& $\mathfrak{p}=0$; atque

$$\mathfrak{q}=\frac{maf^{m-1}}{g^{m-1}}\sin(m-1)\phi+\frac{(m+n)bf^{m+n-1}}{g^{m+n-1}}\sin(m+n-1)\phi$$

Ergo

$$\mathfrak{Q}^2+\mathfrak{q}^2=\frac{m^2a^2f^{2(m-1)}}{g^{2(m-1)}}+\frac{2m(m+n)abf^{2m+n-2}}{g^{2m+n-2}}\cos n\phi$$
$$+\frac{(m+n)^2b^2f^{2(m+n-1)}}{g^{2(m+n-1)}}.$$

Quodsi vero est $ff-2fgx\cos\phi+ggxx$ diuisor ipsius $a+bx^n$, erit $a+\frac{bf^n}{g^n}\cos n\phi=0$ & $\frac{bf^n}{g^n}\sin n\phi=0$, vnde $aa=\frac{bbf^{2n}}{g^{2n}}$.

Erit

Erit ergo:

$$\mathfrak{Q}^2+\mathfrak{q}^2=\frac{(m+n)^2bbf^{2(m+n-1)}}{g^{2(m+n-1)}}-\frac{m(2n+m)aaf^{2(m-1)}}{g^{2(m-1)}}$$

$$=\frac{nnaaf^{2(m-1)}}{g^{2(m-1)}}=\frac{nnbbf^{2(m+n-1)}}{g^{2(m+n-1)}}.$$

Deinde vero erit:

$$\mathfrak{P}\mathfrak{q}-\mathfrak{p}\mathfrak{Q}=\frac{maf^{m-1}}{g^{m-1}}\sin(m-1)\phi+\frac{(m+n)bf^{m+n-1}}{g^{m+n-1}}\operatorname{cs}(m+n-1)\phi$$

$$=\frac{bf^{m+n-1}}{g^{m+n-1}}[(m+n)\sin(m+n-1)\phi-m\cos n\phi.\sin(m-1)\phi]$$

$$=\frac{bf^{m+n-1}}{g^{m+n-1}}[n\cos n\phi\sin(m-1)\phi+(m+n)\sin n\phi\cos(m-1)\phi]$$

$$\&\quad \mathfrak{P}\mathfrak{Q}+\mathfrak{p}\mathfrak{q}=$$

$$=\frac{bf^{m+n-1}}{g^{m+n-1}}[(m+n)\cos(m+n-1)\phi-m\cos n\phi.\cos(m-1)\phi]$$

Vel cum $ff-2fg\cos\phi+ggxx$ sit quoque diuisor ipsius $ax^{m-1}+bx^{m+n-1}$, erit:

$$\frac{af^{m-1}}{g^{m-1}}\cos(m-1)\phi+\frac{bf^{m+n-1}}{g^{m+n-1}}\cos(m+n-1)\phi=0$$

$$\&\quad \frac{af^{m-1}}{g^{m-1}}\sin(m-1)\phi+\frac{bf^{m+n-1}}{g^{m+n-1}}\sin(m+n-1)\phi=0,$$

vnde erit:

$$\mathfrak{Q}=\frac{nbf^{m+n-1}}{g^{m+n-1}}\operatorname{cs}(m+n-1)\phi\ \&\ \mathfrak{q}=\frac{nbf^{m+n-1}}{g^{m+n-1}}\sin(m+n-1)\phi$$

seu

$$\mathfrak{Q}=\frac{-naf^{m-1}}{g^{m-1}}\cos(m-1)\phi\ \&\ \mathfrak{q}=\frac{-naf^{m-1}}{g^{m-1}}\sin(m-1)\phi.$$

Ex quibus resultabit fractio quaesita:

$$+\frac{2g^m[f\cos m\phi - gx\cos(m-1)\phi]}{naf^{m-1}(ff-2fgx\cos\phi+ggxx)}.$$

Quae formula ex priori exemplo sequitur, si ponatur m negatiuum, vnde non opus fuisset hunc casum peculiarem constituisse.

EXEMPLUM III.

Si huius fractionis $\frac{x^m}{a+bx^n+cx^{2n}}$ *denominator habuerit factorem* $ff-2fgx\cos\phi+ggxx$, *fractionem simplicem inuestigare ex hoc factore oriundam.*

Si $ff-2fgx\cos\phi+ggxx$ est factor denominatoris $a+bx^n+cx^{2n}$, erit vt supra ostendimus:

$$a+\frac{bf^n}{g^n}\cos n\phi+\frac{cf^{2n}}{g^{2n}}\cos 2n\phi=0$$

$$\&\quad \frac{bf^n}{g^n}\sin n\phi+\frac{cf^{2n}}{g^{2n}}\sin 2n\phi=0.$$

Cum igitur sit $P=x^m$ & $Q=a+bx^n+cx^n$, erit $\frac{dQ}{dx}=nbx^{n-1}+2ncx^{2n-1}$; vnde efficitur:

$$\mathfrak{P}=\frac{f^m}{g^m}\cos m\phi \quad \& \quad \mathfrak{p}=\frac{f^m}{g^m}\sin m\phi:$$

$$\mathfrak{Q}=\frac{nbf^{n-1}}{g^{n-1}}\cos(n-1)\phi+\frac{2ncf^{2n-1}}{g^{2n-1}}\cos(2n-1)\phi$$

$$\mathfrak{q}=\frac{nbf^{n-1}}{g^{n-1}}\sin(n-1)\phi+\frac{2ncf^{2n-1}}{g^{2n-1}}\sin(2n-1)\phi.$$

Quam-

Quamobrem habebimus:

$$\mathfrak{Q}^2 + \mathfrak{q}^2 = \frac{n^2 f^{2(n-1)}}{g^{2(n-1)}}\left(bb + \frac{4bcf^n}{g^n}\cos n\phi + \frac{4ccf^{2n}}{g^{2n}}\right).$$

At ex duabus prioribus aequationibus est:

$$\frac{f^{2n}}{g^{2n}}\left(bb + \frac{2bcf^n}{g^n}\cos n\phi + \frac{ccf^{2n}}{g^{2n}}\right) = aa;$$

ideoque

$$\frac{4bcf^n}{g^n}\cos n\phi = \frac{2g^{2n}aa}{f^{2n}} - 2bb - \frac{2ccf^{2n}}{g^{2n}}$$

quo valore ibi substituto erit:

$$\mathfrak{Q}^2 + \mathfrak{q}^2 = \frac{n^2 f^{2n-2}}{g^{2n-2}}\left(\frac{2aag^{2n}}{f^{2n}} - bb + \frac{2ccf^{2n}}{g^{2n}}\right)$$

seu

$$\mathfrak{Q}^2 + \mathfrak{q}^2 = \frac{n^2(2aag^{4n} - bbf^{2n}g^{2n} + 2ccf^{4n})}{ff\,g^{4n-2}}.$$

Deinde erit: $\mathfrak{P}\mathfrak{q} - \mathfrak{p}\mathfrak{Q} =$

$$\frac{nbf^{m+n-1}}{g^{m+n-1}}\sin(n-m-1)\phi + \frac{2ncf^{m+2n-1}}{g^{m+2n-1}}\sin(2n-m-1)\phi$$

$$\mathfrak{P}\mathfrak{Q} + \mathfrak{p}\mathfrak{q} =$$

$$\frac{nbf^{m+n-1}}{g^{m+n-1}}\cos(n-m-1)\phi + \frac{2ncf^{m+2n-1}}{g^{m+2n-1}}\sin(2n-m-1)\phi.$$

Quibus valoribus inuentis erit fractio simplex quaesita:

$$\frac{2fg(\mathfrak{P}\mathfrak{q} - \mathfrak{p}\mathfrak{Q})\sin\phi + 2g(\mathfrak{P}\mathfrak{Q} + \mathfrak{p}\mathfrak{q})(gx - f\cos\phi)}{(\mathfrak{Q}^2 + \mathfrak{q}^2)(ff - 2fgx\cos\phi + ggxx)}.$$

417. Hae autem fractiones facilius exprimentur, si ipsos denominatorum factores determinemus. Sit igitur denominator fractionis propositae:

$$a + b x^n$$

cuius factor trinomialis si ponatur:

$$ff - 2fgx \cos\phi + ggxx$$

erit vti in Introductione ostendimus:

$$a + \frac{bf^n}{g^n}\cos n\phi = 0 \quad \& \quad \frac{bf^n}{g^n}\sin n\phi = 0,$$

cum igitur sit $\sin n\phi = 0$, erit vel $n\phi = (2k-1)\pi$, vel $n\phi = 2k\pi$, priori casu erit $\cos n\phi = -1$, posteriori $\cos n\phi = +1$. Si ergo a & b sint quantitates affirmatiuae, prior casus solus locum habebit, quo fit $a = \frac{bf^n}{g^n}$; ac propterea:

$$f = a^{\frac{1}{n}} \quad \& \quad g = b^{\frac{1}{n}}$$

retineamus autem loco harum quantitatum irrationalium litteras f & g, seu ponamus potius $a = f^n$ & $b = g^n$, ita vt factores inuestigari debeant huius functionis:

$$f^n + g^n x^n$$

Cum igitur sit $\phi = \frac{(2k-1)\pi}{n}$, vbi k numerum quemcunque affirmatiuum integrum designare potest; at vero maiores numeri pro k non sunt sumendi, quam qui reddant $\frac{2k-1}{n}$ vnitate minorem; hinc fractionis propositae $f^n + g^n x^n$ factores erunt sequentes:

$ff -$

$$ff - 2fgx \cos \frac{\pi}{n} + ggxx$$

$$ff - 2fgx \cos \frac{3\pi}{n} + ggxx$$

$$ff - 2fgx \cos \frac{5\pi}{n} + ggxx$$

&c.

vbi notandum est si n sit numerus impar, vnum factorem haberi binomium hunc:

$$f + gx$$

sin autem n sit numerus par, nullus factor aderit binomius.

EXEMPLUM I.

Resoluere hanc fractionem $\frac{x^m}{f^n + g^n x^n}$ *in suas fractiones simplices.*

Cum denominatoris vnusquisque factor trinomialis contineatur in hac forma:

$$ff - 2fgx \cos \frac{(2k-1)\pi}{n} + ggxx$$

erit in §. praecedente Exempl. I. $a = f^n$, $b = g^n$, & $\phi = \frac{(2k-1)\pi}{n}$, vnde erit:

$$\sin(n-m-1)\phi = \sin(m+1)\phi = \sin \frac{(m+1)(2k-1)\pi}{n} \quad \&$$

$$\cos(n-m-1)\phi = -\cos(m+1)\phi = -\cos \frac{(m+1)(2k-1)\pi}{n}.$$

 Hinc

Hinc ex isto factore oritur fractio simplex haec:

$$\frac{2f\sin\frac{(2k-1)\pi}{n}\sin\frac{(m+1)(2k-1)\pi}{n}-2\cos\frac{(m+1)(2k-1)\pi}{n}\left(gx-f\cos\frac{(2k-1)}{n}\pi\right)}{nf^{n-m-1}g^{m}\left(ff-2fgx\cos\frac{(2k-1)}{n}\pi+ggxx\right)}.$$

Quamobrem fractio proposita resoluetur in has simplices:

$$\frac{2f\sin\frac{\pi}{n}.\sin\frac{(m+1)\pi}{n}-2\cos\frac{(m+1)\pi}{n}\left(gx-f\cos\frac{\pi}{n}\right)}{nf^{n-m-1}g^{m}\left(ff-2fgx\cos\frac{\pi}{n}-ggxx\right)}$$

$$\frac{2f\sin\frac{3\pi}{n}.\sin\frac{3(m+1)\pi}{n}-2\cos\frac{3(m+1)\pi}{n}\left(gx-f\cos\frac{3\pi}{n}\right)}{nf^{n-m-1}g^{m}\left(ff-2fgx\cos\frac{3\pi}{n}+ggxx\right)}$$

$$\frac{2f\sin\frac{5\pi}{n}.\sin\frac{5(m+1)\pi}{n}-2\cos\frac{5(m+1)\pi}{n}\left(gx-f\cos\frac{5\pi}{n}\right)}{nf^{n-m-1}g^{m}\left(ff-2fgx\cos\frac{5\pi}{n}+ggxx\right)}$$

&c.

Si ergo n fuerit numerus par, hoc modo omnes oriuntur fractiones simplices; sin autem n sit numerus impar, ob factorem binomium $f+gx$, ad fractiones hoc modo resultantes insuper addi debet haec:

$$\frac{\pm 1}{ng^{n-m-1}g^{m}(f+gx)}$$

vbi signum $+$ valet, si m fuerit numerus par, contra signum $-$. Si m fuerit numerus maior quam n, tum ad has fractiones accedent insuper partes integrae huiusmodi

$$Ax^{m-n} + Bx^{m-2n} + Cx^{m-3n} + Dx^{m-4n} + \&c.$$

quamdiu exponentes manent affirmatiui, eritque:

$$Ag^n = 1 \quad ; \quad \text{Ergo} \quad A = \frac{1}{g^n}$$

$$Af^n + Bg^n = 0 \quad . \quad . \quad B = -\frac{f^n}{g^{2n}}$$

$$Bf^n + Cg^n = 0 \quad . \quad . \quad C = +\frac{f^{2n}}{g^{3n}}$$

$$Cf^n + Dg^n = 0 \quad . \quad . \quad D = -\frac{f^{3n}}{g^{4n}}$$

&c. &c.

EXEMPLUM II.

Resoluere hanc fractionem $\frac{1}{x^m(f^n + g^n x^n)}$ *in suas fractiones simplices.*

Quod ad factores ipsius $f^n + g^n x^n$ attinet, ex iis oriuntur eaedem fractiones, quas exemplo praecedente eruimus, dummodo ibi sumatur m negatiue: super est igitur tantum, vt fractiones simplices ex denominatoris altero factore x^m definiamus, quod hoc modo commodissime fit: statuatur fractio proposita $= \frac{\mathfrak{A}}{x^m} + \frac{\mathfrak{N}x^{n-m}}{f^n + g^n x^n}$, eritque

$$\mathfrak{A}f^n = 1 \quad ; \quad \text{Ergo} \quad \mathfrak{A} = \frac{1}{f^n}$$

$$\mathfrak{A}g^n + \mathfrak{N} = 0 \quad . \quad . \quad \mathfrak{N} = -\frac{g^n}{f^n}.$$

Si $n-m$ adhuc fuerit numerus negatiuus, ſimili modo erit operandum, ita vt, ſi m fuerit numerus quantumuis magnus, reſultent huiusmodi fractiones ſimplices

$$\frac{\mathfrak{A}}{x^m}+\frac{\mathfrak{B}}{x^{m-n}}+\frac{\mathfrak{C}}{x^{m-2n}}+\frac{\mathfrak{D}}{x^{m-3n}}+\&c.$$

cuius ſeriei tot termini ſunt ſumendi, quot habentur ipſius x exponentes affirmatiui in denominatore. Eritque

$$\mathfrak{A}f^n=1; \quad \text{Ergo} \quad \mathfrak{A}=\frac{1}{f^n}$$

$$\mathfrak{A}g^n+\mathfrak{B}f^n=0 \quad . \quad . \quad \mathfrak{B}=-\frac{g^n}{f^{2n}}$$

$$\mathfrak{B}g^n+\mathfrak{C}f^n=0 \quad . \quad . \quad \mathfrak{C}=+\frac{g^{2n}}{f^{3n}}$$

$$\mathfrak{C}g^n+\mathfrak{D}f^n=0 \quad . \quad . \quad \mathfrak{D}=-\frac{g^{3n}}{f^{4n}}$$

&c. &c.

Fractio ergo propoſita omnino in has fractiones ſimplices reſoluetur:

$$\frac{1}{f^nx^m}-\frac{g^n}{f^{2n}x^{m-n}}+\frac{g^{2n}}{f^{3n}x^{m-2n}}+\frac{g^{3n}}{f^{4n}x^{m-3n}}+\&c.$$

$$\frac{-2fg^m\sin\frac{\pi}{n}.\sin\frac{(m-1)\pi}{n}-2g^m\cos\frac{(m-1)\pi}{n}\left(gx-f\cos\frac{\pi}{n}\right)}{nf^{n+m-1}\left(ff-2fgx\cos\frac{\pi}{n}+ggxx\right)}$$

$$\frac{-2fg^m\sin\frac{3\pi}{n}.\sin\frac{3(m-1)\pi}{n}-2g^m\cos\frac{3(m-1)\pi}{n}\left(gx-f\cos\frac{3\pi}{n}\right)}{nf^{n+m-1}\left(ff-2fgx\cos\frac{3\pi}{n}+ggxx\right)}$$

— 2

$$\frac{-2fg^m \sin\frac{5\pi}{n}.\sin\frac{5(m-1)\pi}{n} - 2g^m \cos\frac{5(m-1)\pi}{n}\left(gx - f\cos\frac{5\pi}{n}\right)}{nf^{n+m-1}\left(ff - 2fgx\cos\frac{5\pi}{n} + ggxx\right)}$$

&c.

Quibus formulis si n fuerit numerus impar, ob $f+gx$ factorem denominatoris, insuper adiici debet:

$$\frac{\pm\ g^m}{nf^{n+m-1}(f+gx)}$$

vbi signorum ambiguorum $\pm$ superius valet, si m fuerit numerus par, inferius vero si m impar.

418. Consideremus nunc quoque formulam $a+bx^n$, si b sit numerus negatiuus, sitque proposita haec functio:

$$f^n - g^n x^n$$

cuius primo semper erit factor $f-gx$; atque si n sit numerus par, quoque $f+gx$ eius erit factor. Reliqui vero erunt trinomiales, quorum forma generalis si ponatur

$$ff - 2fgx\cos\phi + ggxx$$

erit $f^n - f^n\cos n\phi = 0$ & $f^n \sin n\phi = 0$ siue $\sin n\phi = 0$ & $\cos n\phi = 1$. Quibus vt satisfiat, oportet esse $n\phi = 2k\pi$ existente k numero quocunque integro, atque propterea erit $\phi = \frac{2k\pi}{n}$. Factor ergo generalis erit:

$$ff - 2fgx\cos\frac{2k\pi}{n} + ggxx$$

sumendo ergo pro $2k$ omnes numeros pares exponente n minores, prodibunt factores trinomiales omnes:

$$ff - 2fgx\cos\frac{2\pi}{n} + ggxx$$

$$ff - 2fgx\cos\frac{4\pi}{n} + ggxx$$

$$ff - 2fgx\cos\frac{6\pi}{n} + ggxx$$

&c.

EXEMPLUM I.

Resoluere hanc fractionem $\frac{x^m}{f^n - g^n x^n}$ *in suas fractiones simplices.*

Quoniam denominatoris factor est $f - gx$, inde orietur fractio huiusmodi $\frac{\mathfrak{A}}{f - gx}$, ad cuius numeratorem inueniendum, ponatur $x^m = P$ & $f^n - g^n x^n = Q$, erit $dQ = -ng^n x^{n-1}$, fietque $\mathfrak{A} = \frac{-gx^m}{-ng^n x^{n-1}} = \frac{x^m}{ng^{n-1} x^{n-1}}$, posito $x = \frac{f}{g}$. Ergo erit $\mathfrak{A} = \frac{1}{nf^{n-m-1} g^m}$, hincque fractio simplex ex factore $f - gx$ orta erit:

$$\frac{1}{nf^{n-m-1} g^m (f - gx)}$$

Si n sit numerus par, quia tum denominatoris factor quoque est $f + gx$, ponatur fractio simplex inde oriunda $= \frac{\mathfrak{A}}{f + gx}$, erit $\mathfrak{A} = \frac{-gx^m}{ng^n x^{n-1}} = \frac{-x^m}{ng^{n-1} x^{n-1}}$, posito

ſito $x = \frac{-f}{g}$. Fiet ergo ob $n-1$ numerum imparem $g^{n-1}x^{n-1} = -f^{n-1}$: at erit $x^m = \frac{\pm f^m}{g^m}$, vbi ſignum ſuperius valet, ſi m fuerit numerus par, inferius ſi m ſit numerus impar. Quare cum ſit $\mathfrak{A} = \frac{\mp 1}{nf^{n-m-1}g^m}$, erit fractio ſimplex ex factore $f+gx$ oriunda haec:

$$\frac{\mp 1}{nf^{n-m-1}g^m(f+gx)}.$$

Deinde cum factorum trinomialium forma generalis ſit:

$$ff - 2fgx\,\mathrm{cof}\,\frac{2k\pi}{n} + ggxx,$$

ſi comparatio cum Exemplo 1. §. 416. inſtituatur, erit $a = f^n$, $b = -g^n$ & $\varphi = \frac{2k\pi}{n}$; vnde ſin $\varphi = 0$ & cof $n\varphi = 1$; atque $\mathrm{fin}(n-m-1)\varphi = -\mathrm{fin}(m+1)\varphi = -\mathrm{fin}\,\frac{2k(m+1)\pi}{n}$, & $\mathrm{cof}(n-m-1)\varphi = \mathrm{cof}(m+1)\varphi = \mathrm{cof}\,\frac{2k(m+1)\pi}{n}$. Ex quibus erit fractio ſimplex hinc oriunda:

$$\frac{2f\,\mathrm{fin}\,\frac{2k\pi}{n}.\mathrm{fin}\,\frac{2k(m+1)\pi}{n} - 2\,\mathrm{cof}\,\frac{2k(m+1)\pi}{n}\left(gx - f\,\mathrm{cof}\,\frac{2k\pi}{n}\right)}{nf^{n-m-1}g^m\left(ff - 2fgx\,\mathrm{cof}\,\frac{2k\pi}{n} + ggxx\right)}$$

Hancobrem fractiones ſimplices quaeſitae erunt:

$$\frac{1}{nf^{n-m-1}g^m(f-gx)}$$

+

$$+\frac{2f\sin\frac{2\pi}{n}.\sin\frac{2(m+1)\pi}{n}-2\cos\frac{2(m+1)\pi}{n}\left(gx-f\cos\frac{2\pi}{n}\right)}{nf^{n-m-1}g^{m}\left(ff-2fgx\cos\frac{2\pi}{n}+ggxx\right)}$$

$$+\frac{2f\sin\frac{4\pi}{n}.\sin\frac{4(m+1)\pi}{n}-2\cos\frac{4(m+1)\pi}{n}\left(gx-f\cos\frac{4\pi}{n}\right)}{nf^{n-m-1}g^{m}\left(ff-2fgx\cos\frac{4\pi}{n}+ggxx\right)}$$

$$+\frac{2f\sin\frac{6\pi}{n}.\sin\frac{6(m+1)\pi}{n}-2\cos\frac{6(m+1)\pi}{n}\left(gx-f\cos\frac{6\pi}{n}\right)}{nf^{n-m-1}g^{m}\left(ff-2fgx\cos\frac{6\pi}{n}+ggxx\right)}\quad \&c.$$

quibus si n fuerit numerus par, insuper addi debet haec fractio:

$$\frac{\mp 1}{nf^{n-m-1}g^{m}(f+gx)}$$

cuius signum superius $-$ est sumendum, si m fuerit numerus par, inferius si impar. Praeterea vero si m sit numerus non minor quam n, adiiciendae sunt partes integrae:

$$Ax^{m-n}+Bx^{m-2n}+Cx^{m-3n}+Dx^{m-4n}+\&c.$$

quamdiu exponentes non fuerint negatiui, eritque:

$$\begin{array}{lcl} -Ag^{n}=1 & \text{seu} & A=-\frac{1}{g^{n}} \\ Af^{n}-Bg^{n}=0 & \ldots & B=-\frac{f^{n}}{g^{2n}} \\ Bf^{n}-Cg^{n}=0 & \ldots & C=-\frac{f^{2n}}{g^{3n}} \\ Cf^{n}-Dg^{n}=0 & \ldots & D=-\frac{f^{3n}}{g^{4n}} \\ \&c. & & \&c. \end{array}$$

EX-

EXEMPLUM II.

Resoluere hanc fractionem $\frac{1}{x^m(f^n - g^n x^n)}$ *in suas fractiones simplices.*

Fractiones quae ex denominatoris factore $f^n - g^n x^n$ oriuntur, eaedem erunt quae ante, dummodo in illis formulis m negatiue accipiatur. Quare ad alterum factorem x^m est respiciendum, ex quo si ponamus has fractiones resultare:

$$\frac{\mathfrak{A}}{x^m} + \frac{\mathfrak{B}}{x^{m-n}} + \frac{\mathfrak{C}}{x^{m-2n}} + \frac{\mathfrak{D}}{x^{m-3n}} + \&c.$$

quae series eousque est continuanda, donec exponentes ipsius x fiant negatiui. Erit vero

$$\mathfrak{A} f^n = 1 \;; \qquad \text{Ergo} \quad \mathfrak{A} = \frac{1}{f^n}$$

$$\mathfrak{B} f^n - \mathfrak{A} g^n = 0 \quad . \; . \quad \mathfrak{B} = \frac{g^n}{f^{2n}}$$

$$\mathfrak{C} f^n - \mathfrak{B} g^n = 0 \quad . \; . \quad \mathfrak{C} = \frac{g^{2n}}{f^{3n}}$$

$$\mathfrak{D} f^n - \mathfrak{C} g^n = 0 \quad . \; . \quad \mathfrak{D} = \frac{g^{3n}}{f^{4n}}$$

&c. &c.

Fractio ergo proposita resoluetur in has fractiones simplices:

$$\frac{1}{f^n x^m} + \frac{g^n}{f^{2n} x^{m-n}} + \frac{g^{2n}}{f^{3n} x^{m-2n}} + \frac{g^{3n}}{f^{4n} x^{m-3n}} + \&c.$$

$$+ \frac{g^m}{n f^{n+m-1} (f - g x)}$$

$$+\frac{2fg^m \sin\frac{2\pi}{n}\sin\frac{2(m-1)\pi}{n} - 2g^m \cos\frac{2(m-1)\pi}{n}\left(gx - f\cos\frac{2\pi}{n}\right)}{nf^{n+m-1}\left(ff - 2fgx\cos\frac{2\pi}{n} + ggxx\right)}$$

$$+\frac{2fg^m \sin\frac{4\pi}{n}\sin\frac{4(m-1)\pi}{n} - 2g^m \cos\frac{4(m-1)\pi}{n}\left(gx - f\cos\frac{4\pi}{n}\right)}{nf^{n+m-1}\left(ff - 2fgx\cos\frac{4\pi}{n} + ggxx\right)}$$

$$+\frac{2fg^m \sin\frac{6\pi}{n}\sin\frac{6(m-1)\pi}{n} - 2g^m \cos\frac{6(m-1)\pi}{n}\left(gx - f\cos\frac{6\pi}{n}\right)}{nf^{n+m-1}\left(ff - 2fgx\cos\frac{6\pi}{n} + ggxx\right)}$$

&c.

quibus si n fuerit numerus par, insuper addi debet haec fractio:

$$\frac{\mp g^m}{nf^{n+m-1}(f+gx)}$$

quae autem praetermittitur, si n fuerit numerus impar. Signorum ambiguorum vero superius — valet, si m sit numerus par, inferius vero +, si m sit numerus impar.

419. Hoc ergo modo omnes fractiones, quarum denominator ex duobus constat membris huiusmodi $a+bx^n$, in fractiones simplices resoluuntur. At si denominator constet tribus huiusmodi membris $a+bx^n+cx^{2n}$, tum primum videndum est, vtrum is in duos factores reales prioris formae resolui possit. Hoc enim si eueniat, resolutio in fractiones simplices modo ante exposito institui poterit. Si enim proponatur huiusmodi fractio

$$\frac{x^m}{(f^n+g^nx^n)(f^n+h^nx^n)}$$

ea

ea primum in duas fractiones transformabitur huiusmodi:

$$\frac{\alpha x^m}{f^n + g^n x^n} + \frac{\beta x^m}{f^n + h^n x^n}$$

eritque $\alpha f^n + \beta f^n = 1$ & $\alpha h^n + \beta g^n = 0$, vnde fit

$$\alpha = \frac{1}{f^n} - \beta = -\frac{\beta g^n}{h^n}; \quad \text{ideoque habebitur}$$

$$\beta = \frac{h^n}{f^n(h^n - g^n)} \ \& \ \alpha = \frac{g^n}{f^n(g^n - h^n)}.$$

Si exponens m fuerit maior quam n, transmutatio in sequentes fractiones erit commodior:

$$\frac{\alpha x^{m-n}}{f^n + g^n x^n} + \frac{\beta x^{m-n}}{f^n + h^n x^n}$$

qua fit $\alpha + \beta = 0$ & $\alpha h^n + \beta g^n = 1$, ideoque $\alpha = \frac{1}{h^n - g^n}$ & $\beta = \frac{1}{g^n - h^n}$. Vtra autem transformatio adhibeatur, vtraque fractio hoc modo oriunda methodo ante exposita resoluetur in suas fractiones simplices, quae iunctim sumtae fractioni propositae erunt aequales.

420. Simili modo methodus hactenus tradita sufficiet, si denominator ex pluribus membris constet huiusmodi $a + bx^n + cx^{2n} + dx^{3n} + ex^{4n} + \&c.$ dummodo is in factores formae $f^n \pm g^n x^n$ resolui queat. Ponamus enim occurrere hanc fractionem in suas fractiones simplices resoluendam:

$$\frac{x^m}{(a - x^n)(b - x^n)(c - x^n)(d - x^n)}.$$

Haec

Haec primum refoluetur in has:

$$\frac{Ax^m}{a-x^n}+\frac{Bx^m}{b-x^n}+\frac{Cx^m}{c-x^n}+\frac{Dx^m}{d-x^n}+\&c.$$

quarum numeratores fequenti modo determinabuntur, vt fit

$$A = \frac{1}{(b-a)(c-a)(d-a)}$$

$$B = \frac{1}{(a-b)(c-b)(d-b)}$$

$$C = \frac{1}{(a-c)(b-c)(d-c)} \quad \&c.$$

Hac ergo praeparatione facta, fingulae iftae fractiones methodo ante expofita in fuas fractiones fimplices refoluentur; quae cunctae in vnam fummam erunt colligendae.

421. Quodfi vero huiusmodi denominator $a+bx^n+cx^{2n}+dx^{3n}+\&c.$ non omnes factores formae $f^n+g^nx^n$ habeant reales, bini *imaginarii* erunt coniungendi. Ponamus ergo huiusmodi binorum factorum productum effe:

$$f^{2n}-2f^ng^nx^n\operatorname{cof}\omega+g^{2n}x^{2n}$$

& cum haec expreffio nullos habeat factores fimplices reales, ponamus factores trinomiales in hac forma generali contineri:

$$ff-2fgx\operatorname{cof}\phi+ggxx$$

quorum numerus erit $=n$. Pofito ergo $x^n=\frac{f^n}{g^n}\operatorname{cof}n\phi$, orietur haec aequatio:

$$1-2\operatorname{cof}\omega.\operatorname{cof}n\phi+\operatorname{cof}2n\phi=0.$$

De-

Deinde posito $x^n = \frac{f^n}{g^n} \sin n\phi$; erit quoque:

$$-2\cos\omega . \sin n\phi + \sin 2n\phi = 0$$

quae diuisa per $\sin n\phi$ dat $\cos n\phi = \cos\omega$, sicque simul priori aequationi satisfit. Erit ergo $n\phi = 2k\pi \pm \omega$ denotante k numerum quemuis integrum, ideoque erit $\phi = \frac{2k\pi \pm \omega}{n}$, & factores omnes continebuntur in hac forma: $ff - 2fgx\cos\frac{2k\pi \pm \omega}{n} + ggxx$

vnde sequentes habebuntur factores:

$$ff - 2fgx\cos\frac{\omega}{n} + ggxx$$

$$ff - 2fgx\cos\frac{2\pi - \omega}{n} + ggxx$$

$$ff - 2fgx\cos\frac{2\pi + \omega}{n} + ggxx$$

$$ff - 2fgx\cos\frac{4\pi - \omega}{n} + ggxx$$

$$ff - 2fgx\cos\frac{4\pi + \omega}{n} + ggxx \quad \&c.$$

quorum tot sunt sumendi, donec eorum numerus fiat $= n$.

422. Si igitur proponatur ista fractio in suas fractiones simplices resoluenda:

$$\frac{x^{m-1}}{f^{2n} - 2f^n g^n x^n \cos\omega + g^{2n} x^{2n}}$$

quoniam denominatoris factor trinomialis quicunque continetur in hac forma: $ff - 2fgx\cos\phi + ggxx$

existente $\phi = \frac{2k\pi \pm \omega}{n}$, consideretur ista fractio :

$$\frac{x^m}{f^{2n}x - 2f^n g^n x^{n+1}\cos\omega + g^{2n}x^{2n+1}}$$

illi aequalis, ac ponatur numerator $x^m = P$ ac denominator $f^{2n}x - 2f^n g^n x^{n+1}\cos\omega + g^{2n}x^{2n+1} = Q$: erit $\frac{dQ}{dx} = f^{2n} - 2(n+1)f^n g^n x^n \cos\omega + (2n+1)g^{2n}x^{2n}$.

Hinc ponendo $x^n = \frac{f^n}{g^n}\cos n\phi$; erit:

$\mathfrak{P} = \frac{f^m}{g^m}\cos m\phi$ seu $\mathfrak{P} = \frac{f^m}{g^m}\cos\frac{m(2k\pi \pm \omega)}{n}$ &

$\mathfrak{Q} = f^{2n}[1 - 2(n+1)\cos\omega\cos n\phi + (2n+1)\cos 2n\phi]$.

Cum autem sit $\cos n\phi = \cos\omega$, erit $\cos 2n\phi = 2\cos\omega^2 - 1$; ideoque $\mathfrak{Q} = f^{2n}(-2n + 2n\cos\omega^2) = -2nf^{2n}\sin\omega^2$.

Deinde posito $x^n = \frac{f^n}{g^n}\sin n\phi$, fiet:

$$\mathfrak{p} = \frac{f^m}{g^m}\sin m\phi = \frac{f^m}{g^m}\sin\frac{m(2k\pi \pm \omega)}{n} \quad \&$$

$$\mathfrak{q} = -f^{2n}[2(n+1)\cos\omega\sin n\phi - (2n+1)\sin 2n\phi]$$

ob $\sin 2n\phi = 2\sin n\phi\cos n\phi = 2\cos\omega\sin n\phi$; erit $\mathfrak{q} = 2nf^{2n}\cos\omega\sin n\phi$. Cum autem sit $n\phi = 2k\pi \pm \omega$, erit $\sin n\phi = \pm\sin\omega$ & $\mathfrak{q} = \pm 2nf^{2n}\sin\omega.\cos\omega$.

His inuentis erit: $\mathfrak{Q}^2 + \mathfrak{q}^2 = 4n^2 f^{4n}\sin\omega^2$

$$\mathfrak{P}\mathfrak{q} - \mathfrak{p}\mathfrak{Q} = \frac{2nf^{m+2n}}{g^m}(\pm\cos m\phi.\sin\omega.\cos\omega + \sin m\phi.\sin\omega)^2$$

siue $\mathfrak{P}\mathfrak{q} - \mathfrak{p}\mathfrak{Q} = \pm\frac{2nf^{m+2n}}{g^m}\sin\omega;\cos(m\phi \mp \omega)$ seu

$\mathfrak{P}\mathfrak{q}$ —

$$\mathfrak{P}\mathfrak{q}-\mathfrak{p}\mathfrak{Q}=\pm\frac{2nf^{m+2n}}{g^{m}}\sin\omega.\cos\frac{2km\pi\pm(m-n)\omega}{n}$$

$$\mathfrak{P}\mathfrak{Q}+\mathfrak{p}\mathfrak{q}=\frac{2nf^{m+2n}}{g^{m}}(-\cos m\phi\sin\omega^{2}\pm\sin m\phi.\sin\omega\cos\omega)$$

$$\mathfrak{P}\mathfrak{Q}+\mathfrak{p}\mathfrak{q}=\pm\frac{2nf^{m+2n}}{g^{m}}\sin\omega.\sin(m\phi\mp\omega)\quad\text{seu}$$

$$\mathfrak{P}\mathfrak{Q}+\mathfrak{p}\mathfrak{q}=\pm\frac{2nf^{m+2n}}{g^{m}}\sin\omega.\sin\frac{2km\pi\pm(m-n)\omega}{n}.$$

Hinc ex denominatoris factore: $ff-2fgx\cos\frac{2k\pi\pm\omega}{n}+ggxx$ nascitur ista fractio simplex:

$$\frac{\pm f\sin\frac{2k\pi\pm\omega}{n}\cos\frac{2km\pi\pm(m-n)\omega}{n}\pm\sin\frac{2km\pi\pm(m-n)\omega}{n}\left(gx-f\cos\frac{2k\pi\pm\omega}{n}\right)}{nf^{2n-m}g^{m-1}\sin\omega\left(ff-2fgx\cos\frac{2k\pi\pm\omega}{n}+ggxx\right)}$$

seu

$$\frac{\pm gx\sin\frac{2km\pi\pm(m-n)\omega}{n}\pm f\sin\frac{2k(m-1)\pi\pm(m-n-1)\omega}{n}}{nf^{2n-m}g^{m-1}\sin\omega\left(ff-2fgx\cos\frac{2k\pi\pm\omega}{n}+ggxx\right)}.$$

EXEMPLUM.

Resoluere hanc fractionem $\frac{x^{m-1}}{f^{2n}-2f^{n}g^{n}x^{n}\cos\omega+g^{2n}x^{2n}}$ *in suas fractiones simplices.*

Istae fractiones simplices quaesitae ergo erunt:

$$\frac{+f\sin\frac{\omega}{n}\cos\frac{(m-n)\omega}{n}+\sin\frac{(m-n)\omega}{n}\left(gx-f\cos\frac{\omega}{n}\right)}{nf^{2n-m}g^{m-1}\sin\omega\left(ff-2fgx\cos\frac{\omega}{n}+ggxx\right)}$$

$-f$

$$-\frac{f\sin\frac{2\pi-\omega}{n}\cos\frac{2m\pi-(m-n)\omega}{n}-\sin\frac{2m\pi-(m-n)\omega}{n}\left(gx-f\cos\frac{2\pi-\omega}{n}\right)}{nf^{2n-m}g^{m-1}\sin\omega\left(ff-2fgx\cos\frac{2\pi-\omega}{n}+ggxx\right)}$$

$$+\frac{f\sin\frac{2\pi+\omega}{n}\cos\frac{2m\pi+(m-n)\omega}{n}+\sin\frac{2m\pi+(m-n)\omega}{n}\left(gx-f\cos\frac{2\pi+\omega}{n}\right)}{nf^{2n-m}g^{m-1}\sin\omega\left(ff-2fgx\cos\frac{2\pi+\omega}{n}+ggxx\right)}$$

$$-\frac{f\sin\frac{4\pi-\omega}{n}\cos\frac{4m\pi-(m-n)\omega}{n}-\sin\frac{4m\pi-(m-n)\omega}{n}\left(gx-f\cos\frac{4\pi-\omega}{n}\right)}{nf^{2n-m}g^{m-1}\sin\omega\left(ff-2fgx\cos\frac{4\pi-\omega}{n}+ggxx\right)}$$

$$+\frac{f\sin\frac{4\pi+\omega}{n}\cos\frac{4m\pi+(m-n)\omega}{n}+\sin\frac{4m\pi+(m-n)\omega}{n}\left(gx-f\cos\frac{4\pi+\omega}{n}\right)}{nf^{2n-m}g^{m-1}\sin\omega\left(ff-2fgx\cos\frac{4\pi+\omega}{n}+ggxx\right)}$$

&c.

ſicque eousque erit progrediendum, quoad harum fractionum numerus fuerit n. Si m fuerit numerus vel maior quam $2n-1$ vel numerus negatiuus, priori caſu partes integrae, poſteriori vero fractiones inſuper ſunt adiiciendae, quae modo ante expoſito facile inueniuntur.

BEROLINI
EX OFFICINA MICHAELIS.

Haec primum refoluetur in has:

$$\frac{Ax^m}{a - x^n} + \frac{Bx^m}{b - x^n} + \frac{Cx^m}{c - x^n} + \frac{Dx^m}{d - x^n} + \&c.$$

quarum numeratores fequenti modo determinabuntur, vt fit

$$A = \frac{1}{(b-a)(c-a)(d-a)}$$

$$B = \frac{1}{(a-b)(c-b)(d-b)}$$

$$C = \frac{1}{(a-c)(b-c)(d-c)} \quad \&c.$$

Hac ergo praeparatione facta, fingulae iftae fractiones methodo ante expofita in fuas fractiones fimplices refoluentur; quae cunctae in vnam fummam erunt colligendae.

421. Quodfi vero huiusmodi denominator $a + bx^n + cx^{2n} + dx^{3n} + \&c.$ non omnes factores formae $f^n + g^n x^n$ habeant reales, bini imaginarii erunt coniungendi. Ponamus ergo huiusmodi binorum factorum productum effe:

$$f^{2n} - 2f^n g^n x^n \cos\omega + g^{2n} x^{2n}$$

& cum haec expreffio nullos habeat factores fimplices reales, ponamus factores trinomiales in hac forma generali contineri:

$$ff - 2fgx\cos\phi + ggxx$$

quorum numerus erit $= n$. Pofito ergo $x^n = \frac{f^n}{g^n}\cos n\phi$, orietur haec aequatio:

$$1 - 2\cos\omega . \cos n\phi + \cos 2n\phi = 0.$$

De-

Deinde posito $x^n = \frac{f^n}{g^n} \sin n\phi$; erit quoque:

$$-2\cos\omega . \sin n\phi + \sin 2n\phi = 0$$

quae diuisa per $\sin n\phi$ dat $\cos n\phi = \cos\omega$, sicque simul priori aequationi satisfit. Erit ergo $n\phi = 2k\pi \pm \omega$ denotante k numerum quemuis integrum, ideoque erit $\phi = \frac{2k\pi \pm \omega}{n}$, & factores omnes continebuntur in hac forma: $ff - 2fgx\cos\frac{2k\pi \pm \omega}{n} + ggxx$

vnde sequentes habebuntur factores:

$$ff - 2fgx\cos\frac{\omega}{n} + ggxx$$

$$ff - 2fgx\cos\frac{2\pi - \omega}{n} + ggxx$$

$$ff - 2fgx\cos\frac{2\pi + \omega}{n} + ggxx$$

$$ff - 2fgx\cos\frac{4\pi - \omega}{n} + ggxx$$

$$ff - 2fgx\cos\frac{4\pi + \omega}{n} + ggxx \quad \&c.$$

quorum tot sunt sumendi, donec eorum numerus fiat $= n$.

422. Si igitur proponatur ista fractio in suas fractiones simplices resoluenda:

$$\frac{x^{m-1}}{f^{2n} - 2f^n g^n x^n \cos\omega + g^{2n} x^{2n}},$$

quoniam denominatoris factor trinomialis quicunque continetur in hac forma: $ff - 2fgx\cos\phi + ggxx$

 exi-

existente $\phi = \frac{2k\pi \pm \omega}{n}$, consideretur ista fractio:

$$\frac{x^m}{f^{2n}x - 2f^n g^n x^{n+1}\cos\omega + g^{2n}x^{2n+1}}$$

illi aequalis, ac ponatur numerator $x^m = P$ ac denominator $f^{2n}x - 2f^n g^n x^{n+1}\cos\omega + g^{2n}x^{2n+1} = Q$: erit $\frac{dQ}{dx} = f^{2n} - 2(n+1)f^n g^n x^n \cos\omega + (2n+1)g^{2n}x^{2n}$.

Hinc ponendo $x^n = \frac{f^n}{g^n}\cos n\phi$; erit:

$\mathfrak{P} = \frac{f^m}{g^m}\cos m\phi$ seu $\mathfrak{P} = \frac{f^m}{g^m}\cos\frac{m(2k\pi \pm \omega)}{n}$ &

$\mathfrak{Q} = f^{2n}[1 - 2(n+1)\cos\omega\cos n\phi + (2n+1)\cos 2n\phi]$.

Cum autem sit $\cos n\phi = \cos\omega$, erit $\cos 2n\phi = 2\cos\omega^2 - 1$; ideoque $\mathfrak{Q} = f^{2n}(-2n + 2n\cos\omega^2) = -2nf^{2n}\sin\omega^2$.

Deinde posito $x^n = \frac{f^n}{g^n}\sin n\phi$, fiet:

$$\mathfrak{p} = \frac{f^m}{g^m}\sin m\phi = \frac{f^m}{g^m}\sin\frac{m(2k\pi \pm \omega)}{n} \quad \&$$

$$\mathfrak{q} = -f^{2n}[2(n+1)\cos\omega\sin n\phi - (2n+1)\sin 2n\phi]$$

ob $\sin 2n\phi = 2\sin n\phi\cos n\phi = 2\cos\omega\sin n\phi$; erit $\mathfrak{q} = 2nf^{2n}\cos\omega\sin n\phi$. Cum autem sit $n\phi = 2k\pi \pm \omega$, erit $\sin n\phi = \pm\sin\omega$ & $\mathfrak{q} = \pm 2nf^{2n}\sin\omega.\cos\omega$.

His inuentis erit: $\mathfrak{Q}^2 + \mathfrak{q}^2 = 4n^2 f^{4n}\sin\omega^2$

$$\mathfrak{P}\mathfrak{q} - \mathfrak{p}\mathfrak{Q} = \frac{2nf^{m+2n}}{g^m}(\pm\cos m\phi.\sin\omega.\cos\omega + \sin m\phi.\sin\omega)^2$$

siue $\mathfrak{P}\mathfrak{q} - \mathfrak{p}\mathfrak{Q} = \pm\frac{2nf^{m+2n}}{g^m}\sin\omega.\cos(m\phi \mp \omega)$ seu

$\mathfrak{P}\mathfrak{q}$ —

$$\mathfrak{P}q - \mathfrak{p}\mathfrak{Q} = \pm\frac{2nf^{m+2n}}{g^m}\sin\omega.\cos\frac{2km\pi\pm(m-n)\omega}{n}$$

$$\mathfrak{P}\mathfrak{Q} + \mathfrak{p}q = \frac{2nf^{m+2n}}{g^m}(-\cos m\phi\sin\omega^2 \pm \sin m\phi.\sin\omega\cos\omega)$$

$$\mathfrak{P}\mathfrak{Q} + \mathfrak{p}q = \pm\frac{2nf^{m+2n}}{g^m}\sin\omega.\sin(m\phi\mp\omega) \quad \text{seu}$$

$$\mathfrak{P}\mathfrak{Q} + \mathfrak{p}q = \pm\frac{2nf^{m+2n}}{g^m}\sin\omega.\sin\frac{2km\pi\pm(m-n)\omega}{n}.$$

Hinc ex denominatoris factore: $ff - 2fgx\cos\frac{2k\pi\pm\omega}{n} + ggxx$ nascitur ista fractio simplex:

$$\frac{\pm f\sin\frac{2k\pi\pm\omega}{n}\cos\frac{2km\pi\pm(m-n)\omega}{n} \pm \sin\frac{2km\pi\pm(m-n)\omega}{n}\left(gx - f\cos\frac{2k\pi\pm\omega}{n}\right)}{nf^{2n-m}g^{m-1}\sin\omega\left(ff - 2fgx\cos\frac{2k\pi\pm\omega}{n} + ggxx\right)}$$

seu

$$\frac{\pm gx\sin\frac{2km\pi\pm(m-n)\omega}{n} \pm f\sin\frac{2k(m-1)\pi\pm(m-n-1)\omega}{n}}{nf^{2n-m}g^{m-1}\sin\omega\left(ff - 2fgx\cos\frac{2k\pi\pm\omega}{n} + ggxx\right)}.$$

EXEMPLUM.

Resoluere hanc fractionem $\frac{x^{m-1}}{f^{2n} - 2f^n g^n x^n \cos\omega + g^{2n}x^{2n}}$ *in suas fractiones simplices.*

Istae fractiones simplices quaesitae ergo erunt:

$$\frac{+f\sin\frac{\omega}{n}\cos\frac{(m-n)\omega}{n} + \sin\frac{(m-n)\omega}{n}\left(gx - f\cos\frac{\omega}{n}\right)}{nf^{2n-m}g^{m-1}\sin\omega\left(ff - 2fgx\cos\frac{\omega}{n} + ggxx\right)}$$

-f

$$-\frac{f\sin\frac{2\pi-\omega}{n}\cos\frac{2m\pi-(m-n)\omega}{n}-\sin\frac{2m\pi-(m-n)\omega}{n}\left(gx-f\cos\frac{2\pi-\omega}{n}\right)}{nf^{2n-m}g^{m-1}\sin\omega\left(ff-2fgx\cos\frac{2\pi-\omega}{n}+ggxx\right)}$$

$$+\frac{f\sin\frac{2\pi+\omega}{n}\cos\frac{2m\pi+(m-n)\omega}{n}+\sin\frac{2m\pi+(m-n)\omega}{n}\left(gx-f\cos\frac{2\pi+\omega}{n}\right)}{nf^{2n-m}g^{m-1}\sin\omega\left(ff-2fgx\cos\frac{2\pi+\omega}{n}+ggxx\right)}$$

$$-\frac{f\sin\frac{4\pi-\omega}{n}\cos\frac{4m\pi-(m-n)\omega}{n}-\sin\frac{4m\pi-(m-n)\omega}{n}\left(gx-f\cos\frac{4\pi-\omega}{n}\right)}{nf^{2n-m}g^{m-1}\sin\omega\left(ff-2fgx\cos\frac{4\pi-\omega}{n}+ggxx\right)}$$

$$+\frac{f\sin\frac{4\pi+\omega}{n}\cos\frac{4m\pi+(m-n)\omega}{n}+\sin\frac{4m\pi+(m-n)\omega}{n}\left(gx-f\cos\frac{4\pi+\omega}{n}\right)}{nf^{2n-m}g^{m-1}\sin\omega\left(ff-2fgx\cos\frac{4\pi+\omega}{n}+ggxx\right)}$$

&c.

ſicque eousque erit progrediendum, quoad harum fractionum numerus fuerit n. Si m fuerit numerus vel maior quam $2n-1$ vel numerus negatiuus, priori caſu partes integrae, poſteriori vero fractiones inſuper ſunt adiiciendae, quae modo ante expoſito facile inueniuntur.

BEROLINI
EX OFFICINA MICHAELIS.

Lightning Source UK Ltd.
Milton Keynes UK
UKHW050908090123
415051UK00011B/845

9 781271 521203